U0548800

经邦济世
继往开来
贺教育部
人文社科项目
成果出版

李建林
己亥十有八

教育部哲学社会科学研究重大课题攻关项目
"十三五"国家重点出版物出版规划项目

新时期中国海洋战略研究

EXPLORATION OF CHINA'S MARITIME STRATEGY IN THE NEW PERIOD

徐祥民 等著

中国财经出版传媒集团
经济科学出版社
·北京·

图书在版编目（CIP）数据

新时期中国海洋战略研究/徐祥民等著．－－北京：
经济科学出版社，2021.12
教育部哲学社会科学研究重大课题攻关项目 "十三
五"国家重点出版物出版规划项目
ISBN 978－7－5218－3327－0

Ⅰ．①新… Ⅱ．①徐… Ⅲ．①海洋战略－研究－中国
Ⅳ．①P74

中国版本图书馆 CIP 数据核字（2021）第 258388 号

责任编辑：何　宁
责任校对：郑淑艳
责任印制：范　艳

新时期中国海洋战略研究
徐祥民　等著
经济科学出版社出版、发行　新华书店经销
社址：北京市海淀区阜成路甲 28 号　邮编：100142
总编部电话：010－88191217　发行部电话：010－88191522
网址：www.esp.com.cn
电子邮箱：esp@esp.com.cn
天猫网店：经济科学出版社旗舰店
网址：http：//jjkxcbs.tmall.com
北京季蜂印刷有限公司印装
787×1092　16 开　32.5 印张　620000 字
2021 年 12 月第 1 版　2021 年 12 月第 1 次印刷
ISBN 978－7－5218－3327－0　定价：129.00 元
（图书出现印装问题，本社负责调换。电话：010－88191545）
（版权所有　侵权必究　打击盗版　举报热线：010－88191661
QQ：2242791300　营销中心电话：010－88191537
电子邮箱：dbts@esp.com.cn）

课题组主要成员

首席专家 徐祥民

主要成员 孙明烈　马建英　刘曙光　孙　凯
　　　　　　王传剑　贺　鉴　薛晓明　梅　宏
　　　　　　王　栋

总　序

哲学社会科学是人们认识世界、改造世界的重要工具,是推动历史发展和社会进步的重要力量,其发展水平反映了一个民族的思维能力、精神品格、文明素质,体现了一个国家的综合国力和国际竞争力。一个国家的发展水平,既取决于自然科学发展水平,也取决于哲学社会科学发展水平。

党和国家高度重视哲学社会科学。党的十八大提出要建设哲学社会科学创新体系,推进马克思主义中国化、时代化、大众化,坚持不懈用中国特色社会主义理论体系武装全党、教育人民。2016年5月17日,习近平总书记亲自主持召开哲学社会科学工作座谈会并发表重要讲话。讲话从坚持和发展中国特色社会主义事业全局的高度,深刻阐释了哲学社会科学的战略地位,全面分析了哲学社会科学面临的新形势,明确了加快构建中国特色哲学社会科学的新目标,对哲学社会科学工作者提出了新期待,体现了我们党对哲学社会科学发展规律的认识达到了一个新高度,是一篇新形势下繁荣发展我国哲学社会科学事业的纲领性文献,为哲学社会科学事业提供了强大精神动力,指明了前进方向。

高校是我国哲学社会科学事业的主力军。贯彻落实习近平总书记哲学社会科学座谈会重要讲话精神,加快构建中国特色哲学社会科学,高校应发挥重要作用:要坚持和巩固马克思主义的指导地位,用中国化的马克思主义指导哲学社会科学;要实施以育人育才为中心的哲学社会科学整体发展战略,构筑学生、学术、学科一体的综合发展体系;要以人为本,从人抓起,积极实施人才工程,构建种类齐全、梯队衔接的高校哲学社会科学人才体系；要深化科研管理体制改革，发挥高校人才、智力和学科优势，提升学术原创能力，激发创新创造活力，建设中国特色新型高校智库；要加强组织领导、做好统筹规划、营造良好学术生态，形成统筹推进高校哲学社会科学发展新格局。

哲学社会科学研究重大课题攻关项目计划是教育部贯彻落实党中央决策部署的一项重大举措，是实施"高校哲学社会科学繁荣计划"的重要内容。重大攻关项目采取招投标的组织方式，按照"公平竞争，择优立项，严格管理，铸造精品"的要求进行，每年评审立项约40个项目。项目研究实行首席专家负责制，鼓励跨学科、跨学校、跨地区的联合研究，协同创新。重大攻关项目以解决国家现代化建设过程中重大理论和实际问题为主攻方向，以提升为党和政府咨询决策服务能力和推动哲学社会科学发展为战略目标，集合优秀研究团队和顶尖人才联合攻关。自2003年以来，项目开展取得了丰硕成果，形成了特色品牌。一大批标志性成果纷纷涌现，一大批科研名家脱颖而出，高校哲学社会科学整体实力和社会影响力快速提升。国务院副总理刘延东同志做出重要批示，指出重大攻关项目有效调动各方面的积极性，产生了一批重要成果，影响广泛，成效显著；要总结经验，再接再厉，紧密服务国家需求，更好地优化资源，突出重点，多出精品，多出人才，为经济社会发展做出新的贡献。

作为教育部社科研究项目中的拳头产品，我们始终秉持以管理创新服务学术创新的理念，坚持科学管理、民主管理、依法管理，切实增强服务意识，不断创新管理模式，健全管理制度，加强对重大攻关项目的选题遴选、评审立项、组织开题、中期检查到最终成果鉴定的全过程管理，逐渐探索并形成一套成熟有效、符合学术研究规律的管理办法，努力将重大攻关项目打造成学术精品工程。我们将项目最终成果汇编成"教育部哲学社会科学研究重大课题攻关项目成果文库"统一组织出版。经济科学出版社倾全社之力，精心组织编辑力量，努力铸造出版精品。国学大师季羡林先生为本文库题词："经时济世 继往开来——贺教育部重大攻关项目成果出版"；欧阳中石先生题写了"教育部哲学社会科学研究重大课题攻关项目"的书名，充分体现了他们对繁荣发展高校哲学社会科学的深切勉励和由衷期望。

伟大的时代呼唤伟大的理论，伟大的理论推动伟大的实践。高校哲学社会科学将不忘初心，继续前进。深入贯彻落实习近平总书记系列重要讲话精神，坚持道路自信、理论自信、制度自信、文化自信，立足中国、借鉴国外，挖掘历史、把握当代，关怀人类、面向未来，立时代之潮头、发思想之先声，为加快构建中国特色哲学社会科学，实现中华民族伟大复兴的中国梦做出新的更大贡献！

教育部社会科学司

前　言

把我们居住的地球用大西洋（比如西经30°）做裁刀分割展开为一张平面图，这个地球的中心线为东经150°。其顶端是俄罗斯的鄂霍茨克，底端是澳大利亚东部的昆士兰、新南威尔士。由这条分界线向东90°（以西经120°为边界），大部分为海洋。这片海洋被海洋学家、地理学家划分为北太平洋和南太平洋。在它们中间散布着一些小国，国际关系学界一般称它们为太平洋岛国。由这条分界线向西90°（以东经60°为边界），其上部的主要部分是欧亚大陆，其下部的主要部分是澳大利亚和印度洋。如果把从东经150°为中间线，从西经120°到东经60°的180°经线范围内的区域称为中心区域，那么，在中心区域的两侧是如下两个区域：中心区东侧，围绕加勒比海这个中心的美洲大陆（包括北美洲、南美洲，也可以把今巴拿马运河两侧连接北美洲和南美洲的陆地部分、加勒比海附近海域中的国家和区域等切出来，称中美洲）及沿岸岛屿。它们组成东侧区域（也可称"美洲区域"）。中心区西侧，地中海和围绕地中海的欧洲中西部和西亚、北非及大西洋沿岸海岛。它们组成西侧区域（也可称"地中海区域"）。

从工业产品在世界范围内的流通成为人类经济生活和社会生活的常态甚至主流形态以来的人类历史上，最初（第一次世界大战前后，包括第一次世界大战之前的一个较长时期）是"地中海区域"引领世界，接下来（大致为第二次世界大战之后）是"美洲区域"在世界舞台扮演主角。"地中海区域"引领世界时期，地中海北岸、大西洋东岸、北冰洋南岸是主战场。美洲区域扮演世界舞台主角时期，由巴拿马运河联通的大西洋和太平洋是中心舞台。在全世界普遍工业化后，在世界各国被无所不在、无处不密的信息网络普遍覆盖的历史条件下，人类"日益增长的美好生活需要"的增强要求各国走进更广大的世界，而不是关闭国门各自经营；无法拒绝的"利益高度融合，彼此相互依存"的"命运共同体"要求各国走进更紧密的世界，而不是偶尔点缀一点对外交往。陆海兼备的"中心区域"适合这样的"历史条件"。"中心区域"覆盖世界上最大的陆地（亚欧大陆）的绝大部分。由于苏伊士运河已经将红海和地中海连通，又由于北极航线通航距离不断延长，有望沿欧亚大陆北缘实现太平洋、北冰洋和大西洋的连通，"中心区域"西部（也就是亚欧大陆部分）将成为"满月形海上丝绸之路"环绕的区域。"满月形海上丝绸之路"环绕的"中心区域"亚欧大陆部分既能利用"海洋上的机动性"，又能发挥大大超越"马和骆驼的机动性"（哈·麦德金语）的由纵横交错的铁路网承载的高铁的优越性，还便于编排空中交通网络。

英国地理学家哈·麦金德曾将"欧亚心脏地带"看作是"世界政治"的"枢纽区域"。"中心区域"在地理上超出哈·麦金德"欧亚心脏地带"的地理范围，能够更早地迎接东方升起的太阳，也能更真切地感受赤道的热浪和风暴。

中国的建设发展，经过了最近40多年的艰苦努力，不仅取得了让世界瞩目的成就，而且为实现中华民族伟大复兴的中国梦奠定了坚实的基础。中华巨龙腾飞的时刻与世界舞台即将发生的地理变迁两者的时空交汇，就是更加"不能没有中国"的世界的明天。

新时期的中国海洋战略，应当是腾飞的中华巨龙的战略，应当是迎接"中心区域"的战略。

徐祥民
2020年4月30日于青岛海滨寓所

摘　要

　　海洋战略是国家战略的组成部分，是"作为国家战略的海洋战略"。海洋战略是国家战略的蓝色部分，因而也可以说是蓝色的国家战略。当存在以海洋为载体或通过海洋实现的国家利益时，就需要制定海洋战略，谋求以海洋为载体的国家利益的战略或谋求通过海洋实现国家利益的战略。

　　中美关系是我国对外关系中最重要的一对关系，也是制约我国战略设计的最关键的一对关系。这一制约在我国海洋战略的制定中尤其不容忽视。面对美国多管齐下的新亚太布局及其对中国周边海洋争端上的介入行为，中国有关部门需要超越"两种极端心态"的影响，进行综合性与全局性思考。一方面，中国政策界和学界应保持清醒的头脑，客观、辩证地来看待和评价美国的亚太"再平衡"战略，并将其对当前中国周边海洋争端的介入置于一个"统合"框架下进行整体研判和比较分析。对美国介入的战略与策略、表象与实质、方式与手段等问题进行更加深入和细致的把握，才有助于稳定中美关系和中国周边海洋局势。另一方面，中国有关涉外、涉海部门应当密切关注国内涉海舆论动态，及时发布有关周边海洋争端的信息，牢牢掌握舆论主动权，合理引导国民冷静和理性地看待中国政府的涉海斗争行为。

　　我国的海洋战略不能不是在亚洲邻国关系网络中的国家战略。不管是制定还是调整国家海洋战略，都既不能忽略亚洲邻国关系，也不能回避大致也属于亚洲邻国关系的南中国海问题。党的十八大以来，中国领导人倡导命运共同体的外交新理念。命运共同体已成为新时期中国外交理论和实践创新的一面旗帜。随着"要让命运共同体意识在周边国家落地生根"的提出，周边命运共同体概念应运而生。海洋是当前中国与周边国家外交作用的主要空间，中国及周边国家应以命运共同体理念为指导，努力构建海洋共同体。

南中国海问题既是我国海洋事务中的棘手问题，也是我国全部对外关系中的复杂问题。我国海洋战略无论如何都无法回避南中国海问题。实现中华民族伟大复兴、解决人民日益增长的美好生活需要和不平衡不充分的发展之间的矛盾，都需要我们把南中国海建设成和平、健康、繁荣的南中国海。为此，我们应当按照习近平总书记在党的十九大报告中提出的"推动构建人类命运共同体""以对话解决争端、以协商化解分歧""按照亲诚惠容的理念和与邻为善、以邻为伴深化同周边国家关系"等重要方针政策，统筹好中美、中国—东盟以及中国与其他声索国"三大关系"，处理好国际与国内、维权与维稳以及大国与周边"三对矛盾"，紧紧围绕岛礁后续建设、推动海上合作以及"准则"案文磋商"三大任务"，坚持以和平战略为根本，主动稳定南海形势，积极塑造南海秩序，加快推进南海的和平安全、健康和谐和繁荣发展，为南海问题的最终解决创造条件，为加快推进海洋强国建设奠定基础。

海洋的广泛连通性为世界的流动提供了便利，海洋通道是让世界缩小的"核能量"，是让中国真正变成世界的中国的"天梯"。海洋战略通道与"海上丝绸之路"建设具有呼应关系，海洋通道战略中的通道既包括马六甲海峡、巴拿马运河等传统通道，也包括正在形成的北极航道（或北极航线）。取得重要海峡、运河管理上的发言权，实质性地参与或影响重要海峡、运河的管理是中国海洋通道战略的任务。基于当前形势，我国在加强海权建设和维护海上通道安全的过程中必须充分考虑地缘政治的因素。

海外利益的保护是中国海洋战略的有机组成部分。服务国家经济社会发展总战略的海洋战略，一定是实现、维护我国的海外利益，甚至扩大中国的海外利益的战略。海洋强国建设的目的是将我国从一个实力较弱的"海洋大国"转变成"海洋强国"。为了实现这个目标，可以从加大海军实力建设的投入、提高海洋资源开发能力、发展海洋经济等几个方面入手。海洋强国建设是保护海外利益的重要基础与手段。海外利益的保护离不开强大的海洋实力。我国未来海外利益保护的方向应该就是通过海洋强国建设实现对我国海外利益的保护。

海洋文化既可以看作是实施海洋战略的背景，也可以理解为海洋战略的内容。目前，把海洋文化看作建设对象，把海洋文化建设看作国家海洋战略的措施和目标是合理的。海洋文化建设其实是"通过海洋的"文化建设，在经济、社会、文化生活中增加海洋因素的建设。海洋文化不等于海洋文学。海洋信仰、海洋宗教等最多也只是海洋文化的成分。新时期海洋战略中的海洋文化应当是一种作为主建设对象的建设战略，而非作为其他事业之点缀的文化产品经营。中华民族有悠久的历史和发达的文化。源于此，今天的中国拥有丰富的"文化养分"。我们应当用历史上培养起来的文化养分培育出新的文化之树，带有明显中国特色的文化参天大树。我们的海洋文化战略应当是"育树"战略。

新时期中国海洋战略总布局应当包括：和谐海洋建设、现代"海上丝路"建设、海洋文化软实力建设、海洋科学技术强国建设。和谐海洋建设首先应当明确和平是中国和世界的共同需要这一重要理念，其次，应当坚持"中国特色大国外交""构建新型国际关系"，采取"睦邻"战略的梯次推进策略，全面实施"共同开发十二字政策"。现代"海上丝路"建设，应当致力于建设海—陆—空—网多维互联互通之路、海上经济之路、海上规则之路、海上心灵之路。海洋文化软实力建设应当包括复兴中华文化战略、中华文化固本战略、中华文化健体战略、中华文化洁面战略、中华文化济世战略。海洋科学技术强国建设，应当致力于提高海洋环境修复技术水平、推进海洋信息化建设、发展海洋资源开发技术、提高海洋科技自主创新能力、提高船舶修造技术、深研深潜技术及应用。

Abstract

Maritime strategy is an integral part of national strategy, representing the "maritime dimension of national strategy". As the blue component of national strategy, it can also be termed a blue national strategy. When national interests are carried by or realized through the sea, it becomes necessary to formulate a maritime strategy to pursue those interests either through maritime means or by leveraging the sea.

The Sino – US relationship is the most important bilateral relationship in China's foreign relations and the most critical factor influencing China's strategic design. This constraint is particularly significant in the formulation of China's maritime strategy. In the face of the US's multi – pronged New Asia – Pacific layout and its intervention in maritime disputes around China, relevant Chinese departments need to transcend the influence of "two extreme mindsets" and engage in comprehensive and holistic thinking. On the one hand, China's policymakers and academics should maintain a clear mind, objectively and dialectically assess the US's Asia – Pacific "rebalancing" strategy, and examine its intervention in current maritime disputes around China within an "integrated" framework for overall judgment and comparative analysis. A deeper and more nuanced understanding of the strategies, appearances, and methods of US intervention is essential to stabilizing Sino – US relations and the maritime situation around China. On the other hand, relevant Chinese foreign affairs and maritime affairs departments should closely monitor domestic maritime public opinion, promptly release information on maritime disputes, firmly grasp the initiative in public opinion, and reasonably guide citizens to view the Chinese government's maritime disputes with calm and rationality.

China's maritime strategy cannot exist in isolation from the network of relationships with its Asian neighbors. Neither the formulation nor the adjustment of the national maritime strategy can ignore the relationships with Asian neighbors, nor can it avoid the issue of the South China Sea, which broadly falls within the scope of relations with Asian neighbors. Since the 18th National Congress of the Communist Party of China, Chinese leaders have advocated the new diplomatic concept of a community with a shared future for mankind. This concept has become a banner for the theoretical and practical innovation of China's diplomacy in the new era. With the proposal to "let the awareness of a community with a shared future take root in neighboring countries", the concept of a neighboring community with a shared future has emerged. The sea is currently the main space for diplomatic interactions between China and its neighboring countries. Guided by the concept of a community with a shared future, China and its neighboring countries should strive to build a maritime community.

The South China Sea issue is not only the intractable problem in China's maritime affairs but also the complex issue inall of China's foreign relations. China's maritime strategy cannot avoid the South China Sea issue in any way. To realize the great rejuvenation of the Chinese nation and resolve the contradiction between the people's ever-growing needs for a better life and unbalanced and inadequate development, we need to build the South China Sea into a peaceful, healthy, and prosperous region. To this end, we should follow the important principles and policies proposed by President Xi Jinping in the "19th National Congress Report", such as "build a community with a shared future for mankind", "setting disputes through dialogue and resolving differences through discussion", and "deepen relations with its neighbors in accordance with the principle of amity, sincerity, mutual benefit, and inclusiveness and the policy of forging friendship and partnership with its neighbors", to coordinate the "three major relationships" between China and the United States, China and ASEAN, and China and other claimant countries, handle the "three pairs of contradictions" between international and domestic affairs, safeguarding rights and maintaining stability, and major powers and neighboring countries, and focus closely on the "three major tasks" of follow-up construction on islands and reefs, promoting maritime cooperation, and negotiating the "Code of Conduct" text. Adhering to a peace strategy as the fundamental approach, we should proactively stabilize the situation in the South China Sea, actively shape the order in the South China Sea, accelerate the promotion of peace, security, health, harmony, and prosperity in the South China Sea, create conditions for the ultimate resolution of the South China Sea issue, and lay the foundation for accelerating the construction of a maritime power.

The extensive connectivity of the ocean facilitates the flow of the world, and marine corridors serve as the "nuclear energy" that shrinks the world, making China truly a global China through the "heavenly ladder" of the sea. The Maritime Passage Strategy resonates with the development of the Maritime Silk Road initiative, encompassing both traditional strategic passages such as the Strait of Malacca and Panama Canal, as well as emerging Arctic Passage (Arctic shipping lanes). Gaining a voice in the management of vital straits and canals, and substantially participating in or influencing their governance, are tasks of China's Maritime Passage Strategy. Based on the current situation, China must fully consider geopolitical factors in strengthening maritime power construction and safeguarding the security of maritime corridors.

The protection of overseas interests is an integral part of China's maritime strategy. A maritime strategy that serves the overall strategy of national economic and social development must be one that realizes, safeguards, and even expands China's overseas interests. The goal of building a maritime power is to transform China from a relatively weak "maritime country" into a "maritime power". To achieve this goal, we can start by increasing investment in navy strength construction, improving marine resource development capabilities, and developing the marine economy. Building a maritime power is an important foundation and means for protecting overseas interests. The protection of overseas interests cannot be achieved without strong maritime strength. The future direction of China's overseas interest protection should be to realize the protection of our overseas interests through the construction of a maritime power.

Marine culture can be viewed both as the backdrop for implementing marine strategies and as a component of those strategies. Currently, it is reasonable to consider marine culture as an object of development and marine cultural construction as a measure and goal of national marine strategy. Marine cultural construction is, in essence, cultural construction "through the ocean," which involves increasing marine elements in economic, social, and cultural life. Marine culture is not synonymous with marine literature. Maritime beliefs, maritime religions, and the like are at most components of marine culture. In the new era, marine culture within marine strategy should be a construction strategy that serves as the primary object of development, rather than a cultural product managed as an embellishment to other endeavors. The Chinese nation has a long history and a developed culture. Stemming from this, today's China is rich in "cultural nutrients". We should use the cultural nutrients cultivated throughout history to nurture new cultural trees, towering trees of culture with distinct Chinese characteristics. Our marine cultural strategy should be a "tree-nurturing" strategy.

The overall layout of China's marine strategy in the new era should include: the construction of a harmonious ocean, the development of a modern "Maritime Silk Road", the enhancement of marine cultural soft power, and the establishment of China as a maritime scientific and technological power. The construction of a harmonious ocean should first clarify the important concept that peace is a common need for both China and the world. Secondly, it should adhere to the principles of "major country diplomacy with Chinese characteristics" and "fostering a new type of international relations", adopt a tiered approach to the "good-neighborly" strategy, and fully implement the "joint development" policy. The development of a modern "Maritime Silk Road" should strive to establish multi-dimensional interconnected roads by sea, land, air, and cyberspace, as well as maritime economic, rule-based, and spiritual routes. The enhancement of marine cultural soft power should include strategies for the revival, consolidation, strengthening, purification, and global influence of Chinese culture. The establishment of China as a maritime scientific and technological power should focus on improving marine environmental remediation technologies, advancing marine informatization, developing marine resource exploitation technologies, enhancing independent innovation capabilities in marine science and technology, improving shipbuilding and repair technologies, and deepening research on deep-sea diving technologies and their applications.

目 录

第一章 ▶ 中国发展的新时代和新时期的中国海洋战略　　1
  第一节　我国经济社会发展取得的成就和社会主要矛盾的变化　　2
  第二节　新时代制定国家战略的基本依据　　11
  第三节　"历史交汇期"我国的发展建设目标　　29
  第四节　新时期的建设任务和海洋战略　　38

第二章 ▶ 中美关系与我国新时期的海洋战略　　51
  第一节　中国海洋战略中的美国因素　　51
  第二节　美国对中国海洋战略的认知与反应　　63
  第三节　美国的"FON 计划"及其对华执行情况　　81
  第四节　构建中美新型海权关系：必要性及其路径　　92

第三章 ▶ 中国与邻国经贸关系及我国新时期的海洋战略　　103
  第一节　全球国际经贸与国家海洋战略历史回溯　　104
  第二节　中国与周边国家国际经贸关系特征及海洋领域关系评价　　110
  第三节　中国与亚洲国家涉海领域国际合作　　116
  第四节　中国海洋发展战略选择对策建议　　127

第四章 ▶ 建设和平、健康、繁荣的南中国海　　135
  第一节　南海的战略价值及其在海洋强国建设中的重要地位　　135
  第二节　南海问题的发展演变与我国面临的新形势和新任务　　143
  第三节　和平战略与新时期中国的南海政策选择及建设方略　　160

第五章 ▶ 我国的海洋战略通道与新时期的海洋战略　202

　　第一节　海上战略通道及其作用　203
　　第二节　我国传统的海上战略通道　206
　　第三节　我国海洋战略视角下的"冰上丝绸之路"建设　227

第六章 ▶ 建设海洋强国维护海外利益　243

　　第一节　海洋强国建设与海外利益维护　245
　　第二节　我国海外利益的重要性及其特征　264
　　第三节　我国海外利益发展与保护的不利条件与机遇　273
　　第四节　海洋强国建设视角下我国海外利益保护的战略举措
　　　　　　与未来走势　285

第七章 ▶ 中国海洋战略中的海洋文化战略　296

　　第一节　海洋文化的自卑与自信　296
　　第二节　建设海洋文化强国　328

第八章 ▶ 新时期中国海洋战略总布局　357

　　第一节　和谐海洋建设　359
　　第二节　现代"海上丝路"建设　384
　　第三节　海洋文化软实力建设　411
　　第四节　海洋科学技术强国建设　440

主要参考文献　460

后记　485

Contents

Chapter 1 A New Era of China's Development and China's Maritime Strategy in the New Period   1

    1. 1   Achievements in China's Economic and Social Development and Changes in Major Social Contradictions   2

    1. 2   The Basic Basis for Formulating National Strategies in the New Era   11

    1. 3   China's Development and Construction Goals During the "Historical Convergence Period"   29

    1. 4   Construction Tasks and Maritime Strategy for the New Period   38

Chapter 2 Sino – U. S. Relations and China's Maritime Strategy in the New Period   51

    2. 1   The American Factor in China's Maritime Strategy   51

    2. 2   The United States' Perception and Response to China's Maritime Strategy   63

    2. 3   The FON Program of the United States and Its Implementation in China   81

    2. 4   Building a New Type of Maritime Power Relationship between China and the U. S. : Necessity and Pathways   92

Chapter 3 China-Asia Neighboring Countries' Economic and Trade Relations and China's Maritime Strategy in the New Period　　103

　　3.1 Historical of Global International Economic and Trade Relations and National Maritime Strategies　　104

　　3.2 Characteristics of China's International Economic and Trade Relations with Neighboring Countries and Evaluation of Relations in the Marine Field　　110

　　3.3 International Cooperation between China and Asian Countries in Maritime-related Fields　　116

　　3.4 Countermeasures and Suggestions for China's Marine Development Strategy Selection　　127

Chapter 4 Building a Peaceful, Healthy, and Prosperous South China Sea　　135

　　4.1 The Strategic Value of the South China Sea and Its Important Position in Building a Maritime Power　　135

　　4.2 The Development and Evolution of the South China Sea Issue and the New Situation and Tasks Facing China　　143

　　4.3 Peace Strategy and China's South China Sea Policy Choices and Development Strategies in the New Period　　160

Chapter 5 China's Maritime Strategic Channels and Maritime Strategy in the New Period　　202

　　5.1 Maritime Strategic Channels and Their Role　　203

　　5.2 China's Traditional Maritime Strategic Channels　　206

　　5.3 The Construction of the "Ice Silk Road" from the Perspective of China's Maritime Strategy　　227

Chapter 6 Building a Maritime Power to Safeguard Overseas Interests　　243

　　6.1 Building a Maritime Power and Safeguarding Overseas Interests　　245

　　6.2 The Importance and Characteristics of China's Overseas Interests　　264

　　6.3 Disadvantages and Opportunities for the Development and Protection of China's Overseas Interests　　273

6.4　Strategic Measures and Future Trends for the Protection of China's Overseas Interests from the Perspective of Maritime Power Building　285

Chapter 7　Maritime Cultural Strategy in China's Maritime Strategy　296

7.1　Inferiority and Self-confidence in Maritime Culture　296

7.2　Building a Maritime Cultural Power　328

Chapter 8　The Overall Layout of China's Maritime Strategy in the New Period　357

8.1　Building a Harmonious Ocean　359

8.2　Construction of the Modern "Maritime Silk Road"　384

8.3　Building Maritime Cultural Soft Power　411

8.4　Building a Maritime Science and Technology Power　440

References　460

Postscript　485

第一章

中国发展的新时代和新时期的中国海洋战略

1949~2021年，新中国已经走过了70多年。经过这70多年的建设，新中国进入了一个新时代。这是一个以解决"人民日益增长的美好生活需要和不平衡不充分的发展之间的矛盾"为主要建设任务的时代，一个在政治、经济、文化、社会、军事、外交等方面都将因"社会主要矛盾"的变化而发生变化，甚至发生重大变化的时代。积极回应新时代的要求，需要按照解决变化了的"社会主要矛盾"的需要①重新审视我们的国家战略，需要对作为国家战略之组成部分，对作为服务于国家总战略之子战略的国家海洋战略②做必要的调整。③

---

① "新时代"概念的基本内涵是变化，但变化并不等于全部改变。正如习近平所指出的那样，虽然我国社会的主要矛盾发生了变化，并且这一变化对我国社会进入新时代具有决定作用，但"我国仍处于并将长期处于社会主义初级阶段的基本国情没有变，我国是世界最大发展中国家的国际地位没有变"（习近平：《决胜全面建成小康社会，夺取新时代中国特色社会主义伟大胜利——在中国共产党第十九次全国代表大会上的报告》，人民出版社2017年版，第12页）。进入新时代这一变化对于国家战略来说，既可以产生对国家战略做某些调整的要求，也可以是提出更充分地调动实现以往确定的国家战略目标的国家力量的要求。在后一种情况下，变化了的是条件，没有变的是战略目标。下面将论述实现中华民族伟大复兴就是不变（以往确定的，进入新时代也将坚定不移为之奋斗）的战略目标。

② 本书所讨论的海洋战略是作为国家战略之组成部分的战略。对国家海洋战略的界定，可参阅徐祥民：《中国海洋发展战略研究》，经济科学出版社2015年版，第146~161页。

③ 本课题就是应这种需要而为的专门研究。

第一节 我国经济社会发展取得的成就和社会主要矛盾的变化

我国已经度过了跨越近 70 年（1949~2016 年）的一个历史时代（以下简称"以往时代"），自 2017 年进入一个新时代。从"以往时代"（也可以称为"物质文化生活营建时代"①）到新时代（可称为"美好生活营造时代"）的最突出的变化是我国社会的主要矛盾从"人民日益增长的物质文化生活需要与落后的生产力之间的矛盾"，变为"人民日益增长的美好生活需要和不平衡不充分的发展之间的矛盾"②。实现这一历史性变化的基本推动力是我国生产力发展和经济社会发展所取得的巨大成就。

一、我国经济社会发展取得巨大进步

自改革开放以来，我国国民经济社会迅速发展，综合国力和国际影响力显著提升，经济和社会各个领域取得巨大进步，取得了举世瞩目的历史性成就。以下几个方面可以说明这一点。

（一）经济迅速发展，综合国力显著增强

自实行改革开放政策以来，我国经济持续快速增长，经济增长的速度位居世界前列。"1979~2017 年，我国经济平均增长率为 9.5%，明显高于世界同期 2.9% 的平均水平，也高于世界各主要经济体同期平均水平。"③（见表 1-1）经过长时间的快速发展，我国的经济总量连上新台阶，经济增量规模显著扩大。"1978 年我国国内生产总值只有 3 679 亿元，之后连续跨越，1986 年上升到 1 万亿元，1991 年上升到 2 万亿元，2000 年突破 10 万亿元大关，2006 年超过 20 万亿元，2017 年首次站上 80 万亿元的历史新台阶，达到 827 122 亿元。"④

---

① 这个时期的主要建设内容，这个时期"发展"的主旋律是经济增长，我们曾根据这一"主旋律"的特点将以往时期的发展称为"营建发展"。参见徐祥民、姜渊：《绿色发展理念下的绿色发展法》，载于《法学》2017 年第 6 期。
② 习近平：《决胜全面建成小康社会，夺取新时代中国特色社会主义伟大胜利——在中国共产党第十九次全国代表大会上的报告》，人民出版社 2017 年版，第 14 页。
③ 《国际地位显著提升 国际影响力明显增强——改革开放 40 年经济社会发展成就系列报告之十九》，国家统计局网站，2021 年 5 月 21 日访问。
④ 《波澜壮阔四十载 民族复兴展新篇——改革开放 40 年经济社会发展成就系列报告之一》，国家统计局网站，2021 年 5 月 21 日访问。

表 1-1　　　　世界主要国家和地区经济增长率比较　　　单位：%

国家和地区	1978年	1990年	2000年	2010年	2015年	2016年	2017年	1979～2017年平均增速
世界	4.0	3.0	4.4	4.3	2.8	2.5	3.2	2.9
高收入国家	4.2	3.3	4.0	2.9	2.3	1.7		2.4*
中等收入国家	3.1	2.1	5.6	7.5	3.8	4.0		4.2*
低收入国家	2.3	0.5	1.9	6.5	4.7	4.2		3.5**
中国	11.7	3.9	8.5	10.6	6.9	6.7	6.9	9.5
美国	5.6	1.9	4.1	2.5	2.9	1.5	2.3	2.6
欧元区	3.1	3.6	3.9	2.1	2.1	1.8	2.4	1.9
日本	5.3	5.6	2.8	4.2	1.2	1.0	1.7	2.1
韩国	10.8	9.8	8.9	6.5	2.8	2.8	3.1	6.2*
墨西哥	9.0	5.1	5.3	5.1	2.7	2.3	2.1	2.8
巴西	3.2	-3.1	4.1	7.5	-3.8	-3.6	1.0	2.5
俄罗斯		-3.0	10.0	4.5	-2.8	-0.2	1.5	0.5***
印度	5.7	5.5	3.8	10.3	8.0	7.1	6.6	6.0
南非	3.0	-0.3	4.2	3.0	1.3	0.3	1.3	2.3

注：* 表示 1979～2016 年平均增速，** 表示 1983～2016 年平均增速，*** 表示 1990～2017 年平均增速。

资料来源：世界银行 WDI 数据库。

随着经济的快速发展，我国人均国内生产总值不断提高，已经从一个低收入国家跨入中等偏上收入国家行列。"2017 年，我国人均国内生产总值 59 660 元，扣除价格因素，比 1978 年增长 22.8 倍，年均实际增长 8.5%。"① 我国人均国民总收入（GNI）由 1978 年的 200 美元提高至 2016 年的 8 250 美元，超过中等偏上收入国家平均水平，在世界银行公布的 217 个国家（地区）中排名上升到第 95 位。对于我们这样一个拥有近 14 亿人口的大国来说，能够取得如此大的进步实在难得。

经济的飞速发展，使我国的经济规模不断扩大，已经跃居世界第二位。1978

---

① 《波澜壮阔四十载　民族复兴展新篇——改革开放 40 年经济社会发展成就系列报告之一》，国家统计局网站，2021 年 5 月 25 日访问。

年，我国经济总量居世界第十一位；2000 年超过意大利，居世界第六位；2007 年超过德国，居世界第三位；2010 年超过日本，成为世界第二大经济体。2016 年，我国国内生产总值折合 11.2 万亿美元，占世界经济总量的 14.9%，稳居世界第二位。"2017 年，我国国内生产总值折合 12.3 万亿美元，占世界经济总量的 15% 左右，比 1978 年提高 13 个百分点左右。"① 我国经济规模越来越大，对世界经济增长的贡献不断提高。"1979～2017 年，中国对世界经济增长的年均贡献率为 18.4%，仅次于美国，居世界第二位。特别是自 2006 年以来，中国对世界经济增长的贡献率稳居世界第一位。2017 年，中国对世界经济增长的贡献率为 27.8%，超过美国、日本贡献率的总和，拉动世界经济增长 0.8 个百分点。"② 这些数据充分表明了我国对世界经济发展的贡献。

俄罗斯自由媒体网站 2019 年 1 月 6 日发表的文章这样评价中国 40 年经济社会发展的成就："从 1978 年到 2017 年，中国国内生产总值（GDP）的年均名义增长高达 14.5%——这个指标在世界历史上前所未有。中国经济总量占世界经济的比重由 1978 年的 1.8% 上升到 2017 年的 15%。在如此短的时间内，中国 GDP 排名跃居世界第二，仅次于美国。而且，据世界银行统计，比较按照购买力平价计算的 GDP，中国已经超过美国。2017 年，中国对世界经济增长的贡献率为 34%，超过美国、日本贡献率的总和。""1978 年，中国进出口贸易额为 355 亿元；2017 年……中国达到 27.8 万亿元，是 1978 年的约 783 倍。""中国已成为全球商品和服务的最大供应者和消费者。"③

（二）产业结构持续优化，基础产业和基础设施跨越式发展

改革开放以来，我国的产业结构不断优化，经济增长由主要依靠第二产业带动转向依靠三次产业共同带动。农业基础地位更加稳固，实现了由单一以种植业为主的传统农业向农、林、牧、渔业全面发展的现代农业转变。工业结构不断向中高端水平迈进。"2017 年，高技术制造业和装备制造业增加值占规模以上工业增加值的比重分别为 12.7% 和 32.7%，分别比 2005 年提高 0.9 个和 4 个百分点。服务业快速发展成为经济增长的新引擎。2012 年，第三产业增加值占国内生产总值的比重首次超过第二产业，成为国民经济第一大产业。2017 年，服务业比重提升至 51.6%，比 1978 年上升 27 个百分点，对经济增长的贡献率为 58.8%，

---

① 《国际地位显著提高　国际影响力明显增强——党的十八大以来经济社会发展成就系列之二十九》，国家统计局网站，2021 年 5 月 25 日访问。
② 《国际地位显著提升　国际影响力明显增强——改革开放 40 年经济社会发展成就系列报告之十九》，国家统计局网站，2018 年 5 月 25 日访问。
③ 《俄媒述评：中国 40 年发展成果令人震撼》，载于《参考消息》2019 年 1 月 8 日，第 15 版。

提高 30.4 个百分点。"①

改革开放以来，我国的基础产业和基础设施体系实现跨越式发展，供给能力和供给质量不断优化提升。（1）农业基础地位不断强化，主要农产品产量跃居世界前列。2017 年，我国粮食总产量稳定在 1.2 万亿斤以上，比 1978 年翻一番。近年来，我国谷物、肉类、花生、茶叶产量稳居世界第一位，油菜籽产量稳居世界第二位，甘蔗产量稳居世界第三位。（2）工业生产能力不断提升，现代工业体系逐步建立。"2017 年，钢材产量 10.5 亿吨，比 1978 年增长 46.5 倍；水泥产量 23.4 亿吨，增长 34.8 倍；汽车产量 2 902 万辆，增长 193.8 倍。移动通信手持机和微型计算机设备从无到有，2017 年产量分别达到 18.9 亿台和 3.1 亿台。"②近年来，我国工业经济多个领域取得重大突破，发展质量优化提升，正朝着制造强国目标迈进。（3）交通运输建设成效突出，四通八达的综合运输网络已经形成。"2017 年末，铁路营业里程达到 12.7 万公里，比 1978 年末增长 1.5 倍，其中高速铁路达到 2.5 万公里，占世界高铁总量 60% 以上，以'四纵四横'为主骨架的高铁网基本形成。2017 年末，公路里程 477 万公里，比 1978 年末增长 4.4 倍，其中高速公路达到 13.6 万公里。"③（4）邮电通信业快速发展，信息基础设施服务能力大幅提升。"2017 年末，全国邮政营业网点 27.8 万处，比 1978 年末增长 4.6 倍；邮路总长度 938.5 万公里，增长 93.0%。2017 年末，全国移动电话普及率达到 102.5 部/百人；建成了全球最大的移动宽带网，移动宽带用户达 11.3 亿户；光缆线路总长度达 3 747 万公里。"④（5）能源生产能力大幅增强，供应保障水平不断提高。"2017 年，我国能源生产总量达到 35.9 亿吨标准煤，比 1978 年增长 4.7 倍，年均增长 4.6%。2017 年末，全国发电装机容量 17.8 亿千瓦，比 1978 年末增长 30.1 倍。"⑤水电、风电、太阳能发电装机和核电在建规模稳居世界第一，成为全球非化石能源生产的引领者。西气东输、西电东送等能源运输大动脉建设取得巨大成就，极大地缓解了东部地区经济社会发展与能源供给之间的矛盾。

---

① 《经济结构实现历史性变革　发展协调性显著增强——改革开放 40 年经济社会发展成就系列报告之二》，国家统计局网站，2021 年 5 月 25 日访问。

② 《波澜壮阔四十载　民族复兴展新篇——改革开放 40 年经济社会发展成就系列报告之一》，国家统计局网站，2018 年 5 月 25 日访问。

③ 《交通运输业跨越式发展　综合服务能力大幅提升——党的十八大以来经济社会发展成就系列之十五》，国家统计局网站，2021 年 5 月 25 日访问。

④ 《党的十八大以来经济社会发展成就数据资料》，国家统计局网站，2021 年 5 月 25 日访问。

⑤ 《能源发展成就瞩目　节能降耗效果显著——改革开放 40 年经济社会发展成就系列报告之十二》，国家统计局网站，2021 年 5 月 25 日访问。

（三）对外经济发展成绩斐然，全方位开放新格局逐步形成

改革开放以来，我国积极抢抓机遇，大力推进对外开放，充分利用国际国内两个市场两种资源加快发展。40多年来，我国的贸易规模稳步扩张，贸易大国地位日益巩固。改革开放初期，我国对外经济活动十分有限，1978年货物进出口总额仅为206亿美元，位居世界第29位。随着对外开放的深度和广度不断拓展，特别是2001年正式加入世界贸易组织（WTO）后，贸易总量迅速增长。"2017年，货物进出口总额达到4.1万亿美元，比1978年增长197.9倍，年均增长14.5%，居世界第一位。服务贸易快速发展。2017年，服务进出口总额6 957亿美元，比1982年增长147倍，连续4年保持世界第二位。"①

我国的贸易结构不断调整优化，竞争力不断提升。外商来中国投资规模和领域不断扩大，我国已经成为吸引全球投资的热土。"2017年，我国实际使用外商直接投资1 310亿美元，比1984年增长91.3倍，年均增长14.7%。1979~2017年，我国累计吸引外商直接投资达18 966亿美元"②，是吸引外商直接投资最多的发展中国家。随着我国对外开放领域的扩大和产业结构的升级，外商直接投资领域不断扩展。过去制造业一直是我国吸收外商投资的主要领域，近年来服务业逐渐成为外商投资的新热点。

我国不断拓宽对外投资合作领域，"一带一路"建设成效显著。"2017年，我国对外直接投资额（不含银行、证券、保险）1 201亿美元，比2003年增长41.1倍，年均增长30.6%。"③ 党的十八大以来，"一带一路"建设成效显著。目前，100多个国家和国际组织以不同形式参与"一带一路"建设，80多个国家及国际组织同我国签署了合作协议。"2017年，我国对'一带一路'沿线的59个国家直接投资额（不含银行、证券、保险）144亿美元，占同期总额的12%。"④

我国积极参与和推动经济全球化，在全球经济治理中的话语权不断提升。1980年4月和5月，我国先后恢复了在国际货币基金组织和世界银行的合法席位；2001年加入世界贸易组织，以更加积极的姿态参与国际经济合作。2003年以来，我国与亚洲、大洋洲、拉丁美洲、欧洲、非洲的多个国家和地区建设了数十个自贸区。近年来，倡议建立亚洲基础设施投资银行和设立丝路基金，成功主办了"一带一路"

---

① 《波澜壮阔四十载 民族复兴展新篇——改革开放40年经济社会发展成就系列报告之一》，国家统计局网站，2021年5月21日访问。
②③ 《"引进来"稳中提质 "走出去"积极推进——党的十八大以来经济社会发展成就系列之十四》，国家统计局网站，2021年5月21日访问。
④ 《"一带一路"收获早期成果 对外开放形成崭新格局——党的十八大以来经济社会发展成就系列之二十六》，国家统计局网站，2021年5月21日访问。

国际合作高峰论坛①、亚太经合组织（APEC）北京峰会②、二十国集团（G20）领导人杭州峰会③等，在全球治理体系变革中贡献了中国智慧、中国方案。

（四）科技创新成果大量涌现，发展新动能快速崛起

改革开放以来，我国科技事业取得长足进步，重大科技成果不断涌现，创新型国家建设持续推进，发展新动能快速提升。

我国科技不断增加投入，已经成为世界研发经费投入大国。改革开放以来，我国科技投入不断加大，为各项科技活动的开展创造了良好条件。"2017 年，我国研究与试验发展（R&D）经费支出 17 606 亿元，比 1991 年增长 122 倍，年均增长 20.3%。我国研发经费总量在 2013 年超过日本，成为仅次于美国的世界第二大研发经费投入国家。2017 年，我国研究与试验发展经费支出与国内生产总值之比为 2.13%，比 1991 年提高 1.53 个百分点。"④ 目前我国研发经费投入强度达到中等发达国家水平，居发展中国家前列。

我国科技队伍发展壮大，研发人员总量跃居世界首位。我国科技实力明显增强，关键领域取得重大突破。改革开放以来，我国在高温超导、纳米材料、古生物考古、生命科学、超级杂交水稻、高性能计算机等一些关键领域取得重要突破。近年来，又在载人航天、探月工程、量子科学、深海探测、超级计算、卫星导航等战略高技术领域取得重大原创性成果，C919 大型客机飞上蓝天，首艘国产航母下水，高铁、核电、特高压输变电等高端装备大步走向世界。在政策引导和改革推动下，全社会科技创新活力得到有效激发。"2017 年我国发明专利申请量 138.2 万件，连续 7 年居世界首位；科技进步贡献率提高到 57.5%。"⑤

近年来，我国抢抓新一轮世界科技革命和产业变革机遇，持续推进大众创业、万众创新，新旧动能加快接续转换。"2006～2017 年，装备制造业和高技术制造业增加值年均分别增长 16.2% 和 16.6%，快于规模以上工业 3.2 个和 3.6 个百分点。"⑥网络购物异军突起，电子商务、移动支付、共享经济等引领世界潮

---

① 2017 年 5 月 14 日在北京召开。参见习近平：《在"一带一路"国际合作高峰论坛欢迎宴会上的祝酒辞》，载于《人民日报》2017 年 5 月 15 日，第 2 版。

② 2014 年 11 月 11 日在北京举行。参见吴绮敏等：《北京 APEC，书写亚太发展新愿景》，载于《人民日报》2014 年 11 月 14 日，第 2 版。

③ 2016 年 9 月 4 日在中国杭州召开。参见习近平：《中国发展新起点 全球增长新蓝图——在二十国集团工商峰会开幕式上的主旨演讲》，载于《人民日报》2016 年 9 月 5 日，第 2 版。

④⑥ 《科技进步日新月异 创新驱动成效突出——改革开放 40 年经济社会发展成就系列报告之十五》，国家统计局网站，2021 年 5 月 21 日访问。

⑤ 《科技发展成效凸显 创新驱动加力提速——党的十八大以来经济社会发展成就系列之十六》，国家统计局网站，2021 年 5 月 21 日访问。

流,"互联网+"广泛融入各行各业。实物商品网上零售额明显快于社会消费品零售总额年均增长。快速崛起的新动能,正在重塑经济增长格局,深刻改变生产生活方式,成为我国创新发展的新标志。

(五)人民生活发生巨大变化,社会事业繁荣发展

改革开放40多年来,我国城乡居民生活水平显著提高。城乡居民收入大幅提升,居民财富不断增长。"1978年,全国居民人均可支配收入仅171元,2009年突破万元大关,达到10 977元,2014年突破2万元大关,达到20 167元。目前正向3万元大关迈进。2017年,全国居民人均可支配收入达到25 974元。扣除价格因素,比1978年实际增长22.8倍,年均增长8.5%。"① 居民财产性收入由无到有、由少变多。

居民生活条件不断改善,消费结构升级趋势明显。"2017年,全国居民人均消费支出18 322元。扣除价格因素,比1978年实际增长18.0倍,年均增长7.8%。"② 消费层次由温饱型向全面小康型转变。"2017年,全国恩格尔系数为29.3%,比1978年下降34.6个百分点。居住条件显著改善。2017年,城镇居民、农村居民人均住房建筑面积分别比1978年增加30.2平方米和38.6平方米。城镇居民、农村居民平均每百户拥有的家用汽车数量分别上升为2017年的37.5辆和19.3辆。"③ 汽车已经进入了千家万户,成为大众日常交通工具。

改革开放以来,我国各项社会事业繁荣发展,公共服务水平不断提升,人民群众获得感不断增强,经济社会发展协调性全面提高。(1)教育事业成效显著,总体水平跃居世界中上行列。"2017年,小学学龄儿童净入学率达99.9%,初中阶段毛入学率为103.5%,九年义务教育巩固率达93.8%。高等教育向普及化阶段快速迈进。2017年,高等教育毛入学率达到45.7%。"④ 我国的高等教育水平已经高于中高收入国家平均水平。(2)文化事业长足发展,国家软实力逐步提升。"2017年末,全国共有公共图书馆3 166个,比1978年末增长1.6倍;博物馆4 722个,增长12.5倍;广播、电视节目综合人口覆盖率分别达到98.7%

---

① 《居民收入较快增长 生活质量不断提高——党的十八大以来经济社会发展成就系列之五》,国家统计局网站,2021年5月25日访问。

② 《居民生活水平不断提高 消费质量明显改善——改革开放40年经济社会发展成就系列报告之四》,国家统计局网站,2021年5月25日访问。

③ 《居民收入较快增长 生活质量不断提高——党的十八大以来经济社会发展成就系列之五》,国家统计局网站,2021年5月25日访问。

④ 《教育事业取得历史性进展 教育质量水平明显提高——党的十八大以来经济社会发展成就系列之十九》,国家统计局网站,2021年5月25日访问。

和 99.1%。"①（3）公共卫生事业成就巨大。我国加快推进健康中国建设，公共卫生体系不断完善，国民健康水平持续提高。"2017 年末，全国共有医疗卫生机构 98.7 万个，比 1978 年末增长 4.8 倍；卫生技术人员 898 万人，增长 2.6 倍；医疗卫生机构床位 794 万张，增长 2.9 倍。居民预期寿命由 1981 年的 67.8 岁提高到 2017 年的 76.7 岁，孕产妇死亡率由 1990 年的 88.8/10 万下降到 2017 年的 19.6/10 万。"②公共卫生整体实力和疾病防控能力迈上新台阶，城乡居民健康状况显著改善。（4）体育事业连创佳绩，竞技体育和群众体育共同发展。"1978～2017 年，我国运动员共获得世界冠军 3 314 个。全民健身运动蓬勃发展。2008 年，北京成功举办了第 29 届夏季奥运会，实现了中华民族的百年梦想，我国体育代表团所获金牌数首次位列奥运会金牌榜首。目前，全国体育场地总数已超过 170 万个，人均体育场地面积达到 1.6 平方米以上，近 4 亿人经常参加体育锻炼。"③全国人民的身体素质不断增强。

二、我国社会主要矛盾发生深刻变化

1957 年 2 月 27 日，毛泽东同志在最高国务会议第十一次扩大会议上发表讲话（《关于正确处理人民内部矛盾的问题》）。该讲话指出："在社会主义社会中，基本的矛盾仍然是生产关系和生产力之间的矛盾，上层建筑和经济基础之间的矛盾。"讲话特别解释社会主义生产关系比较旧时代的生产关系更能适应生产力发展的性质——能够容许生产力以旧社会所没有的速度迅速发展，因而生产不断扩大，因而使人民不断增长的需要能够逐步得到满足的这样一种情况。1957 年的中国，社会主义制度刚刚建立，既存在"生产关系与生产力既相适应又相矛盾的情况"，又存在"上层建筑与经济基础既相适应又相矛盾的情况"④。这两个"既相适应又相矛盾"就是毛泽东对当时中国社会基本矛盾的认识。

我国实行改革开放政策之后，中国共产党把我国社会的基本矛盾进一步明确为"人民日益增长的物质文化需要同落后的社会生产之间的矛盾"。1981 年 6 月 27 日，中国共产党第十一届中央委员会第六次全体会议通过的《关于建国以来

---

① 《文化事业建设不断加强　文化产业发展成绩显著——改革开放 40 年经济社会发展成就系列报告之十七》，国家统计局网站，2021 年 5 月 25 日访问。
② 《波澜壮阔四十载　民族复兴展新篇——改革开放 40 年经济社会发展成就系列报告之一》，国家统计局网站，2021 年 5 月 25 日访问。
③ 《居民收入较快增长　生活质量不断提高——党的十八大以来经济社会发展成就系列之五》，国家统计局网站，2021 年 5 月 25 日访问。
④ 毛泽东：《关于正确处理人民内部矛盾的问题》，载于《人民日报》1957 年 6 月 19 日，第 1 版。

党的若干历史问题的决议》判定:"在社会主义改造基本完成以后,我国所要解决的主要矛盾,是人民日益增长的物质文化需要同落后的社会生产之间的矛盾。"① 在这之后,中国共产党发表的许多重要文件都重申这一判断或使用这一认识结论。例如《江泽民在中国共产党第十四次全国代表大会上的报告》(以下简称"党的十四大报告")有如下表述:"建设有中国特色社会主义理论的主要内容是……在社会主义的根本任务问题上,指出社会主义的本质是解放生产力,发展生产力,消灭剥削,消除两极分化,最终达到共同富裕。强调现阶段我国社会的主要矛盾是人民日益增长的物质文化需要同落后的社会生产之间的矛盾,必须把发展生产力摆在首要位置,以经济建设为中心,推动社会全面进步。判断各方面工作的是非得失,归根到底,要以是否有利于发展社会主义社会的生产力,是否有利于增强社会主义国家的综合国力,是否有利于提高人民的生活水平为标准。"② 再如,《江泽民在中国共产党第十五次全国代表大会上的报告》(以下简称"十五大报告")有如下论述:"社会主义的根本任务是发展社会生产力。在社会主义初级阶段,尤其要把集中力量发展社会生产力摆在首要地位。我国经济、政治、文化和社会生活各方面存在着种种矛盾……但社会的主要矛盾是人民日益增长的物质文化需要同落后的社会生产之间的矛盾,这个主要矛盾贯穿我国社会主义初级阶段的整个过程和社会生活的各个方面。这就决定了我们必须把经济建设作为全党全国工作的中心,各项工作都要服从和服务于这个中心。只有牢牢抓住这个主要矛盾和工作中心,才能清醒地观察和把握社会矛盾的全局,有效地促进各种社会矛盾的解决。"③ 又如,《江泽民在中国共产党第十六次全国代表大会上的报告》(以下简称"党的十六大报告")指出:"必须看到,我国正处于并将长期处于社会主义初级阶段,现在达到的小康还是低水平的、不全面的、发展很不平衡的小康,人民日益增长的物质文化需要同落后的社会生产之间的矛盾仍然是我国社会的主要矛盾。"④

经过近70年的建设,尤其是实行改革开放政策以来40年的建设,我国社会的主要矛盾发生了变化。《习近平在中国共产党第十九次全国代表大会上的

---

① 《关于建国以来党的若干历史问题的决议》,引自《中国共产党中央委员会关于建国以来党的若干历史问题的决议》,人民出版社2009年版,第23页。

② 江泽民:《加快改革开放和现代化建设步伐,夺取有中国特色社会主义事业的更大胜利——在中国共产党第十四次全国代表大会上的报告》,引自《江泽民文选》第一卷,人民出版社2006年版,第214页。

③ 江泽民:《高举邓小平理论伟大旗帜,把建设有中国特色社会主义事业全面推向二十一世纪——在中国共产党第十五次全国代表大会上的报告》,引自《江泽民文选》第二卷,人民出版社2006年版,第16~17页。

④ 江泽民:《全面建设小康社会,开创中国特色社会主义事业新局面——在中国共产党第十六次全国代表大会上的报告》,引自《江泽民文选》第三卷,人民出版社2006年版,第546页。

报告》（以下简称"党的十九大报告"）宣布："经过长期努力，中国特色社会主义进入了新时代。党的十九大报告把这个"新时代"称为"我国发展新的历史方位"①。说我国进入新时代的主要依据是我国社会主要矛盾发生了重大变化。党的十九大报告明确宣布："中国特色社会主义进入新时代，我国社会主要矛盾已经转化为人民日益增长的美好生活需要和不平衡不充分的发展之间的矛盾。……人民美好生活需要日益广泛，不仅对物质文化生活提出了更高要求，而且在民主、法治、公平、正义、安全、环境等方面的要求日益增长……更加突出的问题是发展不平衡不充分，这已经成为满足人民日益增长的美好生活需要的主要制约因素。"②

我国社会主要矛盾的变化不只是客观上发生的变化，这个变化已经被明确地认识到，成为我国国家建设指导思想所接受的事实。习近平把"新时代中国特色社会主义思想"的核心内容概括为八个"明确"③（以下简称"八个明确"），其中第二个"明确"是："明确新时代我国社会主要矛盾是人民日益增长的美好生活需要和不平衡不充分的发展之间的矛盾，必须坚持以人民为中心的发展思想，不断促进人的全面发展、全体人民共同富裕"。④毫无疑问，党的十九大所作出的中国社会发展进入新阶段的判断，是深入研究谨慎推敲的结果。

第二节 新时代制定国家战略的基本依据

以党的十九大为标志，我国进入新时代。以"人民日益增长的美好生活需要和不平衡不充分的发展之间的矛盾"为社会主要矛盾的新时代具体不同于"以往时代"的规定性，有不同于"以往时代"的发展要求。与新时代同时到来的是习近平新时代中国特色社会主义思想的确立。以"八个明确"为核心内容的习近平新时代中国特色社会主义思想对发展和如何发展等有比以往思想更新更深刻的认

---

① 习近平：《决胜全面建成小康社会，夺取新时代中国特色社会主义伟大胜利——在中国共产党第十九次全国代表大会上的报告》，人民出版社 2017 年版，第 8 页。
② 习近平：《决胜全面建成小康社会，夺取新时代中国特色社会主义伟大胜利——在中国共产党第十九次全国代表大会上的报告》，人民出版社 2017 年版，第 8~10 页。
③ 习近平：《决胜全面建成小康社会，夺取新时代中国特色社会主义伟大胜利——在中国共产党第十九次全国代表大会上的报告》，人民出版社 2017 年版，第 19~20 页。
④ 习近平：《决胜全面建成小康社会，夺取新时代中国特色社会主义伟大胜利——在中国共产党第十九次全国代表大会上的报告》，人民出版社 2017 年版，第 14~20 页。

识。进入新时代，作为领导政党的中国共产党一如既往地把"实现中华民族伟大复兴"这一"梦想"作为自己的历史使命。这个使命也是全体当代中国人的历史使命。根据中国特色社会主义新时代的要求，运用习近平新时代中国特色社会主义思想，党的十九大为刚刚进入新时代的中国规划了包含十四条内容的"基本方略"（以下简称"基本方略十四条"）。中国特色社会主义新时代的特有规定性是刚刚走进新时代的中国制定或调整国家战略的依据。"实现中华民族伟大复兴是近代以来中华民族最伟大的梦想"，是中国共产党自成立以来就担在肩上的历史使命，也是处在任何一个时期、任何一种政治局势下的中国政府都不可忘却的历史使命，更是今天的中国政府不容辞却的任务，因而也自然成为今天的中国政府制定或调整以国家海洋战略为重要内容的国家战略的依据。习近平新时代中国特色社会主义思想"是全党全国人民为实现中华民族伟大复兴而奋斗的行动指南"①，因而也是制定或调整包括国家海洋战略在内的国家战略的"指南"。新时代中国特色社会主义建设基本方略则贯彻了习近平新时代中国特色社会主义思想，反映了新时代中国特色社会主义的要求，体现了实现中华民族伟大复兴历史使命的需要，不仅是制定或调整国家战略的依据，而且是更加直接的依据。在以往 40 多年的建设过程中，中国共产党带领国家逐渐调整、丰富国家发展建设的总体布局。已经确立并经过实践检验的"五位一体"总体布局也应成为我国制定或调整国家战略的依据。

一、新时代中国特色社会主义思想

中国共产党第十一次全国代表大会第三次全体会议（以下简称"党的十一届三中全会"）是新中国已经走过的 70 多年历程中的一个重大转折点。在这个重大转折点上，思想战线的主要任务是"解放思想"，恢复"马克思主义学风"和以"实事求是"为基本内核的"唯物主义的思想路线"②，也称"马克思主义的实事

---

① 习近平：《决胜全面建成小康社会，夺取新时代中国特色社会主义伟大胜利——在中国共产党第十九次全国代表大会上的报告》，人民出版社 2017 年版，第 14～20 页。

② 《中国共产党第十一届中央委员会第三次全体会议公报》称："两年来，通过深入揭批林彪、'四人帮'的斗争，纠正了被他们颠倒的许多思想理论是非。但是，现在还有不少同志不敢大胆地实事求是地提出问题和解决问题。这种状态是在一定的历史条件下形成的。全会要求全党同志和全国人民要继续打破林彪、'四人帮'的精神枷锁，同时要坚决克服权力过于集中的官僚主义、赏罚不明现象和小生产的习惯势力的影响，以利于人人解放思想，'开动机器'。""会议一致认为，只有全党同志和全国人民在马列主义、毛泽东思想的指导下，解放思想，努力研究新情况新事物新问题，坚持实事求是、一切从实际出发、理论联系实际的原则，我们党才能顺利地实现工作中心的转变，才能正确解决实现四个现代化的具体道路、方针、方法和措施，正确改革同生产力迅速发展不相适应的生产关系和上层建筑。"

求是的思想路线"①。经过多年的艰苦努力，中国共产党和我们的新中国在思想路线上实现了"拨乱反正"②。航向被拨正的思想路线与全党工作"着重点"的转移③实现了一致，从而有力地保证了全党全国一心一意地开展"以经济建设为中心"④ 的社会主义现代化建设。党的思想路线的调整、党和国家中心工作⑤的改变，催生了改革开放政策，推动了改革开放政策的实施，迎来了社会主义建设的春天，带来了我国国民经济和社会的大踏步前进。从 1978 年到 20 世纪末 20 余年的发展，从实行改革开放政策到党的十七大的召开，我国各项工作取得的显著成绩，我国国民经济和社会发展所取得的巨大进步，都证明了由党的十一届三中全会启动的思想路线调整是正确的。

正如后来的实践所证明的，也是被习近平所正确指出的那样，"实践没有止境，理论创新也没有止境。"⑥ 在我国国民经济和社会发展取得举世瞩目的巨大成就的同时，我国国家和社会出现了一些问题，我国国家和社会的进一步发展遇到了一些挑战。党的十七大就注意到了新问题的发生。胡锦涛在中国共产党第十七次全国代表大会上的报告（以下简称党的十七大报告）明确指出："在看到成绩的同时，也要清醒认识到，我们的工作与人民的期待还有不小差距，前进中还面临不少困难和问题，突出的是：经济增长的资源环境代价过大；城乡、区域、经济社会发展仍然不平衡；农业稳定发展和农民持续增收难度加大；劳动就业、社会保障、收入分配、教育卫生、居民住房、安全生产、司法和社会治安等方面关系群众切身利益的问题仍然较多，部分低收入群众生活比较困难；思想道德建设有待加强；党的执政能力同新形势新任务不完全适应，对改革发展稳定一些重

---

① 胡耀邦：《全面开创社会主义现代化建设的新局面——中共中央主席胡耀邦在中国共产党第十二次全国代表大会上的报告（一九八二年九月一日）》把"十一届六中全会通过"《关于建国以来党的若干历史问题的决议》看作是中国共产党"胜利地完成""指导思想上的拨乱反正"的"标志"。（第一部分《历史性的转变和新的伟大任务》），人民出版社 1982 年版，第 8 页。
② 胡耀邦：《全面开创社会主义现代化建设的新局面——中共中央主席胡耀邦在中国共产党第十二次全国代表大会上的报告（一九八二年九月一日）》，人民出版社 1982 年版，第 8 页。
③ 《中国共产党第十一次全国代表大会第三次全体会议公报》（以下简称《公报》）提出：要"把全党工作的着重点和全国人民的注意力转移到社会主义现代化建设上来"，并为"转移"规定了起点——1979 年。《公报》原文为："从一九七九年转移到社会主义现代化建设上来"。见"中国共产党历次全国代表大会数据库"，http://cpc.people.com.cn/GB/64162/64168/64563/65370/4441895.html，2019 年 4 月 12 日。
④ 邓小平：《解放思想，实事求是，团结一致向前看》，引自《邓小平文选》第二卷，人民出版社 1994 年版，第 143 页。
⑤ 党的十一届三中全会要求把党和国家的中心工作转到经济建设上来。在后来的实践中，逐渐形成"一个中心两个基本点"的基本路线（参见江泽民：《加快改革开放和现代化建设步伐，夺取有中国特色社会主义事业的更大胜利——在中国共产党第十四次全国代表大会上的报告》，引自《江泽民文选》第一卷，人民出版社 2006 年版，第 223 页）。
⑥ 习近平：《决胜全面建成小康社会，夺取新时代中国特色社会主义伟大胜利——在中国共产党第十九次全国代表大会上的报告》，人民出版社 2017 年版，第 26 页。

大实际问题的调查研究不够深入;一些基层党组织软弱涣散;少数党员干部作风不正,形式主义、官僚主义问题比较突出,奢侈浪费、消极腐败现象仍然比较严重。"① 2003年,在战胜影响我国达半年之久的"非典"疫情②之后,中国共产党更进一步意识到挑战的严峻性。胡锦涛在全国防治"非典"工作会议上的讲话指出:"通过抗击非典斗争,我们比过去更加深刻地认识到,我国的经济发展和社会发展,城市发展和农村发展还不够协调;公共卫生事业发展滞后,公共卫生体系存在缺陷;突发事件应急机制不健全,处理和管理危机能力不强;一些地方和部门缺乏应对突发事件的准备和能力,极少数党员、干部作风不实,在紧急情况下工作不力、举措失当。"③ 除此之外,胡锦涛还指出:"我们讲发展是党执政兴国的第一要务,这里的发展绝不只是经济增长,而是要坚持以经济建设为中心,在经济发展的基础上实现社会全面发展。我们要更好地坚持全面发展、协调发展、可持续发展的发展观,更加自觉地坚持推动物质文明、政治文明、精神文明协调发展,坚持在经济社会发展的基础上促进人的全面发展,坚持促进人与自然的和谐。"④

党的十八大认真总结了前进道路上遇到的问题和遭遇的挑战,包括党的十六大、党的十七大注意到的和没有注意到的那些挑战,提出了解决问题、应对挑战的任务。习近平把这一任务称为"重大时代课题"。党的十九大报告指出:"必须从理论和实践结合上系统回答新时代坚持和发展什么样的中国特色社会主义、怎样坚持和发展中国特色社会主义,包括新时代坚持和发展中国特色社会主义的总目标、总任务、总体布局、战略布局和发展方向、发展方式、发展动力、战略步骤、外部条件、政治保证等基本问题,并且要根据新的实践对经济、政治、法治、科技、文化、教育、民生、民族、宗教、社会、生态文明、国家安全、国防和军队、'一国两制'和祖国统一、统一战线、外交、党的建设等各方面作出理

---

① 胡锦涛:《高举中国特色社会主义伟大旗帜,为夺取全面建设小康社会新胜利而奋斗——在中国共产党第十七次全国代表大会上的报告》,引自《胡锦涛文选》第二卷,人民出版社2016年版,第442页。

② 时任党中央总书记胡锦涛称之为"突如其来的疾病灾害"(胡锦涛:《在"三个代表"重要思想理论研讨会上的讲话》(7月1日),载于《人民日报》2003年7月2日),时任中国浙江省委书记的习近平同志称其为"突如其来的非典灾害"(习近平:《兴起学习贯彻"三个代表"重要思想新高潮,努力开创浙江各项事业新局面——在省委十一届四次全体(扩大)会议上的报告》,载于《今日浙江》2003年7月23日),时任湖北省委书记的俞正声同志称其为"突如其来的非典疫情"(俞正声:《在省委八届三次全体会议上的报告》,载于《政策》2003年第9期),时任中共中央宣传部部长的刘云山同志把它叫作"突如其来的重大灾害"(刘云山:《严峻的考验 深刻的启示》,载于《党建》2003年第10期)。

③ 胡锦涛:《把促进经济社会协调发展摆在更加突出的位置》,引自《胡锦涛文选》第二卷,人民出版社2016年版,第65页。

④ 胡锦涛:《把促进经济社会协调发展摆在更加突出的位置》,引自《胡锦涛文选》第二卷,人民出版社2016年版,第67页。

论分析和政策指导,以利于更好坚持和发展中国特色社会主义。"① 党的十八大提出了重大时代课题,以习近平同志为核心的党中央,经过深入的研究,攻克了这个重大时代课题。习近平对"攻克"这一课题的理论攻坚战做了如下的概括:"围绕这个重大时代课题,我们党坚持以马克思列宁主义、毛泽东思想、邓小平理论、'三个代表'重要思想、科学发展观为指导,坚持解放思想、实事求是、与时俱进、求真务实,坚持辩证唯物主义和历史唯物主义,紧密结合新的时代条件和实践要求,以全新的视野深化对共产党执政规律、社会主义建设规律、人类社会发展规律的认识,进行艰辛理论探索,取得重大理论创新成果,形成了新时代中国特色社会主义思想。"②

从党的十八大到党的十九大,中国共产党人打了一场成功的理论攻坚战,确立了习近平新时代中国特色社会主义思想,③ 为我们开展国家战略思考提供了指导和基本理论准据。党的十九大把习近平新时代中国特色社会主义思想确立为党的行动指南并将这一思想的核心内容概括为"八个明确"和"十四个坚持",其中第一个"明确":"坚持和发展中国特色社会主义"的"总任务",即"实现社会主义现代化和中华民族伟大复兴,在全面建成小康社会的基础上,分两步走在本世纪中叶建成富强民主文明和谐美丽的社会主义现代化强国"④。这是"坚持和发展中国特色社会主义"的"总任务",也是中国特色社会主义进入新时代之后的中国应当承担的任务。可以把这个"总任务"解析为以下三项内容:第一,"实现社会主义现代化和中华民族伟大复兴"。可以看作是国家战略的目标。第二,"全面建成小康社会"。可以看作是制定国家战略所需要的战略能力分析——"在全面建成小康社会的基础上"也就是在具备"小康社会"已经"全面建成"的条件之下。第三,"分两步走在本世纪中叶建成富强民主文明和谐美丽的社会主义现代化强国"。可以看作是制定国家战略部署的基本依据。这个依据提供了两项重要的指标,一项是战略部署的阶段设计,即"分两步走",这是对国家战略做战略阶段安排的准据;另一项是任务——建成"富强民主文明和谐美丽的社会主义现代化强国"。国家战略的

---

① 习近平:《决胜全面建成小康社会,夺取新时代中国特色社会主义伟大胜利——在中国共产党第十九次全国代表大会上的报告》,人民出版社2017年版,第18页。
② 习近平:《决胜全面建成小康社会,夺取新时代中国特色社会主义伟大胜利——在中国共产党第十九次全国代表大会上的报告》,人民出版社2017年版,第18~19页。
③ 当然,不应忘记,这一思想"是党和人民实践经验和集体智慧的结晶"(参见习近平:《决胜全面建成小康社会,夺取新时代中国特色社会主义伟大胜利——在中国共产党第十九次全国代表大会上的报告》,人民出版社2017年版,第20页)。
④ 习近平:《决胜全面建成小康社会,夺取新时代中国特色社会主义伟大胜利——在中国共产党第十九次全国代表大会上的报告》,人民出版社2017年版,第19页。

战略任务应该根据党的十九大规定的总任务来设计。①

按照这一判断，新时期中国海洋战略应当是实现新时代中国特色社会主义建设"基本方略"的国家海洋战略，应当是实现新时代中国特色社会主义建设"基本方略"的国家战略之子战略的国家海洋战略。

二、我国在新时代的基本建设任务

中国特色社会主义已经进入新时代。这是一个刚刚被叩开大门的时代。我们的国家、我国的人民将在这个时代的崇山峻岭中攀登，将在这个时代的长河中泛舟。进入这个时代，国家应当按照新时代的要求制定或调整国家战略，制定或调整作为国家战略之子战略的国家海洋战略。本书所说的"新时期海洋战略"，从时间上看，是眼下到未来一个时期的国家海洋战略；从时代分期上看，是新时代最初阶段的国家海洋战略。

作为习近平新时代中国特色社会主义思想之核心的"八个明确"中的第二个"明确"为："明确新时代我国社会主要矛盾是人民日益增长的美好生活需要和不平衡不充分的发展之间的矛盾，必须坚持以人民为中心的发展思想，不断促进人的全面发展、全体人民共同富裕"。依据这一判断，解决人民日益增长的美好生活需要和不平衡不充分的发展之间的矛盾是进入新时代的中国的基本建设任务，或者更准确些说是中国未来一个时期的基本建设任务。国家战略一定是用于完成国家基本建设任务的战略；一定是以解决本国社会主要矛盾为设计目标的战略或符合解决本国社会主要矛盾之需要的战略。当一国的社会主要矛盾发生变化时，国家战略也应顺应这一带有根本性的改变而作出修正或调整。中国已经进入新时代，新时代中国的社会主要矛盾已经发生变化。中国的国家战略必须顺应这一变化而制定或加以调整。我们今天要制定的国家海洋战略或通过调整加以确定的海洋战略一定是用于解决人民日益增长的美好生活需要和不平衡不充分的发展之间的矛盾的海洋战略。习近平指出，因为我国的社会主要矛盾已经变成人民日益增长的美好生活需要和不平衡不充分的发展之间的矛盾，所以，作为领导党的中国共产党和中国政府应当适应这一变化，"坚持以人民为中心的发展思想，不断促进人的全面发展、全体

---

① 我们可以把党的十九大报告中的"总任务"看作是国家战略，在没有出台专门制定的战略文件，而国家又实际执行党的全国代表大会或党中央所做的战略安排时，这些战略安排就是实际有效的国家战略。我们也可以把它看作是对制定国家战略的指示，或对国家战略的初步描述。本书倾向于后一种认识。这一认识包含着对"出台专门的战略制定"的国家战略的期待。

人民共同富裕"①。按照这一要求，我们今天要讨论的国家海洋战略一定是有助于"促进人的全面发展、全体人民共同富裕"的海洋战略。

在人民的利益高于一切的总原则下，在以"人民对美好生活的向往"为执政党的"奋斗目标"的基本判断下，国家的战略安排应当是满足人民的需要，排除影响人民需要得以实现的障碍。真正把"人民对美好生活的向往"变成我们实实在在的"奋斗目标"。当实现"人民日益增长的美好生活需要"遇到障碍时，克服障碍就是工作任务，就是使命。今天，摆在我们面前的是"人民日益增长的美好生活需要和不平衡不充分的发展之间的矛盾"，解决这一矛盾才能更好地实现"人民日益增长的美好生活需要"。按照这一分析，"人民对美好生活的向往"指示了"奋斗目标"，而实现"人民对美好生活的向往"、到达这种"向往"所指示的"目标"的办法，是解决"人民日益增长的美好生活需要和不平衡不充分的发展之间的矛盾"。我国今天的国家战略应当是根据解决"人民日益增长的美好生活需要和不平衡不充分的发展之间的矛盾"的需要而制定的。

2018年12月29日，习近平在全国政协新年茶话会上的讲话中指出，"不能在实现人民对美好生活的向往上有丝毫懈怠"。他把"实现人民对美好生活的向往"看作是"时代的要求、人民的期待"②。那为之努力不能有"丝毫懈怠"的"时代的要求""人民的期待"一定是国家战略服务的对象，一定是国家战略精心谋划的目标。在这一意义上，我们必须明确，"满足人民日益增长的美好生活需要"、克服"人民日益增长的美好生活需要和不平衡不充分的发展之间的矛盾"应当成为国家战略追求的目标。③

三、实现中华民族伟大复兴的历史使命

国家战略是国家对重大政治、经济、军事、文化、社会等需要所做的长时段多方位（甚至全方位）安排。不同的国家往往有不同的需要或提出不同的需要，从而也就需要做不同的战略安排。秦孝公面对的国家需要是扭转

---

① 习近平：《决胜全面建成小康社会，夺取新时代中国特色社会主义伟大胜利——在中国共产党第十九次全国代表大会上的报告》，人民出版社2017年版，第19页。

② 习近平：《在全国政协新年茶话会上的讲话》，载于《人民日报》2018年12月30日，第2版。

③ 如果说实现中华民族伟大复兴是中华民族的梦想，从而也应当是中华人民共和国的战略目标，这个目标是长远目标；那么，"满足人民日益增长的美好生活需要"、克服"人民日益增长的美好生活需要和不平衡不充分的发展之间的矛盾"则是"近期"需要实现的目标。两者在历史跨度上有大小之分。

"诸侯卑秦"①的政治局面，商鞅为秦孝公时代的秦国提出的需要是"王"天下②；刘备为蜀国提出的和诸葛亮接受的需要是"光复汉室"③；在国土遭受日本占领、人民遭受日本侵略军凌辱的年代，中国的需要是把日本帝国主义赶出中国，更准确的表达是"求得民族独立和人民解放"④。这类需要都不是容易得到满足的。战略的价值之大、重要性之高，就在于它是对大事的设计，是对不易成就的事业的谋划，有时是需要几代人持续奋斗才能成就的伟业的谋划。这样的设计、规划、谋划对于一个民族来说是大计，对于一个国家来说是大政。

1840年以来的中国，一直存在一种需要，一种有时表现得急、有时表现得缓的需要，那就是实现中华民族伟大复兴。中华民族有五千多年的文明历史，创造了灿烂的中华文明，为人类作出了卓越贡献，是世界上伟大的民族。然而，鸦片战争和鸦片战争之后发生的一些事变把中华民族拖入苦难的深渊。文明被践踏，光彩被污损。从那之后，建设现代社会的辉煌，就像历史上曾经拥有富有和文明那样，就成了中华民族的需要。习近平也把它称为"伟大复兴"，称为"梦想"⑤。这一"需要"显然不是容易满足的。满足这样的"需要"是只有"战略"这种谋划才能担当的使命，满足这样的"需要"只能运用国家的大政、民族的大计。自1840年以来，尤其是自日本帝国主义大举侵略中国以来，中华民族始终存在这种需要，中国始终面对这种需要。不过，在不同的时期，在不同的历史条件下，这种需要在国家战略中的具体表现又有所不同。所谓"有时表现得急有时表现得缓"既是对"需要"的急迫性的描述，也可用来说明这种需要在不同时期的战略中的具体安排。例如，在抗日战争时期，用于实现中华民族伟大复兴这种需要的战略安排是"实现中国的独立自由"⑥或"推翻帝国主义压迫"⑦。在这个时期之所以只设定赶走侵略者这一战略目标，是因为推翻帝国主

---

① 《史记·秦本纪》。

② 商鞅为秦国设计的国家战略可以概括为治、富、强、王四个字。参见徐进：《中国古代正统法律思想研究》，山东大学出版社1994年版，第272～276页。

③ 诸葛亮：《前出师表》，引自《古文观止》（上），中华书局2014年版，第386页。

④ 江泽民：《高举邓小平理论伟大旗帜，把建设有中国特色社会主义事业全面推向二十一世纪——在中国共产党第十五次全国代表大会上的报告》，引自《江泽民文选》第二卷，人民出版社2006年版，第16～17页。

⑤ 习近平：《决胜全面建成小康社会，夺取新时代中国特色社会主义伟大胜利——在中国共产党第十九次全国代表大会上的报告》，人民出版社2017年版，第13页。

⑥ 毛泽东：《论反对日本帝国主义的策略》，引自《毛泽东选集》第一卷，人民出版社1991年版，第152页。

⑦ 毛泽东：《中国革命和中国共产党》，引自《毛泽东选集》第二卷，人民出版社1991年版，第637页。

义这座大山是实现包括经济繁荣、文化先进、社会文明等在内的民族复兴的前提条件。① 按照习近平所做的总结,面对"实现中华民族伟大复兴"这个总的需要,作为中华民族的代表,中国共产党带领中国人民已经取得了使中华民族不断接近实现伟大复兴梦想"目标"的一个又一个伟大的胜利。其中包括"推翻压在中国人民头上的帝国主义、封建主义、官僚资本主义三座大山,实现民族独立、人民解放、国家统一、社会稳定";包括"建立符合我国实际的先进社会制度";包括实行"改革开放"培育"奋勇前进的强大动力"②,而这些"胜利"都是一个又一个阶段的不同的"战略"实施的结果。习近平的总结、中国走向民族复兴道路留下的历史印迹都说明,为了满足同一种需要在不同的阶段可以作出不同的战略安排,可以追求不同的战略目标。

如果说以往的那些战略安排都是为满足同一种需要根据历史条件的不同而做的不同战略安排,而这些不同的战略安排都为"需要"的满足准备了条件,例如,"建立符合我国实际的先进社会制度""为当代中国一切发展进步奠定""根本政治前提和制度基础",那么,今天,实现中华民族伟大复兴的目标已经到了最后的关头。习近平的判断是:"今天,我们比历史上任何时期都更接近……实现中华民族伟大复兴的目标",尽管这个伟大的目标"绝不是轻轻松松、敲锣打鼓就能实现的"③。如果可以用"胜利在望"④ 来解释习近平总书记的这个判断,那么,我国今天制定或调整的国家战略就应当对如何实现中华民族伟大复兴这个百年梦想目标作出具体的安排。习近平把"实现中华民族伟大复兴"比喻为"一场接力跑",一场需要一代又一代人"一棒接着一棒跑"的征程。按照这一比喻,今天,我国应当为已经看得见终点的这"一棒"做一个出"好成绩"⑤ 的

---

① 江泽民在中国共产党第十五次全国代表大会的报告就做了这样的判断。"报告"把鸦片战争后中华民族面对的"历史任务"概括为两项。一项是"求得民族独立和人民解放",另一项是"实现国家繁荣富强和人民共同富裕"。而对这两项"任务"之间的关系,"报告"的判断是:"前一任务是为后一任务扫清障碍,创造必要的前提"(参见江泽民:《高举邓小平理论伟大旗帜,把建设有中国特色社会主义事业全面推向二十一世纪——在中国共产党第十五次全国代表大会上的报告》,引自《江泽民文选》第二卷,人民出版社 2006 年版,第 17~18 页)。

② 习近平:《决胜全面建成小康社会,夺取新时代中国特色社会主义伟大胜利——在中国共产党第十九次全国代表大会上的报告》,人民出版社 2017 年版,第 13~14 页。

③ 习近平:《决胜全面建成小康社会,夺取新时代中国特色社会主义伟大胜利——在中国共产党第十九次全国代表大会上的报告》,人民出版社 2017 年版,第 15 页。

④ 习近平在庆祝中国共产党成立 95 周年大会上的讲话中指出:"95 年来……以毛泽东同志、邓小平同志、江泽民同志为核心的党的三代中央领导集体,以胡锦涛同志为总书记的党中央,团结带领全党全国各族人民,战胜了一个个难以想象的困难和挑战,使中华民族迎来了实现伟大复兴的光明前景。"(习近平:《在庆祝中国共产党成立 95 周年大会上的讲话》,载于《党建》2016 年第 7 期)从这一表述中可以产生"光明前景"已在眼前的联想。

⑤ 习近平:《在庆祝改革开放 40 周年大会上的讲话》,载于《人民日报》2018 年 12 月 19 日,第 2 版。

赛段安排。

四、新时代中国特色社会主义建设基本方略

党的十九大阐述了习近平新时代中国特色社会主义思想，也阐述了新时代中国特色社会主义建设的"基本方略"①，即"基本方略十四条"。制定或调整国家战略应当"全面贯彻"②"基本方略十四条"。

（一）坚持党对一切工作的领导

"基本方略十四条"中的第一条是"坚持党对一切工作的领导"。③ 我国的战略研究对坚持党的领导着墨不多。这大概是因为，在研究者的心目中，在战略制定和战略实施等方面，党的领导是不言自明的事实。本书认为，这个不言自明的事实也需要用语言表述，有时候还需要用浓墨重彩去阐述。"中国共产党是中国特色社会主义事业的领导核心。"中国特色社会主义建设是中国共产党开创的事业，这项事业要取得成功离不开中国共产党"总揽全局、协调各方"发挥"领导核心作用"④。中国共产党"领导核心"地位在国家海洋战略这个议题下应当主要表现在以下两个方面：一方面，战略制定的领导者；另一方面，国家战略实施的中枢。

（二）坚持以人民为中心

"基本方略十四条"中的第二条是"坚持以人民为中心"。⑤ 这一方略与党的十九大对新时代我国社会主要矛盾的判断是一致的。按照中国特色社会主义

---

① 党的十九大报告第三章的题目是"新时代中国特色社会主义思想和基本方略"。这个题目和第三章的内容都包括两部分，一个部分是"新时代中国特色社会主义思想"；另一部分是新时代的基本方略或新时代中国特色社会主义建设的"基本方略"（参见习近平：《决胜全面建成小康社会，夺取新时代中国特色社会主义伟大胜利——在中国共产党第十九次全国代表大会上的报告》，人民出版社2017年版，第18～27页）。

② 党的十九大报告要求"全党同志必须全面贯彻党的……基本方略"（参见习近平：《决胜全面建成小康社会，夺取新时代中国特色社会主义伟大胜利——在中国共产党第十九次全国代表大会上的报告》，人民出版社2017年版，第26页）。

③ 习近平：《决胜全面建成小康社会，夺取新时代中国特色社会主义伟大胜利——在中国共产党第十九次全国代表大会上的报告》，人民出版社2017年版，第20～21页。

④ 胡锦涛：《坚定不移沿着中国特色社会主义道路前进，为全面建成小康社会而奋斗》，引自《胡锦涛文选》第三卷，人民出版社2016年版，第624页。

⑤ 习近平：《决胜全面建成小康社会，夺取新时代中国特色社会主义伟大胜利——在中国共产党第十九次全国代表大会上的报告》，人民出版社2017年版，第21页。

进入新时代的中国社会主要矛盾是"人民日益增长的美好生活需要和不平衡不充分的发展之间的矛盾"的判断,今天的国家战略应当以解决"人民日益增长的美好生活需要和不平衡不充分的发展之间的矛盾",实现"人民日益增长的美好生活需要"为战略目标;按照"以人民为中心"的政治选择,中国共产党领导制定或调整的国家战略也应当以实现"人民日益增长的美好生活需要"为目标。党的十九大报告在"坚持以人民为中心"这条方略下提出要求,"把人民对美好生活的向往作为奋斗目标"。这一要求应当转化为国家战略的战略目标。

(三) 坚持全面深化改革

"基本方略十四条"中的第三条是"坚持全面深化改革"。① 从中国共产党领导履行"实现中华民族伟大复兴""历史使命"的全过程看,改革开放曾经是一项卓有成效的战略措施。通过改革开放,党和人民事业获得了奋勇前进的强大动力。通过改革开放,开辟了中国特色社会主义道路,使中国得以"大踏步赶上时代"②。从中国特色社会主义制度有待"完善"的需要来看,从我国的国家治理体系和治理能力需要走向现代化,而这一现代化有待推进的现实需要来看,要实现中华民族伟大复兴的中国梦,仍然需要坚持实行改革开放。中国特色社会主义建设需要坚持全面深化改革,这全面改革包括海洋事务领域内的或与海洋事务有关的改革。如"适应市场化、国际化新形势""深化国有企业改革"③ 就与海洋事务,包括开拓海外市场的港口、航道建设等海洋事务有关。

(四) 坚持新发展理念

"基本方略十四条"中的第四条是"坚持新发展理念"。党的十九大报告要求"坚定不移贯彻创新、协调、绿色、开放、共享的发展理念"④。《中共中央关

---

① 习近平:《决胜全面建成小康社会,夺取新时代中国特色社会主义伟大胜利——在中国共产党第十九次全国代表大会上的报告》,人民出版社2017年版,第21页。

② 习近平:《决胜全面建成小康社会,夺取新时代中国特色社会主义伟大胜利——在中国共产党第十九次全国代表大会上的报告》,人民出版社2017年版,第14页。

③ 《中共中央关于全面深化改革若干重大问题的决定》第二章"坚持和完善基本经济制度"第7项"推动国有企业完善现代企业制度"有"国有企业……必须适应市场化、国际化新形势,以规范经营决策、资产保值增值、公平参与竞争、提高企业效率、增强企业活力、承担社会责任为重点,进一步深化国有企业改革。"(参见《中共中央关于全面深化改革若干重大问题的决定》,人民出版社2013年版,第16页)

④ 习近平:《决胜全面建成小康社会,夺取新时代中国特色社会主义伟大胜利——在中国共产党第十九次全国代表大会上的报告》,人民出版社2017年版,第21~22页。

于制定国民经济和社会发展第十三个五年规划的建议》（以下简称《"十三五"规划建议》）把"创新"看作是"引领发展的第一动力"，因而要求"把创新摆在国家发展全局的核心位置"，"让创新贯穿党和国家一切工作"。①《"十三五"规划建议》把"协调"看作是"持续健康发展的内在要求"，并根据这一"内在要求"提出四个"协调"的要求，即（1）"城乡区域协调发展"；（2）"经济社会协调发展"；（3）四"化"协调，即"新型工业化、信息化、城镇化、农业现代化同步发展"；（4）"硬实力"与"软实力"协调，即"在增强国家硬实力的同时注重提升国家软实力"。②《"十三五"规划建议》把"开放"看作是"国家繁荣发展的必由之路"。贯彻"开放"理念，我们必须顺应我国经济深度融入世界经济的趋势，奉行互利共赢的开放战略。《"十三五"规划建议》把"共享"解释为中国特色社会主义的本质要求。共享是国家的人民性的内在要求。对人民性的更完整的表达是"发展为了人民、发展依靠人民、发展成果由人民共享"。为了更加充分地贯彻"共享"理念，《"十三五"规划建议》还要求"作出更有效的制度安排"③。创新、协调、绿色、开放和共享这五大发展理念都应当贯彻到国家战略中去。

（五）坚持人民当家作主

"基本方略十四条"中的第五条是"坚持人民当家作主"④。党的十九大报告认为，"坚持党的领导、人民当家作主、依法治国有机统一是社会主义政治发展的必然要求"。按照党的十九大报告的阐述，"坚持和完善人民代表大会制度、中国共产党领导的多党合作和政治协商制度、民族区域自治制度、基层群众自治制度，巩固和发展最广泛的爱国统一战线，发展社会主义协商民主"，"健全民主制度，丰富民主形式，拓宽民主渠道"等都是"坚持人民当家作主"⑤这一方略的要求。我国国家战略的制定应当贯彻这一方略，我国国家战略的实施，包括不同战略阶段的战略部署也应当坚持人民当家作主，包括运用"协商民主""统一战线"等民主形式。

---

① 《中共中央关于制定国民经济和社会发展第十三个五年规划的建议》，人民出版社 2015 年版，第 13 页。

② 《中共中央关于制定国民经济和社会发展第十三个五年规划的建议》，人民出版社 2015 年版，第 18 页。

③ 《中共中央关于制定国民经济和社会发展第十三个五年规划的建议》，人民出版社 2015 年版，第 19 页。

④⑤ 习近平：《决胜全面建成小康社会，夺取新时代中国特色社会主义伟大胜利——在中国共产党第十九次全国代表大会上的报告》，人民出版社 2017 年版，第 22 页。

（六）坚持全面依法治国

"基本方略十四条"中的第六条是"坚持全面依法治国"①。按照《中共中央关于全面推进依法治国若干重大问题的决定》（以下简称《全面依法治国决定》）的界定，全面依法治国的总目标是建设中国特色社会主义法治体系，建设社会主义法治国家。而为达到这个总目标而提出的要求包括"坚持依法治国、依法执政、依法行政共同推进，坚持法治国家、法治政府、法治社会一体建设"②。我国国家战略的制定或调整应坚持全面依法治国的方略，我国国家战略的实施应遵守"依法行政"的要求，我国政府实施国家战略的部署也应当按"法治政府"的要求行事。

（七）坚持社会主义核心价值体系

"基本方略十四条"中的第七条是"坚持社会主义核心价值体系"。"坚持社会主义核心价值体系"这一方略的要求包括树立"文化自信""推动中华优秀传统文化创造性转化、创新性发展""构筑中国精神、中国价值、中国力量，为人民提供精神指引"③。这些要求大致都属于文化建设的内容。不管是贯彻党的十九大报告提出的"基本方略十四条"的第七条，还是实施下面将论及的"五位一体"总体布局，国家战略都应把上述文化建设列为一个战略领域，我党和我国政府都应坚定地实施这一战略领域的相关部署。

（八）坚持在发展中保障和改善民生

"基本方略十四条"中的第八条是"坚持在发展中保障和改善民生"④。党中央把"增进民生福祉"看作是"发展的根本目的"。根据这样的基本认识，国家战略应当是服务于"增进民生福祉"的战略，国家战略应当观照可以细化为"幼有所育、学有所教、劳有所得、病有所医、老有所养、住有所居、弱有所扶"等民生福祉的实现。而这些民生福祉的实现常常都与海洋有关、与海洋事业有关。所以，国家战略应当贯彻"保证全体人民在共建共享发展中有更多获得感，不断促进人的全面发展、全体人民共同富裕"，"维护社会

---

① 习近平：《决胜全面建成小康社会，夺取新时代中国特色社会主义伟大胜利——在中国共产党第十九次全国代表大会上的报告》，人民出版社2017年版，第22页。

② 《中共中央关于全面推进依法治国若干重大问题的决定》第一章《坚持走中国特色社会主义法治道路，建设中国特色社会主义法治体系》，人民出版社2014年版，第8页。

③④ 习近平：《决胜全面建成小康社会，夺取新时代中国特色社会主义伟大胜利——在中国共产党第十九次全国代表大会上的报告》，人民出版社2017年版，第23页。

和谐稳定"①等方略,应当在国家海洋战略中得到落实。

(九) 坚持人与自然和谐共生

"基本方略十四条"中的第九条是"坚持人与自然和谐共生"②。党的十九大报告把建设生态文明看作是中华民族永续发展的千年大计。落实这个"千年大计",对本国,需要统筹山水林田湖草系统治理,实行最严格的生态环境保护制度,推动形成绿色发展方式和生活方式;对国际社会,需要为全球生态安全作出贡献。③ 把"基本方略十四条"的第九条转化为国家战略,还需要将"山水林田湖草系统"扩大为"山水林田湖海草系统",应当在把海洋或海洋区域纳入自然的空间环境单元④的前提下建立并实施最严格的生态环境保护制度,推动形成绿色发展方式和生活方式。

(十) 坚持总体国家安全观

"基本方略十四条"中的第十条是"坚持总体国家安全观"⑤。自实行改革开放政策以来,我们党对总的国际形势所做的估计都是以"和平、发展"或"和平、发展、合作"为主旋律,并依据这一估计把包括当前在内的一个时期看作是我国实现发展或者快速发展的战略机遇期。根据党中央对国际形势的估计、所作出的"战略机遇期"判断,冷静观察国际社会的发展变化,我们可以把我们所处的"人类发展的时代"判定为"一个以和平和发展为主旋律的时代"⑥。这是一个"以和平和发展为主旋律"的时代,同时又是一个存在安全风险的时代。党的十九大报告提到的"忧患意识"就是对安全风险所作出的必要的反应。"基本方

---

① 习近平:《决胜全面建成小康社会,夺取新时代中国特色社会主义伟大胜利——在中国共产党第十九次全国代表大会上的报告》,人民出版社2017年版,第23页。

②③ 习近平:《决胜全面建成小康社会,夺取新时代中国特色社会主义伟大胜利——在中国共产党第十九次全国代表大会上的报告》,人民出版社2017年版,第23~24页。

④ 本书笔者注意到环境具有"自然空间规定性",都是"存在于一定空间中的环境"(参见徐祥民、宛佳欣:《环境的自然空间规定性对环境立法的挑战》,载于《华东政法大学学报》2017年第4期),曾把由一定自然地理形成的环境区域称为"环境单位""环境系统"(参见于铭、徐祥民等:《世界区域海治理立法研究》,人民出版社2017年版,第5~6页)、"环境区域"(参见徐祥民:《关于排污权转让制度的几点思考》,载于《环境保护》2002年第12期)等。考虑到环境的空间范围与自然地理的关系,也可以给"环境单位"——处于一定"空间范围"之内的环境单元或"自然地理单元"(参见徐祥民、孙пи烈:《关于渤海特别法的执行体制的思考》,载于《中国人口资源与环境》2014年第7期)一个更准确的称谓,即空间环境单元。

⑤ 习近平:《决胜全面建成小康社会,夺取新时代中国特色社会主义伟大胜利——在中国共产党第十九次全国代表大会上的报告》,人民出版社2017年版,第24页。

⑥ 徐祥民:《中国海洋发展战略研究》,经济科学出版社2015年版,第119~125页。

略十四条"中的第十条要求"统筹发展和安全",统筹"外部安全和内部安全""传统安全和非传统安全""自身安全和共同安全",要求"加强国家安全能力建设"。① 这些要求应当在国家海洋战略中做适当的安排。

(十一) 坚持党对人民军队的绝对领导

"基本方略十四条"中的第十一条是"坚持党对人民军队的绝对领导"。这是关于军队建设的一项"基本方略"。这一方略中既有为"实现'两个一百年'奋斗目标、实现中华民族伟大复兴"提供"战略支撑"的总要求,也有"科技兴军""创新驱动""聚焦实战""注重军民融合"② 等具体要求。这些要求应当在海军建设中,从而也就是在国家海洋战略中加以落实。考虑到第十条对安全的要求,考虑到有效维护国家海洋利益的需要,我们的国家海洋战略中应当有建设强大海军的安排。③

(十二) 坚持"一国两制"和推进祖国统一

"基本方略十四条"中的第十二条是"坚持'一国两制'和推进祖国统一"④。如果说"实现中华民族伟大复兴"是自鸦片战争以来中华民族一直面对的历史使命,那么,"推进祖国统一"则是新中国成立以来当代中国人一直肩负的任务。如果说"中华民族伟大复兴"指向的是一个伟大民族的全面复兴,那么,"推进祖国统一"则是在实现一个伟大民族全面复兴中十分具体有时又表现出前提性的复兴任务。如果说"推进祖国统一"是新中国成立以来始终不能卸肩的民族重任,那么,在实现了香港、澳门回归祖国怀抱之后,海峡两岸的统一就成了"祖国完全统一"⑤ 使命中的唯一任务。对两岸关系的处理,本书笔者曾建议采用"安内"战略⑥,党的十九大报告明确提出"坚持'九二共识',推动两岸关系和平发展",但这些主张、安排的实施无法消除台湾方面采取不符合"和平发展"要求的行动的可能性。对台湾方面可能采取的不利于两岸走向统一的行动,国家必须有所准备,就像全国人大常委会及早颁布《反分裂国家法》那样。

---

① 习近平:《决胜全面建成小康社会,夺取新时代中国特色社会主义伟大胜利——在中国共产党第十九次全国代表大会上的报告》,人民出版社2017年版,第24页。
② 习近平:《决胜全面建成小康社会,夺取新时代中国特色社会主义伟大胜利——在中国共产党第十九次全国代表大会上的报告》,人民出版社2017年版,第24~25页。
③ 徐祥民:《中国海洋发展战略研究》,经济科学出版社2015年版,第325~337页。
④⑤ 习近平:《决胜全面建成小康社会,夺取新时代中国特色社会主义伟大胜利——在中国共产党第十九次全国代表大会上的报告》,人民出版社2017年版,第25页。
⑥ 徐祥民:《中国海洋发展战略研究》,经济科学出版社2015年版,第347~348页。

不管是寻求两岸关系的和平发展，还是预防潜在不利情况的发生，都应当在国家战略中对"推进祖国统一"作出安排。考虑到大陆和台湾之间有台湾海峡之隔这一情况，国家战略中的安排应当更多地落实在国家海洋战略中。

（十三）坚持推动构建人类命运共同体

"基本方略十四条"中的第十三条是"坚持推动构建人类命运共同体"①。中国是世界上的一个大国，其兴衰都会影响世界。因为中国是世界上的一个大国，它的繁荣、振兴都离不开世界。今天的世界是一个"满的世界"②，中国对世界的影响和中国振兴对世界的依赖，都会牵动对华友好的和不友好的国家，都会产生或带动不同国家间的相互影响。因此，不管是实现中华民族伟大复兴，还是贯彻包括绿色发展在内的新发展理念，等等，都无法脱离人类命运共同体。按照共同体的生活法则，从和平发展的愿望出发，党的十九大报告提出"始终做世界和平的建设者、全球发展的贡献者、国际秩序的维护者"的经营世界方略。这一反映我国发展需求的方略需要落实在国家战略中。

（十四）坚持全面从严治党

"基本方略十四条"中的第十四条是"坚持全面从严治党"。"从严治党"原本是政党自我管理的要求，而在第十四条中的"坚持全面从严治党"并不只是中国共产党自我管理的要求，尽管该方略中有"严肃党内政治生活""全面净化党内政治生态"③等仅属于党内生活的要求。"党政军民学，东西南北中，党是领导一切的"这一定位决定了，对党的建设的推进会对人民政府、司法机关等产生影响，而"以零容忍态度惩治腐败"④实际上是对一切国家机关提出的严惩腐败的要求。在这一意义上，国家战略的制定和实施也需要贯彻"基本方略十四条"的第十四条。

五、"五位一体"总体布局

中国共产党在领导中国特色社会主义建设的过程中，经过长期摸索、实践、

---

① 习近平：《决胜全面建成小康社会，夺取新时代中国特色社会主义伟大胜利——在中国共产党第十九次全国代表大会上的报告》，人民出版社2017年版，第25页。
② 徐祥民：《中国海洋发展战略研究》，经济科学出版社2015年版，第268页。
③ 习近平：《决胜全面建成小康社会，夺取新时代中国特色社会主义伟大胜利——在中国共产党第十九次全国代表大会上的报告》，人民出版社2017年版，第26页。
④ 《中国共产党章程·总纲》。

总结、提高，逐渐建立起社会主义事业"五位一体"的总体布局。"新时代中国特色社会主义思想"的第三个明确就包括创立"中国特色社会主义事业""五位一体总体布局"①。所谓"五位一体"是由党的十八大确定的总体布局。胡锦涛在党的十八大报告中指出："建设中国特色社会主义，总依据是社会主义初级阶段，总布局是五位一体"。② 这个总布局就是国家发展的"总体布局"。所谓"五位一体"就是在我国国家发展或社会主义建设上"经济建设、政治建设、文化建设、社会建设、生态文明建设"的"五位一体"。

"五位一体"总体布局是对以往所做的"四位一体"的超越。2005年9月3日，在纪念中国人民抗日战争暨世界反法西斯战争胜利六十周年大会上的讲话中，胡锦涛提出，我们要"坚持以科学发展观统领经济社会发展全局，坚持以经济建设为中心，促进社会主义经济建设、政治建设、文化建设与和谐社会建设全面发展"③。这里出现了对我国发展建设任务的一个新的概括，即"四个建设"。2005年10月11日，中国共产党第十六届中央委员会第五次全体会议通过的《中共中央关于制定国民经济和社会发展第十一个五年规划的建议》（以下简称《"十一五"规划建议》）进一步把这"四个建设"精炼为"经济建设、政治建设、文化建设、社会建设"。《"十一五"规划建议》提出，二十一世纪"头二十年是我国发展的重要战略机遇期，'十一五'时期尤为关键。我们必须紧紧抓住机遇，应对各种挑战，认真解决长期积累的突出矛盾和问题，突破发展的瓶颈制约和体制障碍，开创社会主义经济建设、政治建设、文化建设、社会建设的新局面，为后十年顺利发展打下坚实基础。"④ 在党的十七大报告中，"四个建设"被明确为我国社会主义事业的"总体布局"。党的十七大报告指出："要按照中国特色社会主义事业总体布局，全面推进经济建设、政治建设、文化建设、社会建设，促进现代化建设各个环节、各个方面相协调，促进生产关系与生产力、上层建筑与经济基础相协调。"⑤

在我国社会主义建设总体设计的历史上，"四个建设"的前身是"三个文明"建设，即"物质文明、政治文明和精神文明"建设，或三个文明"协调发

---

① 习近平：《决胜全面建成小康社会，夺取新时代中国特色社会主义伟大胜利——在中国共产党第十九次全国代表大会上的报告》，人民出版社2017年版，第19页。
② 胡锦涛：《坚定不移沿着中国特色社会主义道路前进，为全面建成小康社会而奋斗》，引自《胡锦涛文选》第三卷，人民出版社2016年版，第622页。
③ 胡锦涛：《在纪念中国人民抗日战争暨世界反法西斯战争胜利六十周年大会上的讲话》，引自《胡锦涛文选》第二卷，人民出版社2016年版，第341页。
④ 《中共中央关于制定国民经济和社会发展第十一个五年规划的建议》，光明网，2005年10月19日。
⑤ 胡锦涛：《高举中国特色社会主义伟大旗帜，为夺取全面建设小康社会新胜利而奋斗》，引自《胡锦涛文选》第二卷，人民出版社2016年版，第624页。

展"。江泽民在中国共产党第十六次全国代表大会上的报告中指出:"全面建设小康社会,开创中国特色社会主义事业新局面,就是要在中国共产党的坚强领导下,发展社会主义市场经济、社会主义民主政治和社会主义先进文化,不断促进社会主义物质文明、政治文明和精神文明的协调发展,推进中华民族的伟大复兴。"① 如果再往前追溯,那么,在把"三个文明"作为"协调发展"的对象来抓之前,我国的国家建设总布局是"两个文明一起抓"②,也叫"两手抓"。1996年10月10日中国共产党第十四届中央委员会第六次全体会议通过的《关于加强社会主义精神文明建设若干重要问题的决议》要求"把精神文明建设放到建设有中国特色社会主义整个事业的大局中",提出"如何在经济建设为中心的前提下,使物质文明建设和精神文明建设相互促进,协调发展,防止和克服一手硬、一手软;如何在深化改革、建立社会主义市场经济体制的条件下,形成有利于社会主义现代化建设的共同理想、价值观念和道德规范,防止和遏制腐朽思想和丑恶现象的滋长蔓延;如何在扩大对外开放、迎接世界新科技革命的情况下,吸收外国优秀文明成果,弘扬祖国传统文化精华,防止和消除文化垃圾的传播,抵御敌对势力对我'西化'、'分化'的图谋","是在社会主义现代化进程中必须认真解决的历史性课题"。③ 在这之前,党的十二届六中全会还曾于1986年9月28日通过《中共中央关于社会主义精神文明建设指导方针的决议》(以下简称《决议》)。《决议》提出,"我国社会主义现代化建设的总体布局是:以经济建设为中心,坚定不移地进行经济体制改革,坚定不移地进行政治体制改革,坚定不移地加强精神文明建设,并且使这几个方面互相配合,互相促进。"④ 之所以会出现10年之内两次制定以精神文明建设为主题的决议,是因为自1978年以来在社会主义建设中实际上存在的布局是一只手抓经济建设。也就是说,国家建设的实践保持了"以经济建设为中心",但忽略了经济建设这个中心之外应该抓的其他重要工作,包括需要用与用来"抓"经济建设那只"手"有同样分量的"手"来"抓"的精神文明建设。从不当执行的"一只手抓经济建设"到"两手抓,两手都要硬"⑤,从物质文明建设和精神文明建设两手抓到"三个文明"建设,从三个文明建设到经济建设、政治建设、文化建设、社会建设"四位一体",从"四位一体"总体布局到经济建设、政治建设、文化建设、社会建设、生态文明建设"五位一体"总体布局,既是40年发展历史的里程碑,又是中国特

---

① 江泽民:《全面建设小康社会,开创中国特色社会主义事业新局面——在中国共产党第十六次全国代表大会上的报告》,引自江泽民:《江泽民文选》第三卷,人民出版社2006年版,第556页。
② 《中共中央关于加强社会主义精神文明建设若干重要问题的决议》,人民出版社1996年版,第13页。
③ 《中共中央关于加强社会主义精神文明建设若干重要问题的决议》,人民出版社1996年版,第15页。
④ 《中共中央关于社会主义精神文明建设指导方针的决议》,人民出版社1986年版,第8页。
⑤ 《中共中央关于加强社会主义精神文明建设若干重要问题的决议》,人民出版社1996年版,第12页。

色社会主义建设这棵大树留下的年轮，也是认识中国特色社会主义逐步升华过程可加以区分的不同阶段，还是中国特色社会主义这艘巨轮不断调整前进方向的航行日志。每一次改变都是全局性调整，每一次改变都是对我国社会主义建设总体布局的优化。面对党中央对社会主义建设总体布局所做的优化安排，需要对国家战略做与之相应的调整。不管是国家总体战略还是作为国家战略之子战略的国家海洋战略，都应按照落实"五位一体"总体布局的要求做必要调整。

第三节 "历史交汇期"我国的发展建设目标

党的十九大不仅为制定或调整国家战略提供了从理论到基本方略的依据，而且对不久就将到来的一个可以称为"历史交汇期"的特殊时期的建设和发展指明了方向，对这个时期的发展建设目标做了总括性的描绘。

一、"两个一百年"奋斗目标"历史交汇期"

作为一个历史的瞬间，党的十九大是我国发展历史上从"物质文化生活营建时代"到"美好生活营造时代"的转折点。这个转折点还将融入一个"交汇点"，即"'两个一百年'奋斗目标的历史交汇期"。① 一个"一百年"是中国共产党成立一百周年，时间是 2021 年；另一个"一百年"是中华人民共和国成立一百周年，时间是 2049 年。按照"党的全国代表大会每五年举行一次"② 和"党的中央委员会每届任期五年"③ 的规定，从党的十九大到中国共产党第二十次全国代表大会召开的时间跨度，即中国共产党第十九届中央委员会的任期为五年，即 2017~2022 年。在这 5 年中，2021 年，中国共产党将迎来她的百岁生日。与这个时间点一致，"到建党一百年时"的战略目标的规定建设期将期满，而给"到建国一百周年时"规定的建设任务将正式开始。第一个百年目标实现的历史终点，为实现第二个百年目标而奋斗的起点，在中国共产党第十九届中央委员会任期内汇聚。这是一个值得期待的"历史交汇期"，因为那时在我们国家将实现

---

① 习近平：《决胜全面建成小康社会，夺取新时代中国特色社会主义伟大胜利——在中国共产党第十九次全国代表大会上的报告》，人民出版社 2017 年版，第 28 页。
② 《中国共产党章程》第十九条。
③ 《中国共产党章程》第二十二条。

"小康社会""全面建成",因为在那时我们的国家将迈开走向更加辉煌未来的步伐。这是一个需要用奋斗和牺牲换取的"历史交汇期",因为"经济更加发展、民主更加健全、科教更加进步、文化更加繁荣、社会更加和谐、人民生活更加殷实的小康社会"① 显然不是可以轻易建成的,因为希望在下一个"一百年"实现的目标更加不容易实现。

二、"历史交汇期"的主要发展目标

在20世纪80年代,尚处于改革开放初期的中国提出了可以概括为"三步走"的战略设想。这"三步走"战略中的"三步"大致是:第一步,用20世纪80年代10年的时间,国民生产总值翻一番,解决人民温饱问题;第二步,用20世纪的最后10年,实现国民生产总值再翻一番,人民生活水平达到小康水平;第三步,用21世纪上半叶50年的时间,也就是到21世纪中叶,基本实现现代化,包括人均国民生产总值达到中等发达国家水平,人民生活达到比较富裕的水平。②

"三步走"战略中的第一步,战略实施周期为10年,战略任务是"国民生产总值翻一番,解决人民温饱问题"。这一战略目标到1987年就实现了。"三步走"战略的第二步,战略实施周期也是10年,战略任务是在实现第一步战略目标的基础上,"实现国民生产总值再翻一番","人民生活水平达到小康水平"。如果从1979年算起,就是实现国民生产总值翻两番,人民生活水平达到小康水平。③ 这第二步战略目标也已经实现。那么,"三步走"战略的第三步如何展开,确定怎样的战略目标呢?

(一)党的十五大到党的十八大对21世纪上半叶的战略安排

如果说"三步走"战略中的第一步、第二步目标都比较具体,那么,在最初制定"三步走"战略时,对第三步战略目标没有做具体的刻画。党的十五大在第

---

① 习近平:《决胜全面建成小康社会,夺取新时代中国特色社会主义伟大胜利——在中国共产党第十九次全国代表大会上的报告》,人民出版社2017年版,第27页。
② 邓小平1979年会见当时的日本首相大平正芳时第一次提出的用于现代化发展战略。参见《邓小平文选》第二卷,人民出版社1994年版,第237～238页。
③ 中国共产党第十二次全国代表大会用具体数字表达这个建设目标:"全国工农业的年总产值翻两番,即由一九八〇年的七千一百亿元增加到二〇〇〇年的二万八千亿元左右"(参见胡耀邦:《全面开创社会主义现代化建设的新局面——中共中央主席胡耀邦在中国共产党第十二次全国代表大会上的报告》,人民出版社1982年版,第22～30页)。

二步战略目标即将实现时,党的十六大、党的十七大、党的十八大在第二步战略目标已经实现时,不断为第三步战略目标充实内容,对实现第三步战略目标设计更具体的战略步骤。

1. 党的十五大的"三阶段"战略安排

党的十五大对所处历史方位的判断是:"从现在起到下世纪的前十年,是我国实现第二步战略目标、向第三步战略目标迈进的关键时期"①,"将是全面完成'九五'计划,为实现二零一零年远景目标奠定基础的五年"②。党的十五大把21世纪的前50年分成三个阶段,并分别为这三个阶段规定了战略目标。具体是:第一阶段:21世纪第一个十年,该阶段的战略目标是:国民生产总值比2000年翻一番,使人民的小康生活更加宽裕,形成比较完善的社会主义市场经济体制;第二阶段:21世纪的第二个十年,也就是从2011年到中国共产党建党100周年时,该阶段的战略目标是:国民经济更加发展,各项制度更加完善;第三阶段:2021~2050年,也就是21世纪中叶建国100周年时,这个阶段的战略目标是基本实现现代化,建成富强民主文明的社会主义国家。③

非常明显,这是一个近详远略的战略安排。

2. 党的十六大对第二、第三阶段战略目标的充实

党的十六大的主题是"高举邓小平理论伟大旗帜,全面贯彻'三个代表'重要思想,继往开来,与时俱进,全面建设小康社会,加快推进社会主义现代化,为开创中国特色社会主义事业新局面而奋斗。"④党的十六大报告提出,"在本世纪头二十年,集中力量,全面建设惠及十几亿人口的更高水平的小康社会,⑤使经济更加发展、民主更加健全、科教更加进步、文化更加繁荣、社会更加和

---

① 江泽民:《高举邓小平理论伟大旗帜,把建设有中国特色社会主义事业全面推向二十一世纪——在中国共产党第十五次全国代表大会上的报告》,引自《江泽民文选》第二卷,人民出版社2006年版,第23~27页。

② 江泽民:《高举邓小平理论伟大旗帜,把建设有中国特色社会主义事业全面推向二十一世纪——江泽民在中国共产党第十五次全国代表大会上的报告》,引自《江泽民文选》第二卷,人民出版社2006年版,第46~49页。

③ 江泽民:《高举邓小平理论伟大旗帜,把建设有中国特色社会主义事业全面推向二十一世纪——在中国共产党第十五次全国代表大会上的报告》,引自《江泽民文选》第二卷,人民出版社2006年版,第9~14页。

④ 江泽民:《全面建设小康社会,开创中国特色社会主义事业新局面——在中国共产党第十六次全国代表大会上的报告·序言》,引自《江泽民文选》第三卷,人民出版社2006年版,第528页。

⑤ 江泽民在中国共产党第十六次全国代表大会上的报告曾判定当时已经实现的"小康""还是低水平的、不全面的、发展很不平衡的小康"(江泽民:《全面建设小康社会,开创中国特色社会主义事业新局面——在中国共产党第十六次全国代表大会上的报告》,引自《江泽民文选》第三卷,人民出版社2006年版,第542~544页)。"更高水平的小康"是与"低水平的、不全面的、发展很不平衡的小康"相对而言的。

谐、人民生活更加殷实"。"经过这个阶段的建设,再继续奋斗几十年,到本世纪中叶基本实现现代化,把我国建成富强民主文明的社会主义国家"①。正如党的十六大报告总结的那样,这是"中国特色社会主义经济、政治、文化全面发展的目标",是"与加快推进现代化相统一的目标"。②

3. 党的十七大对第二阶段战略目标的细致刻画

党的十七大的主题是:"高举中国特色社会主义伟大旗帜,以邓小平理论和'三个代表'重要思想为指导,深入贯彻落实科学发展观,继续解放思想,坚持改革开放,推动科学发展,促进社会和谐,为夺取全面建设小康社会新胜利而奋斗"。这是一次以"夺取全面建设小康社会新胜利"为基本奋斗目标的会议。党的十七大报告认定:"全面建设小康社会是党和国家到二〇二〇年的奋斗目标"③。"我们已经朝着十六大确立的全面建设小康社会的目标迈出了坚实步伐,今后要继续努力奋斗,确保到二〇二〇年实现全面建成小康社会的奋斗目标。"④这也就是说,按照党的十七大的刻画,到2020年来临时,中国将"全面建成小康社会"。

党的十七大为到"二〇二〇年实现全面建成小康社会的奋斗目标"既规划了综合指标,又设计了专项指标。党的十七大报告对综合指标做了如下规定:"到二〇二〇年全面建设小康社会目标实现之时,我们这个历史悠久的文明古国和发展中社会主义大国,将成为工业化基本实现、综合国力显著增强、国内市场总体规模位居世界前列的国家,成为人民富裕程度普遍提高、生活质量明显改善、生态环境良好的国家,成为人民享有更加充分民主权利、具有更高文明素质和精神追求的国家,成为各方面制度更加完善、社会更加充满活力而又安定团结的国家,成为对外更加开放、更加具有亲和力、为人类文明作出更大贡献的国家。"⑤ 这一综合指标中主要包含以下四项要件:(1)工业化基本实现、综合国力显著增强、国内市场总体规模位居世界前列;(2)人民富裕程度普遍提高、生活质量明显改善、生态环境良好;(3)人民享有更加充分民主权利、具有更高文明素质和精神追求;(4)各方面制度更加完善、社会更加充满活力而又安定团结;(5)对外更加开放、更加具有亲和力、为人类文明作出更大贡献。在党

---

①② 江泽民:《全面建设小康社会,开创中国特色社会主义事业新局面——在中国共产党第十六次全国代表大会上的报告》,引自《江泽民文选》第三卷,人民出版社2006年版,第542~544页。

③ 胡锦涛:《高举中国特色社会主义伟大旗帜,为夺取全面建设小康社会新胜利而奋斗——在中国共产党第十七次全国代表大会上的报告·序言》,引自《胡锦涛文选》第二卷,人民出版社2016年版,第612页。

④⑤ 胡锦涛:《高举中国特色社会主义伟大旗帜,为夺取全面建设小康社会新胜利而奋斗——在中国共产党第十七次全国代表大会上的报告》,引自《胡锦涛文选》第二卷,人民出版社2016年版,第627~629页。

的十五大以来的历届党的全国代表大会中,可能与召开的时间同 21 世纪上半叶第二阶段的时间距离更近有关,党的十七大对第二阶段的战略目标的规定最为明确具体。

4. 党的十八大对第二阶段战略目标的微调

如果说党的十七大确定的基本奋斗目标是"夺取全面建设小康社会新胜利",那么,党的十八大对这个目标做了进一步的提升——"确保到二〇二〇年实现全面建成小康社会宏伟目标"①(表 1 - 2 较为清晰地展现了党的十五大至党的十八大四届党的全国代表大会所确定的 21 世纪上半叶各阶段战略目标的异同)。党的十八大报告提出要求:"确保到二〇二〇年实现全面建成小康社会宏伟目标"②。

表 1 - 2　　党的十五大至党的十八大 21 世纪上半叶三阶段战略目标对照

党的全国代表大会	第一阶段（2000~2010 年）	第二阶段（2011~2020 年）	第三阶段（2021~2050 年）
党的十五大	国民生产总值比 2000 年翻一番,使人民的小康生活更加宽裕,形成比较完善的社会主义市场经济体制	国民经济更加发展,各项制度更加完善	基本实现现代化,建成富强民主文明的社会主义国家
党的十六大	全面建设惠及十几亿人口的更高水平的小康社会,使经济更加发展、民主更加健全、科教更加进步、文化更加繁荣、社会更加和谐、人民生活更加殷实。 (1) 在优化结构和提高效益的基础上,国内生产总值到 2020 年力争比 2000 年翻两番,综合国力和国际竞争力明显增强。基本实现工业化,建成完善的社会主义市场经济体制和更具活力、更加开放的经济体系。城镇人口的比重较大幅度提高,工农差别、城乡差别和地区差别扩大的趋势逐步扭转。社会保障体系比较健全,社会就业比较充分,家庭财产普遍增加,人民过上更加富足的生活。		基本实现现代化,把我国建成富强民主文明的社会主义国家

---

① 胡锦涛:《坚定不移沿着中国特色社会主义道路前进,为全面建成小康社会而奋斗——在中国共产党第十八次全国代表大会上的报告》,引自《胡锦涛文选》第三卷,人民出版社 2016 年版,第 612 页。

② 胡锦涛:《坚定不移沿着中国特色社会主义道路前进　为全面建成小康社会而奋斗——在中国共产党第十八次全国代表大会上的报告》,引自《胡锦涛文选》第三卷,人民出版社 2016 年版,第 625~627 页。

续表

党的全国代表大会	第一阶段（2000~2010年）	第二阶段（2011~2020年）	第三阶段（2021~2050年）
党的十六大	(2) 社会主义民主更加完善，社会主义法制更加完备，依法治国基本方略得到全面落实，人民的政治、经济和文化权益得到切实尊重和保障。基层民主更加健全，社会秩序良好，人民安居乐业。 (3) 全民族的思想道德素质、科学文化素质和健康素质明显提高，形成比较完善的现代国民教育体系、科技和文化创新体系、全民健身和医疗卫生体系。人民享有接受良好教育的机会，基本普及高中阶段教育，消除文盲。形成全民学习、终身学习的学习型社会，促进人的全面发展。 (4) 可持续发展能力不断增强，生态环境得到改善，资源利用效率显著提高，促进人与自然的和谐，推动整个社会走上生产发展、生活富裕、生态良好的文明发展道路		
党的十七大	综合指标：全面建成小康社会。包括：(1) 工业化基本实现、综合国力显著增强、国内市场总体规模位居世界前列；(2) 人民富裕程度普遍提高、生活质量明显改善、生态环境良好；(3) 人民享有更加充分民主权利、具有更高文明素质和精神追求；(4) 各方面制度更加完善、社会更加充满活力而又安定团结；(5) 对外更加开放、更加具有亲和力、为人类文明作出更大贡献。 专项指标： (1) "增强发展协调性，努力实现经济又好又快发展"指标：转变发展方式取得重大进展，在优化结构、提高效益、降低消耗、保护环境的基础上，实现人均国内生产总值到2020年比2000年翻两番。社会主义市场经济体制更加完善。自主创新能力显著提高，科技进步对经济增长的贡献率大幅上升，进入创新型国家行列。居民消费率稳步提高，形成消费、投资、出口协调拉动的增长格局。城乡、区域协调互动发展机制和主体功能区布局基本形成。社会主义新农村建设取得重大进展。城镇人口比重明显增加。 (2) "扩大社会主义民主，更好保障人民权益和社会公平正义"指标：公民政治参与有序扩大。依法治国基本方略深入落实，全社会法制观念进一步增强，法治政府建设取得新成效。基层民主制度更加完善。政府提供基本公共服务能力显著增强。		

续表

党的全国代表大会	第一阶段 （2000~2010 年）	第二阶段 （2011~2020 年）	第三阶段 （2021~2050 年）
党的十七大		（3）"加强文化建设"，"提高全民族文明素质"指标：社会主义核心价值体系深入人心，良好思想道德风尚进一步弘扬。覆盖全社会的公共文化服务体系基本建立，文化产业占国民经济比重明显提高、国际竞争力显著增强，适应人民需要的文化产品更加丰富。 （4）"加快发展社会事业，全面改善人民生活"指标：现代国民教育体系更加完善，终身教育体系基本形成，全民受教育程度和创新人才培养水平明显提高。社会就业更加充分。覆盖城乡居民的社会保障体系基本建立，人人享有基本生活保障。合理有序的收入分配格局基本形成，中等收入者占多数，绝对贫困现象基本消除。人人享有基本医疗卫生服务。社会管理体系更加健全。 （5）"建设生态文明"指标："基本形成节约能源资源和保护生态环境的产业结构、增长方式、消费模式"，"循环经济形成较大规模，可再生能源比重显著上升。主要污染物排放得到有效控制，生态环境质量明显改善。生态文明观念在全社会牢固树立"	
党的十八大	全面建成小康社会。 专项指标： 第一项"经济持续健康发展"指标：转变经济发展方式取得重大进展，在发展平衡性、协调性、可持续性明显增强的基础上，实现国内生产总值和城乡居民人均收入比 2010 年翻一番。科技进步对经济增长的贡献率大幅上升，进入创新型国家行列。工业化基本实现，信息化水平大幅提升，城镇化质量明显提高，农业现代化和社会主义新农村建设成效显著，区域协调发展机制基本形成。对外开放水平进一步提高，国际竞争力明显增强。 第二项"扩大""人民民主"指标：民主制度更加完善，民主形式更加丰富，人民积极性、主动性、创造性进一步发挥。依法治国基本方略全面落实，法治政府基本建成，司法公信力不断提高，人权得到切实尊重和保障。 第三项"增强""文化软实力"指标：社会主义核心价值体系深入人心，公民文明素质和社会文明程度明显提高。文化产品更加丰富，公共文化服务体系基本建成，文化产业成为国民经		

续表

党的全国代表大会	第一阶段 （2000~2010 年）	第二阶段 （2011~2020 年）	第三阶段 （2021~2050 年）
党的十八大		济支柱性产业，中华文化"走出去"迈出更大步伐，社会主义文化强国建设基础更加坚实。 第四项"全面提高""人民生活水平"指标：基本公共服务均等化总体实现。全民受教育程度和创新人才培养水平明显提高，进入人才强国和人力资源强国行列，教育现代化基本实现。就业更加充分。收入分配差距缩小，中等收入群体持续扩大，扶贫对象大幅减少。社会保障全民覆盖，人人享有基本医疗卫生服务，住房保障体系基本形成，社会和谐稳定。 第五项"资源节约型、环境友好型社会建设"指标：主体功能区布局基本形成，资源循环利用体系初步建立。单位国内生产总值能源消耗和二氧化碳排放大幅下降，主要污染物排放总量显著减少。森林覆盖率提高，生态系统稳定性增强，人居环境明显改善	

党的十八大在党的十六大、党的十七大确立的全面建设小康社会目标的基础上提出了新的要求。党的十八大报告有面向更远未来的展望，指出"继续实现推进现代化建设、完成祖国统一、维护世界和平与促进共同发展这三大历史任务"①，确认"建设中国特色社会主义"的"总任务"是"实现社会主义现代化和中华民族伟大复兴"②，也表达了"不断夺取中国特色社会主义新胜利，共同创造中国人民和中华民族更加幸福美好的未来"③的决心，但党的十八大没有就2020年以后的事业发展做具体的战略安排。这样就出现了表 1-2 中"第三阶段"栏战略目标的空白。

（二）党的十九大确定的"历史交汇期"的战略目标

按照前述党的十七大以"夺取全面建设小康社会新胜利"为第二阶段基本奋斗目标，党的十八大以"全面建成小康社会"为第二阶段基本奋斗目标的说法，

---

①③ 胡锦涛：《坚定不移沿着中国特色社会主义道路前进　为全面建成小康社会而奋斗——在中国共产党第十八次全国代表大会上的报告》，引自《胡锦涛文选》第三卷，人民出版社 2016 年版，第 659 页。

② 胡锦涛：《坚定不移沿着中国特色社会主义道路前进，为全面建成小康社会而奋斗——在中国共产党第十八次全国代表大会上的报告》，引自《胡锦涛文选》第三卷，人民出版社 2016 年版，第 619~624 页。

党的十九大提出的第二阶段基本奋斗目标是"决胜全面建成小康社会"①。而所谓"决胜全面建成小康社会"是确保"全面建成小康社会",使第一个百年奋斗目标得以圆满实现②,开启全面建设社会主义现代化国家新征程。

对21世纪上半叶第三个阶段,党的十九大提出了比党的十五大、党的十六大、党的十七大、党的十八大的设计更加具体的战略目标。党的十九大把2020年到2050年的30年(也就是21世纪上半叶第三阶段)分为前期和后期。前期,从2020年到2035年。这是21世纪上半叶第三阶段前期(以下简称"三步三段前期");后期,也就是21世纪上半叶第三阶段后期(以下简称"三步三段后期"),从2036年到2050年。"三步三段前期"的战略目标是"基本实现社会主义现代化"。如果说"基本实现社会主义现代化"是一个综合目标,那么,党的十九大也给这个综合指标规定了一些分项指标。"三步三段后期"的综合战略目标(见表1-3)是建成富强民主文明和谐美丽的社会主义现代化强国。物质文明、政治文明、精神文明、社会文明、生态文明将全面提升。党的十九大报告在提出综合战略目标的同时,还给"三步三段后期"战略目标规定了一些具体指标(也可以称分项指标)。包括:(1)国家治理体系和治理能力现代化;(2)成为综合国力和国际影响力领先的国家;(3)全体人民共同富裕基本实现,我国人民……享有更加幸福安康的生活;(4)中华民族……以更加昂扬的姿态屹立于世界民族之林。

表1-3 党的十九大确定21世纪上半叶第三阶段两期战略规划指标对照

指标		前期(2020~2035年)	后期(2036~2050年)
综合指标		基本实现社会主义现代化	建成富强民主文明和谐美丽的社会主义现代化强国
分项指标	1	经济实力、科技实力将大幅跃升,跻身创新型国家前列	成为综合国力和国际影响力领先的国家
	2	人民平等参与、平等发展权利得到充分保障,法治国家、法治政府、法治社会基本建成,各方面制度更加完善,国家治理体系和治理能力现代化基本实现	国家治理体系和治理能力现代化

---

① 习近平:《决胜全面建成小康社会,夺取新时代中国特色社会主义伟大胜利——在中国共产党第十九次全国代表大会上的报告》,人民出版社2017年版,第1页。
② 习近平:《决胜全面建成小康社会,夺取新时代中国特色社会主义伟大胜利——在中国共产党第十九次全国代表大会上的报告》,人民出版社2017年版,第28页。

续表

指标		前期（2020~2035年）	后期（2036~2050年）
分项指标	3	社会文明程度达到新的高度，国家文化软实力显著增强，中华文化影响更加广泛深入	
	4	人民生活更为宽裕，中等收入群体比例明显提高，城乡区域发展差距和居民生活水平差距显著缩小，基本公共服务均等化基本实现，全体人民共同富裕迈出坚实步伐	全体人民共同富裕基本实现，我国人民……享有更加幸福安康的生活
	5	现代社会治理格局基本形成，社会充满活力又和谐有序	
	6	生态环境根本好转，美丽中国目标基本实现	
	7		中华民族……以更加昂扬的姿态屹立于世界民族之林

这是迄今为止对未来30多年的发展建设所做的最具体、最明确的战略安排。习近平在党的十九大报告中说："今天，我们比历史上任何时期都……更有信心和能力实现中华民族伟大复兴的目标。"① 这样的判断应当是在考虑了未来战略设计的可行性的基础上作出的。

第四节 新时期的建设任务和海洋战略

如前所述，本书所说的新时期是新时代的新时期。它既是"眼下到未来的一个时期"，又是中国特色社会主义进入新时代之后的最初阶段。党的十五大以来的党的全国代表大会对我国建设发展"三步走"战略的第三步所做的战略规划（见表1-2），党的十九大对"两个一百年""历史交汇期"所做的战略安排，为国家在这个新时期的建设发展规划了战略目标（见表1-3）。制定新时期的海洋战略，或者为这个时期调整国家海洋战略，在战略目标已定的前提下，需要先确定我们国家在这个新时期的发展建设任务，需要先弄清实现已定的战略目标需要具备或需要创造哪些条件。

---

① 习近平：《决胜全面建成小康社会，夺取新时代中国特色社会主义伟大胜利——在中国共产党第十九次全国代表大会上的报告》，人民出版社2017年版，第10~14页。

一、新时期的建设任务

制定新时期国家战略的依据之一是我党和国家肩负着实现中华民族伟大复兴的历史使命,新时期的国家海洋战略必须服务于实现中华民族伟大复兴。在以往几十年的全部战略思考中,中华民族伟大复兴都是最高理想,都是最后的战略目标。这个伟大的目标应当成为我们安排新时期的战略任务的基本参照。如果说实现这个目标的要求曾经表现得"时缓时急",那么,在新时期,它已经是"急"的战略目标。我们应当把实现中华民族伟大复兴作为"急"的战略目标来对待,并按照这样的要求安排新时期的战略任务,即按照实现中华民族伟大复兴的战略目标的需要安排战略任务。党的十九大所做的与何时完成这个使命有关的判断是:今天的中国比历史上任何时期都更接近实现这个梦想的目标。同时,党的十九大报告还告诉我们,今天的中国比历史上任何时期都"更有信心和能力"实现中华民族伟大复兴的目标。为了实现这样的战略目标,国家需要布置哪些战略任务,做哪些战略部署呢?

(一) 经济建设

在表 1-2 第三阶段一列中,党的十五大、党的十六大两栏的内容差不多,大致都是"基本实现现代化""建成富强民主文明的社会主义国家"。表 1-3 "前期"栏中的综合指标是"基本实现社会主义现代化"①,"后期"栏中的综合指标是"建成富强民主文明和谐美丽的社会主义现代化强国"。对照表 1-2 和表 1-3,可以得出以下结论:"基本实现现代化"和"建成富强民主文明的社会主义国家"虽然都是"三步走"战略第三步要达到的战略目标,但两者又有高低不同。"建成富强民主文明的社会主义国家",在表 1-3 中是"建成富强民主文明和谐美丽的社会主义现代化强国"②,更加接近"中华民族伟大复兴"的水平,或者就是"中华民族伟大复兴"实现的标准,而"基本实现现代化"是水平稍低一些的目标。从表 1-3 提供的信息来看,"基本实现现代化"或"基本实现社会主义现代化"是"建成富强民主文明和谐美丽的社会主义现代化强国"的条件。按照这样的理解,要实现中华民族伟大复兴的目标必须先"实现现

---

① 习近平:《决胜全面建成小康社会,夺取新时代中国特色社会主义伟大胜利——在中国共产党第十九次全国代表大会上的报告》,人民出版社 2017 年版,第 28 页。

② 党的十九大报告还有另一种表达,即"物质文明、政治文明、精神文明、社会文明、生态文明将全面提升"(习近平:《决胜全面建成小康社会,夺取新时代中国特色社会主义伟大胜利——在中国共产党第十九次全国代表大会上的报告》,人民出版社 2017 年版,第 22 页)。

化"；国家为了实现中华民族伟大复兴这一战略目标，除其他战略任务外，实现现代化是必不可少的战略任务。服务于实现中华民族伟大复兴这一战略目标的国家战略必须对如何实现现代化作出战略部署。也可以这样说：国家要实现中华民族伟大复兴这个战略目标，必须下达实现现代化这一战略任务。

　　前已述及，在以往的建设发展中，我国长期实行"一个中心，两个基本点"的"基本路线"。这条"基本路线"的中心思想就是"以经济建设为中心，坚持四项基本原则，坚持改革开放"。其中的两个"坚持"就是"两个基本点"。这两个基本点共同支持一个中心，即经济建设这个中心。党的十四大高度评价党的十三大在总结"基本路线"上所做的贡献，并继续坚持这一基本路线。① 尽管后来的"三位一体""四位一体""五位一体"总体布局客观上对"一个中心、两个基本点"的基本路线做了扩充，但一个"中心"没有变，"经济建设"这个"中心"在"基本路线""总体布局"中的位置没有变。例如，《"十一五"规划建议》指出："制定'十一五'规划，要以邓小平理论和'三个代表'重要思想为指导，全面贯彻落实科学发展观。坚持发展是硬道理，坚持抓好发展这个党执政兴国的第一要务，坚持以经济建设为中心，坚持用发展和改革的办法解决前进中的问题。"② 再如，党的十七大报告要求："必须坚持把发展作为党执政兴国的第一要务。"报告认为："发展，对于全面建设小康社会、加快推进社会主义现代化，具有决定性意义。"正是因为"发展"对"全面建设小康社会"意义如此重大，所以，报告强调："要牢牢扭住经济建设这个中心，坚持聚精会神搞建设、一心一意谋发展，不断解放和发展社会生产力。"③

　　为了履行实现中华民族伟大复兴这个历史使命，需要把经济建设作为战略任务，执行新时代国家基本建设任务也需要继续坚持"以经济建设为中心"。党的十九大报告明确指出："全党要牢牢把握社会主义初级阶段这个基本国情，牢牢立足社会主义初级阶段这个最大实际，牢牢坚持党的基本路线这个党和国家的生命线、人民的幸福线，领导和团结全国各族人民，以经济建设为中心，坚持四项基本原则，坚持改革开放，自力更生，艰苦创业，为把我国建设成为富强民主文

---

　　① 党的十四大认为，比较系统地论述了我国社会主义初级阶段的理论，明确概括和全面阐发了党的"一个中心、两个基本点"的"基本路线"是党的十三大的"主要历史功绩"（参见江泽民：《加快改革开放和现代化建设步伐，夺取有中国特色社会主义事业的更大胜利——在中国共产党第十四次全国代表大会上的报告》，引自《江泽民文选》第一卷，人民出版社2006年版，第221页）。
　　② 《中共中央关于制定国民经济和社会发展第十一个五年规划的建议》，人民出版社2005年版，第8页。
　　③ 胡锦涛：《高举中国特色社会主义伟大旗帜，为夺取全面建设小康社会新胜利而奋斗——在中国共产党第十七次全国代表大会上的报告》，引自《胡锦涛文选》第二卷，人民出版社2016年版，第624页。

明和谐美丽的社会主义现代化强国而奋斗。"①虽然社会主要矛盾发生了变化，但用于化解矛盾的基本方法没有变。解决人民日益增长的物质文化需要与落后的社会生产之间的矛盾要靠经济建设，解决人民日益增长的美好生活需要和不平衡不充分的发展之间的矛盾也离不开经济建设。这是因为，"发展是解决我国一切问题的基础和关键"②。

总之，新时期的战略任务不能漏掉经济建设。我们的海洋战略部署应当分派经济建设方面的战略任务。

（二）精神文明政治文明建设

上面已经作出一个严肃的选择：按照实现中华民族伟大复兴的战略目标的需要安排战略任务。那么，中华民族伟大复兴中的复兴意味着什么呢？要回答这个问题需要先弄清作为"复兴"之原型的"兴"是怎样的。人们描述过我国历史上曾经出现的盛世，总结过我国古人创造的业绩，对我国在古代历史上或鸦片战争之前的政治、经济、军事、文化、科技，甚至宗教、艺术、体育等方面的建树做过分门别类地梳理。中华民族的确创造了辉煌的古代文明。今天，我们要实现中华民族伟大复兴就是要恢复古代的文明，重造古董式的辉煌吗？显然不是，也不应该是。当说民族复兴或伟大复兴时，我们从我们民族的过去获得自豪感，我们对我们民族在古代建立的文明充满骄傲和自豪。在谈论英法联军火烧圆明园、沙俄割占我国东北外兴安岭以南、黑龙江以北60多万平方公里土地、日军在华北等地实行"三光政策"等话题的环境下，这种自豪感会表现得更为强烈。那是因为英法联军火烧圆明园等带给我们的是屈辱。在屈辱的心境下谈论辉煌的民族历史，来自"忆往昔"的自豪感自然会格外强烈。我们要使之"复"的"兴"就在这自豪感中。我们为之自豪的"兴"是一种地位，一种在异民族（或异国）相遇中的地位。异国相遇，中华被人欺，华人屈辱；异国相遇，中国被尊崇，华夏儿女自豪。自鸦片战争到新中国成立，在长达一个世纪的时间里，中国一直被外国侵略、压迫。我们把这段历史称为百年屈辱。所有的中华儿女都要求告别这段历史，都希望这样的历史永远都不要重现。在我们民族的历史上，尤其是所谓汉唐盛世，中国不是一个被压迫的国家或族类，即使偶有外敌袭扰，也都被我王朝大军打得落花流水。我们为这样的过去而自豪。在讨论"民族复兴"时，我们

---

① 习近平：《决胜全面建成小康社会，夺取新时代中国特色社会主义伟大胜利——在中国共产党第十九次全国代表大会上的报告》，人民出版社2017年版，第12页。

② 习近平：《决胜全面建成小康社会，夺取新时代中国特色社会主义伟大胜利——在中国共产党第十九次全国代表大会上的报告》，人民出版社2017年版，第21~22页。

常用一句话，即中华民族"屹立于世界民族之林"①。这句话要表达的也是我国在与外国关系中的地位。2000年9月7日，江泽民出席"联合国千年首脑会议"。会议期间，江泽民与时任法国总统希拉克、俄罗斯总统普京、英国首相布莱尔、美国总统克林顿，举行了自联合国成立以来的联合国安理会五个常任理事国第一次元首会晤。《人民日报》记者施晓慧、刘水明把视野放到20世纪的两端，一端是1900年，那年8月八国联军攻陷北京；另一端是2000年，中国的国家主席和其他四个联合国安全理事会常任理事国的元首站在世界最高的政治舞台上，写下了题为"东方巨龙，屹立世界"的报道。记者把以八国联军攻陷北京为起点的百年历史做了如下描述："中国这条巨龙，历经沧桑"，"如今""已昂首屹立于世界的东方"②。记者对"如今"所表达的自豪与我们对历史上的中华民族的自豪是同质的。我们要实现中华民族的伟大复兴，要寻找的就是这种自豪，就是在异民族相遇时不低下的地位。

那么，让我们自豪的中华民族在与异民族、与外国关系中处于怎样的一种地位呢？让我们为之自豪的那个中华民族在世界民族之林中的地位可以用八个字来描述，那就是"四方来贺，八方来朝"。《诗经》"受天之祜，四方来贺"③一语反映了周王朝在"天下"的地位，也培养了后来中国人的王朝观、大国观。汉唐等王朝创造的"重九译，致殊俗"④，"西旅远贡，越裳九译"⑤，"四夷之民""重译而至"⑥等盛况，让古代中国人得以久久地沉浸于四方来贺，八方来朝的氛围之中。就在西方人已经把掠夺的魔爪伸向东方的时候，大清王朝的皇帝还在太和殿召见属国使者。四方来贺，八方来朝，用现代国际关系的眼光来看，实质是国际影响力。所谓影响力是由内向外的能量释放。中华民族在历史上向外释放了什么能量呢？汉唐及其后的历代王朝都以行"王道"为尚，四方来贺，八方来朝显然不是靠武力征伐换来的。不是通过向外释放武力，中华民族才在历史上获得了四方来贺，八方来朝的影响力。在排除了武力征伐之后，我们继续追问，中华民族在历史上向外释放了哪种能量呢？从中国接受四方来贺，八方来朝的岁月国家间的交往或中国对外的交往中我们可以轻易获得答案。那时的中国，就像

---

① 习近平：《决胜全面建成小康社会，夺取新时代中国特色社会主义伟大胜利——在中国共产党第十九次全国代表大会上的报告》，人民出版社2017年版，第29页。
② 施晓慧、刘水明：《东方巨龙，屹立世界——胜利迈向新世纪述评之五》，载于《人民日报》2001年1月3日，第1版。
③ 《诗经·大雅·下武》。
④ 《史记·大宛列传》张守节正义云："言重九遍译语而致。"
⑤ 《晋书·文帝纪》。
⑥ 程晏：《内夷檄》，引自樊文礼：《儒家民族思想研究——先秦至隋唐》，齐鲁书社2011年版，第268页。

"中国"这个名字所表达的那样，处天下之中，是文明的中心。从这个中心向周围释放的是文明。① 例如，丝绸、陶瓷等的手工艺制品；文字、书法、绘画等文化知识；织布、造纸、历法、桥梁建造等科技知识；尊君卑臣选贤任能等政治制度；律令科比赏善罚罪等法律制度。除了手工艺制品精美耐用，织布造桥等技术先进，享有经济优势外，中国在语言文字文学艺术等精神产品、政治法律以及内容丰富的典章制度都处于领先地位。是这些和这里没有提到的那些令人羡慕的文明成果、文明状态奠定了中国四方来贺的地位，为中国人，过去的中国人和今天的中国人，争得了八方来朝的荣耀。

如果我们的总结符合历史的实际，那么，要实现中华民族伟大复兴，除了要搞好经济建设，在经济上取得优势地位之外，我们还应大力加强精神文明建设、政治文明建设，在精神文明、政治文明上恢复历史上曾有的领先地位，或把已经建立的领先地位保持住，使已经建立的领先优势更加明显，使我们的经验、我们建立的制度具有更大的推广价值，使我国建立或主导的国际政治经济文化等体系或其他事务对更多的国家、地区有更大吸引力。

二、实现新时期战略目标的关键条件

按照实现中华民族伟大复兴这一战略目标的需要，我们应该把经济建设、文化建设、政治建设作为重要的战略任务来对待。为了实现中华民族伟大复兴这个战略目标，还需要一些条件，开展上述经济建设，精神文明、政治文明建设等所需要的条件。根据我国社会和文化发展状况、自然环境状况，现在和将来一个时期的国际政治经济形势等，要实现新时期的战略目标，尤其是实现中华民族伟大复兴这一目标，必须具备或努力营造以下关键建设环境。

（一）世界和平

中国是个大国，在今天这个复杂的世界里，不管兴衰都会给世界带来影响，不管是为了谋求强盛还是力图走出困境，都一定处在世界的影响之下。而实现中华民族伟大复兴这一历史使命，这一只能用历史作为测度标尺的任务，需要长时间的和平的国际环境。党的十四大报告指出，"在社会主义建设的外部条件问题上，和平与发展是当代世界两大主题，必须坚持独立自主的和平外交政策，为我国现代化建设争取有利的国际环境。"尽管和平与发展是当代世界两大主题，我

---

① 世界历史上的那些文明古国，如古埃及、古希腊、古印度等，大多是文明的中心，都是向周围传递或输出文明信息的中心。

们仍然需要为开展我国的建设战略——一项需要长期努力才能完成的工程——而争取有利的国际环境。所谓争取"有利的国际环境"就是通过本国的努力,使世界保持和平状态。反过来说,就是通过我国的努力以避免发生战争或出现其他紧张局势。① 就像我国自实行改革开放政策以来长期实施"三步走"战略那样,后来的历次党的全国代表大会都坚持为本国建设争取世界和平的政策。党的十七大报告赋予科学发展观的内容之一是"通过维护世界和平发展自己、又通过自身发展维护世界和平的和平发展"②。世界和平是我国实现发展的条件,而我国的发展有利于维护世界和平。这就是中国受世界影响,中国又影响世界的道理。按照这个道理,我国应当就积极影响世界、营造和平的环境、有利于经济社会发展的环境作出战略安排,像党的十九大报告所说的那样,"主动参与和推动经济全球化进程"③,主动对世界施加影响,传递正能量。

(二)政治有力

战略的前提是国情,战略的核心是目标,战略的关键是实施。在摸清了包括国家需要在内的国情,找准了战略目标这个战略核心之后,国家战略就进入了关键的战略实施环节。如果说战略是运用全部国家力量的艺术,④ 那么,战略实施就是把"全部国家力量"实际运用起来的战略环节。了解国情可以获知国家的战略储备,在很大程度上就是国家的战略力量,但国情项下的战略储备并不是真正的国家战略力量。只有在战略实施中能够调动的,实际进入战略实施中去的力量才是战略力量。把国情项下的战略储备变成战略实施可以调动的战略力量,靠政治,包括战略中枢对各种战略力量的部署、调度等。政治有力就是战略中枢拥有运用国家战略力量的强制力,从国家战略储备中挖掘战略力量的推动力。在现代国家,这是一个极为复杂的问题。在政治极端民主、文化极端多元的国家,往往难以形成有力的政治中心,从而也就难以在战略实施中有效调动国家力量。

我国是社会主义国家,我们坚持并实践着"东西南北中"党领导一切的原则,在战略实施上拥有明显的制度优势。不过,从有效调动国家力量用以实现国

---

① 江泽民:《加快改革开放和现代化建设步伐,夺取有中国特色社会主义事业的更大胜利——在中国共产党第十四次全国代表大会上的报告》,引自《江泽民文选》第一卷,人民出版社2006年版,第235页。

② 胡锦涛:《高举中国特色社会主义伟大旗帜,为夺取全面建设小康社会新胜利而奋斗——在中国共产党第十七次全国代表大会上的报告》,引自《胡锦涛文选》第二卷,人民出版社2016年版,第643页。

③ 习近平:《决胜全面建成小康社会,夺取新时代中国特色社会主义伟大胜利——在中国共产党第十九次全国代表大会上的报告》,人民出版社2017年版,第21~22页。

④ 徐祥民:《中国海洋发展战略研究》,经济科学出版社2015年版,第138~141页。

家战略目标的需要来看，我们依然要加强政治建设，实施政治改革。党的十九大报告提出的"基本方略十四条"第十条是"坚持全面深化改革"，要求："必须坚持和完善中国特色社会主义制度，不断推进国家治理体系和治理能力现代化，坚决破除一切不合时宜的思想观念和体制机制弊端，突破利益固化的藩篱，吸收人类文明有益成果，构建系统完备、科学规范、运行有效的制度体系，充分发挥我国社会主义制度优越性。"① 这一方略有利于培育"政治有力"的战略实施环境。

（三）社会和谐

不管是经济建设，还是精神文明、政治文明建设，都需要调动国内建设力量。而社会和谐，包括以往常说的"政治稳定"，是充分调动国内建设力量的必要条件。中国共产党第十六届中央委员会第六次全体会议（以下简称"党的十六届六中全会"）通过的《中共中央关于构建社会主义和谐社会若干重大问题的决定》（以下简称《构建和谐社会决定》）揭示了社会和谐与国家建设等之间的密切关系——"社会和谐……是国家富强、民族振兴、人民幸福的重要保证。"② 按照这一判断，不管是为了实现一切国家都不拒绝的"国家富强""人民幸福"，还是要实现我们民族重振辉煌的目标，都必须努力实现社会和谐。有社会和谐的环境，才能全力以赴地开展经济建设、文化建设、政治建设，才能取得良好的建设成果。

党的十六届六中全会注意到的"影响社会和谐的矛盾和问题"包括："城乡、区域、经济社会发展很不平衡，人口资源环境压力加大；就业、社会保障、收入分配、教育、医疗、住房、安全生产、社会治安等方面关系群众切身利益的问题比较突出；体制机制尚不完善，民主法制还不健全；一些社会成员诚信缺失、道德失范，一些领导干部的素质、能力和作风与新形势新任务的要求还不适应；一些领域的腐败现象仍然比较严重；敌对势力的渗透破坏活动危及国家安全和社会稳定。"③

党的十九大确立的"基本方略十四条"中的第六条规定的"坚持法治国家、法治政府、法治社会一体建设""提高全民族法治素养和道德素质"④ 都有利于

---

① 习近平：《决胜全面建成小康社会，夺取新时代中国特色社会主义伟大胜利——在中国共产党第十九次全国代表大会上的报告》，人民出版社2017年版，第21页。
② 《中共中央关于构建社会主义和谐社会若干重大问题的决定》，人民出版社2006年版，第12页。
③ 《中共中央关于构建社会主义和谐社会若干重大问题的决定》，人民出版社2006年版，第14页。
④ 习近平：《决胜全面建成小康社会，夺取新时代中国特色社会主义伟大胜利——在中国共产党第十九次全国代表大会上的报告》，人民出版社2017年版，第22~23页。

实现社会和谐。

我国已经进入中国特色社会主义新时代。从生产力发展水平上来看，我国面临的"更加突出的问题是发展不平衡不充分"。按照党的十九大所做的判断，它已经成为满足人民日益增长的美好生活需要的主要制约因素。① 解决人民日益增长的美好生活需要和不平衡不充分的发展之间的矛盾是新时代的基本任务，同时也是促进社会和谐的根本方法。党的十九大报告提出，"要在继续推动发展的基础上，着力解决好发展不平衡不充分问题，大力提升发展质量和效益，更好满足人民在经济、政治、文化、社会、生态等方面日益增长的需要，更好推动人的全面发展、社会全面进步。"② 这些既是给国家战略的实施创造良好环境的需要，又是完成新时代基本任务的需要。

（四）环境良好

"坚持以人民为中心的发展思想"，"促进人的全面发展、全体人民共同富裕"③ 有利于实现社会和谐，从而为新时期国家战略的实施创造良好的环境，同时，又是解决人民日益增长的美好生活需要和不平衡不充分的发展之间的矛盾举措，是对新时代基本建设任务的执行。这样说来，促进社会和谐具有双重意义，一方面，它是新时期国家战略的任务；另一方面，它又是为国家战略创造有利的实施环境。与此相近，促进环境良好也具有双重意义。一方面，我国要在 21 世纪中叶实现的"社会主义现代化强国"的重要指标是"美丽"。促进环境良好就是实施国家战略，就是履行"坚持和发展中国特色社会"的"总任务"④；另一方面，促进环境良好又具有为国家战略实施创造条件的价值。⑤ 党的十九大报告告诫全党要"更加自觉地防范各种风险"。报告列举的风险之一就是来自与"政治、经济、文化、社会等领域"相对的"自然界"⑥ 的风险。防范和战胜来自"自然界"的像 2003 年的"非典"那样的风险，主要的办法是保护环境。保护好环境，避免风险的发生，就为经济社会发展、为实施国家战略创造了条件。

党的十九大确定的"基本方略十四条"中的第九条指出，"必须树立和践行绿水青山就是金山银山的理念，坚持节约资源和保护环境的基本国策，像对待生

---

①② 习近平：《决胜全面建成小康社会，夺取新时代中国特色社会主义伟大胜利——在中国共产党第十九次全国代表大会上的报告》，人民出版社 2017 年版，第 11 页。

③④ 习近平：《决胜全面建成小康社会，夺取新时代中国特色社会主义伟大胜利——在中国共产党第十九次全国代表大会上的报告》，人民出版社 2017 年版，第 19 页。

⑤ 对于当今世界来说，"人与自然和谐"既是评价尺度，又是建设目标。参见徐祥民：《人天关系和谐与环境保护法的完善》，法律出版社 2017 年版，第 18~19 页。

⑥ 习近平：《决胜全面建成小康社会，夺取新时代中国特色社会主义伟大胜利——在中国共产党第十九次全国代表大会上的报告》，人民出版社 2017 年版，第 15~16 页。

命一样对待生态环境，统筹山水林田湖草系统治理，实行最严格的生态环境保护制度，形成绿色发展方式和生活方式，坚定走生产发展、生活富裕、生态良好的文明发展道路，建设美丽中国，为人民创造良好生产生活环境，为全球生态安全作出贡献。"① 从这条内容就可以看出，促进环境良好具有目的与手段的双重价值。我国的国家战略应当按兼顾目的性和手段价值的要求对环境保护做战略安排。

三、新时期的国家海洋战略

海洋战略是国家战略的组成部分，是作为国家战略的海洋战略。② 海洋战略是国家战略的蓝色部分，因而也可以说是蓝色的国家战略。当存在以海洋为载体或通过海洋实现的国家利益时，就需要制定海洋战略，谋求以海洋为载体的国家利益的战略或谋求通过海洋实现国家利益的战略。我们已经探讨了"新时代制定国家战略的基本依据"（本章第二节），探讨了可能被当成战略目标的"'历史交汇期'我国的发展建设目标"（本章第三节），梳理了国家面临的战略性任务——新时期的建设任务（本节前半部分），对新时期的国家战略目标、任务等形成了大致的认识。那么，我们已经认识到的战略目标、战略任务等，如何转化为国家海洋战略呢？或者说，应当制定怎样的海洋战略以便更好地完成上述国家战略任务，实现上述国家战略目标呢？

习近平同志在党的十九大报告中指出，我们正站在崭新的"时代舞台"③上。我们认为，处在崭新的"时代舞台"上的中国，制定国家海洋战略需要认真解决以下六个方面的问题。

（一）中美关系与我国的海洋战略

中美关系是我国对外关系中最重要的一对关系，也是制约我国战略设计的最关键的一对关系。这一制约在我国海洋战略的制定中尤其不容忽视。国家制定或调整海洋战略需要深入分析中美关系的现状与走向，探讨中美关系对我国国家战略的影响和对我国海洋战略的影响，按照处理中美关系的需要设计我国新时期海洋战略。

---

① 习近平：《决胜全面建成小康社会，夺取新时代中国特色社会主义伟大胜利——在中国共产党第十九次全国代表大会上的报告》，人民出版社2017年版，第23～24页。
② 徐祥民：《中国海洋发展战略研究》，经济科学出版社2015年版，第153～154页。
③ 习近平：《决胜全面建成小康社会，夺取新时代中国特色社会主义伟大胜利——在中国共产党第十九次全国代表大会上的报告》，人民出版社2017年版，第70页。

从国家海洋战略制定的需要来看，我们对中美关系与我国海洋战略的关系可以作出以下基本判断：（1）中美关系是亚太国际局势的缩影；（2）中美关系是中国海洋战略制定的重要依据；（3）如何处理中美关系是中国海洋战略的重要部署；（4）处理海洋战略中的中美关系存在多种可能的选择，但最优选择是和平，尽管和平需要通过抑制①、制约甚至抗衡等来实现；（5）确定处理中美关系的方针是选择处理其他亚太事务方案的前提。

习近平在党的十九大报告中曾谈到，党和国家面对"应对重大挑战、抵御重大风险、克服重大阻力、解决重大矛盾"②的潜在需要。中美关系中就存在发生"重大挑战""重大风险"的潜在可能性。对此，我们必须作出战略安排。

（二）我国与亚洲邻国间的经贸关系与我国的海洋战略

我国的海洋战略不能不是在亚洲邻国关系网络中的国家战略。不管是制定还是调整国家海洋战略，都既不能忽略亚洲邻国关系，也不能回避大致也属于亚洲邻国关系的南中国海问题。

我国在新时期的主要战略任务是发展经济，对我国经济发展的影响是国家海洋战略制定或调整的重要考量因素。我国海洋战略的制定或调整以复杂的邻里关系为背景。这复杂的邻里关系包括我国与周边邻国，尤其是与日本、越南、菲律宾等国之间的关系。这是我国面对的不可忽略的战略环境。我国与亚洲邻国之间的经贸关系，既与我国的发展愿望有关，又是我国的战略环境，是海洋战略制定或战略调整的重要依据。中国海洋战略设计应当从我国与亚洲邻国经贸关系中得到诠解，应对我国与亚洲邻国经贸关系给予说明。

海上丝绸之路记载了我国历史上对外的经济贸易往来及文化传播，是东亚、东南亚经济文化共同繁荣留下的烙印。我国大力推进的"一带一路"倡议将沿着但不限于历史上的海上丝绸之路把我国海洋邻国用更加强韧的经济文化等的牵引力联系起来。我们应当制定、充实以建设海上丝绸之路为重要内容的海洋战略。

（三）建设和平、健康、繁荣的南中国海

南中国海问题既是我国海洋事务中最棘手的问题，也是我国全部对外关系中最复杂的问题。我国海洋战略无论如何无法回避南中国海问题。实现中华民族伟

---

① 笔者曾提出海洋外交和海洋事务领域陆台关系处理的安内、睦邻、交远、抑霸八字战略（参见徐祥民：《中国海洋发展战略研究》，经济科学出版社 2015 年版，第 347~361 页），其中的"抑霸"就是抑制霸权国家的意思。抑制霸权国家有利于实现世界和平和地区和平。

② 习近平：《决胜全面建成小康社会，夺取新时代中国特色社会主义伟大胜利——在中国共产党第十九次全国代表大会上的报告》，人民出版社 2017 年版，第 15 页。

大复兴、解决人民日益增长的美好生活需要和不平衡不充分的发展之间的矛盾，都需要我们把南中国海建设成和平、健康、繁荣的南中国海。和平是一种状态，也是可以用军事优势、始终如一的底线赢得的国际关系局面。"军事优势"是指对周边国家始终保持压倒性优势。"始终如一的底线"指我国一贯主张的海洋利益，包括岛屿主权、九段线内海域等，绝对不允许侵夺，一旦有侵夺发生就一定毫不客气、毫不犹豫地对侵夺行为予以毁灭性的打击。健康主要指自然环境的健康，包括南中国海及其周边海域生物多样性维护。海洋健康需要通过合作来赢取，为了实现海洋健康必须开展国际合作。为海洋健康而开展的国际合作，是阻力最小的国际合作领域。繁荣是环南中国海国家的共同的当前利益和长远利益。繁荣可以是共同开发、建设自由贸易区、维护南中国海通道畅通繁荣等。

（四）中国海洋战略中的海洋通道战略

海洋的广泛连通性为世界的流动提供了便利，海洋通道是让世界缩小的"核能量"，是让中国真正变成世界的中国的"天梯"。然而现行的海峡制度、重要海峡的管理现状等却给世界的流动带来了不便。随着中国经济总量的不断提高，经济社会发展对外依赖度的提高，利用海洋通道的需求越来越强烈，对海洋通道安全的要求越来越强烈。中国需要通畅的海洋通道、和平的海洋通道，对"不便"做最小化处理的海洋通道。

海洋通道战略与海上丝绸之路建设具有呼应关系，海洋通道战略中的通道既包括马六甲海峡、巴拿马运河等传统通道，也包括正在形成的北极航道（或北极航线）。[①] 取得重要海峡、运河管理上的发言权，实质性地参与或影响重要海峡、运河的管理是中国海洋通道战略的任务。历史上的马汉贡献给美国的军事智慧主要是控制海洋通道。对北极航道，中国应当积极参与建设、管理，或赢取对建设、管理的影响力。

（五）我国海外利益保护与海洋安全战略

海外利益[②]的保护是中国海洋战略的有机组成部分。服务国家经济社会发展总战略的海洋战略，一定是实现、维护我国的海外利益，甚至扩大中国的海外利益的战略。以往的海洋军事战略，在军事部署和军力建设上大多都指向或针对敌国，即以相对明确的敌方为安排建设、实施部署的依据。我国新时期的海洋战略

---

① 孙凯等：《北极航运治理与中国的参与路径研究》，载于《中国海洋大学学报》2015年第1期。
② 对何谓海洋利益以及海洋利益与海洋权利的关系，参见徐祥民：《中国海洋发展战略研究》，经济科学出版社2015年版，第375~382页。

不应简单"从旧",而应以实现、维护我国利益为转移。这种战略安排需要考虑的是我国利益面临的或可能遭受的侵害是什么,有哪些类型。维护和实现我国的海外利益,并非仅指我国企业的经济利益不受非法侵犯,而是有利于我国企业、公民发展,有利于实现我国战略部署的国际环境。维护和实现我国海外利益,不能寄希望于"自力"。在开放的不断缩小的世界上依赖"自力救济"是不明智的。我们的口号应当是:不求自力胜敌,但求正义不受损伤。按照这个口号,我国可以与任何和平队伍联合"作战"。

(六) 中国海洋战略中的海洋文化战略

海洋文化既可以看作是实施海洋战略的背景,也可以理解为海洋战略的内容。本书更乐于把海洋文化看作是建设对象,把海洋文化建设看作是国家海洋战略的措施和目标。以往我们的文化建设,在对外交流方面,更注意异质文化,对同源文化,包括以我国为文化源头的文化,则不够关心。"文化后进"的假设严重影响了我国的文化自信,也影响了我国文化建设政策和文化发展战略的制定。中国海洋文化的重要价值观应当是互通有无、调剂余缺,和平精神、贸易精神、扶危济困精神是中国海洋文化的基本精神。

海洋文化建设其实是"通过海洋的"文化建设,是在经济、社会、文化生活中增加海洋因素的建设。海洋文化不等于海洋文学。海洋信仰、海洋宗教等最多也只是海洋文化的成分。最近几十年人们关注的与所谓"文化市场"相关联的海洋文化,包括实行改革开放政策以来的海洋文化,基本是不断加强的经济建设、日益繁荣的贸易活动的副产品。新时期海洋战略中的海洋文化应当是一种作为主建设对象的建设战略,而非作为其他事业之点缀的文化产品经营。

中华民族有悠久的历史和发达的文化。源于此,今天的中国拥有丰富的"文化养分"①。我们应当用历史上培养起来的文化养分培育出新的文化之树,带有明显中国特色的文化参天大树。我们的海洋文化战略应当是"育树"战略。

习近平把"中国特色社会主义文化"定义为"激励全党全国各族人民奋勇前进的强大精神力量"。我们应当建立"文化自信"②,在全部经济社会文化甚至国防外交活动中传播中国文化,培育与中国特色社会主义制度、理论相融相生的中国文化。

---

① 习近平:《决胜全面建成小康社会,夺取新时代中国特色社会主义伟大胜利——在中国共产党第十九次全国代表大会上的报告》,人民出版社 2017 年版,第 70 页。

② 习近平:《决胜全面建成小康社会,夺取新时代中国特色社会主义伟大胜利——在中国共产党第十九次全国代表大会上的报告》,人民出版社 2017 年版,第 14 页。

第二章

中美关系与我国新时期的海洋战略

作为当今世界上最为重要的一对大国关系,中美关系的阴晴冷暖不仅具有全球意义,会对国际社会产生重大影响,更是左右中国国家战略走向最为重要的外在因素。从宏观上来看,自1979年中国打开对美外交的大门以来,发展稳定健康的中美关系始终是中国对外战略中的"优先方向"和"重中之重"。甚至可以说,中国持续数十年的改革开放政策在某种程度上就是通过对内的"改革"以逐步向以美国为首的西方资本主义发达国家进行"开放",最终为推动中国的现代化建设引入先进的理念、技术以及充足的资金等。就微观上而言,进入新时期,随着中国的持续快速崛起,如何维护自身海洋权益,突破海洋"瓶颈",以便更为深入地走向海洋和利用海洋,就成为中国发展战略所必须面对的重大课题。为此,2012年11月中国政府明确提出要建设海洋强国的战略选择。鉴于美国在中国整体对外战略中扮演着至关重要的角色,同时考虑到它还长期占据着世界海洋霸主地位这一现实,继而势必会维护其既有海上优势,因此也就不难断定:在新时期中国推进海洋强国战略的进程中,无论如何都无法绕开美国的存在和影响。

第一节 中国海洋战略中的美国因素

迈入21世纪以来,随着中国外向型经济比重的日益增加以及海外利益在全球的扩展,中国对海洋的依赖度日渐上升。如何保护中国的海上生命线,如何维护中国的海洋主权和权益、如何更为有效地参与全球海洋治理等,都成为中国对外战略设计中的重要课题。为此,2012年中国提出了"提高海洋资源开发能力,发展海洋经济,保护海洋生态环境,坚决维护国家海洋权益,建设海洋强国"①的战略目标,可谓是将海洋事业提高到前所未有的战略高度。中国海洋战略千头万绪,牵涉到方方面面,但是就战略诉求而言,无外乎如下四个方面:一是完成国家统一和解决岛礁争端;二是开发和利用海洋资源;三是掌控海上战略通道;②四是保护海外国家利益。显而易见,无论是推进国家统一、解决岛礁争端,还是维护海上战略通道安全、进行深远海资源开发、保护海外国家利益,都需要首先处理好与美国的关系。

一、新时期中国崛起及其海洋战略的实施

毫无疑问,中国崛起无疑是世界体系中最伟大的事件之一,也是当代最为重要的事件之一。③ 特别是进入21世纪的第一个十年,中国的崛起进程进一步加快。根据卡内基国际和平基金会的研究,未来中国将在一代人时间内超过美国成为世界最大经济体。在2009~2050年期间,如果中国经济以年均5.6%的速度增长,那么其GDP将从2009年的3.3万亿美元跃升到2050年的约46.3万亿美元,届时中国的经济总量将超过美国20%以上。④ 鉴于中国经济成长的诱人前景,美国彼得森国际经济研究所所长弗雷德·伯格斯滕(C. Fred Bergsten)一度提出"中美两国集团论"(G2),在国际上引起了强烈反响。⑤ 更为重要的是,依据斯德哥尔摩国际和平研究所的估计,与经济发展势头相适应,中国的军事崛起也将不可避免,其军费开支将会在2035年超过美国。⑥

中国的快速崛起固然振奋人心,但是也遭遇到了"成长的烦恼"。理论上而言,中国的国力增长无疑会为自身塑造一个更加稳定与和谐的周边环境提供坚实的物质基础。然而,与中国的蓬勃发展态势形成鲜明对比的是,随着中国的快速

---

① 参见党的十八大报告。
② 成志杰:《中国海洋战略的概念内涵与战略设计》,载《亚太安全与海洋研究》2017年第6期。
③ [英]罗丝玛丽·福特,余潇枫译:《中国与亚太的安全秩序:"和谐社会"与"和谐世界"》,载于《浙江大学学报》2008年第1期。
④ Uri Dadush and Bennett Stancil, The World in 2050, VA: Carnegie Endowment for International Peace, 2010 (4): 9 - 10.
⑤ C. Fred Bergsten, "A Partnership of Equals: How Washington Should Respond to China's s Economic Challenge", Foreign Affairs, 2008 (7/8): 57 - 69.
⑥ "China's Military Rise: The Dragon's New Teeth", The Economist, 2012, 4 (7): 27.

崛起，中国与周边国家的摩擦也步入了"高发期"，这尤其体现在周边海洋争端领域。例如，2012年4月因中菲"黄岩岛事件"而升温的南海问题又浮现于世人面前，中国与东盟的战略伙伴关系因此而一度受到干扰。几乎与此同时，2012年9月日本野田佳彦政府上演的"购买"钓鱼岛闹剧及其"国有化"行为，也使得中日关系持续陷入"政冷经亦不热"之中，钓鱼岛争端再次成为考验两国关系的"晴雨表"。除了上述直接与领土主权归属相关的海洋争端之外，近年中国与周边国家海洋渔业权益的争执、海洋专属经济区划分的龃龉、海上抓捕事件的频发等问题也呈现上升之势。更为值得关注的是，随着新时期中国企业海外投资规模的日益增加以及中国公民海外旅居人数的不断攀升，中国的利益触角越来越遍布全球。与之相关的是，当以中国海外公民和海外企业财产等为代表的海外利益受到威胁之时，如何对其进行及时而有效的保护，就成为中国政府不得不面对的一项新课题。

  基于中国自身国力的不断增强，周边海洋争端的频发以及海外利益需求的不断上升，加快提升海上力量，积极布局海洋战略就显得十分迫切和必要。为此，在2012年11月举行的党的十八大上，中国首次提出"提高海洋资源开发能力，发展海洋经济，保护海洋生态环境，坚决维护国家海洋权益，建设海洋强国"这一雄伟的战略方针。① 按照中国国家海洋局前局长刘赐贵的解释，海洋强国是指在开发海洋、利用海洋、保护海洋、管控海洋方面拥有强大综合实力的国家。当前，中国经济已发展成为高度依赖海洋的外向型经济，对海洋资源、空间的依赖程度大幅提高，在管辖海域外的海洋权益也需要不断加以维护和拓展。这些都需要通过建设海洋强国加以保障。② 2013年7月30日，中共中央政治局就建设海洋强国研究进行第八次集体学习，习近平在主持学习时除了重申建设海洋强国对于中国经济的持续发展，维护国家主权、安全和发展利益上具有重大意义外，还特别强调了在建设海洋强国过程中要注重"四个转变"。包括：提高海洋资源开发能力，着力推动海洋经济向质量效益型转变；保护海洋生态环境，着力推动海洋开发方式向循环利用型转变；发展海洋科学技术，着力推动海洋科技向创新引领型转变；维护国家海洋权益，着力推动海洋权益向统筹兼顾型转变。③ 这为新时期中国推进海洋强国战略建设指明了重要的任务和方向。

  自从中国政府提出建设"海洋强国"这一雄伟的战略目标以来，如何建设海洋强国特别是建设海洋强国的目标指标、可能遭遇的阻力挑战、实现目标的路径

---

  ① 参见党的十八大报告。
  ② 《国家海洋局局长：十八大报告首提"海洋强国"具有重要现实和战略意义》，新华网，2012年11月10日。
  ③ 《依海富国，以海强国》，载于《人民日报（海外版）》2013年8月1日，第1版。

选择等问题，就成为中国学界关注的焦点。有学者指出，新时期中国提出的海洋强国战略是中国国家大战略的有机组成部分，要实现具有中国特色的海洋强国梦，必须坚持"强而不霸""和谐海洋"与"两个一百年"奋斗目标相结合，分阶段、分步骤地从海洋经济、军事、环境、科技、安全等领域来推进，同时还要加强法律法规、组织制度、宣传教育等"软力量"方面的建设力度。① 还有学者认为，中国实施海洋强国战略目标必须与中国崛起的条件和环境、自身海上利益需求等相适应，因此在可预见的未来中国建设海洋强国的权力目标应当是有限的，即充当地区性海洋力量而非全球性海上力量，同时兼顾国际海洋政治大国和世界海洋经济强国诉求。② 还有学者指出，中国的海洋强国建设还处于起步阶段，其重点在于维护海洋权益、发展有限海权，建设路径宜采取国际合作和共同应对的多边主义方式，目标是成为区域性防守型海权强国。③ 不过，并不是所有学者都对建设海洋强国战略方针投以正面的期许。例如，有学者就对海洋强国战略说提出了质疑，认为海洋强国战略口号很容易被外界同海洋霸权画上等号，而中国显然不需要也不宜做海洋霸权国家，因此这是一个弊大于利的口号。④ 无论学界的观点争论如何，建设海洋强国事实上已经成为中国政府的既定战略谋划，并已上升到国家战略的高度。

为了有效维护国家海洋权益，顺利推进海洋强国建设，中国近年明显加大了对涉海领域的资源投入力度，调整组建了一些涉海领导管理机构，并积极布局海外军事力量的存在。

1. 加强常规性海洋力量的投入和建设

这方面的投入主要包括：（1）增加涉海部门经费投入。例如，自从海洋强国战略方针提出之后，国家海洋局预算支出得到大幅度增加，2011 年国家海洋局的预算为 53.9 亿元，到 2016 年则增长至 94.1 亿元，5 年间几乎翻了一番。⑤（2）提升海洋科技能力。在海洋强国战略的驱动下，近年中国在海洋科技领域加大了投入力度，并取得了一系列标志性成果。例如，2012 年 5 月，中国首座代表世界最先进水平的"海洋石油 981"深水半潜式钻井平台正式开钻。2014～2015 年，"蛟龙"号载人深潜器在印度洋实施的实验活动中，创下中国深海科考的多

---

① 张海文、王芳：《海洋强国战略是国家大战略的有机组成部分》，载于《国际安全研究》2013 年第 6 期。
② 胡波：《中国海洋强国的三大权力目标》，载于《太平洋学报》2014 年第 3 期。
③ 梁亚滨：《中国建设海洋强国的动力与路径》，载于《太平洋学报》2015 年第 1 期。
④ 徐祥民：《中国海洋发展战略研究》，经济科学出版社 2015 年版，第 197～206 页。
⑤ 资料来源：中华人民共和国自然资源部网站。

个"第一"。① 这意味着中国在海上钻井平台和深海探测技术两个领域取得了重大突破,为中国维护海洋权益和有效开发海洋资源提供了坚实的技术基础。此外,2015年6月海洋国家实验室也得以正式运行。同时,众多高校还纷纷进军海洋科技领域。这些都是中国海洋科技热的表现。(3)加强海上执法力量建设。一方面,增加重组后的国家海洋局的人员编制为372名,下设北海分局、东海分局、南海分局,同时在3个海区分局设置11个海警总队及其支队,履行所辖海域海洋监督管理和维权执法职责。② 另一方面,提升海监船的档次和数量,仅在"十二五"期间就计划增加36艘新型监测船,用于扩展其在各争议水域的存在规模,加大在周边争议海域的执法力度。(4)加大海军军力建设。这方面的一个最具有代表性的例子是中国的航母建造计划。目前除了拥有"辽宁号"航母外,2019年12月17日中国第一艘国产航母"山东号"也交付海军使用,这对于未来中国海上力量的增强无疑具有划时代意义。

2. 进行必要的机构整合

长期以来,中国海洋管理和执法力量分散,处于"五龙闹海"③ "九龙治水"的局面,这严重削弱了中国维护海洋权益的权威和效能。为了理顺涉海职能部门之间的职责关系、缓解部门之间的竞争,中国进行了一系列必要的机构优化:(1)加强顶层设计,设立高层次涉海协调机构。2012年下半年,中国成立中央海洋权益工作领导小组,负责协调国家海洋局、外交部、公安部、农业部和军方等涉海部门。2013年又增设国家海洋委员会,建立起集中、权威、高效的海防领导管理体制。(2)重组国家海洋局。2013年中国将海监、公安部边防海警、农业部中国渔政、海关总署海上缉私警察的队伍和职责整合,重新组建了国家海洋局,由国土资源部管理。同时,国家海洋局以中国海警局名义开展海上维权执法,接受公安部业务指导。④ (3)组建解放军战略规划部。该机构早在2011年11月就得以成立,其中的一个重要目的就在于突出战略研究,协调解决跨总部跨领域有关问题。⑤ (4)设置国家安全委员会。2013年11月12日,中国正式设立国家安全委员会,用以"完善国家安全体制和国家安全战略,确保国家安

---

① 《我国"蛟龙"号载人潜水器印度洋深潜创多个第一》,载于《解放军报》2015年1月19日,第3版。
② 《国务院办公厅关于印发国家海洋局主要职责内设机构和人员编制规定的通知》,中国政府网,2013年7月9日。
③ 所谓"五龙闹海",是指在中国海上维权执法中,由五个部门共同参与的情况,这五个部门被称为"五龙"。分别指:中国公安边防海警部队、渔政局、国家海洋局、中国海事局和海关总署。
④ 《重组后的国家海洋局挂牌 中国海警局同时挂牌》,中国政府网,2013年7月22日。
⑤ 《解放军战略规划部成立》,新华网,2011年11月23日。

全"。① （5）整合涉海外交外事力量，组建新的自然资源部和生态环境部。在上述机构改革的基础上，2018年3月21日中国又印发了《深化党和国家机构改革方案》，将中央维护海洋权益工作领导小组职责交由中央外事工作委员会承担，并内设维护海洋权益工作办公室，以更好统筹外交外事与涉海部门的资源和力量。同时，组建自然资源部和生态环境部，将国家海洋局的相关职能分别纳入以上两个部委，对外保留国家海洋局的牌子。②

3. 扩展海外军事力量存在

长期以来，中国几乎没有在国外设立长期固定的军事基地。中国海外军事力量的存在主要是通过各种方式提升海军海外军事训练、补给、维和、培训的能力，更多的是一种"柔性存在"。柔性军事存在包括临时部署的武装力量、技术停靠站和停泊处、联合军事演习场地、武官机构、军事补给站、维修基地、海外军火仓库、联合情报站、侦察设施、航空航天跟踪设施、地震监测站、临时使用的军事设施、军事巡逻、海外维和部队、派驻军事训练人员和顾问等。③ 具体来看，中国在海外扩展军事力量柔性存在的主要举措有：（1）执行大规模海外护航。例如，近年中国分批次向亚丁湾派出舰队执行护航任务，不仅有效打击了海盗行为，保障了包括海外中国人在内的各国公民和财产的安全，还有利于磨炼中国海军人员、装备和制度的能力。（2）设立海外补给基地。新时期中国海外利益的不断拓展要求国家在海外建立充足的补给基地的紧迫性愈益强烈。以中东地区为例，目前中国已经在吉布提港、苏丹港、吉达港、萨拉拉港、塞舌尔的马埃岛等建立起了后勤补给基地。这些基地为中国执行海外任务、维护海外利益等发挥了巨大作用。④ （3）执行海外维和任务。冷战结束以来，中国在联合国框架下的维和行动和范围不断扩展，目前已经成为世界上一支口碑颇佳的维和力量。随着新时期维和任务的多元化和复杂化，中国参与的国际维和领域已经不再局限于传统的安全领域，包括湄公河联合执法、马航失联飞机搜救等非传统安全领域，已经成为中国合理拓展国际空间的有益尝试。⑤ 不过，随着2017年7月中国人民解放军驻吉布提保障基地的建成和运营，它标志着中国首个海外军事基地正式诞生，也意味着中国海外军事力量的拓展，开始从柔性存在向实质存在方式的转变，这引起了国际社会的广泛关注。

---

① 《中共中央关于全面深化改革若干重大问题的决定》，中国共产党新闻网，2013年11月16日。
② 《中共中央印发〈深化党和国家机构改革方案〉（全文）| 关于深化党和国家机构改革的决定| 诞生记》，中国政府网，2018年3月22日。
③④ 孙德刚：《论新时期中国在中东的柔性军事存在》，载于《世界经济与政治》2014年第8期。
⑤ 吕蕊：《中国联合国维和行动25年：历程、问题与前瞻》，载于《国际关系研究》2015年第3期。

二、美国在中国海洋战略中所扮演的角色

尽管中美两国在地理上分属不同的大陆,并且为浩瀚的太平洋所阻隔,但是双方的最初联系却与海洋密切相关。1784年8月,美国商船"中国皇后号"途经南海,驶抵中国广州,不仅开通了通往中国的贸易航线,还被史学界公认为中美关系之肇始。① 历史延续至今,中美两国的经济关系紧密程度前所未有,并已成为彼此的重要贸易伙伴。目前,中国已经是美国第一大贸易伙伴和进口来源地、第三大出口市场,而美国则位居中国第一大出口市场、第二大贸易伙伴和第四大进口来源地。可以说,作为在全球经济治理中发挥着关键性的双核作用的经济体,中美经济总量和双边经贸关系趋向均衡,已形成深度相互依赖。

然而,一个必须承认的事实是,中美经济关系的高度相互依赖并没有天然的外溢到双边战略和安全领域。特别是在近年中美权力关系发生微妙变化的背景下,美国的防华、制华心理与日俱增。受此思维左右,美国不仅对华发起贸易摩擦,还频繁派出军舰闯入中国南海有关岛礁12海里海域内,挑战中国在南海的主权和海洋权益。鉴于美国依旧是当今世界上唯一的超级大国和举世公认的全球海洋霸主,为了进行霸权护持,它必将会对中国的海洋强国雄心保持高度警惕,尤其担心中国崛起及其海权扩张会影响到美国在西太平洋乃至全球的海上霸权地位。因此,在中国实施海洋战略进程中,必须考虑美国的角色和影响。总体来看,除了美国的海上崛起之路能够为中国实施海洋战略提供有益的经验和教训之外,华盛顿在中国海洋强国战略目标的实现、周边海洋争端的走向、海上战略通道的畅通以及海外利益的保护等方面,均可以发挥影响作用。

(一)海洋强国战略目标

任何一个国家的对外战略布局和施展都离不开特定的战略空间和战略环境的支撑或限定,中国亦不例外。作为一个陆海复合型国家,中国在推进其海洋强国

---

① 关于"中国皇后"号来华记载及中美早期贸易的相关研究,可参见 John W. Swift, P. Hodgkinson, Samuel W. Woodhouse, "The Voyage of the Empress of China," The Pennsylvania Magazine of History and Biography, 1939, 63 (1); Smith, Philip Chadwick Foster, The Empress of China, Philadelphia, Pa.: Philadelphia Maritime Museum, 1984;[美]菲利普·查德威克·福斯特·史密斯编,《广州日报》国际新闻部、法律室译:《中国皇后号》,广州出版社2007年版;李长久、施鲁佳编:《中美关系二百年》,新华出版社1984年版,第3页;齐文颖:《关于"中国皇后"号来华问题》,引自中美关系史丛书编辑委员会主编:《中美关系史论文集》(第一辑),重庆出版社1985年版;齐文颖:《"中国皇后"号首航成功的原因初步分析》,引自中美关系史丛书编辑委员会主编:《中美关系史论文集》(第二辑),重庆出版社1988年版;李定一:《中美早期外交史》,北京大学出版社1997年版,第1~13页。

战略的过程中，也不能脱离其所处的地缘战略环境。与其他关键大国相比，中国的地缘战略环境异常复杂：其周边不仅邻国众多、发展程度不一，并且地理结构差异巨大、民族宗教文化多样，地缘碎片化现象十分明显。因此，将中国描述为"一个海洋地理相对不利的国家"并非危言耸听。① 更为重要的是，中国的一些周边国家还与区域外大国保持紧密的政治安全关系，这就为相关外来力量介入本地区内的事务提供了可能，继而抬升了地区内事务复杂化和军事化的风险。其中，美国在该地区的角色尤为值得关注。可以毫不夸张地说，美国是影响中国实现海洋强国战略目标最为重要的国际因素。

第一，美国在全球具有无可匹敌的超强实力，也就具备干扰中国推进海洋强国战略的各种资源和手段。例如，在和平时期，美国经常可以以海洋科考等名义获取中国专属经济区海洋环境信息，通过军事侦察船对中国周边海域实施军事侦察，甚至强行阻拦和检查中国的海外商船，这都会严重侵犯中国的海洋安全和国家权益。在非和平时期，美国也可以派出军事力量对中国的特定外海海域进行封锁，甚至直接对华作战。第二，美国在全球尤其是西太平洋地区拥有众多盟友和军事基地，因此华盛顿可以在特定的涉海议题上借助于有关盟国来联合向中国施加压力，同时利用相关军事基地来限制中国海军向第一岛链以外扩展，继而挤压中国的海洋战略空间。第三，联合他国对中国进行技术封锁，限制对华出口海洋高新技术（如深远海洋石油开发、深海海底作业、海底稀有资源探测、海洋军事等技术），从而延缓中国开发和利用海洋资源的能力。第四，在国际上对中国的海洋强国战略进行"抹黑"，臆造中国在太平洋奉行海洋扩张主义，在印度洋搞"珍珠链"战略等，鼓吹"中国海洋威胁论"，为中国实施海洋强国战略制造不利的舆论环境。

（二）周边海洋争端

随着近年以南海和钓鱼岛问题为代表的中国周边海洋争端的持续恶化，如何有效捍卫国家海洋主权、维护自身海洋权益就显得十分紧迫，这也是中国发起海洋强国战略的一个重要缘由。由于与中国存在海洋争端的国家大部分都与美国维持有同盟关系，这就为后者介入相关争端提供了机会。事实上，无论是从历史上还是就现实来看，美国都是中国周边海洋争端产生和激化的最为重要的外部力量。

（三）海上战略通道安全

按照中国国防大学梁芳博士的界定，海上战略通道是指对国家安全和发展具

---

① 傅崐成：《中国周边大陆架的划界方法与问题》，载于《中国海洋大学学报》2004年第3期。

有重要战略影响的海上咽喉要道、海上航线和重要海域的总称,它主要包括以下三类:一些重要的海峡、水道和运河;海峡及海上交通线附近的一些重要交通枢纽——岛国和岛屿;海上交通线所经过的有特定空间限制的重要水域。① 对于海洋战略航线的重要性,海权论的鼻祖马汉(Alfred T. Mahan)曾经指出,"从政治与社会的视角来看,海洋最为引人注目的地方就在于它四通八达的海上航线,如同一条宽阔的公路或者辽阔的公有地,人们可以朝着任意的方向前行"。② 进一步而言,"宽广的海面是天然的交通道路,不太受时空条件的限制。从地中海到大西洋,又从大西洋到太平洋,遥遥数万里,甚至从东半球到西半球都能畅通无阻。"③ 因此,控制这些战略要道本身就是一种政治威慑力,既可以保持其畅通,也可以在必要时加以阻断。

对于中国而言,其海上通道安全十分脆弱。目前,与中国利益相关的海上战略通道数量较多,但地理位置受制于人;分布不均,地位作用差异很大;线长面广,保障航线安全难度大;地缘政治因素交织,维权斗争形势复杂。④ 中国海上战略航线除了面临着严重的海上非传统安全威胁(恐怖主义、海盗、小型武器扩散等)之外,另外一个影响因素就是美国。因为美国已经控制了众多的重要战略岛屿、海峡与交通要道,并建立了星罗棋布的军事基地。一旦战争爆发,美国就可以通过控制全球 16 条海上要道,赢得对各大洋的控制权。⑤ 这意味着,和平时期中国使用以上海洋战略通道或许并无大碍,然而一旦出现危机,美国就有能力在中国贸易、能源运输和兵力机动的海上必经通道上设置障碍,从而对中国的军事和经济活动造成威胁。⑥

(四)海外利益保护

进入 21 世纪,随着中国融入全球进程的加快,中国政府、企业、社会团体和公民等行为体的国际活动空间得到了极大的拓展,但与之相关的国家安全利益、海外商业利益和海外公民权益的保护问题也开始凸显。⑦ 诸如中国驻外使馆遭受袭击、中国海外公民遭受绑架和袭击、海外商人及其财产安全遭到侵害、海

---

① 梁芳:《海上战略通道论》,时事出版社 2011 年版,第 11 页。
② Alfred T. Mahan, The Influence of Sea Power upon History (1660 – 1783), Cambridge: Cambridge University Press, 2010:25.
③ 潘义勇:《沿海经济学》,人民出版社 1993 年版,第 5 页。
④ 梁芳:《海上战略通道论》,时事出版社 2011 年版,第 272~275 页。
⑤ 中国现代国际关系研究院课题组:《海上通道安全与国际合作》,时事出版社 2005 年版,第 281~283 页。
⑥ 梁芳:《海上战略通道论》,时事出版社 2011 年版,第 278 页。
⑦ 唐昊:《关于中国海外利益保护的战略思考》,载于《现代国际关系》2011 年第 6 期。

外企业因当地战争和动乱而蒙受损失、海外能源运输和供应中断、国外针对中国企业的反倾销调查以及不公平对待等问题,都是中国海外利益遭遇威胁的表现。尽管中国海外利益遍布全球,而非局限于美国一国,但是中方很多海外利益保护问题的出现却与美国有着千丝万缕的联系。还需要指出的是,新时期中美不断上演的经济摩擦,尤其是美方针对中国在美企业商业行为的防备(如以国家安全为由阻止正常的企业投资和收购等),也对中国企业造成了一定损失。总之,在维护中国海外利益方面,中国不能无视美国的存在。

三、中美在亚太地区的海权博弈态势

海权是一个历久弥新的话题。传统上而言,人们对海权的认知局限在军事领域,认为海权就是一个国家的海军实力。然而,随着全球化时代人类认识海洋、开发海洋的能力持续提升,海权的内涵也不断得以丰富和扩展。一般认为,海权是一种国家能力[1],是国家海上力量与海洋权利的统一体[2],它可以被界定为"一国从事国际海上商业活动和利用海洋资源的能力,进行海上军事力量投送以实现对海洋和局部地区的商业和冲突进行控制的能力,以及利用海军从海上对陆地事务施加影响的能力的总和。"[3] 不可否认,在海洋强国战略的驱动下,未来中国的海权势必会得到相应的增长和扩展,这尤其会体现在亚太地区。与此相应,作为一个以太平洋国家自居的美国,其在亚太地区存在着广泛的地缘政治、经济和安全利益。由此不难预见,中美两国在亚太地区特别是西太平洋海域,将会不可避免地陷入一场海权之争。

众所周知,作为一个传统的陆海复合型国家,中国历史上的战略重心一直位于陆地,海洋很少被纳入中国的战略关注视域。然而,随着近年中国周边海洋争端的急剧升温,海洋权益维护压力陡增,加之中国的海外利益不断向海洋伸展,中国所面临的日益增长的海洋问题与海洋维权能力薄弱之间的矛盾十分突出。为此,在党的十八大上适时提出了建设海洋强国的战略规划,将战略视野首次扩大到海洋空间。战略目标的实现必须辅以战略能力做支撑。为了有效捍卫中国的蓝色国土,中国近年不仅加快了军事体制机制改革的步伐、优化了各兵种设置、努

---

[1] 参见李小军:《论海权对中国石油安全的影响》,载于《国际论坛》2004年第4期;叶自成、慕新海:《对中国海权发展战略的几点思考》,载于《国际政治研究》2005年第3期;孙璐:《中国海权内涵探讨》,载于《太平洋学报》2005年第10期。

[2] 张文木:《论中国海权》,海洋出版社2009年版,第8页。

[3] Sam J. Tangredi, ed., Globalization and Sea Power, Washington D. C.: National Defense University Press, 2002: 3-4.

力提高军队作战效能和实战水平,①还加大了对海空军军备的投入,重点打造了诸如隐形战机、静音潜艇等"撒手锏"武器,并利用现代信息和网络技术,全面提高了武器的精确打击能力。②可以说,现实的客观需要和自身军事能力的提升,为中国在西太平洋地区进行适度的海权扩展提供了必要性与可能性。

与此相应,随着近年美国国力的相对衰落,其在西太平洋地区进行战略收缩将不可避免。尽管此前奥巴马政府的亚太"再平衡"战略谋求加大在该地区的战略资源投入,并且信誓旦旦地宣称将会在2020年前把美国60%的战舰部署在亚太地区,但是事实上美国推动这一新亚太战略的进程不会一帆风顺。未来,美国或将面临不得不进行战略收缩的局面,原因在于以下几个方面。

第一,过去十余年间,美国在战略上已经过度扩张。阿富汗和伊拉克战争耗资巨大、损伤惨重,严重削弱了美国的国力和声誉,加之美国经济一直未能走出低迷的阴影,因此美国能否顺利实现其在亚太地区的战略部署,是值得怀疑的。第二,在未来十年内,美国的军费开支将被迫进行大幅削减。国防预算的削减将会直接影响到军队规模和武器装备水平,继而冲击美国在亚太地区的战略安排,迫使美国减少部分海外驻军,甚至关闭一些军事基地。第三,未来美国将面临越来越多的强有力的竞争者。环顾全球,以中国、印度、巴西等为代表的新兴国家的崛起,对既有的全球权力格局和国际秩序产生了一定冲击,这在一定程度上会消耗美国的战略资源,分散美国的精力。第四,美国还会不断遭遇战略承诺的难题。随着自身国力的下降,美国为亚太盟友提供经济和安全公共物品的能力也会随之减弱,但受盟友牵连卷入地区冲突的风险却未降低。换言之,在国家实力相对下降的背景下,美国对亚太地区盟友的战略承诺和自身战略能力之间势必会出现"裂痕",导致美国无力兑现盟友骤然增长的战略承诺要求。③不过需要强调指出的是,由于霸权国的惯性以及自身的纠错能力使然,美国的世界超强地位在短期内还不会受到根本动摇。

鉴于中国是一个天然的陆权大国,而美国长期扮演全球范围内的海上霸主角色,在可以预见的未来,中美两国在西太平洋地区的战略竞争态势将会沿着中国"由陆向海"与美国"由海向陆"投送力量的方式展开。从双方战略力量的发展趋势来看,随着未来10~20年中国军事现代化的持续推进,中国将会在西太平洋地区的第一岛链及其附近海域取得战略优势,而美国由于国力相对下降,对全球资源配置的能力也相应削弱,这势必会影响到其在西太平洋地区的战略力量维

---

① 例如,中国近年主动进行裁军、设立火箭军、治理军队腐败、推动军民融合发展等举措,都是不断深化国防和军队改革的重要体现。
② 胡波:《中美在西太平洋的军事竞争与战略平衡》,载于《世界经济与政治》2014年第5期。
③ 左希迎:《美国战略收缩与亚太秩序的未来》,载于《当代亚太》2014年第4期。

持。考虑到美国依然拥有全球最为强大的海上力量,虽然其在中国近海海域没有战胜中国的绝对把握,但是在远离中国大陆的广袤大洋,却依然享有压倒性的优势。因此可以推断,第一岛链及其附近海域或将成为中美两国在西太平洋上的战略平衡线。① 当然,中美之间在西太平洋地区的这种战略平衡是相对意义上的,并且是动态的和开放的,而不是传统划分"势力范围"式的。事实上,海洋本身的流动性、开放性以及现代社会的互动性与包容性,都决定了中国不能剥夺美国合法进入西太平洋第一岛链内侧的权利,美国也同样无法阻止中国逐步走向深海远洋空间的权利,并且这一点对其他国家同样适用。

正如前文所述,海洋是嫁接中美关系的最初媒介,也是双方进行商品贸易往来的主要通道,因此中美在海上发生一定形式的竞争与博弈,并不足为奇。作为一个既存的霸权国家,美国深知掌控海洋对于支撑自身实力地位的意义所在。因此,美国海权的一个关键目标在于确保全球海洋对其开放,以便于美国能够在任何时间以任何方式向全球任何角落投送力量,同时防止世界上出现一个能够挑战美国海洋霸主地位的对手。具体到亚太地区而言,美国亚太海权战略的主要目标是通过制海权来确保其霸权地位,维护在亚太地区的主导地位,坚定地区盟友信心,实现地区稳定。② 与此相应,作为一个正在崛起的新兴国家,海洋对于中国的战略价值也越来越突出。特别是迈入21世纪以来,中国的社会进步、经济发展和国家安全无不与海洋密切相关。不过,不同于美国的具有进攻性色彩的海权战略,中国的海权战略始终是防御性的,一面环海三面临陆的地缘政治条件决定了中国海权属有限海权的特征,③ 其目标在于确保国家领土主权完整、捍卫海洋资源不受侵犯、维护国家安全、促进海洋运输和通道安全以及保护必要的海外公民和财产安全等。

尽管中美之间的海权竞争与博弈并不必然导致双方军事冲突的发生,但是其结果却充满着诸多不确定性。未来,中美在亚太地区的海权博弈之结果不外乎以下五种情况:一是最为严重的海上局部战争;二是基本可以管控的中美海上摩擦;三是中美在东亚海域的竞争性共存;四是中美陆海分治;五是中美海洋共治。④ 就第一种情况而言,正如前文所指出的那样,在一个近乎大国无战争的时代,作为同为世界上有较大影响力的大国,中美双方经济相互依存度较高,并且均为核武器国家,如果因东亚局部海洋争端而将彼此卷入一场战争之中,这显然不是

---

① 胡波:《中美在西太平洋的军事竞争与战略平衡》,载于《世界经济与政治》2014年第5期。
② 凌胜利:《中美亚太海权竞争的战略分析》,载于《当代亚太》2015年第2期。
③ 张文木:《论中国海权》(第二版),海洋出版社2010年版,第9~10页。
④ 凌胜利:《中美亚太海权竞争的战略分析》,载于《当代亚太》2015年第2期。关于中美"陆海分治"和"海洋共治"的提法,可分别参见 Robert S. Ross, "The Geography of the Peace: East Asia in the Twenty – First Century", International Security, 1999, 23 (4): 81 – 118; James R. Holmes and Toshi Yoshibara, China Naval Strategy in the 21st Century: the Turn to Mahan, London and New York: Routledge, 2008: 107 – 111。

两国战略决策者所乐于见到的。因此，第一种极端情况虽然不能完全排除，但其发生的概率事实上并不高。至于中美陆海分治这种情况，无疑是中国所无法接受的，因为它阻挡了中国走向海洋的步伐，无异于宣判中国拥抱蓝色文明的终结。而中美海洋共治情况的发生要以美国将部分亚太海权让位于中国为前提，这又是美国一时所难以接受的，因此这一情况发生的可能性也比较低。那么，剩下的可管控的中美海上摩擦和竞争性共存这两种情况更有可能成为未来中美海权关系的主流，因为这符合中美两国"斗而不破"的现实，也是双方追求务实合作的必然选择。

目前，亚太地区正处于一个安全秩序多元并存的时代，主要包括以美国为首的霸权稳定安全秩序、地区多边安全合作秩序、地区军事安全秩序[①]以及区域大国协调安全秩序等。[②] 这些地区安全秩序要么借助于霸权国的力量或者多边安全机制，要么采用"合纵连横"的手段或者大国协调的方式，来维持地区力量之间的微妙平衡以及不同国家之间的安全关系。鉴于权力与安全是一对天生的结合体，它们彼此交织、又相互影响。中国崛起、中美权力转移以及与之相关的亚太海权博弈，势必会对既有的亚太地区安全秩序产生一定冲击。事实上，中美在东亚地区的战略竞争已经迫使周边国家重新调整自身的安全政策，以适应新形势下的地区安全格局。对于亚太地区大多数国家而言，在争取搭中国经济"便车"的同时，避免在安全问题上在中美之间"选边站"，不失为一项明智之举。随着未来中国的持续崛起以及美国的相对衰落，亚太地区或将出现中美"双领导体制"的局面——中国在经济、金融和贸易领域开始发挥"领头羊"作用，而美国依然在军事、安全及政治领域享有绝对优势。[③] 换言之，亚太地区的权力结构将越来越呈现出中美"两极化"的趋势。在此背景下，亚太地区安全秩序也将向着中美"两极化"的复合安全秩序演变，即中美两国均成为亚太地区安全秩序的主导国。不过在这一进程中，亚太地区大国协调、多边合作、地区均势等安全秩序在短期内还不会完全退出历史舞台，它们或将在一些功能性议题领域发挥着不可替代的作用。

第二节 美国对中国海洋战略的认知与反应

进入21世纪以来，面对日益严峻的周边海洋形势以及不断上升的海外利益

[①] 吴心伯：《亚太地区安全秩序现状与前景》，载于《东方早报》2014年1月14日，第A10版。
[②] 郑先武：《大国协调与国际安全治理》，载于《世界经济与政治》2010年第5期；王磊、郑先武：《大国协调与跨区域安全治理》，载于《国际安全研究》2014年第1期。
[③] 赵全胜：《中美关系和亚太地区的"双领导体制"》，载于《美国研究》2012年第1期。

保护需求压力，重视海洋权益、发展海权、建设强大海军就成为中国决策层的不二选择。为此，中国于 2012 年适时提出了建设海洋强国这一宏伟的战略方针，并明显加大了在海洋问题上的投入力度，力图通过更为全面和深入的"走向海洋"来为新时期中国的国家发展寻求新的动力和支撑。应当说，海洋强国战略的提出是中国日益崛起的必然结果，也是其外向型经济发展的内在要求，可谓顺势而为、应运而生。中国将战略目光前所未有地投向海洋，立刻引起了外界的普遍关注，其中自然也包括一向将中国视为潜在战略竞争对手的美国。总体上来看，美国各界不仅对中国实施海洋强国战略的条件和动力、方式与路径、影响与挑战等问题进行了深入分析，还对中国海军的发展给予了特别重视，并作出了相应的政策反应。需要指出的是，美国对中国海洋战略的关注由来已久，并且相关研究还具有一定的继承性和延续性。因此，本书在梳理和探究相关文献时，将不会局限于中国提出建设海洋强国战略时日之后。对于此前美方的研究成果，也会被纳入本书研究的关注视域，以便更为全面地理解美国在此问题上的认知和评估。

一、美国对中国发起海洋战略的条件与动力之分析

一如前文所提及的那样，中国提出海洋强国战略绝非偶然，更不是短期权宜之计，而是基于各种战略因素综合权衡的结果。对此，美国各界有着深入细致的研究。一般认为，中国是一个在地缘上相对不利的国家，这在一定程度上制约了中国成为一个海洋强国的能力和进程。例如，整个中国海岸线自北向南接连被朝鲜半岛、日本列岛、菲律宾群岛、印度尼西亚群岛和马来亚半岛等岛屿链条所阻隔，并且这一战略链条上还遍布着美国的众多盟友和军事基地，这对于中国海军冲出第一岛链，从近海走向远海极为不利。同时，由于中国长期受到"重陆轻海"观念的束缚，国民海洋意识薄弱，这也抑制了其海洋抱负的施展和海军建设的投入。

不过，在一些美国学者看来，在 21 世纪的第一个十年，上述制约中国走向海洋强国的不利因素正在得到根本改观。例如，2010 年美国著名智库新美国安全中心（Center for a New American Security）的罗伯特·卡普兰（Robert Kaplan）就曾撰文指出，中国拥有长达 9 000 英里的温和海岸线以及众多的天然良港，因此它可以被看作既是一个陆权国家，也是一个海权国家。而当外界在热烈讨论中国的经济活力和民族雄心时，中国得天独厚的地理位置往往被忽视。这意味着，尽管中国通往全球大国的道路上不会一帆风顺，但是必将会占据地缘政

治的枢纽。① 与此相应,2011 年海军战争学院的安德鲁·埃里克森(Andrew Erickson)等学者分析认为,中国具备从一个传统陆权国家向海权大国转变的众多优势,包括蓬勃发展的海洋经济、不断扩大的造船能力、规模日盛的商船贸易、稳步提升的海洋资源开发能力以及逐步壮大的现代化海军兵力等。再加上中国陆地边界已经大部分得到解决,最高领导层已经对海洋战略予以了高度支持,这都为中国实现国家"海洋转型"创造了有利条件。② 2016 年,长期关注中国海权建设和海军发展的波士顿学院的陆伯彬(Robert S. Ross)也认为,历史经验表明,一个国家要想成为海军强国就必须具备以下两个要件:一是充足的资金和技术;二是创造有利的地缘政治环境。目前看来,中国经济持续快速的增长以及先进技术的进步,为中国打造出一支现代化海军提供了必要的资金和技术条件。同时,中国的地缘政治环境更接近于英国和美国,而不是法国、德国和俄罗斯。因此,陆伯彬断言 21 世纪的中国将会借助于有利的经济条件和地缘政治条件来发展其海洋强军计划。③

除了对中国建设海洋强国战略的内外条件进行了充分的分析外,美国各界还对中国推动该战略的动力因素予以了全面探讨。在美国分析人士看来,中国在新时期大力推进海洋事业既有历史因素,也有现实需要,具体包括维护海洋主权和国家统一、确保海外能源贸易安全、满足声望和民族主义需求等因素。

第一,历史经验教训迫使中国寻求建设海洋强国。众所周知,近代以来中国所遭受的种种历史屈辱大多都是从海上引起的。无论是 1840 年的鸦片战争还是 1895 年的中日甲午战争,抑或 20 世纪 30~40 年代的日本侵华战争等,都无不表明海洋在中国国家安全中扮演着无可替代的角色。可以说,历史负面记忆使中国人意识到海权的重要性,正所谓没有一流的海军,就不会有强大的中华。因此,有美国学者认为,中国发起建设海洋强国战略并不令人稀奇,它是中国从近代历史中吸取的教训,也是对中国维护民族独立和国家繁荣的一种追求,因为"中国的民族主义者将中国在近代的屈辱归结为海洋力量的缺乏"。④

第二,维护海洋主权和国家统一之需要。不可否认,中国提出海洋强国战略与其近年所面临的日益严峻的海洋形势密切相关,尤其是在东海和南海问题上,中国对国家海洋主权和相关海洋权益的维护可谓任重而道远。不过,对于中国正

---

① Robert D. Kaplan, "The Geography of Chinese Power: How Far Can Beijing Reach on Land and at Sea?" Foreign Affairs, 2010, 89 (3).
② Andrew Erickson et al., "When Land Powers Look Seaward," Proceedings, April 2011, pp. 18 – 23.
③ [美] 陆伯彬著,赵雪丹译:《中国海军的崛起:从区域性海军力量到全球性海军力量?》,载于《国际安全研究》2016 年第 1 期。
④ R. Edward Grumbine, "China's Emergence and the Prospects for Global Sustainability", BioScience, 2007, 57 (3): 251.

当的维权行为,美国各界不仅未予以同情和理解,反而认为中国的行为具有扩张性,中国的政策越来越趋向于"咄咄逼人"。例如,在南海问题上,海军战争学院的布鲁斯·艾乐曼(Bruce A. Elleman)的观点就颇具代表性。在他看来,南海地区的主权争议不仅会促使中国扩充其海军力量,还有可能会导致中国采取更具有"侵略性"的海洋军事战略,将整个南海收入囊中并阻止外来力量介入这一海域。中国大力发展海军力量,就是为了逐步在南海岛礁建立军事基地,并在将来有一天为宣称对整个南海拥有主权做好准备。① 此外,陆伯彬等还认为,解决台湾问题、实现祖国统一也是中国推进其海军力量建设的重要目标。② 只有拥有了制海权,才能确保台湾回归中国,中国必须有信心和决心向全世界宣布没有任何一个国家能从中国夺走台湾这艘永不沉没的航空母舰。③ 显而易见,要实现上述目标就必须实施海洋强国战略,建设一支强大的海军力量。

第三,确保海外能源、贸易安全的现实要求。随着中国经济的快速增长,其对海外贸易和能源供给的依赖性越来越高,而这些大部分都需要通过海洋运输来实现。中国的海上生命线主要集中在西太平洋、南海、印度洋和波斯湾一带。因此,作为相对集中且单一的海外交通方式,上述海域的海上咽喉通道对中国的战略意义不言而喻。一旦发生冲突或突发事件,中国的海上贸易和能源运输或将会受到干扰甚至中断,继而对中国的经济发展造成重创。在一些美国观察家看来,中国之所以推进其海军现代化进程,并不是要在全球层面上与海洋霸主美国分庭抗礼,而是出于保护自身海外贸易和能源安全的需要。例如,海军战争学院的吉原恒淑(Toshi Yoshihara)和詹姆斯·霍尔姆斯(James R. Holmes)就认为,中国海军现代化源于对能源安全和海上贸易风险的担心,它促使中国史无前例地将战略目光投向海洋,甚至为此在东南亚和印度洋发起软实力外交攻势。④ 显而易见,上述战略目标的实现有赖于中国海洋强国战略的实施尤其是海军实力的增长。

第四,满足国内声望和民族主义需求。在有关中国海上力量的争论中,有美国学者将中国正常的海洋力量拓展与国内声望、民族主义需求相挂钩,认为当代中国的民族主义源于其遭受西方和日本帝国主义侵略而产生的屈辱的一种反应,⑤

---

① Bruce A. Elleman, "Maritime Territorial Disputes and Their Impact on Maritime Strategy: A Historical Perspective", in Sam Bateman and Ralf Emmers eds., Security and International Politics in the South China Sea: Towards a Cooperative Management Regime, Routledge, 2009: 42.

② Robert S. Ross, "China's Naval Nationalism: Sources, Prospects, and the U. S. Response", International Security, 2009, 34 (2).

③ Michael A. Glosny and Phillip C. Saunders, "Correspondence: Debating China's Naval Nationalism", International Security, 2010, 35 (2).

④ Toshi Yoshihara and James R. Holmes, "China's Energy-Driven 'Soft Power'" Orbis, Winter 2008.

⑤ Abanti Bhattacharya, "Chinese Nationalism and China's Assertive Foreign Policy," The Journal of East Asian Affairs, 2007, 21 (1): 235–262.

而通过实施海洋强国战略，提升海上军事力量，坚决维护国家海洋主权和权益等，则是满足国内执政党声望和民族主义需求的重要选择，这一战略也在事实上得到了国内精英和民众的广泛支持。例如，陆伯彬就将中国富有雄心的海军建设动力归结为民族主义，而不是国家安全需要。在他看来，中国近年来的政治和国防态势显示，它即将实施一项富有雄心的海洋政策。其中，建设一支以航空母舰为核心的具有远大力量投送能力的海军构成了这一政策的初始内容。①陆伯彬继而指出，激发中国产生上述行为的最大因素不是其他，而是所谓的"海军民族主义"（Naval Nationalism），它是中国海军发展海上力量需求与民间民族主义相互糅合的产物，试图通过发展强大的海军力量来一扫近代遭受海上侵略的百年耻辱。

二、美国对中国实施海洋战略的方式与路径之探讨

与上述分析中国实施海洋战略的缘由相比，美国各界更为关注中国如何在实践层面上推进其海洋战略。毫无疑问，推进海军现代化建设是中国实现其海洋战略和维护海洋权益的最为重要的方式，也最为值得美方关注。此外，随着中国的快速崛起，中国的利益也越来越具有全球性质，因此中国海权力量的扩展已经不再局限于周边近海海域，进入全球公共海域正在成为中国海上力量的一种新常态。对此，美国各界认为中国在印度洋构筑"两洋战略"和"珍珠链战略"、在亚丁湾进行反海盗活动等，也都是中国在新时期推进其海洋战略的重要组成部分。

第一，大力加强海军现代化建设。中国的海军现代化建设一直是美方关注的重点，也被美方视为对其构成潜在威胁的来源。正如美国智库战略与国际研究中心（CSIS）在2013年公布的名为《中国军事现代化与军力发展》的报告中所指出的那样："中国海上力量的现代化、海军投送能力的增强以及海军向真正的'蓝水海军'的逐步转变，这些对美国构成的挑战要比地面部队现代化更为严峻。"② 其中，美国官方发布了多份研究报告，并对中国的第一艘航母"辽宁号"予以了重点分析。例如，2015年美国海军情报处（Office of Naval Intelligence）在其发布的《21世纪中国海军新的能力与使命》中就指出，"'辽宁舰'在执行远航任务时，能够执行防空任务，继而大大拓宽中国舰队的防护范围。同时，中国

---

① Robert S. Ross, "China's Naval Nationalism: Source, Prospects, and the U. S. Response," International Security, 2009, 34（2）: 46–81.

② Anthony H. Cordesman, Ashley Hess, and Nicholas S. Yarosh, Chinese Military Modernization and Force Development: A Western Perspective, report of CSIS, 2013–09–30.

还可以利用该舰训练首批舰载机飞行员,以及与航空事务相关的关键岗位船员。"① 同年,美国国会研究处(Congressional Research Service)公布的报告《中国海军现代化:对美国海军能力的影响》也指出:"五角大楼认为,'辽宁舰'进行的首次远距离航行和持续的飞行训练,是中国海军在过去几年中取得的最具意义的进展。"② 此后,在美国国防部发布的2019年版《中国军力报告》中还进一步认为,中国目前已经成为亚洲最大的一支海上力量,不仅拥有超过300艘水面舰艇、潜艇、两栖登陆舰和巡逻艇等,还对其退役舰船进行了现代化改造,以重新激活其战力。中国海军的发展战略正在从近海防御向远洋防御转变,已经具备突破第一岛链执行各种更远程和更多样化的作战能力。③

第二,积极构筑反介入与区域拒止战略。反介入与区域拒止(Anti-Access and Area Denial)并不是中国提出的战略概念,而是美国战略界近年频频炒作的一个军事术语。所谓"反介入"是指通过各种现代化武器和技术手段,例如,精确制导武器和反舰导弹等,迫使美国在远离中国大陆之外活动,以防止美国对中国近海海域发生的危机进行有效介入。④ 而"区域拒止"则是指,如果战时无法阻止美国自由进入,至少应当对美国在战区内的自由行动构成限制,以降低其作战效率。⑤ 在美国的一些战略家看来,中国在整体军力上无法和美国相对抗,但是可以在局部地区加强阻止、延缓和干扰美国介入中国周边危机的能力。特别是在解决台湾问题上,"反介入战略有助于解放军威慑美国干涉台海冲突,一旦威慑失败,还能拖延或减少美国海军和空军力量干预的有效性"⑥。不过,需要特别指出的是,反介入与区域拒止战略是美国方面依据其主观设想而对中国军事战略和政策的一种解读。且不论中国是否真存有此战略,即便存在,那也只是中国为维护国家主权和领土完整而作出的一种反干涉和反侵略部署。⑦

---

① Office of Naval Intelligence, The PLA Navy New Capabilities and Missions for the 21st Century, 2015.
② Ronald O'Rourke, China Naval Modernization: Implications for U. S. Navy Capabilities—Background and Issues for Congress, report of Congressional Research Service, 2015 - 09 - 21.
③ Office of the Secretary of Defense, Military and Security DevelopmentsInvolving the People's Republic of China 2019, https://media.defense.gov/2019/May/02/2002127082/-1/-1/1/2019_CHINA_MILITARY_POWER_REPORT.pdf.
④ Andrew F. Krepinevich, "Why AirSea Battle?", Center for Strategic and Budgetary Assessments, 2010: 24.
⑤ Andrew F. Krepinevich, "Why AirSea Battle?", Center for Strategic and Budgetary Assessments, 2010: 10.
⑥ Ronald O'Rourke, "China's Naval Modernization: Implications for U. S. Navy Capabilities—Background and Issues for Congress", Report for Congress, 2013 - 09 - 05.
⑦ 胡波:《中美在西太平洋的军事竞争与战略平衡》,载于《世界经济与政治》2014年第5期。

第三，推进"珍珠链战略"和"两洋战略"。随着 21 世纪中国海洋力量在印度洋地区的出现和扩展，美国各界对此报以了高度关注。在一些分析家看来，印度洋对于中国的商业扩展和能源安全具有战略意义，中国正在积极谋划两种战略——"珍珠链战略"（String of Pearls）和"两洋战略"（Two-Ocean Strategy），来提升自身在该地区的战略保障能力。具体来看，"珍珠链战略"一词用于描述中国的印度洋战略，它是 2004 年由朱莉·麦克唐纳（Juli MacDonald）、艾米·唐纳修（Amy Donahue）和贝瑟尼·丹尼鲁克（Bethany Danyluk）在其向美国国防部提交的《亚洲能源未来》的报告中所提出，意指"中国通过资助等各种商业方式取得海外军事基地，主要包括印度洋的巴基斯坦、孟加拉国、缅甸和南海地区的柬埔寨、泰国等国家的有关港口或机场，这些港口和机场在地图上联系起来像一串珍珠"，① 因而被取名为"珍珠链战略"。② 以此为基础，2009 年罗伯特·卡普兰（Robert D. Kaplan）以《中国的两洋战略》为题撰文认为，中国实际上已经在太平洋和印度洋两个方向上开启了海洋战略布局，在太平洋方向上不断突破岛链限制，在印度洋方向则稳步推进"珍珠链战略"。通过在印度洋和太平洋两个方向上建立起多渠道的联系，可以降低中国对马六甲海峡的依赖。③

第四，执行打击海盗和海外护航活动。作为一种非传统安全威胁，海盗及其治理一直是全球海洋事务中的重要议题。21 世纪以来，处于也门和索马里之间的亚丁湾海域的海盗问题十分严重，对包括中国在内的众多国家的能源运输、商船往来以及公民安全构成了巨大威胁。面对该地区日益猖狂的海盗状况，中国于 2008 年开启了在亚丁湾海域进行打击海盗和对过往船只提供护航的活动。在美国学界看来，中国的这一行为对于锻炼中国海军的远洋能力、提升中国形象以及拓展其海洋利益，均具有正面意义。例如，安德鲁·埃里克森等就曾多次撰文指出，反海盗作战行动凸显了新时期中国海军的新任务，即在东亚地区以外保护中国的战略利益。④ 尽管中国海军依旧面临着后勤保障问题，其舰船指挥官的自主性也受到诸多限制，但是中国对诸如反海盗等非传统安全问题的关注，可谓是中

---

① 刘建华：《美国学术界关于中国海权问题的研究》，载于《美国研究》2014 年第 2 期。

② Juli MacDonald et al., Energy Futures in Asia, Booz Allen Hamilton report sponsored by the Director of Office of Net Assessment, November 2004, p. 17. Andrew Scobell & Andrew J. Nathan, "China's Overstretched Military", The Washington Quarterly, 2012, 35（4）：144.

③ Robert D. Kaplan, "China's Two-Ocean Strategy," in Abraham Denmark and Nirav Patel（ed.）, China's Arrival：A Strategic Framework for a Global Relationship, pp. 43-58, Washington, DC：Center for New American Security, September 2009, https：//lbj. utexas. edu/sites/default/files/file/news/CNAS% 20China's% 20Arrival_Final% 20Report-3. pdf, 2021 年 3 月访问。

④ Andrew S. Erickson and Lyle J. Goldstein, "Gunboats for China's New 'Grand Canals'? Probing the Intersection of Beijing's Naval and Energy Security Policies," Naval War College Review, 2009, 62（2）：43-76.

国为保护其海洋利益而寻求到的一种新的策略。① 与此相应,美国国防部在 2020 年发布的《中国军力报告》中还指出:"中国人民解放军海军在第一岛链以外执行任务的能力有限,但随着其获得更多在远海作战的经验,并获得更大、更先进的平台,这种能力正在增长。中国在远程作战方面的经验主要来自特遣编队的部署及其在亚丁湾持续进行的反海盗任务。"② 陆伯彬也认为,中国海军参加的亚丁湾反海盗行动的一个巨大收获就是让这支海军获得了宝贵的远洋经验。③ 此外,美国海军战争学院的莱尔·戈尔茨坦还进一步指出,"中国在亚丁湾为打击海盗所作的努力充分证明,北京倾向于以一种负责任而不是威胁的方式来发展其海权","中国打击海盗的努力不具有威胁性。"④

三、美国对中国推进海洋战略的影响评估与政策回应

众所周知,第二次世界大战之后美国凭借其超强的综合国力而取得了海洋霸主地位。在整个冷战期间,海洋不仅成为美苏争霸的重要对象,也是美国维持其全球霸主地位的主要支撑。冷战结束之后,海洋对美国的战略重要性有增无减。因此,为了维护自身霸主地位,美国对任何其他国家海洋力量的上升十分敏感,唯恐全球出现一个挑战美国海洋霸主地位的国家。在美国看来,新时期中国的快速崛起及其海洋战略的推进,势必会对美国产生一定的冲击。正如海军战争学院的吉原恒淑和詹姆斯·霍姆斯(James R. Holmes)所言,"中国的海上存在不是转瞬即逝的,这对于美国及其在亚洲的海上伙伴构成了长期且复杂的影响","中国海上实力的扩充超越了其在台湾和其他领土争端中所需要的武装力量……中国的活动范围将日益扩大到远离中国沿海的海域"。⑤ 为此,美国不仅对中国推进海洋战略对美产生的影响进行了各种评估,还采取了各种实际措施,以应对中国的海权扩张所带来的挑战。

---

① Andrew S. Erickson and Austin M. Strange, "No Substitute for Experience: Chinese Antipiracy Operations in the Gulf of Aden", China Maritime Study, 2013 (10): 12.
② Office of the Secretary of Defense, Military and Security DevelopmentsInvolving the People's Republic of China 2020, p. 79. https://media.defense.gov/2020/Sep/01/2002488689/-1/-1/1/2020-DOD-CHINA-MILITARY-POWER-REPORT-FINAL.PDF, 2021 年 3 月访问。
③ [美] 陆伯彬著,赵雪丹译:《中国海军的崛起:从区域性海军力量到全球性海军力量?》,载于《国际安全研究》2016 年第 1 期。
④ [美] 莱尔·J. 戈尔茨坦:《重构中美安全关系》,载于《当代世界与社会主义》2011 年第 5 期。
⑤ [美] 吉原恒淑、詹姆斯·霍姆斯著,钟飞腾、李志菲、黄杨海译:《红星照耀太平洋:中国崛起与美国海上战略》,社会科学文献出版社 2014 年版,第 2 页。

（一）影响评估

总体上来看，美国对中国的海洋战略及其海上力量的增长持一种负面看法，认为这对美国带来的更多的是挑战。未来，中美两国在亚太地区围绕海洋问题上的摩擦将会增多，双方在亚太地区的战略竞争也会更趋激烈。具体来看：

一方面，中国海上力量的上升会挑战美国在亚太地区的制海权，危及美国的领导地位。美国战略界的这一判断与中美两国业已发生的权力转移密切相关。2008年全球性经济危机爆发以来，中国顶住了各方面的压力，保持了经济的持续快速增长，综合国力不断提升。与此相反，美国的"国运"因此前深陷反恐战争和受到金融危机的打击而发生了一定"颠簸"。尽管美国依旧在军事实力和科技竞争力等多个国力指标上"傲视群雄"，但是美国显然已不再享有冷战结束之初的那种"全面的超级大国"地位，其在短期内也无法再现历史上曾在各个领域都首屈一指的"巅峰时刻"。"经济力量的转移预示着新兴大国的崛起"①，也预示着崛起国家与守成国家之间的权力转移，而历史上"崛起国"与"守成国"之间必然走向对抗这种思维惯性，依然在左右着美国主流战略家的头脑。在上述背景下，中国的强势崛起及其引发的中美权力结构的变动，使得美国的对华态度变得格外"焦虑"。②

另一方面，中国的海权扩张会限制美军的海上活动，挤压美国的战略空间。在美国看来，随着中国海上力量的持续增强，中国将会拥有更多和更为先进的现代化武器装备，例如，先进雷达、隐形战斗机和战舰、反航母导弹、精确制导武器、航空母舰、水下隐身潜艇等，这些现代化的作战武器和平台将会对美国在西太平洋地区的军事部署和行动能力带来制约。正如陆伯彬所指出的那样，"如果中国在现代舰船数量以及区域内基地设施数量上大大超过美国的话，就会给东亚的美国舰队带来重大安全挑战"③。与此同时，2012年发布的第三份《阿米蒂奇报告》也指出，"中国咄咄逼人的对大部分东海提出要求，加上解放军和其他海洋机构作战速度的急剧上升……显示出北京要在第一岛链或其所说的'近海'寻求更大的战略影响力。"④

---

① ［美］保罗·肯尼迪著，陈景彪等译：《大国的兴衰》，国际文化出版公司2006年版，第14页。

② Brad Glosserman, "Asia's Rise, Western Anxiety, Leadership in a Tripolar World", PacNet, 2011-02-18.

③ ［美］陆伯彬著，赵雪丹译：《中国海军的崛起：从区域性海军力量到全球性海军力量？》，载于《国际安全研究》2016年第1期。

④ Richard Armitage and Joseph S. Nye, "The U.S.-Japan Alliance: Anchoring Stability in Asia," August 2012, p.11, https://csis-website-prod.s3.amazonaws.com/s3fs-public/legacy_files/files/publication/120810_Armitage_USJapanAlliance_Web.pdf, 2021年3月访问。

此外，针对中国发展的反介入和区域拒止战略，2011 年美国战略分析家理查德·费舍尔（Richard Fisher）宣称，这一战略的持续军事投入"已使得中国人民解放军开始掌握能够限制美国保卫其战略利益和盟友的军事能力"，[①] 甚至会使中国海军扩大其活动空间，迫使美国撤回到关岛、夏威夷、旧金山等地。[②] 还有分析家认为，中国日益增长的海上军事实力，特别是不断改进的反介入和区域拒止能力，不仅会打破台海地区的军事平衡，更有可能对美国在西太平洋地区的海上军事行动构成威胁。[③] "如果听任中国的海洋维权行动，还将会危及美国在南海地区的'航行自由'和从太平洋到印度洋的海上通道安全"[④]。不仅如此，2015 年 3 月由美国海军等部门联合发布的《21 世纪海权合作战略》报告也声称，"中国海军扩张所带来的挑战是其试图运用武力或胁迫手段来解决领土争端。这种行为加上其军事意图上缺乏透明度，加剧了地区的紧张和不稳定，甚至会导致潜在的误判或冲突升级。"[⑤] 由此可见，美国以一种零和博弈的思维来看待中国海上力量的崛起以及中美海权关系，认为中国海权势力范围的扩大也就意味着美国相应的缩减，中美海权争夺会给双方和地区带来安全风险。

（二）政策回应

基于对中国海洋战略的上述认知，为了应对中国崛起及其海权扩张，奥巴马政府上台后一方面积极将美国的战略重心"转向"亚太地区，积极实施所谓的亚太"再平衡"战略；另一方面通过多种方式参与到中国与邻国之间的海洋争端中，这在一定程度上对中国维护海洋主权和权益的决心与行动提出了挑战。

第一，谋求"重返"亚太，积极布局亚太"再平衡"战略。具体措施包括：一方面，加强政治外交同盟和伙伴关系。众所周知，亚太地区遍布着美国的众多盟友和伙伴国家，而通过加强双边同盟和拓展伙伴关系，建立一个以美国为核

[①] Richard Fisher, Jr., "PLA and U. S. Arms Racing in the Western Pacific", June 29, 2011, https://www.strategycenter.net/research/pubID.247/pub_detail.asp.

[②] Sukjoon Yoon, "An Aircraft Carrier's Relevance to China's A2/AD Strategy", Pacific Forum CSIS, November 13, 2012.

[③] Mark E. Manyin et al, Pivot to the Pacific? The Obama Administration's "Rebalancing" Toward Asia, Congressional Research Service, March 28, 2012; Evan Braden Montgomery, "Contested Primacy in the Western Pacific: China's Rise and the Future of U. S. Power Projection", International Security, Vol. 38, No. 4, Spring 2014, pp. 115 - 149; US Department of Defense, "Annual Report to Congress: Military and Security Development Involving the People's Republic of China 2015", April 2015, pp. 31 - 43.

[④] Ben Dolven, et al., Chinese Land Reclamation in the South China Sea: Implications and Policy Options, CRS Report, June 18, 2015, pp. 4 - 19.

[⑤] The Department of the Navy, "A Cooperative Strategy for 21st Century Seapower", March 2015: 4, https://www.globalsecurity.org/military/library/policy/navy/21st - century - seapower_strategy_201503.pdf.

心，以盟友+伙伴国家及地区多边架构为主干的网络，对美国亚太"再平衡"战略的实施至关重要。为此，美国分别强化了美日、美韩、美澳和美菲同盟关系以及美印、美越伙伴关系，积极编织围堵中国的关系网。另一方面，加强军事安全存在和军力军备建设，这也是美国亚太"再平衡"战略中"最耀眼、最切实的部分"。① 具体来看，美国主要采取了以下举措：

一是加大在亚太地区的军力部署力度。到2020年，美国将会把60%的水面舰艇部署在亚太地区，包括6艘航空母舰、大部分的巡洋舰、驱逐舰、濒海战斗舰和潜艇。② 二是扩展在亚太地区的军事存在。长期以来，由于需要应对朝鲜半岛和台海局势，导致美国在亚太的军力部署主要集中在东北亚地区。而在亚太"再平衡"战略背景下，美国扩展了在大洋洲、东南亚和印度洋地区的军事存在。③ 三是更新军事作战理念，加大军事技术创新。为了应对中国的"反介入"和"区域拒止"能力，美国积极更新其作战理念，不断开发海、陆、空、网、电一体化的作战能力。特别是提出"空海一体战"（Air-Sea Battle）概念，这成为美国亚太"再平衡"战略军事维度中的核心要件。④

第二，在南海问题上，美国在新时期不仅加大对中国的指责和施压力度，反对以历史为依据来支持南海主权声索，质疑中国南海"断续线"的合法性，还反对双边谈判形式，不断将南海问题推向多边化和国际化。为此，美国采取了以下一系列新的举措，具体包括：

（1）以反对单方面改变现状为由，要求中国停止在南海的填海造地活动。2014年7月11日，时任美国国务卿助理帮办迈克尔·富克斯（Michael Fuchs）将矛头对准中国，批评中方在南海的岛礁建设是"单方面的挑衅性行为，违背相关国际法原则"，并对包括中国在内的各争端方提出了"承诺不再建立新的前哨战和夺取他国占据的岛礁；停止在南海的设施建设和填海造地行为；避免针对他国采取单边的强制性措施"三项约束性建议。⑤

（2）在维护"航行自由"的名义下，派军舰进入南海海域。2015年10月27日，美国派遣"拉森"号军舰驶入渚碧礁12海里内，明目张胆地向中国"示

---

① Mark E. Manyin et al, Pivot to the Pacific？The Obama Administration's "Rebalancing" Toward Asia, Congressional Research Service, March 28, 2012: 10.

② Jennings, P. The U. S. Rebalance to the Asia - Pacific: An Australian Perspective. Asia Policy, 2013 (15): 38 - 44, http：//www.jstor.org/stable/24905205.

③ The U. S. Department of Defense, Quadrennial Defense Review Report, March 2014.

④ Bitzinger, R. A. and Raska, M, "The Air - Sea Battle Debate and the Future of Conflict in East Asia," Singapore: RSIS Policy Brief, 2013.

⑤ Michael Fuchs, Deputy Assistant Secretary of the State, "Fourth Annual South China Sea Conference," July 11, 2014, https：//2009 - 2017.state.gov/p/eap/rls/rm/2014/07/229129.htm, 2021年3月访问。

威",挑战中国在南海的政策底线。2016年5月10日,美国再次派出"劳伦斯"号驱逐舰闯入永暑礁附近12海里的领海,执行所谓的"航行自由行动"。

(3)加强与东南亚南海争议国家的安全合作,增强其对抗中国的军事实力。例如,2013年12月时任美国国务卿克里宣布美国将向菲律宾提供4 000万美元的军事援助,用于帮助菲律宾提升其海洋安全,① 并且承诺向东南亚地区提供3 250万美元的军事援助,以及在接下来的两年里追加超过1.56亿美元资金,以促进和提升该地区的海洋能力建设。② 此外,在2016年5月奥巴马访越期间,美国还宣布全面解除对越南的武器禁运,以消除"挥之不去的冷战遗迹"。③

(4)鼓动和拉拢域外大国"多边联合"介入南海争端,共同向中国施压。例如,2014年11月"美日澳"三国领导人举行了首脑会晤,并在会后发布了含有"依照国际法解决海洋争端,保证通行自由"等内容的声明。2016年2月,三国海军还在南海地区举行了联合军事演习。

在钓鱼岛争端上,美国不仅反复性明确表示《美日安保条约》适用于钓鱼岛,反对以武力或胁迫等方式单方面改变钓鱼岛现状的行为,还有针对性地批评和挑战中国在东海和钓鱼岛问题上正当的维权行为,具体包括:

(1)积极推动新一轮美日同盟调整,对华实施"海上威慑"。美国推动新一轮美日同盟调整的一个主要标志性成果就是双方于2015年4月27日发布的新版《美日防卫合作指针》。④ 它标志着美日同盟开始由"从属型"转向"互助型",从"防御性"为主转向"极具进攻性"。

(2)通过调整军事部署和联合军演等方式,提升协防日本夺岛作战的能力。这方面的动作主要有:加强在冲绳基地的军事力量部署,模拟制订共同作战计划,举行岛屿作战联合演习,提升自卫队夺岛能力等。

(3)通过支持日本解禁集体自卫权,大幅度放宽日本行使武力的条件和地域限制。对于安倍政权企图解禁集体自卫权的"右倾化"举动,2014年4月5日,时任美国国防部长哈格尔在访日期间声称,"美国欢迎日本在联盟体系内发挥更为积极主动的角色,包括重新评估与其集体自卫权相关的宪法解释,支持日本扩

---

① John Kerry, "Remarks with Philippine Foreign Secretary Albert del Rosario", December 17, 2013, https://2009-2017.state.gov/secretary/remarks/2013/12/218835.htm, 2021年3月访问。

② Michael Fuchs, Deputy Assistant Secretary of the State, "Fourth Annual South China Sea Conference", July 11, 2014, https://2009-2017.state.gov/p/eap/rls/rm/2014/07/229129.htm, 2021年3月访问。

③ "Obama lifts US embargo on lethal arms sales to Vietnam", BBC News, May 23, 2016, http://www.bbc.com/news/world-asia-36356695, 2021年3月访问。

④ U.S. Department of Defense, The Guidelines for U.S.-Japan Defense Cooperation, April 27, 2015, http://www.us.emb-japan.go.jp/english/html/Guidelines_for_Japan_US_Defense_Cooperation.pdf, 2021年3月访问。

大集体自卫权"。① 这是美国部长级官员首次正式对日本解禁集体自卫权表达支持态度。2014年4月下旬，奥巴马在赴日访问时也表示，支持安倍政权解禁集体自卫权，这是美国在任总统首次对这一问题进行的公开支持。

（4）支持日本修改"武器出口三原则"，助推日本加速迈向政治军事大国，继而增加其争夺钓鱼岛的硬实力。例如，2014年4月2日，美国国务院发言人玛丽·哈尔夫（Marie Harf）在回应安倍政府废除"武器出口三原则"这一问题时公开声称：美方对日本修改其防卫装备出口政策表示"欢迎"，并赞扬此举将"扩大日本与美国及其他伙伴国家在防卫产业方面的合作机会，简化合作流程"，"有助于推进日本国防产业现代化进程和参与21世纪的全球采购市场"。②

多年来，美国长期保持了对中国海洋战略的挤压态势。第一，排斥中国的权益，并公开否定中国对南海的主权诉求。2018年10月4日，美副总统彭斯在哈德逊研究所发表的演讲中就表示，"北京已经在人工岛屿上建造的军事基地上部署了先进的反舰和防空导弹"，为此，"美国海军将继续在国际法允许和我们国家利益需要的地方飞行、航行和行动"，声称"我们不会被吓倒，也不会退缩。"③ 2019年6月1日，美国国防部发布的《印太战略报告》也指出，"中国继续在南海军事化，在有争议的南沙群岛部署反舰巡航导弹和远程地对空导弹，并在与其他主权主张国的海上争端中使用准军事力量。""今天，在像南海这样的地方，过度的海洋权利主张是沿海国家试图非法限制所有航海国家在领海以外水域作业的自由。美国将继续在国际法允许的任何地方飞行、航行和行动，并鼓励我们的盟友和伙伴也这样做。"④ 更为严重的是，2020年7月13日时任美国国务卿蓬佩奥还发表了一份南海政策声明，声称"北京方面对南中国海大部分近海资源的主张是完全非法的，其控制这些资源的恐吓活动也是非法的。""由于北京方面未能在南中国海提出合法、一致的海洋主张，美国拒绝中国对其在南沙群岛主张的12海里领海以外水域的任何主张（其他国家就这类岛屿提出的索求不受影响）。"⑤ 美国的这一最新南海政策声明，不仅公开否定了中国对南海的主权，还强调了美

---

① U.S. Department of Defense, The Guidelines for U.S. – Japan Defense Cooperation, April 27, 2015, http://www.us.emb–japan.go.jp/english/html/Guidelines_for_Japan_US_Defense_Cooperation.pdf, 2021年3月访问。

② Marie Harf, Daily Press Briefing, Washington, DC, April 2, 2014, http://www.state.gov/r/pa/prs/dpb/2014/04/224329.htm, 2021年3月访问。

③ "Remarks by Vice President Pence on the Administration's Policy Toward China," U.S. Embassy & Consulates in China, 4 October 2018, https://china.usembassy–china.org.cn/remarks–by–vice–president–pence–on–the–administrations–policy–toward–china/, 2021年3月访问。

④ The U.S. Department of Defense, Indo–Pacific Strategy Report: Preparedness, Partnerships, and Promoting a Networked Region, 2019–06–01.

⑤ "U.S. Position on Maritime Claims in the South China Sea," 13 July, 2020, https://my.usembassy.gov/u–s–position–on–claims–in–south–china–sea–071420/, 2021年3月访问。

国对 2016 年"南海仲裁案"对菲律宾有利裁决的支持,它标志着美国彻底改变了以往历届政府所奉行的基本南海政策,反映了特朗普政府在政治、外交和战略等层面对中国崛起态势的关注。

第二,积极推进印太战略,对华构筑新的包围圈。"印太"是印度洋 - 太平洋地区的简称,在奥巴马政府时期,时任国务卿希拉里就曾多次使用"印太"一词来概括美国在该地区的战略利益。① 2017 年 11 月,特朗普在其亚洲之行中频繁提出要构建所谓的"自由、开放的印度洋 - 太平洋"愿景,重新激活了"印太战略"构想。② 此后,无论是在美国发布的各种战略文件,还是特朗普及其团队的发言中,"印太"概念都是被反复提及的词汇。在特朗普政府的"印太战略"构想中,日本、印度和澳大利亚是最为重要的战略支点国家。事实上,"印太战略"也在不同程度上得到了上述三国的积极响应。2017 年 11 月 12 日,美日印澳四国利用参与东亚峰会之际召开了外交部司局级官员安全对话会,就"印太地区的共同利益议题"展开讨论。③ 2018 年 1 月 18 日,在印度新德里举行的第三届瑞辛纳对话会(Raisina Dialogue)上,美日印澳四国海军高官还就海上安全和自由航行问题进行讨论,此举联合向中国施压的意味浓厚。目前,四国还正在谋划建立一个联合区域基础设施计划,以作为"一带一路"倡议的"替代方案"。④ 可见,"印太战略"在某种程度上是美国亚太"再平衡"战略的一种延伸,它具有制约中国的意图,旨在网络"印太"地区的广大力量,共同应对中国崛起,维持美国主导下的地区力量平衡。尽管目前四国联手还处于建立对话机制和造势阶段,但是美国政府已然强调了对"自由和开放的印太地区"的积极促进,⑤ "印太战略"构想进一步安全化、制度化和操作化的现实意味着,未来在中国周边地区有可能形成一个以抗衡中国为导向的"印太联盟"体系,这将会对中国的"一带一路"倡议产生对冲效应。

① Hillary Clinton, "American's Pacific Century", Foreign Policy, November 2011.
② U. S. Embassy & Consulat in the Republic of Korea, "Statement from the Press Secretary on President Donald J. Trump's Upcoming Travel to Asia", October 16, 2017, https://kr.usembassy.gov/101617 - statement - press - secretary - president - donald - j - trumps - upcoming - travel - asia/, 2021 年 3 月访问。
③ Ankit Panda, "US, Japan, India, and Australia Hold Working - Level Quadrilateral Meeting on Regional Cooperation", The Diplomat, November 13, 2017, https://thediplomat.com/2017/11/us - japan - india - and - australia - hold - working - level - quadrilateral - meeting - on - regional - cooperation/, 2021 年 3 月访问。
④ "Australia, U. S., India and Japan in talks to establish Belt and Road alternative: report", The Reuters, 2018 - 02 - 19. https://www.reuters.com/article/us - china - beltandroad - quad/australia - u - s - india - and - japan - in - talks - to - establish - belt - and - road - alternative - report - idUSKCN1G20WG, 2021 年 3 月访问。
⑤ U. S. Embassy & Consulat in Thaila, "President Donald J. Trump's Administration is Advancing a Free and Open Indo - Pacific", July 30, 2018, https://th.usembassy.gov/president - donald - j - trumps - administration - is - advancing - a - free - and - open - indo - pacific/, 2021 年 3 月访问。

第三，软硬兼施，创新与强化对南海问题的介入举措和力度。特朗普政府依旧强调各方要以国际法、多边方式、和平解决南海相关争议；继续推动南海问题的多边化和国际化；反对中国的南海岛礁建设行为；反对单方面以武力或威吓方式改变现状等，这些政策姿态基本保持了对奥巴马政府南海政策的继承和延续。同时，从政策实践层面来看，与奥巴马政府一样，特朗普政府也多次派出战舰和军机前往南海海域和上空，以实际行动宣示所谓的航行和飞越自由。不过，与奥巴马政府相比，特朗普政府对南海问题的介入行为更具有针对性和冒险性，并且在具体的政策举措上，还进行了必要的调整和革新。

一方面，加大在南海的巡航力度。在奥巴马政府时代，美国采取的是"个案处理"的方式，即每次执行前，国防部将相关计划呈递给白宫和国家安全委员会，得到批准后才可以采取行动。奥巴马执政八年期间，美国在南海地区共计进行了四次所谓"航行自由行动"。其中，从2012～2015年9月，为了避免过于刺激中国而给中美关系带来不利影响，奥巴马政府还一度中断了这一行动，后来因国会的压力才得以恢复。与之相比，特朗普政府明显加大了对南海的巡航力度，自2017年5月～2020年12月短短3年多的时间，美军在南海公开的航行自由行动就有20余次，不公开的行动则更是难以估算。更为严重的是，随着美国在南海巡航力度的加大，中美两军在南海对峙几乎成了常态。2020年上半年，美国在南海地区进行了超过3 000架次的空中军事行动和60余艘次的军舰行动。7月，美国"尼米兹"号航母战斗群和"里根"号航母战斗群在南海海域展开演习，这是美军自2014年以来首次出动两艘航空母舰在南海进行训练。此外，美国还多次派出B-1B战略轰炸机、E-8C侦察机到南海上空，甚至多次逼近中国广东、海南岛近海，两军擦枪走火的风险陡增。①

另一方面，调整巡航的审批流程。2017年7月，特朗普政府推出了新的"南海巡航计划"，并对相关报批程序作了调整：其一，将此前"一事一报"那种相对烦琐的申请审批程序，改为制订年度计划，一次性获得总统报批，赋予美军"例行、规律地"在南海开展航行自由行动。其二，新的报批程序先由第七舰队提出，再逐级上报至太平洋舰队、太平洋司令部、国防部和国家安全委员会。同时，国防部也会将有关事项报送给国务院，以确保所请示的巡航行动不会破坏美国正在开展的外交事务。② 其三，与此前奥巴马政府公开宣示进行航行自由行

---

① 聂文娟：《2020年中美南海局势较量回顾与前瞻》，中美聚焦网，http://zh.chinausfocus.com/m/42137.html。

② Kristina Wong, "Exclusive: Trump's Pentagon Plans to Challenge Chinese Claims in South China Sea", The breitbart, 2017-07-20, http://www.breitbart.com/national-security/2017/07/20/trump-pentagon-south-china-sea-plan/.

动不同,特朗普政府不再公开发布相关行动计划,而会将执行状况全部记录在海军年度报告里。① 上述变化意味着,白宫将巡航南海的决策权下放,军方被赋予了更多的灵活性和自主权。

第四,"挂钩"与"搅局"策略相互借重。尽管特朗普在竞选期间也曾经多次对华放"狠话",但是在当前美国国际战略地位相对下降,国内政治极化愈演愈烈的现实背景下,上任后的特朗普政府逐渐回归理性,并在对华政策上采取了较为务实的挂钩(linkage)策略。这一策略旨在通过与中国在关乎美国核心利益的重要战略领域进行全方位协调与合作,并将双方在某一领域的合作同其他领域的合作以至于双边关系整体进行挂钩,从而在约束中国行为的同时维护美国的利益。② 挂钩策略在特朗普政府处理南海和朝核问题上亦有所体现。特朗普政府上台后不久,朝核问题成为美国国家安全领域的头号威胁,是需要集中资源优先应对的议题,而对朝核问题的解决势必需要中国的支持与配合。为此,特朗普政府将南海问题与朝核问题进行挂钩,以中方在朝核问题这一紧迫议题上对美合作的程度,来决定美国在南海问题上对华施压的力度。不难发现,挂钩策略反映出特朗普政府在对外政策上具有浓郁的商业交易主义色彩。

在采取挂钩策略的同时,特朗普政府不愿意看到南海局势因过于降温而影响乃至失去其利用价值,这也是保证挂钩策略持续发生效力的需要。因此,当南海局势出现缓和之际,美国往往会介入以抬升南海问题的热度。例如,2017 年 5 月中国与东盟达成"南海行为准则"框架草案,中菲南海问题双边磋商也取得积极进展之际,美国海军却于月底派出"杜威号"导弹驱逐舰闯入南海美济礁 12 海里范围水域,捍卫所谓的"航行自由"。美国此举的目的无非是一方面向亚太盟友及伙伴国家展示其军事存在,另一方面借南海问题要挟中国在朝核问题上配合美国的政策。再如,当 2018 年初中国与东盟国家宣布就"南海行为准则"案文加快磋商,南海局势进一步企稳向好之际,美国即于 2018 年 1 月派出"霍珀"号导弹驱逐舰非法闯入中国黄岩岛 12 海里范围内水域,2 月底又派出卡尔·文森号航母战斗群进入南海巡航,显然有再次干预局势的意图。

第五,更加倚重军事硬实力,加速推动南海地区的军事化。美国不断指责中国对南海地区军事化,实际上美国才是制造南海军事化的始作俑者和急先锋。美国不是南海主权的声索国,更不是南海沿岸国,却以维护南海的航行自由和地区安全为名,大幅增加在南海及其周边地区的军力部署,企图借助军事手段来干预

---

① The ICAS Team, "Trump Administration's South China Sea Policy", Institute for China – America Studies, the US, June 30, 2017, http://chinaus – icas.org/wp – content/uploads/2017/06/ABSOLUTE – FINAL – SCS – Trump – Primer.pdf, 2021 年 3 月访问。

② 王浩:《特朗普政府对华"挂钩"政策探析》,载于《当代亚太》2017 年第 4 期。

南海局势的发展。特朗普政府上台后,美国推动南海军事化的力度有增无减,主要方式包括:

(1) 持续增加在西太平洋地区的军事力量投入。2017年6月,时任美国国防部长马蒂斯(Mattis)在新加坡举行的第16届香格里拉对话会上强调,目前美国60%的海军舰船、55%的陆军和大约2/3的海军陆战队已部署到美军太平洋司令部所辖区域,60%的空军装备也将很快部署到位。[1] 不仅如此,美国还在南海地区加强了高精尖战略武器的配置用于威慑和侦察。不仅如此,美国B-1B Lancer、B-52 Stratofortress和B-2 Spirit等空军轰炸机还连续轮换到关岛,这些轰炸机的轮换不仅为太平洋空军和美国太平洋司令部指挥官提供了全球打击和扩展威慑能力,以对抗任何潜在的对手,还提供了加强区域联盟和整个地区的长期军事伙伴关系的机会。[2]

(2) 加强与南海域内国家的安全合作。例如,特朗普上台以来美越两国及军方之间的互动十分频繁,美国不仅向越南海军和海警提供了大量的军事装备,还于2018年3月实现了美国航母在越战后"重返"越南的突破。此外,双方还就南海航行自由、尊重国际法、国家主权等问题达成共识,并在海上安全、灾难救援等方面展开了实质性合作。[3] 2019年9月,美国印度太平洋司令部司令菲利普·戴维森(Philip Davidson)海军上将在马尼拉举行的共同防御委员会会议后说:"今天,我们以朋友,盟友和伙伴的身份一起应对区域安全挑战"。根据计划,美菲将在2020年进行300多次的安全合作活动,这比2019年的281项又有所增加,因为两国承诺加强在反恐、海上安全、网络安全、人道主义援助和救灾方面的合作。[4]

(3) 深化与南海域外大国的军事交流,努力打造针对中国的亚太安全网络。为了拉拢相关国家共同介入南海问题,特朗普政府明显加强了与日本、澳大利亚和印度等国的军事互动,重新"复活"了美日澳印"四方对话"机制,强调四国在南海航行和飞越自由问题上拥有共同利益。2017年1月16日,参议员麦凯恩(John McCain)等人抛出"亚太稳定倡议",呼吁美军加强与相关国家的军事

---

[1] The U. S. Department of Defense, "Remarks by Secretary Mattis at Shangri – La Dialogue", 2017 – 06 – 03, https://www.defense.gov/News/Transcripts/Transcript – View/Article/1201780/remarks – by – secretary – mattis – at – shangri – la – dialogue/.

[2] "Continuous Bomber Presence Mission," https://www.andersen.af.mil/CBP/, 2021年3月访问。

[3] The US Department of Defense, "Readout of Secretary Mattis'Meeting With Vietnam Minister of National Defense", 2018 – 01 – 25, https://www.defense.gov/News/News – Releases/News – Release – View/Article/1423285/readout – of – secretary – mattis – meeting – with – vietnam – minister – of – national – defense/.

[4] Cecilia Yap, "U. S., Philippines Boost Military Pact With More Drills Planned", Bloomberg, Sept13, 2019. https://www.bloomberg.com/news/articles/2019 – 09 – 13/u – s – philippines – boosts – military – pact – with – more – drills – planned, 2021年3月访问。

合作、增加在亚太地区的军事演习以及海军规模,这一倡议得到五角大楼和美军太平洋司令部的强烈支持。① 4月26日,众议员墨菲(Stephanie Murphy)等人还提出"亚太防务委员会法案",主张美国提升与亚太盟国之间的防务合作,实现在南海等地航行自由行动的"常态化"。② 2020年7月28日,美国与澳大利亚达成《2020年美澳部长级磋商联合声明》,声称两国合作将围绕印度洋太平洋地区安全、双边防务、区域协调和南海等问题展开。③

第六,积极运用规则软实力,以"美式秩序"来对中国施加软约束。在加强对南海地区军事力量投入的同时,特朗普政府也不忘利用所谓的"规则"和"秩序"这些软实力因素来向中国施压。例如,马蒂斯在2017年度的香格里拉对话会上就频繁使用"基于规则的秩序"(rules-based order)这一用语,含沙射影地批评中国在南海的岛礁建设行为,声称"美国不会接受违反国际法的军事化岛礁以及过度领海扩张行为,将继续在国际法允许的任何地方进行飞越、航行和开展活动,并通过在南海等地的实际行动来展示美国的决心",强调"2016年南海仲裁案的结果具有约束力,各方应该将其当作和平解决南海争端的起点"。④ 作为对中国在南海争议海域的军事化行为和破坏地区秩序的回应,2018年5月23日美国还撤销了对中国海军参加2018年度环太平洋军演的邀请。此后,在6月7日于新加坡举行的美日澳印四国高官会议上,各方还强调在"印太"地区加强基于规则的秩序方面具有共同利益,并注意到各自在维持一个开放、透明、包容和基于规则的地区秩序中所扮演的重要角色。⑤

与此相应,为了维护美式南海地区秩序,美国还对中国采取了制裁的措施。2020年7月14日,美国助理国务卿史达伟(David Stilwell)表示,不会排除任何对中国实施制裁的手段,并将参与南海事务的中国国有企业称为"现代版的东

---

① John McCain, "Restoring American Power: Recommendations for the FY 2018 – FY2022 Defense Budget", https://www.globalsecurity.org/military/library/congress/2017_rpt/restoring – american – power – 7.pdf, 2021年3月访问。

② "H. R. 2176 – To authorize the establishment of an Asia – Pacific Defense Commission toenhance defense cooperation between the United States and allies inthe Asia – Pacific region, and for other purposes", 2017 – 04 – 26, https://www.congress.gov/115/bills/hr2176/BILLS – 115hr2176ih.pdf, 2021年3月访问。

③ "Joint Statement on Australia – U. S. Ministerial Consultations (AUSMIN) 2020 ,", https://www.defense.gov/Newsroom/Releases/Release/Article/2290911/joint – statement – on – australia – us – ministerial – consultations – ausmin – 2020/, 2021年3月访问。

④ The U. S. Department of Defense, "Remarks by Secretary Mattis at Shangri – La Dialogue", 2017 – 06 – 03, https://www.defense.gov/News/Transcripts/Transcript – View/Article/1201780/remarks – by – secretary – mattis – at – shangri – la – dialogue/, 2021年3月访问。

⑤ The U. S. Department of State, "U. S. – Australia – India – Japan Consultations", 2018 – 06 – 07, https://www.state.gov/r/pa/prs/ps/2018/06/283013.htm, 2021年3月访问。

印度公司"。① 8月27日，美国商务部还将24家中国国有企业列入工商和安全局监管的实体名单，其中包括中国交通建设公司（CCCC）的几家子公司。《实体清单》限制向清单上的公司销售美国货物以及使用美国设备或技术在国外制造的某些物品。② 时任美国国务卿蓬佩奥声称，此举是为了防止中国使用CCCC和其他国有企业作为武器来实施"扩张主义议程"。③ 显而易见，美国政府提出的"基于规则的秩序"实际上是一种以美国为主导的地区安全秩序或者说"美式秩序"。这种"美式秩序"与当前中国在"双轨思路"指导下和东盟国家正在通过和平谈判方式构建的地区安全秩序是相对应的。尽管二者都是在建立和实践基于规则的国际秩序，但是前者是美国强加给南海周边国家的"美式规范"，具有封闭性和排他性；后者是通过平等协商谈判取得的共识，具有内在的开放性和包容性。因此，美国一再指责中国的南海行为违反了"基于规则的秩序"，实际上是在利用"美式规则"话语霸权来排斥中国的南海主张，意图通过给中国贴上一个南海地区规则和秩序"破坏者"的标签，在国际舆论和道义上对中国构成软约束。

第三节　美国的"FON计划"及其对华执行情况

从历史上来看，由于中美两国远隔重洋，并且中国的安全战略重心一直在陆地方向上，因此海洋问题本不应该在中美关系中占据特别突出的地位。然而，随着近年来中国海洋强国战略的推进以及与周边国家海洋争端问题的凸显，美国借机强势介入中国的周边海洋争端之中，继而导致海洋问题上升为影响中美关系平稳、健康发展的重要因素。特别是在南海地区，双方围绕该海域的航行自由问题进行了激烈的争论和博弈。在美国看来，中国在南海问题上的主权声索和岛礁建设行为对该地区的航行自由构成了潜在威胁和破坏。为此，

---

① "The South China Sea, Southeast Asia's Patrimony, and Everybody's Own Backyard," https：//asean.usmission.gov/the-south-china-sea-southeast-asias-patrimony-and-everybodys-own-backyard/，2021年3月访问。

② "Commerce Department Adds 24 Chinese Companies to the Entity List for Helping Build Military Islands in the South China Sea," https：//pa.usembassy.gov/commerce-department-adds-24-chinese-companies-to-the-entity-list-for-helping-build-military-islands-in-the-south-china-sea/，2021年3月访问。

③ "US Imposes Restrictions on Certain PRC State-Owned Enterprises and Executives for Malign Activities in the South China Sea," https：//vn.usembassy.gov/u-s-imposes-restrictions-on-certain-prc-state-owned-enterprises-and-executives-for-malign-activities-in-the-south-china-sea/，2021年3月访问。

美国多次派出军舰进入南海相关岛礁水域，以实际行动捍卫所谓的"航行自由"。可以说，航行自由问题已经上升为新时期中美海权博弈的新焦点，而在中国周边海域执行所谓的"航行自由计划"（FON 计划），也构成了新时期美国对华施加影响的新手段。

一、美国对航行自由的认知

美国对海上航行自由的追求由来已久，这与北美殖民地商业资本主义的发展密切相关。早在建国之初，美国的开国元勋们就将海洋自由原则作为制定对外政策的重要依据，并且还与商业自由原则联系在一起。例如，在美国早期外交政策实践中发挥重要作用的约翰·亚当斯（John Adams）就曾希望这个星球上所有的海洋和河流都应当是自由和开放的。本杰明·富兰克林（Benjamin Franklin）也认为，贸易越是自由和不受限制，相关国家就越能够从中获取繁荣和昌盛。[①] 1776 年，美国还首次在官方层面将海洋自由观念融入其具有外交指南性质的"条约计划"中。此后，美国在与法国、荷兰、瑞典、普鲁士等国签订的通商条约中，"自由船舶所载货物自由""有限禁运""中立贸易权利"等体现海洋自由原则的具体规定，都被写入其中。不仅如此，在 1824～1850 年期间与 10 个拉美国家签订的条约中，美国也成功将海洋自由原则纳入其中。[②] 可以说，尽管早期美国的国力薄弱，对外政策目标也十分有限，但是其在推动海洋自由主张上却始终不遗余力。

第一次世界大战为美国在国际舞台上阐明其海洋自由观念提供了绝佳的机会。1917 年 1 月 22 日，时任美国总统威尔逊在国会咨文中就强调指出，一个国家的发展和强盛与其进出海洋的权利密切相关，所有国家都不应被剥夺自由进出世界贸易之开放通道的权利。因此，"海洋通道必须在法律和实践上都是自由的，海洋自由是和平、平等与合作的必要条件"，"只要各国政府真诚期望达成协议，那么无论是规范还是捍卫海洋自由，都不是一件难事。"[③] 此后，在威尔逊为促进战后和平而提出的"十四点和平原则"中，海洋自由原则也位列其中。在威尔逊看来，"无论在战时还是和平时期，各国领海之外的公海都应当享有绝对的航

[①] Armin Rappaport and William Earl Weeks, "Freedom of the Seas", in Alexander Deconde, Richard Dean Burns, and Fredrik Logevall eds., Encyclopedia of American Foreign Policy, New York: Charles Scribner's Sons Gale Group, 2002: 111.

[②] 曲升：《美国"航行自由计划"初探》，载于《美国研究》2013 年第 1 期。

[③] "The President's Address to the Senate, January 21, 1917", in United States Department of the State ed., Papers Relating to the Foreign Relations of the United States, 1917, Supplement 1, The World War (1917): 27 - 28.

行自由,除非为了执行国际公约而采取的国际行动,海洋才可以被部分或全部封锁。"① 尽管威尔逊所提出的"十四点和平原则"构想最后落空,但是其海洋自由主义理念,无疑为美国树立了正面形象,这也为日后美国在世界海洋政治中发挥作用,介入国际海洋争端提供了不可或缺的"软实力"。②

第一次世界大战之后,美国国内再次笼罩在浓重的"孤立主义"情绪之中,不过这并没有从根本上动摇其对于海洋自由的关注。1929年,时任参议员的威廉·博拉(William E. Borah)就曾指出,如果美国不扩大其海军规模、维护海洋自由,那么就无法有效维护自身的商业利益。博拉在该年2月21日向参议院提交的议案中还呼吁美国政府推动召开国际会议来讨论和完善现有的国际海洋法。③ 更不容忽视的是,第二次世界大战期间,时任总统富兰克林·罗斯福也在多个场合重申了美国的海洋自由观,为抗击法西斯国家的侵略作出了巨大努力。例如,他在著名的"炉边谈话"中表示,"一代又一代美国人为海洋自由这一政策而斗争,这一政策十分简单,但却是一项基本政策。这项政策意味着任何国家都没有权利将远离地面战争的浩瀚海洋变成其他国家贸易的危险之地。""这始终是我们的政策,美国的历史一次又一次地证明了这一点。我们从建国之初就运用这一政策,今天仍然在秉承它,不仅用于大西洋,还用于太平洋以及所有的海洋。"④

综观上述史实不难发现,对美国来说,海洋自由不仅意味着海上航行的自由,更是商业贸易自由的载体。正如海军战争学院的理查德·格鲁瓦沃特(Richard J. Grunawalt)所指出的那样,"要想理解美国的国际海洋政策,就必须明白那些海上航线以及关键海洋战略通道对美国商业和军事的重要性。"⑤ 因此,相对于历史上的其他国家,美国的海洋自由主义观念更为强烈,在推动以及捍卫海洋自由原则上也更为积极。不过需要指出的是,第二次世界大战之后美国一跃成为世界上最为强大的海权国家,其海洋利益在空间上已经不再局限于领海及其延伸海域,而是扩展到全球层面;在内容上也不再局限于传统的海运贸易、公海捕鱼以及海洋资源开发,而越来越含有海洋安全和军事层面的利益。事实上,第

---

① "Address of the Presiident of the United States Delivered at a Joint Session of the Two Houses of Congress, January 8, 1918", United States Department of State, Papers relating to the foreign relations of the United States, 1918. Supplement 1, The World War (1918): 15.

② 曲升:《从海洋自由到海洋霸权:威尔逊海洋政策构想的转变》,载于《世界历史》2017年第3期。

③ "Senator Borah on Freedom of the Seas", The Congressional Digest, 1930, 9 (1): 31-32.

④ [美] 富兰克林·罗斯福著,赵越、孔谧译:《炉边谈话》,中国人民大学出版社2017年版,第189~190页。

⑤ Richard J. Grunawalt, "United States policy on international straits", Ocean Development & International Law, 1987, 18 (4): 445-446.

二次世界大战后美国的军事基地已经遍布全球,并且与苏联在全球展开了全方位的海上争霸。因此,这一时期尽管美国国际海洋政策的旗号仍然是捍卫海洋自由,但是这种努力显然被打上了深深的霸权烙印。

自 20 世纪 60 年代以来,随着各沿海国家海洋意识的崛起,它们纷纷提出扩大海洋管辖权的诉求,从而导致美国的海洋自由主张遭遇到了前所未有的挑战。例如,针对传统的领海宽度为 3 海里的国际惯例,有西方国家提出 12 海里的领海宽度主张,还有拉美国家主张将各国领海宽度扩展为 200 海里。可以说,在新一轮"蓝色圈地运动"中,各沿海国家甚至海洋大国对海洋的认识发生了重要转变,它们开始将海洋更多地视为一种资源,而不仅仅是连通世界的"高速公路"。更为严峻的是,在第三次联合国海洋法会议上,各国围绕领海的"无害通过"、海峡、大陆架的归属、专属经济区的划分、群岛国、岛屿制度等一系列问题展开了激烈的讨价还价。其间,一些沿海国家提出的海洋主张被美国认为明显与海洋国际习惯法不符,是一种"过度海洋主张"(excessive maritime claims)。到了 1978 年,美国国内逐渐形成一种共识,即美国应当为捍卫自身的航行权益做好准备,即使这种行为与其他沿海国的主张发生冲突。

二、应对"过度海洋主张":美国的 FON 计划

1979 年 7 月,卡特政府正式提出"航行自由计划"(Freedom of Navigation Program,简称"FON 计划"),以实际行动来抑制沿海国家的"过度海洋主张",捍卫美国在海洋自由中的国家利益。① 正如时任美国驻联合国海洋法公约谈判特别代表艾略特·理查德森(Elliot L. Richardson)所言,"沿海国家的海洋主权扩张行为以及由此带来的海洋战略咽喉数量的上升,都大大增加了美国海军力量在全球部署的风险和成本。""为了完成威慑和保卫的使命,美国海军必须具有覆盖全球的存在或迅速集结的能力。这一能力包括军事和政治两大基本要素,前者是指美国的全球机动能力完全可靠且无法遏制,后者是指美军在航行和驻扎时不会受制于任何其他国家的介入。"②

此后,美国历届政府均推出了一系列政策和文件,对 FON 计划进行了完善

---

① U. S. Department of Defense Freedom of Navigation Program: Fact sheet, http://policy.defense.gov/Portals/11/Documents/gsa/cwmd/DoD%20FON%20Program%20--%20Fact%20Sheet%20(March%202015).pdf,2005 年 3 月访问。

② Elliot L. Richardson, "National Security, The Law of the Sea", Vital Speeches of the Day, delivered at the launching of the USS Samuel E. Morrison, Bath, Maine, 1979-07-14 (New York: City News Publishing Co.): 702-704.

和细化。1982年12月13日，里根政府出台"国家安全决策指针72号"（National Security Decision Directive 72），即"美国行使海上航行和飞越权利计划"，对"过度海洋主张"进行了具体说明。① 1983年3月10日，里根在其海洋政策声明中再次声称，虽然美国没有签署《联合国海洋法公约》，但是"准备接受以及按照与传统海洋利用相关的利益平衡原则行事，诸如航行和飞越。"同时，里根还重申美国将以"《联合国海洋法公约》中所反映的利益平衡的方式"继续执行和捍卫在全世界范围内——包括在专属经济区——航行和飞越的自由权利。② 1987年3月16日，白宫又发布了"国家安全决策指针265号"（National Security Decision Directive 265），即"航行自由计划"，对上述政策和"过度海洋主张"予以重申。③ 1990年10月12日，老布什政府发布"国家安全指针49号"文件（National Security Directive 49），即"航行自由计划（U）"，进一步阐明了美国捍卫航行和飞越自由的决心和内容。④ 到了克林顿政府时期，美国于1995年公布了"总统决策指针/国家安全委员会32号"文件（PDD/NSC-32）。小布什政府时期，参谋长联席会议于2003年出台了"CJCSI2420.01A"文件，即"美国航行自由计划和敏感区域报告"。⑤ 2004年12月21日，白宫又发布了"国家安全总统指令41/13号"文件（National Security Presidential Directive NSPD-41/Homeland Security Presidential Directive HSPD-13）即"海洋安全政策"，再次强调海洋自由的重要性，重申要通过保护海洋利益来维护美国的国家安全和本土安全。⑥ 2009年1月9日，美国还专门出台了"国家安全总统指令66/25号"文件（NSPD-66/HSPD-25），即"北极地区政策"，强调确保在北极地区的航行和飞越自由是美国重要的国家安全利益。⑦ 可以说，FON计划不是一蹴而就的，它经历了一个从初创到成熟的过程，体现了美国对航行自由的持续追求和坚持。

毋庸置疑，美国发起FON计划的核心内容在于遏制其他沿海国家所谓的

---

① The White House, National Security Decision Directive 72, December 13, 1982, http://www.fas.org/irp/offdocs/nsdd/nsdd-072.htm, 2021年3月访问。

② "United States ocean policy", statement by the President, March 10, 1983, https://www.reaganlibrary.gov/archives/speech/statement-united-states-oceans-policy, 2021年3月访问。

③ The White House, "National Security Decision Directive 265", March 16, 1987, http://www.fas.org/irp/offdocs/nsdd/nsdd-265.htm, 2021年3月访问。

④ The White House, "National Security Directive 49", October12, 1990, http://fas.org/irp/offdocs/nsd/nsd49.pdf, 2021年3月访问。

⑤ 遗憾的是，这些报告尚未解密，参见曲升：《美国"航行自由计划"初探》，载于《美国研究》2013年第1期。

⑥ The White House, "National Security Presidential Directive NSPD-41/Homeland Security Presidential Directive HSPD-13", December 21, 2004, http://fas.org/irp/offdocs/nspd/index.html, 2021年3月访问。

⑦ The White House, "NSPD-66/HSPD-25", January 9, 2009, http://fas.org/irp/offdocs/nspd/index.html, 2021年3月访问。

"过度海洋主张"。从相关政策文件来看,美国所认定的"过度海洋主张"主要包括以下六种:(1)历史性海湾或水域主张。(2)并非依据《联合国海洋法公约》所反映的国际习惯法来划定的领海基线。(3)在领海宽度未超过12海里的情况下,存在三种情况:其一,用于国际航行且被领海覆盖的海峡,违背《联合国海洋法公约》所反映的国际习惯法,不允许"过境通过"的主张,包括不允许潜艇的水下潜行、不允许军用飞机的飞越、不允许在未获得事先通知或事先批准情况下军舰和海军辅助舰船的通行。其二,要求包括军舰和海军辅助舰船在内的所有船只在通过时事先通知或获得批准的主张。其三,在无害推进、武器装备、运载货物方面对过往船只提出不符合国际法的特殊要求。(4)领海宽度超过12海里的主张。(5)声称对12海里以外海域拥有管辖权的其他主张,例如,安全区,意图限制与资源无关的公海航行自由。(6)如下群岛主张:违背《联合国海洋法公约》所反映的国际习惯法;不允许群岛海道通过,包括潜艇的水下通过、军机的飞越、军舰和海军辅助人员的过境等。①

FON 计划由美国国务院和国防部具体负责实施,在操作层面上主要通过以下三种方式来执行:外交抗议或声明、与他国代表就促进海洋安全和国际法遵守方面进行交涉和协商、军事行动宣示。其中,军事行动宣示最为有效,也最具有实质意义。正如海军战争学院的丹尼斯·曼德格(Dennis Mandsager)所指出的那样,"没有行动的抗议无异于会让沿海国的'过度海洋主张'得逞……军事行动发出的信号比外交抗议更为强烈,更有可能施压那些沿海国放弃其不合理的海洋主张"。② 由此可见,FON 计划不仅折射出美国长期以来的海洋自由观念,更是美国强大海军力量的现实体现。

根据美国国务院海洋与国际环境和科学事务局 1992 年 3 月 9 日发布的《海洋的限度:美国对过度海洋主张的回应》研究报告,自 FON 计划实施到 1992 年财年度,美国共进行了 110 次外交抗议,并针对 35 个国家进行了军事行动宣示,年均 30~40 次。③ 1992 以来,美国国防部每年还会发布一份上一财年度《FON 计划军事宣示执行报告》,详细罗列出 FON 计划军事行动宣示的针对国家和挑战理由。④ 不过,这一系列年度"宣示报告"仅公开了宣示对象国的名称,并对该

---

① The White House, "National Security Directive 49", October 12, 1990, http://fas.org/irp/offdocs/nsd/nsd49.pdf, 2021 年 3 月访问。

② Dennis Mandsager, "The U.S. Freedom of Navigation Program: Policy, Procedure, and Future", International Law Studies, 1998, 72: 121.

③ United States Department of State, Bureau of Oceans and International Environmental and Scientific Affairs, Limits in the Seas: United States Responses to Excessive National Maritime Claims, 1992 (112): 6.

④ 参见美国国防部发布的历年《FON 计划军事宣示执行报告》,http://policy.defense.gov/OUSDP-Offices/FON/。

年度针对某国的多次宣示行为进行了标注说明，并未揭示每次宣示行动的具体时间和位置信息，针对某一国家的具体行动次数也是保密的。从1991~2018年美军的军事宣示活动来看，呈现出了以下特点和趋势：

第一，FON计划实施的对象国不只是针对美国的敌对国家，还包括其盟友。尽管美国几乎每年都会对伊朗所主张的过度的直接基线、对《联合国海洋法公约》签署国通过霍尔木兹海峡过境通行权的限制、禁止在专属经济区内的外国军事活动等发起军事宣示。但是，美国也就日本、韩国、菲律宾、意大利、澳大利亚等盟友的过度海洋主张发起过类似宣示活动。例如，2012和2016年，美国就针对盟友日本的过度直线基线主张进行了军事宣示。2014和2016年，美国还对韩国的过度直线基线、外国舰船或政府船只进入领海需要事先通知等主张发起了宣示行为。同时，美国虽然在南海问题上有意偏袒菲律宾，但是近年五角大楼还是发起了多起针对菲律宾所主张的"群岛水域为内水"的军事宣示活动。不过需要指出的是，已有数据也显示美国对盟国执行的宣示活动的频率要少于对敌对国家或非盟国的频率。这种现象并不难理解，因为除了现实政治的因素外，从法理角度而言美国的盟国更有可能与其持有相似立场。①

第二，从被宣示的国家和地区分布来看，美国军事宣示的重心区域呈现出由全球向亚太地区特别是东南亚地区转移的趋势。大致上而言，2000年之前美国宣示的地区分布于全球四大洲，其中以非洲和亚洲为主。2000年之后，亚太地区尤其是以南海为圆心的东南亚国家和中国，成为美国进行军事宣示的主要对象。例如，2000~2016年美国总共对37个国家和地区发起了军事宣示活动，其中亚太地区国家占了近30%，其中主要就是指中国和东南亚各国。特别是2007年之后，中国每年都会成为美国军事宣示的对象，这也从一个侧面证实了近十年来因南海争端的不断升温而导致的美国对南海及其周边地区航行自由的高度关注。此外，年度被宣示国家和地区的数量（包括中国台湾地区）则呈现出如下变化态势：1991~1999年美国进行军事宣示的对象数量一直维持在高位，1998年达27个，1999年也有26个之多。进入2000年以后，上述数值呈现出下降趋势，到2006年已经降至最少的5个。然而，自2007年以后被军事宣示的国家和地区数量又有所回升，2014年猛增至19个，2018年更是达到26个。②

第三，从沿海国过度海洋主张的内容来看，美国进行军事宣示的重点领域有从领海（TTS）转向专属经济区（EEZ）的趋势。正如前文所述，美国国防部每

---

① 祁昊天：《规则执行与冲突管控——美国航行自由行动解析》，载于《亚太安全与海洋研究》2016年第1期。
② 具体国家和地区名称以及对象的数量变化，可参见美国国防部发布的历年《FON计划军事宣示执行报告》，http://policy.defense.gov/OUSDP-Offices/FON/。

年发布的《FON 计划军事宣示执行报告》均会罗列出美国挑战有关国家过度海洋主张的理由，根据相关内容不难发现，针对领海的军事宣示活动的频度有所下降，而针对专属经济区的活动则日益占据突出位置。1991～2004 年美国军事宣示的主要理由集中在领海主张、外国船只进入领海需要提前报备的要求、无害通过的规定等方面。2005～2018 年，美军行动的重心则集中在专属经济区领域，诸如对专属经济区内外国军事活动的限制和规定、外来船只进入沿海国专属经济区的规定、专属经济区上空飞越自由问题等。需要说明的是，尽管 2018 年美军针对他国领海的军事宣示活动有所回升，但是对相关国家专属经济区的军事宣示活动并未因此而下降。

三、美国对华执行 FON 计划的概况

中国是美国执行 FON 计划宣示行动的重要对象国。不过，在 1979 年中美正式建交之后相当长的一段时间内，由于冷战结构下美国需要借助中国的力量对抗来自苏联的战略压力，再加上当时中国的军事防御重心集中在陆上边界，因而海洋问题在中美关系中的角色并不十分突出，两国也未就海上航行自由问题产生严重摩擦。从现有资料记载来看，当时航行自由话题真正进入中美关系框架，始于两国在有关领海"无害通过"问题上的规则之争。

众所周知，领海虽然属于国家主权海域，但是基于"海洋自由"的传统价值原则，1982 年通过的《联合国海洋法公约》还是明确规定外国船舶在沿海国领海享有"无害通过权"，即在不损害沿海国和平、良好秩序和安全的原则下通过该国领海的权利。① 同时，《联合国海洋法公约》还赋予沿海国制定有关无害通过领海的法律和规章的权利，并要求行使无害通过领海权利的外国船舶遵守此类法律和规章。② 由于外国军舰通过领海涉及沿海国的国家安全，从而导致各国在军舰通过领海问题上采取了不同的政策和实践。如同大多数沿海国一样，出于对国家安全的关切，中国也对外国军舰通过本国领海做了必要的限制，主张一切外国军用船舶通过中国领海，需要事先征得中国政府的许可。③ 针对中国的这一立场，1986 年美国海军在未经中方同意的情况下，擅自进入中国领海 12 海里范围内，开展了一次 FON 宣示行动，以挑战中国所谓的"过度海洋主张"。

冷战结束之后，中美两国因共同应对苏联威胁而建立起来的战略纽带关系也

---

① 参见《联合国海洋法公约》第十七条、十九条。
② 参见《联合国海洋法公约》第二十一条。
③ 实际上，早在 1958 年 9 月 4 日中国政府发布的关于领海的声明中，就明确表明了此立场。

随之瓦解,双方在包括海上航行自由等诸多问题上的矛盾亦开始增多。1992年2月,中国正式颁布《中华人民共和国领海及毗连区法》,明确规定"外国非军用船舶,享有依法无害通过中华人民共和国领海的权利。外国军用船舶进入中华人民共和国领海,须经中华人民共和国政府批准。"① 这被美方视为一种"过度海洋主张",美国不仅针对中国的这一立法行为进行了外交抗议,还多次派出军舰闯入中国领海,对华执行FON计划宣示行动。其中,发生于这一时期的"黄海对峙事件"就是美国以"航行自由"的名义挑战中国主权利益的具体事例。1994年10月,在未向中国事先通报的情况下,美国海军派遣"小鹰"号航母沿中国领海边界巡航,并擅自闯入中国领海,以跟踪一艘刚刚完成远海训练的中国海军"汉"级攻击型核潜艇,继而引起两军战机空中对峙。事后,美国为自身恶劣行为进行辩解的理由就是军舰在中国领海享有"无害通过权",符合国际法规定,无须事先征得中国的许可。② "黄海对峙事件"使得中美双方均意识到建立预防海上冲突机制的重要性和迫切性,这在客观上推动了1998年1月中美《关于建立加强海上军事安全磋商机制的协定》的签署。③

进入21世纪,随着中国的快速崛起及其海权的适度扩展,中美之间的分歧开始由军舰在领海的无害通过权,蔓延至专属经济区内的航行自由权限上。为了制约中国的崛起,美国明显加大了在中国周边海域进行军事活动的力度,其中的一个重要手段就是强化执行FON计划行动。美国坚持认为,根据《联合国海洋法公约》第五十八条款规定,"在专属经济区内,所有国家,不论为沿海国或内陆国,在本公约有关规定的限制下,均享有航行和飞越的自由……以及与这些自由有关的海洋其他国际合法用途"。④ 在美国看来,专属经济区是公海的一部分,属于国际水域,享有最高程度的航行和飞越自由,而"其他国际合法用途"则包括在专属经济区内开展的各类军事活动,它们不应受到沿海国的限制。中国则认为,《联合国海洋法公约》虽然没有明文禁止军用船只在专属经济区内的航行活动,但规定相关行为"只能用于和平目的的"⑤,同时应"适当顾及沿海国的权利和义务,遵守沿海国按照本《联合国海洋法公约》的规定和其他国际法规则所制定的与本部分不相抵触的法律和规章"。⑥ 换言之,专属经济区内的"航行自由"

---

① 参见《中华人民共和国领海及毗连区法》第六条。
② 李岩:《中美关系中的"航行自由"问题》,载于《现代国际关系》2015年第11期。
③ 钱春泰:《中美海上军事安全磋商机制初析》,载于《现代国际关系》2002年第4期;蔡鹏鸿:《中美海上冲突与互信机制建设》,载于《外交评论》2010年第2期;张愿、胡德坤:《防止海上事件与中美海上军事互信机制建设》,载于《国际问题研究》2014年第2期。
④ 参见《联合国海洋法公约》第五十八条第一款。
⑤ 参见《联合国海洋法公约》第八十八条。
⑥ 参见《联合国海洋法公约》第五十八条第三款。

有一个前提，就是要顾及其他国家权利且符合沿海国法律和规章，它明显小于公海的"航行自由"，因此不宜把两者画等号。①

针对中国的主张，美国以捍卫航行自由为名，频繁在中国黄海、东海和南海专属经济区海域从事军事侦察、海洋测量、情报搜集等活动，从而引发了多起海上摩擦和危机事件。② 例如，2001 年 4 月美军 EP-3 侦察机在中国海南岛附近空域进行侦察，与一架中国战机发生碰撞，中国战机坠毁，美国军机则未经中方允许迫降海南岛陵水机场，"撞机事件"导致中美两国陷入一场空前的外交危机。2002～2005 年，美国又多次派出军事测量船和电子情报侦察船闯入中国黄海、东海和南海专属经济区进行非法测量和情报搜集，对中国国家安全构成了严重威胁。2009 年 3 月，还发生了美国海军测量船"无瑕"号进入中国南海专属经济区海域进行海底地形测绘和水下监听，继而与中国船只产生对峙事件。事后，美国还向中方提出抗议，辩称"无瑕"号的作业行为是在"公海"上，它享有航行自由权，不受国际法及中国国内法关于专属经济区制度的限制。③

2011 年，奥巴马政府提出"转向亚洲"，实施亚太"再平衡"战略后，对华执行 FON 计划宣示行动更成为美国制约中国的惯用手法。在其执政 8 年期间，美国军舰先后 5 次闯入中国南海岛礁 12 海里水域内。例如，2015 年 10 月美国"拉森"号军舰非法进入南沙群岛渚碧礁 12 海里水域，2016 年 1 月"柯蒂斯·威尔伯"号驱逐舰闯入西沙群岛中建岛 12 海里内海域等，就是具有代表性的事件。2017 年特朗普政府上台后，美国在南海的巡航——无论是力度还是频度，都远超奥巴马政府，中美在南海地区的博弈更趋激烈化。其间，美国多次派出航母战斗群进入南海进行所谓的"例行巡航"，其军舰还多次擅自闯入中国南海有关岛礁 12 海里范围内水域，严重违反了国际法规定。

总体上来看，自美国宣布实施 FON 计划以来，中国就成为重要的宣示对象国。根据美国国防部自 1992 年以来发布的历年《航行自由行动报告》所披露出来的信息，美国针对中国执行 FON 宣示行动的具体情况可以归结为表 2-1。从美国对华执行 FON 计划的实践来看，其呈现出以下几种特点和趋向：第一，1998 年之前美国挑战中方海洋主张的理由主要集中在领海的无害通过预先许可申请方面。然而，随着 2007 年之后中国周边海洋争端的不断升温，美国挑战的内容则转移到了专属经济区上空的管辖权、专属经济区内的外国测量活动等方

---

① 杨显滨：《专属经济区航行自由论》，载于《法商研究》2017 年第 3 期。
② James Kraska, Raul Pedrozo, The Free Sea: the American Fight for Dreedom of Navigation, Annapolis: Naval Institute Press, 2018: 247-271.
③ Captain Raul Pedrozo, "Close Encounters at Sea: The USNS ImpeccableIncident," Naval War College Review, 2009, 62 (3): 100-111.

面。这与美国 FON 宣示内容的整体转向具有一致性。第二，1998~2006 年是美国对华实施 FON 计划的"空档期"，这从另一个侧面可以说明：尽管这一时期中美关系也存在着各种摩擦和竞争，但是海洋问题在双边关系中并不占据突出的地位。第三，2010 年之后，随着中美两国在亚太地区海权矛盾的激化，美国对华实施 FON 计划宣示的频率、范围均有所扩大，[①] 宣示目标一度涵盖过度直线基线、毗邻区的管辖权、专属经济区上空的管辖权、将专属经济区内外国测量活动定为犯罪的国内立法、领海的无害通过预先许可等各方面。需要指出的是，对包括中国在内的宣示对象国而言，美国的年度"宣示报告"仅公开了被宣示国家的名称，并就该年度是否针对该国进行了多次宣示行为做了标注说明，它并未揭示每次宣示行动的具体时间和位置信息，针对某一国家的具体行动次数也是保密的。尽管报告透露的信息是有限的，但这不会从根本上影响外界对美国执行 FON 计划主要状况的认知。

表 2-1　美国对中国执行的 FON 计划军事宣示活动（1991~2020 年）

年份	过度直线基线	毗连区的过度管辖权	专属经济区空域的管辖权	将专属经济区内外国测量活动定为犯罪	领海无害通过的预先申请许可	对外国飞机飞越防空识别区限制
1991（无记录）						
1992					●	
1993*					●	
1994*					●	
1995（无记录）						
1996					●	
1997~2006（无记录）						
2007*		●	●	●		
2008*			●	●		
2009*			●	●		
2010*			●	●		

① 李岩：《中美关系中的"航行自由"问题》，载于《现代国际关系》2015 年第 11 期。

续表

年份	过度直线基线	毗连区的过度管辖权	专属经济区空域的管辖权	将专属经济区内外国测量活动定为犯罪	领海无害通过的预先申请许可	对外国飞机飞越防空识别区限制
2011*			●	●	●	
2012*				●	●	
2013*	●	●		●	●	
2014*						●
2015*	●		●	●	●	●
2016*			●	●	●	●
2017*	●		●	●	●	●
2018*	●	●	●	●	●	
2019*	●	●	●	●	●	
2020*	●	●	●	●	●	

注：本表内加 * 年份表明该年度美国针对中国进行了多次宣示行为，下同。

资料来源：美国国防部发布的历年《FON 计划军事宣示执行报告》，http://policy.defense.gov/OUSDP – Offices/FON/。

第四节　构建中美新型海权关系：必要性及其路径

众所周知，新时期中国的强势崛起引起了美国战略界和决策层的高度关切。美国一方面希望以中国为代表的新兴力量能够完全融入既有的国际体系当中；另一方面则对中国是否会挑战美国主导的国际秩序甚至将美国赶出亚洲而忧心忡忡。例如，2011 年时任美国国务卿希拉里就曾专门撰文声称，"中美关系是美国有史以来所管理的最具挑战性和最重要的双边关系之一"，"今天这个快速变化的地区（亚太）所面临的各种挑战——从领土和海事争端、对航行自由的新威胁、到自然灾害加剧的影响——要求美国执行一个在地理分布上更合理、运作上更具弹性、政治上更可持续的军力态势。"① 显而易见，在美国"转向"亚洲的政策设计中，中国尽管不是唯一的目标，但必定是其中最为重要的目标之一。换言之，美国不能无视中国在亚洲趁美国"战略走神"之际继续做大做强的现实，华

---

① Hillary Clinton, "America's Pacific Century," Foreign Policy, 2011: 57 – 62.

盛顿正在奋起直追，重塑亚太地区的领导权。

2017年特朗普政府上台后，美国对中国的战略焦虑急剧上升。特朗普执政团队不仅将中国直接定位为"战略对手"，并且在贸易、科技、金融等领域对华进行战略打压，进而导致中美关系陷入自建交以来的谷底。然而，进入2020年，一场突如其来的新冠疫情席卷全球。由于防控不力，疫情导致美国的GDP总量有所下降，而中国则是全球少有地保持了经济增长的国家。在新冠疫情的冲击下，中美之间的GDP总量差距进一步缩小，外界普遍预测中国GDP赶超美国的时间将会提前到来。① 无论如何，在中美两国的国力对比越来越不利于美国的态势下，美国国内的排华、恐华情绪已经到了前所未有的高度。事实上，无论是奥巴马政府大力实施的亚太"再平衡"战略，还是特朗普政府极力倡导的"印太战略"，其旨在尽可能多地调集国内外资源，从战略、经济、安全、外交等层面影响中国发展的意图都很明确。

应当承认，近年来美国在亚太地区针对中国所推出的打压举措，确实给中国带来了一定的战略压力和外交困扰。尤其是美国对中国南海问题和东海问题的强势介入，它迫使中方至少在四个方向上作出应对努力：一是千方百计地稳住中美关系，防止双边关系从局部海上摩擦滑向全面军事冲突。二是投入相当大的精力来处理与周边国家之间的关系，避免将相关海洋争端当事国全面推向美国的怀抱。三是统筹平息因美国打压中国而激起的国内民族主义情绪，防止因少数民众的激进行为而导致内部生乱。四是加快推进国防现代化建设，提升中国海上"维稳"与"维权"的能力，同时为潜在的海上冲突而做好必要的军事斗争准备。

不过，在笔者看来，面对周边海洋困局和中美权势竞争，除了上述不言自明的战略和外交努力之外，未来中国还应本着"和平为先，谋划全局，经营周边"的理念，积极构建中美新型海权关系，这既是构建中美新型大国关系的题中之义，也是中国新时期实施海洋战略的必要选择，具体路径包括以下几个方面。

一、勇于克服两种极端心态的影响

在近年美国实施亚太战略"转向"，对中国进行强力打压，并积极介入中国周边海洋争端的背景下，中国部分国民表现出了一种激进民族主义情绪，主要表现为：一是少数所谓的鹰派人士公开呼吁中国与美国进行针锋相对的对抗，以迫

---

① 陈岩：《中国经济10年内将超美国，"大国政治的悲剧"会否重演》，BBC中文网，2021年3月访问。

使美国在介入中国的海洋争端问题上知难而退。尽管此类人士在中国属于绝对的少数派,但是其煽动性的言论还是会在国内引起各种"围观"。二是部分民众出于朴素的爱国热情,对中国面临的海洋争端高度关注。但是,由于他们大多缺乏大局观念和综合思考,再加上对争端背后的基本历史、战略缺乏了解,因而时常对中国政府的海上"维权"与"维稳"政策之间出现的张力不甚理解,更希望政府采取强势手段来维护国家海洋权益。三是少数"网民"不负责任的宣泄。信息化时代高度发达的网络新媒体为公众发表对中国周边海洋争端的看法提供了便利,同时也为少数人进行宣泄、表达不满和制造谣言提供了窗口。众所周知,外交是内政的延续,但同时也可以反过来影响内政的运行,二者具有联动性。如果上述不健康的舆论被误导,甚至成为不法分子用来批评政府和攻击国家政治制度的借口,这不仅会降低政府的判断能力和决策质量,甚至会影响国内的社会稳定。①

  与此同时,也有部分国民表现出一种"狼来了"的心态,在应对周边海洋争端问题上弥漫着担忧或悲观的情绪,似乎当前中国面对的只有挑战和麻烦,大有"自乱阵脚"的阵势。事实上,中国文化当中的危机一词具有两层含义:既包含着"危险",同时也蕴藏着"机遇"。从积极的角度来看,周边国家在海洋问题上对中国的紧逼,恰恰给了中国借势运用多重手段维护乃至收复海洋主权的机会。例如,2012年以来中国逐步掌控黄岩岛、加紧在南海岛礁进行吹沙填海工程、在钓鱼岛海域开展常规巡航等,都是前所未有的突破。还需要指出的是,美国积极介入中国周边海洋争端固然有抑制中国崛起的目的,但是也有平衡周边国家不合理诉求的考量,其最终战略目标还是为了维持美国在东亚事务中的发言权与主导权。从这一角度而言,"分而治之",这一古老、简单,却行之有效的统治术只不过是美国在中国周边海洋争端中的再次运用而已。

  面对美国多管齐下的新亚太布局及其对中国周边海洋争端上的介入行为,中国有关部门需要超越上述"两种极端心态"的影响,进行综合性与全局性思考。一方面,中国政策界和学界应保持清醒的头脑,客观、辩证地来看待和评价美国的亚太"再平衡"战略,并将其对当前中国周边海洋争端的介入置于一个"统合"框架下进行整体研判和比较分析。在对美国介入的战略与策略、表象与实质、方式与手段等问题上进行更加深入和细致的把握,这样才有助于稳定中美关系和中国周边海洋局势。另一方面,中国有关涉外、涉海部门应当密切关注国内涉海舆论动态,及时发布有关周边海洋争端的信息,牢牢掌握舆论主动权,合理引导国民冷静和理性地看待中国政府的涉海斗争行为,既要避免一些极端和不负

---

① 刘建飞:《边海问题对中国崛起的挑战》,载于《现代国际关系》2012年第8期。

责任的言论横行,也要防止失望、消极情绪的蔓延滋生。同时,坚决打击以爱国之名而出现的违法犯罪行为,做好国内稳定工作。

二、深入研判美国介入我国周边海洋争端的力度与限度

如前文所述,由于受到全球金融危机的冲击、国内政治生态的不确定性以及中美权势对比的变化,美国必然面临着国内外诸多制约因素,不可能无条件地、毫无顾忌地全面插手中国周边海洋争端。由此可以确定,美国对中国周边海洋争端的介入固然存在一定的"力度",但是也面临着一个"限度"问题。从美国国内层面上来看,中国首先需要对美国国内政治变化、各种内政问题、政府人事变动、府会互动、民意民怨等方面进行密切跟踪,了解中国周边海洋争端这一问题在美国国内所引起的关注度,研究美国各部门在该问题上的政策走向。同时,密切关注美国的经济走势、财政收支以及军费开支等问题,通过这些事关美国战略资源多寡的指标性变化,来研判美国履行对亚太盟国战略承诺的能力以及对中国周边海洋争端介入的力度问题。

除去国内因素,美国对中国周边海洋争端介入的力度和限度,无疑会取决于美国、中国与周边国家这三种力量之间的战略互动态势。从美国的战略指向来看,其推出的亚太战略"再平衡",有应对中国崛起的战略考量,但这并不意味着美国一定要走向与中国完全对抗的局面。因为全球化相互依存时代中美两国在经济、贸易、人文、教育等领域上日益紧密的关系意味着,选择同中国对抗注定是一个"伤敌一千,自损八百"的非明智之举。同时,中国毕竟是一个发展中的大国,其在全球越来越突出的地位预示着,在应对气候变化、经济危机、恐怖主义、核扩散和地区安全等全球治理议题上,美国都需要中国的配合。事实上,美国政要也一再强调中美合作的重要性。正如前国务卿希拉里所指出的那样,"一个欣欣向荣的美国或中国,对彼此都有益。通过合作而不是对抗,我们两国才能显著获益。"[①] 因此,美国对华政策有其"张扬"的一面,但也有其"内敛"的一面,中国要认清形势、稳住阵脚、调整思维、趋利避害、积极应对。

目前,东亚地区正在向一个经济上以中国为核心和安全上以美国为核心的二元分离的战略结构转变。对于大多数东亚国家而言,它们既希望在安全上继续让美国发挥"保险箱"的角色,也希望抓住"中国机遇",生怕错过中国经济增长的高速列车。可以说,经济与安全两者都是周边国家所极为看重的要件,它们既不会轻易放弃中国提供的"经济诱惑",也不会草率拒绝美国为其提供的"安全

---

① Hillary Clinton, "America's Pacific Century", Foreign Policy, 2011:59.

蛋糕"。① 然而，朋友可以自由选择，但邻居无法随意搬动。周边国家所处的地缘环境及其夹在中美之间的政治现实，决定了它们在看待中美亚太权力竞争的态度上具有投机性和两面性。尽管周边大多数国家不会公开"倒向"中国，但是也绝不会死心塌地走上"亲美反华"之路。基于上述现实，中国可以利用与周边国家之间日益紧密的经济关系来约束相关国家在安全议题上对美国的依赖，防止它们成为美国制华、排华的"帮凶"。例如，中国可以尝试把日益上升的经济优势转化为政治、安全乃至战略优势，投入更多的人力、物力和财力，为本地区提供安全公共产品，实质性地推动地区多边安全机制的发展，以稀释美国的亚太安全同盟体系，缓解部分周边国家在安全上的担忧。当然，中国的经济手段可以是奖励性的，也可以是惩罚性的，但无论使用哪一种，中国都不宜进行广泛的无差别的"撒钱"或"制裁"，而应当执行一种区别性对待的政策，做到有的放矢，以最低成本来实现最佳示范或警示效应。

三、积极锻造国家海洋外交能力

作为一个海洋大国，中国不仅拥有绵延长达3.2万千米的海岸线，也曾有过郑和七下西洋的历史壮举。然而，由于长期沉浸于大河文明和陆地滋养，对海洋文明的认识不足，中国在近代国家转型中失败了，落伍了。中国近代屈辱的历史已经证明，"濒临海洋的国家，即使是一个大国，如果它一旦只限于在陆地领域发展，而忽视了海洋，其前途必然是在世界舞台上变成一个弱者，变成一个受欺凌者。"② 无独有偶，革命先驱孙中山先生也曾经就"海洋之于国家命运"这一问题做过经典的评价："自世界大势变迁，国力之盛衰强弱，常在海而不在陆，其海上权力优胜者，其国力常占优胜。"③ 无疑，孙中山先生的这一论断对于当代中国仍具有特别的警示作用。从这个意义上来说，中国衰落于海上，而欲实现21世纪中华民族的伟大复兴，首先要突破的即是"海上中国"的崛起。

进入21世纪以来，中国与周边国家频繁的"海洋摩擦"则表明，妥善应对海洋问题是中国崛起进程中必须跨过的"一道槛"，积极开展海洋外交业已成为当前和未来中国外交亟须面对的新课题。鉴于近年中国所面临的严峻而复杂的海洋形势，2012年党的十八大报告中明确提出了要"提高海洋资源开发能力，发展海洋经济，保护海洋生态环境，坚决维护国家海洋权益，建设海洋强国"的战

---

① 周方银：《美国的亚太同盟体系与中国的应对》，载于《世界经济与政治》2013年第11期。
② 倪建中、宋宜昌主编：《海洋中国——文明重心东移与国家利益空间》（上），中国国际广播出版社1997年版，第112页。
③ 《孙中山全集》第二卷，中华书局1981年版，第564页。

略方针。① 2013 年 10 月，习近平又提出了建设 21 世纪"海上丝绸之路"的战略构想。② 2017 年，党的十九大报告再次强调要"坚持陆海统筹，加快建设海洋强国"的战略目标。③ 与此相应，近年来中国还不断对涉海管理机构进行了必要的优化调整，以提升海洋外交外事能力。

尽管中国已将海洋强国战略提升为国家战略层次，并为此采取了一系列举措，但是一个不容否认的事实是：中国的海洋外交实践还处于起步阶段，海洋外交经验严重不足。由此可见，在中国加快"进军"海洋的战略背景下，亚洲各国固然要逐步适应一个"海洋中国"的新形象，但中国也应该持续锻造国家海洋外交能力，以更为积极主动的姿态向外界准确传达中国的声音。未来，中国外交需要在传统外交基础上，加强顶层设计、推进制度创新和制度改革，构建更加适应全球新海洋文明时代需要的外交体系。

四、着力构筑命运相连的大周边外交战略

所谓"远亲不如近邻"。作为一个周边邻国林立的国家，中国的发展无疑需要一个安定和谐的周边环境。因此，周边外交注定会在中国的总体外交布局中占有十分重要的地位。早在 2002 年，党的十六大就提出将"与邻为善、以邻为伴"作为中国周边外交的指导方针。2007 年，胡锦涛在党的十七大上重申了贯彻这一外交方针的必要性。2013 年 10 月，习近平在周边外交工作座谈会上又将中国的周边外交方针浓缩为"两个坚持"：一是坚持"与邻为善、以邻为伴"；二是坚持"睦邻、安邻、富邻"，突出体现"亲、诚、惠、容"的理念。"两个坚持"集中表达了新时期中国周边外交的政策愿景。在新的政策方针指导下，近年来中国的周边外交工作取得了一系列成绩，中国的周边区域合作已经由经济领域扩展到政治、经济、安全、人文并重，周边安全也由政治、军事领域逐渐扩展到经济、舆论领域。④

虽然中国的周边外交成果有目共睹，但是美国在亚太地区的战略资源新投入和新布局，还是在一定程度上引发了亚太周边国家的"骚动"，给中国的周边安全环境蒙上了一层阴影，并直接考验着中国周边外交战略的成败。同时，随着中

---

① 胡锦涛：《坚定不移沿着中国特色社会主义道路前进　为全面建成小康社会而奋斗——在中国共产党第十八次全国代表大会上的报告》，2012 年 11 月 8 日。
② 习近平：《中国愿同东盟国家共同建设 21 世纪"海上丝绸之路"》，新华网，2013 年 10 月 3 日。
③ 参见党的十九大报告。
④ 陈瑞欣：《从政府工作报告（1978～2015）看中国周边外交政策的发展变化》，载于《国际观察》2016 年第 1 期，第 66～79 页；随广军主编：《中国周边外交发展报告（2015）》，社会科学文献出版社 2016 年版。

国的快速崛起,一些周边国家一时还难以适应:它们从中国的经济发展中获得了红利,却对中国国力的急剧上升感到不安,有的还挑起与中国的领土争端,企图借助于外部大国的力量来"制衡"中国。① 有鉴于此,中国在处理周边海洋争端的过程中,需要对不同性质的国家——非直接争端方、直接争端方但非美国盟友、直接争端方且为美国盟友——作出区别性对待。对于非直接争端方,无论其是否为美国盟友,中国都要积极地致力于稳定和发展双边关系,夯实与其长期合作的基础。对于直接争端方但非美国盟友国家,中国要以"维稳"为主,即在政策宣示主权的同时,争取避免双边关系的持续恶化,给美国以可乘之机。对于直接争端方且为美国盟友的国家,中国要以"维权"为主,防止有关国家"携美抗华"的心理滋长,并借此展示中国坚决捍卫主权的意志。

从长远来看,中国的周边外交不应局限于"小周边",而是要树立"大周边"外交理念,构筑命运相连的大周边外交战略,这是稳固周边局势的根本所在。正如2014年4月15日习近平在首届国家安全委员会会议上所指出的那样,中国要"既重视自身安全,又重视共同安全,打造命运共同体,推动各方朝着互利互惠、共同安全的目标相向而行"。② 而要打造命运相连的大周边外交格局,首要的无疑是加强周边国家与中国在利益上的联系,因为"利益共同体是命运共同体的重要基础和必由之路"。③ 同时在构建周边命运共同体的过程中,还应当注重制度建设,并在此基础上推动地区身份认同与观念的转变。④ 一言以蔽之,通过"利益—制度—观念"这样一个"三位一体"的渐进式路径,才能促成周边命运共同体成为现实。还应当指出的是,构筑命运相连的大周边外交战略将是一项系统工程,不可能一蹴而就,其建设过程中肯定会面临着形形色色的挑战和艰辛,需要有长远的打算和谋划。此外,命运共同体建设不是高喊口号,而是需要一件件实实在在的事情的累积,各方应当抱着"求同存异"的精神,立足现实、放眼未来、顾全大局,唯有各国精诚团结、辛勤耕耘,才能够硕果累累。

五、努力抢占海洋争端的道德和话语制高点

海洋争端不仅关乎中国的领土主权完整、长远国家利益和战略的实现,还关系到中国作为一个世界大国的地位和荣誉。尽管2016年被炒得沸沸扬扬的"南

---

① 祁怀高、石源华:《中国的周边安全挑战与大周边外交战略》,载于《世界经济与政治》2013年第6期。
② 《中央国家安全委员会第一次会议召开》,中国政府网,2014年4月15日。
③ 王毅:《携手打造人类命运共同体》,载于《人民日报》2016年5月31日,第7版。
④ 周方银:《命运共同体——国家安全观的重要元素》,人民网,2014年6月4日。

海仲裁案"是一场闹剧，它不可能从根本上动摇或改变中国的国家主权、安全和发展利益，但是各方围绕该问题进行的国际舆论和道德竞争，还是在国际话语权建设方面给我们以启迪和反思。尤其是各沿海国都在奋力向海洋"进军"的新时代背景下，中国想要成为海洋强国，想要有效维护国家海洋主权和相关权益，就不能不高度重视海洋争端中的道德和话语权争夺问题。① 众所周知，一套完整且成功的话语策略的形成，往往需要满足两大类条件——一类是观念性条件，另一类是物质性条件，并依赖于这些条件带给话语创设者的约束和机遇。因此，除了继续夯实捍卫海洋权益的物质基础外，笔者结合中国在南海仲裁案舆论战中的成败，认为未来中国在争夺国际海洋话语权方面还需要作出以下努力。

第一，未雨绸缪、准备发声。凡事预则立、不预则废。面对日益升温的周边海洋争端局势以及国际舆论格局"西强东弱"的现实，中国需要提早谋划，预估对方可能采取的各种各样的"招数"，避免"临时抱佛脚"，提前制订出常规的和非常规的舆论斗争方案，做好充分的"话语储备"，以备反击之用。反之，一旦对方发难，中国很可能会陷自身于被动地位。与此相应，中国还应当在坚持主权在我、捍卫历史性权利以及维护《开罗宣言》和《波茨坦公告》之权威等方面绝不能动摇，这是底线。同时，为了避免外界对中国产生模糊的政策期望，低估中国捍卫国家海洋主权的决心和信心，中国还需要及时而清晰地对有关争议问题作出政策宣示，防止发出错误的信号。

第二，主动出击、敢于发声。应当说，中国以往应对国际舆论的行为更多的是呈现出防御性和反应式特点，被动应对性的思维居多，主动进攻性的思维不足。未来，中国需要化被动为主动，除了有针对性地揭露和批判外界对中国海洋行为的歪曲和指责外，还应当多利用双边或多边场合进行"先发制人"。例如，针对美国对中国不遵守《联合国海洋法公约》的指责，中国进行公开回应的同时，还可以在多边场合就"美国至今未加入《联合国海洋法公约》"一事进行批评，揭露其政策的虚伪性和两面性。② 再比如，在1986年美国和尼加拉瓜之间的仲裁案件中，美国同样拒绝接受对其不利的判决结果，而如今却对中国拒绝南海仲裁结果的行为说三道四，这又反映出其一贯的"双重标准"。总之，只有破除"自我中心主义"，多去讨论和关心别人的问题，才能为自身赢得相应的话语权。

第三，创设机制、善于发声。不容否认，积极参与国际规则制定和国际机制创建是一个国家提升话语权力的重要路径。近年来，中国实力地位的提升不仅极

---

① 王琪、毕亚林：《中国在国际海洋问题上的话语权建设：现状分析与对策建议》，引自《中国海洋文化发展报告（2014年卷）》，社会科学文献出版社2015年版，第107页。

② 张宇权：《干涉主义视角下的美国南海政策逻辑及中国的应对策略》，载于《国际安全研究》2014年第5期。

大地拓展了自身在国际组织中的活动空间,也夯实了独自创立新的国际机制、革新现有国际机制的能力。为此,中国完全可以尝试倡导设立诸如"南海争端方对话机制""南海沿岸国联合巡航/执法计划"等由南海直接争端国家组成的机制,而不是由东盟来主导大量的南海地区议程。同时,中国还应当善于发声、善于制造议题,多寻求与现代国际海洋秩序理念一致的东西,多宣示和捍卫国际社会公认的海洋价值观(如海洋自由),以南海航行自由的捍卫者和执法者自居,避免给外界以狭隘的"排他者"的印象。

第四,官学并举、齐力发声。在争夺海洋话语权问题上,官方的政策和行为固然重要,但学界的声音亦不可忽视。学界的交流不仅可以扮演"二轨"的角色,并且有些重量级学者的观点和声音,还会引起对方政府、媒体和同仁的重视。目前,在自主学术话语的生产、传播和普及方面,中国很多学者还缺乏"学术外宣"的意识和责任感,以为学术交流本身不承担任何国家使命,这种误解亟待消除。以学术推动国家外宣,其实是特别智慧的做法,有待大范围推广。[①] 此外,"中国威胁论"或中国"国强必霸"是美国对中国周边海洋争端进行"话语介入"的一个隐含前提,中国要对此作出回应就不仅仅是构建海洋话语权的问题,而是要为整个中国崛起寻求合法化话语的问题,因此中国政府和学界必须从国家崛起的话语权战略高度来构建中国的海洋话语权。[②] 还有必要指出的是,由于海洋争端问题涉及海洋学、历史地理、国际法、国际关系等多个学科,而目前国内研究人员大都仅仅受到单一学科的学术训练,"单打独斗"现象十分突出。因此,中国还需要提升海洋人文学科尤其是海洋国际关系、海洋国际法、海洋史地等分支学科的建设和相关人才的跨学科培养力度,为国际海洋话语权的竞争提供持续的动力。

六、精心培育相互调适的中美新型大国关系

作为当今世界上最重要,也是最复杂的一对大国关系,中美关系的发展早已超越了双边范畴,愈发具有全球性意义。中美关系的健康与否不仅关乎中国周边海洋争端的走势及其纾解,还会影响到亚太地区乃至全球的繁荣与稳定。因此,在中国的整体外交战略布局中,如果说"周边是首要、大国是关键",那么美国无疑是"关键中的关键"。虽然中美关系的重要性尽人皆知,但是随着中美权力

---

① 有关"学术外宣"的研究,可参见徐庆超:《"学术外宣"与中国对外话语体系建设》,载于《中共中央党校学报》2015 年第 2 期。
② 张志洲:《"抵消美国"与中国海洋话语权的构建》,载于《东方早报》2012 年 6 月 1 日,第 A16 版。

关系的变化，双方遭遇到了一种"大国关系难题"：在西方现代国际关系体系中，一直存在着所谓的守成大国与崛起大国对抗的历史宿命。一些西方人士武断地认为，21世纪快速崛起的中国必将挑战以美国为首的既有国际体系，继而挑战美国的世界霸主地位直至取而代之。借用哈佛大学政治学家格雷厄姆·艾利森（Graham Allison）的话来说，"修昔底德陷阱已经浮现于太平洋"，"中国与美国类似于历史上的雅典和斯巴达，眼下双方走向战争的风险正在逼近"。①

中美两国是否会陷入"修昔底德陷阱"，仁者见仁、智者见智。② 不过，这一论断背后所反映的核心问题——中美如何相互战略定位或者说如何互相对待的问题，则颇为值得思考。进一步而言，在"崛起国"与"霸权国"之间的结构性矛盾制约下，中国如何以和平崛起的实际行动来打消美国的疑虑，美国如何以开放、自信的心态来接受中国的崛起，乃是确保两国关系长远健康发展的关键。③ 为了避免中美关系陷入"修昔底德陷阱"，中国领导人习近平于2012年2月访美期间提出构建以"不冲突、不对抗、相互尊重、合作共赢"为核心的中美新型大国关系的倡议，并且中方在此后为推进该倡议进行了不懈努力。中美新型大国关系倡议虽然也引起了美方的重视，但是两国对该倡议的认知并不尽一致，双方对这一倡议的概念与意义、责任分担、建设侧重点以及对"相互尊重"的理解上存在诸多分歧。④ 例如，在海洋安全议题上，中方关切美国在南海问题和钓鱼岛争端上的立场以及美国的亚太同盟体系是否针对中国，而美方偏重关注中国的军力增长、军事透明度以及海上通道安全等。上述分歧再加上双方之间固有的"文明差异"意味着，中美新型大国关系的建设之路绝非一帆风顺，甚至会充满着各种风险和挑战。为了超越"崛起国—主导国"二元关系桎梏，中国需要做好打持久战的准备，以超强的耐力和韧性来精心培育一个相互调适的中美新型大国关系的成长。

第一，加强"信任投资"，消除彼此之间的战略互疑。中美之间的战略信任赤字，始终是制约双边关系深度发展的重要因素。中国担心美国打压中国的崛起，破坏中国现有的国内政治制度和秩序；美国则疑虑中国会取代美国的霸权地位，挑战美治下的现存世界秩序。⑤ 因此，中国需要在如何加强双方战略互信这

---

① Graham Allison, "Thucydides' Trap Has Been Sprung in the Pacific", Financial Times, August 21, 2012; Graham Allison, "The Thucydides Trap: Are the U. S. and China Headed for War?" The Atlantic, September 24, 2015.
② 蔡翠红：《中美关系中的"修昔底德陷阱"话语》，载于《国际问题研究》2016年第3期。
③ 王传剑：《理性看待美国战略重心东移》，载于《外交评论》2012年第5期。
④ 详细分析，可参见王缉思、仵胜奇：《中美对新型大国关系的认知差异及中国对美政策》，载于《当代世界》2014年第10期。
⑤ 王缉思：《中美关系事关"两个秩序"》，载于《金融时报》，中文网，2015年7月10日。

一问题上多下功夫,特别是要在一些战略敏感议题上加强沟通,避免战略猜忌的滋生。同时,多寻求中美两国之间的"共通价值",多培植公众之间的友好感情,为中美新型大国关系建设奠定坚实的民意基础。

第二,坦承分歧,彼此调适。分歧和矛盾是国家间关系中的常态,回避、逃避甚至掩盖中美之间的分歧,不仅不能解决问题,更不能从根本上改善中美关系。针对中美之间存在的问题,中国可以按照轻重缓急、先易后难的顺序,分门别类地、有针对性地、开诚布公地同美方进行沟通和解决。对于一时无法达成共识的议题,还可以采取搁置的方式,留给后人或时机成熟之际再行沟通。中美只有相互调适彼此之间的利益关系,才能为缓解双方之间的安全困境提供帮助。

第三,妥善处理好"第三方"因素的干扰,防止中美关系被他者"绑架"。中美关系越来越具有全球性意义,也就意味着这一双边关系具有影响第三方的"外溢效应"。同理,外在的"第三方"因素也有可能"内溢"进中美之间,成为影响两国关系的"干扰变量"。例如朝核问题、缅甸问题、南海问题上的越南和菲律宾以及钓鱼岛争端上的日本等,它们有可能将中美拖入猜疑、竞争或对抗的漩涡,对此,中方应有清醒的认识和做好预防准备。

第四,立足自身、苦练内功,通过改变自己,来影响世界和中美关系的走向。20世纪中国的外交经验亦表明,"改变自己是中国力量的主要来源,改变自己也是中国影响世界的主要方式。"① 因此,无论国际风云如何变化,也无论美国对华关系如何调整,中国只有咬定青山不放松,立足国内、稳住阵脚、加快发展、有所作为,才能在波诡云谲的国际关系面前立于不败之地。换言之,中国首先要把自身的事情办好、发展好,这才是推进中美新型大国关系建设朝着平稳、健康的方向发展的根本出路。

---

① 章百家:《改变自己,影响世界——20世纪中国外交基本线索刍议》,载于《中国社会科学》2002年第1期。

第三章

中国与邻国经贸关系及我国新时期的海洋战略

习近平在党的十九大报告中明确提出,要按照"亲诚惠容的理念和与邻为善、以邻为伴的周边外交方针,深化同周边国家的关系"①。习近平还强调,"无论从地理方位、自然环境还是相互关系看,周边对我国都具有极为重要的战略意义。"② 我国面临的复杂地缘关系在当今世界主要大国中是很少见的,中国雄踞亚洲东部、太平洋西岸,是亚洲最大的国家和世界上邻国最多的国家之一。谋求中国和平发展所需要的周边地缘空间日益成为中国战略日程中的首要课题,而在当前中国面临诸多矛盾叠加、风险隐患增多的严峻挑战下,以经贸手段编织同周边国家共同利益网络则是经略周边的必然选择。加强对中国与周边国家经贸关系发展历史、现状、特点和风险的研究,无疑对营造和平稳定、共同发展的周边环境,促进中国顺利崛起具有重要的现实意义。

21世纪被人们视为"海洋世纪"。海洋不仅是生命支持系统的重要组成部分,也是可持续发展的宝贵财富。一个大国要想实现既定的战略目标,必须拥有与之相匹配的战略空间,而不能仅仅局限于陆地国土范围之内。中国是一个陆海兼备的国家,中国的崛起和发展离不开海洋。我国近年来高度重视海洋战略,已经开始推进国家级蓝色经济战略,海洋的重要性已不容置疑。但是我国在岛屿主权争端、海域划界问题和海洋资源开发方面,面临来自周边一些国家的严峻挑

---

① 习近平:《决胜全面建成小康社会 夺取新时代中国特色社会主义伟大胜利——在中国共产党第十九次全国代表大会上的报告》,人民出版社2017年版,第59页。
② 《习近平在周边外交工作座谈会上发表重要讲话强调:为我国发展争取良好周边环境推动我国发展更多惠及周边国家》,人民网,2013年10月26日。

战，因此有必要深入了解和分析周边以及世界主要国家海洋发展情况及其政策，为我国海洋发展战略及其政策服务。

  构建海洋战略与发展经贸关系密切相关。一方面，构建海洋战略是发展与周边国家经贸关系的必然要求。海洋问题的本质是经济利益，海洋发展是促进国家和地区经济发展的重要因素。迄今为止，海洋具有两大价值发现：一是"海洋通道价值的大发现"；二是"海洋资源价值的大发现"。海洋上述两大价值为我国发展海上经贸、构建海洋战略奠定了坚实基础。海洋不仅是伟大的通道，而且关系到国家的安全和发展。中国与周边国家经贸关系的发展，必须由海洋战略去引领。另一方面，发展与周边国家经贸关系是构建海洋战略的重要内容。中国始终不渝奉行互利共赢的开放战略，为大力发展海上贸易提供了必不可少的政策环境，同时对海洋战略的构建提出了更高的要求。随着中国加入世贸组织和开放力度的不断加大，我国经济的对外依赖度也在逐步提高。中国的发展和崛起在很大程度上取决于按市场交换原则获取海外资源和市场的能力。我国的海洋战略必须为我国与周边国家经贸关系的健康发展、为中国经济更好地融入世界经济整体创造良好的条件。中国海洋战略不仅必须确保与我国边缘海相连的各大海上通道的畅通，而且必须确保所有直接关系到我国海上贸易的海上通道的安全与畅通，从而确保我国与国际市场紧密相连并融为一体，这就使得发展同周边国家经贸关系成为构建海洋战略的重要内容。因此，我们需要构建海洋战略，从战略的层面引领中国与周边国家经贸关系的发展；需要与周边国家发展经济贸易关系，在实践当中丰富海洋战略的内涵。

第一节 全球国际经贸与国家海洋战略历史回溯

一、古代国际经贸与国家海洋战略

（一）上古史时期地中海国家：原始跨海贸易与"以海而帮"。

  早在公元前9至公元前7世纪，以腓尼基人（Phoenicians）为代表的古代地中海世界沿岸部落，建立起原始意义上的"城邦国家"，并开展与地中海对岸的希腊城邦跨海经商活动，尽管原始贸易伴随着部落间的冲突甚至战争，但是毕竟是早期国家发展、国际贸易与国家海洋战略之间早期紧密联系的例证。

随后崛起的罗马帝国（公元前27年～公元395年，西罗马帝国）更是通过国家征战，将环地中海地区变为罗马帝国实施跨海治理乃至进一步扩张的战略通道，罗马国家发展治理与原始国际贸易（包括资源掠夺、奴隶贸易等）都严重依托海洋的空间通道以及屏障作用。同时，通过红海、阿拉伯海通道，罗马帝国建立起与东方古代印度和古代中国（汉朝）的国际贸易联系，实际说明跨海国际经济联系与国家强盛发展的内在一致性。

（二）中世纪欧洲沿海国家：国际贸易竞争与国家海洋战略地位提升

公元8～11世纪，以维京人为代表的当今北欧国家（挪威、瑞典和丹麦）所在地区居民，通过海洋不断袭扰欧洲沿海国家，深刻改变了欧洲沿海国家（英国、法国、现今德国北部地区）的命运。跨海国际冲突、国际掠夺（非正常国际贸易）以及国家沿海进攻—防御战略成为中世纪欧洲沿海国家发展的主题。

公元13～14世纪，为了抵抗维京海盗的袭扰，以吕贝克、汉堡、不来梅、罗斯托克为首的城邦通过联合其他内陆沿河和沿海城邦，形成商业、政治城邦联盟，即"汉萨同盟"，随着海陆统筹兼备的城际政治、商业网络结盟，以武力保护盟员利益，对外开始扩张商业贸易，这实际上也为后来德国的发展及崛起奠定了基础。

威尼斯早先是东罗马帝国的一个附属国，于8世纪获得自治权。中世纪时期，威尼斯由于控制了贸易路线而变得非常富裕，并于11世纪通过控制亚得里亚海沿岸乃至东地中海贸易口岸，开始走向以海陆贸易为主导的国家强盛时代。并通过进一步与热那亚竞争，将跨海商业贸易网络延伸至大西洋，成为中世纪经典的"因海而兴"的沿海城邦国家。

（三）15世纪"海上丝绸之路"——郑和下西洋跨海贸易与明朝海洋强国形成

明永乐、宣德年间，郑和七下西洋，拓展中国与东南亚乃至北非东非几十个国家地区的贸易渠道，在海外建立多个通商口岸，详细调查记录所到国家的物产商品，开拓海外国际市场，开通海上丝绸之路，由于郑和下西洋的巨大影响，许多国家纷纷加入了同中国贸易的行列，使我国成为当时最大的海上贸易强国。

郑和下西洋对明代海洋战略的形成具有很大影响。从政治层面看，在外交及军事方面，郑和下西洋颇有建树，其使明王朝在东南亚全面建立起华夷政治体系，在下西洋的过程中，郑和船队展示了明帝国的政治和军事优势，加之经济利益的刺激，明廷主导的朝贡体系的规模大为扩展，由于这种政治秩序是基于传统的"王者无外""怀远以德"的观念，故总体上是非侵略性的。[①] 从经济层面看，郑和下西洋在一定程度上改变了自明太祖朱元璋以来的禁海政策，开拓了海外贸易。郑和下西洋包括朝贡贸易、官方贸易和民间贸易等形式，朝贡贸易以奢侈品（如香料）为大宗，官方贸易是在官方主持下展开，遵循平等自愿、等价交换等原则，其使用的"击掌定价法"传为美谈。民间贸易则由私人自发展开，随船官兵便可以携带商品在沿线国家展开贸易。总体来说，其对明代发展成为全球海洋强国奠定了坚实基础。

二、近现代国际经贸与国家海洋战略

（一）16 世纪西班牙和葡萄牙：垂直贸易体系与国家跨海发展战略

西班牙和葡萄牙是欧洲环球探险和殖民扩张的先驱，西班牙在 16 世纪至 17 世纪间经历其黄金年代，在各大海洋开拓贸易路线，使得贸易繁荣，路线从西班牙横跨大西洋到美洲，从墨西哥横跨太平洋，经菲律宾到东亚。一时之间，凭借其经验充足的海军，西班牙帝国称霸海洋。法国著名历史学家皮埃尔·维拉尔称之为"演绎出人类历史最非凡的史诗"[②]。葡萄牙的殖民帝国成立于 1415 年 8 月 21 日，先是航海家亨利率领葡萄牙舰队征服北非的伊斯兰贸易中心休达，随后葡萄牙的航海家与探险家陆续发现了亚速尔群岛、佛得角、比奥科岛、圣多美岛、普林西比岛和安诺本岛等无人居住的岛屿。1488 年春天，葡萄牙航海家巴尔托洛梅乌·迪亚士最早探险至非洲最南端好望角的莫塞尔湾，为后来另一位葡萄牙航海探险家瓦斯科·达·伽马开辟通往印度的新航线奠定了坚实的基础。1498 年 5 月 20 日，达·伽马终于到达离印度城镇科泽科德不远的海滩。1514 年以后，葡萄牙的航海家到了远东的中国和日本。1517 年，葡萄牙商人及官员费尔南·佩雷兹·德·安德拉德到了广州，而其与明朝朝廷的交涉被称为近代中国与欧洲接触的开端。葡萄牙人于 1542 年意外发现了日本，后来很多欧洲商人和传教士被吸引到日本。1557 年，葡萄牙人租借澳门，并开始与中国进行贸易。

---

① 陈尚胜：《郑和下西洋与东南亚华夷秩序的构建——兼论明朝是否向东南亚扩张问题》，载于《山东大学学报》2005 年第 4 期。

② 王翠文：《国际体系变革背景下对西班牙帝国周期的分析》，载于《当代世界与社会主义》2007 年第 2 期。

可以说，16世纪乃葡萄牙的全盛时代，在非洲、亚洲、美洲拥有大量殖民地，为海上强国。这期间，不论在经济、政治、文化上，葡萄牙都已远远超越欧洲其他国家。

（二）17世纪荷兰：国际商业贸易模式升级与国家海洋战略全球化

荷兰在1648年以前先后受到哈布斯堡王朝、神圣罗马帝国和西班牙的统治，1648年西班牙正式承认其独立后，荷兰在世界各地建立殖民地和贸易据点，其商船数目超过欧洲所有国家商船数目总和，被誉为"海上马车夫"。这段时期在荷兰被称为"黄金年代"。到17世纪中叶，荷兰东印度公司已经拥有15 000个分支机构，贸易额占全世界总贸易额的一半。悬挂着荷兰三色旗的10 000多艘商船游弋在世界的五大洋之上。当时，全世界共有2万艘船，荷兰就有1.5万艘，比英、法、德诸国船只的总数还多。可见，在17世纪，荷兰是航海和贸易强国。

（三）18世纪英国和法国：全球垂直贸易体系形成与全球跨海治理

第三次英荷战争，英法联军击败荷兰，标志着法国近代海军初建，而英国也击败了欧洲其他海上对手，确立了自己的海上优势地位。随着两国经济发展、海上贸易扩展、殖民地拓殖，英法海上冲突加剧。法国是欧洲面积、人口、资源都很丰富的陆海复合型国家，英国则拥有优越的地理位置和强大的海上贸易。英法海上战争历时百年之久，1806年11月，拿破仑颁布"大陆封锁令"，标志着法国正式退出同英国争夺海上霸权，承认英国的海上霸主地位。除了圈地运动外，海外掠夺和贸易也是英国资本原始积累的重要途径。新航路的开辟，贸易的活跃使英国不同的群体参与海洋贸易以及各种与贸易有关的活动日益增加。在18世纪的英国，5个家庭中就有1个依靠贸易为生，他们是那些从国内和国外的贸易中获取利润的农夫和制造业者中最突出的一个社会群体。英国的发展基本上遵循着这一模式：依靠海洋贸易发展自身，按照贸易原则调整国家的政治机器，为了增强贸易的实力而推动工业和技术革命，为了市场和原料而不断打击各种竞争对手，为了成功打击对手而强化海军的优势地位。尽管在各个时期的侧重点不同，但基本的轨迹依然是连贯的。往往在一个阶段以后，英国的国家实力和地位就会上一个很大的台阶，在不到200年的时期内，英国已经从一个原本的欧洲边缘国家成为一个世界性强国，在世界各个海域都可以发现飘扬着米字旗的英国军舰。经过几个世纪的发展，英国终于获取了海洋霸权，并使一个不大的岛国分享了全球化最大的红利。

（四）19~20 世纪美国—日本：国际投资贸易一体化与全球海权战略

美国作为当今世界上的头号强国，三面环海的地缘优势决定了海洋在美国发展历程中必然拥有重要的地位①。1812 年第二次英美战争之后，为打破英国海军对美国沿海的封锁，保卫美国的海疆，袭击英国海军及其海上贸易，美国努力扩军并着力发展海军力量，美国海军为其在随后的历次战斗中获胜作出了重要贡献。19 世纪 90 年代，参议员巴特勒主张美国应当放弃传统的贸易掠夺的海上战略，采取建立远洋舰队作战的现代海上战略②。1890 年，美国国会也通过了海军法，授权建立一支具有远洋深海作战能力的海军。几乎就在同一时代，美国著名的海军理论家和历史学家、美国海权之父阿尔弗雷德·马汉提出了海权论，这为美国加强海洋力量建设提供了理论基础。马汉通过对英国与欧洲其他列强海战历史的研究，认为海权是战争中的决定性因素，控制海洋、掌握海权是海岛国家强盛和经济繁荣的关键所在。海权的争夺突出地表现在海军的较量上，而对海上贸易航线的控制，则成为实现国家利益至关重要的因素③。"合理地使用和控制海洋，只是用以积累财富的商品交换环节中的一环，但是它却是中心的环节，谁掌握了海权，就可以强迫其他国家向其缴纳特别税，并且历史似乎已经证明，它是使国家致富的最行之有效的办法。"④ 马汉的思想为美国建设海上强国、实施海洋战略打下了理论基础。20 世纪 50 年代至今，美国都是世界综合性的海洋强国，也是世界第一经济贸易大国。

日本的吉田茂推动的"轻军备、重经济"与"贸易立国"路线成为第二次世界大战后的主流。吉田茂指出，"日本是一个海洋国家，显然必须通过海外贸易来养活九千万国民"⑤。吉田路线成为第二次世界大战后日本海洋战略的基本指导，海外贸易成为日本获得海外资源与利益的主要手段。日本海岸线绵长，拥有众多优良港口，这些都为贸易立国和外向型经济战略创造了前提。配合经济主义外交路线，日本对于"海洋国家"的认识围绕经济建设需要，主要以通商贸易与海洋资源开发为中心。同时，日本根据环境变化，适度发展了自主性海上军事力量。依靠经济发展与技术进步，日本在海洋资源开发等方面的实力大为提升。结果，日本依靠海外经贸成就了经济奇迹，在海洋利用与开发中也占据了先机。

---

① 孙凯、冯梁：《美国海洋发展的经验与启示》，载于《世界经济与政治论坛》2013 年第 1 期。
② 陈海宏：《华盛顿的国防建设思想》，载于《军事历史》1991 年第 6 期。
③ 曹云华、李昌新：《美国崛起中的海权因素初探》，载于《当代亚太》2006 年第 5 期。
④ [美] 阿尔弗雷德·塞耶·马汉著，安常容、成忠勤译：《海权对历史的影响（1660-1783 年）》，解放军出版社 2008 年版，第 99 页。
⑤ 初晓波：《身份与权力：冷战后日本的海洋战略》，载于《国际政治研究》2007 年第 4 期。

海洋战略的调整在日本战后复兴崛起的过程中扮演了关键角色。多领域全方位的海洋基础性能力建设也为冷战后日本海洋战略的调整做了准备。至20世纪80年代，日本已成为世界第二大贸易国，与之相适应，日本的商船海运与造船业长期在世界首屈一指。

概括回顾全球范围国际经贸活动与国家海洋战略关系，可以发现以下基本特征。

古代早期的国际经贸活动属于原始形态的直接掠夺和离散型初级产品交换贸易，以沿海局地城邦国家之间交流为主，沿海城邦之间主动掠夺或交易与被动防御或交换成为该时期国家开展国际经贸的主要内容，海洋既是先发或强势沿海国家主动对外掠夺或开展交易的有利通道，也是后发或弱势沿海国家进行防御的屏障或被动交易的场所，国际经贸关系与国家海洋战略因为国际地位不同而存在差异，但是对于沿海城邦国家两者都存在内在关联，而且都具有较高的国家战略地位。

中世纪以来的欧洲国际经贸活动伴随着部分沿海国家对外的宗教"挞伐"、海盗沿海洗掠与沿海武力占领，充满强力促进和非平等贸易的特征，并形成威尼斯、热那亚等城邦国家海洋贸易的垄断，其国家海洋战略意味着局域海外贸易垄断，在国家战略中处于空前高的位置；而北欧海盗的洗掠客观上促进了西欧沿岸国家对于海洋战略的重视，也促进了后来海上及海外商业贸易网络的建设；明朝郑和下西洋进一步推进了"海上丝绸之路"的发展，跨海贸易往来与朝贡体系客观上促进了明朝全球海洋强国的形成。

近代早期以西班牙、葡萄牙为代表的跨大洋拓殖，以及因为海外殖民地竞争而达成的《托尔德西里亚斯条约》（1494），实际上开始了全球范围内宗主国—殖民地之间垂直分工（不平等）国际贸易秩序的建立过程，也促进了宗主国的全球视野海洋战略格局的铺展，但是这种过分依赖海外殖民地原始资本（贵金属、廉价原材料）积累的国家发展战略带来巨大的"先发劣势"，为维护巨大的跨海垂直贸易格局而进行的海上力量建设也拖累了宗主国整体的可持续发展；17世纪的荷兰利用地处欧洲海上交通枢纽的战略地位，在袭夺和新拓海外殖民贸易网络的基础上，建立起以东印度公司为标志的现代早期公司制国际商业与贸易分工模式，为现当代国际贸易的发展奠定了基础，而其以"海洋自由化"为主张的国家海洋战略则顺应了当时欧洲沿海宗主国对外跨海拓殖的整体形势；当然，该阶段的国际经贸发展与国家海洋战略对于"外围"被殖民国家或地区则只是一种被动选择。

19~20世纪的国际经贸活动实际上经历了重大格局变动，19~20世纪早期，全球范围的宗主国—殖民地跨海垂直分工贸易体系已经基本建立起来，但是由于宗主国之间发展兴衰演替及殖民地人民反抗斗争而出现巨大矛盾，导致两次世界大战。20世纪上半叶的国际贸易处于战时国际供应或交易状态,大西洋成为欧洲海上战场和美国支援反法西斯的海上保障通道,太平洋成为亚太国家对抗日本法西斯的战场,国际经贸关系让位国际跨海战略冲突;20世纪后半叶的战后重建和新兴国际秩序建设,则表现为由国际直接投资带动的发达国家之间水平分工贸易体系建设,以及发达国家和发展中国家的制成品—初级品贸易体系重建,海洋成为更多国家的现代国际贸易与投资通道,同时,对于海洋专属经济区的划设需求及纠纷,对于有争议海岛的权属争夺,以及后来对于全球公海及极地海域等"共域"的治理主张,成为20世纪发达政治—经济体的海洋战略新内涵,而国际经贸关系有时则成为部分国家海洋战略利益诉求变动的"晴雨表"或海洋战略利益冲突的"牺牲品"。

第二节 中国与周边国家国际经贸关系特征及海洋领域关系评价

随着我国经济实力的不断上升,与亚洲周边国家[①]的经济联系日益增加,经济手段为中国开展周边外交提供了更多的政策选择,其在服务周边外交工作中的作用值得关注。

一、中国与周边国家经贸关系特征

(一) 中国与周边国家国际贸易关系特征

1. 我国与海上邻国顺差和陆上邻国逆差并存

在8个海上邻国中,日本、韩国、印度尼西亚、马来西亚和菲律宾均有对华巨额贸易顺差,仅有文莱、朝鲜、越南对华贸易略有逆差。在12个陆地邻国中,只有蒙古国、俄罗斯、哈萨克斯坦和老挝4国对华贸易顺差,而印度、巴基斯坦、尼泊尔、不丹、阿富汗、吉尔吉斯斯坦、塔吉克斯坦和缅甸8国对华均为贸易逆差。

---

① 本书研究中国与周边国家经贸关系时所指的周边国家是小周边,即12个陆上邻国和8个海上邻国(因朝鲜和越南既是陆上邻国又是海上邻国,此处把朝鲜和越南归于海上邻国处理)。

2. 国际政治关系和国际贸易关系存在"逆来顺受"

一些和中国有着密切外交关系和政治合作的国家，比如巴基斯坦，对华贸易存在巨额逆差，且占其对外贸易比重较大。巨额贸易逆差成为这些国家对外经济的重要问题，也因此构成这些国家与中国双边关系中的消极性因素。但某些对华不友好的国家，却享受了大量的对华贸易顺差。贸易领域的这两大错位性失衡是部分周边国家"经济上依赖中国、政治和安全上依赖美国"现象出现的重要原因。

因此，中国需要通过贸易结构优化改变失衡格局。虽然贸易顺差或者逆差在很大程度上是产业结构等客观经济因素作用的结果，但可以通过关税调整、通关安排、政府大宗采购以及企业引导等政策措施加以优化。对于那些与中国有着巨额贸易逆差的周边国家，中国应重视其关切，采取相关措施改善逆差情况。而对那些对华不友好的国家，可以适当控制其对华贸易顺差的幅度。

（二）国际投资关系特征

中国是全球最大的制造业国家，在国际竞争激烈、成本压力上升以及发展方式转变的大背景下，中国国内正在进行大规模的产业结构转型升级。当前新常态背景下我国对周边国家的直接投资正处于快速发展的新阶段。然而，中国对周边国家的投资政策还存在进一步调整的空间。

1. 投资地区格局需要进一步拓展

截至 2015 年底，中国对东南亚地区的马来西亚、南亚地区的印度和中亚地区的塔吉克斯坦、吉尔吉斯斯坦的投资总额仅有数亿美元。与这些国家的经济潜力及其与中国的双边关系相比投资过少，投资所能产生的政治效应没有得到最大限度的发挥。所以要引导增加对这些国家的投资。

2. 国际投资的产业方向面临转型升级

中国对周边国家的投资集中于资源型行业和能源型行业，中国对俄罗斯的投资集中于农、林、牧、渔行业，对中亚国家为能源行业，对东盟国家则集中于电力、煤气行业。此类投资虽然符合中国经济发展的需要，也契合周边国家的比较经济优势，但容易招致环境破坏或资源攫取等批评。中国对周边国家的投资可从资源、能源行业逐步转向基础设施建设、经济开发和制造业领域，相对减少对当地资源和能源的开采。

（三）国际经济合作关系特征

国际经济合作方面，中国与周边国家经济合作的发展正在为经贸关系的深化注入新的动力。

1. 中国通过"一带一路"推动国际基础设施领域合作

党的十八届五中全会提出，坚持开放发展，推进"一带一路"建设，要"发挥丝路基金作用，吸引国际资金共建开放多元共赢的金融合作平台"[①]。丝路基金是开放的投资平台，欢迎亚洲域内外的投资者积极参与，其与同时宣布筹建的亚洲基础建设投资银行（以下简称"亚投行"）一起，在区域经济合作中发挥着十分重要的作用。

中国与"一带一路"国家在铁路、公路、桥梁、港口等基础设施领域开展合作，成绩斐然；丝路基金对"一带一路"国家进行投资，吸引了中国和"一带一路"国家诸多投资者积极参与，促进亚洲区域经济合作；中国主导成立的亚投行将业务重点领域放在基础设施建设投融资方面，能够在降低亚洲各经济体发展程度差异、加快各经济体协同发展、促进亚洲区域经济一体化发展等方面起到非常重要的促进作用；对于中国企业来说，丝绸之路经济带既带来了商机，又带来了大量的投资机遇。

2. 中国通过其他渠道实现的国际经济合作

在政府政策及外交层面，应适应我国对外投资和经济合作的要求，尽快研究和推动中国境外投资立法，加强国际多双边磋商与合作，商签政府间贸易投资合作等协定，减少和排除各种境外投资壁垒。政府及行业组织还要引导企业积极联合应对国际经贸摩擦，增强投资地的社会责任意识、环境保护意识，履行责任，提升我国国家和企业形象。

二、中国与周边国家海洋领域关系评价

（一）中国与亚洲近邻国家的涉海矛盾关系

1. 日本

日本是一个位于东北亚太平洋上的岛国，日本列岛北起北海道，南至我国台湾岛北端的石垣岛，我国船只和飞机出入太平洋的津轻海峡、朝鲜海峡、大隅海峡、宫古海峡都位于易受日本控制的位置。中日两国关于东海专属经济区、大陆架划界问题，以及针对钓鱼岛的领土争端由来已久。2012 年，日本推动所谓钓鱼岛"国有化"，并于 9 月签订了所谓"购岛合同"，它的这一做法正式打破了两国在此问题上"搁置争议"的政治默契，此后，中日关系迅速

[①] 《中共中央关于制定国民经济和社会发展第十三个五年规划的建议》，人民出版社 2015 年版，第 28~30 页。

恶化。2013年，中国设立东海防空识别区，并采取一系列反制措施包括派渔政船和飞机到钓鱼岛海域巡航，派出军用飞机对进入防空识别区的外国飞机进行身份和意图确认，以宣示主权。日本政府不承认中国防空识别区的效力，不按照中方要求通报飞机的飞行计划，并派军机跟踪、拦截和阻挠中国的公务飞机。与此同时，中日之间围绕钓鱼岛争议的紧张态势进一步升级。至2014年11月，双方就处理和改善中日关系达成四点原则共识，其中提及"双方认识到围绕钓鱼岛等东海海域近年来出现的紧张局势存在不同主张，同意通过对话磋商防止局势恶化，建立危机管控机制，避免发生不测事态"，一定程度上缓解了双边海上冲突的发展势头。

2. 菲律宾

菲律宾与我国隔南海相望，与我国台湾岛之间的巴士海峡是我国出入太平洋的重要战略通道。中菲南海争端是围绕岛礁主权归属及海域划界问题而引发的争议，争端始于20世纪50年代初，驻菲律宾苏比克湾的美国军队无视中国主权，擅自将黄岩岛开辟成为靶场。自20世纪70年代初，菲律宾先后侵占我国南沙、中沙群岛，占领我国中业岛等9个岛礁，并引进外国石油公司盗采我国海域石油。1994年《联合国海洋法公约》有关专属经济区的法规颁布实施后，菲律宾政府以黄岩岛位于其200海里专属经济区内为理由，宣称对黄岩岛拥有海洋管辖权，后来又改为对黄岩岛拥有主权。进入21世纪，菲律宾积极迎合美国重返亚太战略，在美国的纵容下持续侵犯我国南海主权。2013年3月，菲律宾单方面将南海争端提交国际海洋法法庭，而国际法庭欲"强行"仲裁南海争端，2016年7月，菲律宾南海仲裁案仲裁庭作出非法无效的所谓最终裁决。中方多次声明，菲律宾共和国阿基诺三世政府单方面提起仲裁违背国际法，仲裁庭没有管辖权，中国不接受，不承认。自2016年杜特尔特政府上台后，其主张缓和南海矛盾，搁置争议，并获得我国政府的积极响应，中菲南海争端趋于缓和。

3. 越南

越南位于中南半岛东缘面向南海的狭长地带，呈哑铃形，南北纵跨中南半岛，地理位置优越。中越南海争端由来已久。1975年，越南民主共和国统一南北全境后，就背弃了原来承认西沙群岛和南沙群岛主权属于中国的立场并对我国全部西沙、南沙群岛及其海域提出主权要求，出兵侵占我南沙群岛29个岛礁，设立所谓"地方政府"予以管辖。2009年5月，越南向联合国大陆架界限委员会单独提交了南海"外大陆架划界案"，声称有3 260千米长的海岸线并对中国的西沙和南沙群岛享有主权。2012年6月，越南国会通过《越南海洋法》，该法将中国的西沙群岛和南沙群岛包含在所谓越南"主权"和"管辖"范围内。越南在侵占我国南海岛礁的同时，勾结外国石油公司大肆盗采我国海域的石油资源，持续扩充海空军事力量，利用其东盟成员国的身份，同菲律宾一道，力图把整个东盟拉入南海争端，以东盟整体遏制中国在南沙的力量。2015 年，阮富仲访华期间，中越双方同意共同管控好海上分歧，全面有效落实《南海各方行为宣言》（DOC），并在协商一致的基础上早日达成"南海行为准则"（COC），不采取使争议复杂化、扩大化的行动，及时、妥善处理出现的问题。中越海上争端趋于缓和。

4. 马来西亚

马来西亚位于东南亚，国土被南海分隔成东、西两部分，西马位于马来半岛南部，北与泰国接壤，南与新加坡隔柔佛海峡相望，东临南海，西濒马六甲海峡；东马位于婆罗洲北部，与印度尼西亚、菲律宾、文莱相邻，是重要的海上战略通道。中马南沙争端历史悠久，马来西亚于 1968 年就将我国南沙群岛中曾母暗沙一带海域划为"矿区"，与美国公司合作大量开采石油资源，并出兵占领了我国南沙群岛的弹丸礁、南海礁、光星仔礁及周边海域。为维护既得利益，马来西亚积极购买飞机、军舰、潜艇，扩充海军力量。在南海问题上，马来西亚采取的是巩固占领的策略，其通过各种途径向国际社会强化其"事实占有、实际控制"的态势，宣示其对部分南沙岛礁拥有"不容置疑的主权"。马来西亚占领岛礁 3 个，巡视监控 4 个，基本上控制南沙群岛西南部及海域。领土要求限于大陆架和专属经济区，其侵占和分割南沙岛礁和海域的主要借口是这些小岛位于马来西亚的大陆架上。整体来说，马来西亚在南海争端中较为低调，与我国有着较好的政治关系与密切的经贸关系。

5. 印度尼西亚

印度尼西亚是由约 17 508 个岛屿组成的世界上最大的群岛国家，其管辖的海域涵盖马六甲海峡、龙目海峡、望加锡海峡和巽他海峡四大太平洋和印度洋之间的战略水道，因此成为美国、中国、俄罗斯、日本、印度、澳大利亚等大国关注和博弈的焦点地区。作为东南亚大国，印度尼西亚在东盟组织内有重要的影响力，在海洋安全方面，奉行独立自主的政策。中国与印度尼西亚在南海南部之间有 8 万平方千米的争议海域，1966 年，印尼在海上划分"协议开发区"，1969 年 10 月印度尼西亚与马来西亚签订大陆架协定，声称拥有 5 万平方千米的南沙海域。1980 年 3 月，其又宣布建立 200 海里专属经济区。2014 年佐科新政府上台以后，提出"世界海洋轴心"战略构想。在南海地区中，印度尼西亚一方面扮演"中间人""调停者"角色，致力于调停南海争端，增强相关涉事国之间的互信与合作，提升地区影响力；另一方面扮演"潜在制衡者"角色，拉拢、引入域外大国势力，实现区域间势力的相对均衡，其中立主义的外交传统以及多元化的南海利益诉求一方面推进了南海相关国家的互信与合作，另一方面也加深了南海问题的复杂化与国际化。

总体来说，亚洲近邻国家与中国有涉海矛盾关系的主要有日本、菲律宾、越南、马来西亚和印度尼西亚等。中日之间存在东海划界和钓鱼岛等领土争端，两国在政治和安全上互不信任，但在经济上有着广泛的合作关系；中菲之间存在关于我国南沙、中沙群岛、中业岛等9个岛礁的划界纠纷和我国海域石油开采等资源矛盾，菲律宾是侵犯我国海洋主权态度最为激烈的国家之一；中越两国通过协商谈判，划定了陆地边界和北部湾海上边界，经贸关系对双方都很重要；马来西亚在南海争端中较为低调，与我国有着较好的政治关系与密切的经贸关系；印度尼西亚在南海南部同我国之间有8万平方千米的争议海域，但在经贸合作、应对地区非传统安全合作方面有良好的合作关系。

（二）中国与周边海洋强国的海上博弈关系

1. 俄罗斯

尽管已不能与苏联时期相比，但俄罗斯仍是亚太地区重要的海上强国，它位于远东的颇具实力的太平洋舰队的假想敌显然不是中国。中俄两国通过上海合作组织在反恐和地区安全方面的合作保证了双方陆地边界的安全。对我国而言，陆地边界的安全是向海洋方向发展的基础，其重要性不言而喻。在经济方面，两国有互补的优势，中俄之间的石油天然气管道使俄罗斯获得了稳定的市场和外汇收入，也使中国减少了能源运输对马六甲海峡的依赖。

在海洋领域，两国政府于2003年5月共同签署的《中华人民共和国政府和俄罗斯联邦政府关于海洋领域合作协议》标志着中俄两国海洋合作已经进入了启动阶段。2012年6月，两国共同签署了《中华人民共和国和俄罗斯联邦关于进一步深化平等信任的中俄全面战略协作伙伴关系的联合声明》，将中俄海洋合作上升至战略领域。此后，双方通过协商积极拓展海洋合作的各个领域，中俄两国定期举行包括防空、反潜等项目的高级别的海上军事演习，两国在高度互信的基础上围绕海洋领域取得了丰富的合作成果。

2. 印度

作为南亚最大的国家，印度的国土延伸至印度洋中部，周边又没有海上强国，处于有利的战略位置，为谋求在印度洋的霸权地位，印度一直努力发展扩充军备，企图控制从马六甲到红海、阿拉伯海、孟加拉湾一带的广阔海域和海上航线，日益将印度洋视为"印度之洋"而排斥他国海上力量的进入，与此同时，印度积极实施"东向"战略，将其影响力扩展至东盟国家，通过与越南的海上合作介入南海争端。在海洋安全和海洋利益方面，印度对我国猜疑较深，视中国为印度的主要威胁,我国向西方向的最重要的海上运输线经马六甲海峡至苏伊士运河、波斯湾,以及通往非洲各港口的船只都处于印度海军的监视之下,印度有关海洋政策对中国跨印度洋对外贸易构成一定威胁。①

与此同时,中印两国同为新兴大国,都有维护自身安全和发展经济的现实需要。近年来,两国在经贸关系不断深入发展的同时,在共同关注的安全领域的合作也实现了良性互动。在共同维护陆地边界稳定的同时,两国海上交往也日益频繁,海洋贸易、联合勘探、海洋科技合作等领域取得了一定成果,中印两国海洋关系逐步向互信方向发展。

总体来说,我国周边海洋强国主要有俄罗斯和印度。俄罗斯是亚太地区重要的海上强国,中俄之间有着良好的互信和合作关系;印度作为南亚最大的国家,对我国具有潜在的威胁,是我国向海洋发展的制约因素之一,但中印两国同为新兴大国,都有维护自身安全和发展经济的现实需要,中印两国关系的发展方向的理性选择应该是走向互信合作。

第三节 中国与亚洲国家涉海领域国际合作

一、中国海洋发展与国际合作

(一)海洋发展成绩斐然

自党的十八大提出"建设海洋强国战略"以来,尤其是2013年提出"一带一路"倡议以来,中国政府积极发展面向国际合作与发展的中国特色海洋经济,传统海洋经济转型升级与产业结构优化不断推进。由国家海洋局发布的《2017年中国海洋经济统计公报》统计资料显示,在世界经济持续低迷和国内经济增速放缓的大环境下,我国海洋经济继续保持总体平稳的增长势头,2017年全国海洋生产总值77 611亿元,比上年增长6.9%,海洋生产总值占国内生产总值的9.4%。其中,海洋第一产业增加值3 600亿元,第二产业增加值30 092亿元,第三产业增加值43 919亿元,海洋第一、第二、第三产业增加值占海洋生产总值的比重分别为4.6%、38.8%和56.6%。据测算,2017年全国涉海就业人

---

① 史春林:《中国远洋航线安全保障问题研究》,大连海事大学出版社2012年版,第238页。

员3 657万人。

三大海洋经济圈基本形成。党的十八大以来，统筹不同地区和海域的自然资源禀赋、生态环境容量、产业基础和发展潜力，融入我国区域发展总体战略、"一带一路"倡议、京津冀协同发展、长江经济带发展等重大战略实施，沿海地区的北部、东部、南部三大海洋经济圈布局得以不断强化优化，全国海洋经济发展的"三圈"格局基本形成，"三圈"抱团发力，各展所长，绘就了我国海洋事业开放发展新蓝图，"三圈"的经济影响力和辐射力得到有效增强。2017年，北部、东部、南部三大海洋经济区海洋生产总值分别达24 638亿元、22 952亿元、30 022亿元，比2012年分别增长36.5%、48.4%、80.2%。海洋领域外资准入限制进一步放宽，涉海领域全方位开放格局初步形成。

海洋产业结构逐步优化。一是海洋传统产业转型升级加速，海洋油气勘探开发进一步向深远海拓展，海洋渔业的养殖与捕捞比重发生新变化，海洋船舶工业自主研发能力不断提升，高端船舶和特种船舶的新接订单有所增加。二是海洋战略性新兴产业已成为海洋经济发展的新热点，《2017年中国海洋经济统计公报》显示，我国船舶工业迅速发展，承接新船订单3 373万载重吨，同比增长60.1%，全国规模以上船舶工业企业1 407家，实现主营业务收入5 900.4亿元；海水利用产业化进程进一步加快，应用规模逐渐扩大，全年实现增加值14亿元，比上年增长3.6%；海洋生物医药业快速增长，产业集聚逐渐形成，全年实现增加值385亿元，比上年增长11.1%；海洋电力业继续保持良好的发展势头，海上风电项目加快推进，新增装机容量近1 200兆瓦，海洋电力业全年实现增加值138亿元，比上年增长8.4%。三是海洋服务业增长势头显著，沿海规模以上港口生产保持良好增长态势，预计货物吞吐量同比增长6.4%，集装箱吞吐量同比增长7.7%，海洋交通运输业全年实现增加值6 312亿元，比上年增长9.5%；邮轮游艇等旅游业态快速发展，海洋旅游新业态潜能进一步释放，滨海旅游业全年实现增加值14 636亿元，比上年增长16.5%；涉海金融服务业快速起步，创新模式层出不穷，信贷产品不断创新。

海洋科技创新平台迅速形成。实施"科技兴海"战略得到深入实施，一批特色园区蓬勃发展，沿海各地以产城融合和功能综合促民生、资源集约和科技创新促生态为宗旨，积极推进特色鲜明、功能多元、生态优先、技术创新的特色海洋产业园区建设，探索海洋企业抱团聚力发展的新模式，打造海洋经济发展的新动力和区域发展的新增长极。在政府的组织和协调下，先后设立了多个国家海洋高技术产业基地试点、全国海洋经济创新发展区域示范、国家科技兴海产业示范基地和工程技术中心，涉海企业和单位相继组建了海洋监测、深海装备、海水淡化等产业技术创新联盟，一批海洋高技术企业和龙头企业快速成长，初步形成了国家和地方相结合、政产学研金相结合的科技兴海组织体系。

海洋治理与安全保障能力建设稳步推进。国务院批准设立了"促进全国海洋经济发展部际联席会议制度"。有关部门制定出台了一系列促进海洋经济发展的相关政策和规划。沿海省（区、市）先后建立了促进海洋经济发展的协调机制，并制定了海洋经济发展规划及相关政策措施。一批重大涉海基础设施项目相继建成，涉海基础设施体系加快完善，航运服务能力大幅增强，江海铁多式联运加快发展，服务能力与效率不断提升。涉海公共服务能力进一步增强，海洋信息体系建设不断完善，海洋立体监测和预报服务能力大幅提高，海洋防灾减灾应急体系与应急机制逐步建立，为保障和服务沿海经济社会发展作出了卓越贡献。

（二）海洋国家合作进展丰富

党的十八大以来，我国政府秉承"一带一路"倡议，不断加深与共建国家在海洋领域的全方位合作，推进与马尔代夫、斯里兰卡等南亚国家海洋领域合作，拓展与澳大利亚、新西兰、瓦努阿图等南太平洋国家海洋与南极合作，与希腊共同举办"中希海洋合作论坛"，签署政府间海洋领域合作协议等，相关涉海企业已在远洋渔业、海洋油气业等领域与有关国家开展务实合作，取得了显著的经济效益和社会效益。

海洋渔业合作方面。2017 年我国远洋渔业产量 208.62 万吨，占海水产品产量的 6.28%，比上年增加 9.87 万吨、增加 4.97%，作业方式由单一捕捞向捕捞、加工和贸易综合经营转变，成立 100 余家驻外代表处和合资企业，建设 30 余个海外基地，[①] 在国内建立多个加工物流基地和交易市场，产业链建设取得重要进展；先后与亚洲、非洲、南美洲和太平洋岛国等的许多国家建立渔业合作关系，与 20 余个国家签署渔业合作协定和协议，加入 8 个政府间国际渔业组织，实现我国远洋渔业在现有国际渔业管理格局下的顺利发展。自 2012 年以来，我国全面参与多个区域渔业管理组织事务，与毛里塔尼亚、阿根廷、伊朗和塞拉利昂等国家建立政府间合作机制，中美、中欧和中俄等渔业合作进一步拓展；与越南联合开展北部湾增殖放流活动，与菲律宾开展水产养殖合作。

海洋工程合作方面。中国海油自 1992 年提出和实施"向海外发展"的战略，经过近 30 年的经营，海外业务范围不断拓宽，海外资源获取力度不断增加，海外资产和生产经营规模不断扩大，国际化程度显著提升，业务涉及亚洲、非洲、美洲、欧洲和大洋洲等 26 个国家和地区。中国海油每年从旗下海外油田运回的原油和天然气已超过 4 000 万吨，2017 年液化天然气（LNG）进

---

① 《2017 年全国渔业经济统计公报》，农业农村部渔业渔政管理局。

口总量达 3 800 万吨。尤其是 2013 年 2 月 26 日成功收购加拿大尼克森公司后，中国海油的海外业务无论是资产规模还是储量和产量贡献都取得大幅增长，综合竞争力和国际影响力随之提升，国际化经营进入新阶段。与此同时，以中国交建和中国铁建为代表的工程建筑企业在海外积累了大量项目储备，主要涉及铁路、公路、桥梁、隧道、机场、港口、运河、资源开发、城市综合体和园区建设以及工业投资等，丰富了我国海洋工程建筑业国际合作的内容。

二、中国与东亚国家（地区）海洋国际合作

（一）中日海洋合作

中日两国在海洋领域存在一定的竞争关系，但双方高层也在相关领域达成了合作共识，两国围绕海洋渔业、海洋环境、海上搜救和海上互联互通等领域开展了一系列合作。近年来，在"海上丝绸之路"建设框架的指导下，中日持续深化海上合作内容，挖掘海洋合作空间，不断就海洋政策、海上联通等环节展开意见交换与协调，一定程度上促进了两国海洋互联互通，两国围绕海洋渔业、海洋环境、海上搜救等重点领域展开了一系列务实合作。

渔业合作是中日合作的重头戏。中日两国都是海洋渔业大国，两国本着相互理解、密切合作和协商的海洋渔业资源开发原则，目前，中日海洋渔业作业秩序、执法活动及渔船管理等方面均比较稳定，基本实现海洋渔业资源生物和经济效益最大化。2016 年 11 月，中日渔业联合委员会就《中日渔业协定》相关问题达成共识，并签署会谈纪要与相关附件。2017 年 6 月，中日第七轮海洋事务高级别磋商会议一致同意加强渔业资源保护和管理，并同意继续加强渔业方面的合作。在中日渔业联合委员会等现有机构的框架下，成立中日两国渔业共同管理委员会、加强划界争议海域渔业资源的管理与合作、制定和落实渔业管理与合作的基本途径已成为中日海洋经济在渔业合作方面的共识。

海洋环境合作是两国合作的突出亮点。中日两国经济发展均对越洋运输具有较强的依赖性，尤其是大型邮轮的频繁往来，使得溢油风险加大，海洋环境污染和海洋生态破坏的可能性较强。基于此，两国就开展海洋环境与生态合作达成了相关共识。2013 年中国国家海洋局与中日韩三国合作秘书处把海洋合作列为重点合作领域，海洋环境保护、海洋观测与监测、海岸带管理、海洋科学研究等多个领域成为合作重点。2016 年 6 月，中日学者就海洋管理、海洋环境保护、合作框架目标等议题交换意见，并就一些问题达成共识。2017 年 3 月，中日海洋垃圾合作专家对话圆满结束，海洋环境和海洋生态合作成为两国海洋合作治理的优先

领域。

海上联合搜救合作是中日海洋合作的重要内容。中日两国较早达成海上联合搜救的共识，并于2008年10月签署了《中日双边海上搜救合作框架协议》，在该协议指导下数次开展联合搜救演习，如2008年和2009年中日海上搜救联合通信演习，2014年在巴拿马籍和韩国籍轮船相撞事件中进行联合搜救行动等。2017年2月，中国、日本、韩国、俄罗斯就海上搜救技术、海上搜救行动终止标准及海上搜救合作操作级别等主题成功召开会议。未来，中日两国还计划就建立信息共享平台、建立海上联络机制、提高中日海上搜救合作层次及签署《中日海上搜救协定》等方面进一步深化合作。

（二）中韩海洋合作

环日本海区域内的主要港口是区域内国家和周边地区的重要货物集散地、海上重要交通枢纽，其与东北亚地区重点开发项目、重要开放地区、重要运输通道有着密不可分的相互依存关系，中韩两国经济互补性强，开展合作的空间巨大且条件优越，随着东北亚形势的不断发展和变化，两国关系正持续改善，尤其是在海洋合作领域，围绕海洋科技、海洋运输、海洋渔业等领域开展了一系列务实合作。

海洋科技合作是中韩合作的重要领域。中韩1992年签订《中华人民共和国政府和大韩民国政府科学技术合作协定》，1994年签署《中华人民共和国国家海洋局和大韩民国科学技术部海洋科学技术合作谅解备忘录》，并于1995年又在青岛建立了"中韩海洋科学共同研究中心"，围绕科学研究、海洋技术发展、海洋人才培养、海洋管理和信息交流方面取得了显著合作成果，为21世纪进一步深化海洋科技合作奠定基础。2013年6月，两国签署《中华人民共和国中国国家海洋局和大韩民国海洋水产部海洋科学技术合作谅解备忘录》，在海洋政策、海洋环境、海洋资源及产业、海洋信息和资料交换等领域展开合作。2015年11月，两国签署了《中华人民共和国国家海洋局和大韩民国海洋水产部海洋领域合作规划（2016 – 2020年）》，聚焦大洋、极地、海上安全等领域的信息技术共享渠道建设。2017年以来，两国进一步强化重点合作项目设置，谋划了利用区域气候模式开展西北太平洋气候变化趋势研究、基于卫星数据的绿潮等海洋环境监测技术开发研究、开展黄海/东中国海业务化海洋预报（YOOS）模式开发技术合作研究、中韩海洋核安全监测及预测系统研究项目等多个重点合作项目。

海洋运输合作是中韩海洋合作的特色所在。中韩两国隔海毗邻，贸易往来频繁，航道运输繁忙。为进一步推进跨海贸易便利化建设，两国长期以来围绕海洋运输服务等相关领域积极开展合作,并于 1993 年和 1994 年相继签署《中韩海运协定》和《中华人民共和国政府和大韩民国政府关于海关合作与互助的协定》。进入 21 世纪后,中韩两国进一步深化海洋运输合作,在 2010 年举办的中韩"海事论坛"上,两国相关人士深入分析中韩海上航线对中韩两国政治和经济交流方面产生的影响,并且探讨了两国航运界共同繁荣及持续发展经济合作的方案,同年两国签署了《中华人民共和国政府和大韩民国政府陆海联运汽车货物运输协定》,正式搭建起"海上高速公路"。2016 年 5 月,中韩日三国建立物流信息服务网络"NEAL-NET",其目标是"为了增进三国物流系统的相互连接性,支援三国电子货物管理的共同研究",为实现中韩乃至东北亚海上运输畅通奠定了坚实基础。

海洋渔业合作是中韩海洋合作的重要内容。两国渔业合作历史悠久,自从 1993 年 12 月起,中韩两国就签订渔业协定进行了长时间的谈判,并于 2000 年 8 月正式签署《中韩渔业协定》,2001 年 6 月 30 日该协定正式生效。协议实施后,两国开展了一系列海上渔业合作,2004 年 11 月签订《中国渔业协会和韩国水产会关于渔业安全作业的议定书》,2006 年 10 月中国水产学会与韩国水产业协同组合中央会签署研究合作协议书。2009 年 6 月,围绕协定水域作业秩序、建立中韩渔业联席会议制度应急事件处置等事项,黄渤海区渔政局和大韩民国西海地方海洋警察厅签署了《中华人民共和国黄渤海区渔政局和大韩民国西海地方海洋警察厅合作协议》。2016 年 12 月,中韩渔业联合委员会就 2017 年实施《中韩渔业协定》有关问题达成一致。2017 年,中韩两国进一步明确,允许对方国家渔船进入本国专属经济区管理水域作业,船数均为 1 540 艘,渔获配额 5.775 万吨。

(三) 中国—东盟海洋合作

近年来,在"21 世纪海上丝绸之路"倡议和命运共同体思维指导下,中国与东盟充分发挥一衣带水的相邻关系,持续深化诸领域务实合作关系,尤其在海洋领域的双边与多边合作取得积极进展,呈现出开放性、开创性、长期性和科学性等特点,多年来通过海洋科技、海洋资源开发等领域的合作,极大地促进了我国与东盟各国的合作与交流,在东南亚海洋减灾防灾与生态保护方面做了大量实质性工作,参与项目的各国互利共赢,为维护地区和平稳定作出了重要贡献,进一步加深了双边互信,初步实现了共建共享,成为 21 世纪海上丝绸之路上的新亮点。

海洋基础设施互联互通是中国—东盟海洋合作的关键议题。2010 年召开的第 17 届东盟领导人会议通过《东盟互联互通总体规划》,确定了以基础设施建设、机制构建和人文交流为主体的互联互通建设蓝图。2013 年，中国政府主要领导人在中国—东盟（10+1）领导人会议上倡议强化与东盟国际合作，强调加快互联互通基础设施建设，稳步推进海上合作①，与《东盟互联互通总体规划》形成了战略协调。同年发起成立亚洲基础设施投资银行（AIIB），已为中国与东盟海洋互联互通领域基础设施建设提供了强大融资服务。作为中国与东盟之间海上互联互通的重要合作机制，2013 年，中国—东盟港口城市合作网络建立，形成了以中国—东盟港口物流信息中心、中国—新加坡互联互通"渝桂新"南向通道多式联运合作网络等重点合作项目。2017 年 9 月，第二届中马港口联盟会议和中国—东盟港口城市合作网络工作会议相继召开，围绕"21 世纪海上丝绸之路"倡议下中国—东盟海上互联互通的合作项目持续拓展，在港口投资合资、码头及临港产业园联合运营、新航线开辟与维护等方面取得积极进展。

跨海贸易与运输是中国—东盟海洋合作的突出亮点。中国与东盟国家之间的跨海贸易及货运贸易网络建设由来已久，双边存在稳定而密切的货物和服务贸易联系，其中货物贸易基本依托海上交通运输服务网络，形成基于海运贸易的跨海经济关联网络，中国与东盟国家的跨海经济贸易一体化与中国新时期"走出去"战略存在内在关联和相互照应。20 世纪 90 年代以来的东亚航线承运商兼并，以及全球主要码头投资商在东亚地区的港口投资建设，强化了包括中国与东盟在内的东亚港口群的价值链关联。2008 年全球金融危机之后，中国与东盟进一步深化跨海贸易，并于 2010 年正式启动中国—东盟自由贸易区协定。2015 年 3 月，中国政府制定并发布《推动共建丝绸之路经济带和 21 世纪海上丝绸之路的愿景与行动》，明确提出要深化与包括东盟国家在内的贸易畅通建设，双边海上贸易关系进一步紧密。同年 11 月，双方正式签署《中华人民共和国与东南亚国家联盟关于修订〈中国—东盟全面经济合作框架协议〉及项下部分协议的议定书》。2017 年，双边贸易总额突破 5 000 亿美元，中国与东盟海上贸易往来迎来全新发展契机。

中国与东盟海洋经济合作的重要表现为人员的跨海流动，包括国际涉海旅游产业发展，以及涉海人员的教育与培训。中国已经是"新马泰"和"韩日"等周边国家跨海旅游的主力军，而且是周边国家旅游的主要目的地国家之一，国际旅游成为中国与东盟保持经济互动与合作的最基本关联产业之一。中国在"一带一路"倡议下持续加强东盟的国际涉海人才培训与交流。作为例证，中

---

① 《李克强总理在第 16 次中国—东盟（10+1）领导人会议上的讲话》，中国政府网，2013 年 10 月 10 日。

国海洋大学根据教育部指示承担了"亚洲海洋管理与蓝色经济高级人才培训班"项目，向东盟国家学生提供蓝色经济、海洋管理等多层次、宽领域的国际课程，项目采用专题讲座、互动讨论、参观考察、文化探访等多样教学形式开展培训，主要课程包括：中国海洋经济发展与国际合作、中国蓝色经济发展格局与战略宗旨透析、如何通过法律手段保护海洋环境与资源、中国文化与和谐亚洲等，通过与所培养人才的交流合作，促进中国—东盟国家达成海洋管理共识和促进海洋经济的区域合作与发展。该项目于2015年7月26日至8月7日在青岛、贵阳成功举办，并参加贵阳"第八届中国—东盟教育交流周"活动。

三、中国与南亚国家（地区）海洋国际合作

（一）中印（度）海洋合作

近年来，中印双方海洋合作逐渐深化。海洋作为两国重点发展的领域，其发展也将逐渐扩大化、广泛化，传统的海洋发展领域将借助现代科技的帮助进行产业升级和转型，以海洋科技为重要转型媒介的海洋基础设施建设、传统海洋经济等也随着中印海洋科技领域的发展而得到相应的提升，中印海洋合作呈现出不断扩大的发展趋势。

海洋科技领域是中印两国海洋合作的突出亮点。2015年，中印两国签署《中国国家海洋局和印度共和国地球科学部关于加强海洋科学、海洋技术、气候变化、极地科学与冰冻圈领域合作的谅解备忘录》（以下简称《谅解备忘录》），在双方共同努力下取得了显著成果，成功举办了首届中印海洋科技合作研讨会，就开展西南印度洋季风研究和预测、南北极科学考察、生物地质化学过程研究等合作达成共识。2016年，中印海洋科技合作联委会会议召开，双方强调进一步贯彻落实两国2015年签署的《谅解备忘录》，加强对中印海洋科技合作的规划和指导，坚持"平等互利，合作共赢"的原则，加强优势互补、提升两国海洋科研水平和能力，充分利用双方的资源、技术和人才优势，推动在印度洋、太平洋和南北极等更广阔海域空间开展合作，继续加强双方海洋管理人员和专家学者间的沟通与交流，增进双方了解。

中国与印度除扩大双方海洋合作的领域之外，还力图借助域外国家（俄罗斯）以及双方共同参与的国际组织（联合国）等第三方力量推动双方海洋合作的发展，丰富双边海洋合作的层次。俄罗斯作为重要的域外海洋国家，中国与印度已经分别与俄罗斯开展了海洋领域的相关合作。印度和俄罗斯是军事技术合作

领域的最大的合作伙伴,中印俄三方的海洋合作有效地将俄罗斯这一重要的地区利益攸关者纳入双方合作范畴中,有效地扩展了中印双方海洋合作的范围和对象,推动了双方海洋合作的发展。

(二) 中国—环印度洋联盟海洋合作

改革开放以来中国通过经济全球化程度加大,进出口总额和对外直接投资获得大幅度提升,尤其是中国作为世界第二大石油进口国,严重依赖海外石油进口,因此中国经济社会的可持续发展很大一部分有赖于海外市场、投资地和能源资源产地以及海上交通线的安全与稳定,而由波斯湾出发,途经印度洋和南海到达中国东部沿海地区的这条线路,及其沿线地区与国家的稳定与繁荣是中国维护核心利益的重要保障。

中国与环印度洋联盟海上贸易与联通合作持续深化。在"一带一路"倡议的新背景下,秉承与南亚部分国家地缘接壤的友邻关系理念,中国持续深化与环印度洋区域合作联盟(The Indian Ocean Rim Association for Regional Cooperation, IOR-ARC)[①] 的海洋国际合作。双边在遵循政治独立、和平共处等原则的基础上,不断加深在贸易和投资自由化、促进经贸往来和科技交流、扩大人力资源开发和基础设施建设方面的合作、加强国际经济事务中的协调。尤其在跨海贸易方面,中国借助 IOR-ARC 所属新加坡、马来西亚、阿联酋、印度、斯里兰卡、阿曼、南非等世界航运网络枢纽和中转优势,不断深化与有关国家的海上贸易通道建设,建立了稳定密切的航运贸易往来关系。中国大力推进与环印度洋区域合作联盟的海上联通建设,大力参与了斯里兰卡科伦坡港和南部汉班托塔港的相关建设,加快推进与孟加拉国的基础设施建设合作。

中国与环印度洋区域合作联盟的经济诉求是并行不悖的,中国深度参与环印度洋区域合作联盟跨海经贸往来促进了区域的和谐发展,增强了联盟内联系与交往、发展密切的合作关系,推动了稳定和谐的经济环境建设,开创了广阔的合作前景。"海上丝绸之路"的相关投资建设和布局促进了中国分享环印度洋区域合作联盟发展红利,为未来经济、政治和军事的发展打下良好基础。

---

① 环印度洋区域合作联盟(The Indian Ocean Rim Association for Regional Cooperation, IOR-ARC)是环印度洋区域内 21 个国家(南非、印度、澳大利亚、肯尼亚、毛里求斯、阿曼、新加坡、斯里兰卡、坦桑尼亚、马达加斯加、印度尼西亚、马来西亚、也门、莫桑比克、塞舌尔、阿联酋、伊朗、孟加拉国、泰国、科摩罗)在自由追逐投资和贸易驱动下形成的无特定安排的合作组织。整个联盟可以被分为几个子区域(如澳大拉西亚、东南亚、南亚、西亚、东南非等),不同的区域也有其独立的区域性合作组织(如 ASEAN、SAARC、GCC、SADC 等)。IOR-ARC 地理空间范围覆盖亚洲、非洲和大洋洲,拥有广阔的空间资源、自然资源、人力资源和市场前景。

四、中国与亚洲国家海洋国际合作问题与发展趋势

虽然亚洲海洋经济国际经贸合作已经"如火如荼",并且"方兴未艾",但也面临一系列问题,主要是:"蓝色经济"发展理念尚缺乏国际共识;海洋开发与经济运行能力存在国际差异;海洋经济的科技创新引领难以国际协同;海洋开发与海洋生态文明建设关系有待理顺;海洋发展需要强化海洋权益共同维护。

(一)"蓝色经济"发展理念有待增强国际共识

尽管"蓝色经济"已经成为国际社会讨论的热点话题,关于其定义和内涵阐释也是"花样翻新",但是亚洲特色的蓝色经济与欧洲、北美,甚至环印度洋地区的国家对蓝色经济的理解也存在一定甚至较大差异。这实际上反映了各国对于借助海洋这一"外部性"资源和空间如何实现自己国家的发展确实存在不同的起点、视角或者偏好,这与1967年哈丁"公地悲剧"(The Tragedy of Commons)的假设还是有着深厚的渊源。各国都想从海洋经济活动中受益,但在政策决定和具体行动上对于海洋资源合作开发和海洋秩序的合作维持更为拘谨,区域性海洋的经济交流与合作偶或受到区域外部因素干扰或制衡,对区域海洋合作的良性发展造成一定阻碍。

就亚洲海洋经济发展而言,诸多近邻和相向的自然地理海陆分布关系,悠久和动态的国际海上交往历史,众多的人口和以发展中经济体为主的国家群体,使得亚洲海洋经济合作与交流染上了亚洲国家整体发展与合作困境的"通病"。历史及其他大洲的海洋经济发展经验表明,复杂海洋问题可能难以找到简单或满意解,只能基于"人海和谐""海邻和睦""跨海和平"的准则,在尊重海洋自然基础和基本规律的基础上,通过友好协商和和平共处,才能实现海洋经济乃至区域整体经济的可持续和有序发展。

(二)海洋开发与经济运行能力存在国际差异

海洋经济实际上是高投入、高风险、长周期的经济活动,亚洲国家的海洋经济发展需要解决如下重大课题:一是如何提升海洋资源环境的认知能力,亚洲国家主要面对的太平洋是世界最大的巨型生态系统,并且处于全球气候变化和地质灾害频发的敏感期,单一国家难以全面和及时掌控关于海洋及其变化的海量信息,对于其客观认知需要全体成员的合作与共同努力;二是如何转变传统海洋的产业发展模式,亚洲大部分国家的海洋产业活动依然处于相对低端的产业阶段,

其组织管理水平和经营规模难以适应现代海洋开发利用活动趋势，海洋经济活动本身可能造成海洋甚至海岸带的严重污染或环境破坏，利用符合"蓝色经济"的真正理念，客观上需要亚洲经济发达国家与发展中国家之间的海洋经济合作，以及引进欧美等国家高级海洋经济运行与管理业态；三是如何发展海洋战略性新兴产业，亚洲诸多国家都提出发展现代海洋产业，但是大都面临人力资源及技术匮乏、产业关联度不高、产业投资资金缺乏、产业市场前景不明朗、产业发展与社会接受程度存在矛盾等问题，需要提出一揽子具有国际合作可行性的产业发展与国际分工策略，尤其是海洋经济发达国家应该担当更多国际责任，避免以往出现的"己所不欲，勿施于人"的过剩产业或污染产业"带病"国际转移的局面。

（三）海洋经济的科技创新引领尚需国际协调

已有的国家海洋创新体系理念大都强调国家利益至上，海洋经济活动有着强烈的科技创新"国际协同"甚至"全球协同"需要（这一点可以在外太空和极地开发与保护的国际合作中得到证明），海洋科技发展需要国际协同和长期合作。因此，首先需要亚洲各国在推进国家海洋创新体系的基础上，强化亚洲海洋创新的建设（欧盟海洋创新战略、美国与加拿大的"海王星计划"等都是典型范式），并在涉海产学研合作创新模式方面推进相互交流与合作。其次，建议推动亚洲海开发国际合作的重大工程，海洋经济与技术大国应该作出更多主动贡献，尤其是中国应该开放海洋科技研究的国际化平台，吸引和引领东盟国家参与合作与交流；最后，强化海洋科学与技术的基础研究和人才团队的国际化合作与交流，商讨建立适应亚洲海乃至太平洋及洋底区域建设深远海科学及学科体系，开展国际化海洋人才队伍建设。

（四）海洋开发与海洋生态文明建设有待理顺关系

新时期，我国将生态文明建设纳入推进可持续发展的国家战略，为海域开放和资源流动背景下实质性推进海洋生态文明共同建设奠定了制度基础。推进海洋开发与生态文明的协同建设，特别是推动该领域的国际合作，需关注以下几个重点问题。首先，需强调国际化协同的陆海统筹发展，减少因为内陆国家（地区）的陆源污染导致海域环境问题的跨界治理争议，积极开展海洋经济活动造成污染的海域使用相关方协同治理；其次，共同协防来自深海（海底）自然或者人为灾害（海啸、台风、海洋重大污染等），建设海洋防灾减灾的国际化协同应对体系和救助体系；最后，建立国际化海陆循环的陆海环境治理产业链，将海洋污染物处理与陆地产学研综合体建设相一致，推动海洋环境治理行动转化为蓝色产业投资。

(五) 海洋发展需要强化海洋权益共同维护

历史和现实已经证明，没有彼此尊重的海洋权益及其匹配维护手段，难以保障海洋经济活动的正常进行，更不用说推动其国际化转型发展。首先，亚洲各国都应该客观和冷静地对待复杂的亚洲海洋权益关系，认真梳理和协同破解多元利益主体利益矛盾甚至冲突；其次，各国应该学会利用和转化涉海权益的矛盾，寻求和扩大有利于海洋问题和平解决的途径和预案，追求与周边涉海国家和地区的共赢发展；最后，应该力主在已有海洋问题共识上的国际协同海洋维权能力建设与跨海域合作协调，提升亚洲海洋和平开发与利用的保障能力，中国应该示范性引领跨海区域（次区域）合作，共享和平与安全保障前提下的涉海经济发展。

自党的十八大提出建设海洋强国战略以来，中国海洋发展取得很多成就，包括：海洋产业结构逐步优化；海洋开发宏观布局不断合理；海洋科技创新平台迅速形成；海洋安全保障能力建设稳步推进；海洋综合治理体系建设有所加强。而中国海洋产业对外合作也不断拓展，海洋经济"走出去"迈上新台阶。

亚洲海洋经济合作有着深厚的历史基础和巨大的现实需求，中国的海洋经济发展战略与区域开发、开放结合，日本的海洋开发与海洋环境保护一体化考量，韩国海洋经济与深海开发产业关联，东盟国家的海洋经济更强调和平与沟通的重要性，为亚洲海洋经济的整体发展提供广阔空间。海洋经济发展理念正逐步取得亚洲国家更大范围认同，面向亚洲乃至亚太海洋经济的未来愿景值得期待；海洋经济开发整体能力建设与涉海过剩产能消化并存，海洋产业转型与各国经济发展关系更为密切；海洋科技创新全球化"倒逼"亚洲国家海洋科技交流，海洋人才培养及信息合作势在必行；海洋环境保护国际合作日趋必要，国际海洋投资需求逐渐旺盛；海洋经济发展与海洋法权益维护具有内在一致性，国际尊重与谅解将是维持和促进亚洲蓝色经济发展的有力保障。而在南亚，随着 IOR – ARC 内部经济不断发展和对外贸易联系不断增强，印度洋海上运输网络已现雏形。联盟内各国通过国家对接，进一步推进了围绕基础设施建设、互联互通、海洋经济、可再生能源开发、农业、旅游等领域的深化合作，为地区繁荣发展、互惠共赢奠定了基础。

第四节 中国海洋发展战略选择对策建议

中国所面临的周边海洋形势更多地体现着双边关系的特征，并且暴露出合作与冲突并进的形势。在合作层面上，中韩通过不断升级和深化的伙伴关系，始终坚持将合作解决海洋问题作为重要议题，并在2015年初开始就海洋划界问题进行谈判，为地区海洋争端的和平解决提供了模板；中俄两国则在全面战略协作伙伴的框架下，多次进行了海洋联合军演，也是中国与周边国家唯一在安全层面上保持实质合作的国家；中国和东盟则在经济层面上实现了合作的制度化，通过"中国—东盟海上合作基金"、《泛北部湾经济合作路线图》等机制促进海洋合作，并将2015年确定为"中国—东盟海洋合作年"；2015年5月15日，中印两国签署了海洋领域合作文件；2015年4月22日，中国与巴基斯坦宣布合作建立联合海洋研究中心，中国还于2015年为南亚国家举办海洋科技研讨班。与此同时，中国还在港口建设方面同巴基斯坦与斯里兰卡展开实质合作，拓展了中国在印度洋的海洋利益。而中国所提出建设"21世纪海上丝绸之路"则更加明晰地体现了与沿途国家的合作意向，有利于为中国创造更为和平的海洋周边环境。在冲突层面上，中日两国针对钓鱼岛领土的归属展开了一系列对抗性的回应举措；中国和越南、菲律宾也在南海地区存在着持续不断的岛屿争端。应该说，随着中国的不断崛起以及贸易范围的不断扩展，中国对于海洋的需求正在不断增强，能力和意愿的良性匹配必然会带来周边海洋秩序的变化，从而导致与周边部分涉海国家在海洋问题上的冲突。总的来说，对于"和平崛起"的中国而言，周边海洋形势中的冲突是"崛起"的必然结果，而周边海洋形势的合作则能够依赖"和平"的国家基因予以促成。在求同存异、不畏冲突的观念下，秉持和平发展、促进合作共赢、打造"和谐海洋"理应成为中国周边海洋战略的宗旨所在。

党的十八大以来，中国领导人倡导命运共同体的外交新理念。命运共同体已成为新时期中国外交理论和实践创新的一面旗帜。随着"要让命运共同体意识在周边国家落地生根"的提出，周边命运共同体概念应运而生。海洋是当前中国与周边国家外交作用的主要空间，中国及周边国家应以命运共同体理念为指导，努力构建海洋共同体。

一、增进中国与周边国家的海洋领域政治沟通对话

（一）深化新时代海洋战略设计，提升国际海洋问题应对能力

在国家深化机制改革背景下，充分利用自然资源部对外保留国家海洋局牌子的改革决定，深化和扩展海洋工作的国际关联机制，提升到国家海洋战略在国家整体强国战略的地位；在国家陆海资源管理统筹框架下，促进国内海洋综合治理体系；推动新时代海洋治理立法进程，强化海洋执法体系建设；加强海洋维权战

略和政策修订及升级，积极参与全球海洋治理规则制定。主动推进与周边海洋国家的合作互利共赢，拓展海洋合作共赢的近海战略空间。

（二）着力推动区域性海洋共同治理，把握国际海洋外交主动权

中国建设海洋强国战略，增进与周边国家的海洋领域政治沟通对话，要坚持合作与竞争相统筹的原则。海洋作为世界上最为庞大的公共物品，需要体现积极有为的集体行动逻辑下的主动作为，在海洋问题的解决过程中，对国际共同利益采取合作的方式获取共赢，同时应该正面海洋公共物品治理的竞争矛盾甚至冲突，在和平共赢的合作态势下寻求与周边国家的竞争优势，从而在不发生冲突的前提下，实现国家海洋实力与海洋利益的优势性增长，缔造平等合作、大国担当的国际海洋问题协作典范。

（三）推动共建区域海洋秩序新格局，维护跨海和平和谐合作局面

全球性海洋秩序整体相对稳定，但是美国主导的海洋霸权依旧能造成亚太、印太海域局部紧张，尤其是我国东海和南海的局势紧张依旧值得高度关注，而中国的迅速崛起与周边国家对于中国崛起的担心加剧了这一局势，当然也是我国主动参与周边海洋治理秩序重建的机遇期。因此，中国对于既有的全球性海洋秩序应该"积极融入"，不必直接挑战美国的海洋霸主地位，而是通过在全球海洋问题领域的合作，进一步挖掘既有全球性海洋秩序的战略价值，并试图在全球海洋问题中发挥影响力；对于现有的地区性海洋秩序则应该尽力实现"有效塑造"，不仅要尽力缓和中、日、韩海洋力量相对均衡的东海海域矛盾，同时还要在海洋秩序尚不明晰的南海海域更加积极作为，从而担当海洋秩序的构建者和维护者。

二、强化中国与周边国家的跨海经济贸易国际合作

（一）加强国家对外体制机制建设，形成国际经济政策合力

随着中国经济实力的不断上升，中国与周边国家的经济联系日益增加，经济手段能为中国周边外交提供更多的政策选择，未来中国在周边经济战略的开展要改变地域上的东重西轻、目标上的经（济）重政（治）轻以及手段上的贸（易）重金（融）轻的失衡状况，加快在南亚、中亚和北部邻国的经济布局，注重国家经济行为的政治意义，发挥金融手段在周边经济战略中的作用。体制、机制建设是周边经贸关系开展成功的重要保障。为此，要进一步加强经济政策制定部委与

外交政策制定部委间的体制、机制协调，发挥相关行为体的积极性，提升协调的有效性和针对性。此外，还要加强各经济政策之间的配套和整合，以便形成更大的政策合力。

（二）推动海洋经济增长方式转变，拓展海洋国际经贸交流

发挥市场在资源配置中的决定性作用，激发海洋经济的自身活力，使其成为国民经济新的增长点；提高海洋开发能力，扩大海洋开发领域，实施海洋工程和装备重大专项，提高海洋生物资源、海洋油气资源、海洋矿产资源、海水资源以及深海资源的勘探开发和运转能力；重点发展海洋船舶工业、海洋交通运输、海洋旅游等领域，培育优化海洋战略性新兴产业，加强海洋产业规划和指导，促进海洋产业结构的优化升级；深化与周边国家和地区的海洋经济合作，促进海洋产业向着开放型和外向型的方向转变。

（三）借助"21世纪海上丝绸之路"发展倡议，加强海洋基础设施国际合作

随着全球化的深入发展，全球经济对海洋运输通道以及海洋能源资源的依赖逐渐加深。港口作为陆地与海洋的界面交汇处，是海运贸易活动的中心。海洋能源资源是全球经济可持续发展的引擎。港口合作与海洋能源资源的共同开发应成为中国构建周边海洋发展共同体的有力抓手。港口合作正是中国根据现在的需求开辟的一种新型的、双赢的全球化方式。同时这些建设好的港口也可以为所在国和国际社会提供便利。中国应当充分发挥自身经济与基建优势，加快与周边国家港口合作联盟的建设，推进周边港口的现代化进程，促进"21世纪海上丝绸之路"海上通道的互联互通。伴随着中国"一带一路"倡议的提出，东南亚地区正在进行一场港口基础设施的升级竞赛，创造出巨大的基础设施投资机遇。《中国—东盟港口城市合作网络论坛宣言》的发布，标志着中国与东盟国家港口合作网络建设的重大突破。在东北亚，中国应加强与俄罗斯和朝鲜的港口共建共享，推动"东北亚海上丝绸之路"和环日本海的共同发展。

三、促进中国与周边国家的海洋文化国际交流互鉴

（一）借助国家文化管理改革动力，推动国际海洋交流制度化

中国与周边国家已经建立了多方面海洋领域的合作，海洋文化交流与合作方

面的制度尚需要进一步完善，党的十九届三中全会通过的国务院机构改革方案，批准成立文化和旅游部，以及国家国际发展合作署，意味着国家对于海洋文化国际交流的政策支持，因此要利用战略机遇努力推动中国与周边国家的海洋文化交流与合作。首先，要在"一带一路"建设基础上，根据相关要求建立海洋文化交流与合作的发展规划，共同制定切实可行的具体的交流合作项目及其开展措施，制定相应的法规政策，保障交流合作项目的顺利开展；其次，要加强与周边国家的政策协商，通过协商解决合作中遇到的问题，推动项目的顺利实施，为海洋文化交流与合作提供政策支撑。

（二）大力发展海洋文化产业，健全海洋文化国际交流机制

中国有着丰富的海洋资源，但海洋文化产业发展滞后，远低于发达国家水平。借助于"21世纪海上丝绸之路"的契机，中国与周边国家应在海洋合作的基础上大力发展海洋文化产业。要推进海洋文化产业的繁荣发展，海洋文化建设是关键。首先，中国与周边国家应建立相关部门，如中国—东盟海洋文化研究中心，加强对双方海洋文化的研究，同时让高校、相关研究机构的专家学者以及企业界人士等积极参与其中，促进民间的海洋文化研究，建立和完善海洋文化理论体系。其次，要挖掘中国及周边国家的海洋文化资源，合理开发和利用，并将其转化为文化产业，提高中国与周边海洋文化产业相互间的影响力和辐射力，为开展文化的交流与合作奠定认知基础。最后，中国及周边国家要出台有利于文化输出的扶持政策，加强文化产业的财政投入，将"中法文化年""中俄文化年"以及"汉语桥"等文化交流模式的先进经验运用到发展中国与周边国家的文化交流之中。

（三）加强海洋文化人才培育，构筑海洋国际合作人才网络

"21世纪海上丝绸之路"的构建，对人才提出了新的要求。中国与周边国家应立足于海洋合作与文化交流的实际需要，加大力度培养熟悉国际组织，通晓周边国家相关法规政策，了解和掌握海洋文化知识和理论的外向型和复合型人才。通过调整高校学科专业和课程设置，如在一些有实力的高校增设与海洋相关的专业，对海洋文化产业所需人才进行系统和有计划地培养，并开设一些面向对外交流的相关知识的课程。同时要加大引进海内外优秀的海洋文化人才的力度，探索建立与国际接轨的人才选拔、奖励机制，鼓励相关人才积极参与到中国与周边国家合作的相关项目中，为中国与周边国家的海洋合作以及文化交流提供智力支持。

(四) 发挥华侨华人桥梁纽带作用,夯实民间国际合作深厚基础

东南亚地区是华侨华人的主要聚居地,人口约占东南亚总人口的6%,华侨华人作为中国与周边国家海洋文化交流与合作的桥梁与纽带,他们在保持自身的宗教信仰和文化认同的同时又融入当地的社会文化,能够获得中国和当地民众的信任和认可,可以有效地减少政治性障碍。同时他们又熟悉当地的语言、法律法规、宗教、文化等,有助于在海洋文化交流与合作中适应当地的规则和融入当地的文化体系。我们要搭建交流平台,凝聚华侨华人的力量,充分发挥他们的智慧,构建互相理解、和谐信任的海洋文化交流与合作的良好氛围。

四、提高中国与周边国家的海洋安全领域互信协同

(一) 切实践行新安全观理念,构建国际海洋安全共同体

践行新安全观,努力构建海洋安全共同体是实现中国与周边国家海洋安全目标的主要途径。中国周边海洋安全共同体的建立需要完善的安全机制和共同体成员间的高度信任,中国有必要推动周边海洋危机管控和信任机制的构建,建立中日解决钓鱼岛争端领域的危机管控机制,防止海洋争端的升级与海上意外事故的发生;在南海领域积极推动落实《南海各方行为宣言》及"南海各方行为准则"深化,建立外交部长间热线电话联系以管控南海突发事件,在南海遵守《海上意外相遇规则》达成联合声明,利用南海新建岛礁向周边国家和过往船只提供力所能及的安全保障和服务,以"21世纪海上丝绸之路"建设为契机,加强与周边国家的海洋安全合作。

(二) 增强海上协同防御力量,保障周边海域传统和非传统安全

针对我国海洋传统安全,其要义在于强化海洋综合防御体系,继续加强对海军建设的投入,提升海军在国防支出中的比例,将打造世界一流的现代化海军作为建设海洋强国的重要指标;进一步夯实近海防御的作战体系,并提升其远海作战能力,以实现海上安全的远近兼顾;发展作战保障装备,加快形成以第四代装备为骨干、以第三代装备为主体的装备体系;优化海军指挥结构,适当减少指挥层次,提高指挥效能。针对非传统安全问题,战略的关键在于海洋污染控制和灾害预防,需要建立海洋生态环境监管制度,划定海洋生态红线,在源头上控制污染排放和生态破坏;节约集约利用海洋资源,有效杜绝海洋资源的粗放式使用;

提高海洋灾害的预警预报水平，建立相关问题的危机管控机制，提升海洋防灾减灾能力。

（三）统筹海洋发展与安全关系，维护国家长期稳定发展格局

纵观人类历史中的海洋强国，其海洋战略设计中始终贯穿了两个核心内容，即海商贸易和海军建设。在两者间的关系方面，海商贸易为国家的发展提供了必要的原始资本、生产资源和海外市场，而海军建设则为上述发展途径提供了必要的安全保障，从而在发展与安全之间形成了逻辑的闭环。尽管在以"和平与发展"为时代主题的当前，发展在国家战略和海洋战略中的地位逐渐凸显，然而海洋安全依旧是不容忽视的重要内容。考虑到中国大战略的现实起点，中国的海洋战略必然是以发展为根本目标，同时也要兼顾安全在战略施展当中的作用。特别是考虑到中国的海洋安全形势依旧严峻，中国的海军实力仍然有相当大的上升空间，因此维护海洋安全并借由其产生的红利促进海洋发展的提升，无疑是中国海洋战略设计中必须加以考量的重要原则。

五、提升中国与周边国家的海洋生态文明能力建设

（一）强化国家海洋空间规划，协调海洋开发规划关系

海洋空间开发失衡是造成海洋生态环境恶化的重要原因。需要首先强化国内自然资源统一管制与规划协调，尽快全面实施海洋功能区划，严格落实海洋功能区划开发保护方向和用途管制要求，逐步形成基于生态系统的海洋功能区划体系，实现与涉海规划、陆域规划的有效衔接，合理安排生产、生活、生态用海空间；同时，积极推动周边海洋邻国开展基于大海洋生态系统治理的海洋空间规划协调工作，为周边发展中国家提供海洋规划管理能力建设的大力支持，为区域海洋生态治理提供帮助。

（二）强化海洋资源利用管理，推动国际海洋资源有序利用

国内层次需要科学配置海域资源，促进涉海产业结构调整和转型升级，优化海洋空间开发布局，提高临海产业准入门槛，严格执行围填、禁填、限填要求，创新海域海岛资源市场化配置方式，完善海域、海岛有偿使用制度，加快建立规范科学的无居民海岛开发利用管理制度体系；国际层次需要开展国际海洋流动性资源（渔业资源）利用的协调对话，强化对周边国家智能生态海洋牧场建设项目

的国际合作支持，促进区域海洋资源再生能力的建设。

（三）建设国际海洋生态系统保护机制，推动海洋环境国际合作

适应新时代国家机构改革大局，推动建立国际化海洋生态环境监测预警体系，在推行河长制度、湾长制度的基础上，推动国家周边海域海洋环境协同治理，积极应对海洋环境监管质量变化；健全地方、国家、国际协同的海洋环境应急响应体系，推动建立国际化海洋污染重大事件预警和救助体系；加强国际海洋生物多样性保护，建立国际海洋洄游生物国际协同跟踪与保护机制，积极防范海洋外来物种入侵，建设国际海洋生物多样性保护区，推进海洋生态整治修复领域的国际合作。

（四）提升海洋生态基础科研水平，加强海洋生态能力国际合作

加强海洋领域基础性研究，提升海洋科技创新与支撑能力，加强海洋环境立体观测监测设备和系统的自主创新，加强海水淡化等技术研发，提高海洋生物医药等关键领域的科技成果转化率，推进国家科技兴海产业、海洋能试验场等基地建设，积极发展海洋环保和生态旅游、生态养殖等相关产业。推进海洋生态文明建设领域人才队伍建设，加强基层监测观测人员的招聘和培训工作，开放国家、海区、省级监测观测平台，开展双向人才交流，实现"一人多能"和持证上岗。推进重点人才培养工程，加强与周边国家的合作交流，建立长期稳定的合作机制和人才技术交流平台。

第四章

建设和平、健康、繁荣的南中国海

在紧邻中国海上周边约1.8万千米的漫长海岸线上，从北向南依次排列着渤海、黄海、东海和南海4个西太平洋海域的边缘海。其中南海的南北纵跨最长、东西横越最宽、海域面积最大、海水平均深度也最深。作为世界上著名的热带大陆边缘海之一，南海的面积辽阔、水体巨大，占据了我国海洋总面积的大约2/3，近乎渤海、黄海和东海三大海域总面积的两倍。这一水域不仅蕴藏着丰富的自然生物资源和油气矿产资源，而且地理位置尤为重要，经济、安全和战略价值极为突出，对于维护我国的领土主权和海洋权益，确保我国的生存与可持续发展至关重要。作为实现中华民族伟大复兴的中国梦的一个必然选择，着力探寻南海问题的疏解路径与管控方略，致力于建设和平安全、健康和谐、繁荣发展的南中国海，理应成为新时期推进中国海洋强国建设的重中之重。

第一节 南海的战略价值及其在海洋强国建设中的重要地位

一、南中国海的战略价值

南中国海（the South China Sea）简称"南海"，地理坐标为东经99°10′至东经122°10′、北纬23°27′至北纬3°之间，因位于中国大陆南方而得名。作为东亚大陆最南端的一个边缘海,南海北起中国广东省南澳岛与台湾岛南端鹅銮鼻一线,南至加里曼丹岛、苏门答腊岛,西依中国大陆、中南半岛、马来半岛,东抵菲律宾群岛且包含吕宋海峡西半侧,是一个东北—西南走向的半封闭海。南海面积广阔,水域极深,南北纵跨约 2 000 千米,东西横跨约 1 000 千米,自然海域面积约 350 万平方千米,最深处(马尼拉海沟)约 4 577 米。南海通过巴士海峡、苏禄海等与太平洋相连,通过马六甲海峡与印度洋相通,汇入南海的主要河流有珠江、韩江以及中南半岛上的红河、湄公河和湄南河等。南海大陆架上散布着超过 200 个无人居住的岛礁和浅滩,总面积约 5 286.5 平方千米,分属东沙、中沙、西沙和南沙四个群岛。南海周边的国家和地区从北部按顺时针方向,依次为中国台湾地区、菲律宾、马来西亚、文莱、印度尼西亚、新加坡、泰国、柬埔寨、越南、中国大陆地区。

南海地区属热带海洋性季风气候,雨量充沛,是我国海洋鱼类种类最多的渔区,其渔场面积达 20 余万平方千米。根据 1981 年的一次海洋生物考察,在南沙群岛海域周围收集的鱼类标本多达 2 597 种。① 南海珊瑚礁海域的鱼类物种数目从分布格局上看,西沙和中沙群岛记录最多,有 632 种,隶属于 26 目,99 科,303 属;次之为南沙群岛,记录有 548 种,隶属于 19 目,74 科,223 属;东沙群岛记录有 514 种,隶属于 21 目,69 科,214 属。② 在这其中,具有较高经济价值的有 200 多种,特别是马鲛鱼、石斑鱼、乌鲳鱼、金枪鱼、鲨鱼、带鱼、海鳗、沙丁鱼等,构成了远洋渔业捕捞的主要品种。③ 据统计,南海地区年捕鱼量为 200 万~250 万吨,年产值约达 30 亿美元,堪称世界上最丰富的渔场之一。此外,南海还有各种贝类、藻类、蟹类、虾类、鸟类和兽类等数千种生物资源。

除了拥有丰富的生物资源外,南海海域的矿产资源储量也相当可观,其中包括丰富的铁、锰、铜、镍、钴、铅、锌等金属矿产以及沸石、珊瑚、贝壳、灰岩等非金属矿产和热液矿床。值得关注的是,南海海底还蕴藏有大量的可燃冰资源,资源储量约达 194 亿吨油当量,相当于南海深水勘探已探明的石油和天然气地质储量的 6 倍。④ 专家认为,在传统能源储量有限、价格趋势逐渐走高的情况下,可燃冰由于具有燃烧值高、能量巨大、高效洁净、使用方便等独特优势,已经越来越具有商业开发前景,并有望取代煤、石油和天然气等传统能源,成为

---

① Bob Catley and Makmur Keliat, Spratlys: The Dispute in the South China Sea, Great Britain: Biddls Limited, 1997: 375 – 378.
② 李永振、史赟荣、艾红、董丽娜、李娜娜:《南海珊瑚礁海域鱼类分类多样性大尺度分布格局》,载于《中国水产科学》2011 年第 3 期,第 619 ~ 628 页。
③ 邱永松:《南海渔业资源与渔业管理》,海洋出版社 2008 年版,第 55 ~ 56 页。
④ 张寒松:《清洁能源可燃冰的现状与前景》,载于《应用能源技术》2014 年第 8 期,第 57 页。

21世纪大有希望的新型替代能源。①

更为重要的是，南海海域蕴藏着极为丰富的石油和天然气等战略资源，这也使得该地区的战略价值高度凸显。1968年，隶属联合国"亚洲暨远东经济委员会"的"亚洲外岛海域矿产资源联合勘探协调委员会"在对南沙海域进行勘探后提交了一份较具权威性的研究报告，认为越南沿岸之邻近海域、南沙群岛东部和南部海域蕴藏着丰富的油气资源，其中南沙群岛的曾母暗沙盆地被认为是石油和天然气开发前景最好的地区之一，因此就有了所谓"海上中东"或"第二个波斯湾"的美誉。② 一般认为，南海海域分布有37个油气盆地，油气盆地面积约128万平方千米，占南海海域总面积的36.5%；总探明可采石油储量为200亿吨，天然气储量约为4万亿立方米，是世界四大海洋油气聚集中心之一。③ 另据1994年国土资源部完成的全国第二轮油气资源评价结果，南海海域的石油地质储量约在230亿~300亿吨之间，约占世界石油储量的1/4以上。④ 有专家认为，在南海海底至少可以找到250个油气田，其中有12个可能成为大型油气田，面积约85.24万平方千米，几乎占到南海大陆架总面积的一半。

作为世界上仅次于珊瑚海和阿拉伯海的三大陆缘海之一，南中国海既是连接东亚、东南亚、非洲和欧洲的战略交通要道，也是西太平洋进入印度洋和大西洋的必经之路，更是连接太平洋和印度洋的航运要冲。该地区是西太平洋许多重要海空航线的必经之地，也是整个东亚地区与欧洲、非洲、美洲和大洋洲等地区开展海上经贸往来的必经之地。⑤ 特别是作为海路航行之所必经，目前至少有超过37条世界海上交通航线通过南海海域，南海航道也因此成为世界上最为繁忙的航道之一。据统计，每年有超过4.1万艘各类船舶通过该海域，世界上约一半以上的大中型商船和超级油轮要航经该海域。⑥ 从能源运输的角度看，南海的核心通道地位无可取代，掌握了南海的运输权也就控制了整个亚太地区的运输权，因为东亚乃至亚太地区各国都需要这条"海上生命线"来维持自己的生存与发展。控制了南海特别是南沙群岛附近海域，就等于直接或间接地控制了上述至关重要的运输通道，也就等于控制了东亚乃至亚太地区各国的经济命脉，无怪乎"边缘地带理论"的鼓噪者们，曾经作出了"谁控制了南海，谁就控制了各周边重要海

---

① 吴敏：《"可燃冰"开发现状》，载于《矿冶工程》2012年第32期，第456页。
② Scott Snyder, "The South China Sea Dispute: Prospects for Preventive Diplomacy", A Special Report of the United States Institute of Peace, Washington, D. C., August, 1996.
③ 金庆焕：《南海地质与油气资源》，地质出版社1989年版。
④ 国土资源部油气资源战略研究中心：《世界油气资源信息手册》，地质出版社2008年版。
⑤ 王圣云、张耀光：《南海地缘政治特征及中国南海地缘战略》，载于《东南亚纵横》2012年第1期。
⑥ 李杰：《南海的价值，有些你还不知道》，https://news.ifeng.com/a/20160613/48964844_0.shtml，2016年6月17日。

峡,谁就控制了整个东亚与太平洋地区"①的大胆论断。

对中国来说,南海的战略通道价值同样重要,甚至比其他国家更显突出。作为中国东西向航线的最重要海上通道,南海是通往东南亚、南亚、大洋洲、中东、非洲乃至欧洲的海上必经之地,尤其是华南沿海地区通向太平洋的海上交通要道。随着中国经济的持续发展特别是对于石油能源需求的迅速增长,南海运输通道的战略价值愈发凸显,在中国对外经济战略中的意义也日趋重要。数据显示,近年来中国石油进口须经南海运输的比重已经达到了85%以上②,这使得穿越南海到马六甲海峡再至印度洋的航线地位明显提升。由于从亚太地区、非洲地区、中东地区进口到中国的石油都要经过南海这条咽喉水道,该海域俨然已经成为中国与阿拉伯地区乃至欧洲和非洲各国的贸易生命线。

南海地区的重要海峡如表4-1所示。

表4-1　　　　　　　　南海地区的8个重要海峡

海峡名称	相关情况
台湾海峡	北通东海,最狭处宽75海里,水深70米
巴士海峡	台湾南部与巴坦群岛之间,水深达2 600米,为南海东通太平洋最重要的水道
巴林塘海峡	巴士海峡之南,亦为南海通太平洋水道之一
民都洛海峡	菲律宾的民都洛岛与巴拉望岛之间,东通苏禄海,水深达450米
巴拉巴克海峡	巴拉望岛之南,亦东通苏禄海,水深仅100米
卡里马塔海峡	加里曼丹岛西南侧与勿里洞岛间,为南海通爪哇海的重要水道,水深约40米
加斯帕海峡	勿里洞岛与邦加岛间,亦为南海通爪哇海通道之一,水深约40米
马六甲海峡	马来半岛

二、海洋强国建设的内涵

进入21世纪,海洋利益在国家利益中的地位日益凸显,海洋领土的完整

---

① Chia Lin Sien & Colin MacAndrews, eds., Southeast Asian Seas: Frontiers for Development, Singapore: McGraw - Hill International, 1981: 226.
② 李杰:《南海的价值,有些你还不知道》,http://news.ifeng.com/a/20160613/48964844_0.shtml, 2016年6月17日。

成为维护国家主权、民族尊严的重要标志。海洋利益的得失既决定或影响着国家政治、经济、安全、文明进步的走向,也决定或影响着国家的前途和命运。在维护海洋权益的形势出现一系列新的重大变化的情况之下,面向海洋进而经略海洋,既成为中国"走出去"的战略窗口,也成为中国实现周边乃至世界和平与安全、合作共赢的重要桥梁与纽带。在此背景之下,2012年10月党的十八大明确提出了"建设海洋强国"的目标,并首次从战略的高度对我国海洋事业发展作出了全面部署,"建设海洋强国"也由此成为国家大战略的一个重要组成部分。①"海洋强国"既是指凭借国家强大的综合实力来发展海上综合力量,又是指通过走向海洋、利用海洋来实现国家富强,两者互为因果。建设海洋强国既是国家、民族获取海洋国家利益的战略目标,也是国家、民族利益在海洋领域的最直接体现。

"建设海洋强国"必须从我国的实际出发,并着眼于21世纪全球政治、经济、军事、科技发展大格局,服从和服务于我国"三步走"的现代化总战略,坚持海洋经济和海洋安全同步建设的原则,牢固树立建设海洋强国的民族意识,把走科教兴海之路、开发和保护海洋,强化海洋综合管理,增强海防实力和维护国家海洋权益作为历史使命和神圣责任,合理开发利用海洋资源,全面振兴海洋产业,使海洋经济领域和海防建设率先实现现代化,从而实现由海洋大国向海洋强国的历史性跨越。在建设海洋强国的战略进程中,必须遵循可持续发展原则、陆海一体化原则、质量效益原则、健康协调发展原则、海洋科技先行原则、搁置争议共同开发原则以及经济建设与安全同步原则,既要坚决维护国家海洋权益,又要注意建设和谐的海洋国际环境。"建设海洋强国"战略的基本目标,就是要到21世纪中叶,使我国海洋经济增加值能够达到国内生产总值的1/4,使我国海防现代化水平进一步提高,进入世界海洋军事强国之列,成为地区重要海上力量、国际海洋政治大国和世界海洋经济强国,② 从而使中国在拥有一个960万平方千米的"陆上中国"的同时,拥有一个在约300万平方千米"蓝色国土"上耸立起来的"海上中国"。

在具体部署上,"建设海洋强国"需要从海洋资源开发、海洋经济发展、海洋科技创新、海洋生态建设、海洋权益维护等方面着力推动。在海洋资源开发方面,既要注重开发能力的提高,又要注重开发格局的优化。要统筹陆海资源配置、经济布局、环境整治和灾害防治、开发强度与利用时序,统筹近岸开发与远海空间拓展。要把海洋调查、科研、勘探、开发、战略利用,从浅

---

① 张海文、王芳:《海洋强国战略是国家大战略的有机组成部分》,载于《国际安全研究》2013年第6期。

② 胡波:《中国海洋强国的三大权力目标》,载于《太平洋学报》2014年第3期。

水向深水推进，从近海向远洋拓展，从领海、专属经济区、大陆架，走向公海、国际海底区域和两极，逐步扩大中国生存发展和安全空间。在海洋经济发展方面，2011~2018 年全国海洋生产总值占国内生产总值的比重保持在 9% 以上，其中 2018 年海洋生产总值为 8.3 万亿元，对国民经济增长的贡献率达 9.4%，① 海洋经济已经成为我国国民经济的重要组成部分和拉动经济发展的新领域与新亮点，成为重要的增长极。在海洋科技创新方面，要跟踪和探索海洋领域重大科学问题，提高勘探开发海洋资源以及保护海岸带、海洋生态环境的水平，加强海水淡化、海冰淡化和海水直接利用新技术研究，进一步研发具有自主知识产权的深水油气勘探和安全开发技术等。海洋科技的发展需要双向推进：一是深入开展海洋科技基础研究，提高人类对海洋物理、海洋化学、海洋地质、海洋生物等基础领域的规律和特征的认识，为人类利用海洋提供科学指导；二是重视海洋应用技术的自主创新，提高海洋调查特别是深海、极地探测和开发技术的水平，提高海底石油、天然气等传统海洋能源的开发效率，提高海洋潮汐、波浪、风能等新能源的开发利用能力，提高高新技术在涉海军事、设备、管理、经济等领域的应用力度，加强海洋科技成果的转化和产业化。② 在海洋生态建设方面，积极推动海洋资源的节约利用和海洋生态环境保护工作，坚持规划用海、坚持集约用海、坚持生态用海、坚持科技用海、坚持依法用海。在海洋权益维护方面，近年来也已经取得突破性进展，一系列有理有力有节的维权举措向国际社会充分展示了中国政府维护主权的坚定意志和决心。

学界认为，中国特色的海洋强国建设具有五个基本特征：和平性、互利性、合作性、阶段性和安全性。③ 这五个基本特征在近年来管控南海问题的过程中已经很好地得以体现，但鉴于南海权益依然不断遭受外来冲击，仍有必要对南海安全进行一番深入、深透的战略思考。④ 这不仅因为南海是中国发展海洋经济的基地（见图 4-1），而且因为南海安全也是中国国家安全的关键，尽可能为南海问题找到有效的疏解路径和管控方略，进而谋求经略南海本身，就是新时期中国海洋战略的重要一环。

---

① 中华人民共和国自然资源部：《〈2019 中国海洋经济发展指数〉解读》，中华人民共和国自然资源部官网，2019 年 10 月 18 日。
② 孙悦民、张明：《海洋强国崛起的经验总结及中国的现实选择》，载于《国际展望》2015 年第 1 期。
③ 金永明：《论中国海洋强国战略的内涵与法律制度》，载于《南洋问题研究》2014 年第 1 期。
④ 李庆功、周中菲、苏浩、宋德兴：《中国南海安全的战略思考》，载于《科学决策》2014 年第 2 期。

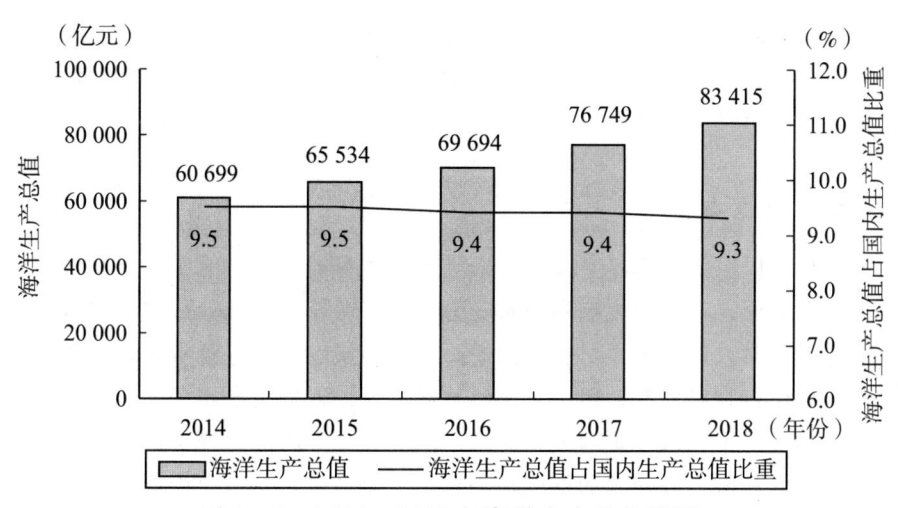

图 4-1　2014~2018 年海洋生产总值情况

资料来源：中华人民共和国自然资源部：《2018 年中国海洋经济统计公报》。

三、经略南海的重大意义

（一）政治安全

主权是一个国家在其管辖区域内所拥有的至高无上的、排他性的政治权力。在现代国际政治当中，主权利益在国家利益构成中处于最为核心的地位，一个丧失主权或者主权不健全的国家注定要在国际社会中处于非常不利的境地。"南海断续线"内的西沙群岛、东沙群岛、中沙群岛和南沙群岛自古以来就是中国的固有领土，是国家领土主权不可分割的重要组成部分，属于中国的重大核心利益。领土主权完整是一国国家尊严的基本标志，任何国家都不可能允许本国领土遭受外来侵犯或者蚕食。更为重要的是，南海形势的走向以及南海岛礁主权问题的解决与否，不仅关涉到沿岸国家在地区博弈中的收益，也在很大程度上决定着各国在南海事务中的地位和作用。在相关国家围绕南海事务展开政治博弈的角逐场中，试图谋求更大的政治影响力实际上构成了所有权力争斗的最根本目的。南中国海的领土主权问题之所以一直很复杂，不仅是因为该争端直接或间接牵涉到多个国家，而且是因为该地区具有重要的地缘政治和战略价值，以及优越的经济资源潜能。① 因此对于"四大群岛"的主权归属，我

---

① Lowell B. Bautista, "The Philippine Claim to Bajo de Masinloc in the Context of the South China Sea Dispute", Journal of East Asia & International Law, 2013: 499.

们不仅要从岛礁本身去考察，更应该从由其延伸的更为广泛的海洋利益的角度来认识；不仅要关注这些岛礁所具有的开发利用价值，更应该从塑造中国周边环境这一宏观战略意义上来把握。

（二） 能源安全

能源是国民经济的基本支撑，是人类赖以生存的基础。能源安全是国家经济安全的重要方面，它直接影响到国家安全、可持续发展及社会稳定。中国虽然地大物博，但同时人口众多。尽管中国的石油、煤炭、天然气等常规化石燃料占世界总储量的比重相对较高，但由于人口基数过大，人均资源水平相比一些发达国家来讲实际上并不乐观。更为重要的是，现代意义上的能源安全已经不仅仅是指石油、天然气和电力等能源的供应是否充足，而且也包括对由于能源生产与使用所造成的环境污染的治理是否到位。在这方面，作为一个长期以煤炭为主要能源的国家，中国经济的快速发展与环境污染之间的矛盾已经愈益突出。

根据党的十九大报告指出，从现在到 2020 年是我国全面建成小康社会的决胜期。从发达国家的经验看，这一时期将是经济发展对能源依赖程度相对较高的时期。鉴于以煤炭为主的一次能源结构以及能源资源分布和经济发展地域不均衡的基本状况，我国的能源保障面临产能、运输、环保、贸易等诸多问题，能源安全无疑将成为关系我国社会经济可持续发展的重大战略问题。从这个意义上讲，经略南海能更好地为中国经济保驾护航，南海丰富的资源将成为我国可持续发展的重要支撑。

（三） 经济安全

中国是海洋大国，海岸线漫长，管辖海域辽阔。依托海洋，中国沿海地区以 14% 的土地和 40% 的人口，创造了 60% 以上的国内生产总值，实现了全国 90% 的对外贸易，并且保障了 70% 的资源进口。据 WTO 公布的数据，2018 年中国实现进出口总额约 4.62 万亿美元。其中出口额约 2.49 万亿美元，居世界第一，占全球出口总量的 12.8%；进口额 2.14 万亿美元，居世界第二，占全球进口总量的 10.8%。[①] 这说明当今的中国经济已经成为拉动世界经济增长的引擎，并且已经不可逆转地高度外向化。长期以来，中国的海洋贸易高度依赖南海航道，这一战略通道为中国海洋贸易的发展作出了巨大贡献。根据国外学者的分析，中国经济对南海航线的依存度高达 85.7%[②]，由此可见，南海之于中国经济安全的重要

---

① 《2018 年全球贸易增长 3.0% 中国连续 2 年居首》，观察者网，2019 年 4 月 3 日。
② Gal Luft and Anne Korin, "Terrorism Goes to sea", ForeignAffairs, 2004 (11).

性。作为一个海洋大国，在迈向海洋强国的进程中，我们不仅需要捍卫自己的海洋权利，而且从长远来看，我们更需要拓展自己的海洋权利。只有通过经略南海确保战略通道畅通，才能切实维护我国的海上贸易安全，更好地提升我国经济，使南海真正造福于中华民族的伟大复兴。

（四）军事安全

相对于渤海、黄海和东海而言，南海的面积足够大，海域足够深，而且还拥有许多珊瑚礁和极为有利的地形地质条件，所有这些优势都不是其他三个海域所能够比拟的。从军事意义上讲，南中国海可以说是一个大型作战平台，是各种武器最有效、最重要的测试、训练和使用场所，尤其是战略武器独特的展示舞台。借助于这些有利条件，可以实现战略隐藏和伪装掩护，特别是战略核潜艇可以安全地在广阔的海洋深处，实现战略威慑和第二次核打击。在 2010 年之前，美国对于南海问题采取貌似公允的立场，对该地区事务的介入程度不深，派驻的海空军力量也比较有限。但在 2010 年之后，美国不断加大双边和多边演习的频率和次数，甚至在南海地区亲自部署自己最先进的海空武器装备。美国的战略目的，是阻遏我国海上战略通道的航行与畅通，全面围堵中国的海空兵力穿越"第一岛链"，进而最大限度地迟滞我国经济建设高速发展的步伐。在这种形势之下，对于急需走向海洋，致力于发展蓝水海军和建设海洋强国的中国而言，经略南海显然已经是迫在眉睫、刻不容缓。

第二节 南海问题的发展演变与我国面临的新形势和新任务

一、南海问题的历史演化

所谓历史，不仅仅是时间的延展，而且也是空间的累积。它对于国家发展意义重大，对于国家间关系也同样价值非凡。从一定意义上讲，国家是历史在时间维度和空间维度共同作用下的产物，而国家间关系也在很大程度上属于历史建构的结果。在时间维度下，历史是国家交往的长时段结果，是国家交往实践的叠加和升华；在空间维度下，历史是解构和建构国家疆域版图的重要力量，是国家间关系内容和范围推演及变迁的助力。①

回顾历史不难发现，南海问题是中国与越南、菲律宾等部分东南亚国家间历史遗留的局部争议问题，其本源焦点是围绕南沙群岛及其附近海域的领土主权和海洋权益之争。南沙群岛是中国最早发现和命名的，中国最早并持续对南沙群岛行使主权管辖，对此我们拥有充足的历史依据。中国对南沙群岛的认识最早可以追溯至汉代；唐宋时期，中国对南沙群岛的认识以及在南沙群岛的经营开发都有了长足的发展；至明清两代，中国已经明确了对南沙群岛的主权管辖，出版的权威地图也都将南沙群岛列入了版图。当然，早在19世纪上半叶，英、美、德、法、日等国就曾先后侵犯过中国南海。它们未经中国政府同意，深入南海进行所谓勘察测绘，并擅自命名岛屿，开发海岛资源。例如，美国曾于1835年和1842年两度进入西沙群岛和南沙群岛进行测量。而且直至19世纪末，仍然不时有美国船只在南海进行勘测。② 另外，德国亦于1881~1895年间，先后5次勘探西沙群岛和南沙群岛。③ 到了20世纪初，随着西方殖民者和帝国主义者加大对中国及东南亚地区的侵略，英、德、法、日等国频频觊觎南沙群岛，不过他们的企图无一例外遭到中国晚清政府和民国政府以及民众的强烈反对，大部分侵略举动都以失败告终。事实上，尽管列强对于南沙群岛的侵扰活动一直不断，但在20世纪30年代以前，国际上对于中国南沙群岛的主权状况并没有出现争议，世界上有不少地图和百科全书均标明该群岛属于中国。

第二次世界大战爆发后，日本为了实施控制东南亚和澳大利亚的所谓"南下战略"，于1939年侵占了中国南沙群岛的部分岛礁。这一侵占行动圈出了北纬7°~12°、东经111°36′~117°30′之间七边形区域内的南沙部分海域，并将其中的南沙部分岛礁，包括太平岛、南子岛、北子岛等，统称为"新南群岛"，划归"台湾总督府""高雄州高雄市"管辖。不过，《开罗宣言》和《波茨坦公告》证明日本的图谋并未得到国际认可。日本战败后，民国政府于1946年12月派遣军舰巡视和收复了太平、中业等南沙群岛主要岛礁，接收了南沙全部岛礁并进驻南沙主岛太平岛。1947年，民国政府又重新命名了包括南沙群岛在内的南海诸岛全部岛礁沙滩名称共159个，并公布施行。同时，民国政府还对外公布了中国南海疆域图，用11段线标注了中国在南海的领土主权和历史性水域范围。此后相当长时期内，美国官方都对此未持异议。

海峡两岸的分裂、冷战的爆发、全球两大阵营的对立，使得美国政府在南海

---

① 王铮：《冷战后南海周边主要双边关系研究——南海争端下的中菲、中越和中马差异性关系探究》，外交学院博士学位论文，2017年。

② [越南] 阮雅著，戴可来译：《黄沙和长沙特考》，商务印书馆1978年版，第189页。

③ 韩振华：《我国南海诸岛史料汇编》，东方出版社1988年版，第694页。

岛礁归属问题上有了更多权宜的考虑①。1951年9月，旨在解决战后日本作为战败国的领土及国际地位问题的《旧金山和约》签署，该和约规定"日本放弃对南沙群岛与西沙群岛之所有权利、名誉与请求权"，但却并未言明南沙群岛等领土的归属。值得注意的是，中国是日本军国主义战争罪行的最大受害国和第二次世界大战的四大战胜国之一，中华人民共和国却未被邀请出席旧金山会议，对此中国政府表达了坚决反对的立场。②在这之后，美国为了推动日本与台湾当局缓和以更好地服务于其亚太战略，1952年主导日本和台湾蒋介石集团非法签署了所谓"台北和约"，第二条继续沿用了"旧金山和约"模式。③正是美国主导的上述安排特别是回避主权归属的做法，为后来的南海岛礁之争埋下了隐患。

自20世纪50年代中期起，菲律宾和当时的南越便开始不断地在南沙群岛搞一些动作。例如，1956年菲律宾航海家克洛马宣布在南沙群岛海域航行过程中"发现""许多岛屿"，并故意将它们定性为所谓"自由地"，菲律宾政府遂据此认为这些岛屿属于菲律宾，企图抢占部分南沙岛礁。④自1962年起，南越政府也陆续占领了南子岛、敦谦沙洲、鸿庥岛、景宏岛、南威岛、安波沙洲，但遭到了海峡两岸的强烈反对和抗议。20世纪60年代末，美国及联合国多个调查机构宣称在南海大陆架上发现了丰富的油气资源，加之联合国的《大陆架公约》《联合国海洋法公约》等涉及大陆架和专属经济区制度的陆续出台，岛礁争议被赋予了新的内涵，对于南海的关注焦点也从岛礁之争进一步扩展到海域划界之争。在巨大资源前景的诱惑和刺激之下，越南、菲律宾、马来西亚等国纷纷伺机在南沙夺岛占礁，在20世纪七八十年代掀起了一股更大规模的侵占浪潮。当时越南北方政权原本已经明确承认了中国对南海诸岛的主权，但在南北统一大势确立之后，随即改变了其立场与政策。⑤1975年先是以"解放"为名占据了曾被南越当局侵占的南沙群岛6个岛礁，后又陆续抢占了染青沙洲、万安滩等18个岛礁。1988

---

①③ 《南海局势及南沙群岛争议：历史回顾与现实思考》，新华网，2016年5月12日。

② 1951年8月15日，中国政府发表《中华人民共和国中央人民政府外交部部长周恩来关于美英对日和约草案及旧金山会议的声明》，宣布包括南沙群岛在内的南海诸岛"为中国领土"，反对"旧金山和约"虽然规定日本放弃对南海有关岛屿的一切权利却不提归还主权问题，重申有关岛屿在日本投降后"已为当时中国政府全部接收"，中华人民共和国在有关岛屿的主权"不受任何影响"。参见中华人民共和国外交部、中共中央文献研究室：《周恩来外交文选》，中央文献出版社1990年版，第38~46页。

④ 不过，当时的菲律宾政府显然知晓台湾当局的南沙主权立场，因此曾欲派官员赴台湾协商南沙岛礁归属问题。参见新华社电讯稿《中华人民共和国政府郑重声明 中国对南沙群岛的主权绝不容许侵犯》，载于《人民日报》1956年5月30日，第1版。

⑤ 1974年之前，无论是越南政府的照会、声明，还是其报刊、官方地图，均承认西沙群岛和南沙群岛是中国领土。例如，1958年9月4日，中华人民共和国政府发表《关于领海的声明》，明确地对世界宣布，"西沙群岛和南沙群岛是中国领土，适用领海宽度12海里主权范围"。9月14日，越南民主共和国总理范文同向中华人民共和国总理周恩来签发外交照会，表示"承认和赞成"中国的上述声明，并承诺在国家关系中"彻底尊重"中国的领海主权。

年3月14日,越南还在赤瓜礁附近与中方爆发了海上冲突。在此期间,菲律宾陆续占据了费信岛、中业岛等8个南沙岛礁,而马来西亚则侵占了弹丸礁、南海礁和光星仔礁。这些国家都大幅调整了在南沙群岛等问题上的原有立场,通过制定国内涉海法律、发表政治声明等方式,纷纷提出对南沙群岛的主权诉求,并且开始对南沙周边海域提出所谓权益要求。

20世纪50~80年代,美国通过外交询问、申请测量、通报航行飞越计划等方式,总体上显示了其承认中国对南沙群岛主权的立场,而且台湾当局还曾在南沙有关岛礁上接待过美国的军事人员。尽管对于菲律宾、越南等国在南沙夺岛占礁的疯狂举动,美国长期以来一直未有明确态度,但确曾多次向台湾当局咨询过对这些岛礁主权归属问题的意见。① 如在1957年至1961年2月间,美军驻菲律宾的空军人员在黄岩岛及南沙群岛区域实施海图测量及气象调查时,就曾多次向台湾当局提出申请,表明美国实际上认为中国拥有这些岛礁的主权。而在同期美国出版的一些地图和书籍,包括1961年版的《哥伦比亚利平科特世界地名辞典》、1963年版的《威尔德麦克各国百科全书》、1971年版的《世界各国区划百科全书》等,也均确认中国对南海诸岛的主权。美国的政策困境在于,虽然基于道义和国际法理应承认中国对这些岛礁的主权,但另一方面又由于反共和推进亚太战略的考虑,不情愿让中国大陆占有这些岛礁,更不愿因此损害与菲律宾等盟友的关系。中国长期以来只有太平岛在台湾当局占领之下,大陆在20世纪80年代末才开始控制并驻守较小的6个岛礁,1994年在美济礁上建筑了渔船避风设施。

20世纪90年代初,在冷战终结、亚太国家关系缓和、经济发展成为主基调的大背景下,中国与东南亚国家和东盟组织的关系发展步入了"快车道"。在开创和维护周边稳定政策的驱动下,中国对东盟确立了增信释疑和全面开展合作的政策。考虑到维护与东南亚国家关系稳定的现实需要,中方在南沙群岛争议中沿用了对东海钓鱼岛争端采取的方针,一方面坚持主权立场,另一方面向东盟国家提出了"搁置争议、共同开发"的主张,以避免该争议干扰周边稳定与合作的大局。中国与东盟关系的快速发展基本掩盖了南海局势的起伏波动,但是有关的争议仍然不时凸显。在此期间,相关国家利用了中国的"温和"政策,启动了新一波的占岛与油气开发行动。如进入20世纪90年代后,越南又进占了5个南沙岛礁,使其实控南沙岛礁总数达到了29个;截至1994年3月,越南在南沙、西沙海域非法划出的石油招标区块已达120多个,覆盖了南沙、西沙大部海域。马来

---

① A. V. H. Hartendorp, History of Industry and Trade of Phillipines: the Magsaysay Administration, Manila: Philippine Education Co., 1961: 217;萧曦清:《中菲外交关系史》,台北正中书局1995年版,第831页。

西亚于1999年侵占了榆亚暗沙和簸箕礁，并疯狂开发南沙附近的油气和渔业资源；其在南沙海域的钻井数量占到了东南亚争端国钻井总数的一半以上，其执法力量在南沙海域驱赶、抓扣中国渔民渔船的次数也最多。尤其值得一提的是，此间菲律宾在美济礁①、黄岩岛②和仁爱礁③等岛礁进行了多次挑衅行动。中国政府着眼于管控和稳定局势以及维护与东盟关系大局，对菲律宾、越南、马来西亚等国进行了坚持不懈的外交努力，特别是与菲律宾进行了多轮磋商。1999年3月，中菲关于在南海建立信任措施工作小组首次会议在马尼拉举行。此后又举行了多次磋商，双方同意保持克制，不采取可能导致事态扩大化的行动。

在此期间，东盟高度关注南海局势发展，也与中国进行了多轮磋商。各方还召开过专题的1.5轨闭门对话，就领土争议和海域划界问题进行了深入探讨，这些讨论为日后中国与东盟各国寻求共识提供了基础。此后，1998年召开的东盟峰会通过了旨在推进东盟一体化的"河内行动计划"，其中提出要争取"推动在争端当事方之间建立'南海地区行为准则'"。④ 由于各方在约束效力方面有较大分歧，中越对涉及范围也争执不下，"南海地区行为准则"（以下简称"准则"）的制定并不顺利，后来的数次磋商均未取得明显进展。直至2002年7月，在文莱斯里巴加湾市第35届东盟外长会上，马来西亚为了打破僵局，提议以一个妥协、非约束性的"宣言"取代"准则"，得到东盟外长会接纳。⑤ 此后数月间，中国与东盟进行了密集的沟通和协商，最终达成了《南海各方行为宣言》（DOC），并于同年11月4日由时任中国副外长王毅与东盟十国外长在柬埔寨金边举行的第八届东盟峰会期间共同签署。

《南海各方行为宣言》（以下简称《宣言》）共有十条，主要内容是确认促进南海地区和平、友好与和谐的环境，承诺根据公认的国际法原则，包括1982年

---

① 针对中国1994年在美济礁建设渔民避风设施，菲律宾反应激烈，1995年3月底出动海军，把中国在五方礁、仙娥礁、信义礁、半月礁和仁爱礁等南沙岛礁上设立的测量标志炸毁，甚至派出海军巡逻艇，在空军飞机的支援下，突然袭击了停靠在半月礁附近的4艘中国渔船，拘留了船上62名渔民。5月13日，菲律宾军方将争议升级，派船机试图强闯美济礁，与中国附近海域的"渔政34号"船进行了8个多小时的对峙。而中国坚持修建完相关设施。

② 1997年4月底，菲律宾海军登上黄岩岛，炸毁中国主权碑，插上菲国旗，中国海监船一度与菲律宾军舰形成对峙。此后数年间，菲多次驱逐、逮捕甚至枪击航经黄岩岛海域的中国渔民。

③ 1999年5月9日，菲律宾海军将一艘舷号为57的坦克登陆舰"马德雷山脉"号开入仁爱礁，以船底漏水搁浅需要修理为由停留在礁上，此后一直以定期轮换方式驻守人员，再未离开。中方进行了反复严正的外交交涉。同年11月3日，菲海军又如法炮制，派出另一艘淘汰军舰，以机舱进水为由在黄岩岛潟湖东南入口处北侧实施坐滩。此次中方不可能再相信菲方谎言，施加了强大外交压力。菲律宾时任总统艾斯特拉达下达命令，菲军方11月29日将坐滩军舰拖回到码头。

④ ASEAN, 1998 Ha Noi Plan of Action, Ha Noi, 1998 – 12 – 15.

⑤ ASEAN, 2002 Joint Communique of 35th ASEAN Minister Meeting, Bandar Seri Begawan, 2002 – 07 – (29 – 30).

《联合国海洋法公约》。《宣言》的签署主要是着眼于避免南沙岛礁争议失控,防止出现新的占岛、控岛行为,也的确为南沙争议降温和地区稳定作出了重要贡献。但是,在《宣言》签署后的大约10年当中,事实上只有中国基本遵守了其规定和原则,未采取使争议扩大化的行动,并且积极推动海上和平合作和共同开发。相反,越南、马来西亚、菲律宾等国从一开始就没有全面和认真地落实《宣言》,而是不断地对其所占据岛礁改建和扩建,加强行政管理,加紧油气资源开采,并不时抓扣中国渔民等。这些国家的一个共同指向,就是要固化它们在南海的非法侵占所得,否定存在争议而不是"搁置争议",这些做法实际上不断刺激着中国国内民众和舆论的反感情绪。

二、南海争端的发展态势

冷战结束初期,美国在南海问题上的政策是不对各方领土要求的合法性作出判断,只是强调用和平手段解决领土纠纷,同时关注南海的航行自由。在当时的全球安全格局中,亚洲不构成美国关注的重点,南沙偶然发生的争端也没有改变美国在主权问题上"不选边"的立场,美方强调的是各方以和平手段解决领土争端。[①] 在这种情势下,虽然越南、菲律宾、马来西亚等国挑起的各种摩擦不断,但南海局势总体上还是保持在可控的范围之内。南海局势复杂化的转折点大约发生在2009年,这与联合国大陆架界限委员会关于提交200海里外大陆架界限信息的期限(2009年5月13日)有一定关系,而美国亚太战略的调整则是一个更大的刺激因素。2009年1月,奥巴马政府甫一履新,即释放了将对小布什政府对外政策进行纠偏、把战略重点优先放在亚太地区的信号,这显然助长了部分争端方在南海与中国角力的信心。在此背景下,菲律宾国会参众两院通过《领海基线法案》,以国内法形式将中国的黄岩岛和南沙群岛部分岛礁划为菲领土,越南、马来西亚则无视南海海域划界存在事实争议的情况,向联合国大陆架界限委员会联合提交了200海里外大陆架划界案。此间中美在南海也开始出现摩擦,美国军舰与中国船只在侦察与反侦察过程中,至少发生了5起对峙摩擦事件,包括著名的"无瑕号"事件。

进入2010年,美国对南海的政策加快转变,明显表现出"选边站"的倾向。包括希拉里在内的美国高官多次就奥巴马政府的亚太政策以及南海问题发表针对性言论,而美国军方则大幅强化了在南海及其周边的力量存在和军事演习等动

---

① US Department of State Daily Briefing, 1995-05-10, http://www.state.gov/r/pa/prs/dpb/, 2017年4月访问。

作。在此期间,菲律宾、越南等方继续对所占南沙岛礁进行改扩建,并且与美国在南海周边频繁举行联合军演,一些国家"抱团"针对中国,不断采取完全无视中方关切的做法。① 菲律宾时任总统阿基诺三世甚至下令用所谓"西菲律宾海"一词替换"南中国海"这一国际通用地名,意图强化菲对相关岛礁和海域的主权声索地位,并获得美国官方一定的认可。

2012年4月发生的黄岩岛事件②促使中国政府采取了反制行动,中国船只自此留守黄岩岛附近海域,开始实施实际管控。6月21日,越南国会审议通过《越南海洋法》,意在用国内法为越方主张披上合法外衣。同日,中国宣布建立地级三沙市,管辖西沙群岛、南沙群岛、中沙群岛的岛礁及其海域,并在随后数月间采取了落实三沙设市的一系列行政、司法、军事举措。在此之后,2014年发生的"仁爱礁打桩事件"③和"中建南事件"④使得南海局势进一步恶化。针对南海问题整体形势的变化,并且为了彻底改善中国南沙岛礁民生、基本军事防御和维护主权权益的需要,中方于2013年底起在自己控守的岛礁上开始了扩建工程。尽管这些岛礁都远离国际航道,完全不存在影响航行自由的问题,但是美国和菲律宾等国却依然反应强烈,并且大肆炒作和指责中国,进而引发了部分周边国家的担忧。美国据此加大了对南海事务的介入力度,以中国岛礁扩建工程"规模过大、速度过快""岛礁军事化"等话语,全面向中国施压,甚至采取了派军舰接近中国南沙和西沙岛礁的行动,被中方视为严重的军事和安全挑衅。

实际上,自2014年起,美国针对中国周边问题作出了更加清晰化的表态,在南海问题上更是呈现出直接介入争议和偏袒盟友及其他争议方的姿态。2月5日,美国亚太事务助理国务卿丹尼尔·拉塞尔在众议院有关东亚海洋争端的听证

---

① 如2011年3月,菲军方披露计划投入2.3亿美元修整在南海岛屿上的军营和机场;6~7月间,菲律宾、越南等国会同域外力量在南海举行了多场敏感的军事演习;2012年3月,菲律宾、越南就在南海进行联合军演和开展海上边界共同巡逻达成协议;4月,越南派出僧侣进驻其所占南沙岛礁的寺庙。

② 黄岩岛属中国中沙群岛,以东隔马尼拉海沟与菲律宾群岛相望。1898年的《美西巴黎条约》、1900年的《美西华盛顿条约》和1930年的《英美条约》均明确规定菲领土界限西限以东经118°为界,黄岩岛在此范围之外。而且直到20世纪90年代,菲律宾出版的地图都将黄岩岛标绘在菲领土界限之外。2012年4月10日,12只中国渔船在黄岩岛潟湖内例行作业,突然出现的菲律宾军舰对渔民进行堵截和干扰。中国渔民被菲律宾军人扒上去上衣在甲板上暴晒的照片,瞬间成为中国各大媒体和网站的头条新闻,引发全国性声讨。中国政府一方面进行紧急外交交涉,另一方面派出海监和渔政船只尽快抵达黄岩岛现场,双方进行了激烈交锋。直至6月3日,菲方船只才全部撤出黄岩岛潟湖。

③ 菲律宾1999年坐滩仁爱礁的军舰面临解体风险,菲方一直寻机在礁上打桩以实施占领。中方对此保持高度警惕,2014年3月成功阻止了携带建筑物资的菲军舰驶向仁爱礁,两国政府船只发生对峙。菲律宾在舆论上大肆渲染,吸引国际关注和美国介入。

④ 2014年5月中国在西沙海域启动"中建南"项目两口探井的钻探作业,"中国海洋石油981"平台从5月2日至8月15日在西沙中建岛南部17海里海域附近进行钻探作业,遭到越南数百艘政府船只的骚扰,并引发了中国海警船队与越南执法船的多次追逐甚至冲撞,场面一度激烈。

会上做证时，指责中国"断续线"主张"缺乏国际法基础""影响了地区的和平与稳定"，要求中国予以澄清。① 这是美国官方首次在南海争端问题上点名向中国发起挑战。而在同月，美国海军作战部长乔纳森·格林纳特在菲律宾宣称，如果中菲在南海发生冲突，美国将支持菲律宾。② 这是美方在中菲南海争端中所作出的最强硬表态。与此同时，所谓"成本强加"战略③开始成为美国的政策选项，各类威慑、挑衅动作也愈加频繁。例如，美军明显加强了对中国南沙岛礁周边海域海空抵近侦察活动的力度，并多次进入中国南沙甚至不存在争议的西沙岛礁 12 海里内进行航行自由宣示行动。数据显示，美国军机对中国在南海的抵近侦察活动，从 2009 年的 260 余架次，增加至 2014 年的超过 1 200 架次。④ 伴随"亚太再平衡战略"的推进，美国显著增加了在澳大利亚达尔文、新加坡樟宜基地、菲律宾、马来西亚等环南海地区的力量部署，并逐步加强了与南海周边的马来西亚、印度尼西亚、越南等国有关海域态势感知的情报及侦察合作，加大对其他南沙争端国的军事援助，重点是提高菲律宾、越南等国的侦察预警、巡逻管制以及反介入能力。

值得关注的是，作为维护美国在亚太地区利益和价值观的"副警长"，以及美国亚太同盟体系中的"北南双锚"，日本和澳大利亚对于美国的南海政策给予了积极配合和大力支持，成为影响南海形势发展的新变数。这一时期，日本开始以"确保海上航行自由"为借口积极介入南海问题，对南海岛礁的主权归属表现出异乎寻常的关注，并且在行动上明显支持和偏袒东南亚国家，成为推动南海争端持续升温的一个重要因素。日本坚持认为有关南海问题的争端应该在有美日等国参与的国际框架内解决，并积极倡导和支持相关国际框架的构建，事实上成为南海问题国际化的一个重要推手。由于担心中国"在南海行动的方式有一天可能运用于钓鱼岛"⑤，日本积极介入南海的行动可能带来的最重大影响在于，它会逐步激发某些潜在对立因素的不断增长，并在特定的时间点上对该地区现存的战略结构产生某种意想不到的冲击，进而对整个亚太地区的战略均势乃至全球的安全稳定构成挑战。⑥

---

① 《美欲遏制中国借南海生事，若爆发冲突绝不赖中国》，搜狐网，2016 年 4 月 16 日。
② 转引自《南海局势及南沙群岛争议：历史回顾与现实思考》，新华网，2016 年 5 月 12 日。
③ 所谓"成本强加"战略，即动用政治、外交、舆论、军事等各类手段，增加中国南海行动的成本，迫使中国后退，以期在不发生武装冲突的情况下制止中国的所谓南海扩张。引自《傅莹撰文：南海局势如何走到今天这一步》，中国新闻网，2016 年 5 月 12 日。
④ 《专家：美国频繁抵近侦察监视中国南海三大建设》，人民网，2015 年 7 月 3 日。
⑤ 日本防卫研究院教授西原正志语。转引自［德］杜浩著，陈来胜译：《冷战后的中日安全关系》，世界知识出版社 2004 年版，第 102 页。
⑥ 王传剑：《日本的南中国海政策：内涵和外延》，载于《外交评论》2011 年第 3 期。

与日本一样，澳大利亚虽非南海问题的争端方，但对于南海事务也有持续的、浓厚的兴趣。①特别是近几年来，以维护所谓"基于规则的国际秩序"为由，澳大利亚密切配合美国的行动，成为南海争端国际化的另一个"重要推手"。澳大利亚高度关注南海航线的安全问题，一再敦促中国和其他争端方切实保障该地区航行自由，甚至明确将其国家利益的范围标示为"从印度经东南亚到东北亚的弧形地带，包括该地区所依赖的海上通道"。②2011年，澳美两国宣布美海军将在达尔文港和澳北部领土驻军，其数量将在2017年达2500人。2014年，双方又正式签署了一份为期25年的《军力部署协议》，从而为美国不断提升在澳大利亚的军事存在确立了法律框架。2015年，澳美日三国防长联合声明进而对中国在南海填海造地表示"严重关切"，并"强烈反对"使用强制或武力单方面改变南海地区现状。在2016年和2017年的东盟外长系列会议期间，澳美日三国外长联合声明又声称菲南海仲裁案裁决"有效"和要求当事国"执行裁决"，反对南海"岛礁军事化"等。在美日公开介入南海争端的情况下，澳大利亚针对南海事务高调发声，不仅会给南海争端的管控和疏解带来新的不确定性，也将使西太平洋地区的海洋安全形势变得更加复杂。③

另外，在冷战结束以后，作为南亚大国的印度也逐步将其影响渗透进了南中国海，并与美日等国一起成为推动该地区局势发展的重要因素。综合近年来各方面信息，冷战后印度在南海的主要政策动向集中表现为以下几个方面：一是以发展与东盟关系为突破口，积极推行"东进政策"，逐步建立在南海地区的影响；二是大力扩充海军力量，积极实施"东方海洋战略"，逐步拓展在南海地区的战略空间；三是积极配合美日在南中国海的军事活动，加强与相关各国的合作，逐步涉足南海争端。④自1991年提出"东进"政策起，印度显著加强了在南海地区的政治、经济和军事活动，并对东南亚涉南海争端各国给予了或明或暗的支持。在1996年成为东盟对话伙伴国后，印度海军和海上警卫队于1999年首次进入南海。2000年，时任印度国防部长费尔南德斯进而在访问日本时明确宣布，"从阿拉伯海的北面到南中国海，都是印度的利益范围"。⑤2006年底，印度空军派出10架先进战机赴新加坡举行空军联合演习，这是其自独立以来首次派遣战机进入东南亚执行军事行动。特别是最近一段时期以来，印度对于中国提出的"一带一路"倡议表现出了明显的抵制态度，而对于美国所倡导的明显带有针对

---

① Rodolfo C. Severino, "ASEAN and the South China Sea", Security Challenges, 2010, 6 (2): 37.
② 陈邦瑜、韦红:《美澳印"印太"战略构想的异同与中国的应对》，载于《社会主义研究》2015年第6期。
③ 王传剑:《澳大利亚的南海政策：取向与限度》，载于《国际论坛》2017年第2期。
④ 王传剑:《印度的南中国海政策：意图及影响》，载于《外交评论》2010年第3期。
⑤ 郭斯仁:《无法平静的南海》，载于《环球时报》2000年7月14日，第4版。

中国性质的"印太战略"却表现出了极大的参与热情。从印度对于"印太战略"的一系列表态与动作来看，大有借发展与东盟国家关系为日后插手南海事务铺路之嫌。

最近几年间，由菲律宾阿基诺三世政府挑起的南海仲裁案严重损害了中国在南海主权声索中的合法性共识，尤其是通过渲染中国"以大欺小"的形象破坏了中国的国际声誉。2013年1月22日，在未与中方协商更未征得中方同意的情况下，菲律宾依据《联合国海洋法公约》（以下简称《公约》）附件7和第287条，单方面向国际海洋法法庭提起强制仲裁程序。对此，中国外交部多次发表声明，指出菲律宾和仲裁庭无视仲裁案的实质是领土主权和海洋划界及其相关问题，恶意规避中国于2006年根据《公约》第298条有关规定作出的排除性声明。2014年12月7日，中国政府发布《中华人民共和国政府关于菲律宾共和国所提南海仲裁案管辖权问题的立场文件》，系统阐释了中国"坚决反对，不接受、不参与"仲裁的立场及相关国际法依据。尽管如此，由美国支持日本右翼分子主持的"国际仲裁庭"，依然于2016年7月12日就南海领土主权及海洋划界等事项作出所谓"最终裁决"，将菲律宾提出的15项诉求几乎照单全收，而对中国在南海的领土主权和海洋权益近乎全盘否定。该仲裁恣意否定我南沙群岛海洋地物的岛屿地位及其群岛整体性主张，否定我在南海的历史性权利，这种擅自越权和扩权裁决，不仅无视《公约》顾及和保护缔约国主权的基本前提，而且完全背离了《公约》促进和平解决争端的目的及宗旨，严重损害了《公约》的完整性和权威性。对于这样一份的裁决，中方严正表明了不接受、不承认的立场。中国不执行对中国本来就没有约束力的非法裁决既非开创了什么"恶劣先例"，更谈不上无视国际法和挑战国际秩序。

总之，南海问题本质上属于中国与东南亚各声索国之间的双边问题，并不直接涉及中美两个大国以及与东盟组织之间的关系。但是自2009年以来，以美国为首的域外势力开始深度介入南海争端，并与菲律宾、越南等国频频挑起事端形成内外呼应之势，致使该地区紧张局势不断加剧，中美正面交锋的帷幕也随之拉开，而东盟的南海政策考量亦在此间发生了显著变化。在此背景下，中国—美国—东盟三边关系的互动客观上已经成为影响南海争端走势的一个最为关键的宏观战略因素，并将从根本上决定未来南海问题疏解和管控的成败。① 当然，不论是对美国、东盟还是对中国而言，三者的南海政策之间实际上既存在相互制约的关系，又具有彼此促动的作用。这就在更为宏观的战略层面加剧了南海问题的复

---

① 王传剑：《南海问题与两岸关系》，载于《东南亚研究》2017年第6期。

杂程度，使其越来越陷入一种"多重复合博弈"①的状态。有学者指出，在"南海仲裁案"落下帷幕以后，围绕南海地区的国际秩序已经开始进入到一种"新常态"。这种"新常态"的出现源于三个基本态势：一是自2012年黄岩岛事件以来，中国为了应对，适时开启了在南沙群岛的陆域吹填工程，并通过强化行政管理能力、开展岛礁建设及其防务部署、提升资源开采水平和能力，一举改变了长期以来对南海实际控制不足的局面，与争端当事国和有关各方的谈判议价能力大幅提升；二是美日等域外大国试图利用国际仲裁来"规劝中国"的"南海仲裁案"未能达到预期，通过国际规则和国际法对中国施压的边际收益正在逐步递减，而实施航行自由和在军事上加码的战略成本则在明显上升，特别是在美国特朗普政府将朝核问题置于亚太地区安全议题优先地位的情况之下；三是中国通过提出"双轨思路"和"五个坚持"对相关政策进行了适度调整，试图与东盟开展对话并对其进行安抚，东盟国家则为了摆脱在中美之间的尴尬地位，在"南海仲裁案"后逐渐缓和了与中国的关系，中国与东盟国家间关系开始得到极大的改善。②当然，南海秩序的这种"新常态"目前看来仍然处于动态的发展过程之中，还没有达到最后的绝对均衡状态，包括中国、美国、东盟在内的各方博弈仍将在多个层面上持续，围绕南海问题的局势发展仍然存在着诸多的不确定因素。③

三、中国面临的形势任务

长期以来，中国在处理与周边国家之间的海洋争端时一直倡导并奉行"搁置争议，共同开发"（shelving differences and seeking joint development）的政策。这一政策主张最初由邓小平在20世纪70年代针对中日领土争议提出，后来也逐渐被拓展运用于南海问题。在20世纪七八十年代中国与东南亚国家建交时期，邓小平在同对方领导人会谈中多次指出：南沙群岛是历史上中国固有的领土，70年代以来发生了争议，从双方友好关系出发，我们趋向于把这个问题先搁置一

---

① 叶正国：《多重复合博弈下台湾当局南海政策的新发展》，载于《中国评论》2016年9月。

② 如在2016年7月召开的东盟外长会议上，中国与东盟国家外长发表联合声明，承诺各方尊重国际法规定的在南海的航行及飞越自由，各方重申通过和平手段解决领土和管辖权争议，各方承诺保持自我克制等。同年9月7日，第19次中国—东盟领导人会议落下帷幕，并发表了《中国与东盟国家应对海上紧急事态外交高官热线平台指导方针》和《中国与东盟国家关于在南海适用〈海上意外相遇规则〉的联合声明》，达成了两个重要的共识。2017年4月召开的东盟峰会上，菲律宾作为轮值主席国淡化了南海问题，在主席国声明中并没有提及"南海仲裁案"。"Chairman's Statement: Partnering for Change, Engaging the World," http://asean.org/storage/2017/04/Chairs-Statement-of-of-30th-ASEAN-Summit-FINAL.pdf.

③ 左希迎：《南海秩序的新常态及其未来走向》，载于《现代国际关系》2017年第6期。

下，以后再提出双方都能接受的解决办法，不要因此而发生军事冲突，而应采取共同开发的办法。作为一种解决领土争端的重要原则，"搁置争议，共同开发"的基本含义是：第一，主权属我；第二，对领土争议，在不具备彻底解决的条件下，可以先不谈主权归属，而把争议搁置起来。搁置争议，并不是要放弃主权，而是将争议先放一放；第三，对有些有争议的领土，进行共同开发；第四，共同开发的目的，是通过合作增进相互了解，为最终合理解决主权的归属创造条件。显然，"搁置争议，共同开发"的前提是"主权属我"，而其目的，则是为最终解决领土问题创造条件。实际上，在当时提出"搁置争议，共同开发"主张的同时，邓小平已经向相关国家领导人表达了"主权属我"这一立场。他明确指出，"南沙群岛，历来的世界地图是划给中国的，属中国"，"我们有很多证据，世界上很多国家的地图都可以证明这一点"，"中国对南沙群岛最有发言权"。①

不过，无论是学术界还是各国政府，目前对于"搁置争议，共同开发"原则都没有形成一种确切的解释和共性的认识。加拿大学者汤森高尔特（Ian Townsend Gault）和斯托蒙特（William G. Stormont）②、德国教授拉戈尼（Lagoni）③、日本学者三好正弘（Masahiro Miyoshi）④和中国学者高之国博士⑤都对此做过研究，观点差异较大。值得关注的是，菲律宾和马来西亚等国则试图用"南极模式"来代替共同开发，以维护其在南沙群岛的既得利益，从而使中国放弃对南沙群岛的主权。⑥正如印度尼西亚原外交部无任所大使贾拉尔曾经指出的，有关国家有一种强烈的倾向，即共同开发不能在自己主张的海域，只能在别人声称的海区，或在他的声称区之外。⑦

必须看到，在近年来中国积极倡导和平解决南海争端并为此而努力的过程中，"搁置争议、共同开发"原则正面临严峻的现实挑战。由于在南海存在南沙

---

① "搁置争议，共同开发"，外交部网站，2000年11月7日。https://www.fmprc.gov.cn/web/ziliao_674904/wjs_674919/2159_674923/t8958.shtml.

② GaoZhiguo, "The Legal Concept and Aspects of Joint Development in International Law", Ocean Yearbook, 1998, 13（1）: 112 - 149.

③ Rainer Lagoni, "Oil and Gas Deposits Across National Frontiers", American Journal of International Law, 1979, 73（2）: 215 - 246.

④ Ong, D, M. "Joint Development of Common Offshore Oil and Gas Deposits: Mere' State Practice or Customary International Law", American Journal of International Law, 1999, 93（4）: 771 - 776.

⑤ 高之国：《国际法上共同开发的法律概念及有关问题》，引自高之国、张海文等：《国际海洋法论文集》，海洋出版社2004年版，第50~56页。

⑥ 周忠海：《论南中国海共同开发的法律问题》，载于《厦门大学法律评论》2003年第5期，第190~209页。

⑦ 萧建国：《国际海洋边界石油的共同开发》，海洋出版社2006年版。

岛礁主权归属争议，特别是存在主张重叠的状况，又牵涉多数国家，致使争议海域难以界定。就目前的情况看，有争议的中国海洋领土很多已经被周边邻国实际侵占，他们加强对侵占岛礁"主权"的宣示，使得"主权属我、搁置争议"政策无法得到真正落实。一些国家还对中国海洋领土进行法理上和制度上的吞并，企图以国内立法和国内体制建设形式吞并中国海洋领土。在瓜分和侵占岛礁的同时，越南、菲律宾等南海周边国家还疯狂掠夺南海资源，"共同开发"反而成了相关国家排斥中国的依据，在竞相开发的时候完全漠视中国权益。特别是伴随美国等区域外势力的介入，南海问题不断趋于国际化以及多边化，越南、菲律宾和马来西亚等国纷纷与美日等国开展军事、经济合作以抗衡中国，很大程度上阻碍和干扰了共同开发的推进。可见，南海周边国家虽然表面上同意中方提出的"搁置争议、共同开发"原则，希望以和平方式解决南海争端，但实际上却是借中国"搁置争议"之机，行"大肆开发"之实，以至于使得南海局势日趋走向复杂化，而中国岛礁被侵占、海域被瓜分、资源被掠夺的形势也愈发严峻，如表4-2所示。

表4-2　　　　东南亚部分国家侵占中国南海岛礁情况

国家	备注
中国 （实际控制9个岛礁）	中国大陆控制永暑礁、赤瓜礁、东门礁、南薰礁、渚碧礁、华阳礁、美济礁7个岛礁，中国台湾控制太平岛、中洲岛两个岛
越南 （占领29个岛礁）	鸿庥岛、南威岛、景宏岛、南子岛、敦谦沙洲、安波沙洲、染青沙洲、中礁、毕生礁、柏礁、西礁、无乜礁、日积礁、大现礁、六门礁、东礁、南华礁、舶兰礁、奈罗礁、鬼喊礁、琼礁、广雅滩、蓬勃堡、万安滩、西卫滩、人骏滩、奥南暗沙、金盾暗沙、李准滩
菲律宾 （占领8个岛礁）	马欢岛、南钥岛、中业岛、西月岛、北子岛、费信岛、双黄沙洲、司令礁（沙洲）
马来西亚 （占领3个岛礁）	弹丸礁、皇路礁、南海礁。1979年将上述岛礁和南沙27万平方千米的海域划入其版图。1980年宣布200海里专属经济区
文莱 （占领1个岛礁）	南通礁。文莱宣布200海里专属经济区，并发行标明海域管辖范围的新地图。文莱声称对南通礁拥有主权，并分割南沙海域3 000平方千米

资料来源：《谁的南海？》，搜狐网，http://news.sohu.com/s2011/nanhai/index.shtml#nanhai。

中国在南海拥有历史性权利是不争的事实，这是在中国千百年来开发、经营和管辖南海诸岛及相关海域的过程当中逐步形成的，并有大量的历史证据做支撑。长期以来，中国与越南、菲律宾等南海问题直接当事方之间存在的分歧更多是历史遗留的领土争议问题，争议的核心是领土主权问题。然而，在美国介入南海问题后，其军事活动逐渐增加，所谓践行自由航行和支持国际仲裁等行径更是使这一问题逐渐复杂化。就近年来的情况看，南海形势开始呈现出几个新的特点：一是南海问题逐渐由领土争议和海域主张争议演变为地缘政治、资源开发和航道管控的博弈；二是南海问题"被扩大化"，已由原来直接当事国之间的"岛争"，扩大到域内外力量之间的"海争"或"水争"；三是由于南海地区安全机制的缺失，以及亚太地区安全结构的演变和调整，南海周边国家对中国的"战略猜疑"上升，并采取寻求域外国家的安全保护和加强自身军力建设的应对策略。因此，"大国借机谋势、小国伺机谋利、大小国联合应对中国"，以"结盟"和"拉帮结派"、谋求相对军事优势为特征的南海地缘政治博弈的特点日趋明显。① 在造成局势螺旋升级、各方不断相互刺激的因素中，不仅有基于主权、资源、战略安全诉求的现实利益纠葛，也有各方记忆中历史脉络的缺失和信息的不连贯，更有相互之间战略意图和政策目标的揣测与猜度。围绕南海局势和南沙群岛的争议，存在矛盾激化甚至战略误判的风险。②

南海问题事关中国的主权、安全和发展利益，中国在南海的利益诉求多年来一以贯之，那就是维护国家领土主权完整和确保地区和平与安宁。2016 年 4 月 28 日习近平在亚洲相互协作与信任措施会议第五次外长会议上也再次强调中国一贯致力于维护南海地区和平稳定，坚定维护自身在南海的主权和相关权利，坚持通过同直接当事国友好协商谈判和平解决争议。③ 中国南海政策的根本出发点是维护国家的主权安全和海洋权益，中国民众绝不会允许任何国家进一步损害中国在南海的岛礁及其附近海域的主权和权益。作为涉及国家和争议岛礁数量最多、争议海域面积极广的海洋争端，在短时间内解决如此复杂的南海问题并不现实，唯一可行的选择就是中国所倡导的"搁置争议、共同开发"。通过在争议海域实施共同开发合作，有助于有关各方积累政治互信，从而为最终解决南海问题创造条件。

在此基础上，中国在处理南海问题上的具体政策表现为以下三个方面：第一，坚持通过双边谈判解决领土主权问题。对中国而言，南海问题涉及领土主权争端，需要中国与各争议方进行一对一的谈判，这符合国际关系的基本原则，也

---

① 《专家解读：当前南海形势及中国面临的挑战》，中华网，2016 年 7 月 13 日。
② 《傅莹：南海局势历史演进与现实思考》，中国新闻网，2016 年 5 月 11 日。
③ 《习近平：强调凝聚共识，促进对话，共创亚洲和平与繁荣的美好未来》，中华人民共和国中央人民政府网，2016 年 4 月 28 日。

是中国政府的一贯立场。争端的多边化、国际化往往会导致问题的复杂化,双边谈判才是解决南海问题的唯一正道。而且,"在领土问题和海洋划界争议上,中国不接受任何第三方争端解决方式,不接受任何强加于中国的争端解决方案。"① 第二,主张通过和平手段解决南海问题。南海问题涉及六国七方,利益众多而且矛盾复杂,中国与周边国家在南海的最大公约数就是维护地区的和平与稳定。中国自始至终声明主张通过和平手段解决南海问题,而且一直在尽最大努力管控与争端方的矛盾和分歧。而且,作为南海最大的沿岸国,中国也理应在南海保持军事防御和维护和平的能力,以增强推进谈判解决争议的主动地位。② 第三,反对外来力量干涉南海问题。南海地缘位置重要,亚太大国无一例外试图介入这一问题,并以各种手段谋求对南海事务施加影响。中国没有美日等国所担忧的旨在谋求地区霸权的动机和设计,从外交政策的指导原则和现实利益考虑,虽然欢迎东盟在维持南海和平与稳定上发挥建设性作用,但是坚决反对外来力量介入南海问题的解决过程。

就目前形势看,菲律宾挑起的"南海仲裁"闹剧虽然已经落下帷幕,其所谓"裁决"也在中国的坚决反对和抵制之下事实上被搁置,但其负面影响已经开始显现,并在逐步沉淀和固化,因裁决给南海和平稳定投下的"阴影"短时间内恐难以消除。部分域内外国家一方面利用裁决进行单边活动,强化非法侵占和单方面主张,另一方面试图以侵权行为为裁决"背书"。如 2017 年以来,越南在南沙万安滩海域的单方面油气开发活动、印度尼西亚将南海部分海域命名为"北纳土纳海"、美国的"自由航行行动"频繁进入美济礁 12 海里范围等,无不与仲裁裁决试图全面否定中国对南沙群岛整体的主权以及南海海洋权益密切相关。虽然目前的中菲关系已经实现转圜,菲律宾现任总统杜特尔特有意将中菲南海争议重新拉回到通过双边途径、谈判协商解决的正确轨道上来,但所谓的"南海仲裁"裁决依然是影响中菲关系和南海形势的一个重要变量,并将在很长一段时期里成为中国在南海维权的隐患与障碍。未来若菲政府因政局变动重提裁决,中菲双边关系将波澜再起,南海局势可能再度升温。如果菲政府一意孤行,不惜以中菲关系倒退为代价破坏南海稳定局势,那么作为"南海仲裁"裁决的事实受益者,越南、马来西亚、印度尼西亚等南海周边沿岸国效仿菲律宾利用裁决在争议海域采取单方面行动的可能性也将大增。除此之外,美国、日本等国家在南海问题上大打"法律牌""规则牌"的趋势已经日益凸显,域内外势力在外交、法律及海上等各方面"坐实"裁决的压力与挑战将始终存在,未来中国在南海问题法理斗争

---

① 《中华人民共和国外交部关于应菲律宾共和国请求建立的南海仲裁案仲裁庭所作仲裁的声明》,外交部网站,2016 年 7 月 12 日。

② 《傅莹:南海局势历史演进与现实思考》,中国新闻网,2016 年 5 月 11 日。

中面临的压力与挑战将会更加复杂化。

　　自 2004 年 12 月在马来西亚吉隆坡举行第一次落实《南海各方行为宣言》（DOC）高官会开始，中国与东盟国家截至目前已经进行了 10 余次磋商，旨在尽快制定"南海行为准则"（COC）。在 2016 年 8 月第 13 次高官会上，审议通过了"中国与东盟国家应对海上紧急事态外交高官热线平台指导方针"和《中国与东盟国家关于在南海适用〈海上意外相遇规则〉的联合声明》两份成果文件。① 在 2017 年 5 月第 14 次高官会上，又审议通过了"南海行为准则"（以下简称"准则"）框架，包括原则、目标、基本承诺等要素，为下一步"准则"文案的实质性磋商奠定了基础。显然，作为一个专门针对南海争端的危机管控机制，在制定"准则"的基础上构建未来南海地区的安全秩序，既可解决目前南海地区危机管控机制缺失的紧迫课题，也可弥补中国和东盟国家安全合作的"短板"，增进彼此的政治互信。按照原外交部边界与海洋事务司司长欧阳玉靖的说法，"准则"框架旨在为南海地区国家确立南海规矩，它将是南海秩序形成的重要节点。② 不过，考虑到南海问题的复杂敏感程度以及历史经纬因素，期望相关方在短时间完成"准则"磋商恐怕是不现实的。因为随着"准则"案文磋商序幕的开启，有关各方围绕"准则"的性质、适用海域范围，以及是否具有法律约束力等实质性问题的博弈也将浮出水面。这些困难既有东盟国家之间在"准则"核心条款上的分歧，也有中国与东盟有关国家之间在"准则"有关问题上的不同主张，而要缩小分歧和不同主张，必然需要时间去磨合，有时还需要妥协和让步。再加上域外国家蓄意向某些争端国释放错误信号，不断给"准则"磋商制造障碍，成为阻碍谈判进程的最重要因素。

　　对于航行自由原则，国际社会一直存在着一种误解，即认为只有美国才是捍卫者。事实上，南海作为国际战略通道，有着世界上最为繁忙的商业航线，每年全球货物海运总量的 40% 要经过南海，可以说南海航行自由与安全攸关世界各主要经济体的重大利益。中国贸易和能源 70%～80% 也依靠南海航线，是南海通道最大的使用者，因此中国也同样坚定支持航行自由原则，不仅屡次承诺尊重和支持各国根据国际法在南海享有的航行和飞越自由，而且做了大量工作，为维护南海海域航行自由和航道安全提供了越来越多的公共产品。更为重要的是，中国正在加快推进海洋强国建设，世界范围内的辽阔海洋对中国的发展和全球合作越来越重要，未来中国的海洋视野也注定要超越南海。因此，坚持南海自由航行不仅是中国遵守国际规则的体现，也是作为一个大国本身的战略利益所在。但是，

---

① 《落实〈南海各方行为宣言〉第 13 次高官会在中国满洲里举行》，央视网，2016 年 8 月 16 日。
② 徐方清、曹然：《"南海行为准则"框架是完善"南海规矩"的重要新节点——专访外交部边界与海洋司司长欧阳玉靖》，中国新闻周刊网，2017 年 6 月 1 日。

美国以开展"自由航行行动"为抓手,辅之以拉拢和鼓励日澳越等盟友或伙伴在南海采取与中国对抗的策略,以保持其对南海事务的介入,牵制中国在南海战略优势的形成。美国实施所谓"航行自由计划",在名义上是基于其作为南海使用国而对《联合国海洋法公约》有关条款进行的不同解读,但实质是维护其在南海的情报收集、抵近侦察等军事活动的自由空间与利益,是美国展现其在亚太地区特别是南海地区军事存在、力图掌握地区秩序主导权的主要手段。[1] 可以预见,随着中国在南海扩建岛礁的设施部署逐步提上议事日程,美国确保自身在本地区的主导地位不受削弱和中国在崛起过程中维护自身合法海洋权益、合理安全利益之间的深层矛盾将日益显现,中美之间以军事互动为主要表现形式的南海博弈仍将是影响南海形势发展变化的主要因素。[2]

总体来看,自2016年下半年菲律宾挑起的南海仲裁案落下帷幕以来,中国采取了一系列稳定南海局势的措施,包括推动中菲关系改善,加快"南海行为准则"磋商,通过中美"外交安全对话"等机制与美国在南海问题上保持沟通,已经比较成功地引导南海局势趋于稳定。不过,在当前南海局势整体向好的过程中,仍然存在很多不确定因素,以及可能导致形势发生变化的消极因素。如特朗普政府继续在南海地区开展针对中国的"自由航行行动",使得该行动仅2017年就进行了4次(而奥巴马执政8年总共只进行了5次)。与此同时,日本、澳大利亚等国对南海事务的介入成为日益突出的新挑战,而个别国家在南沙争议地区进行单边油气开发活动,并且以各种方式继续加强对争议海域的权利声索。在此情势下,越南成为美日搅局南海"代理人"的可能性不容小觑,菲律宾南海政策的两面性对南海稳定的负面影响也不容低估。作为美国对华施压的新抓手,越南这枚"定时炸弹"搅乱南海局势的潜在风险尚难预料,而菲律宾在面临国内外因素的掣肘与压力下,其南海政策会否出现钟摆效应亦未可知。特别是随着中国南沙岛礁的设施部署逐步提上日程,域内外国家可能会再度炒作"南海军事化"问题,而伴随着"印太战略"的呼之欲出,美日军事同盟在南海和印度洋方向针对中国的地缘军事部署也将逐步展开。因此在未来的一段时期,部分域内国家在涉南海问题决策中的机会主义倾向,可能会因域外势力介入南海事务而催化与发酵,出现域内外势力里外勾结、相互配合,搅动南海局势"向乱"发展的局面,对此中国必须高度重视未雨绸缪。

---

[1] 《未来南海局势还有这些不确定因素》,中华网,2017年12月26日。

[2] 有学者指出,2017年初特朗普已将"自由航行行动"的决策权交由军方自行决定,因此获得总统授权的美国军方无疑会更加频繁地实施该行动。同时为了有效应对美国的"自由航行行动",中方的反制手段和措施也会更加多样化并具有一定的威慑效应。基于此,中美南海军事博弈将成为影响今后南海形势发展的一条主线。参见《吴士存评南海形势:回首2017,展望2018》,中国南海研究院网站,2017年12月28日。

南海问题关涉中国的领土主权和海洋权益，南海争端不仅影响了中国与周边国家的关系发展，而且已经严重威胁到了中国的国家安全，严重影响到了中国的核心国家利益。邓小平曾经明确指出，"关于主权问题，中国在这个问题上没有回旋的余地。坦率地讲，主权问题不是一个可以讨论的问题"。① 习近平近年来也多次强调，"中国不觊觎他国权益，不嫉妒他国发展，但决不放弃我们的正当权益。中国人民不信邪也不怕邪，不惹事也不怕事，任何外国不要指望我们会拿自己的核心利益做交易，不要指望我们会吞下损害我国主权、安全、发展利益的苦果。"② 当然，南海问题极度复杂，不可能在短期内得到彻底解决。在今后相当长的一段时期内，中国的南海政策应该是在更有效地维护我国南海权益的基础上，努力管控好南海争端，进而确保南海形势的总体稳定。为此，我们应当按照习近平在党的十九大报告中提出的"推动构建人类命运共同体""以对话解决争端、以协商化解分歧""按照亲诚惠容的理念和与邻为善、以邻为伴深化同周边国家关系"等重要方针政策，统筹好中美、中国—东盟以及中国与其他声索国"三大关系"，处理好国际与国内、维权与维稳以及大国与周边"三对矛盾"，紧紧围绕岛礁后续建设、推动海上合作以及"准则"案文磋商"三大任务"，③ 坚持以和平战略为根本，主动稳定南海形势，积极塑造南海秩序，加快推进南海的和平安全、健康和谐和繁荣发展，为南海问题的最终解决创造条件，为加快推进海洋强国建设奠定基础。

第三节　和平战略与新时期中国的南海政策选择及建设方略

一、建设和平安全的南中国海

（一）当前南海地区的和平安全形势

1. 周边各国谋求南海军事化，南海地区存在爆发军事冲突的可能性

为达到将非法所得长期占为己有的目的，早前侵占南海岛礁的国家，包括越

---

① 《邓小平文选》第三卷，人民出版社1993年版，第62页。
② 《习近平：中国不觊觎他国权益　但决不放弃正当权益》，中国网，2016年7月1日。
③ 《吴士存评南海形势：回首2017，展望2018》，中国南海研究院网站，2017年12月28日。

南、菲律宾等,都曾陆续在南海岛礁上修筑了一些基础设施。近年来随着中国实力的增强,中国维护南海权益的决心愈加坚决,维权的力度也日益加大。在此背景下,这些国家开始谋求南海军事化,不断扩建海上力量,在所占岛礁上大肆修建兵营、飞机跑道等军事设施,以增强对抗中国的砝码和实力。早在2009年11月23日,越南国会就专门通过了一项法案,批准组建海上民兵建制。此外,近年来越南还在其非法占领的南海岛礁上大兴土木,修筑了不少军用设施。据2016年11月拍摄的卫星视像显示,越南已经在南威岛上修筑了长达1公里的跑道。分析认为,该工程结束后,越南的运输机、战斗机等都可以直接在这条跑道部署和起飞,这使得越南能够轻松控制方圆500～1 000千米的广阔海域。

作为另一个侵占南海岛礁较多的国家,菲律宾虽然受制于自身实力,短期内无法像越南那样在所占岛礁上大规模修筑军事设施,但却频频采取用废旧军舰坐滩这样的形式趁火打劫抢占我南海岛礁。早在2009年2月2日,菲律宾众议院便通过第3216号法案（House Bill 3216）,将南沙群岛部分岛礁（包括太平岛）以及中沙群岛的黄岩岛划入菲律宾领土。随后在3月10日,时任菲律宾总统阿罗约又进一步签署"领海基线法",将南海中的南沙群岛、太平岛、黄岩岛划归菲律宾国土范围。[1] 2012年4月,菲海军直接派出最大战舰"德尔毕拉尔"号护卫舰登上黄岩岛,粗暴抓捕扣押中国渔民。对此中国政府作出强硬回应,派出大批渔政船,常态化巡航并宣示主权,从而取得了"黄岩岛保卫战"的胜利。另据报道,在美国帮助下,菲律宾于2016年11月开始在中业岛建设启用卫星面向南海海域和空域跟踪系统,用于追踪飞经南沙群岛的民航船只和飞机。菲政府还打算扩大其雷达探测的覆盖范围,其在中业岛上建立的卫星跟踪系统也只是一个开始,后续肯定会投入更多资源来建立和完善它的跟踪和监测系统。这部分设施虽然看似民用,实际上可以监控我军在南海的飞行活动,为菲律宾军方乃至美国军方提供情报。

不仅如此,越南和菲律宾等国还大力采购武器装备,使得南海周边各国成为近年来武器进口增长最快的地方。根据英国《简氏防务周刊》的预测,南中国海领土纠纷日趋紧张,东南亚国家将对海军和海岸警卫队投入更多资源,未来五年的军费开支将增长近25%。其中,越南从俄罗斯采购的6艘基洛级潜艇已经陆续交付,日益扩张的越南潜艇部队,将在北部湾水域对中国海军潜艇构成严重威胁。[2] 菲律宾虽然财力所限,但也准备采购美军退役巡逻舰艇,以弥补其海上军

---

[1] 黄瑶、凌嘉铭：《从国际司法裁决看有效控制规则的适用——兼论南沙群岛主权归属》，载于《中山大学学报》（社会科学版）2011年第4期，第169～180页。

[2] 张维：《越南海上新锐武器装备及发展趋势》，载于《中国海洋报》2016年第4期，第55～57页。

事力量的不足。此外,包括马来西亚、印度尼西亚在内的南海周边其他国家,近年来也蠢蠢欲动,均对采购新型武器装备产生了浓厚兴趣。

值得关注的是,越南长期以来一直坚持以海洋兴国作为基本国策,特别是自2001年以来的越共历次全国代表大会均强调发展海洋经济。可以预见,随着这些国家对南海油气资源依赖程度的加大,它们在南海问题上的强硬立场将难以改变,由此引发的严重分歧和争端也将持久延续。但是,南海问题关涉领土主权和海洋权益,中国不可能在此问题上一味退让,一旦南海争端失去控制,则很有可能导致中国与涉及争端的国家间的武装冲突,从而引起南海地区的紧张局势和中国周边安全环境的恶化。可见,在南海周边各国军备采购不断增加、军事实力不断增强的情况之下,争端各方之间依然存在爆发军事冲突的可能性,特别是在某些偶发性因素或不可控因素的促动之下。

2. 域内外多种力量施压搅局,南海地区局势长期处于动荡不安状态

在南海问题上,目前中国正面临着多方挤压,其中既有域内国家,也不乏域外势力。从域内国家看,在声索国内部,各方不断加强立场的协调与彼此的合作。在东盟内,越南、菲律宾等国积极拉拢非声索国,强调东盟必须在协商一致的原则基础上加强团结,以期在南海"有事时"共同对华。作为一个地区组织,东盟不具备主权国家的构成要件,而且也并非南海争端的声索方。但是,与中国存在争端的南海周边各声索国均是东盟的成员国,它们可以在很大程度上影响甚至左右东盟在南海问题上的立场和态度。它们不断把南海问题塞入东盟议程,推动多边机制的介入,借东亚峰会、东盟地区论坛、东盟十国海军司令会议、东盟十国海事专家会议等平台向中国发难。一般认为,东盟的南海政策主要表现为以下两个方面:一是协调各成员国要求,运用东盟机制制衡中国。如1992年东盟外长会议通过的《东盟关于南中国海问题的宣言》就明确宣称,"建议有关各方以东南亚友好合作条约的原则作为制定南中国海国际行为准则的基础"。[①]在具体操作过程中,东盟各成员国倾向于先缓和彼此之间的南海争端,争取在南海问题上达成一致后再合力与中国进行交涉,以便将东盟作为一个实体同中国展开博弈。在这方面,菲越两国间南沙争端的缓和就是一个典型的例子。二是推动南海问题国际化,力图将南海争端置于东盟合作机制之下进行解决。东盟的总体实力不足以对抗中国,近年来中国在东南亚地缘政治格局中逐步确立的优势地位又进一步加剧了这种不对称性。在此情况下,为夺取南海问题的主导权,东盟或明或暗地推动南海问题国际化,并通过制造舆论炒作"中国威胁论"和推动南海油气

---

① 雪峰:《试论东盟对建立亚太安全体制的影响》,载于《国际政治》2001年第5期。

资源开发国际化两个层面的措施付诸实施。①

从域外国家看，近年来美日等国积极插手南海问题，愈益形成域内域外相互勾连的局面。美国公开宣称其在南海拥有重大利益，并以维护南海航行自由为名，不断加大在南海地区的军事存在，同时利用各国际舞台，攻击中国在南海的主张和行动，并支持和挑唆越菲等国在南海问题上与中国交恶，竭力主张多边解决争端，推动南海问题的国际化。作为美国亚太同盟体系中的"北南双锚"，日本和澳大利亚对于美国的南海政策给予了积极配合和大力支持，成为影响南海形势发展的新变数。以维护所谓"基于规则的国际秩序"为由，澳大利亚一方面不断加强与美日在南海问题上的立场协调；另一方面又积极开展与东盟组织的合作，并频频借助东盟地区论坛等平台针对南海争端发声。此外，作为南亚大国的印度也逐步将其影响渗透进了南中国海，并与美日等国一起成为推动该地区局势发展的重要因素。越菲等国则积极迎合域外势力，利用域外势力制衡中国，削弱中国的优势，为自己求得最大的战略回旋空间。历史证明，但凡美国插手的国际问题，要么全胜而进，要么大败而归。中美之间的结构性矛盾决定了美国对于南海问题的介入绝非短期行为，不达到遏制中国的目的，美国肯定不会轻易罢手。从这个意义上讲，中国在南海问题上将会长期面临以美国为核心的域内外国家从政治、经济和安全等多方面的联手施压。

2016年7月12日，由美国支持菲律宾出面日本右翼分子主持的海牙"国际仲裁法庭"，就南海领土主权及海洋划界等事项作出所谓"最终裁决"，判决菲律宾"胜诉"，并否定了"九段线"的合法性，还宣称中国对南海海域没有"历史性所有权"。面对这样一场意在根本瓦解中国南海权益主张的阴险的法律战，中国政府作出了"不接受、不参与、不承认、不执行"的严正回应。但是，在2016年和2017年的东盟外长系列会议期间，美日澳三国外长依然共同发表联合声明，声称菲律宾所提起的南海仲裁裁决"有效"，要求当事国"执行裁决"，反对南海"岛礁军事化"等。尽管菲律宾现任总统杜特尔特上台之后表示，菲律宾不准备对抗中国，他将搁置南海仲裁裁决，致力于推动中菲合作友好，但是，以法理斗争的形式挑战中国"九段线"的历史性权利以及中国拥有南海岛礁主权的合法性毕竟已经由菲律宾开了一个很不好的先例，并且也在事实上给中国制造了不小的麻烦。未来一段时期，以法理斗争的形式挑衅中国南海权益合法性的做法难免不引起其他国家的效仿，在国际舆论上对我国造成重大压力，也对我国的国际形象带来不利影响。可见，南海问题现已发展为集岛礁主权争议、海域划界争端、海洋资源争夺、地缘战略博弈等四位于一体的重大问题，短期内恐难以解

---

① 钱春态：《中美海上军事安全磋商机制初析》，载于《现代国际关系》2002年第4期。

决。相反，南海问题作为地区乃至国际斗争的热点，将成为影响中国国家安全的重要不稳定因素。在域内域外力量共同对中国施压和搅局的情况之下，南海地区局势将会长期处于动荡不安状态。

3. 恐怖主义和跨国犯罪加剧，南海地区面临非传统安全的严峻威胁

近年来，南海周边各国本地的恐怖主义团体和组织日趋活跃，兴起于中东北非的极端组织伊斯兰国（IS）也已经加强对该地区的渗透。在网络化全球化的时代，部分宗教信徒容易受到"伊斯兰国"极端组织的影响，从而对南海地区安全构成威胁。特别是随着移动互联网和智能手机的普及，各种极端组织利用互联网招募武装分子，并将极端思想宣传到亚太和东南亚地区，夹杂着极端伊斯兰思想的各种宣传资料很容易在东南亚和南海周边国家扩散。各恐怖组织谋求建立地区恐怖活动网络，恐怖主义的国际化和网络化趋势日益明显，反恐斗争的形势已经变得异常严峻。

另外，南海地区本来就存在跨国犯罪团伙和武装抢劫团伙，加之金融危机之后，部分东南亚国家一直不能走出经济困境，国内失业率居高不下，大量失业人口构成了潜在的社会安全隐患。近年来，该地区的海盗活动和跨国犯罪活动有明显上升的态势，而且很多东南亚国家的边境控制和机场海关安检水平都相对落后。印度尼西亚附近海域大多属于海盗预警多发区，以至于往来于此的各国商船都不得不提高警惕小心谨慎。更为令人担忧的是，南海周边一些国家的武器弹药管理存在着较大疏漏，尤其是金三角地区一直是武器走私和非法制造的重灾区。这些因素使得该地区成为恐怖主义和跨国犯罪的温床，再加上存在一些从中东北非地区回流的极端分子，使得南海地区的非传统安全形势日益严峻。在这种情况下，南海地区的海洋航行安全正受到越来越多的威胁，并直接影响到我国的运输通道安全乃至经济安全和战略安全。

（二）如何在南海地区实现和平安全

作为一个崛起中的大国，也是联合国五个常任理事国之一，中国正致力于实现中华民族伟大复兴的中国梦，必将在国际事务中发挥举足轻重的作用，对21世纪的国际格局产生深远影响。但是，中国的海洋贸易又高度依赖南海的海上通道，南海本身四通八达的地理位置和富集的各类资源，也决定了它在发展海洋运输和海洋经济，建设"海上丝绸之路"中的重要作用。就目前的情况看，南海问题不仅是地区热点问题，而且已经成为世界热点问题。域内相关国家间的角逐和争夺，域外有关大国的推动和参与，使得南海争端日益复杂化和公开化。这不仅影响了中国与南海周边国家的双边关系发展，而且已经严重威胁到了中国的国家安全，影响到了中国的核心国家利益，对中国的国家主权构成了严峻挑战。因此，如何应对南海争端，在确保南海和平稳定的基础上维护中国在本地区的权益，已经成为中国发展战略中不可逾越的问题。①

在确保南海和平稳定的基础上维护中国在本地区的权益，其首要意义在于维护中国主权的统一与不可分割。在当今国际社会中，一个主权国家的地位、作用以及它所产生的影响，对其经济社会的发展是非常重要的，因为不能自立的民族和国家，根本就不可能谈上强大与发展。南海处于西太平洋十字路口的位置，可北通日韩、南下东南亚、西出印度洋、东进太平洋，平时可以作为发展海洋运输的海上交通要道，战时则可以成为控制和威慑周边地区的重要基地。因此，建设和平安全的南中国海，有利于维护我国家主权完整，有效捍卫南海主权、维护南海的国家安全利益，对于中国的发展具有极为重要的地缘战略价值。作为一个海洋大国，在向海洋强国迈进的过程中，我们不仅需要捍卫自己的海洋权利，从长远来看，我们更需要拓展自己的海洋权力。但是，目前南海地区地缘形势复杂，五国六方分别占领南海诸岛，加之有些国家拉拢域外大国的介入，使得我国在南部方向面临的政治和军事压力骤增。中国能否突出重围，捍卫中国在该地区的安全利益，进而实现对该地区的有效控制，将直接关系着海洋强国建设的成败。

自从 100 多年前马汉的《海权对历史的影响（1660 – 1783 年）》(*The Influence of Sea Power Upon History* 1660 – 1783) 及相关著作发表以来，海权问题已经成为世界各主要大国竞相追逐的重要目标。对中国来说，如果能够成功捍卫自己在南海地区的主权权益和安全利益，顺利实现对该地区和平与安全的有效控制，不仅会在根本上对中国的国家安全提供保障，还会成为中国发展远洋贸易和远洋海军，扩展海权走向世界的前进基地。但是，如果南海地区主权和国家安全利益得不到保障的话，或者域外大国在本地区势力过大甚至控制了一些关键海域和岛屿的话，那就会犹如一把尖刀抵在了中国南部疆土的软腹部，将严重威胁到中国的国家安全。进一步讲，如果中国在南海地区取得了和平与安全的战略主导权，那么中国南部的战略纵深就可以至少往南推进 1 000 多千米，对于增加海上防卫的预警时间和预警距离、保障我国南部国土安全而言无疑具有极其重要的意义。同时，在有效控制该地区和平与稳定的前提之下，南海还可以充当中国经略西太平洋和西出印度洋的前沿基地。因此，南海地区那些属于中国主权范围的岛礁，本身就是中国海权实践的重要内容，而南海地区和平安全与否，也将直接关系到中国海权的兴衰。②

---

① 王铮：《冷战后南海周边主要双边关系研究——南海争端下的中菲、中越和中马差异性关系探究》，外交学院博士学位论文，2017 年。

② 张文木：《世界地缘政治中的中国国际安全利益分析》，中国社会科学出版社 2014 年版，第 375 ~ 380 页。

1. 健全和完善海洋法律法规体系，推动构建南海问题多边安全机制

对中国来说，加快推进海洋强国建设需要有坚实的法律保障，必须理顺现有海洋法律关系，弥补重要的制度缺失，健全和完善与建设海洋强国目标相配套的法律法规体系。为此，有必要借鉴我国周边的日本、越南等国相继出台的综合性海洋基本立法，明确国家的海洋基本政策，统领国家的各种海洋事务。作为当务之急，一是需要尽快研究制定并出台《中华人民共和国海洋基本法》，以法律的形式将建设海洋强国的战略决策以及实现这一目标的主要任务明确和固定下来，把党的政策和国家的战略法律化；二是需要尽快研究制定并出台建设海洋强国的战略规划，由党中央作出政治决策，全面部署，动员全国力量，开展海洋强国建设。①

目前，中国与东南亚各国的多边安全机制主要是依托于东盟地区论坛。该论坛由东盟倡议创建，是目前南海地区规模最大、影响最广的官方多边政治和安全对话与合作渠道。该论坛的宗旨是就亚太地区政治安全问题开展建设性对话，并在亚太地区建立信任措施、核不扩散、维和、交换非机密军事情报、海上安全和预防性外交六大领域开展合作。该论坛倡导平等协商、求同存异与和平共处，采取非排他性的广泛合作形式，试图通过预防性外交构建国家间信任、规范以及沟通渠道，进而防止国家间产生、升级可能对地区和平与稳定造成潜在威胁的争端和冲突。该论坛以及"10+1"（东盟10国加中国）、"10+3"（东盟10国加中国、日本、韩国三国）、"10+6"（东盟10国加中国、日本、韩国、澳大利亚、印度、美国、俄罗斯6国）等机制是中国东南周边的主要安全机制，为各主要大国和东盟各国提供了一个交流对话的平台，其中"10+1"是中国与东盟各国之间的双边与多边安全对话机制。借助于这些机制，中国和东盟各国既可以就各方关注的热点和分歧展开沟通和磋商，也有助于在冲突发生时探讨化解冲突的可能途径和有效措施。

但是，东盟地区论坛毕竟属于比较浅层次的安全合作机制，参与国过多意味着很难就某些具体的安全问题达成切实可行的可操作性的共识，而且该论坛涉及的问题除了南海地区安全问题还包括亚太地区其他的安全问题，这就决定了它不可能专门就南海地区的安全问题形成比较常态化的安全合作机制。因此，中国有必要积极倡导并推动构建一个排除域外国家和国际组织干扰、由南海争端直接当事方组成的南海问题多边安全机制，并将此作为中国与南海直接当事方之间的安全对话和磋商机制。就目前的情况看，可以借鉴"上海五国"会晤机制发展成上海合作组织的宝贵经验，由浅入深循序渐进地推进这种多边安全机制的发展。如

---

① 国家海洋局海洋发展战略研究所课题组：《中国海洋发展报告（2014）》，海洋出版社2014年版。

可以先尝试解决南海海洋通道的联合巡逻和执法问题，然后就双边解决领海划界问题制定有关可操作的规则，最后再尝试设立某种常设机构，由各方派出一定级别的代表任职，随时就南海地区可能发生的矛盾和问题展开磋商。

2. 坚决反击域外大国不正当介入，切实保障南海地区和平稳定大局

南海是拱卫我国南部疆土的屏障，也是保障我国南部国土安全的天然防线，南海的安全关系着中国的兴衰荣辱，是中国国家安全利益的重要组成部分。由于南海独特的地理区位和丰富的战略资源，导致在未来相当长的一段时期里中国在南海地区的国家安全利益不可避免地会遭受来自各方面的严峻考验。知己知彼，方能百战百胜。在坚决反击域外大国不正当介入的过程中，首先必须准确预判它们介入南海的真实企图。一方面，要看到美国、日本、澳大利亚、印度等国之所以介入南海、组建所谓的"对华包围圈"，主要是出于担心中国在亚太地区的崛起会威胁到它们在南海地区利益的考虑，它们的确是试图以南海问题为筹码来牵制中国的精力，并企图据此遏制中国的崛起。另一方面，也要认识到尽管它们在介入南海事务的过程中表现积极，但大多数国家实际上并没有在南海与中国直接正面对抗的决心。即便是在美国军舰驶入南海海域同中国军舰发生对峙的情况下，关键时刻仍然保持了最大限度的克制。① 因此，在坚决反击域外大国不正当介入的过程中，我们应该按照有理、有利、有节的原则，在确保主权不失的前提下主动应对，切实维护我国在南海地区的国家安全利益，保障南海地区的和平稳定大局，为我国经济发展创造良好的外部环境。

毋庸置疑，作为域外大国介入南海事务事实上的"领头羊"，美国对于南海争端的演化扮演越来越重要的角色，特别是它对于中国的战略防范和对南海其他声索国或明或暗的支持，正越发成为影响南海问题疏解和管控的一个重大因素。这就决定了中国在南海维权问题上必须对美国高度重视，同时要丢掉对美国的幻想，做好与其长期周旋和斗争的外交准备。当然，"美国重返亚太战略所追求的是符合美国主导亚太格局总目标的不同层次的战略'再平衡'，中国是其关注重点但非全部。同样，中国亚太战略所追求的，并非排挤美国势力的'亚洲版门罗主义'，而是与包括美国在内的各国和谐共处的亚太共同体。"② 从这个意义上讲，中国在南海问题上也不应当将美国视为"必然的敌手"，而要坚持斗而不破，以斗争求合作，尽量避免陷入集结全部资源集中解决南海问题的"安全陷阱"之中，争取以亚太地区的良性互动为中美新型大国关系的构建创造条件。

---

① 蒋国学、黄抚才：《域外大国介入南海的目的、方式及影响探析》，载于《亚非纵横》2013年第3期，第5~7页。

② 袁鹏：《如何促使美国在南海问题上保持中立》，载于《现代国际关系》2012年第8期，第35页。

3. 充分发挥东盟平台的协调作用，坚持"双轨思路"谋求解决之道

目前的南沙岛礁主权之争涉及"五国六方"，海洋权益之争更是涉及"六国七方"。其中，除了中国之外，其余各方均为东盟成员国。尤其是在东盟加快推进一体化的情况之下，其在南海问题上的立场愈发成为影响局势发展的一个重要变量。近年来，菲律宾、越南等国曾经多次呼吁东盟国家针对南海争端形成统一立场，导致中国在处理南海问题时面临着更加复杂的状况。虽然在南海争端问题上，东盟并非直接的参与者，但毕竟中国与东盟的合作已经是一个成熟的平台，因此在南海问题上，显然不可能指望东盟完全置身事外。不过，在东盟内部实际上存在着许多问题，尤其是在南海问题上，目前看来东盟并没有对菲越等国的主张形成统一的支持。由于彼此在海洋权益上也存在着分歧，他们也因此执行着不同的对外政策，在相关争端中有着不同的立场，特别是涉及一些海域的管辖权和资源开采权等。事实上，东盟各国与中国之间的亲疏程度不同，其中很多国家都是中国的传统友邦，这些国家显然会在中菲、中越争端中站在中国的立场之上，另外的一些国家虽然不是中国的传统友邦，但是却与中国之间存在着十分广泛的共同利益，这些国家虽然在南海问题上不可能明确地站在中国一方，但也不愿意被菲越等国的私利所绑架，在南海问题上对中国施加过多压力。它们至少不会公开支持菲越等国，而是大多会选择中立立场，从而保障自己能够继续同中国发展友好关系。

正是基于这种状况，1992年第25届东盟外长会议虽曾针对南海问题制定了一份正式的官方文件即《东盟南海宣言》，但在与中国谈判制定《南海地区行为准则》短期内无果的情况之下，只能退而求其次于2002年同中国签署了《南海各方行为宣言》。值得一提的是，在中菲黄岩岛事件发生后，菲律宾方面曾经多次在东盟内部开展多项拉拢东盟国家支持菲律宾的外交活动，希望能够在与中国的对峙上得到东盟其他国家的大力支持，但显然这种企图最后都没能得逞。实际上，东盟内部大部分国家都不希望菲律宾采取激进的手段挑战中国，因为它们都更急于推进区域经济一体化的建设，所以特别不希望发生地区动荡，而是希望能够有一个相对和平与稳定的地区环境。正是出于这种自身利益的考量，东盟国家在黄岩岛事件上并没有明显地偏袒菲律宾，这实际上是在很大程度上起到了遏制菲律宾不轨图谋的效果。也正是因为东盟成员国内部对中菲黄岩岛对峙事件存在严重分歧，导致在2012年的东盟外长会议上，自成立45年来破天荒第一次没有发表表明东盟政治团结的联合公报。这一事实表明，处理好与东盟的关系，可以较为有效地调整中菲关系；发展与东盟各国之间的关系，可以作为南海争端的调节剂。

鉴于东盟各国在南海问题上存在着诸多分歧，中国需要清晰界定与南海声索国同与东盟整体关系的差异，通过积极推动东亚地区一体化，巩固和发展与东盟的长远利益，努力降低南海问题在东盟对华战略中的比重，争取以共同利益消解国家分歧，以区域合作取代主权纷争，为和平解决南海问题奠定良好的基础。中国可以借助东盟平台，充分发挥其协调作用，努力促成与更多东盟成员国之间的合作，进而抑制菲越等国在南海问题上采取的激进策略。在问题疏解和管控过程中，中国可以采取循序渐进、各个击破的策略，先针对那些矛盾小、冲突少的国家谈判解决，再扩大到矛盾比较大的国家，力争将争端控制在双边范围之内。①就新加坡与泰国来说，鉴于它们最关心的是自身安全与经济发展，因此中国可以通过适当提供优惠政策加强与它们的经贸联系，针对它们关心的安全问题，中国也可以通过向它们提供安全保障来消除"中国威胁论"影响，或者通过保障南海航行自由来拉近与它们的关系。即使是对于印度尼西亚和马来西亚，也完全可以采用灵活的策略尽可能发展与它们之间的合作关系，比如可以对它们处理东盟内部事务给予最大程度的支持，对它们在外交上有求于我国的地方也尽量予以支持。对于所有东盟国家，中国都需要通过与它们开展多方面交流和对话，包括军事交流和对话，确保建立起和保持住一种友好合作关系。当然，加速发展同它们之间的经贸关系，依然是所有政策选项的重中之重，因为中国14亿多人口的大市场本身，对它们来说就具有巨大的吸引力。

2014年8月，在缅甸首都内比都举行的东亚合作系列外长会议上，王毅外长在会后的记者会上宣告，中国和东盟已经找到南海问题的解决之道，这就是中方倡导的"双轨思路"，即有关争议由直接当事国通过友好协商谈判寻求和平解决，而南海的和平稳定则由中国与东盟国家共同维护，两者相辅相成、相互促进，有效管控和妥善处理具体争议。"双轨思路"是中国在南海问题上针对新挑战提出的新思路，也是中国在原有政策基础上，进一步调整战略设计的重要体现。这一思路开创性地将南海问题界定为海洋争端和地区稳定，有助于区分权利和责任，统筹双边争议和多边关切。一方面，由直接当事国通过协商谈判解决争议是最为有效和可行的方式，符合国际法和国际惯例，也是《南海各方行为宣言》最重要的规定之一；另一方面，南海的和平稳定涉及包括中国和东盟各国在内所有南海沿岸国的切身利益，双方有责任也有义务共同加以维护。长期以来，中国一直希望域外国家在南海问题上严守中立，并切实尊重本地区国家维护地区和平稳定的共同努力。显然，"双轨思路"有利于充分发挥东盟平台的协调作用，为未来南海问题的疏解和管控谋求解决之道。特别是这一思路将域外势力间接排除在争端解决进程之外，有利于避免区域外势力干扰南海和平与稳定，维护中国和东盟国

---

① 巩建华：《中国南海海洋政治战略研究》，载于《太平洋学报》2012年第3期，第83页。

家处理南海问题的主导权。在规则之争已经成为南海博弈新动向的情势之下,作为中国为地区提供的公共产品,"双轨思路"也有助于中国通过主动谋势强化在南海问题上的话语主导权。①

4. 扎实做好应对法理斗争的准备,牢牢把握南海问题的国际话语权

随着菲律宾等国将南海问题法律化、国际化,南海国际话语权斗争成为另一个"看不见硝烟的战场"。尽管中国政府早在 2006 年已就《联合国海洋法公约》第 298 条发表声明,排除了国际司法或仲裁对我国海洋划界、领土争端、军事活动三类争端的管辖,并始终坚持有关国家通过协商谈判进行解决的立场,但毕竟政治谈判仍然需要以法律为基础,尤其在当前国际舆论高度关注南海九段线的合法性的情势之下。针对菲律宾等国试图将南海问题司法化、挑战我国拥有南海岛礁的合法性的做法,我们应该提前做好法理斗争的准备,加强对国际司法制度的研究,做好解决南沙岛礁领土争议问题的证据准备工作。长期以来,由于中国的历史传统和其他原因,我国海洋法和国际法学科相对薄弱,人才相对短缺。尽管我国依据历史事实和国际法规具有无可争议的主权,但是由于相关专业人才的匮乏,也导致此次菲律宾将中菲南海争端提交国际仲裁时,中国初期应对表现得非常被动,无法及时作出有力的回应,反而让国际法学界和国际舆论更加偏向菲律宾。我国应该吸取这次惨痛的教训,进一步健全我国的海洋法以及相关国际法学科建设,着力加强人才培养,这对解决南海争端、捍卫南海海域权益具有长远的意义。

"断续线"内的南海是老祖宗留给中华民族的宝贵遗产,2000 多年开发南海的历史是我们整个民族自强不息、开拓进取的记忆,600 年前郑和船队穿梭往返于南海之上是中国人民开放包容、传播友好的见证。如今的南海既是中国经济发展的"聚宝盆",也是走向世界的前进基地,更是实现中华民族伟大复兴的中国梦征程中必须守护好、开发好的珍贵财富。为此,在处理南海问题时,我们需要集中有效的精力和资源,灵活运用多种手段和措施捍卫我国在南海地区的核心安全利益,坚决不让老祖宗留给我们的宝贵遗产落入他人之手。面对相关国家恶意炒作南海问题、在国际上颠倒黑白、混淆视听的行为,我们要及时发声,澄清事实,正面宣传我国对南海岛礁及相关海域享有无可争议的主权,积极主动地向国际社会发出中国声音,努力营造一个客观公正的舆论环境。例如,可以通过互联网和国际媒体等形式,大力宣传中国是最早发现南海岛礁的国家,也是最早开发南海岛礁的国家,而且中国长久以来就对南海岛礁及周边海域进行了有效的主权

---

① 李忠林:《中国对南海战略态势的塑造及启示》,载于《现代国际关系》2017 年第 2 期,第 23~30,66~70 页。

管辖，这种占有也一直未曾放弃过。在海牙国际法院的法官也可以利用国际法院解释发出中国的声音，阐述中国拥有南海岛礁的合法性，依据历史事实和国际法理均可证明中国对南海诸岛拥有主权。我国对南海岛礁及相关海域拥有无可争辩的主权，这一点不仅要让相关各国知道，而且要让世界人民知道，从而牢牢把握南海问题的国际话语权。

5. 继续加大南海岛礁的建设力度，进一步增强行政能力和执法力量

从 2013 年 9 月开始，中国陆续在赤瓜礁、东门礁、华阳礁、南薰礁、永暑礁、美济礁和渚碧礁 7 个南海岛礁开展建设工程。根据美国国防部发布的《亚太海上安全战略报告》，截至 2015 年 7 月，南海周边各国和地区已经通过填海造陆制造了约 1 214 万平方米的土地，其中越南 32 万平方米、马来西亚 28 万平方米、菲律宾 57 万平方米、我国台湾地区 3 万平方米。① 按照此报告公布的数据，近年来中国已经通过填海造陆的形式在南海地区制造了超过 1 174 万平方米的土地，造陆面积几乎是剩下所有国家和地区填海造陆面积总和的 17 倍之多。最为引人瞩目的是，中国只花了不到 20 个月的时间，就通过填海造陆形式制造了南海这个有 40 多年填海历史的海域超过 95% 的土地面积。虽然不排除美国国防部所发布的《亚太海上安全战略》带有自身的某些政治目的，其中公布的若干数据也可能带有夸大甚至虚构成分，但一个无可争议的事实是，中国填海造陆的速度、效率和规模已经远超其他各方之和。

其中，最具代表性的当数永暑礁。经过近年来不断吹填造陆，永暑礁的面积已经从之前的 0.008 平方千米增加到了 2.8 平方千米，是原先面积的 350 倍。据报道，目前永暑礁上已经建成了 3 000 米长的飞机跑道，足以起降各种大型运输机、大型客机乃至大型预警机、加油机、战斗机和远程轰炸机等。② 未来中国有必要继续加大岛礁建设的规模，以进一步增强在南海地区的民用和军事存在。除了已经建设或正在建设的灯塔、港口、卫星导航天线等基础设施外，还要为未来可能建设的雷达基地、防空反潜设施以及导弹阵地等大型军事设施预留一定的空间。这些设施平时可以为往来的民用船只和飞机提供支援保障服务，也可以发展海岛旅游业促进经济发展，而在一旦发生冲突的情况之下，也将有助于中国作出快速反应，及时增派和投送军事力量，进而有效维护南海地区的和平与稳定。

2012 年 6 月 21 日，国务院正式批准撤销原来的西沙群岛、南沙群岛、中沙群岛办事处，建立地级三沙市，政府驻西沙永兴岛。这一举措在我国南海治

---

① 晋军：《美国亚太海上安全战略解读》，载于《国际研究参考》2015 年第 10 期，第 37～39 页。
② 胡文瀚：《永暑礁跑道能起降什么飞机?》，载于《世界军事》2015 年第 10 期，第 37～39 页。

理和维权的历史上无疑具有重要的意义，它既标志着南海在我国国家治理中战略地位的上升，也标志着中国捍卫南海主权、维护国家安全利益的决心。当然，南海常设行政机构的建立只是我国增强维权能力的第一步，未来还需要进一步在该地区增强执法力量，提升行政能力。一方面，要进一步培训和提高我国海洋执法人员的业务能力和专业素质，为各种可能出现的海上遭遇和冲突做好预案；另一方面，要按照大型化、远程化、高速化、立体化的要求，通过新造和改造海军退役舰艇等方式，尽快建设一支大排水量、高续航力、动作快捷、性能优良的综合执法船队。新的海上执法船队应当增加配备舰载直升机和无人侦察机数量，特别是针对日趋复杂和快速多变的海上执法环境和维权环境，需要增加中远程固定翼执法飞机的装备数量，并在此基础上成立空中执法队伍，进而形成与陆地基地和海上执法船只的有机配合，真正实现立体执法。与此同时，应当充分利用我国的卫星、遥感、北斗导航等先进技术，加强对管辖海域的无间隙、全天候监控，实现互联互通和信息共享，确保海上执法船与路基指挥中心和军队基地保持通信联络畅通，从而提高我国的海上预警能力，为海上执法乃至军事预警提供精准服务。这些举措将进一步增强我国在南海海域的执法力量和行政能力，有效提高我国在南海地区应对海上冲突、打击海上犯罪和恐怖袭击的能力，更好地为渔民和渔业安全保驾，为南海通道的航线安全护航。

6. 适时增强南海的军事力量建设，致力于营造军事震慑的地区优势

南海通道是中国重要的海上生命线，南海岛礁主权直接涉及中国的战略安全。如果南海发生大规模冲突或者被别国封锁，必将会对中国的国家安全利益构成致命威胁。维护国家海洋安全，归根到底取决于国家的海上军事实力，其中包括海警和海军两支海上力量。海警是日常海上维权执法的重要力量，在维护岛礁主权、巡逻争议海域、监督管理海域使用等方面发挥着重要作用。今后一段时期，中国需要进一步提高海警力量在应急处突、反恐维稳、巡逻护航、救援执法等方面的综合能力，使之成为能够配合海上军事行动的准军事力量。海军是海上安全力量的主体，在解决南海争端和维护海洋权益中任务艰巨，责任重大。未来中国海军力量建设的重点：一是要提高近海综合作战能力，确保有效掌控近海海域的制海权；二是必须加快海军转型建设步伐，提高远海机动作战能力，加大对整个南海海区的有效管控，形成对南海声索国的军事威慑。面对近年来南海周边及域外大国大肆炒作所谓"南海军事化"，意在将导致南海紧张局势的主要责任归咎于中国的情况，我们应该保持定力免受干扰，适时增强南海军事力量建设和部署，争取能够为中国在南海地区乃至整个国际舞台上纵横捭阖提供强大的力量保障。

增强中国在南海的军事实力和军事存在，首先需要提升远程投送能力。近年来在南海进行的大规模岛礁填建工作，客观上为中国在南海打造了多艘不沉的"航空母舰"。在此之前，不管是越南和菲律宾从其本土机场出发的战机，还是美国从其航空母舰上起飞的战机，都能比中国从海南空军基地起飞的战机更早到达南沙上空。同时，它们的战机由于距离争议岛礁更近，因而具备更长的巡航和作战时间，加之我国在南海岛礁缺乏预警机、加油机和地面雷达的辅助等多项劣势，这对维护南海岛礁主权造成很大的威胁。为此，除了继续完善南海岛礁的军用和民用设施建设，确保能够为大型运输机和预警机、加油机提供更长更宽的起降跑道外，中国必须大力发展我们的远洋投送力量和远程打击能力。现阶段的一个主要任务，应是着力打造南沙永暑岛、渚碧岛、美济岛"铁三角"堡垒机场，待到这三岛上3 000米跑道建成之后，足够起降战斗机和各类大型飞机。这样，以南沙三岛机场和西沙永兴岛机场为圆心，以普通战斗机1 000千米作战航程为半径，各机场重叠区域可以覆盖整个南海地区，将极大地扭转我国在南海地区的被动局面。

在不断提升远洋投送力量和远程打击能力的同时，还需要着力提升我国在南海地区的快速反应能力。针对南海争端的复杂局势和周边地区的潜在威胁，当前极有必要在南海岛礁部署一定数量的灵活机动的快速反应部队和航速较高的快艇。鉴于我国实际控制的南海岛礁大多数面积较小，不便于驻扎大规模作战部队，对此可以考虑以轮训的形式，在部分重要岛礁上部署小规模的精锐海军陆战队，这样既可以增强日常的南海守备力量，又可以让更多的作战部队熟悉南海的作战环境。此外，鉴于南海大多数岛礁补给能力有限，航空母舰、导弹驱逐舰、登陆舰等大型作战舰艇不便于长期驻扎，对此可以考虑在永暑岛、中业岛等地理位置比较重要的岛礁上部署一部分灵活机动的高速舰艇。如最高航速可达50节的022导弹艇，一定数量的022导弹艇依靠其出色的机动性和强大的火力足以威慑南海周边各国，同时必要时还可以支援我国海上执法力量。[1] 再例如，运载能力出众、最高航速可达60节的欧洲野牛级气垫登陆舰，此舰可以一次性运送8辆两栖战车和多达数百名作战人员及其他武器装备。[2] 这样，一旦南海发生异动，依靠快速反应部队和高速舰艇，可以及时地提供火力支援，投送快速反应部队。只有这样，才能营造军事震慑的地区优势，有效维护岛礁主权和海洋权益，确保南海的和平与稳定。

---

[1] 白炎林：《涟漪波处掀巨澜——022导弹艇在中国海军中的意义浅析》，载于《中国兵器》2007年第2期，第55～59页。

[2] 海潮：《劈波斩浪疾如风，中国引进"野牛"级气垫登陆舰及其影响》，载于《舰载武器》2005年第9期，第23～25页。

二、建设健康和谐的南中国海

(一) 当前南海地区的生态环境现状

1. 渔业捕捞过度,南海生物多样性急剧下降

南海地处热带、亚热带的陆缘海,不仅是亚太地区面积最大、周边毗邻国家最多的海区,也是世界上海洋生物多样性最高的海区之一,孕育了大量游泳动物和丰富的渔业资源。但是,自20世纪70年代初期开始,南海北部沿海的主要经济鱼类就已出现捕捞过度的情况。特别是近年来,由于南海的主权和海域管辖权等问题迟迟得不到解决,导致疏于管理而产生了一系列非法的、无节制的、不科学的获取方式,使得近海渔业资源呈现衰退的趋势。[①] 根据渔业资源学者的研究结果,随着捕捞强度的不断增加,南海北部海域底拖网渔业资源均处于过度开发状态,其中沿岸和近海较严重,外海的强度相对较轻。[②] 在每年休渔期结束后,有大量的底拖网渔船集中在机轮底拖网禁渔区线内违规捕捞,渔获物以幼鱼为主,在很大程度上破坏了休渔所取得的成果。[③] 另据调查显示,在南海北部的一些海底地区已经出现了荒漠化现象,海洋微生物没有了安家之所,自然也就无法生存,一些以微生物为食的鱼类也大量减少,近海生物资源严重衰退。[④]

需要指出的是,由于渔业劳动力的自然增长和内陆非渔业劳动力向海洋捕捞业转移,南海北部沿海的捕捞能力近年来正在持续高速增长。其中,除了广东、广西、海南三省区外,还有来自我国港澳台地区和福建省以及越南的渔船,作业范围集中在水深100米以内的近海海域,使早已捕捞过度的沿海渔业资源面临枯竭的境地,同时也进一步增加了对分布在沿岸海域的经济鱼类幼鱼的损害。另外,在中越北部湾划界之后,我国大量渔船不得不从北部湾西部海域退出,从而加剧了北部湾东侧海域的捕捞强度。不合理的渔业形势,使"三渔"问题以及南海渔业可持续发展问题愈发突出。非法、不报告、不管制捕鱼和相关活动威胁着南海长期可持续渔业以及生态系统健康。渔业种群再生能力减弱,一些传统渔业

[①] 中国环境与发展国际合作委员会课题组:《中国海洋可持续发展的生态环境问题与政策研究》,中国环境与发展合作委员会2010年年会,2010年,第18页。

[②] 王雪辉、邱永松、杜飞雁:《南海北部金线鱼生长、死亡和最适开捕体长研究》,载于《中国海洋大学学报(自然科学版)》2004年第2期,第224-230页。

[③] 颜云榕、袁路、安立龙:《南海资源利用与生态环境保护存在的问题及对策》,载于《海洋开发与管理》2009年第11期,第92~96页。

[④] 《我国南海海底出现荒漠化》,载于《科技潮》2001年第8期,第21页。

种类消失，优势种类更替加快，导致生态系统结构和功能改变，生物多样性急剧下降，严重影响了海洋渔业资源的可持续开发利用。

2. 珍稀物种退化，珊瑚礁生态系统面临威胁

南海是亚太地区最大的边缘海，海域面积广阔，具有海洋生物物种多样性、生态系统多样性和遗传多样性等特点。南海是全球海洋生物多样性的中心，拥有珊瑚礁、海草床、海岛、红树林、上升流等众多类型的海洋生态系统，海洋生物物种多达5 000多种。在过去的大约20年时间里，由于自然干扰和人为活动的影响，南海地区的珊瑚礁数量大幅度减少，珊瑚礁的组成、结构和功能也发生了重大变化，珊瑚礁生态系统正在快速退化。数据显示，2002年前南海的许多地区，如西沙群岛、南沙群岛，珊瑚礁活体覆盖度达到70%以上，但是2007年的一项调查发现，南沙群岛中的渚碧礁和美济礁的珊瑚白化现象已经极为严重。[①] 珊瑚礁生态系统的大面积退化不仅威胁到南海生物资源的可持续利用，而且导致了珊瑚礁格架的崩塌，继而造成珊瑚岛礁被侵蚀。

值得关注的是，由于人口快速增长、经济发展以及全球化的影响，再加上周边各国民众对珊瑚保护意识淡薄，非法破坏、盗采珊瑚的违法事件时有发生，导致近年来该地区具有重要意义的生态系统严重退化，生态多样性明显降低，生物资源的栖息地也遭到了相当程度的破坏。众所周知，南沙海域的珊瑚礁为许多海洋生物提供了栖息地、隐蔽所、产卵场和饵料地。但近年来由于周边国家过度开发利用海洋资源，特别是对珊瑚礁中的海参、贝类、龙虾等特色海洋生物的酷渔滥捕及敌害生物入侵，南沙群岛珊瑚礁生态系统正朝着荒漠化和特色海洋生物资源濒危灭绝的方向发展。特别是受海洋环境污染、过度捕捞和气候变化等影响，南海海域的唐冠螺、法螺等珍稀物种已灭绝，砗磲、绿海龟、虎斑宝贝、蜘蛛螺等也已陷入濒危境地。长期以来，海洋生物多样性丧失远不如陆地生物多样性丧失那样引人注意，南海周边国家对于珊瑚礁及其生存环境现状的认识和保护更是严重不足。到目前为止，关于南海珊瑚礁生存环境及其现状的精细研究，主要集中在周边个别国家并且多集中于近岸海域，而在整个南海地区尚缺乏具有统一标准的本底调查资料和生态监测站位。由于对珊瑚礁的利用缺乏科学理论指导，尤其是近年来局部海域日益加剧的海水污染、二氧化碳排放驱动的海水酸化以及周边各国不断升级的岛礁建设工程，已经严重威胁到南海的珊瑚礁生态系统和海洋渔业资源的多样性。

3. 水质污染严重，南海的生态环境明显恶化

随着环南海地区经济社会迅速发展，城镇化、工业化进程不断加快，海洋生

---

① 李淑、余克服、陈天然等：《珊瑚共生虫黄藻密度结合卫星遥感分析2007年南沙群岛珊瑚热白化》，载于《科学通报》2011年第10期，第756~764页。

物的生态环境遭受着日益严重的陆上污染源的威胁。其中,大量的居民生活污水、工业废水、农业面源污染、固体污染物和其他有毒有害物质是来自陆地的主要污染源。这些污染物未经过严格的处理,通过众多江河等方式汇聚到海洋,结果使南海近海水域不断富营养化,海洋生物的生存环境日趋恶劣,进而造成海洋生物窒息死亡,生物多样性锐减。富营养化程度的持续升高,使得近海频繁发生大规模赤潮等环境灾害,严重损害了近海生态系统服务功能和价值。同时,河口低氧区及水母旺发现象等也在不断加剧,对近海生态系统健康和资源可持续利用构成严重威胁。据统计,1980~2004年南海监测到164次赤潮,其时间明显延长与南海区气候转暖和广东近岸海域富营养化而导致的水质变差有密切关系。①

导致南海环境污染的主要原因,是周边国家陆地人类活动产生的污染物通过直接排放、河流携带和大气沉降等方式输送到南海,导致海洋水体、沉积物和生物质量下降。特别是随着工农业产业规模快速扩大,工业废水、农业污水、未经处理的生活污水和养殖污水直接排入海洋,加重了海洋环境污染,也改变了海洋生物赖以生存的环境。② 大量的陆源污染排海,已严重影响了海洋生态环境质量,成为南海生态环境恶化的关键因素。除此之外,海洋捕捞活动中的垃圾以及压舱水、洗舱水等污水直接向海洋排放,也对海洋环境产生了污染,而大量航行、作业船舶及油井开发等产生的石油污染,近年来更已成为南海北部近岸海域最严重的污染问题之一。③ 据2008年《中国海洋环境质量公报》的调查数据,当时南海较清洁的海域面积为12 150平方千米,比2007年减少300平方千米;而污染海域面积达到了13 210平方千米,比2007年增加了3 650平方千米。④ 近年来,由于受环境污染、人为破坏、资源不合理开发等影响,南海海域的珊瑚礁、红树林和海草床等海洋生态系统不同程度地出现了"亚健康"状态。据2014年《中国海洋环境状况公报》,雷州半岛西南沿岸、西沙岛礁的珊瑚礁处于"亚健康"状态,广西北海区域海草床也处于"亚健康"状态。⑤

4. 大量填海围垦,南海海洋资源利用不科学

作为全球最大的生态系,海洋具有一定的自我恢复和自净能力,但这是在一定的范围内。南海周边均为发展中国家,人口增长、经济发展和对资源的需求日

---

① 吴瑞贞、马毅:《近20年南海赤潮的时空分布特征及原因分析》,载于《海洋环境科学》2008年第1期,第30~32页。
② 颜云榕、袁路、安立龙:《南海资源利用与生态环境保护存在的问题及对策》,载于《海洋开发与管理》2009年第11期,第92~96页。
③ 贾晓平、林钦:《南海北部近岸海域鱼类体中石油烃与生源烃的气相色谱特征指纹分析》,载于《中国水产科学》2004年第3期,第260~265页。
④ 《2008年中国海洋环境质量公报》,中国海洋网,2011年4月15日。
⑤ 《2014年中国海洋环境状况公报》,中国海洋信息网,2015年3月16日。

益增大，从而促使人们开始把目光转向海洋，这无疑增大了南海海洋生态系统的压力。随着近年来海洋工业的快速发展，南海地区部分国家在利用海洋资源时，缺乏海洋环境保护意识和海域使用规范意识，沿海群众习惯于靠海吃海，随意围垦滩涂和大量砍伐红树林以建造虾池鱼塘进行海水养殖，致使南海的海洋环境进一步恶化。特别是由于工业发展和房地产建设的需要，南海沿岸大量的海域被合法地填成土地。同时，由于地方经济利益驱动和海域监管力度不足，大量的海岸带被违反功能区划围垦或实施填海造地，致使海洋自然生态环境发生了较大的改变，鱼、虾、贝类良好的栖息地和天然水产养殖场——红树林面积急剧缩小，其抗风、抗潮和护堤的作用大大减弱。填海围垦对海洋生态所造成的损害是无法通过其自身来修复的，由此对海洋资源利用带来的直接或间接不利影响将在很长时间内逐渐显示出来。

长期以来，我国对南海海洋资源的利用以海洋捕捞、海水养殖、制盐、航运和沿海工程为主。英美等发达国家已在20世纪40年代形成海水提取溴和镁的成熟技术，相比之下，我们的海水淡化和利用海水灌溉耐盐植物等技术还有待提高。另外，与中国倡导的"搁置争议、共同开发"的基本立场相背离，南海周边国家均采取与西方国家联合等多种方式，正不断蚕食我国南海地区的油气资源，并呈现愈演愈烈之势，这些掠夺式开发也严重破坏了南海的海洋生态环境。

5. 自然灾害频繁，气候变化等因素影响巨大

南海大部分地区属于热带季风气候，空气对流较快，容易受到热带气旋、暴雨、冰雹、龙卷风等极端天气的影响。该地区在夏季和秋季常受台风肆虐，这些台风大部分来自菲律宾以东洋面，也有小部分来自西沙和中沙附近海面。台风风力强劲，经常会对南海地区的航运、渔业生产和岛礁建设带来重大灾害。同时，由于位于环太平洋火山地震带与地中海喜马拉雅火山地震带的交汇之处，整个南海地区地质活跃，火山、地震等地质灾害以及有可能引发的海啸灾害也不容忽视，东南亚地区的印度尼西亚、菲律宾等国都是火山、地震等地质灾害的多发国。2004年底发生的印度洋大地震及其造成的巨大海啸灾害累计造成22.6万人死亡，虽然未对我国南海地区造成直接的人员和财产损失，但是也给我国敲响了警钟，促使我们不得不重视未来可能发生的气象灾害和地质灾害。不断加强对南海地区自然灾害的预警，尽快构建处理自然灾害的应对机制，进而维护南海洋生态环境的和谐，既是对保护海洋生态资源和沿岸居民生命财产的直接反应，也是中国推行可持续海洋经济发展模式以及服务于中国海洋经济战略的应有之义。

值得关注的是，气候变化等因素对南海海洋生态环境有着巨大的影响，其中海表温度上升和海水酸化是已知气候变化对海洋生态环境发生变化的重要驱动因素。数据显示，近百年来全球气温普遍升高了 0.74℃ ±0.2℃，南海的海表温度总体也呈上升趋势。海表温度上升严重影响生物资源的分布和珊瑚礁"白化"等现象，导致海洋生态失衡。另外，随着大气中的二氧化碳浓度不断升高，海洋酸化的影响也日趋明显。海洋酸化将抑制以建立碳酸钙为骨骼的许多贝类、海洋植物和动物的生长，降低珊瑚礁的钙化率，加剧珊瑚礁的溶解，导致珊瑚礁倒塌。此外海洋酸化和升温效应协同作用时，还会导致珊瑚在更低的温度出现"白化"现象。研究表明，在全球气候变化、海洋酸化等自然因素的作用下，南海岛礁群落的结构稳定性较差，部分岛礁及其周边海域珊瑚礁生态系统将会退化，包括造礁石珊瑚种类减少、活珊瑚覆盖率降低、礁栖海洋生物多样性下降等。更为严重的是，在全球气候变化和海平面上升的情况下，珊瑚礁生态系统的退化也威胁着南海诸岛的稳定性，制约着各国南海政策的可操作性和海上公共产品的供给能力。

（二）如何在南海地区实现健康和谐

1. 强化海洋综合管理，加大南海生态环境治理力度

海洋是人类经济社会可持续发展的重要空间，保障海洋生态安全，预防和应对海洋自然灾害，是维持海洋环境和促进海洋经济可持续发展的前提，关系我国整个环境资源保护总体规划和经济发展目标的实现，也间接地制约着海洋经济乃至整个国民经济的健康发展。所谓海洋生态安全，是指海洋生态环境与人类经济社会发展之间协调发展的一种良性可持续的互动状态，它至少包括两个方面的内容：一是海洋生态环境（包括海洋生物、海洋环境及海洋生态系统）能够保持自我维持与更新的能力；二是海洋生态环境能够满足人类经济社会发展的合理需求，不对其可持续发展构成威胁。[1] 中国历来重视海洋生态环境保护问题，将环境保护政策纳入中国的基本国策，党的十八届五中全会把"绿色发展"确立为新发展理念之一。依据"绿色发展"的理念，不管是海洋资源的开发，还是海洋产业经济的发展，都必须按照客观规律办事，决不能走先污染后治理的弯路，更不能以破坏海洋环境、破坏海洋生态平衡的巨大代价，来换取海洋开发事业发展的暂时利益而牺牲长远利益。必须把保护海洋环境和海洋生态平衡作为海洋开发务必遵循的一项原则，既要开发海洋产业经济，又要保护海洋生态环境，使海洋资源开发与海洋生态环境同步规划、同步实施、同步发展，从而达到经济效益、社会效益和环境效益的有机统一。2002 年，国务院首次批准了《全国海洋功能区

---

[1] 林凤梅、白福臣：《南海海洋生态安全及渔业可持续发展研究》，载于《渔业现代化》2014 年第 6 期，第 58 页。

划》，10年后又批准了《全国海洋功能区划（2011-2020年）》，对南海北部海域、中部海域和南部海域的基本功能作出了明确界定，并将该区域海洋资源开发与保护工作的重点确定为加强渔业资源利用和养护，加强海岛、珊瑚礁、海草床等重要海洋生态系统和海域生态环境的保护，适度勘探开发油气资源，开展海岛旅游、交通、渔业等基础设施建设，南海开发利用与保护由此进入一个新的阶段。

海洋生态环境保护是一项系统工程，涉及海洋生态系统、海洋生物多样性、海洋自然保护区和海洋环境容纳量等科学问题。必须贯彻落实中央和全国人民代表大会的工作部署和要求，借鉴美国、英国、日本等国家对海洋事务的领导、协调和综合管理经验，积极推进体制改革，推进机制创新，从政策制定、规划运筹、战略实施等方面综合施策，强化海洋综合管理，把海洋强国建设的各项任务落实到位。国务院各部门及沿海各省份在编制规划时，要做好中央和地方各项规划的统筹和衔接。同时，应从财政投入、税收激励、金融支持等方面制定配套政策和措施，为海洋强国建设提供强有力的政策保障和物质支持。相关部门要继续完善法律法规和管理体系，加强海洋环境立法工作，加强海洋生态功能与环境保护的宣传教育，鼓励民众积极参与海洋生态保护。要把资源消耗、环境损害、生态效益纳入经济社会评价体系，建立体现生态文明要求的目标体系、考核办法、奖惩机制，建立和完善最严格的海洋生态环境保护制度，建立体现生态价值和代际补偿的资源有偿使用制度和生态补偿制度。应根据各省份海洋功能区划对填海围垦进行多方论证，采取适当的生态修复措施，加强对红树林和海岸带的保护，同时建立和完善海洋自然保护区，集中力量保护渔业资源产卵场、仔稚鱼索饵场等重点生态环境，分别设立国家、省、市和县级保护区，也可在村镇中以"乡规民约"等形式来保护海洋环境。

在具体治理方面，一是要严格控制陆源污染物入海。重点排污河流，河口段的大、中城市，临海城市和工业区必须大力提高排江（河）污水的达标率，确保入海江（河）水质处于良好状态。生活垃圾和工业废渣要集中堆放，妥善处理，防止向海洋流失。含强放射性物质的废水，严禁向海域排放。含传染病原体的医疗污水和工业废水，必须经过处理和严格消毒，消灭病原体后，才能排入海域。向海域排放含热废水，应当采取措施，保证邻近的渔业水域的水温符合海洋水质标准，避免热污染对水产资源的危害。含有机物和营养物质的废水、污水，应当控制排放于指定海域，防止海水富营养化。二是要控制海上污染源排放。提高船舶和港口码头防污设备的配备率，禁止任何船舶和港口码头，违反有关规定排放油类、油性混合物废弃物和其他有害物质。防止海洋石油勘探开发等企业污染海洋环境。严禁海洋石油钻井船、钻井平台和采油平台的含油污水和油性混合物、垃圾直接排放入海，经过处理后排放的也不得对渔业水域、航道等造成污染损害。海上输油管线，储油设施，应当符合防渗、防漏、防腐蚀的要求，防止漏油事故出现。三是要防止海岸工程对海洋环境的污染。建造港口、油码头、兴建入海河口水利、潮汐发电工程和围海造地等，必须保证不污染或破坏海洋生态环境，严禁毁坏海防林、风景林、风景石、红树林、珊瑚礁。四是要防治沿海工业对海洋环境的污染。必须采取坚决措施，消除沿海工业"三废"污染。五是开展沿海城市环境综合治理。沿海城市要遵照生态经济原则，调整工业经济结构，合理安排工业布局，使工业生产在注重生态效益的基础上提高经济效益；要保护水资源环境，合理使用能源，逐步改善城市能源结构，提高重点大气污染源的排放高度，利用城市生态系统的自净能力减轻大气污染。

2. 开展国际海洋合作，打造南海"生态命运共同体"

尽管就目前的情况看，海洋生物多样性的丧失还远不如陆地生物多样性的丧失那样引人注意，但是事实上，海洋遗传、物种、生态系统多样性的丧失本身也是一种全球危机。[①] 坚持绿色发展，维护生态安全，保护自然环境是全人类共同的利益所在。"和谐海洋"建设的基本内涵，就是坚持联合国主导，建立公正合理的海洋；坚持平等协商，建设自由有序的海洋；坚持标本兼治，建设和平安宁的海洋；坚持交流合作，建设和谐共处的海洋；坚持敬海爱海，建设天人合一的海洋。统筹规划"和谐海洋"的宏伟蓝图，仅凭一国之力肯定无法完成，需要尽可能多的国家和地区共同参与这项事业。时代要求一切国家都应"一秉善意"，依法履行国际义务，进行诚信与平等的国际合作，采取积极的应对措施，为全球生态安全作出贡献，以维护全人类的共同和根本的利益。同样，面对日趋严峻的南海海洋生态环境恶化问题，周边各国应当共同行动，加强区域合作，采取有效措施，积极保护南海生态环境。虽然南海海域因涉及岛屿主权、海洋划界以及中菲南海仲裁案等问题而一时无法平静，但面对栖息地恶化、海洋生物资源锐减以及陆源和船源污染等公共议题时，周边国家绝不应该继续固守传统国际法所依赖的以"国家为中心"的威斯特伐利亚体系，而必须顺应生态环境保护的国际潮流，主动承担起相应的责任，积极推进海洋领域的合作，争取为南海海洋生态环境保护作出应有的贡献。

进入 21 世纪以来，越来越多的南海周边国家开始意识到海洋生态环境对发展国民经济的重要意义，加强海洋领域的合作也逐渐成为我国与南海周边国家的共识。2002 年，我国与东盟国家签订了《南海各方行为宣言》，提出"在全面永

[①] 郑苗壮、刘岩、李明杰：《南海生态环境保护与国际合作问题研究》，载于《生态经济》2014 年第 6 期，第 27~30 页。

久解决争议之前，有关各方可探讨或开展合作，包括海洋环保、海洋科学研究"的目标。在此基础上，我国积极承担在南海海洋事务发展进程中应尽的义务和责任，切实保护南海生态环境健康，并本着"循序渐进、先易后难"的原则，致力于通过友好磋商和谈判，努力推进与南海周边国家在海洋领域的合作。在 2007 年举行的第一届东亚峰会上，我国再次呼吁各方加强海洋环境保护，尤其是珊瑚礁、红树林和海草床等脆弱生态系统，并与各国签署了《气候变化、能源和环境新加坡宣言》。2011 年，我国又专门设立了"中国—东盟海上合作基金"，向南海周边国家在海洋环境保护等领域提供资金支持，旨在通过相互合作，加强南海的生态环境保护。2012 年，我国进而启动实施了《南海及周边海洋国际合作框架计划（2011 - 2015）》，并相继签署了中泰、中印尼、中马等海洋生态环境保护等领域的合作文件，起到了一个负责任大国应有的作用。通过这些地区性环境合作的开展，增进了南海周边各国环境共同体的认识，加强了彼此间的经验交流和科技支持。

2013 年 10 月，习近平主席在访问东南亚期间，提出"携手建设更为紧密的中国—东盟命运共同体"。"中国—东盟命运共同体"建设为解决南海问题提供了一个新的互动框架，有利于增进中国与东盟的政治互信与安全合作，推动有关争端化危为机，从冲突走向合作。为此，中国不仅要持续推进中国—东盟战略伙伴关系，为双方在南海问题上展开互动营造更为良好的政治氛围，而且还应积极与东盟就南海议题保证沟通渠道的畅通，正面应对东盟在南海问题上的考虑，促使南海由争端的焦点变为中国—东盟合作关系的纽带。[①] 当前，南海区域生态环境面临巨大的压力，海洋的整体性要求各国必须树立"生态命运共同体"的理念。"生态命运共同体"是指区域乃至全球在环境上构筑尊崇自然、绿色发展的生态体系，实现生态安全格局下的政治上互信、经济上互补、文化上互融的三位一体的联合。[②] 打造南海"生态命运共同体"是"中国—东盟命运共同体"建设的题中应有之义，不仅可以推动周边各国合作促进南海生态环境的好转，而且可以通过生态合作带动国家间政治、经济等全方位的合作，进而实现各国之间在南海政治、经济、军事、文化以及生态五位一体的统筹和谐发展。[③]

3. 建立务实合作机制，确保南海资源的可持续利用

目前，南海周边大多数国家和地区都已经批准加入了与海洋生态保护相关的

[①] 葛红亮、鞠海龙：《"中国—东盟命运共同体"构想下南海问题的前景展望》，载于《东北亚论坛》2014 年第 4 期，第 25~33 页。

[②] 李林杰：《南海问题化解与生态命运共同体建设》，载于《求索》2016 年第 10 期，第 22~27 页。

[③] 郑苗壮、刘岩、李明杰：《南海生态环境保护与国际合作问题研究》，载于《生态经济》2014 年第 6 期，第 27~30 页。

重要国际环境公约。但从长远来看,囿于条约的概括性、调整对象的广泛性、实施的羸弱性,相关国家不愿意或不能够真实、充分地回应南海生态环境风险,仅依靠上述国际环境公约显然不足以实现南海环境保护的区域合作。① 实际上,南海周边国家对于相关国际环境公约都或多或少存在着选择性加入和选择性定位的状况。如对于具备重要滨海休闲娱乐和工业化捕鱼功能的南海海域,周边国家无一例外地未批准通过关于《执行 1982 年 12 月 10 日〈联合国海洋法公约〉有关养护和管理跨界鱼类种群和高度洄游鱼类种群的规定的协定》②和《促进公海渔船遵守国际养护和管理措施的协定》③。相反却对《负责任渔业行为守则》表现出浓厚兴趣④,并且支持通过自愿性区域行动计划打击包括非法、不报告和不管制在内的捕鱼活动。大多数国家都仅仅将遗产定位于文化功能。这表明南海周边各国并未从科学、生态或审美角度尽力搜寻蕴含具有突出普遍价值的栖息地、物种等自然区域。特别是受国际环境公约成员方众多、南海周边国家加入公约不统一,以及秘书处的角色局限等因素影响,南海海域生态环境保护很难得到有效监督和执行。⑤

在这种情况下,南海周边国家和地区有必要尽快转变合作思路,针对日益枯竭的自然资源和逐渐恶化的生态环境,建立基于"过程导向"的务实合作机制,进而确保南海资源的可持续利用。这种合作机制区别于传统海洋环境保护,将根据"已划定界限区域""'达成共识'的争议区域",以及"争议地位被一个以上主张国质疑的重叠海域"等不同类型,分目标、有针对性地对海洋保护区进行建设和管理。在相同的气候和水文条件、共同的资源和环境基础的支撑下,尤其是在相似的文化背景和经济发展诉求的主导下,南海周边国家和地区必须在暂时搁置政治纷争的基础上,着眼于区域可持续发展,在低敏感度的资源和环境领域设立共同的管理目标——恢复和维持本地区的生物多样性,促进鱼类等海洋资源的可持续利用。⑥ 从长远来看,软法属性的区域框架协定和愈发对国际主权产生

---

① 陈嘉、杨翠柏:《南海生态环境保护区域合作:反思与前瞻》,载于《南洋问题研究》2016 年第 2 期,第 33~43 页。

② Agreement for the Implementation of the Provisions of the United Nations Convention on the Law of the Sea of 10 December 1982 Relating to the Conservation and Management of Straddling Fish Stocks and Highly Migratory Fish Stocks, 1995 - 12 - 04.

③ Agreement to Promote Compliance with International Conservation and Management Measures by Fishing Vessels on the High Seas, 1993 - 11 - 24.

④ Code of Conduct for Responsible Fisheries (Rome: FAO, 1995) , www.fao.org/docrep/005/v9878e/v9878e00.htm.

⑤ 陈嘉、杨翠柏:《南海生态环境保护区域合作:反思与前瞻》,载于《南洋问题研究》2016 年第 2 期,第 35~36 页。

⑥ 邹欣庆:《南海的生态保护需要区域合作》,载于《世界知识》2018 年第 1 期,第 24 页。

"羁绊和限制"的认知共同体的设置，是"对世义务"和"人类共同利益"理念得以真正贯彻实施的重要保障。① 因此必须尽快制定南海海域的可持续发展对策，并号召周边国家和地区共同致力于这一目标的实现，维持和提高这一地区海洋生态系统向人类提供生态系统产品和服务的能力，从而保障区域经济与社会的可持续发展。周边国家和地区应围绕区域共同生态理念，建立并完善主权管辖范围内的海洋保护区。此外周边各国和地区还应加强其他保护措施，如海岸带综合管理、海洋空间计划、渔业管理、预防海洋污染等，② 这些措施将不仅有助于平衡生态保护和合理利用的关系，也将极大有利于缓减南海相关国家冲突，进而维持地区的和平与稳定。南海沿岸国家批准或加入的有关国际公约的时间如表4-3所示。

表4-3 南海沿岸国家批准或加入有关南海海洋保护国际公约的时间

单位：年

国家	《联合国海洋法公约》	《生物多样性公约》	《拉姆萨公约》	《世界遗产公约》	《迁徙物种公约》	《华盛顿公约》
通过时间	1982	1992	1971	1972	1979	1973
生效时间	1994	1993	1975	1975	1983	1975
中国	1996	1993	1992	1985	—	1981
印度尼西亚	1986	1994	1992	1989	—	1978
菲律宾	1984	1993	1994	1985	1994	1981
马来西亚	1996	1994	1994	1988	—	1977
越南	1994	1994	1988	1987	—	1994
新加坡	1994	1995	—	—	—	1986
文莱	1996	2008	—	—	—	1990

需要指出的是，围绕南海生态环境保护的博弈不仅体现在国家与国家之间，同时也体现在国家内部的部门与部门、行业与行业之间。因此，南海生态环境和渔业资源的保护必须跨越部门和国界，争取建立基于区域可持续发展目标的海洋新秩序。虽然受制于历史和政治因素，南海地区各国合作开展生物多样性恢复和生态环境保护工作的成功案例目前看来相对较少，但在未来的一段时期里，有关

---

① 陈嘉、杨翠柏：《南海生态环境保护区域合作：反思与前瞻》，载于《南洋问题研究》2016年第2期，第42页。
② 陈嘉、杨翠柏：《南海生态环境保护区域合作：反思与前瞻》，载于《南洋问题研究》2016年第2期，第40页。

国家和地区完全可以在生态退化严重、政治敏感度较低的领域率先开展合作示范，例如，对退化严重的珊瑚礁生态系统的保护与恢复工作等。为此在制度和机制建设层面，必须争取在南海周边国家间建立跨部门合作机制，以及时排除对珊瑚礁等生态系统影响较大的人类活动，着力降低有关危害活动对渔业资源的负面影响。具体建议包括：第一，有关各方暂时搁置南海领土主权争议，联合周边国家成立南海渔业资源联合保护组织，制定如共同休渔等的渔业捕捞、养护政策，各成员国共同遵守并不断完善禁渔期的监管机制。第二，在特定海域建立珊瑚礁海洋公园，禁止在海洋公园区开展非法捕鱼和一切破坏珊瑚礁的单方活动。第三，有关各国加大科研和教育投入，共同培养珊瑚礁培育方面的科研人才和专业队伍，加强南海周边各国的科技合作与学术交流，将有关各国的生态学家、社会经济学家、政府官员、资源管理者和公众一齐动员起来，通过连续规范的调查、规划、实施、评估和调控行为，开展广泛而深入的区域合作。此外，周边各国还应努力做好南海诸岛珊瑚礁人工岛建设的规划和选址工作，力求持续恢复这一地区的生物多样性，从而实现区域可持续发展的共同目标。①

4. 围绕优先保护领域，推动健康和谐南海建设进程

南海岛礁是区域海洋生态系统的重要组成部分，是保护海洋环境、维护生态平衡的平台，对于保护海岛及周边海域优良生态环境，预防和控制有害外来物种传播具有重要作用，有利于珊瑚礁生态系统、区域特色海洋生物的恢复和保护区域生物多样性。鉴于南沙群岛珊瑚礁生态系统的特殊性和南海问题的复杂性，周边各国有必要充分借鉴北海、地中海、波罗的海等地区性海洋保护区建设的管理经验，并积极寻求国际和区域非政府组织的技术支持，争取在南沙海域设立南沙群岛珊瑚礁大型海洋自然保护区。建立南沙珊瑚礁自然保护区，既是南海周边国家响应《2011－2020 年生物多样性战略计划》提出的"减少气候变化和海洋酸化对珊瑚礁和其他脆弱生态系统的影响，维护其完整性和功能"的积极行动，也是落实"里约＋20"可持续发展峰会提出的"到 2020 年实现 10% 的海洋区域得到有效保护的目标"的重要举措。②

目前，我国已在南海设立了雷州珍稀水生动物国家级自然保护区、山口红树林生态国家级自然保护区和三亚珊瑚礁国家级自然保护区等 12 个涉海自然保护区，此外沿海市县还设立了各级各类海洋自然保护区若干，但是即便如此，所有保护区的总面积也还只占南海海域的很小一部分。为加强南沙岛礁及其附近海域的生态环境保护，必须确立核心区域保护原则，在现有海洋类自然保护区

---

① 邹欣庆：《南海的生态保护需要区域合作》，载于《世界知识》2018 年第 1 期，第 25 页。
② 郑苗壮、刘岩、李明杰：《南海生态环境保护与国际合作问题研究》，载于《生态经济》2014 年第 6 期，第 27～30 页。

的基础上,建立国际海洋生物多样性保护区,并将其纳入全球环境基金的框架下,对南海海域海洋生物资源及生态环境实施有效管理和保护。2011年,环境保护部会同20多个部门和单位编制印发了《中国生物多样性保护战略与行动计划》(2011-2030年),提出了未来20年生物多样性保护总体目标、战略任务和优先行动,并将海洋与海岸生物多样性纳入保护优先区域。[1] 保护和恢复脆弱区生态系统,是实现海洋生态环境质量明显改善和区域可持续发展的必由之路。数据显示,目前我国海岸带高脆弱区已占全国海岸线总长度的4.5%,中脆弱区占32.0%,轻脆弱区占46.7%,非脆弱区仅占16.8%。为此,必须以维护生态系统完整性、恢复和改善脆弱生态系统为目标,划定南海海洋生态脆弱区,建立南海海洋生态红线制度,坚持优先保护、限制开发、统筹规划、防治结合的原则,通过适时监测、科学评估和预警服务,及时掌握脆弱区生态环境演变动态,必要时可对生态脆弱区采取海区关闭制度。[2]

在南海渔业资源养护方面,我国已经规定了明确的禁渔期、禁渔区等渔业资源管理养护制度,并与印度尼西亚、菲律宾、越南等国家就渔业资源共同养护进行了广泛合作,相继签署了渔业合作机制,与马来西亚在地方层面的渔业合作也进展顺利。不过,由于目前各国之间尚缺乏协同一致的行动,导致南海渔业资源管护的效果大打折扣,相关国家在渔业资源共同开发利用与养护方面的合作,还有必要创设更为广阔的空间,并为此注入新的活力。与此同时,鉴于南沙群岛附近海域是东北亚各国通过马六甲海峡至西亚欧洲航线的必经之地,船舶石油运输和大型货船航行带来的潜在油污事故隐患正在逐年加大,再加上南海油气资源勘探、开采、加工、储存和运输环节都存在油污污染海洋环境的风险,建立油污损害预防机制就显得十分必要和紧迫,这需要南海周边国家共同制订南沙海域油污损害应急计划,建立各国统一参加的油污损害预防及应急、善后处理机制,加强法律责任追究,共同承担维护南沙海域生态环境健康的责任与义务。[3]

另外,围绕开展南海生态环境监测、实施海洋生态系统修复,有专家建议继续加大资金投入,就南海的生态环境、水文气象、海洋水动力、地下水、海洋资源、生物多样性等开展综合性调查,进一步摸清岛礁资源环境本底,建好资源环境基础数据库,为建设生态岛礁打下良好基础。为此,应建设南海海洋生态环境监测系统,布设海洋观测与预警网络,开展海洋生态环境要素监测;建设南海海

---

[1] 中华人民共和国环境保护部等:《中国生物多样性保护战略与行动计划》(2011-2030年),中国环境科学出版社2011年版,第4页。
[2] 张永辉:《南海生态环境保护对策研究》,载于《中央社会主义学院学报》2016年第3期,第102~105页。
[3] 郑苗壮、刘岩、李明杰:《南海生态环境保护与国际合作问题研究》,载于《生态经济》2014年第6期,第27~30页。

洋生态环境大数据中心,开展海洋生态环境评估与资源环境承载力评价,监测预警海洋生态环境安全;建立海洋及岛礁物种登记,开展红色濒危物种保护,严禁捕捞海龟、红珊瑚、砗磲和鹦鹉螺等珍稀物种;开展海洋生态修复工作,加强近岸海水水质环境综合治理、生物资源修复、侵蚀岸滩修复等工作,采取在海洋生态受损海域投放人工鱼礁、建设海洋牧场等措施逐步修复海洋生态系统。[①] 特别是随着互联网和信息行业的高速发展,大数据已经逐渐走进生物学和环境生态学领域。基于南海地区共同的资源环境基础开展系统的科学调查,充分利用大数据时代人类具有的更强决策能力、洞察发现能力和流程优化能力,有关各国或相关部门应当联合起来建立共享数据库,例如,利用遥感卫星、地理信息系统和全球卫星定位系统等,人们可以实时了解这一区域的海表覆盖及其变化,不仅更加准确地监测海洋污染情况,同时可以更加高效地监督这一地区的生物多样性丧失和生态系统的退化趋势。[②]

三、建设繁荣发展的南中国海

(一) 当前南海地区的经济合作形势

"大国是关键"与"周边是首要"是中国对外战略布局中两个最为基本的方面,二者互为前提,又互相影响。周边外交牵动大国关系,大国因素制约周边外交,周边外交的实施效用很大程度上左右着大国外交的得失,大国外交的实施效用也在很大程度上决定着周边外交的成败。中国与东南亚国家有着较长的交往历史,但与作为国际组织的东盟正式建立合作关系却是在冷战结束之际。1991年,中国与东盟建立"对话伙伴关系",此后双边关系不断深化,政治互信不断加强,经贸相互依存也日益加深。1997年12月,中国—东盟提出建立"面向21世纪的睦邻互信伙伴关系",随后又在2003年10月,将双边关系提升为"面向和平与繁荣的战略伙伴"。2010年1月,中国—东盟自由贸易区如期建成,之后双方又于2016年7月签署了升级自贸区相关协议。经过20多年的发展,中国与东盟国家的关系正在由"成长期"转入"成熟期",目前双边已经建立有十几个部长级会议机制和二十几个高官级对话机制。在这一过程中,中方坚定支持东盟共同体建设,支持东盟在区域合作中的中心地位,支持东盟在国际地区事务中发挥更大

---

① 张永辉:《南海生态环境保护对策研究》,载于《中央社会主义学院学报》2016年第3期,第105页。
② 邹欣庆:《南海的生态保护需要区域合作》,载于《世界知识》2018年第1期,第24~25页。

作用，并始终把东盟作为周边外交的优先方向，坚持与东盟做安危与共、同舟共济的好邻居、好朋友、好伙伴，携手构建理念共通、繁荣共享、责任共担的命运共同体。① 特别是自 2013 年 10 月周边外交工作座谈会召开以来，中国周边外交秉持"推动中国发展惠及周边国家，让命运共同体意识在周边国家落地生根"的规划，突出"亲、诚、惠、容"的理念，从中国—东盟自贸区升级版到构建亚洲开放性的安全合作新架构，从亚洲基础设施投资银行到丝路基金，既体现了中国应对南海问题及周边安全局势复杂化的积极姿态，也为中国与东盟国家关系发展和东南亚地区的长期繁荣稳定提供了有力保障。

鉴于东盟国家是中国周边极具发展潜力的近邻，新加坡学者马凯硕形象地把东盟比作是上天赐予中国的礼物，以强调其对于中国的重要意义。② 作为"天然的合作伙伴"，中国与东盟国家的双边贸易额增长迅速，在较短的时间内成为彼此的主要贸易伙伴，业已形成在经济上"紧密相依"的战略格局，③ 经贸合作水平呈现深化发展趋势。从双边贸易情况看，1991 年中国—东盟双边贸易额仅为 79.6 亿美元，到 2016 年则已经达到了 4 517.96 亿美元，④ 在 25 年间增长了 55.8 倍（见图 4-2）。中国与东盟国家经贸合作的快速发展，最现实的代表即为中国—东盟自由贸易区的建立。自 2002 年签署《全面经济合作框架协议》正式开启中国—东盟自由贸易区建设进程起，双方经济关系步入了跨越式发展轨道。特别是自 2010 年中国—东盟自由贸易区正式建成以来，中国与东盟国家之间的贸易总额逐年上涨，2018 年更是达到了 5 878 亿美元。⑤ 伴随中国与东盟双边贸易额的持续增长，中国已连续 10 年保持为东盟第一大贸易伙伴，东盟也已跃升为中国的第二大贸易伙伴。2016 年 7 月，中国与东盟已经正式签署了《中华人民共和国与东南亚国家联盟关于修订〈中国—东盟全面经济合作框架协议〉及项下部分协议的议定书》（以下简称《议定书》）。《议定书》的达成和签署，将为中国与东盟国家经济发展提供新的助力，加快建设更为紧密的中国—东盟命运共同体，推动实现 2020 年双边贸易额达到 1 万亿美元的目标，并将进一步促进《区域全面经济伙伴关系协定》的谈判进程和亚太自由贸易区的建设进程。⑥

---

① 2017 年 11 月 13 日李克强在第 20 次中国—东盟（10+1）领导人会议上的讲话。参见毕淑娟：《构建中国—东盟命运共同体》，载于《中国联合商报》2017 年 11 月 20 日，第 B01 版。
② 马凯硕著，翟崑等译：《东盟奇迹》，北京大学出版社 2017 年版。
③ 李克强：《推动中国—东盟长期友好互利合作战略伙伴关系迈上新台阶——在第十届中国—东盟博览会和中国—东盟商务与投资峰会上的致辞》，载于《人民日报》2013 年 9 月 4 日，第 3 版。
④ 中华人民共和国海关总署：《(4) 2016 年 12 月进出口商品主要国别（地区）总值表（美元值）》。
⑤ 《双边贸易额 5 878 亿！中国与东盟 10 国协议正式生效，合作还不止于此》，网易网，2019 年 11 月 24 日。
⑥ 《中国与东盟签署自贸区升级协定〈议定书〉》，新华网，2015 年 11 月 22 日。

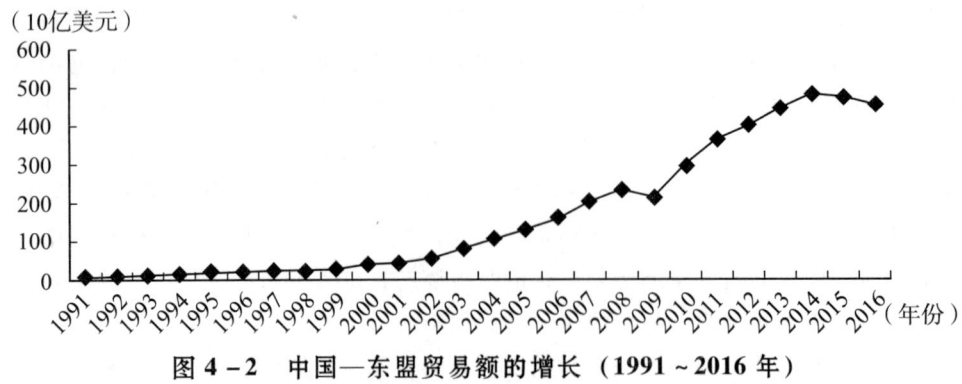

图 4-2　中国—东盟贸易额的增长（1991~2016 年）

资料来源：根据 2017 年中国海关有关统计数据制作。

除了双边贸易量的迅猛增长，中国与东盟国家之间也在不断地加强产业投资合作，双边投资持续增长并且潜力巨大。截至 2016 年 5 月，中国与东盟国家累计相互投资额已经超过 1 600 亿美元。[①] 2017 年 1~10 月，中国企业在"一带一路"58 个国家非金融类直接投资 111.8 亿美元，占同期总额的 13%，主要流向涉及新加坡、马来西亚、老挝、印度尼西亚等东盟国家。[②] 此外根据 2017 年前 8 个月的数据统计，印度尼西亚初创企业 95% 的资金来自中国，中国已经成为印度尼西亚初创市场的最大投资来源地。[③] 长期以来，中国对东盟国家的投资主要集中于采矿业、批发零售业、制造业等领域，近年来则逐步加大了在电力、科技服务、公共资源供给领域的投资，虽然大型国有企业依然是向东盟国家投资的主力军，但个体和民营企业的投资份额也在不断增加。相比之下，东盟国家对中国的最大投资领域是制造业，主要投资方式是在中国部分省份联合建立经济开发区，引入东盟企业或技术，在当地与中国共同投资设厂。目前已在不少省份建立起开发区，如中新苏州园区已经成为中国与东盟产业合作投资的典范，而中新天津生态城、中马钦州产业园区也代表了近年来中国与东盟产业合作投资的新动向。

需要指出的是，"一带一路"倡议的提出，在相当长时期内为中国未来周边战略规划指明了新方向，也为推动与相关国家一道维护周边安全、实现共同繁荣提供了合作平台和具体抓手。"一带一路"既是推动共建国家经济开放发展与合作共赢的新平台，也是中国贡献给世界经济社会发展的"公共产品"；

[①] 《中国东盟经贸合作发展迅速》，载于《人民日报》（海外版）2016 年 7 月 20 日。

[②] 商务部对外投资和经济合作司：《2017 年 1-10 月我国对"一带一路"沿线国家投资合作情况》，中华人民共和国商务部网站，2017 年 11 月 23 日。

[③] 中华人民共和国驻印度尼西亚经济商务参赞处：《中国成为印尼初创企业最大投资来源地》，新华社，2017 年 9 月 25 日。

既是中国从区域大国走向世界强国之路，也为共建国家经济发展提供了必要的发展资本。① 东盟是"一带一路"的重点区域和优先方向，"一带一路"倡议将为中国与东盟国家在政治、经济、人文领域的合作注入新的发展动力，创造新的合作亮点，并将进一步深化中国与东盟国家的经贸合作，创造新的经贸合作空间，进而推动中国和东盟各国经济的繁荣发展，将双方关系提升到一个新的高度。能否以"一带一路"为依托成功打造"兴衰相伴、安危与共、同舟共济"的中国—东盟命运共同体，② 进而形成示范效应，将直接关系到"一带一路"倡议整体目标的实现。当前，在全球经济复苏乏力、本地区国家经济下行压力加大的情况下，中国和东盟国家都面临着破解保经济增长、促产业升级的结构性难题。面对这种复杂的宏观经济环境，为使自身的经济发展更多地惠及东盟国家，从而实现中国与东盟经济的共同繁荣，作为负责任大国的中国主动向东盟提出了一系列经济合作倡议并积极加以践行：一是会同东盟积极打造中国—东盟自由贸易区升级版，推动中国—东盟经济合作从货物贸易一枝独秀转向货物贸易、服务贸易、投资与技术合作等多个领域全方位发展；二是依托亚洲基础设施投资银行和"丝路基金"等"一带一路"架构，合作推动东盟国家的基础设施建设和产业升级换代；三是与东盟共同发表《中国—东盟产能合作联合声明》，推动中国与东盟间的产能对接，以促进东盟国家制造能力的提升；四是通过参与澜沧江—湄公河合作和区域全面经济伙伴关系协定（RCEP）谈判，强化同东盟在此区域和跨区域层面的经济合作。③

中国与东盟国家之间的产业结构存在较大差异，东盟10国之间的经济发展水平差距也比较明显，如新加坡服务业发达，文莱属于石油资源型国家，泰国、越南是农业大国，老挝与缅甸正处于工业化初期阶段。一些学者甚至据此提醒，如果东盟各国经济长期处于不均衡发展，加上相关国家缺乏有效的治理和机制建设，东盟经济体将面临分裂的危险。④ 中国—东盟"一带一路"框架合作坚持以东盟国家的发展实际为基础，与东盟国家部分发展规划不谋而合，有利于实现彼此经济发展战略的平稳对接。在具体实施过程中，"一带一路"高度重视与具体国家的发展战略及具体产业项目对接，并坚持"一国一策"和合作方式创新，比如与老挝建设"陆锁国变陆联国"战略对接、与越南打造"两廊一圈"战略对

---

① 郑永年：《中国资本"走出去"是客观需求》，新华网，2015年2月15日。
② 习近平：《携手建设中国—东盟命运共同体——在印度尼西亚国会的演讲（2013年10月3日，雅加达）》，载于《人民日报》2013年10月4日，第2版。
③ 王光厚：《中美南海博弈与"一带一路"倡议在东盟的推进》，载于《东南亚纵横》2017年第5期，第38~43页。
④ Jetin, Bruno, "The ASEAN Economic Community: A Conceptual Approach", Journal of Southeast Asian Economies, 2016, 33 (3): 426-428.

接、与柬埔寨实现"四角"战略对接、与印度尼西亚建设"世界海洋轴心"战略对接、与马来西亚建设"全面发达国家—2020"战略对接等。① 2017 年,第 31 届东盟峰会和东亚合作领导人系列会议通过了《中国—东盟关于进一步深化基础设施互联互通合作的联合声明》,东盟承诺实现《东盟互联互通总体规划 2025》与"一带一路"倡议对接,共同推动区域经济一体化发展和中国—东盟命运共同体建设,这就为双方经济合作提供了更大空间。

随着中国—东盟经贸合作的深入发展,现有的基础设施已经不能满足双方的需要,发展基础设施互联互通成为中国和东盟的共同需求。② 长期以来,东南亚地区的基础设施建设整体落后,远远不能满足其经济发展的需要,部分国家的基础设施建设严重缺乏资金、人力和技术投入,部分基础设施被废弃甚至瘫痪,只有少数东盟国家拥有较为发达的基础设施。作为世界上基础设施建设的大国,中国在资金、技术和人力方面具有许多优势,经济实力是中国所拥有的最重要的战略资源,东盟国家亦普遍希望搭乘中国这趟经济快车。③ 由中国倡议提出的亚洲基础设施投资银行(以下简称"亚投行")和丝路基金已经正式成立并开始运作,可以通过金融服务创新满足共建国家在基础设施建设中对于资金和技术的需求。截至 2016 年底,亚投行已经为东南亚多个项目提供资金,丝路基金也已与东盟在内的 15 个项目签约。随着"一带一路"倡议的不断推进,产能合作成为重点领域,而东盟是中国开展国际产能合作的重要区域。④ 中国与东盟在产能对接、互联互通等方面的战略利益彼此契合⑤,这无疑将会推动"一带一路"倡议在东盟的发展。中国与东盟可以从自身条件出发,相互合作,发挥自身优势,共同推进双方在互联互通方面的合作,提升东盟基础设施水平,为双方经贸关系的深入发展提供现实支持,保障双方经贸合作更加快捷、方便、高效。在"21 世纪海上丝绸之路"倡议的带动下,中国和东盟正在原有合作领域的基础上,以基础设施领域为新的合作亮点,带动双边合作领域出现新的发展前景,实现新的发展成果,为两国双边关系的发展注入新的发展动力。

目前,伴随"一带一路"倡议的实施,中国高铁已经成功进入印度尼西亚和

---

① 宋国友:《"一带一路"战略构想与中国经济外交新发展》,载于《国际观察》2015 年第 4 期,第 22~34 页。

② 杨祥章:《云南大学周边外交研究中心智库报告:中国—东盟互联互通研究》,社会科学文献出版社 2016 年版,第 8 页。

③ Alice D. Ba, ASEAN's Stakes, "The South China Sea's Challenge to Autonomy and Agency", Asia Policy, 2016(21): 47–53.

④ 郭晶、李光辉:《借力自贸区升级版推动中国—东盟经贸合作》,载于《国际经济合作》2016 年第 9 期,第 20~23 页。

⑤ 徐步、杨帆:《中国—东盟关系:新的起航》,载于《国际问题研究》2016 年第 1 期,第 35~48 页。

泰国，中国提出的泛亚铁路和亚洲公路网规划，也得到了东南亚国家的积极响应。另外，中缅油气管道项目已经开始输气，输油管线项目即将正式投入使用，中国和部分东盟成员国如越南、老挝、缅甸在电力方面的合作也已经取得了重要成果。在这一过程中，中国—东盟更多基于市场机制，致力于搭建"优势产业合作"平台。例如，越南具有邻海地理区位和丰富青壮年劳动力，具有发展新兴电子产业的比较优势，近年来重点参与"一带一路"涉及的电子类产业合作；泰国具有良好的汽车制造基础，其 2015 年汽车产量为 191 万辆，其中出口达 120 万辆，重型机械与汽车制造已经成为泰国参与"一带一路"的重要领域；菲律宾劳动力成本较低、素质较高，通过与中国服装、电子类企业的合作，希望能够成功承接产业转移，实现产品国际竞争力的提升。[①] 现代产业经济理论认为，一国内部的产业集聚有利于规模经济效益的形成，同样，"跨国产业园区"可以打破国家间的贸易壁垒，降低企业海外融资成本而实现国家间经济利益增加。为此近年来，中国与东盟国家积极合作，建立起了各种类型的"跨国产业园区"。截至 2016 年底，中国在东盟国家参与建设的跨国产业园区，其中印度尼西亚 6 个，越南 5 个，马来西亚 2 个，泰国、缅甸、文莱各 1 个，投资累计 15.2 亿美元，参与中资企业 421 家。[②] 通过这些新的合作方式，"一带一路"搭建起了中国—东盟多元化平等开放、互利互惠的经济合作平台，有利于各种资源要素的合理配置，在推动参与国利益增长的同时，也为促进地区繁荣发展提供了重要保障。

不过必须看到的是，虽然"一带一路"倡议加深了中国—东盟之间的经济相互依存，但是日益密切的经济联系也会导致出现更多的经济矛盾乃至摩擦。一方面，中国与东盟国家经贸关系的发展长期以来具有集中于单一项目、单一领域的"贸易型"特征，贸易在其中占的比重过大，这不仅不利于商品、资本与劳动力等生产要素的跨国流动，而且容易因贸易逆差而出现"贸易战"；另一方面，目前东盟大多数国家仍然处于全球供应链和价值链的中低端环节，作为原材料供应基地与加工车间的地位尚没有根本改变，这就需要中国—东盟经贸合作继续在"一带一路"框架下整合与对接以亚太经济合作组织（APEC）、区域全面经济伙伴关系协定（RCEP）、亚太自由贸易区（FTAAP）为代表的经济合作机制。就当前情况看，深化中国—东盟经济合作必须首要应对好两个挑战：一是如何保持双边贸易持续增长，为中国和东盟的经济发展作出贡献。一直到 2014 年，中国—东盟双边贸易额均持续增加，但是 2015 年并未达到设定的 5 000 亿美元目

---

① 《推动制造业发展，东盟打"差异"牌》，中国东盟传媒网，2017 年 5 月 20 日。
② 王勤：《东盟经济共同体的形成与发展——兼论东盟经济共同体与"一带一路"倡议》，载于《人民论坛·学术前沿》2016 年第 10 期，第 29~35 页。

标,2016年又进一步缩水为4 581亿美元,想要在2020年实现1万亿美元的目标似乎更加困难。① 二是如何保持双边贸易平衡,消除东盟国家的担忧和不满。自2011年之后,东盟对中国开始出现贸易逆差,到2015年已经达828亿美元。虽然中国不断增加的投资帮助部分东盟国家保持了经常项目收支平衡,但这对于大多数东盟成员而言毕竟是不可持续的。除非中国协助东盟国家生产更多可交易的产品,否则它们将难以从中国迅速扩张的进口需求中获得利益。② 另外,尽管东盟各国高层和精英对于"一带一路"的了解在增加,但是企业在落实中往往出现不到位或者不知道该怎么做的情况。而中国也有一些投资项目与当地社会契合度较低,对扩大当地就业和改善民生效果不够明显,个别企业甚至存在社会责任意识不强的情况。特别是东盟多数国家存在不同程度的政局不稳、族群冲突与宗教矛盾复杂等问题,中国企业在参与东盟经济合作中面临着各种投资风险,比如泰国政局变动导致中泰"大米换高铁协议"落实困难,缅甸政局变动导致密松大坝项目搁浅,马来西亚政党斗争导致"鲁海丰吉打港口综合农渔产业园"项目叫停等等。鉴于铁路、公路、港口、工业园区等基础设施建设项目投资规模大、建设周期长、收益见效慢,有些东盟国家甚至担心搞太多大型基础设施建设会使其背上沉重的债务包袱。所有这些因素,未来都会对中国—东盟经贸关系的发展产生消极影响。

(二) 如何在南海地区实现繁荣发展

作为统筹国内改革与对外开放的一项重大战略举措,中国提出的"一带一路"倡议以政策沟通、道路联通、贸易畅通、货币流通、民心相通为主要内容,旨在打造一个中国与欧亚、东南亚及其他共建国家广泛参与的合作平台及规则框架,是中国通过深化国内改革助力世界经济增长的"中国方案"。"一带一路"倡议有助于让利益共同体、责任共同体、命运共同体意识在周边国家落地生根,使周边国家成为同我国政治关系更加友好、经济纽带更加牢固、安全合作更加深化、人文联系更加紧密的可靠战略依托。③ 对中国而言,"一带一路"倡议是未来中国实现经济新发展,国家崛起和民族复兴的关键,提升了中国国际影响力和国际地位,践行了中国周边外交政策,稳定了周边局势。党的十九大报告明确提出,新时代中国社会的主要矛盾是人民日益增长的美好生活需要和不平衡不充分的发展之间的矛盾,这表明未来中国经济将更加重视发展的平衡性和均衡化。目

---

① 习近平:《争取2020年中国—东盟贸易额达1万亿美元》,人民网,2013年10月3日。
② 王玉主、张蕴岭:《中国发展战略与中国—东盟关系再认识》,载于《东南亚研究》2017年第6期,第1~14页。
③ 何亚非:《南海与中国的战略安全》,载于《亚非纵横》2015年第3期,第1~8页。

前，中国国内大多数工农业产品生产处于"产能过剩"状态，而东盟大多数国家正处于工业化发展的初中期阶段，对基础设施类产品需求巨大。根据亚洲开发银行的分析，2016~2030年东南亚地区每年至少需在基础设施领域投资1.7万亿美元来保持相应发展速度。① 中国和东盟各国如果能够实现经济发展战略的平稳对接，将为双方的经济合作提供巨大的空间。从这个意义上讲，"一带一路"建设是对中国与东盟双边关系的现实促进，有助于中国与东盟战略伙伴关系朝着更加紧密的方向发展，有助于为中国与东盟在各方面产生新的合作空间和合作共赢的增长点，也有利于为亚太地区的区域合作提供有益的尝试。② 不过，中国与东盟国家之间的经济合作既面临着难得的历史机遇，又面临着各种各样制约因素的现实挑战。就目前的情况看，世界经济增长趋缓带来的贸易保护主义的上升和东盟国家内部民族主义意识的滋长，以及域外大国力量在东南亚的长期存在特别是南海问题管控过程中出现的"内忧外患"等因素，都预示着未来的中国—东盟经济合作不可能一帆风顺。

对于中国提出的"一带一路"倡议，国际社会一直存有一些负面的回应和评判。例如，有人认为"一带一路"是中国版本的"马歇尔计划"，应该从地缘政治思维对它进行解读；③ 有人认为"一带一路"是中国利用亚洲大国地位诱导周边国家变成严重依赖中国经济命运共同体的"新殖民主义"，旨在把经济影响力转化为全球领导力。④ 类似的看法虽非主流，但在东南亚一些国家也不乏其人。如印度尼西亚一些媒体认为，中国"一带一路"倡议对于印度尼西亚的商品需求主要集中于能源及初级产品，因此两国的经贸合作属于竞争关系。⑤ 马来西亚的一些人士也认为，该国参加"一带一路"的主要目标，就是帮助本国企业进入中国市场和扭转对华贸易逆差。⑥ 必须看到，东盟十国的政治经济发展模式不同，综合国力的差距也比较大，这在很大程度上影响了它们与中国开展经济合作的态

---

① "Reviving the Ancient Silk Road: What's the Big Deal about China's One Belt One Road Project", May 12, 2017, http://www.straitstimes.com/asia/east-asia/reviving-the-ancient-silk-road-whats-the-big-deal-about-chinas-one-belt-one-road.

② 夏苇航、刘清才：《"21世纪海上丝绸之路"倡议视域中的中国—东盟关系》，载于《社会主义研究》2017年第6期，第133~142页。

③ Shannon Tiezzi, "The New Silk Road: China's Marshall Plan?", The Diplomat, November 6, 2014, https://thediplomat.com/2014/11/the-new-silk-road-chinas-marshall-plan/.

④ David Arase, "China's Two Silk Roads: Implications for Southeast Asia", ISEAS Perspective, 2015-01-22: 334-354.

⑤ Rizal Sukma, "Indonesia's Response to the Rise of China", in Jun Tsunekawa, ed., The Rise of China: Responses Southeast Asia and Japan, National Institute for Defense Studies, 2009: 149.

⑥ 郭秋梅：《东盟国家对"一带一路"战略的认同问题考察》，载于《山东科技大学学报》（社会科学版）2016年第5期，第78~85页。

度。一些实力较强的国家如新加坡、马来西亚等,期望在与中国的合作中更能体现自身的作用和实力,因此与中国的关系稳定有余,但深入发展缓慢;而另外一些实力较弱的国家如缅甸、老挝等,希望借助中国实现自身经济社会的发展,因此非常重视与中国的合作,双方关系也保持着较高水平,并且未来还可能继续深化。另外,在部分东盟成员国内部,政党纷争频繁、贫富差距悬殊、社会保障滞后的状况一直没有得到有效解决,这导致国家动乱时有出现,不仅影响了政治经济社会的平稳运行,也造成对内对外政策缺乏持续性和有效性。这些遗留问题若在某个节点爆发,必然影响中国与相关当事国的关系,进而影响到"一带一路"建设的有效开展。

这种状况折射出的一个基本现实,是中国与东盟国家在贸易和投资上不断增长的相互依赖,并没有自然转化为双方的政治互信,而彼此之间的互信不足,客观上已成为深化中国—东盟合作所面临的主要挑战。长期以来,中国对东盟政策的主要基调是坚持以经济为导向,通过开展经济合作推动政治关系发展。不过,近年来中国与东盟国家之间的经济合作成果不可谓不丰硕,但它们对于中国崛起的不信任却似乎并未因此有所改观。相反,"疏远中国"的倾向在东盟国家频频出现,原因恰恰在于他们担心对中国的经济依赖将会导致其在与中国交往时失去自身优势。[1] 一些学者认为,东盟国家对中国的不信任源于对中国崛起的不适应,[2] 这种看法显然不无道理。作为东盟及其成员国的最大邻国,中国的一举一动在东盟国家所引发的反应常比其他大国所引发的反应要强烈,而且这种实力不对称性的日益凸显,也必然会对东盟及其成员国的对华认知产生作用,并最终影响到双方关系的发展。因此长期以来,不管中国如何反复强调和平崛起,仍被一些人看作是对东盟的威胁。[3] 东盟国家则一方面重视与中国的经贸合作,另一方面又倚重美日等域外大国提供安全保护,在大国之间实施所谓"对冲"战略。[4] 就目前的情况看,影响中国与东盟国家互信的挑战主要来自两个方面。一是中国的和平发展加速了"权力转移"的进程,引发了亚太地缘政治和经济板块的急剧变动,给亚太地区的国际秩序带来了所谓"不确定性"。尽管中国明确宣示将走和平发展道路,但"中国威胁论"在东盟还有一定市场,[5] "东盟国家仍时刻警

---

[1] 王玉主:《东盟崛起背景下的中国东盟关系——自我认知变化与对外战略调整》,载于《南洋问题研究》2016年第2期,第1~11页。

[2] 聂文娟:《东盟对华的身份定位与战略分析》,载于《当代亚太》2015年第1期,第21~37页。

[3] Mark Beeson, "Can ASEAN cope with China?", Journal of Current Southeast Asian Affairs, 2016, 1 (35).

[4] Chien-peng Chung, "Southeast Asia – China Relations: Dialectics of 'Hedging' and 'Counter – Hedging'", Southeast Asian Affairs, 2004:35 – 36.

[5] Ian Tsung – Yen Chen & Alan Hao Yang, "A Harmonized Southeast Asia? Explanatory Typologies of ASEANCountries' Strategies to the Rise of China", The Pacific Review, 2013, 26 (3):265 – 288.

惕着中国崛起可能给它们带来的直接冲击"①。二是南海问题不仅直接影响到中国与南海声索国之间政治互信的构建，而且还对中国与东盟之间的友好合作形成掣肘。② 特别是近年来南海问题的升温，"给东南亚国家带来极大的担忧及恐惧，同时给中国造成很多麻烦，更不良的影响就是伤害双边友好和信任"。③ 可见，在推进"一带一路"倡议的过程中，如何消除中国与东盟一些国家间存在的政治互信不足的问题，将是一项长期的艰巨任务和重要的战略课题。

中国—东盟经贸合作的深化与双边关系的加强，必然带来中国在东南亚地区影响力的提升，也必然导致域外大国和组织（美国、俄罗斯、日本、印度、澳大利亚、欧盟等）在该地区权力结构的变化，使得东南亚成为世界主要力量博弈的前沿地区。对美日印欧等大国和组织而言，它们在东南亚地区所追求的主要目标之一，就是要制衡中国日渐提升的影响力，这对中国在该地区的利益必然构成越来越大的挤压，也必将对中国与东盟国家在"一带一路"倡议下的合作产生各种各样的掣肘。长期以来，美国一直与东盟国家保持着较为密切的关系。不管是奥巴马政府还是特朗普政府，实际上都非常重视亚太地区，奥巴马政府还专门提出并实施过所谓"亚太再平衡"战略。尽管特朗普政府上台后宣布退出了跨太平洋伙伴协定（TPP）谈判，但对东南亚地区的关注却并未因此减弱，作为东南亚国家的重要经贸合作伙伴和主要的商品出口国，美国与东盟的经贸关系合作还将会继续保持，而且其"美国利益至上"的国家主义，也必将导致更加严重的贸易保护主义。④ 与美国一样，日本也将东南亚作为其对外政策实施的重要区域，通过向东盟国家扩大投资推动产业转移，不断深化双方在经贸领域的合作，并且在政治上支持与中国存在领海争端的国家，以向东盟部分成员国提供安全和军事支持等方式扩大本国在该地区的影响。值得关注的是，由于东南亚地区攸关美日印欧等大国和组织的利益，它们对于中国的"一带一路"倡议自然产生了不同程度的战略"焦虑"。比如美国一些媒体认为中国正利用"一带一路"向邻国投资基础设施而成为亚洲最具影响力的角色，中国的真正目的是把东南亚国家纳入

---

① 史田一：《地区风险与东盟国家对冲战略》，载于《世界经济与政治》2016年第5期，第74~102页。

② 有关东盟的南海政策，可参见 Rodolfo C. Severino, "ASEAN and the South China Sea", Security Challenges, 2010, 6 (2): 37–47; 葛红亮：《东盟在南海问题上的政策评析》，载于《外交评论》2012年第4期，第60~80页；聂文娟：《东盟如何在南海问题上"反领导"了中国？——一种弱者的实践策略分析》，载于《当代亚太》2013年第4期，第85~106页；周士新：《东盟在南海问题上的中立政策评析》，载于《当代亚太》2016年第1期，第100~123页。

③ ［越南］冯氏惠：《"一带一路"与中国—东盟互联互通：机遇、挑战与中越合作方向》，载于《东南亚纵横》2015年第10期，第32~37页。

④ 陈奕平：《从奥巴马到特朗普：美国东南亚政策的走势》，载于《东南亚研究》2017年第1期，第106~114页。

自己的经济圈。① 印度则认为中国在东南亚地区影响力的增长已经威胁到其国家利益,尼赫鲁大学的中国问题专家迪派克甚至撰文,"一带一路"增强了中国在东南亚的主导作用,这不同于中国宣称的多极化、反对霸权主义和实现共同安全目标。②

美日等国加强与东盟合作的出发点,是为了维护和实现它们在东南亚地区的权益,并拉拢东南亚国家加入遏制中国的多边体系,与中国竞争东南亚地区。因此,它们不愿意看到东盟国家与中国保持非常密切的经济和贸易联系,希望能够以经济、政治、安全等领域的所谓利益拴住东南亚各国,促使它们加入美日主导下的经贸体系,以阻止中国在东南亚地区影响力的提升。对于东盟及东南亚国家而言,它们一方面希望通过借助与美日等域外国家的合作,实现自身经济社会的繁荣发展,推动本地区的一体化建设进程,进而增强东盟国家自身的力量,提高东盟在亚太地区或国际社会的影响力;另一方面也希望借助美日等域外力量,平衡中国在东南亚地区的影响力,防止对中国依赖程度过深,进而争取在美日与中国之间找寻自身的发展定位。因此,它们更多倾向于采取一种被称为"两面下注"的政策,在继续保持与美日等国政治和安全合作的同时,寻求深化和拓展与中国在经济和贸易领域的合作,进而维护东盟在地区一体化发展进程中的角色。不过,在东盟国家与美日等国之间,事实上也是一种既有合作也有分歧的复合关系。比如东盟对于美日等国动辄插手部分成员国的内政和外交问题颇为不满,尤其反对美日等国在一些敏感话题上制造不利于东盟的舆论环境,同时对于美日等国谋求在东南亚地区构建遏制中国的多边体系也存有不同看法。特别是东盟部分成员国与中国关系密切,它们不希望因极少数东盟国家与中国存在海洋权益争端而带动东盟整体与中国交恶,更不愿意充当美日等国遏制中国的急先锋。当然,无论什么原因使东盟国家对与中国的双方关系产生消极立场,③ 结果都会使中国为建设与东盟国家和谐关系的努力无法产生理想效果。④ 因此,东盟国家与美日等国之间的博弈,一方面将会影响中国在东南亚地区的外交布局,影响中国与东盟国家在"一带一路"框架下进一步拓展双方合作的进程,制约中国与东盟国家关系的深化和发展;另一方面,也将不利于中国在推进"一带一路"过程

---

① Nadege Rolland, "China's New Silk Road", Commentary, The National Bureau of Asian Research, 2015 - 02 - 12: 43 - 46.

② B. R. Deepak, " 'One Belt One Road': China at the Centre of the Global Geopolitics and Geoeconomics?", https: //www. c3sindia. org/archives/one - belt - one - road - china - at - the - centre - of - the - global - geopolitics - and - geo - economics - prof - b - r - deepak/.

③ 聂文娟:《东盟对华的身份定位与战略分析》,载于《当代亚太》2015 年第 1 期,第 21~37 页。

④ 李明江:《硬实力、软实力、巧实力:透视中国—东盟关系》,载于《亚非纵横》2015 年第 3 期,第 28~38、129~130 页。

中，与美日等国形成稳定的双边关系，进而创造有利于"一带一路"倡议的良好国际环境。①

长期以来，为创造一个和平稳定的区域环境，东盟国家在东盟内部积极致力于"东盟安全共同体"建设，对于域外大国则以"大国平衡"战略来规范其在东南亚地区的利益关切。② 就目前的情况看，尽管个别东盟国家内部还存在一些不安定的因素，东盟一些国家之间也还存有领土边界划分上的争端，但是得益于区域安全机制的逐步完善以及大国制衡局面的初步形成，"东南亚地区总体上呈现和平稳定的局面"。③ 不过，主要由于南海问题的困扰，当前中国在增进与东盟国家政治互信和维护区域安全环境方面，仍然面临着非常严峻的挑战。中国一直坚持通过和平方式推动南海问题的合理解决，中国与东盟之间也曾达成有关稳定南海局势的共同宣言，双方还曾多次在双边会议上强调南海各方行为宣言的重要性和有效性。但是在这一过程中，东盟各国在南海问题上的分歧正日益暴露出来，并且直接影响到了东盟内部的团结与区域的稳定。如 2012 年 7 月由于无法在南海有关问题上达成共识，第 45 届东盟外长会议没有发表联合公报。又如 2016 年 7 月由于柬埔寨等国的反对，东盟外长会议未能就南海仲裁案的结果达成共识。而且，南海"有关具体争议"本来应该"由直接当事国在尊重历史事实和国际法基础上，通过谈判协商解决"，④ 但近年来美日等国对于南海问题的高调介入，却不断地将南海局势朝"军事化"的方向推进，进一步增大了地区安全的不确定性。客观来说，南海问题涉及错综复杂的利益关系，短期内恐难以根本解决，有关各方需要耐心地围绕彼此争议寻求有效的疏解路径和管控方略。目前南海局势虽然总体暂缓，但并不意味着今后不会再起波澜，有关争议随时可能再度升温，⑤ 甚至不排除因外部势力干预和东盟极少数国家挑头生事，而出现突发事件造成紧张冲突的可能性。鉴于大多数东盟国家都将中国在南海地区的行为方式视为中国整个对外政策走向的风向标，这就要求中国必须在南海问题上审时度势谨慎应对，否则将会严重干扰"一带一路"倡议的推进，恶化中国与东盟之间的双边关系，进而影响整个亚太地区的稳定和发展。可见，由南海争端引发的波

---

① 夏苇航、刘清才：《"21 世纪海上丝绸之路"倡议视域中的中国—东盟关系》，载于《社会主义研究》2017 年第 6 期，第 133~142 页。
② 王光厚：《中美南海博弈与"一带一路"倡议在东盟的推进》，载于《东南亚纵横》2017 年第 5 期，第 38~43 页。
③ 祁怀高、石源华：《中国的周边安全挑战与大周边外交战略》，载于《世界经济与政治》2013 年第 6 期。
④ 钟声：《坚持以"双轨思路"处理南海问题》，载于《人民日报》2016 年 7 月 19 日，第 3 版。
⑤ 宋清润：《"一带一路"倡议下的中国—东盟合作：机遇、挑战与建议》，载于《世界知识》2017 年第 12 期，第 16~17 页。

澜极有可能成为中国在东南亚地区推进"一带一路"倡议时必须直面的政治和安全难题,而能否有效应对这种政治风险和安全风险,将直接关系到中国的周边战略和"一带一路"倡议的成败。①

东南亚是"一带一路"经过的核心区域,东盟国家则是"一带一路"的重要合作伙伴。在夯实中国—东盟"黄金十年"基础,争取实现"钻石十年"新目标之际,中国提出了"一带一路"这个包容性的合作倡议,为域内外国家打造共同繁荣与发展的"命运共同体"提供了机遇,也为中国与东盟国家经贸合作的深入发展注入了新的动力。② 中国和东盟各方,包括在东南亚地区有着重大利益的域外大国和组织,理应树立"合则两利、斗则皆输"的合作理念,采取积极有效的合作措施,共同推进南海地区的繁荣与发展。对中国来说,面对菲越等国挑衅和美日等国介入使得南海问题呈现"内忧外患"的复杂局面,必须能够保持足够的战略定力,做到不为当前的南海问题所困。相反,应以"一带一路"倡议为契机,全方位推进中国与东盟国家关系的发展,不断增进中国与东盟国家之间的共同利益,进而为南海问题的解决提供新的契机、创造新的思路。客观地讲,虽然南海争端的存在对于"一带一路"倡议在东南亚地区的推进具有重要的负面影响,但毕竟该问题"只是中国与部分东盟国家之间的问题,而不是中国与东盟之间的问题"③。纵观20世纪90年代以来中国与东盟关系发展的历程,尽管南海问题一直都为各方所共同关注,在一些时候甚至由于个别国家的肆意妄为而对中国—东盟关系产生了一定的"溢出效应",④ 但是并没有从根本上阻碍双方关系稳定发展的方向与步伐。即使仅就菲律宾、越南等国而言,事实上南海问题也并非它们与中国关系的全部,且不说它们一直都与中国在经济、政治、科技等方面保持着较为密切的往来与合作,仅就它们选择加入亚投行并力求实现与"一带一路"倡议对接来看,其背后肯定有着分享中国经济增长红利、实现与中国关系健康稳定发展的战略考量。⑤ 就此而论,以"一带一路"建设为契机维护区域和平稳定、携手实现共同发展,是中国和东盟所有国家最大的共同利益所在。尽管南海争端作为一大挑战始终不容忽视,但是从战略层面来考量,"一带一路"显然

---

① 夏苇航、刘清才:《"21世纪海上丝绸之路"倡议视域中的中国—东盟关系》,载于《社会主义研究》2017年第6期,第133~142页。
② 《推动共建丝绸之路经济带和21世纪海上丝绸之路的愿景与行动》,载于《人民日报》2015年3月29日。
③ 《2017年1月10日外交部发言人陆慷主持例行记者会》,外交部网站,2017年1月10日。
④ 徐步、杨帆:《中国—东盟关系:新的起航》,载于《国际问题研究》2016年第1期。
⑤ 王光厚:《中美南海博弈与"一带一路"倡议在东盟的推进》,载于《东南亚纵横》2017年第5期,第38~43页。

要高于南海问题，而且也应"优先于南海问题"。①

面对美日等国以各种方式拉拢东南亚国家掣肘"一带一路"合作的局面，中国也需保持清醒的战略头脑，对其政策实质特别是给中国—东盟关系发展带来的影响形成更为理性的认知。必须看到，中美关系的状况不仅直接影响亚太地区的稳定和发展，也直接影响双方与东盟国家之间的相互合作，而中日关系的好与坏，同样在很大程度上左右着双方在东南亚地区的政策实施。需要明确的是，虽然当前的中美关系出现了各种各样的问题，但不管是从战略意愿还是从战略能力来看，中美两国都并非注定走向战略对抗。在双方关系发展过程中，紧张和分歧或许不可避免，但军事冲突和全面战争却绝非必然。中美关系的未来前景如何，"将主要取决于政策而不是命运"②，关键在于双方能否致力于构建一种面向未来的新型大国关系。"建立长期稳定、健康发展的新型大国关系，就是要摆脱历史上大国争夺势力范围、对外武力扩张的旧模式，超越新兴大国同守成大国必然走向冲突对抗的旧观念，开创大国之间对话合作大于猜疑竞争、共同利益大于摩擦分歧的新局面"③。引导中美关系向新型大国关系的方向发展，既是中美两国共同的历史责任，也在很大程度上考验着双方的能力和智慧。从双方关系的大局出发，中美两国必须通过积极开展高层战略对话、不断加强全球战略合作，进而持续增强彼此战略互信，争取超越历史上"大国权力转移"的陷阱，保持双边关系的健康稳定发展。④ 为此，中美双方需要遵循不冲突、不对抗，相互尊重，合作共赢的新型大国关系建设原则⑤，通过各种对话机制，包括中美经济战略对话机制、中美亚太事务磋商机制以及东盟"10+3"机制、东亚峰会机制等，加强在"一带一路"倡议下的交流和沟通，尽可能消除分歧和误解，缓和矛盾与摩擦，营造合作共赢的良好发展环境。在这一过程中，有必要继续欢迎各国政界、商界更多地参与"一带一路"倡议，比如中国企业可以尝试与美日欧企业按照市场经济原则和国际规则，在东南亚发展更多的联合投资项目，这样既可以实现更多的利益捆绑，也有助于减少域外大国及其企业干扰中国与东盟国家经贸合作的阻力。

国际关系的实践证明，友好邻居关系可以带来倍增的国家利益，而敌对邻居

---

① 刘慧：《东南亚是"一带一路"的重心所在》，载于《中国经济时报》2015年6月29日，第3版。
② 艾什顿·卡特、威廉姆·佩里：《预防性防御——一项美国新安全战略》，上海人民出版社2000年版，第4页。
③ 钟声：《推动建立新型大国关系》，载于《人民日报》2012年12月5日，第4版。
④ 王传剑：《南海问题与中美关系》，载于《当代亚太》2014年第2期，第4~26页。
⑤ 《习近平概括中美新型大国关系：不冲突、不对抗，相互尊重，合作共赢》，载于《新京报》2013年6月10日，第1版。

关系则可能导致国家利益加倍受损。① 作为彼此的近邻，中国与东盟国家因地缘和全球化而紧密联系，而"一带一路"倡议的提出，则为中国—东盟经贸关系进一步"提质升级"创造了条件。"一带一路"建设在东南亚地区的推进，需要中国与东盟国家共同发挥自身作用，通过彼此之间的务实对话与合作有序展开。为了中国与东盟美好的未来，双方越来越需要依靠智慧和创新来应对挑战，② 因为只有在合作中逐步增强互信，使合作超越简单的利益共享，才能使中国与东盟逐步迈向命运共同体。③ 在未来双边经贸合作中，中国需要更加主动地承担大国责任、发扬奉献精神和展示必要的宽容胸怀。东盟国家对于"一带一路"的理解以及对华合作的期待，需要中国去做更多的工作或者予以细致的回应。只有让东盟国家认识到"一带一路"建设对其发展的重要性，它们才会真正愿意维护与中国的关系，避免彼此之间的信任赤字。为此，中国需要充分发挥在区域合作领域的建设作用，展现自己的大国角色和责任担当，以实际行动表达中国愿意与东盟国家共建稳定、和谐、繁荣亚太的决心，同时尽可能消除东盟国家对于中国和平崛起的担忧，从而构建起有利于推动中国—东盟合作的积极舆论，为"一带一路"建设创造良好的外部环境。2017年11月，李克强在第20次中国—东盟（10+1）领导人会议发表的讲话中，就面向未来推动中国—东盟关系更上一层楼提出了五点建议：第一，共同规划中国—东盟关系发展愿景；第二，促进"一带一路"倡议同东盟发展规划对接；第三，稳步加强双方政治安全合作；第四，进一步拉紧经贸合作纽带；第五，不断提升人文交流合作水平。其中建议制定"中国—东盟战略伙伴关系2030年愿景"，将"2+7合作框架"升级为"3+X合作框架"，加强"一带一路"倡议与《东盟互联互通总体规划2025》的对接，深化经贸、金融、基础设施、规制、人员等领域的全面合作。构建以政治安全、经贸、人文交流三大支柱为主线、多领域合作为支撑的合作新框架。④ 应该说这些建议本身，已经为如何在"一带一路"框架下加强与东盟的经贸合作设计出了清晰的路线图。

当然，考虑到当前"一带一路"建设在东南亚地区面临的诸多挑战，中国还需要在一些具体的政策操作层面作出更多的努力。比如在政策沟通方面，有些工作还需要更加细致，争取让双方的发展战略能够更好地对接，探寻更多互惠互利的合作点，而且作为大国和实力较强的一方，应该时刻注意东南亚中小国家的诸

---

① 叶自成：《地缘战略与中国外交》，北京出版社1998年版，第16页。
② 张蕴岭：《推动中国—东盟关系要靠智慧与创新》，载于《中国—东盟研究》2017年第1期。
③ 王玉主、张蕴岭：《中国发展战略与中国—东盟关系再认识》，载于《东南亚研究》2017年第6期，第1~14页。
④ 毕淑娟：《构建中国—东盟命运共同体》，载于《中国联合商报》2017年11月20日，第B01版。

多特性、更多倾听对方的诉求、考虑对方的关切和利益，以尽可能减少对方的对华疑虑。在基础设施联通方面，还需要进一步优化我方发展和需求与对方国内发展需求的更好对接，并且不断拓展双边金融、科技与服务领域的合作，帮助东盟国家从中国发展中获得更多的发展机遇和经济实惠，以真正体现中国"睦邻、安邻、富邻"的周边外交思想。在贸易畅通方面，中国与东盟跨境口岸通关便利化仍有巨大的提升空间，特别是通过提高贸易量，可以加快推进双方产能合作，增加双方投资与人员往来，推动双方市场容量的持续扩大，进而带动双方经济发展和民生改善。① 在民心相通方面，有必要更加重视媒体、智库以及华侨华人社团的作用，推动公共外交发展，宣传好"一带一路"合作理念，讲好中国和平发展故事；加强中国企业的法律意识，引导企业做好投资对象国政治、经济、社会等领域的风险评估，深入了解东道国历史传统，尊重当地民族、宗教文化和生活习惯；引导中国企业经济效益和社会效益并重，重视当地民生改善并积极做好环保工作，以减少双方民间对彼此的误解与不满情绪，努力培养双方民众的友好情感，建立起"一带一路"合作的坚实民间基础，确保参与的"一带一路"项目真正"落地生根"。② 此外，国家间稳定关系的维持依赖于相应的机制、规则与规范的建立，中国—东盟经贸关系的发展还需要不断探索和完善各种合作机制，争取尽快构建起政府引导、企业参与和社会支持的多层次经济合作新机制。这些机制的有效运行，将不仅有利于双边经济合作新理念的传播和新平台的建设，而且可以更加高效地解决双边经贸关系中产生的各种矛盾和冲突。③ 唯有如此，才能使南海真正成为连接中国和东盟国家间的和平之海、友谊之海和合作之海。

---

① 宋清润：《"一带一路"倡议下的中国—东盟合作：机遇、挑战与建议》，载于《世界知识》2017年第12期，第16~17页。
② 范磊：《"一带一路"生命力在于落地生根》，搜狐网，2017年9月6日。
③ 谷合强：《"一带一路"与中国—东盟经贸关系的发展》，载于《东南亚研究》2018年第1期，第133页。

第五章

我国的海洋战略通道与新时期的海洋战略

随着我国的进一步发展以及国家利益在海外的拓展，确保海上战略通道的畅通已经成为关乎我国国家利益和国家安全的重要问题，因此我们需要高度关注和筹划关乎我国国家发展命运的海上战略通道，需要从国家利益拓展的需求和全球化时代国家安全的特点来研究该问题。只有这样，我们才能从整体上厘清我国海上战略通道的基本脉络。对于我国海上战略通道的基本构想，必须从我国国家发展战略的全局来通盘考虑，结合错综复杂的国际背景，从国家利益的长远需求进行考量。我国海上战略通道的总体指导思想包括：以党和国家的战略思想为指导，以国家总体发展战略为依据，以政治、外交为保障，以可持续发展为指导，以军事实力为后盾，着眼国家长远利益，科学筹划、整体推进、破解困局、积极作为，实现和平发展、和谐相处、合作共赢的战略目标。①

为进一步与沿线国加强战略对接与共同行动，推动建立全方位、多层次、宽领域的蓝色伙伴关系，保护和可持续利用海洋和海洋资源，实现人海和谐、共同发展，共同增进海洋福祉，共筑和繁荣21世纪海上丝绸之路，国家发展和改革委员会、国家海洋局特制定并于2017年6月发布《"一带一路"建设海上合作设想》。明确表示：中国政府秉持和平合作、开放包容、互学互鉴、互利共赢的丝绸之路精神，致力于推动联合国制定的《2030年可持续发展议程》在海洋领域的落实，愿与21世纪海上丝绸之路沿线各国一道开展全方位、多领域的海上合作，共同打造开放、包容的合作平台，建立积极务实的蓝色伙伴关系，铸造可持

---

① 梁芳：《海上战略通道论》，时事出版社2011年版，第292~293页。

续发展的"蓝色引擎"。①

随着全球气候变暖的不断加剧，北冰洋海冰消融使得北极航道的开通便利性不断加强，北极航道的全球性战略价值日渐凸显，重视并参与北极航道利用和治理的国家在不断增多。北极航道利益是我国北极权益的重要组成部分。海上运输是我国经济发展的生命线，北极航道的开通对我国经济存在着重大的战略意义。②我国在北极地区拥有政治、经济、安全等诸多利益，作为北极事务的负责任的利益攸关方，我国重视并理性参与北极事务以及北极航道的国际治理。作为世界航运大国，我国在北极地区享有航行、安保、环保以及搜救等义务。③ 我国应将北极航道的开发和治理纳入我国海洋发展大战略，整合国家力量、拓展国际合作和谋求地区善治，拓展我国海上战略通道的目标与发展空间。

第一节 海上战略通道及其作用

我们首先需要对海上战略通道进行一个基本的解析，明确其概念分析与战略特性，并对世界主要的海上战略通道有一个基本的界定。其次我们需要分析海上战略通道的战略意义，主要可以从政治、经济、安全等几个方面开展论述。

一、海上战略通道解析

海上战略通道是指对国家安全与发展具有重要战略影响的海上咽喉要道、海上航线和重要海域的总称。它主要包含三个部分：一是特指一些重要的海峡、水道、运河；二是指海峡及海上交通线附近的一些重要的交通枢纽——岛国和岛屿；三是指海上交通线所经过的有特定空间限制的重要海峡。④

海上战略要道往往由多条重要航线交汇或战略航线必须经由的狭小海峡，是航线上的要点、咽喉之处，容易控制，也容易被封锁。在战争中，控制重要的海上航线和战略要道对于海上作战力量的自由机动、减少作战能力的衰减、赢得宝

---

① 《"一带一路"建设海上合作设想》，新华社，2017年6月20日。
② 蒋小翼、周小光：《气候变化背景下北极权益争端与我国海洋权益的国际法思考》，载于《理论月刊》2016年第2期，第187页。
③ 唐尧、夏立平：《中国参与北极航运治理的国际法依据研究》，载于《太平洋学报》2017年第8期，第51~61页。
④ 梁芳：《海上战略通道论》，时事出版社2011年版，第11页。

贵的时间，从而达到战略目的具有决定性的意义。根据主权平等的国际法原则，任何国家都有根据新的国际实践参与制定发展新的国际法和国际海洋秩序的权利。因此，处于国际体系中的任何濒海国家，必须坚持权利和义务的统一，既把遵循现行国际海洋秩序作为义务，又应该当仁不让地履行发展创制新的国际法律规范和国际秩序的权利，二者不可偏废。①

一般而言，海上战略通道具有地理位置上的稳定性、地缘因素的非选择性、博弈层次的高端性、利益关系的对冲性以及国际法规的约束性等特点。海上战略通道的位置具有一定的不可更改和不可选择性，也就是在社会历史变动中具有相对的自然稳定性，对人类和国家之间的经济活动和安全活动的影响与作用具有恒定和较为确定的特点。海上战略通道地缘因素的非选择性是指海上战略通道自然地理分布具有非选择性，给任何一个国家的地缘安全态势带来了先天的优劣，这并不是人为选择可以改变的。另外，在进行地缘战略规划时，主观选择的空间和余地较小。世界上许多海峡都是交通运输的必经之地，如霍尔木兹海峡是中东石油运往世界航线的必经之路。由于海上通道问题往往牵扯到国家命脉、区域和领域主导权，甚至是国家的核心利益，直接关乎国家安全和发展大局，加上其综合性特点，因此属于国家的高端政治，具有博弈层次的高端性。海上战略通道的利益关系的对冲性，指的是海上战略通道是利益交织和矛盾频发的一个领域，存在有主权归属的矛盾、国际共享的矛盾、战略操控的矛盾，是国家间斗争的一个非常重要的工具，既有合作的理由，又有冲突的可能。海上战略通道具有国际法规的约束性，1982年通过的《联合国海洋法公约》，规定了"12海里领海"和"200海里专属经济区"等原则，提出了"公平分享海洋利益原则""合理开发原则"以及"和平利用海洋原则"得到了世界上大多数国家的承认和支持，打破了少数发达国家垄断海洋及海上通道的局面。②

我们需要对于全球海上战略通道的基本构成有一个比较清晰的界定。总体来看，全球有16条具有战略意义的海上咽喉要道。其中，位于大西洋的有七条：包括加勒比海和北美的航道、佛罗里达海峡、斯卡格拉克海峡、卡特加特海峡、好望角航线、巴拿马运河、格陵兰—冰岛—联合王国海峡；位于地中海的有两条：直布罗陀海峡、苏伊士运河；位于印度洋的有两条：霍尔木兹海峡、曼德海峡；亚洲有五条：马六甲海峡、巽他海峡、望加锡海峡、朝鲜海峡和太平洋上通过阿拉斯加湾的北航线。马六甲海峡每年有5万多艘轮船穿越，运输量是苏伊士运河的3倍、巴拿马运河的5倍。在美国看来，马六甲海峡是

---

① 张炜、冯梁主编：《国家海上安全》，海潮出版社2008年版，第32页。
② 梁芳：《海上战略通道论》，时事出版社2011年版，第17~26页。

其控制亚洲尤其是控制东亚的咽喉要道，美国大约有25%的能源需要通过马六甲海峡输送。① 2002年，根据美国国防大学的一份研究报告，将22个新的海上战略通道纳入新的海上通道名单，其中西太平洋包括马六甲海峡、巽他海峡、龙目海峡、吕宋海峡、新加坡海峡、望加锡海峡等。②

二、海上战略通道的作用

国际海上战略通道在当今世界政治博弈、经济发展和军事斗争中占据重要地位，发挥着不可替代的作用。它与许多国家的经济、政治、军事和外交等问题紧密联系在一起，关系到一个国家的国家利益。它不仅是海上物流的通道和军事斗争的咽喉要地，在一定程度上甚至关乎国家的前途和命运。同时，各种力量围绕着战略通道分化组合，牵动着国际战略格局的演变。③ 海上运输通道不仅具有经济属性，还有较强的国家战略属性，对于外交合作、海事管理、法律保障等体制机制构建以及地缘政治经济战略重构的重要性，对国家安全和战略拓展的意义是深刻的。随着海上运输通道面临的安全环境愈加复杂，诸如海盗、海上恐怖主义活动等非传统安全因素对海上运输通道安全的威胁越来越强，促使政府和学界已逐渐意识到只有加强多边合作和对话才可以有效应对这些非传统威胁。

海上通道特定的地缘位置，不仅在很大程度上影响了各国内部的发展，而且也影响到它们与外部世界的关系。赋予了各个国家在地缘环境中的优势、强势或劣势。海上战略通道的历史变迁，又在相当程度上影响着相关国家的地位并改变着国际战略力量的格局。巴拿马运河的开通和美国实现对其控制，使美国的疆界犹如向外推进了数千英里，并使美洲国家的政治体系更为紧密，美国的战略地位由此大大改善。④

近些年，受益于亚洲经济的整体崛起，从波斯湾经霍尔木兹海峡到印度洋、再经马六甲海峡直至西太平洋的海上通道已经成为全球最重要的海上能源通道。在全球主要海上交通咽喉中，印太地区的霍尔木兹海峡和马六甲海峡地位十分突出。根据英国皇家国际事务研究所在2012年发布的题为《海上瓶颈与全球能源系统：规划未来之路》的研究报告，每天通过霍尔木兹海峡运输的原油约1 550

---

① 高兰：《亚太地区海洋合作的博弈互动分析——兼论日美海权同盟及其对中国的影响》，载于《日本学刊》2013年第4期，第52~68页。
② 史春林：《美国对中国太平洋航线安全的影响及中国的应对策略》，载于《中国海事》2011年第2期，第35~38页。
③ 李兵：《论海上战略通道的地位和作用》，载于《当代世界与社会主义》2010年第2期，第90页。
④ 李义虎：《地缘政治学：二分论及其超越》，北京大学出版社2007年版，第44页。

万~1 750 万桶，马六甲海峡则紧随其后，每天通过马六甲海峡运输的原油约为 1 360 万~1 500 万桶。总体而言，通过霍尔木兹海峡运输的原油约占每年原油总出口量的 1/3。①

第二节 我国传统的海上战略通道

鉴于海上通道在全球经贸格局中的重要地位，我国作为世界重要经济力量，传统的海上战略要道对于我国国家发展的重要性不言而喻。我国传统的海上战略要道主要是马六甲海峡、朝鲜海峡、台湾海峡、宗谷海峡等重要海峡，它们对于我国国家战略发展、国际经贸格局的拓展具有重要意义。

一、我国主要的传统海上战略要道

我国进入大洋主要有 8 条通道，由北向南依次是：（1）"黑龙江—鄂霍次克海—太平洋"通道；（2）"图们江—日本海—太平洋"通道；（3）"黄海—朝鲜海峡—日本海—太平洋"通道；（4）"东海—太平洋岛链—太平洋"通道；（5）"南海—巴士海峡—太平洋"通道；（6）"南海—苏禄海—苏拉威西海—太平洋"通道；（7）"南海—马六甲海峡—印度洋"通道；（8）"南海—爪哇海—印度洋"通道。② 我国是能源进口大国，海上能源通道可称为我国的海上生命线。中东海湾及非洲地区、南美是我国石油能源来源地，进口主要依靠 5 条海上线路，各条航线依次经由：（1）波斯湾—霍尔木兹海峡—马六甲海峡—台湾海峡—中国；（2）北非—地中海—直布罗陀海峡—好望角—马六甲海峡—台湾海峡—中国；（3）西非—好望角—马六甲海峡—台湾海峡—中国；（4）南美东海岸—墨西哥湾—巴拿马运河—琉球群岛—中国；（5）南美东海岸—麦哲伦海峡—太平洋—中国。

总的来看，我国常用的国际战略海峡包括台湾海峡、巴士海峡、巴林塘海峡、对马海峡、津轻海峡、宗谷海峡、大隅海峡、宫古海峡、朝鲜海峡、直布罗陀海峡、麦哲伦海峡、马六甲海峡、望嘉锡海峡、巽他海峡、龙目海峡、曼德海

---

① Charles Emmerson and Paul Stevens, Maritime Choke Points and the Global Energy System: Charting a Way Forward, Chatham House Briefing Paper, London, January 2012: 4.
② 徐祥民：《中国海洋发展战略研究》，经济科学出版社 2015 年版，第 32 页。

峡、霍尔木兹海峡、英吉利海峡以及白令海峡。① 具体信息如表5-1所示。

表5-1 对我国出入大洋或者重要水域具有战略意义的海峡

海峡名称	地理位置	相关国家或地区	沟通海域
朝鲜海峡	朝鲜半岛与日本本州岛、九州岛之间	韩国、日本	黄海、东海与日本海、太平洋
宫古海峡	琉球群岛的宫古岛与冲绳岛之间	日本	东海与太平洋
巴士海峡	台湾岛和巴坦群岛之间	中国台湾、菲律宾	南海与太平洋
巴林塘海峡	巴坦群岛和巴布延群岛之间	菲律宾	南海与太平洋
马六甲海峡	马来半岛与苏门答腊岛之间	马来西亚、新加坡、印度尼西亚	南海与印度洋
巽他海峡	苏门答腊岛与爪哇岛之间	印度尼西亚	南海与印度洋
龙目海峡	巴厘岛与龙目岛之间	印度尼西亚	南海、巴厘海与印度洋

资料来源：刘新华：《中国发展海权战略研究》，人民出版社2015年版，第193页。

二、传统海上战略通道的战略意义

海洋作为战略意义极为突出的通道，畅通与否、安全与否对一个国家的发展至关重要。孙中山先生较早认识到海军与海上贸易对于国家富强的重要意义，他曾指出，"海军实为富强之基，彼美英人常谓，制海者，可制世界贸易；制世界贸易者，可制世界富源；制世界富源者，可制世界即此故也"②。尤其是我国90%以上的贸易都要经过海洋运输，海上战略通道是我国发展海洋贸易、拓展海洋经济利益和维护海洋权益的重要保障。在当今时代，阻断了海上交通就在一定程度上切断了我国通往国际社会的通道，而限制了海洋交通就在一定程度上限制了我国生产生活的内外交流互动，从而也就不利于我国的经济和社会发展。③

（一）海上通道对于我国国家经济发展的战略意义

随着我国能源进口量的日益增长，海上通道的畅通对我国国民经济发展具有

---

① 童伟华：《我国使用的国际战略海峡航行利益维护对策》，载于《河南财经政法大学学报》2015年第3期，第19~24页。
② 倪健民、宋宜昌主编：《海洋中国》（中册），中国国际广播出版社1997年版，第808页。
③ 徐祥民、宋福敏：《我国的海洋利益与海洋战略定位》，载于《中国海洋大学学报》（社会科学版）2013年第1期，第3页。

日益重大的作用。我国的石油进口绝大部分来自中东地区和北非地区,并主要依靠从印度洋到西太平洋的海上通道。同样,我国从澳大利亚进口的矿石资源,向东南亚及中东、非洲地区出口的商品也仰仗经由南中国海、马六甲海峡到印度洋海域的海上交通线。可以说,从西太平洋到印度洋的印太海上交通线控制着我国的经济与能源命脉。① 海上通道已经成为我国经济发展的重要命脉,其安全与否直接关系着我国国家经济的发展与安全。另外,我国主要贸易伙伴均与我国隔海相望,海上贸易通道成为我国外贸的生命线;我国能源运输严重依赖海运,据统计,我国外贸出口货物的80%以上、石油和铁矿石等战略物资进口的90%以上是由海上运输完成的。②

东海、黄海、南海和印度洋是我国进出大洋的重要通道,其便利的通道战略意义对我国国家发展和经济运行的意义重大;其海域蕴藏的丰富的油气资源对于我国经济增长和产能提升的意义重大。东海海域油气资源极为丰富,东海大陆架上探明的天然气储量达700亿立方米以上。南海作为海上战略要道,既有充足的渔业资源,也有丰富的矿产资源,特别是油气资源,是我国最大的海洋油气储存区,已探明石油储量为6.4亿吨,天然气储量9 800亿立方米。印度洋作为能源重要来源地,油气储量相当惊人。目前波斯湾已探明的石油储量约占世界总储量的62%,天然气储量占全球的35%。更为重要的是,印度洋海域还是世界上最大的海上石油产区,产量约占全球的1/3。③ 据《中国统计年鉴》数据测算,对外贸易依存度在2014年高达41.6%。我国对外贸易的90%都需要经过海上通道,尤其是原油、铁矿石、煤炭等能源资源进口严重依赖海运。以我国2012年原油进口为例,通过海运进口额占总进口额的90.37%,其中80%左右要经过印度洋和马六甲海峡。同时,在印度洋修建经过缅甸和巴基斯坦的两条输油管道,可减轻对马六甲海峡、龙目海峡和望加锡海峡的依赖,但仍无法取代海上能源供应线。④ 正如我们前面论述到的,我国重要的出海路线,这几个海域的战略价值是极为关键更是不可替代的,将长期在我国的海上通道战略中占据突出地位,需通过有效手段保证我国在这些海域的通行的畅通度和安保度。

---

① 韦宗友:《美国在印太地区的战略调整及其地缘战略影响》,载于《世界经济与政治》2013年第10期,第140~155页。
② 葛东升:《国家安全战略论》,军事科学出版社2006年版,第222页。
③ 刘霏:《美国亚太再平衡战略对中国海洋争端的影响》,武汉大学博士学位论文,2015年。
④ 蔡俊煌、蔡加福:《国家经济安全视阈下印度洋与中国"海丝"倡议》,载于《福建行政学院学报》2016年第6期,第81~91页。

(二) 海上通道安全在我国和平发展进程中的地位和作用

保障海上通道安全，不仅可以提高我国在平时应对海上突发事件的能力，也可取得遏制海上竞争对手的比较优势，也便于在海上争端爆发之时快速聚合海上力量和增加我国防御纵深，从而整体提升我国在海上乃至在国际上的地位和影响力。我国的海上通道安全目前正面临着现实的和潜在的威胁。通往中东、非洲和西欧的货物运输严重依赖马六甲海峡、霍尔木兹海峡、曼德海峡和苏伊士运河等通道；通往澳大利亚和东南亚的货物运输严重依赖巴士海峡、巽他海峡和龙目海峡；通往日本、北美和拉美的货物运输均要穿越琉球诸水道，通往北美和拉美东部的货物运输还需经过巴拿马运河；北上通往俄罗斯远东、韩国和日本西海岸货物运输严重依赖朝鲜海峡。而这些海峡均是战略争夺要地，处于多方关注和竞争的态势之中，安全考量因素和不稳定因素很多，由此给国家安全带来的影响是复杂的。

美国海上通道战略及具体实践给我国海运安全造成了诸多潜在的隐患，而马六甲海峡、索马里等海域的海盗、海上恐怖分子频繁活动则是我国海运安全的现实威胁。① 西太平洋地区巨大的水体、广袤的海域面积和漫长的海岸线，以及我国台湾岛，可成为我国国家安全的战略纵深转圜区域。同时，我国边缘海、台湾岛以及台湾岛以东的太平洋，则大大延伸了我国海军、空军部署的前进距离，更有利于提高自身的战略机动性，并缩短对方的预警时间，从而增加我国战略威慑的有效性和延展性。②

(1) 海上通道利益是新时期我国国家战略利益拓展的重要内容。21世纪以来，我国的海外利益不断增多，海外投资、海外市场、海外资源基地、海外劳务输出等大量增加，海外利益已逐渐成为我国国家战略利益中一个越发显著的重要利益和长远利益。海上通道利益虽不能涉及国家生死存亡，但它的畅通与否对国家的外向型经济将产生重大影响，是我国的重大利益之一。

(2) 海上通道安全是国家海上安全的重要组成部分。国家安全利益具有一定的动态性，不同历史时期具有不同的侧重点。国家海上安全利益具有多层次和多方面特征，可大体分为海上通道利益、海上资源开发利益、海洋生态环境利益等内容。随着国家海外利益的不断拓展，海上通道直接影响到我国经济的可持续发展，影响到我国和平发展的大业，海上通道安全利益已成长为必须关切的国家战略利益之一。

---

① 李兵：《海上战略通道安全透视》，载于《人民论坛》2010年第1期，第36~37页。
② 刘新华：《中国海洋战略的层次性探析》，载于《中国软科学》2017年第6期，第1~13页。

(3) 海上通道安全是我国经济可持续发展的基本保障因素。随着我国能源对外依存度的不断提升和国内供需矛盾加大，我国经济可持续发展受到一定程度的影响，潜在风险逐渐增大。能源供应的稳定与否，对于国家经济的长远发展的影响是非常深远的。目前，我国的战略自然资源进口以及海外贸易进出口所利用的海上通道均相对比较集中，重要海峡通道大多受制于人，这给我国海上通道带来了巨大的安全隐患，一旦一些关键性海上咽喉要道被其他国家阻截，对我国经济可持续发展必将产生深远影响。海上通道安全直接关系到我国海外战略安全，关系到自然资源和市场资源的供给能否满足国民经济和社会发展的需要，关系到我国经济能否可持续发展。

(4) 海上通道安全直接影响着我国海洋强国的建设。随着我国国家实力和国际影响力的不断提升，我国作为负责任发展中大国的国际地位不断提高。但我国在维护海外利益的手段方面、在拓展正当的海洋话语、在参与国际社会所公认的海洋国际秩序方面的能力还是比较弱的。海上通道安全在我国大国发展战略和日程中占据重要位置。维护海上通道安全可以间接提升我国的军事和经济实力，从而增强我国的综合国力，达到提升大国地位的目的。①

(三) 海上通道安全与我国国家利益密切相关

随着我国经济的迅速发展，我国企业和我国资本正处于"走出去"不断深化的阶段，由此所附带的我国海外利益安全问题越来越凸显。一是我国在印度洋沿岸的投资常因东道国政局动荡或其他政治原因而面临风险。二是随着我国海外利益的增加，我国公民遇到法律纠纷或绑架等事件也在增加，尤其是在冲突地区。正如2015年7月27日《华尔街日报》所称，"随着中国的全球足迹拓展，中国人在海外的风险也在上升"。②

近几年，我国正面临能源发展失衡的问题，即我国日益增长的能源需求与所面临的能源短缺之间的矛盾和差距越发显著，且已经严重影响我国国家经济的全方位可持续发展，这就需要我国广泛参与国际能源合作、积极开拓海外能源市场，以此拓展能源供应渠道、加强我国能源战略储备。我国能源战略需要依托于海上运输通道安全，只有能源安全得到保障，经济社会可持续发展目标才能够真正实现。海上通道安全有利于我国切实维护海权，助力于实现中华民族伟大复兴的目标，因为我国的发展越来越依赖海洋，海洋是我国解决资源紧张、发展能力不足、战略空间不够等问题的重要出路。只有保障海上运输通道安全、实现国家

---

① 冯梁等：《中国的和平发展与海上安全环境》，世界知识出版社2010年版，第262~265页。
② 《海外利益不断增加保护在外人员安全挑战增大》，新华网，2015年7月28日。

经济的可持续发展，才能够推动我国的和平崛起。具体表现在：一是海上通道安全有助于我国更好地解决台湾问题；二是海上通道安全有利于我国与相关各国形成利益共同体；三是海上通道安全有助于我国塑造负责任的发展中大国形象，提升我国的国际影响力，拓展我国的国际话语权，全面为我国的大国崛起之路奠定充实基础。[1]

三、我国海上战略通道的发展现状

要想了解我国海上战略要道的发展近况，就必须了解我国海上地理环境的主要特点，即我国发展海上战略的先天性地缘条件；就必须了解我国周边海事问题的发展现状及其对我国海上战略要道发展的深远影响。

（一）我国的海上地理环境的特点

我国海上通道线长面广，维护通道安全难度系数大。我国的海上通道既包括边缘海海域周边的诸多线路复杂的近海战略通道，又包括延伸至全球范围内的远洋战略通道，可以说是遍布全球、覆盖辽阔。我国海上通道的基本特征可以用"线长面广"来概括：一是长，我国大部分海上通道，除了通往海上邻近国家的线路外，剩余的海上通道距离都非常长。从我国上海通往巴拿马的海上航线，航程约为 15 870 千米，航道距离之远由此可见。二是广，我国海上通道在地缘上跨越范围是非常广的，可以说是穿越了地球所有的经度和大部分纬度，遍布东亚、南亚、非洲、大洋洲、美洲、欧洲等多个地区。随着我国经济对外依存度的直线上升，我国海外商贸船队的航行范围遍布全球，遍布全球海上通道的区域。[2]

我国的海上地理环境具有以下特点：一是单向面海，我国只濒临太平洋，这是我国发展海洋事业，特别是全球性海洋事业的自然条件。二是岛链阻隔，我国的黄海、东海、南海都是太平洋边缘海，在阿留申群岛、千岛群岛、日本群岛、琉球群岛等岛屿组成的岛链环抱之下与太平洋分隔，呈半封闭状态。三是邻国相近，我国与日本、朝鲜、韩国、菲律宾、印度尼西亚、文莱、马来西亚、新加坡、越南 9 个国家海上相邻相向，与其中多国存在着不同程度的岛屿主权和海洋划界争议。四是我国临近海域气象条件复杂，我国海域南北跨 44 个纬度，气候差异较大。我国沿岸地区水浅潮大，水中跃层多，外海水深透明，海上航行条件

---

[1] 李靖宇、陈医、马平：《关于开创"两洋出海"格局保障国家利益拓展的战略推进构想》，载于《东南大学学报》2013 年第 6 期，第 38～44 页。
[2] 季超：《国家利益拓展背景下的海上通道安全研究》，苏州大学硕士学位论文，2014 年，第 35 页。

复杂，对军事行动影响大。①

由于我国海上地缘结构的固有弱点，我国海区呈半封闭状态，通往西太平洋的海上通道多为岛链遮断，在海洋航行上属于地理不利国家。我国大陆海岸线并不直接可以通向太平洋，在西太平洋海域有一系列大小不等、呈弧线形分布的岛屿得以阻隔我国进出太平洋的通道，即以日本群岛和台湾岛为主的第一岛链，以关岛为核心的第二岛链和以夏威夷为中心的第三岛链。这些岛屿周围的海峡以及海道是我国经略远洋的必经之路，故而其战略重要性不言而喻。从我国东部和北部港口经日本海出入太平洋的船只必须经过宗谷海峡、津轻海峡和朝鲜海峡。从我国东部和南部港口经东海、南海出入太平洋和印度洋的船只，则必须通过日本群岛、印度尼西亚群岛以及菲律宾群岛周边的国际海峡和群岛国的群岛水域。②

此外，海上搜救责任区的相对狭小不利于我国海上通道安全的有效维护。通过海上搜救责任区的拓展，既有利于保障我国东向与南向的海上通道安全，提高海上突发事故的应急处理能力；又有利于我国采用技术手段创造性地实现海洋安全空间的拓展，保障我国海上经贸等诸多活动的安全，加速实现海洋强国的战略目标。我国处于西北太平洋搜救协调区，我国政府公布的现有海上搜救责任区范围总面积约 2 250 平方海里，远不如美欧等国，甚至也不如日本。而且对于我国海上搜救责任区的安全维系力量的投入力度还需提升，需真正实现 24 小时不间断的全域海上搜救和安保体系建设。我国的海上搜救主管部门和参与机构是多元的，未能真正实现协同作业和有序搜救，导致在实际搜救行动中的效率比较低。我国未出台适用于全国的海上搜救基本法律，全国海上搜救管理规范需进一步统一化、规范化。中央及地方海上搜救机构之间缺乏真正的协同互动，实际功效需进一步提升。上述种种，我国在海上搜救方面存在的不足，均不利于我国更好地维护海上通道的安全和应当权利，更不利于我国海洋强国战略的有效实施。

（二）美国伺机介入我国周边海事问题

我国周边海域是目前世界上资源储藏丰富、潜藏争议较多的区域，一半以上的海域划界处于未明确、未划定的争议状态，诸多领海争议大多未得到妥善解决，一些历史遗留问题由来已久、难以善处，争端和对抗可能引发军事冲突的概

---

① 张炜、冯梁主编：《国家海上安全》，海潮出版社 2008 年版，第 411~412 页。
② 史春林：《美国对中国太平洋航线安全的影响及中国的应对策略》，载于《中国海事》2011 年第 2 期，第 35~38 页。

率依然存在。美国、日本、俄罗斯、印度等国家采用政治、经济、军事、外交等各种手段加紧对重要海峡进行渗透与战略控制。

美国"亚太再平衡战略"给我国海上通道安全带来一定的压力。美国"亚太再平衡战略"主要是针对国际局势的新变化，适时调整美国的全球战略关注重点及其力量布局，以应对我国崛起，保障美国在该地区的战略主导权。在经贸方面，美国推动"跨太平洋伙伴关系"（TPP）谈判，介入亚太经济一体化和贸易自由化进程；在军事安全方面，进一步加强与日本、韩国、澳大利亚、菲律宾、泰国等亚太地区盟国、东盟伙伴国以及印度等国家的军事合作；美国还积极介入并影响亚太地区多边国际组织。美国"亚太再平衡战略"的实施对我国的海上安全构成重要影响，并间接对我国海上能源通道安全形成一定的压力。

为了配合美国重返亚太，引领美军实现战略转型，2010年2月，美国防部发布新版《四年防务评估报告》，正式公布"美国空军和海军正在共同开发一种新的联合空海一体战概念，以打败包括拥有尖端'反进入'和'区域拒止'能力的所有对手"。[1] 2010年5月，时任美国国防部长盖茨在发表讲话时，正式提出了"空海一体战"的概念。[2] 美国智库"战略与预算评估中心"（Center for Strategic and Budgetary Assessment）随后发布题为《为何采取空海一体战》[3] 和《空海一体战：启航点作战概念》[4] 两份分析报告，分析道"空海一体战"以未来可能出现的中美军事冲突为情境想定，认为美国及其同盟体系必须能够抵抗住战争初期我国发动的大规模常规进攻，通过综合方式削弱其进攻造成的影响，以重新获得战略和战争的主动权。2015年3月，美国再版《21世纪海权合作战略》，强调在关键区域军事存在的必要性，注重与盟国的海洋军事合作。[5] 通过多部战略文件出台，美国意图建构可以限制我国海洋实力和话语发展的国际格局和态势维度，维持其强于我国的海洋优势地位。

实行海上"双锚"战略是美国限制我国海权发展的主要手段。美国一直把日本和澳大利亚看作其亚太战略的两个重要支点。美国将日韩作为其在东北亚海域

---

[1] U.S Department of Defense, "Quadrennial Defense Review Report 2010", https：//dod.defense.gov/Portals/1/features/defenseReviews/QDR/QDR_as_of_29JAN10_1600.pdf.

[2] Center for Strategic and Budgetary Assessments, "Air – Sea Battle：A Point – of – Departure Operational Concept", May 2010, https：//csbaonline.org/research/publications/airsea – battle – concept/.

[3] Andrew F. Krepinevich, "Why Air – Sea Battle?", Washington, DC：Center for Strategic and Budgetary Assessments, 2010, https：//csbaonline.org/uploads/documents/2010.02.19 – Why – AirSea – Battle.pdf.

[4] Jan van Tol, Mark Gunzinger, Andrew F. Krepinevich, Jim Thomas, "Air – Sea Battle：A Point – of – Departure Operational Concept", Center for Strategic and Budgetary Assessments, May 18, 2010, https：//csbaonline.org/research/publications/airsea – battle – concept/.

[5] U.S. Department of the Navy, "A Cooperative Strategy for 21st Century Sea – power：Forward Engage Ready", March 2015. https：//www.uscg.mil/Portals/0/Strategy/MaritimeStrategy.pdf.

的战略楔子,将澳印作为其在印度洋海域的战略楔子。近年来,美国在东北亚地区不断加强与日韩的双边军事同盟关系,并致力于建立美日韩海洋同盟关系架构,建立限制我国东北亚海洋发展的安全网络,意图将我国舰队进出太平洋必经的巴士海峡,置于日本海上自卫队能够轻易实施封锁的势力范围。在印度洋海域,美国加强与印度和澳大利亚的军事合作和战略互动,加强澳大利亚军事基地与迪戈加西亚军事基地的战略联动与力量关照。美国凭借其在印度洋海域的一系列操作可以更加迅速地切断我国海上战略通道。总之,美国海上"双锚"战略,将迫使我国在西太平洋和印度洋海域投入更多的战略关注和战略资源,影响和牵制我们全球战略部署。

我国的海洋实力增强、海洋话语拓展、海洋战略实施和海洋体系完善等,均引发了美国政府的高度关注甚或是高度紧张。2015年度《中国军事与安全发展态势报告》作为美国的官方权威性评估,就通过详细描述我国的军事战略以及军力发展,表达了对东海和南海局势的高度重视。[①] 实际上,美国正通过我国周边海洋争端矛盾,制造地区紧张局势,加剧海洋问题的复杂化、多样化和国际化,使我国无暇顾及其他,最终达到遏制我国快速发展的目标。美国的多番介入,加剧了我国周边海域海事争端的复杂程度和解决难度,使我国海洋权益遭受严重的损失。在南海海事争端问题上,美国的多维度、灵活性介入,相关言论的发表以及与相关当事国双边、多边关系的强化,都为其挑动南海局势朝着有利于自己的方向发展提供了有利的条件,相关当事国均希望借助美国力量为其加油助威、提升战略底气,以便攫取更多的海上利益。对于南海域外国来说,在美国的大力介入的引导和蛊惑下,通过自身力量来实现在南海的战略利益的意愿和积极性均有不同程度的上升。由于美国的介入,我国在东海和南海的海上行动受到很大的制约,海洋争端日趋复杂化,严重威胁着我国的海洋安全。[②]

在钓鱼岛问题上,美国一再表示不对主权问题持有立场,但又明确表态《美日安保条约》适用于钓鱼岛。正是由于美国的支持,日本一再在钓鱼岛问题上采取强硬立场,拒不承认中日之间在钓鱼岛问题上存在的争议,并否认中日两国领导人曾经达成的搁置争议的共识。在南海问题上,在美国的战略支持下,相关当事国不仅强化各自对所占岛礁和海域的控制,加快对南海资源的开发,而且不断与我国发生实质性摩擦与碰撞,2012年中菲黄岩岛事件和2014年发生的中越南海争端便是突出的例证。2014年《美菲加强防务合作协议》签订后,2015年3月美国进一步鼓动东南亚国家组成联合舰队巡航南海,南海地区的安全局势更趋

---

① Office of the Secretary of Defense, "Military and Security Developments Involving the People's Republic of China 2015", http://www.defense.gov/pubs/2015_China_Military_PowerJReport.pdf.

② 刘霏:《美国亚太再平衡战略对中国海洋争端的影响》,武汉大学博士学位论文,2015年。

动荡不稳定。钓鱼岛问题和南海问题的存在和激化,为我国海上油气安全带来种种不确定因素。①

(三) 周边争端当事国的战略竞争与冲突

随着南太平洋的海上战略通道角色日益明显,对于致力于争夺海上战略通道的我国和印度两国来说,南太平洋是双方未来博弈的重点海洋区域。双方在南太平洋都有各自的战略优势和劣势,在相当长的一段时间内,除了美国和日本之外,中印将是南太平洋重要的参与者和竞争者,双方之间的战略竞争对于南太平洋的海域安全走向影响非常重要。

印度的海洋战略及其实践活动,对我国海上安全最大的影响是威胁我国海上通道的安全。因为,印度洋的海上通道实际上已经成为我国的海上生命线。印度的地缘位置使得东亚国家,特别是我国在印度洋的石油运输和海上贸易始终会处于印度的监视和影响之下。在东非海岸,印度计划在马达加斯加岛修建海军监听站,企图将好望角前往东亚地区的海上航线纳入印度的监视和控制范围,进一步影响到我国在印度洋地区的海上利益。②

在我国经济与战略利益向印度洋延伸的同时,印度也开始启动其"东向政策",将目光瞄准了西太平洋区域。从 20 世纪 90 年代开始,印度开始实施"一点两环"的地缘战略:以安达曼—尼克巴群岛为战略支点,采用军事手段扼守印度洋与太平洋之间的咽喉要道;在环阿拉伯海地区和环孟加拉湾地区,通过经济合作将战略影响辐射到沿岸所有国家。③ 印度的"东向政策"在实施之初更多的是配合国内的经济改革、加强与经济相对发达的东南亚国家之间的经济联系,但随着印度经济在 21 世纪初的快速崛起,印度的"东向政策"开始有着更多的战略考虑。印度不仅将拓展与东盟、东亚国家的政治、经济与安全联系视为提升印度大国地位的重要手段,还把它当作平衡我国在印度洋影响力的制衡手段。在此考量下,印度注意加强与日本、澳大利亚、新加坡、越南等国家的政治与安全关系,甚至参与越南等国家在南海争议地区的油气开发,在南海问题上发出声音、采取动作。不仅如此,印度主动加强与美国在印度洋海域的海上合作,频繁参加美国在印太地区举行的双边和多边联合军事演习,希望美国加大对印度洋海域的战略关注与战略投送,希望能够获取美国更多的战略支撑与帮助。

---

① 蔡鹏鸿:《互联互通战略与中国国家安全——基于地缘政治视角的互联互通》,载于《人民论坛·学术前沿》2015 年第 7 期,第 50~63 页。
② 冯梁主编:《亚太主要国家海洋安全战略研究》,世界知识出版社 2012 年版,第 329 页。
③ 宋德星、白俊:《论印度的海洋战略传统与现代海洋安全思想》,载于《世界经济与政治论坛》2013 年第 1 期,第 17~29 页。

近几年,印度政府对于其国家海洋安全战略关注区域有所转变。认为"印度安全环境"已从西部的波斯湾扩展至东部的马六甲海峡,印度洋在其全球战略格局中的地位直线上升。2007年6月,印度外交部长普拉纳布·慕克吉（Pranab Mukherjee）将印度海上利益的主要区域描绘为:"北起波斯湾,南至南极洲,西起好望角和非洲东海岸,东至马六甲海峡……和印度尼西亚"。① 近年来,印度多方面、多领域、多手段加强在印度洋海域的战略角色和管控能力。一方面,印度正加紧构建印度洋海上军事力量和安全提供者角色,想尽可能地限制我国海军在这一海域的实践行动;另一方面,从地缘战略行为看,为达到独霸印度洋的战略目标,印度不断增强其对印度洋的管控能力。一是在军事上,印度大力扩充以航空母舰为主的海空军备,提升其在阿拉伯海、孟加拉湾、安达曼群岛和马六甲海峡的战略投送能力,加强对北印度洋的管控;二是在地缘外交上,积极构建以印度为主导的区域机制,如"环印度洋联盟""印度洋海军论坛"等,以此扩大地区影响力。②

2014年11月,印度总理莫迪上台6个月后便访问了太平洋岛国,并参加了第一届"印度－太平洋岛国合作论坛"。2015年8月,莫迪在第二届"印度－太平洋岛国合作论坛"上表示,"太平洋岛国虽然很小,但是集体力量却非常大,并对印度很重要。印度将在各种国际场合支持太平洋岛国"。该论坛体现了印度在亚太地区加强防务合作的努力,目的是遏制我国在南太平洋的影响力。③ 印度学者雷嘉·莫汉认为,中印关于战略岛屿的争夺已经扩展到了南太平洋地区。"由于印度注意到中国在南太平洋地区军事存在和影响的稳步加大,印度认识到对该地区持战略观点的重要性,因此海外印度人不再是它对该地区的主要关注点。随着印度积极发展蓝水海军势力,印度海军必然会更加积极卷入南太平洋地区"。④

随着中印两国的战略关注逐渐向印太地区倾斜,战略利益不断向印太地区延展、印太地区战略竞争态势日显,使得原先彼此分割的东亚和南亚地缘区域,逐渐成为一个互动频繁、联系紧密、竞争渐强以及战略关注空前强化的地缘战略空间。印度一贯视印度洋为自己的海上势力范围,对我国海军进入印度洋以及我国

---

① 大卫·布鲁斯特:《印度的印度洋战略思维:致力于获取战略领导地位》,载于《印度洋经济体研究》2016年第1期,第17页。

② 蔡俊煌、蔡加福:《国家经济安全视阈下印度洋与中国"海丝"倡议》,载于《福建行政学院学报》2016年第6期,第81~91页。

③ John Braddock, "India reaches into the South Pacific to counter China", August 27, 2015, http://www.wsws.org/en/articles/2015/08/27/modi–a27.html.

④ ［印］雷嘉·莫汉著,朱宪超、张玉梅译:《中印海洋大战略》,中国民主法制出版社2014年版,第132页。

参与建设印度洋沿海国家的交通港口心存芥蒂、恐惧渐生，认为我国进军印度洋会大大压缩印度在这一海域的战略空间。加上我国与巴基斯坦的"全天候战略合作伙伴关系"以及中印两国的领土划界争端，印度对我国一直保持高度警惕。印度非常排斥我国在印度洋海域合法的经济与安全利益，积极发展与日本、美国、越南等国家的海上安全防务关系，甚至插手南海地区的海事争端。① 由此导致，印度在印度洋和南海问题上给我国海洋战略安全和海上通道安全造成了多重影响。

（四）海盗等非传统安全问题对我国海上通道的安全威胁

非传统安全问题是区别于国家主权、领土完整、军事安全等传统安全的新兴安全问题，指除战争、武装冲突以外的对国家权益构成威胁的各种行为。我国海上通道所面临的非传统安全问题，具体而言主要是海盗、海上恐怖势力、海上走私、海上贩毒；部分濒海国家面临着由于全球气候变暖所导致的海平面上升而引发的国土被浸没的严峻威胁；海洋环境污染和生态危机不断加剧、生物多样性受到严重损害等；海洋法生效后围绕海洋划界及资源分配引发国际争端进而对国家安全与地区安全构成的威胁，等等。② 目前，对我国海上能源通道安全产生影响的非传统安全威胁主要来自海盗和海上恐怖主义行为。海盗事件目前主要集中发生在西非、索马里海域、孟加拉湾、亚丁湾及东南亚海域等区域，这些区域均为我国海上能源运输必经的重要海域，海盗事件频发及恐怖主义行为使我国海上能源通道面临着极其严峻的安全困境。2008年，接连发生我国船只遭索马里海盗劫持事件。据我国外交部消息，2008年1~11月，我国共有1 265艘次商船通过索马里海域，其中20%受到过海盗袭击，涉及我国的劫持案件有7起。③ 海盗等非传统安全问题给我国海上通道安全所造成的影响，由此可见一斑。

海上非传统安全威胁的发生及其后果具有不可控性和辐射性的特征。国际社会难以对此作出准确预警和及时有效的应对，其造成的损失和产生的负面影响难以估量。④ 从恐怖活动讲，"9·11"事件后，南海周边地区恐怖袭击频发。2002年和2005年巴厘岛两次爆炸案，凸显恐怖活动的猖獗。南海周边国家，如菲律宾、印度尼西亚、新加坡、马来西亚和泰国，是恐怖主义威胁的高危地带。恐怖

---

① 韦宗友：《美国在印太地区的战略调整及其地缘战略影响》，载于《世界经济与政治》2013年第10期，第140~155页。
② 刘中民、张德民：《海洋领域的非传统安全威胁及其对当代国际关系的影响》，载于《中国海洋大学学报》2004年第4期，第60~64页。
③ 王历荣：《国际海盗问题与中国海上通道安全》，载于《当代亚太》2009年第6期，第120~131页。
④ 张湘兰、张芷凡：《现状与展望：全球治理维度下的海上能源通道安全合作机制》，载于《江西社会科学》2011年第9期，第5~12页。

组织及其成员有可能进行海上恐怖袭击,给南海周边地区的海上航道安全和秩序造成极大冲击。海上恐怖活动已经对南海海上通道安全构成了巨大的潜在威胁。①

海上跨国犯罪对我国海上通道安全威胁上升。国际海上跨国犯罪行为主要包括:海上恐怖主义行为、危及海上航行安全的非法行为、危及海上油气开采等经济作业平台安全的非法行为、海盗和持械抢劫行为、偷渡、贩毒和贩运武器、走私等行为。在各种海上犯罪行为中,偷渡、贩毒、走私是威胁我国沿海地区安全与稳定的传统因素,而近来海盗、危及海上油气开采等经济作业平台安全的非法行为的威胁日益突出。例如,针对南海"981"钻井平台的一系列冲突事件,就是集中显现。海上跨国犯罪行为既严重破坏国家海洋经济秩序,又严重影响我国海防的安宁稳定。总的来看,海上非传统安全对我国海上通道安全的威胁正不断凸显。

四、我国维护通道安全的路径选择

基于当前形势,我国在加强海权建设和维护海上通道安全的过程中必须充分考虑地缘政治的因素。从地缘政治的视角出发,我们海上发展战略尤其体现在对钓鱼岛群岛、我国南海等的争议和台湾问题等周边海事问题的妥善解决上。时至今日,我国迫切需要一个和平稳定的发展环境,海上通道的畅通及和平是极其重要的。我国不可能主动动用武力去强硬维护本国的海上通道安全,更不会去打破目前海上通道的基本态势,引发局部战争甚至更大规模的冲突更是得不偿失。解决领土、领海争端问题,维护我国的海上合法权益,我们必须从战略的高度、基于人类命运共同体的理念、主动采取一种冷静、克制的态度,采取一种平衡、有效的方式。②在世界海洋事业新发展的态势下,必须树立全球海洋意识,必须高度重视海上通道安全。随着经济全球化的深入发展,我国经济与世界经济的联动日渐紧密,我国的海外利益越来越多元,我国的海外利益受国际环境变动的影响也就越深刻。因此,我国急需树立更为适宜当今世界格局现实的世界观,树立全球意识,从战略的高度重视海上通道问题。将海上通道安全提升到国家安全与发展问题的高度和战略地位去思考和谋划,加强战略研究,积极、主动地为切实保障海上通道安全和逐步解决海上通道问题创造条件。③

海洋上存在巨大的和平利用空间和发展机会,存在着国家间通过合作来增长

---

① 蔡鹏鸿:《试析南海地区海上安全合作机制》,载于《现代国际关系》2006年第6期,第7~11页。
② 曹平:《对中国海路安全建设的思考》,载于《港口经济》2012年第3期,第29~31页。
③ 王历荣:《全球化背景下的海上通道与中国经济安全》,载于《广东海洋大学学报》2012年第5期,第1~7页。

共同利益和发展本国利益的需要和可能。这些空间的利用不以军事动员为前提，这些机会的把握不以军事抢占为必要条件，这些利益的实现不必一定仰仗动用武装威胁的手段。① 我国在维护和拓展本国的海上权益的同时，并不排斥其他国家追求各自的国家海洋利益，特别是国家的海上通道利益。我国需要在"一带一路"倡议的大框架下，坚持海陆统筹，兼顾维稳与维权，努力构建海上运输和陆上管道运输相结合的多元化通道结构，打造连接海陆重要支点的综合系统的通道网络。既可以满足自身发展的实际需要，也可为整个地区乃至全球的互联互通、深化合作以及共赢未来发挥积极的富有建设价值的全方位助力。②

我国海洋强国战略的基本目标是，不仅要发展海洋军事、海洋科技、海洋经济等硬实力，同时要推进海洋话语、海洋文化、海洋法律等软实力发展，构建综合系统多元的国家海洋战略，全面发展我国海洋经济，有效开发海洋资源，大力维护海洋权益，确保海洋领土的主权安全。为此，我国需要从以下几个方面去维护我国海上战略通道安全。

（一）加强海上安全事务协商与合作

从实施强度和等级的角度，可以将海上安全手段划分为对抗、竞争、合作三种类型。对抗是指两种或多种力量之间采取的敌对行动，这种方式强调军事手段，强调使用武力或威胁使用武力。主要包括：实施海上威慑，以海军力量的增强和威力强化去慑服对方；实施经济制裁，展开海上拦截行动；实施海上控制和打击，使用武力进行实战。竞争是指为了获取优势或主动地位而采取的争夺行动，这是一种在和平状态下的非暴力性的、非对抗性的较量和角逐，其目的是营造有利的安全环境和态势，赢得战略主动。但其结果具有很大的不确定性，既可能通向合作，也可能转向对抗。可以把它看作对抗与合作的灰暗地带。

合作是指国家从利益交汇点出发，为特定的海上安全目的而采取较为协调的行动。传统的安全合作以联盟战略思想为指导，以实现部分国家全球霸权为目标的海上安全合作，本质上以对抗和诉诸武力为前提，并针对某一或某些特定国家的安全合作方式。现代意义上的安全合作，指的是不同社会制度和意识形态国家之间，从利益交汇点出发，在一定范围内达成协定或默契，从而实现共同安全的一种方式。

在全球相互依赖日益加深、国际贸易快速发展的今天，商船的航海自由非常重要。世界各国都依赖商品和原料交易，因此也都直接或间接地受益于海上交通

---

① 徐祥民：《全面推进海洋事业战略综述》，载于《中国海洋报》2013 年 1 月 28 日，第 3 版。
② 路阳：《合作维护海上通道安全》，载于《人民日报》2015 年 1 月 28 日，第 3 版。

线的开放。如果这些航线中断或受阻，各国的贸易就会蒙受损失。每一个国家都应该维护海上交通线的畅通无阻，以及海上交通要塞的自由通行。① 我国目前在南太地区缺少战略支点，所以在很长的一段时间内在南太平洋方向的海洋通道受到限制，我国与南太平洋国家之间的合作重点应该放在维护海上安全合作上面。只有坚持以合作为主，我国在南太平洋地区的海洋战略，才能减轻美日澳海上战略同盟的猜疑，才能减弱印度对我国的防范或恐惧心理。我国的海上战略通道，除了会受传统海上强国的长期、持续且有针对性的威胁之外，还面临着海上通道毗邻地区的国家间战争或内乱等传统安全的威胁，以及海盗、海上恐怖主义、跨国犯罪、自然灾害等非传统安全威胁，然而我国海军和海警力量、远洋投送能力等尚不能匹配我国海洋战略发展和海上通道安全的维护，尚不能针对海上通道安全予以从容应对。② 因此，深化合作维护海上战略通道安全的必然选择。合作宜从基本的科技合作和经济建设等入手，逐步拓展到更为多元且深层次的安全合作。

  现代海事合作主要包括：一是以建立海上预防和管理措施为主要内容的合作。成立海上冲突预防或危机减少中心，建立海上军事安全磋商以及预防冲突的机制，讨论和平解决海洋争议的原则。二是建立海上信任为主要内容的合作。建立两国海上安全问题的沟通对话渠道，对海上安全战略与政策等问题的研讨；高层代表团互访和军舰互访；重大军事演习的通报和派观察员参观；海上军事安全相关的情报信息交换（海洋环境、水文气象、航道、海图等）。三是以保证海上航行安全为主要内容的合作。主要有确定保证海上航行安全应遵守的国际法律、法规；建立舰机海上通信程序；避免海上危险军事行动；商定发生海上意外事故的处置程序等。四是在非传统安全领域的合作，包括以保护海上航道、海上搜救和抢险救灾、人道主义救援为目的的海上联合演习和联合行动；打击海上恐怖主义、海盗、海上走私和非法移民等；根据《联合国海洋法公约》采取措施预防、减少和控制海洋环境污染等。

  随着全球化的发展，随着高度依存的世界体系的形成，国家海上安全问题比陆地安全问题活跃得多，且国家海上任何不安全问题通常都不是一个国家的问题，也不是单独一个国家所能解决的问题，因此，国家海上安全需要国际海洋秩序，国家间的双边和多边安全合作是必然的趋势。③ 各国之间广泛且实质性的海

---

① ［德］乔尔根·舒尔茨、维尔弗雷德·A. 赫尔曼、汉斯-弗兰克著，鞠海龙、吴艳译：《亚洲海洋战略》，人民出版社 2014 年版，第 30 页。

② 王存刚：《外部战略环境的新特点与中国海外国家利益的维护》，载于《国际观察》2015 年第 6 期，第 33 页。

③ 张炜、冯梁主编：《国家海上安全》，海潮出版社 2008 年版，第 35、127~131 页。

上合作是维护海上通道安全的重要保障。我国坚持通过谈判磋商处理海上争议问题，建立双边和次区域海上危机沟通管控机制或地区安全机制，通过多边机制的实施以保障海上通道安全。由于海上通道安全具有跨域性、国际性、多维性以及内外联动性，所以多边安全合作机制是维护海上通道安全的必要机制。海上争端解决或安全合作需要集结多国力量以增进多边合作、处理多边冲突。海上通道安全需要多国之间的协调与合作，建立双边和次区域海上危机沟通管控机制或地区安全机制。①

加入国际涉海安全公约和区域性的海上安全架构是我国保障海上通道安全的重要手段。我国参加了国际涉海安全公约，如《联合国海洋法公约》《全球贸易安全与便利标准框架》《便利国际海上运输公约》《制止危及海上航行安全非法行为公约》《国际船舶和港口设施保安规则》《国际海上人命安全公约》《海员身份证件公约》《联合国打击跨国有组织犯罪公约》《联合国禁止非法贩运麻醉药品和精神药物公约》以及"9·11"事件以来联合国通过的 16 项反恐决议和 12 项反恐国际条约。我国参加的区域性海上安全合作机制，如亚太经济合作组织（APEC）反恐声明和 APEC 反恐怖行动任务小组、亚太区域贸易安全倡议、海事安全工作组、电子海关报告系统、APEC 地区船员鉴定机构项目；《中国与东盟关于非传统安全领域合作联合宣言》《中华人民共和国政府和东南亚国家联盟成员国政府非传统安全领域合作谅解备忘录》《亚洲地区反海盗及武装劫船合作协定》。② 所以，保障我国海上通道安全，需充分了解涉海安全公约的具体规范文本，充分运用区域性海上安全合作机制的积极效应，需要在双边、多边战略互信与安全依赖的基础上建立区域和国际合作机制，如在传统安全领域加强与相关国家进行海上军事安全磋商与对话，在非传统安全领域增进合作防治危及海上通道安全的海盗、恐怖主义和其他隐患，同时建立相应的危机预警与处理机制和争端解决机制。

（二）构建海上和谐伙伴关系

以大国关系和周边海洋外交为核心，全力建构和谐海上伙伴关系。大力推进与美国、俄罗斯以及海上战略通道周边国家在海洋战略、海事安全等各事务性领域的信任与合作，最大限度地聚合共同利益、消解利益冲突与竞争，拓展双多边共同利益空间，以最大诚意和最大努力化解各种海上安全风险。加强沿

---

① 李兵：《建立维护海上战略通道安全的国际合作机制》，载于《当代世界》2010 年第 2 期，第 54~56 页。
② 邹立刚：《保障我国海上通道安全研究》，载于《法治研究》2012 年第 1 期，第 77~83 页。

南海、印度洋等关键通道航向区域的预防性和针对性的战略部署，完善海上通道安全保障体系，全面提升海上力量的威慑能力和涵盖范围，遏制各种对华海上侵扰活动，从根本上保障我国海上通道安全。在海上安全合作问题上，我国要确保海上战略通道的安全，就必须加强国际合作和区域合作，特别是区域性的双多边合作，构建海上合作的良好意愿氛围。并且需要明白，当前海洋领域的许多问题需要在《国际海洋法》的框架下，依据《国际法》的相关规定，经过多边协商加以解决。我国应该更加主动地谋求建立以战略信任为基础的新型的海上安全模式，切实建立海上争端沟通管控机制，积极加强区域乃至全球性安全机制的建设。在人类命运共同体理念的指导下，我国的海上安全战略应以维护国家利益为核心，积极开展国际合作，全力聚合共同利益，建立利益共同体，共创美好未来。

我国需积极推动并引领探讨制定地区安全行为准则和亚洲安全伙伴计划，促进海上通道安全合作的机制化和效益化。我国要在维护国家主权和领土完整基础上，大力推动亚太地区的共同安全、合作安全、综合安全和可持续安全，把海上战略安全、海上通道安全机制建设同地区安全架构建设结合起来，有效管控海上通道安全威胁，为最终促进海上冲突的妥善解决和实现安全信任合作创造条件。[1] 加强与海上战略通道所经海域国家的战略合作，取得相应国家同意后在相关国家、地区以购买、长租等形式取得港口的使用权，并尽可能延长使用期限；在条件成熟的情势下，依据实际情况合理有序地修建自己的军用港口基地，从而为维护海上战略通道提供及时、有力的后勤保障、军事支援和战略依托。[2]

在印度洋海域，我国应积极参与印度洋海域的地区性合作联盟事务。充分利用南亚联盟、阿拉伯联盟和非洲联盟等框架机制，加强与斯里兰卡、埃及、沙特阿拉伯和非洲东海岸国家的经贸、技术和反恐合作，深化与巴基斯坦和伊朗的军事合作关系，以双边及区域合作的方式从西北和西南两条陆桥向印度洋海域进行战略扩展，寻求若干个能够提供战略支撑的常驻锚地，把印度洋作为我国海洋战略的重要实践场域，构建海上通道安全保障体系。我国要谨慎应对印度洋海域日益凸显的非传统安全威胁和新战略性安全挑战，抓准国家经济安全的战略高度和战略关注，研判印度洋海域安全局势对我国海上通道安全的多维影响，寻求合理有效的对策来维护我国在印度洋海域的国家利益，探索与沿线各国在海上经贸和区域合作中的利益契合点和增长点，为优化海上通道安全环境和海洋经济安全新

---

[1] 蔡鹏鸿：《互联互通战略与中国国家安全——基于地缘政治视角的互联互通》，载于《人民论坛·学术前沿》2015年第7期，第50~63页。

[2] 杜正艾：《切实维护海上通道安全》，载于《学习时报》2009年1月5日，第007版。

秩序贡献"中国方案"。①

加强与印度的海洋安全战略互信与安全合作，增强中印双边安全合作意愿、健全中印双边安全合作机制。一是增进国家层面高层互访、顶层交流，增强中印战略互信。2016年印度国防部长的访华交流活动，在保持敏感话题的沟通及磋商机制上，树立了积极对话以调解矛盾的典范，有利于双方加强国防和军事领域交流协作，为两国在维护边境安全稳定、打击恐怖主义等领域建立更好的合作机制、开展实质性合作。二是加强中印高端海洋智库的战略对话，建立定期交流合作机制，加强海事信息及时共享互动。通过两国海事科研机构和人员之间的良性交流互动，力争从学术科研层面带动两国海事合作形成良好的意愿氛围，推动更广范围的海事合作。通过学界的互动，使得印度更广泛的阶层明白我国海洋实力和海洋影响力的发展会给印度带来巨大的利益。我国海上力量进入印度洋并非要与印度争霸或者为敌，只是为了维护自身的正当国家经济利益，两国可以在该海域实现和谐共生、互利共赢。三是我国主动加快与印度的战略对接，在相互尊重中实现"共商、共建、共享"。推动我国的"海上丝绸之路"与印度的"季风计划"实现良性对接，共同为区域乃至全球性的海洋治理提供方略选择。四是健全区域性多边经济贸易组织并促进其平台作用的切实发挥，通过各种方式以增进中印互信。印度必须看清的现实是，尽管美国在政治军事上拉拢印度，但在TPP层面上，由于印度在国家实力等方面与美国的差距太大，美国在很大程度上忽略了印度。印度要弥补这方面的短板，就要与我国一道在区域全面经济伙伴关系的合作上表现出足够的诚意，有利于中印两国获得显著的协同效应。

建构中印新型国际关系是完全可能并可行的。我国和印度都是不结盟国家，中印要增进战略互信互惠，相互尊重，建构中印新型关系，实现"龙象并肩"是有可能的。印度具有大国的抱负和不结盟的历史传统，不会甘心于作为美国制衡我国的棋子，也不会甘心于在我国"一带一路"倡议中居于从属的地位。从当前印度外交及其"东向"战略布局看，印度现任总统采取现实主义和对冲的外交策略，对我国和美国实行"左右逢源"的对冲策略，从中实现其国家利益最大化。例如，美国只是在政治和军事上拉拢印度，但是在经济上（如TPP）仍将印度排除在外；而印度在亚投行和南海非法仲裁问题上最终持支持我国立场。为此，我国要持续推进与印度在战略层面进行经济和安全对话，扩大国家安全利益的交会点，规避地缘政治博弈陷阱，协调立场并共同塑造地区和全球事务议程和结果，探讨将印度"东向行动政策"对接我国"一带一路"倡议。

---

① 蔡俊煌、蔡加福：《国家经济安全视阈下印度洋与中国"海丝"倡议》，载于《福建行政学院学报》2016年第6期，第81~91页。

(三) 借鉴大国经验提升我国海上综合实力

随着我国开始崛起为海洋强国，国家战略层面上可以借鉴一些海洋大国的经验，同时结合我国国情，确立维护我国国际海峡航道安全通畅的战略和政策。

首先，应当综合考虑，哪些国际战略海峡，是可以构成我国海上交通要道的，并制定相关的战略规划。其次，俄罗斯国家海洋战略的重要特征，是强调国家海上力量整体运用，突出海军维护国家海洋安全和海洋利益中的主导作用。因此，我国同样应该重视海军的威慑作用，强调海军在维护国家海洋安全和海洋利益方面的重要作用。最后，未来美国海洋战略的发展将更具灵活性，不仅依靠本国的硬实力，而且会将硬实力与软实力有机结合，通过最有效的手段、最小的代价，实现美国海洋利益的最大化。① 这也是我国未来实现海洋利益所应借鉴的经验。

我国目前的海洋政策和海洋立法还缺乏明晰的战略意识和系统完整的政策规划，这是我们必须积极面对的重要课题。我国应从地理不利国和国际海峡使用国的立场出发，积极主动参与新规则的制定，与同为重要国际海峡主要使用国的国家进行协调，促成对我国有利的国际海峡合作机制的形成。通过积极参与多边安全合作对话，利用海峡沿岸国希望海峡使用国家特别是大国相互制衡的心理，在海峡安全合作问题上获得更多的发言权。②

要注意近海通道与远洋通道安全保障相结合。由于航道条件不好及绝大部分的浅滩、暗礁、沉船等碍航物都分布在沿海区域，造成船舶操纵困难而发生事故，以及沿岸海域船舶通航密度大，船舶发生碰撞事故的概率增大，离岸 10 海里左右的海域最易发生海上事故。因此，保障近海航道的安全，是保障远洋通道安全的重要组成部分。保障航道的安全需要制度化的长效机制和应对突发事件的应急机制的密切结合。③ 另外，非传统安全因素也是威胁海上通道安全的重要原因，这些新的非传统安全威胁具有突发性、不可预测性等特点，加大了维护海上通道安全的困难。因此，必须加强应急机制的建设，对各类突发事件加强预案准备工作，建立完善的反海盗应急机制以及防止海上溢油等问题的应急处置机制。在平时需要加强搜救物资的储备，通过多种海上搜救演习训练，以对应急程序和实施方案做到充分的熟悉，进而不断改进和完善应急预案，以备不时之需。

---

① 冯梁主编：《亚太主要国家海洋安全战略研究》，世界知识出版社 2012 年版，第 108~109 页。
② 龚迎春：《马六甲海峡使用国合作义务问题的形成背景及现状分析》，载于《外交评论》2006 年第 1 期，第 94 页。
③ 史春林、史凯册：《国际海上通道安全保障特点与中国战略对策》，载于《中国水运》2014 年第 4 期，第 15~17 页。

(四) 构建海上综合管理机制

海上综合管理机制是我国基于自身海洋发展的先天性条件、世界海洋发展的现状与未来趋势、我国参与国际海洋政治的历程与未来展望的基础上,应当采取和切实落实的现实性选择。主要包括以下几个方面内容。

(1) 健全海上危机预警机制。危机预警的内容包括三个方面:一是危机情报的搜集、整理与分析;二是判断危机的性质及危机的未来发展趋势;三是制定预防及应对危机的预案,将对危机局势的预测分析转化成预防和应对危机的行动策略和政策选择。情报工作、危机预测和预案制定是危机预警的三个紧密联系、缺一不可的要素。情报工作是危机预测的前提,而危机预测又是制定危机预案的前提。如果没有充分的情报和准确的预测,危机预警将是不科学的;而如果没有科学有效的危机预案,危机预警则是不完整、不彻底、不成功的。(2) 健全海上危机决策机制。海上危机决策机制是海上危机管理机制中的核心部分,直接关系到海上危机的成功应对,健全海上危机决策机制主要包括优化海上危机决策的组织结构;重视海上危机决策中的情报工作;做好海上危机决策中的沟通协调工作等重要内容。(3) 健全海上危机控制机制。不断修正决策目标、迅速隔离危机、分解危机与建立信任措施。(4) 健全海上危机解决及善后机制。坚持原则性与灵活性相统一的危机解决之道。国际危机管理关系到国家权益能否得到维护和实现。为了最大限度实现国家的权益,应当坚持原则性和灵活性相统一的危机解决之道。只有坚持原则性,显示在重大原则问题上决不让步、斗争到底的决心和信心,才能维护自身的切身利益;只有坚持灵活性,着眼大局,在非原则问题上留有余地,向对方传达和平解决危机的愿望和诚意才会更有利于危机的解决。

多种手段综合运用,加大处置力度。国际危机的解决需要综合运用政治、经济、外交、军事等多种手段,使各种手段形成一种强大的合力。经济手段是解决国际危机的物质基础,当今世界各国日益密切的经济联系使得经济作为一种解决危机的手段越来越重要;政治和外交手段是解决国际危机的重要途径,对于加强国家间沟通与联系,扩大国家间共识,获得国际社会支持具有重要作用;军事手段是解决国际危机的坚强后盾,军事力量的合理部署和适当显示作为一种威慑性力量对于促成国际危机朝着有利于自己的方向解决具有重要作用。因此,对新时期我国海上危机的解决及善后而言,应当综合运用政治、经济、外交和军事等多种手段,优先使用政治、经济和外交手段,同时保持一定的军事压力,使军事力量成为促成海上国际危机得以成功解决的威慑性手段。①

---

① 朱晓鸣:《新时期中国海上危机管理研究》,华东师范大学博士学位论文,2008年,第139~145页。

（五）建立人才储备库和完善法律法规

创新海事搜救人才培训机制，建设远海专业搜救队伍。在东向和南向中远程搜救基地培养一批掌握先进救助技术和专业技能、熟悉现代化救助设备的高级专业人才；定期召集海事搜救机构及人员进行海上救援培训和演习，针对各种典型搜救案例进行研讨，建立一支专业知识扎实、实战经验丰富的远海专业救助队伍，为我国开展"第一岛链"东向、南向海域的海上搜救业务提供人才保障。① 尤其在搜救重叠区较大的东海海域，保证我国搜救业务在相关法律支持下展开，做到有法可依，为我国突破"第一岛链"，向东、向南拓展海上搜救责任区提供有力的法律保障。海上军事安全磋商机制，是国家间在共同利益的基础上，在军事等方面采取具体措施并协调行动，应对并解决海上传统安全和非传统安全威胁，以实现共同安全的一种制度安排，有助于避免大国间海空力量因误解或错误判断而发生意外事故。②

进一步完善已有法律的各项配套法规。在现有法律的基础上，应针对海上运输活动的各个构成要素分别进行立法，适时出台适用于海上通道突发事件应急处置的新法律法规，使法律保障体系更加健全，更具有层次性、包容性。例如，在《中华人民共和国港口法》《中华人民共和国海上交通安全法》和《中华人民共和国突发事件应对法》的基础上，结合海上通道突发事件应急处置的特点，分别建立《港口安全突发事件应对条例》《海上交通安全突发事件应对条例》等行政法规；在《中华人民共和国国防法》和《中华人民共和国国防动员法》的基础上建立《军队参与海上通道安全应急条例》等军事法规。③ 依据《国际海上搜寻救助公约》《国际救助打捞公约》等有关国际公约，建立健全我国海上搜救法规，确保海上搜救的法律地位。

（六）构建我国特色的海洋安全战略

我国海洋战略从酝酿、提出再到成为国家的大战略经历了将近 20 年的时间。1996 年，我国发布《中国海洋 21 世纪议程》，首次对海洋事业发展作出系统战略规划并提出"有效维护国家海洋权益，合理开发海洋资源，切实保护海洋生态

---

① 王杰、李荣、张洪雨：《东亚视野下的我国海上搜救责任区问题研究》，载于《东北亚论坛》2014 年第 4 期，第 15~24 页。

② 李兵：《建立维护海上战略通道安全的国际合作机制》，载于《当代世界》2010 年第 2 期，第 54~56 页。

③ 王杰、吕靖、朱乐群：《应急状态下我国海上通道安全法律保障》，载于《中国航海》2014 年第 2 期，第 74~77 页。

环境，实现海洋资源、环境可持续和海洋事业的协调发展"是海洋事业可持续发展的基本思路。① 2003 年，国务院印发《全国海洋经济发展规划纲要》，明确了"逐步把我国建设成为海洋强国"的战略规划，这标志着建设"海洋强国"开始成为我国海洋事业发展的战略目标。我国的海洋安全战略必须与国家整体的发展战略相适应。海洋安全战略是我国国家安全战略的一部分，更是国家整体发展战略的一部分。因此，我国海洋安全战略要符合国家发展战略的需要。一方面，要高度重视海洋经济安全的作用，从"大海洋""大安全"的高度认识海洋安全的内容，把海洋资源的开发、海洋经济的发展提升到维护海洋安全的高度，只有拥有高度发达的海洋经济水平，才能拥有真正的海洋安全；另一方面，海上力量的发展，尤其是海军的发展要与我国经济发展水平相适应，要吸取日本、德国、苏联等国家崛起过程中的教训，避免因卷入军备竞赛而断送国家发展前途。②

近年来，我国采取的海上安全合作的具体做法：(1) 以公认的国际准则、国际法，包括《联合国海洋法公约》确定的基本原则为基础，坚持"主权属我，搁置争议，共同开发"的方针，处理各项海上争端，制止对我岛礁、海疆的侵占与蚕食，本着尊重历史的务实态度，公平合理地划定海洋管辖权限。(2) 积极推动和参与地区安全合作，增进谅解和互相信任。20 世纪 90 年代以来，我国秉持与邻为善、与邻为伴的原则，不断加强区域合作。我国支持和参加了东盟地区论坛（ARF）、亚信会议（CICA）、亚太安全合作理事会（CSCAP）、东北亚合作对话会（NEACD）等多边安全对话与合作进程，在上述框架内就建立海上相互信任措施、反恐和非传统安全合作等议题进行讨论。(3) 积极开展军队外交，消除周边国家对我国海上力量的疑虑，在合作中提高海洋军事能力。③

第三节 我国海洋战略视角下的"冰上丝绸之路"建设

"一带一路"是"丝绸之路经济带"和"21 世纪海上丝绸之路"的简称。2013 年 9 月和 10 月，我国国家主席习近平在出访中亚和东南亚国家期间，先后

---

① 《中国海洋 21 世纪议程》，中国人大网，2009 年 10 月 31 日。
② 中国现代国际关系研究院海上通道安全课题组：《海上通道安全与国际合作》，时事出版社 2005 年版，第 371 页。
③ 中国现代国际关系研究院海上通道安全课题组：《海上通道安全与国际合作》，时事出版社 2005 年版，第 374 ~ 376 页。

提出共建"丝绸之路经济带"和"21世纪海上丝绸之路"(以下简称"一带一路")的重大倡议,得到国际社会高度关注。"一带一路"倡议是一项系统工程,要坚持共商、共建、共享原则,积极推进共建国家发展战略的相互对接。"共建'一带一路'顺应世界多极化、经济全球化、文化多样化、社会信息化的潮流,秉持开放的区域合作精神,致力于维护全球自由贸易体系和开放型世界经济……共建'一带一路'致力于亚欧非大陆及附近海洋的互联互通,建立和加强沿线各国互联互通伙伴关系,构建全方位、多层次、复合型的互联互通网络,实现沿线各国多元、自主、平衡、可持续的发展"。①

随着"一带一路"倡议的实施和推进,以及在气候变化影响下北极海域冰融的加速,我国面向北极方向的北极航道也逐渐纳入"一带一路"倡议的视野。我国在2018年发布的《中国的北极政策》白皮书,则明确阐释了我国作为"近北极国家"以及北极事务重要的利益攸关方,我国愿与国际社会一道共建"冰上丝绸之路"的倡议。

北极航道泛指穿越北冰洋连接欧洲、东亚、北美等地区的海洋交通运输通道,它们是在全球气候变化背景下出现、并预期在不远的将来终将形成的新的海洋交通运输线。一般而言,北极航道包含三条,穿越加拿大北极群岛的西北航道(Northwest Passage)、穿越欧亚大陆北冰洋近海的东北航道(Northeast Passage,东北航道的大部分称为北方海航道,Northern Sea Routes),以及穿越北极点海域的北极中央航道(Trans-polar Route)。在北极地区能源与地缘战略价值日渐凸显的当今时代,北极航道的重要性不断增强。作为世界上的能源大国和发展中的战略强需求国家,北极航线对于我国来说,有着重要的战略价值。

随着全球变暖对北极地区的影响,北冰洋海冰的融化速度加快,北极地区潜藏的交通战略价值日益凸显,连接大西洋和太平洋的东北航道和西北航道正在以极快的速度朝着"全年通航"的目标迈进。根据美国地球物理学会(American Geophysical Union,AGU)的研究,北极地区可能在2030年就会出现夏季无冰的状态。② 无冰夏季的出现,对北极航运的影响具有重要的意义,这意味着在北极地区将不再有常年冰,即使冬季再次结冰,也不会形成非常厚重的冰层。届时,北极航道长时间的通航及其商业性运营将更具有可行性,整个世界的经济、贸易和海上运输格局都会发生重大改变。由于我国北方地区位于高纬度地区,北极航道的开通及其商业性运营,对我国北方地区的经济发展来说非常重要,尤其对那些海上运输密切相关的航运业、造船业等相关行业而言。

---

① 《推动共建丝绸之路经济带和21世纪海上丝绸之路的愿景与行动》,新华网,2015年3月28日。
② American Geophysical Union, Ice-free Arctic summers could happen on earlier side of predictions, https://phys.org/news/2019-02-ice-free-arctic-summers-earlier-side.html.

一、北极航道

全球变暖对北极地区产生了明显的影响,北极理事会和国际北极科学委员会 2004 年共同主持的"北极气候影响评价"(Arctic Climate Impact Assessment, ACIA)项目,发布了《北极暖化的影响:综合报告》(Impacts of a Warming Arctic: Synthesis Report),指出"在 1974~2004 年间,北极地区的年平均海冰量下降了约 8%,海冰面积减少了近 100 万平方千米,冰层融化导致全球海平面平均上升近 8 厘米。"[①] 美国科罗拉多大学国家冰雪资料研究中心的科学家沃尔特·梅厄(Walt Meier)在研究的基础上指出:"全球变暖使北极的冰在过去 20 年中急剧减少,所记录到的北极海冰覆盖最少的 6 次记录都是在过去 6 年中。由于北极海冰越来越薄,越来越可能在夏季化完。"[②] 美国气象学会(American Meteorology Society)发布的《2015 年气候状态报告》发现,在长期的全球变暖和最强的厄尔尼诺事件的综合影响下,地球经历了至少 1950 年以来创纪录的热。2015 年陆地和海洋的温度,海平面和温室气体都打破了记录。2015 年超过 2014 年,成为自 19 世纪中期以来最热的一年。[③]

与北极气候变暖相伴随的是,北极航线的开发可能性的提升,以及各国对北极航线关注的增加。东北航道(Northeast Passage)西起冰岛,经巴伦支海,沿欧亚大陆北方海域。向东穿过白令海峡,连接东北亚,长约 2 900 海里。北方海航道(North SeaRoute)是东北航道的一部分,它西起新地岛海峡的西部入口,东到白令海峡,长约 2 551 海里。北方海航道一直是美国与俄罗斯在北极地区最有争议的政治问题之一,美俄在航道的管辖和法律机制方面存在明显的分歧。[④]

西北航道的通航不仅可以提供快捷的航行路线,而且可以大大地分流超负荷通航的巴拿马运河运输量,具有非常重要的战略价值。西北航道大部分位于加拿大北极群岛沿岸,东起戴维斯海峡和巴芬湾,向西穿过加拿大北极群岛水域,经美国阿拉斯加北面波弗特海,穿过白令海峡与太平洋相接。西北航道实际上是由多条海峡连接而成,包括由兰开斯特海峡、巴罗海峡、梅尔维尔子爵海峡和麦克

[①] Arctic Climate Impact Assessment: Impacts of a Warming Arctic, Synthesis Report, Cambridge: Cambridge University Press, 2004: 2–3.

[②] Walt Meier, Julienne Stroeve, Mark Serreze, Ted Scambos, National Snow and Ice Data Center (NSIDC), "2010 Sea Ice Outlook, June Report".

[③] "State of The Climate In 2015", Special Supplements to the Bulletin of the American Meteorological Society, 2016, 97 (8).

[④] 郭培清、管清蕾:《北方海航道政治与法律问题探析》,载于《中国海洋大学学报》2009 年第 4 期,第 4 页。

卢尔海峡组成的帕里海峡。加拿大政府一直将西北航道视为本国的内部水域，任何从这里经过的船只在通过之前都需要向加拿大政府提交正式的申请，对此美国并不认同。美国和加拿大先后发生过1969年"曼哈顿号"和1985年"极地海号"两次重要的事件。美国宣称西北航道水域是国际公海，因此船只通行可以依据《联合国海洋法公约》的航行自由原则进行。由于美国和加拿大对西北航道的不同立场，美国和加拿大的关系十分紧张。在冷战格局下，美国和加拿大也不会为了西北航道之争而恶化两国的关系。为了和平处理两国在西北航道问题上的分歧，1988年，美国和加拿大两国签订了《北极合作协议》，暂时缓和了两国在西北航道海域通行的矛盾。按照《北极合作协议》，美国的船只通过西北航道的时候，并不一定非得明确通知加拿大政府，而是默认为是得到加拿大许可的。但协议明确声明相关国家实践不影响美加两国的相关立场，从各自国家利益出发双方很难妥协自己的立场，而且这一双边协议并未体现其他国家的立场，因此目前看西北航道的法律性质争议依然悬而未决，随着穿越西北航道船舶数量的增加，这个问题将难以回避。

二、北极航道的全球性战略意义

全球气候变暖正在使北极地区这个原本封冻的区域逐渐展现其商业利益和战略价值，无论对北极地区国家还是对世界上其他国家而言，都是如此。随着北极升温，资源的可开采性、地表的可接入性将继续加强，北极地区的地缘战略价值将有新的抬升。在航道方面，预计将有更多的船运公司尝试"北方航道"。在北极航道的航运上，国际社会将积累更多的经验，并促使航道的基础设施、航运管理、法律体制、搜救等向前发展，北极航道特别是"东北航道"的局部使用或跨欧亚的长程使用将显著增加。以资源开发和航道利用为代表的北极地区地缘经济与地缘政治新特征致使北极地区在世界范围内形成一个新的利益与权力空间，国际社会对北极地区新增利益与权力进行分配，构成以北极事务为形式的国际政治。

由于北极地区所拥有的丰富资源，以及北极在国际关系中的战略地位日益上升，北极航道的全面通航及其商业化运营，必定影响国际航运格局以及全球经济战略中心的转移。根据国际航运界提供的相关资料显示，船舶从北纬30°以北的港口出发，与通过巴拿马运河和苏伊士运河等传统航线相比，使用北极航道将节省大约20%和40%的航程。[①] 另外，北极航道还拥有其他航道无法比拟的优势，

[①] 彭振武、王云闯：《北极航道通航的重要意义及对我国的影响》，载于《水运工程》2014年第7期，第88页。

例如，北极航道不受海盗的影响，北极航道航行距离相对较短，因此可以节省大量的运输成本等，从而给船运公司带来巨大的收益。北极航道的开通可以成为连接东北亚、欧洲和北美之间的重要航线，将极大地改变国际贸易格局并推动这些区域经济一体化的形成。

北极航道的通航，也将进一步推动世界能源供应格局的均衡性。北极拥有大量的资源储备，北极航道开通之后，北极地区将成为全球另外一个重要的能源产地和能源出口地，从而有效减少我国乃至其他国家对中东能源供应地的依赖，促进世界能源供应格局的均衡化。另外，北极航道沿岸的大部分国家，政治局势相对稳定，海上治安情况较好，且与中东和非洲相比与亚太、北美和欧洲的航程距离大大缩短，可为亚太、欧洲和北美三大能源消费提供安全、可靠和便捷的石油供应。[1]

三、北极航道开通对我国的战略意义

北极航道的开通将对全世界的政治格局、航线网络、贸易格局、产业格局产生重大影响。在此背景下，北极航线开通对我国影响的顺序和梯度为：一是影响的是与我国相关的海上航线和海上战略通道，将会给我国的海上航线和海上战略通道拓展带来机会，使我国不再完全依赖于原有的传统海上战略通道，将会给我国海上安全战略带来影响；二是影响的是我国与世界的贸易格局，将会给我国的国际贸易发展带来难得的机遇，特别是与北欧国家的贸易合作将得到极大发展；三是影响的是我国的港口规模和功能布局，进而影响我国的交通运输系统和格局；四是影响的是我国的产业布局，进而影响人口流动、消费和需求的空间结构变化，并因而影响我国的国民经济和社会发展。具体而言，包括以下四个方面。

第一，北极航道的开通可以为我国能源供应提供有效的保障。北极地区蕴藏的丰富的石油、天然气、矿物等能源和资源，对我国的发展具有重要的能源和资源保障的意义。随着经济社会的发展，我国的能源需求对外依存度逐渐增高，而中东局势的不稳定，经过马六甲海峡的航线也存在着安全风险，需要构建能源供应的多元化供应渠道，以及加强对能源航运安全保障，对我国来说具有重大的意义。北极地区以及北冰洋洋底拥有丰富的资源能源，根据美国地质调查局的报告，北极地区拥有未探明的油气资源占全世界未探明的油气资源的22%，其中包含了全球30%未被发现的天然气储量和13%的石油储量。另外，北极地区还

---

[1] 李振福：《丝绸之路北极航线战略研究》，大连海事大学出版社2016年版，第27页。

拥有丰富的矿产资源和森林、渔业资源等。北冰洋沿岸国家纷纷将北极能源资源开发纳入国家战略规划，并与我国开展油气资源的开发合作。除了经过管道运输之外，北极航道的开通和运用，为海上油气运输提供了一条安全的海上通道，这也是北极资源开发利用的重要保障。就资源而言，北极地区的资源种类繁多且数量巨大，尤其是油气和海底资源，在未来都是不可多得的。若北极航线全面开通，北极将成为我国能源的原材料的一个非常重要的来源地，将会为我国的海外贸易作出贡献，其地位也将上升到国家战略高度。①

第二，北极航道的通航可以缓解我国海外运输的安全保障问题。从经济安全角度看，北极航线是"21世纪海上丝绸之路"非常重要的备选航线，形成了传统海上丝绸航线的良好补充。长期以来，我国的石油和天然气等能源都比较匮乏，需要从遥远的中东和非洲地区进口，而这些地区的政局十分不稳定，经常处于动乱状态，使我国的进口活动在安全方面存在着很大的威胁，从而间接地影响到我国的国民经济和生产活动。北极航道的开通，使我国国际贸易的相当一部分可以通过北极航道进行运输，而非仅仅依靠苏伊士运河、巴拿马运河等传统航线。北极航线沿线国家政局相对稳定、矛盾冲突较少，更加安全稳定。北极航线的开发会改变国际海运的传统格局，打破一些国家对关键航运通道的垄断，竞争压力可有效促进海峡、运河管理国加强基础设施建设，改善通航条件，提高服务质量。把北极航线开发纳入"21世纪海上丝绸之路"建设范围，有利于我国优化海上通道地理空间格局，提高航运效率，增强安全保障。

第三，北极航道的开通可以推动我国东北地区经济的发展和振兴。随着北极航道的通航，处于高纬度地区的港口必将迎来新的商业机遇。航道通航之后，将分散传统海运航线的货物数量，降低原有单一的南向航线的地位和作用，这将推动我国航线布局的重心向北转移。这样一种转移，将会推动我国的高纬地区和北极航道沿岸国在经济发展方面的对接，也会进一步提升北极航线沿岸国港口在国家经济发展中的地位和作用。进而将带动港口所在区域经济的发展。我国高纬度地区的港口，如大连港、天津港和青岛港就在北极航线延长线范围之内，北极航线一旦开通，无疑将加强这些港口在我国航线布局中的地位，并提升其所在区域经济的发展。②

第四，北极航道的开通可以大大节省交通运输成本。北极航道的开通对我国的影响不仅体现在航运布局方面，更为直接的是对于船舶建造和运营成本方面的影响。除了船舶的建造成本，更为直接的成本包括船员的工资、船运及货物的保

---

① 李振福：《北极航线问题的国际协调机制研究》，清华大学出版社2015年版，第210页。
② 王丹、李振福、张燕：《北极航道开通对我国航运业发展的影响》，载于《中国航海》2014年第1期，第143页。

险费、管理费、港口的使用费、船运燃料费等。据估计，如果北极航线完全开通，我国每年可以节省 533 亿~1 274 亿美元的海运成本。① 为了规避传统贸易通道的安全风险，加上北极航道全线开通的美好愿景，北极将成为贯穿亚欧大陆的"第三条丝绸之路"，同时进一步推动"21 世纪海上丝绸之路"的地缘延伸，充实中欧经贸联系的战略空间。航运利益是我国最现实、最直接的北极利益，不仅较易实现，而且政治敏感度较低。北极航线能够为我国参与北极事务、拓展北极权益提供充实的货源基础。②

建设北极航线符合我国和沿岸国家的利益和需求，特别是开发贯穿亚欧大陆的东北航道，顺应了"一带一路"倡议的宗旨。以当前通航条件相对优越的东北航线为例，对航道沿岸国来说，航道通航能够带动沿岸国沿线港口及配套基础设施的建设，带动北极大陆架资源的开发和运输，促进亚欧大陆北方地区的发展。正是基于此种战略考虑，俄罗斯一方面积极推动北方海航道的国际通航，修订航行规则，使其更加规范化，力争增强与苏伊士运河等航道的竞争力；另一方面，先后出台其远东和北极地区发展战略，作为国家复兴战略的重要组成部分。对我国等潜在的航道使用国来说，北极航道的开通能够缩短与西北欧贸易运输的航程、节约时间，分散南部航线的运输压力，多样化海上通道选择。韩国、日本也十分关注北极航线的开发利用，中俄及相关国家共建东北航道具有良好的合作基础，能够形成东北亚地区乃至西欧、北欧的经济合作走廊，丰富和充实"一带一路"倡议的布局和规划。③

四、"冰上丝绸之路"建设的推进

2013 年 9 月，李克强出席第十届中国—东盟博览会开幕式时强调，我国将坚定不移地把东盟国家作为周边外交的优先方向，铺就面向东盟的海上丝绸之路。这是我国政府首次明确提出建设"21 世纪海上丝绸之路"的目标。同年 10 月，习近平访问印度尼西亚时再次提出，通过和东盟国家共同打造"21 世纪海上丝绸之路"，携手建设"我国—东盟命运共同体"的战略构想。至此，建设"21 世纪海上丝绸之路"被提升到国家战略的高度，也表明我国建设"21 世纪海上丝

---

① 张侠、屠景芳等：《北极航线的海运经济潜力评估及其对我国经济发展的战略意义》，载于《中国软科学》2009 年第 S2 期。
② 肖洋：《管理规制视角下中国参与北极航道安全合作实践研究》，清华大学出版社 2017 年版，第 185 页。
③ 刘惠荣、马炎秋：《"一带一路"视域下的北极航线开发利用》，引自刘惠荣主编：《北极地区发展报告（2015）》，社会科学文献出版社 2016 年版，第 110 页。

绸之路"的航船正式扬帆起航。根据"21 世纪海上丝绸之路"的重点方向,"一带一路"建设海上合作以我国沿海经济带为支撑,密切与共建国家的合作,连接我国—中南半岛经济走廊,经南海向西进入印度洋,衔接中巴、孟中印缅经济走廊,共同建设中国—印度洋—非洲—地中海蓝色经济通道;经南海向南进入太平洋,共建中国—大洋洲—南太平洋蓝色经济通道;积极推动共建经北冰洋连接欧洲的蓝色经济通道。①

2015 年 10 月,王毅在第三届北极圈论坛大会开幕式的致辞中指出,"中国是北极的重要利益攸关方。在参与北极事务方面,中国一贯秉承三大政策理念:即尊重、合作与共赢",其中"尊重是中国参与北极事务的重要基础""合作是中国参与北极事务的根本途径""共赢是中国参与北极事务的最终目标"。② 如何在北极地缘格局新变化的态势下,在"一带一路"倡议指导下,拓展我国的北极权益成为当下的紧要问题。

(一)"冰上丝绸之路"建设的基本原则

我国推进"冰上丝绸之路"建设,是我国提出的"一带一路"倡议的有机组成部分,是"一带一路"向北方方向的自然延伸。我国在推进"冰上丝绸之路"建设的进程中,秉持和平发展、互利共赢、可持续发展等原则。

第一,推进"冰上丝绸之路"建设,坚持和平发展原则。坚持和平发展原则,要秉持和平发展所包含的经济发展、自主发展、开放发展、合作发展、共同发展的核心理念,遵循经济社会和自然发展规律,坚持独立自主,不把开发过程中的困难和矛盾转嫁给其他国家。我国要充分认识到和平发展原则的重要性和长期性,并切实将和平发展原则落实到丝绸之路北极航线进程的广泛实践中;倡导国际社会共同利用好丝绸之路北极航线带来的发展机遇,共同应对挑战,弱化矛盾分歧,寻求共同利益和共同价值,构建全面持续的国际合作关系和包容性发展的良好格局。

第二,推进"冰上丝绸之路"建设,坚持互利共赢的原则。以互利共赢作为开发丝绸之路北极航线的基本原则,将有助于我国丝绸之路北极航线利益的充分实现,同时有助于丝绸之路北极航线合作开发过程的持续深入。我国丝绸之路北极航线的目标制定与路径实施,不可避免地会有我国的利益考虑,但必须以切实维护各国共同利益和长远利益为基本前提,建立互惠互利、合作共赢的理想

---

① 《"一带一路"建设海上合作设想》,新华社,2017 年 6 月 20 日。
② 《王毅部长在第三届北极圈论坛大会开幕式上的视频致辞》,中华人民共和国外交部网站,2015 年 10 月 17 日。

格局。

第三，推进"冰上丝绸之路"建设，坚持多元主体结合的原则。多元主体结合的原则之核心思想是以和平发展、合作共赢和经济全球化为时代背景，强调多元主体的共同参与，不仅是国家行为体，还要充分发挥国际组织、非政府组织、企业，甚至是个人等公共—私营部门的伙伴关系，推动多元行为体的有机合作，使"冰上丝绸之路"在开发及运营环节中更全面、更高效、更灵活。同时，坚持多元结合原则也是避免过度竞争、分散风险的有效途径。

第四，推进"冰上丝绸之路"建设坚持可持续发展原则。推进"冰上丝绸之路"建设坚持可持续发展原则，就是在进行"冰上丝绸之路"建设的时候，要注重结合短期利益和长期利益，不仅考虑当代人的利益，也应考虑未来世代人民的利益，要充分注重"冰上丝绸之路"建设进程中的对于北极地区环境保护的重视，贯彻航道开发和环境保护并重的方针，合理开发资源，加强资源的综合利用，建立可持续发展的长效机制。谋求"冰上丝绸之路"建设的长远发展的目标，在进行丝绸之路北极航线的基础设施建设工作中，需要兼顾气候、海冰、航线、港口等要素特点，保证内外部资源配置与丝绸之路北极航线运输系统的和谐一致，实现可持续运行。①

北极东北航道具有天然优势，这条"冰上丝路"将有望成为"黄金水道"，而我国对它的开通功不可没。这一方面在于我国有关方面积极参与相关能源项目的建设和运营等；另一方面在于我国北极科考对北极东北航道的开辟和拓展作出了自己的贡献。继"雪龙"号2012年首次成功穿越北极东北航道之后，2017年7~10月进行的第八次北极科学考察，"雪龙"号实现了穿越北极中央航道并首航北极西北航道，实现了我国第一次环行北冰洋的北极科学考察，获得了丰富的信息和数据，并填补了多项国内空白。这些信息和数据对于沟通三大洲贸易的"冰上丝路"拓展和建设，无疑具有重要意义。

（二）"冰上丝绸之路"建设进程中的中俄北极事务合作

俄罗斯的国土有大部分在北极地区，俄罗斯大约1/5的国民生产总值和出口产品都依赖于其北极地区。近年来，随着世界能源结构的变化，逐步提升了俄罗斯北极资源开发的国际影响力。俄罗斯控制东北航道中所占岸线最长、约5 600千米的北方海航道。在《2020年前俄罗斯联邦北极地区国家政策原则及远景规划》中，北方海航道被定位为"统一的国家运输交通线"。北极对于俄罗斯来说具有重要的军事安全战略价值。北方海航道通航将使俄罗斯获得新出海口，改变

---

① 李振福：《丝绸之路北极航线战略研究》，大连海事大学出版社2016年版，第84~90页。

其海权状况，这是其重返海洋强国，争取更大利益和世界影响力的历史机遇。俄罗斯在北极地区的很多行动表现出增强北极存在感和领导权的立场。俄罗斯《2020年之前国家安全战略》认为：对俄边境地区尚未开发的油气资源所有权的争夺是未来10年内引发军事冲突的一个起源。为此，俄罗斯组建北极部队，提升北方舰队的实力，恢复在北极区域的战略巡航，频繁组织多兵种联合军事演习等，显示其北极地区强大的存在和高压威慑。

但是在经济领域，俄罗斯北极资源和能源以及北极航运等基础设施建设方面，俄罗斯由于近年来经济发展的放缓而捉襟见肘。因此，俄罗斯无法单独完成开发北极航道这样的需要巨额努力和投资的项目。俄罗斯对于北极航道的开发方面持相对开放的态度，欢迎国际社会的合作共同开发，而我国是俄罗斯开发北极航道的天然伙伴。在航运开发方面，在2013年，我国远洋航运集团的"永盛轮"号，就作为我国远洋运输货轮，首次试航北极东北航道，并取得了成功。此后，又有多艘远洋货轮，多次在北极东北航道航行。

中俄两国近年来围绕北极事务进行了多方面的合作，其中最具代表性的包括亚马尔天然气项目的合作。亚马尔天然气项目是由中方主导单位中国石油天然气集团有限公司和俄罗斯主导单位诺瓦泰克公司，并联合其他相关公司共同开发亚马尔地区的液化天然气的合作项目，这是一个双方互利共赢的项目。2017年12月，中俄合作的亚马尔项目生产的液化天然气开始注入停靠在萨别塔港的运输船，这标志着全球最大的北极液化天然气项目正式投产。① 亚马尔项目因其高标准、高质量、高效率而成为中外能源合作的典范，也成为"冰上丝绸之路"的重要支点。

另外，我国的相关企业也参与了俄罗斯北方海航道沿岸相关港口项目等基础设施的建设。位于俄罗斯北极地区的阿尔汉格斯尔克市拥有大量的深水港口，随着北极航道开发和利用需求的增长，亟须对这些港口进行改造和拓展，我国企业积极参与这些港口项目的建设，进一步拓展中俄两国在北极事务中的合作。

（三）"冰上丝绸之路"背景下的中日韩北极事务合作

中日韩三国同处于东北亚地区，共同的北极域外国家身份，以及对北极航道方面有着相似的诉求，使中日韩在北极事务中比较容易拥有共同的利益。具体而言，这主要基于以下三个方面。

首先，在资源开发方面，中日韩均为能源需求大国。中国、日本和韩国的经济发展都保持着较为稳定的增长速度，对矿产和能源也有着较大的需求，根据国

---

① 《全球最大北极液化天然气项目："冰上丝绸之路"启航》，大众网，2017年12月10日。

际能源署 2018 年公布的数据显示，2016 年中国、日本、韩国在世界能源消费占比中的排名分别为第一、第五和第八名①，且随着经济的持续发展，这种需求还有增长的趋势。日本和韩国的国土面积狭小，自然资源相对稀缺，所以绝大部分资源都依赖进口，我国能源需求的对外依存度也较高，三国都是能源需求和资源进口的大国。长期以来，三国能源都依赖从中东、俄罗斯等地区进口，随着国际局势的变化，这种较为单一的供应源在一定程度上威胁着三国的能源安全。根据美国国家地质勘探局发布的报告，全世界大约有 22% 的未探明油气资源储藏在北极地区，其中包含全球大约 30% 未被发现的天然气资源和 13% 的石油储量。② 因此，北极地区丰富的资源对中日韩三国来说都具有重大的经济和战略价值，能够满足其日益增长的能源需求，保持国民经济的稳定发展。

其次，在航道利用方面，冰雪消融加速增加了北极航道通航的现实可能性。北极航道由俄罗斯北部沿岸的"东北航道"和加拿大北极群岛沿岸的"西北航道"这两条航道构成。中日韩作为东亚经济中心，与欧洲、美洲的贸易往来密切，海运贸易需求较大。但是三国的海运也经常受到亚丁湾、马六甲海峡等地区的安全困扰，国际贸易的安全和航运安全都受到威胁。据估计，对于中日韩等东亚国家来说，与从经过苏伊士运河的传统航道相比，通过北极航线到达欧洲可以节省 30% ~ 40% 的航行时间，极具经济前景。例如，从日本横滨到达鹿特丹经传统航道的航程为 20 742 千米，而经过北极航线却仅有 12 038 千米的航程，航行时间也将缩短大约 15 天，大大提高了航行的效率，减少了船舶的燃料消耗。③ 此外，东亚国家从北极航线到达北美东海岸也要比经过巴拿马运河的航线缩短 6 500 千米，能节约大概 40% 的运输成本。④ 北极航道一旦开通，不但有利于减少航行时间、降低运输成本，而且有助于中日韩打破海运通道单一的局面，缓解长期以来的运输安全问题，实现三国海运、能源运输通道的多元化。

最后，北极航道开通将影响三国经济发展格局。北极航道的开通和商业化运营不仅会影响中日韩的海上运输，还将带动部分港口城市的发展和完善，促进三国相关沿海地区的经济和外贸发展。中日韩三国作为东亚经济的中心，与各国贸易往来频繁，在 2018 年全球前 20 大集装箱港口吞吐量排名中，上海港位列第一，韩国釜山港排名第六，我国北方的青岛港、天津港和大连港分列第八、第十

---

① IEA Key World Energy Statistics 2018，https：//webstore. iea. org/download/direct/2291？fileName = Key_World_2018. pdf.

② USGS. Assessment of Undiscovered Oil and Gas in the Arctic，http：//pubs. er. usgs. gov/publication/70035000.

③ 叶艳华：《东亚国家参与北极事务的路径与国际合作研究》，载于《东北亚论坛》2018 年第 6 期，第 92 ~ 104 页。

④ 李振福：《中国面对开辟北极航线的机遇与挑战》，载于《港口经济》2009 年第 4 期，第 31 ~ 34 页。

和第十六名。① 由于当前的国际航线依然主要依靠传统航线，所以位置偏南的新加坡港、我国南方的舟山港、深圳港、广州港和香港港依旧在全球港口格局中占有重要位置，但是随着北极航道的开发和利用，我国北方的青岛港、天津港和大连港以及韩国釜山港和日本的横滨港等港口在地理位置上的优势会逐渐凸显，货源的运输也会逐渐分流，为这些城市经济的发展带来新的机遇。另外，在外贸行业转型升级的背景下，北极航线运输成本的降低也会刺激相关产业的发展，从而促进对外贸易的增加，使之有可能会成为新的经济增长点。

2018年1月，我国与国际社会共建"冰上丝绸之路"的倡议正式在《中国的北极政策》白皮书中作为国家官方政策提出，这为我国参与北极事务并与国际社会一道建设"冰上丝绸之路"提供了指导，国际社会对此高度关注。作为我国"一带一路"倡议在北极地区的补充和延伸，"冰上丝绸之路"为中日韩三国在北极事务中的合作提供了新的合作机遇，中日韩若能在更高的战略框架内实现政策的对接，将更有利于实现合作效果的最大化。虽然日本和韩国并不是"一带一路"的合作国，但是在建设"冰上丝绸之路"的新形势下，三国在航道、能源等方面的共同利益又进一步加强，为三国的合作提供了现实的基础和动力，韩国和日本的积极态度也增加了政策对接的可能性。日本在其北极政策中提到，期待能通过与国际组织、多边或双边上的合作来积极参与北极事务，日本外相河野太郎在其演讲中也肯定了我国的"一带一路"倡议，并强调了同我国建立长期良好关系的重要性。就韩国而言，在北方经济合作委员会2018年公布的《韩国"新北方政策""新南方政策"与中国"一带一路"的战略对接探析》中可以看出，其政策中有关天然气、北极航线、造船等领域的规划与我国的"一带一路"及"冰上丝绸之路"有较大的重叠。② 虽然俄罗斯才是"新北方政策"的主要合作对象，但是韩国政府一直希望能尽快消除"萨德"给韩国带来的不利影响，表示希望能够尽快推进"新北方政策""新南方政策"与我国"一带一路"倡议接轨。三国若能够实现战略层次上的对接，那么除了在北极航线、能源上的务实合作外，也有利于实现在经贸合作、基础设施建设、资金和人文上的畅通，推进区域一体化发展。

在航道合作方面，三国也是各具优势，我国拥有雄厚的资金优势，日本有高端技术优势，而韩国更是凭借其先进的造船技术和航运产业吸引了诸多合作机会。鉴于中日韩在航道利用中都需要依赖北极沿岸国家的参与，加上北极自然环境上的限制，中日韩加强在北极航道利用上的合作不仅有利于整合相互间的优

---

① 《2018年全球集装箱港口TOP20榜出炉上海港连续排全球第一》，观察报告网，2019年3月20日。
② 薛力：《韩国"新北方政策""新南方政策"与"一带一路"对接分析》，载于《东北亚论坛》2018年第5期，第60~69页。

势,更能通过韩国在航道领域受到的北极国家的好感和青睐来与北极国家建立良好的关系,克服单独开发北极航道面临的困难,推动北极航道的探索和开发,实现三国的政策目标。目前,中日韩在北极事务中的合作程度还比较低,因此在深化三国北极合作的过程中可以先易后难,以环保、科考领域这些低政治领域作为三国深化合作的切入点,再发展到其他领域。中日韩等域外国家在北极事务上的发言权和影响力,在很大程度上取决于其以科研为主的北极知识储备的获取和转化能力。三国从科研出发,不仅有利于推动合作的深入,还有助于消除北极国家的疑虑和戒备,发展同北极国家之间的关系。中日韩作为北半球国家,同时也都是西太平洋的沿海国家,全球气候变暖和北极生态系统的变化对三国的气候、生态环境影响很大,因此,三国从 20 世纪 90 年代起就在北极地区进行了多次科学考察,也都先后在斯匹茨卑尔根群岛设立了科学考察站,并成立各类极地研究所,用以监控和研究北极地区及周边环境变化。2018 年 3 月在中日韩北极事务高层对话中,三国也再次强调在北极科考方面合作的意愿。今后,三国可利用科学考察站这一便利平台,通过互相派遣专家、共同进行科考活动、定期组织学术交流等形式,在北极气候、环保、生物等方面加强合作与交流,分享最新的科学研究成果和实践经验,共同加强对北极地区的保护和科学利用。

(四) 推进"冰上丝绸之路"建设的合作

自"冰上丝绸之路"提出之后,北欧国家也对此表现出了极大的兴趣,希望通过"冰上丝绸之路"的建设提升和推进与东亚地区经济贸易方面的往来。冰岛虽然是一个小国,但冰岛对北极事务特别重视,期待在北极问题上有"大作为"。2013 年时任冰岛总统格里姆松发起的"北极圈论坛"大会 (Arctic Circle Assembly),此后每年一度在冰岛召开,并且在世界各地举办分论坛 (Arctic Circle Forum),成为一个在国际上具有相当影响力的国际论坛。冰岛也非常注重与我国的合作,早在 2012 年,我国与冰岛两国就签署了《中冰海洋和极地科技合作谅解备忘录》,进一步深化两国在北极事务中的合作。[①] 中冰两国除了在科学研究方面的合作之外,还探讨了我国在冰岛北部建设深水港口的可行性,这与冰岛力图打造成为北极航线的航运中心目标相一致。随后,我国与冰岛还签署了开发和利用地热能、勘探石油等方面的合作。

芬兰作为重要的北极国家之一,对我国在北极地区的参与一直秉持支持的态度。"冰上丝绸之路"提出以来,芬兰也对此表示出浓厚的兴趣,希望通过"冰上丝绸之路"项目的建设,与我国加强在北极地区的基础设施方面的合作。芬兰

---

① 《中国北极科考队应邀抵达冰岛开始正式访问》,中央政府门户网站,2012 年 8 月 17 日。

国内也提出了"北极走廊"计划,力图使芬兰成为连接北极地区和欧亚大陆的重要通道。2019年1月,芬兰总统尼尼斯托访问我国,在与习近平主席的交谈过程中,两国再次强调了共建"冰上丝绸之路"的意愿,并希望通过"冰上丝绸之路"的建设,进一步拓展"一带一路"倡议的合作。芬兰拥有发达的造船业、航运业等,两国的合作不仅会推动双方在贸易、基础设施方面的进展,而且还会进一步推动欧亚大陆的互联互通和一体化进程。

切实加强我国的北极外交也是推进"冰上丝绸之路"建设的重要步骤,实施全方位北极航道外交是我国在北极航道治理新态势下的现实性选择。必须对北极外交活动进行统领性的战略规划,进而加强不同领域和部门之间的机制协调,充分调动和发挥多层面行为体在北极外交中的能动性,构建多主体、多领域、立体式、双向度的北极外交实践模式,进一步提升我国在北极事务中的"实质性存在",进一步巩固和拓展我国在北极地区的合法权益。① 另外,需要加强我国企业与因纽特人、萨米人等北极原住民组织的沟通和互动,以获得当地政府和民众的支持与合作。把北极航道开发作为我国北极战略的先导,努力提升我国参与北极航道治理的科技水平、人才储备与外交格局,争取把北极航道打造成承载中华民族伟大复兴中国梦的第三条丝绸之路。②

随着中国日益"向海发展",必须突破重陆轻海的传统思维,高度重视经略海洋、维护海权。取得重要海峡、运河管理上的发言权,实质性地参与或影响重要海峡、运河的管理是我国海洋战略的重要任务之一。海洋与国家的长治久安和可持续发展息息相关。建设与国家安全和发展利益相适应的现代海上军事力量体系,维护国家主权和海洋权益,维护战略通道和海外利益安全,参与海洋国际合作,为建设海洋强国提供战略支撑。③ 我国海上战略通道基本构想的宗旨是,形成一个有利于国家安全与发展、有利于国家利益拓展、有利于国家海上安全的良性环境与态势。④

在全球化和气候变暖的影响下,与国际形势相一致,北极地区的航线价值日渐凸显,航线格局发生新变化。北极航线(如东北航道)的争端由来已久,难以在短期内有效根治。并且将引发世界航运和贸易格局的改变,给世界经济、战略带来新特征。北极航线作为未来一条新的交通运输线,它不仅具有经济意义还关系到战略控制能力及北极航道的开发利用,必将引起更复杂的国际

---

① 孙凯:《中国北极外交:实践、理念与进路》,载于《太平洋学报》2015年第5期,第37~45页。
② 肖洋:《管理规制视角下中国参与北极航道安全合作实践研究》,清华大学出版社2017年版,第189~190页。
③ 《中国的军事战略》,新华网,2015年5月26日。
④ 梁芳:《海上战略通道论》,时事出版社2011年版,第302页。

竞争，带来诸多新的地缘政治问题。作为促进国际合作的重要平台，"一带一路"倡议的实施恰好为我国协同共建国家开发利用北极航道提供了良好机遇。我国可以将北极航线开发利用纳入"一带一路"倡议中，丝路基金和亚投行等金融服务也完全可以覆盖到北极航道的相关建设。通过国家战略的大力支持，国家机制的完善与保障，国际伙伴关系的积极构建，我国能够为自己的北极航线权益提供有效的保障。

我国参与北极事务，通过制度设计和科学研究结合，提升为北极地区提供公共产品的能力，实质性的拓展北极事务，既给本国人民带来福祉，有利于我国自身的发展，也充分考虑到北极地区和世界的需求；既要考虑当前利益，又要谋求长远利益。我国要实质性地参与北极航运事务的治理，必须从战略层面入手，需要政府相关部门、航运企业以及多个部门的相关企业密切配合以及切实行动，加强国际合作与交流，在构建与深化我国北极利益共同体的基础上，增强我国参与北极航运事务的能力，提升我国参与北极航运事务的话语权与影响力，积极参与北极航运事务规则的制定与相关事务的治理，进而在实现我国国家利益的基础上为北极地区的有效治理贡献力量。①

我国对北极航道开展前瞻性研究，减少战略资源投入的盲目性，做好战略布局和谋划才具有意义。针对三条北极航道不同发展阶段和趋势，结合战略需求，我国北极航道开拓应采取"用一个、试一个、探一个"的发展思路，即东北航道做实质性的投入；西北航道做尝试性的投入；穿极航道做探索性的投入。② 对于北极航道，我国的立场应当是积极地通过国际合作的方式参与北极航道相关的基础设施建设与航道规则的制定，争取在航道管理方面产生最大限度的影响力。对北极航道，我国的原则应当是：既利新通道，又节新通道。利是得其利，节是节制其开发利用。确立如此原则的科学依据是：新通道既有利（便利北极资源的开发），又有害（对北极环境将带来无穷的危害）。总而言之，我国应以交通（经济）与环保并重的态度对待北极航道。

我国在开发北极航道、参与北极地区治理的部署上，要突出"合作共赢""科考优先、生态优先"的战略原则，要遵循从双边到多边、从单一领域（科考环保）到多领域、从多赢到共赢的战略顺序，要注重短期科研交流、中期基础设施合作、长期商业通航的战略目标转换，把握战略机遇期，加快推动。③ 以丝绸

---

① 孙凯、刘腾：《北极航运治理与中国的参与路径研究》，载于《中国海洋大学学报》2015 年第 1 期，第 5 页。

② 张侠、杨惠根、王洛：《我国北极航道开拓的战略选择初探》，载于《极地研究》2016 年第 2 期，第 267~275 页。

③ 胡鞍钢、张新、张巍：《开发"一带一路一道（北极航道）"建设的战略内涵与构想》，载于《清华大学学报》2017 年第 3 期，第 22 页。

之路北极航线为契机,建设我国内外部联动、互利共赢、安全高效的开放型经济体系,使经济要素的配置和利益分布更加全球化,推动大中型企业走向国际市场。完善国家海洋产业结构,助推"海洋强国"战略实施;针对北极国家经常以我国经济发展粗放为由抵制我国参与北极相关事务的现状,构建新型经济发展模式,发展资源节约型、环境友好型经济,保障我国在北极及北极航线问题上的话语权。

第六章

建设海洋强国维护海外利益

近年来，随着我国综合国力的迅速提升，我国参与全球海洋事务的步伐进一步加快，"对外开放""走出去"的观念进一步深入人心，国家利益在海外的拓展成为一种常态，这使得我国的海外利益快速增长、日益扩展，我国也逐渐成为海外利益大国。与此同时，我国海外利益的增长与海外利益保护的压力也呈现出正向增长态势，即我国海外利益的增长和拓展也使得其面临的不确定性、风险性比过去明显增加，海外利益正在面临着严重的威胁。例如，仅在利比亚与叙利亚动乱之中，我国就有数十家企业遭受不同程度的破坏，其经济损失达上百亿美元；一些中资企业还受到当地居民的攻击，中国不得不从利比亚紧急撤侨3万余人。同时，中国企业受外国反倾销调查案件层出不穷，华人、中国劳工在海外企业遭受歧视的现象比比皆是。这些事件只是海外利益受损的一个缩影，都体现出我国海外利益面临着极大的威胁。这些威胁程度深、范围广，且并不仅存在于战乱国家和地区，而是遍布全球各地，也包括西方发达国家之内。在此背景下，保护我国海外利益刻不容缓。然而，令人深感遗憾的是，在海外利益面临的风险增加、形势严峻的背景下，我国并未形成系统而成熟的海外利益维护与保护机制，也并没有系统而准确地界定我国海外利益的内涵。因此，对我国海外利益展开研究，是开展海洋强国建设的必要方面，对维护国家利益与稳定具有极大的意义，这也值得引起学界的广泛关注。

党的十八大报告中提出"提高海洋资源开发能力，发展海洋经济，保护海洋生态环境，坚决维护国家海洋权益，建设海洋强国。"① 这是我国首次提出建设海洋强国的目标，海洋强国战略建设应运而生。党的十八大报告还指出，"坚定维护国家利益和我国公民、法人在海外合法权益"②，这更是把维护我国海外利益放在了比较重要的位置上。党的十九大报告中指出要"坚持陆海统筹，加快建设海洋强国"。同时，提出"坚持总体国家安全观。……必须坚持国家利益至上……坚决维护国家主权、安全、发展利益""坚持正确的义利观"。③ 可见，建设海洋强国是我国在今后一段时期内海洋事业发展的重要任务，采用正确的手段并合理、有效地维护国家利益则是重要方面。2014年6月，李克强在中希海洋合作论坛上发表了题为《努力建设和平合作和谐之海》的重要演讲，全面阐释了"中国海洋观"。这是我国自党的十八大提出"建设海洋强国"以来，首次这样全面、系统、具体地对外界公开阐释中国的海洋观及海洋外交政策，并就海洋资源开发和生态保护、发展海洋交通和海洋安全、解决海洋争端和维护海上和平秩序，以及维护海洋权益和反对海洋霸权等重大问题，提出了中国的看法。④ 2019年4月23日上午，习近平在青岛集体会见应邀出席中国人民解放军海军成立70周年多国海军活动的外方代表团团长，指出，"我们人类居住的这个蓝色星球，不是被海洋分割成了各个孤岛，而是被海洋连结成了命运共同体，各国人民安危与共。海洋的和平安宁关乎世界各国安危和利益。"⑤ 字里行间体现出了海洋流动性对国家海洋权益的拓展，并使各国海洋利益与命运紧密相连。维护我国海洋权益、建设海洋强国的重要途径之一就是积极地维护我国的相关海外利益，保护我国的海外利益。

本章将从海洋强国建设的背景与内涵，海外利益的内涵及其在不同领域的具体表现，海洋强国与海外利益的关系等方面对"建设海洋强国维护海外利益"这一主题进行系统性研究与阐述。

---

①② 胡锦涛：《坚定不移沿着中国特色社会主义道路前进为全面建设小康社会而奋斗——在中国共产党第十八次全国代表大会上的报告》，2012年11月8日。

③ 习近平：《决胜全面建成小康社会夺取新时代中国特色社会主义伟大胜利——在中国共产党第十九次全国代表大会上的报告》，2017年10月18日。

④ 肖琳：《"中国海洋观"释义——学习李克强总理在中希海洋合作论坛上的讲话》，载于《太平洋学报》2014年第8期，第23页。

⑤ 习近平集体会见出席海军成立70周年多国海军活动外方代表团团长，新华社，2019年4月23日。

第一节　海洋强国建设与海外利益维护

一、海洋强国建设的背景与内涵

（一）海洋强国建设的背景

党的十八大报告中首次提出"建设海洋强国"，党的十九大报告重申了加快建设海洋强国。可见，海洋强国建设逐渐受到国家社会各层的关注，海洋强国战略是新时代我国发展海权的战略选择，符合当今世界海洋发展潮流；① 也是中国在今后一段时间内坚持的海权方针，将对中国实现海洋强国梦提供重要的战略指导。建设海洋强国的提出并不是空穴来风，而是我们国家深谋远虑的必然产物。

从内部因素看，随着我国综合国力的不断提升，经济总量位居世界第二，科技水平达到世界领先的地位，国家繁荣昌盛，我国已经具备充分利用海洋资源，维护海洋利益，建设海洋强国的能力。在外向型海洋事业发展过程中，中国影响力的上升使其内政与外交更加紧密地联系在了一起。2014 年，中国鲜明提出了"海洋强国建设"主张，通过"一带一路""公海保护""蓝色伙伴关系""海洋命运共同体"等实践与倡议加快构建与提升自身海洋话语权，并在吉布提建立了首个海外军事补给基地。2015 年 5 月 26 日，中国发表了《中国军事战略》白皮书，将"公海保护"和"近海防御"纳入海军战略。2019 年 7 月 24 日，中国发表《新时代的中国国防》白皮书，其中强调将组织东海、南海、黄海等重要海区和岛礁警戒防卫，组织海上联合维权执法，坚决应对海上安全威胁和侵权挑衅行为。这说明，中国内部海洋事业发展进程中，海外利益也更加得以延伸。同时，作为陆海兼备型国家，我国海权建设与陆权建设相比十分滞后，亟须得到积极建设。

从外部因素看，首先，近年来我国与周边国家领土岛屿争端，主权矛盾较为突出，在某种程度上还略处被动局面，至今钓鱼岛问题，东海海域划界问题也没有得到很好的解决。百年大变局背景下国际海洋秩序的变动、大国关系的新变

---

① 张海文、王芳：《海洋强国战略是国家大战略的有机组成部分》，载于《国际安全研究》2013 年第 6 期，第 60 页。

化、信息和科技的新发展，是新时代中国海洋事业发展面临的深刻国际背景。历史决定了海权的地位，相对于阿尔弗雷德·赛耶·马汉（Alfred Thayer Mahan）所处的自由资本主义向垄断资本主义过渡时代，当前国际社会进入了大国无战争时代，这同时也意味着海上摩擦与冲突的长期化与常态化。科技在丰富全球海洋治理手段的同时，也更加成为大国博弈的新式武器，加剧海上"安全困境"的恶化。其次，域外国家，尤其是美国重返亚太战略对于我国自身发展也是某种程度上的威胁，严重影响了我国自身的海洋战略空间的发展。特朗普政府时期，基于地缘政治的考虑，美国将更加感受到来自中国的威胁，从而付出更多努力保持地区优势，"印太战略"是美国针对中国的重要地缘政治竞争抓手。[①] 2018 年 5 月，美军"太平洋司令部"改名为"印太司令部"，"印太战略"走出实质化的第一步。美国兜售的"印太战略"具有制衡"一带一路"的性质，两者在印度洋与太平洋具有一定的话语竞争性。2019 年 11 月 4 日，在曼谷举行的东亚峰会（EAS）上，美国正式公布"蓝点网络"计划。此计划被视为美国"印太战略"的最新发展，其通过将政府、私营部门与民间团体等多个利益相关方联系在一起，为全球基础设施建设促成高质量和值得信赖的标准。海上基础设施建设是中国通过"21 世纪海上丝绸之路"进行海上合作的重要内容，美国"蓝点网络"计划的提出增加了双方在印度洋和太平洋相遇与竞争的概率。最后，世界各国纷纷加大了对海洋的重视程度，国际社会上的其他国家，不断出台本国的海洋建设战略，世界范围的"海洋强国建设"正如火如荼地展开。早在 1997 年，加拿大政府颁布并实施了《海洋法》，使加拿大成为世界上第一个具有综合性海洋管理立法的国家。[②] 美国在 2004 年制定了《21 世纪海洋蓝图》；俄罗斯 2001 年通过了《俄罗斯联邦至 2020 年海洋政策》；欧盟在 2001 年出台了《欧洲海洋战略》；日本在 2007 年颁布《海洋基本法》；印度于 2000 年通过《海洋新战略构想》；越南于 2007 年颁布《到 2020 年的海洋战略》。在此背景下，我国急需出台一个国家层面的关于海洋强国建设的战略。正是在这样一个内有动力、外有压力的背景下，我国海洋强国建设战略应运而生，迈开了建设海洋强国的步伐。

（二）海洋强国建设的内涵

2014 年 3 月 5 日，第十二届全国人民代表大会第二次会议在人民大会堂开幕，李克强代表国务院向大会做政府工作报告。报告指出："海洋是我们宝贵的

---

① Saeed M. "From the Asia–Pacific to the indo–Pacific: Expanding Sino–US strategic competition", China Quarterly of International Strategic Studies, 2017, 3（4）: 511.

② 张海文，王芳：《海洋强国战略是国家大战略的有机组成部分》，载于《国际安全研究》2013 年第 6 期，第 61 页。

蓝色国土。要坚持陆海统筹，全面实施海洋战略，发展海洋经济，保护海洋环境，坚决维护国家海洋权益，大力建设海洋强国。"报告首次提出了"全面实施海洋战略"概念，把发展海洋经济、保护海洋环境与海洋维权紧密结合起来，为我国今后海洋事业的发展指明了方向。① 无论是党的十九大报告、党的十八大报告还是李克强所作的上述《政府工作报告》，海洋强国建设的内涵都已明确提出，即四个方面，"开发利用海洋资源""发展海洋经济""保护海洋环境""维护海洋权益"。海洋强国的建设离不开开发利用海洋资源、保护海洋环境、维护海洋权益、发展海洋经济这四个方面。这四个方面相辅相成，作为海洋强国建设的四个支柱，相互补充，缺一不可。

维护海洋权益是海洋强国建设的重要内容。领海之外的海洋权益是海外利益的重要方面，也将对我国海外利益的维护产生重要影响。对海洋权益的内涵，目前学界是有争议的。有的学者将海洋权益等同于海洋权利，认为海洋权益就是海洋法规定的享受的海洋权利却忽视了海洋利益问题；有的学者认为海洋权益等同于海权。这两个概念也是有本质区别的，海权是指维护国家海洋权益的力量基础，本质上是一种权力的概念，对应着英文中的"power"，二者有本质的区别。海洋权益是由海洋权利和海洋利益两部分组成的，这两个部分是一个有机统一的整体。其中，海洋权利是指每一个国家理应享有的，《联合国海洋法公约》所规定的一些固定的权利，它是"'国家主权'的自然延伸"。海洋利益简单地说，就是海洋领域中一切有利于国家和全体国民发展、进步的统称，是实现海洋权利的最终目的。② 而我国的海洋权益主要包括三个方面的内容：内海与领海的权益，毗连区、专属经济区和大陆架上的权益，以及在公海、国际海底区域和他国管辖海域的权益。内海与领海根据海洋法的有关规定我国享有排他的主权，沿海国对于内海享有与其陆地领土一样的主权，领海除了无害通过权外，与内海相同。毗连区、专属经济区、大陆架，沿海国除了对这些地区的资源享有开发和勘探的权利外，还对该区域享有部分的管辖权，行使部分的管制。公海、国际海底区域，我国依法享有在这些海域通航、资源勘探、海洋研究、保障海上活动安全等权利和利益。③ 在他国管辖的某些海域，例如一些重要海上通道，我国也享有相应的无害通过权。这些海域的权益共同构成了我国海洋权益，这也要求我们要更加坚定地维护我国的海洋权益。

同时，陆海统筹不仅是中国海洋事业发展过程中需要实现的地理意义上的平衡，也是中国海洋强国建设的目标之一。历史上位于欧洲大西洋沿岸的陆海复合

---

① 肖琳：《全面实施海洋战略大力建设海洋强国》，载于《太平洋学报》2014年第3期，第1页。
② 贺鉴：《理性维护我国海洋权益》，载于《求索》2015年第6期，第5页。
③ 贺鉴：《理性维护我国海洋权益》，载于《求索》2015年第6期，第5~6页。

型强国（尤其是法国和德国）争夺海权的失败案例，既表明了"陆海复合型国家"普遍面临的战略选择两难、双重易受攻击性等局限，也说明了陆海平衡能力之于陆海复合型国家海权发展的重要性。对于当前走向远海的中国而言，如果不能做好海陆之间的平衡，或者海洋强国建设中不对称选择到达极端，中国将面临相当严峻的近海与远海环境。

二、海外利益的内涵及其在不同领域的具体表现

（一）海外利益的内涵

1. 海外利益的概念

目前，学界关于海外利益主要存在四种观点：第一，海外利益就是突破国家边界的国家利益。这一观点重在强调海外利益的"海外"属性。例如，有的学者认为"海外利益"实际上是"境外的国家利益"，是国家利益的海外延伸，属于国家利益的组成部分。① 第二，海外利益是以国际合约形式存在的国家利益，这一观点认同第一种观点，但强调海外利益的"社会"属性，即认为要从我国与国际社会的互动去界定我国海外利益。又例如，有学者认为我国海外利益是指"中国政府、企业、社会组织和公民通过全球联系产生的、在中国主权管辖范围之外存在的、主要以国际合约形式表现出来的中国国家利益"。② 第三，有的学者认为，国家海外利益并非一般意义上的经济利益的拓展，而是国家对外与安全利益的自然与必然延伸，并可分为核心海外利益、重要海外利益、边缘海外利益。③ 第四，海外利益包括了非国家行为体所持有的局部利益因而大于国家利益，这一观点重在强调海外的"非国家属性"。例如，有学者认为我国海外利益又称我国境外利益，包含了从社会各个层面即官方和民间、机构和个人各种视角所关注的各种局部利益。④ 这四种观点笔者都或多或少地认为有些不妥，他们认为的海外利益都较为片面，有的只看到了国家层面的海外利益，有的只看到了海外的安全利益，还有的并没有关注国家层面的海外利益，只强调了"非国家属性"等。笔者较为认同的观点是"海外利益是伴随一个国家及其公民与法人（企业与各种非营利组织）参与国际交往而产生的跨越主权界限的境外合理合法利益，是现代国

---

① 毕玉蓉：《中国海外利益的维护与实现》，载于《国防》2007 年第 3 期，第 8 页。
② 苏长河：《论中国海外利益》，载于《世界经济与政治》2009 年第 8 期，第 13 页。
③ 张曙光：《国家海外利益风险的外交管理》，载于《世界经济与政治》2009 年第 8 期，第 7 页。
④ 陈伟恕：《中国海外利益研究的总体视野——一种以实践为主体的研究纲要》，载于《国际观察》2009 年第 2 期，第 9 页。

家利益中必不可少且日益重要的组成部分。"① 需要注意的是，海外利益并不只有实体的利益，也会有国际舆论、文化、价值观等一些隐性的利益。进一步思考，产生海外利益的范围具体是指哪些？可以分为四类，其他主权国家；公海、国际海洋通道及国际海底区域；国际组织、国际机制的海外利益；国际舆论的海外利益。然而，截至目前，学界对海外利益内涵的界定存在一个极大的缺口，即如何明确"海外"的界限。在此问题上，本书希望从国家领土和主权的概念界定上来寻找突破口。领土主权即国家在确定的领土范围内行使主权，包括对领土范围内的一切人物事行使管辖权和对领土内的资源享有永久的所有权，范围包括国家的领陆、领水、领空、底土。据此，本书认为"海外"即为国家领土范围之外；"海外利益"则为在国家领土之外所产生的一切利益。

综上所述，海外利益是指一个主权国家及其国家内部的公民与法人参与国际事务或发生国际行为而产生的跨越主权界限的合理合法利益，涉及在国家领土（领陆、领空、领海、底土）之外的全部利益。在海洋强国建设视角下，尤其需注意国家的海洋权益，即在领海范围之外的一切利益，其具体内涵和外延侧重于海洋方面。整体来看，海外权益不仅只是存在于其他主权国家，公海、国际海洋通道与海底区域，国际组织、国际机制中的实体利益，还包括舆论、文化、价值观等隐性的利益，尤其是在国际舆论氛围中的利益，这些都是现代国家利益中必不可少且日益重要的组成部分。

在海外利益中，海洋权益也是重要组成部分。海洋权益包括权利和利益两部分内容，权利是国际海洋法所赋予并保障的利益与寻求利益的行为资格，与利益本身息息相关，因此海洋权益本质上是一种国家利益，而海外利益也属于国家利益的一部分，二者之间有区别也有联系。

（1）两个概念的角度。海洋权益与海外利益两个概念是不同的，海洋权益是指一国涉及海洋领域有关的权利和利益，而海外利益是指一个主权国家及其国家内部的公民与法人参与国际事务或发生国际行为而产生的跨越主权界限的合理合法利益。但二者作为国家利益，都是国家发展需要追求的，对于国家的发展至关重要，对于二者的维护与保护都是国家战略规划与制定的重要目标。

（2）主体的角度。海外利益的主体上面已经比较明确的总结，分别为国家、法人与公民。而海洋权益的主体实际上也是包括这三个层面的。从二者主体的角度看，本质没有区别，无论是海外利益还是海洋权益都是围绕国家、法人、公民三者之间展开的。然而纵观国内学者研究海洋权益的情况来看，都将研究重点关注在国家层面上，很少有关于公民及法人领域的海洋权益研究。

---

① 李志永：《"走出去"与中国海外利益保护机制研究》，世界知识出版社2015年版，第10页。

（3）范围的角度。一国海洋权益的涉及范围主要包括，内海与领海，毗连区、专属经济区和大陆架，公海、国际海底区域及他国管辖海域。而海外利益涉及的范围一句话概括就是非本国主权管辖范围的一切区域。再与海洋权益的范围进行对比，海洋权益范围中，除了内海与领海属于一国主权范围之内，其他的海域都属于海外。这就可以得出一个结论，除内海与领海的海洋利益外，其余海域的海洋利益就是海外利益的一部分。而海外利益涉及的范围并不仅存在于主权之外的海域，范围相对较大。因此可由图6-1表示。

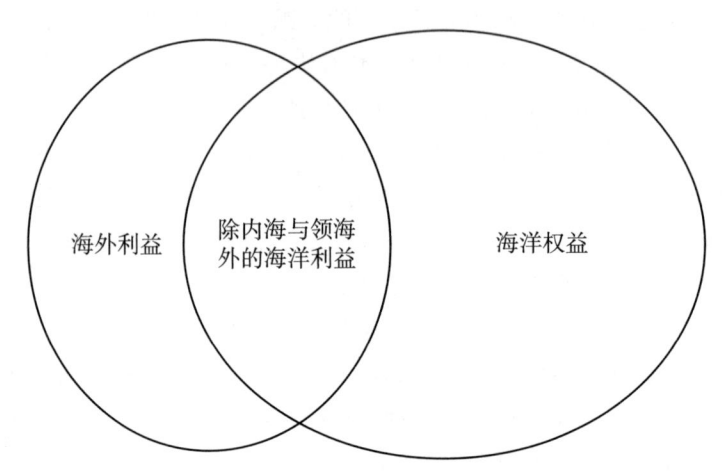

图6-1 海外利益与海洋权益关系

因此，海洋权益与海外利益是息息相关、紧密联系的。二者概念本身具有很大的不同，但二者同属于国家利益的一部分，其概念的主体是一致的。在涉及范围上二者虽有区别，但也有很大一部分重合一致的地方。海洋权益与海外利益可以说是一荣俱荣、一损俱损的关系，维护海洋权益是海洋强国建设中重中之重的一环。

2. 海外利益的分类

从上文我们可以了解到，海外利益的主体主要是指主权国家及其公民与法人，因此海外利益就可以分为国家层面的海外利益与非国家层面的海外利益两部分。国家层面上的海外利益也可以进一步划分，具体来看包括海外政治利益、海外安全利益、海外经济利益、海外文化利益与综合性海外利益等。

首先，国家层面的海外利益。

（1）海外政治利益。海外政治利益对于当前中国来说包含以下两层含义：维护国家主权完整和维护国家发展权。[1] 一方面，我国海外政治利益包括在海外维

---

[1] 陈晔：《试析中国海外利益内涵及分布》，载于《新远见》2012年第7期，第42页。

护国家领土主权完整的利益。事实上,现阶段在政治上威胁我国主权和领土完整的因素,主要来自海外。近年来,随着国内民主、法治建设的逐渐完善,人民生活水平的不断提高,国内治安状况大幅度得到改善,曾经在国内引起极为恶劣影响的新疆分裂势力、"藏独""港独""台独"势力便流窜海外,在海外多国继续扩展势力。同时,这些分裂势力得到了一些海外政府及某些利益集团的资助。他们在国外肆意发表诋毁抹黑我国的言论,造成了不良的社会影响。例如,2014年的香港非法"占中"事件和2019年"香港暴力袭警事件"背后的"港独"势力,便是直接得到了某些国外政府的资金支持;"藏独"分子受到"西藏基金会"和"那旺曲培奖学金"的扶植;新疆分裂势力在中东地区不断扩充组织规模等。虽然台湾问题与前几个相比有其特殊性和复杂性,我们暂且不能相提并论,但是它们都有海外力量支持这样的特点是一致的。在国际社会中,有很多国家在表面上支持一个中国原则,尊重我国的主权及领土完整,但背后却不断损害我国主权利益。尤其是一些所谓民主国家,往往打着"人权、民主"的旗号,在国际社会的舆论上处处给我国施压,使得我国维护海外政治利益困难重重。另一方面,海外政治利益还体现在国际社会中,即在东道国、国际组织、地区和全球范围内合法开展外交的权利。例如,我国有与其他国家建立正常邦交关系的权利,也有与某些国家断绝外交关系的权利;我国享有在联合国等政府间国际组织发表自己观点的权利;我国享有参与亚太地区和全球区域的海洋事务的权利,诸如此类各个方面的权利。这些权利本质上体现的都是我国对于海外政治利益的诉求。

(2) 海外经济利益。海外经济利益相较于海外政治利益要明确很多,本书认为国家层面的海外经济利益应当包括以下几点:一是与海外国家或企业进行经济合作和国际贸易的利益;二是具有合理合法地勘探和开采国际法所允许的海外区域的资源的权利;三是在地区性和全球性的国际经济组织的参与权、全球经济治理中的参与权、国际经济规则的制定权等权利;四是按照合法程序追回流入海外的非法赃款的权利。事实上,在上述四点中,最为重要的毫无疑问便是与海外国家和地区进行国际贸易与经济合作所获得的经济利益。随着中国参与经济全球化和开放性的程度不断加深,开放力度不断加大,对外贸易额也呈现出飞速增长的形势。如表 6-1 所示,中国与美国、欧洲、俄罗斯、非洲、大洋洲、东亚等国家和地区的双边贸易额数量不断增长,而且均呈现大幅增长的良好态势。这也表明中国海外贸易合作的经济利益将在近期和今后相当长一段时间里保持增长的态势。除此之外,其他三点也很重要。第一,近年来,随着我国参与全球经济治理的不断深入,我国在博鳌亚洲论坛、二十国集团、亚太经济合作组织、金砖国家等组织的参与性更为主动。2013 年提出的"一带一路"倡议更是得到更多国家的认可,对世界的影响力逐渐加深,亚洲基础设施投资银行和丝路基金的建设也在如火如荼进行。这些都表明我国制定国际经济规则的能力也在不断加强。可以说，我国正在从一个国际经济规则的跟随者向主导者过渡。第二，随着我国"走出去"和开放程度的加深，我国国家和企业在海外其他领域进行资源勘探、开采和利用程度也不断提高。尤其是在公海、北极、国际海底区域及其他东道主国家的大陆架、毗连区、专属经济区的资源开采。这些合理合法的开采行为，是符合国际法的。第三，近年来，国内贪污受贿事件不断增多，在海外非法转移的资产数额极其庞大。而党的十八大以来，我国的反腐工作不断取得突破，2014年9月最高检部署职务犯罪国际追逃追赃专项行动以来，全国检察机关已劝返、遣返、引渡、缉捕潜逃境外的职务犯罪嫌疑人158人，涉案金额17.3亿元人民币。[①] 对于这些流入海外的经济利益，国家对其进行境外追赃所得也属于国家层面海外经济利益的一部分。

表6-1　　　　中国与相关国家/地区双边贸易额一览

地区	时间	双边贸易额（亿美元）	增幅（%）
中国—美国	2019年12月	5 588.7	-15.3
中国—印度	2019年9月	653.2	-3.9
中国—俄罗斯	2019年12月	1 106.5	2.2
中国—法国	2019年1~12月	585.5	-0.9
中国—日本	2019年12月	3 039.1	-4.3
中国—澳大利亚	2019年1~12月	1 589.7	10.9
中国—南非	2019年1~11月	240.8	1.2
中国—欧盟	2019年1~9月	5 288.8	0.9

资料来源：中华人民共和国商务部：《国别报告》，https://countryreport.mofcom.gov.cn/new/index110209.asp。

（3）海外安全利益。享有绝对安全的海外环境，免于一切海外安全威胁即海外安全利益，关于海外安全利益主要分为两大类，传统安全利益和非传统安全利益。海外传统的安全利益主要是指军事安全的利益。当下整体的国际环境是处于和平稳定的，我国也并没有与其他国家发生战争，然而我国却没有免于受到海外国家的军事威胁。我国周边地区都有域外大国的军事基地分布，朝鲜半岛上，朝鲜的核武器试验与卫星发射，韩国的萨德导弹系统部署，都是对我国军事安全的

① 徐日丹：《检察机关境外追逃追赃工作成效显著》，载于《检察日报》，2017年1月6日，第001版。

威胁。也发生过中美南海撞机这样严重侵害我国安全利益的事件。除此以外，在国际社会整体和平稳定的背景下，局部地区战争、武装冲突不断也严重影响着我国的海外安全利益。科索沃战争期间，我国驻南斯拉夫大使馆遭到北约战机的轰炸，并造成我国驻外公职人员牺牲。2016年7月，南苏丹爆发严重军事冲突，南苏丹军队内部两派当日在首都朱巴的交火造成中国维和人员伤亡。① 海外非传统的安全利益涉及范围较广，打击恐怖主义、环境安全、信息安全、打击跨国犯罪、公共卫生安全等都是我国海外非传统安全利益的体现。例如，2018年热播的电影《战狼2》及《红海行动》，在某种程度上也反映了中国民众对国家加强海外安全利益保护的期待。客观上说，这样的国际犯罪仅靠一国力量是远远无法铲除的，必须靠国际社会的通力合作才有办法解决。近年来，世界范围性的传染病也严重影响着各国安全，无论是"非典"还是埃博拉，这些危害性、传染性极大的病毒都来源于国外。免于受到海外病毒威胁，也是海外非传统安全利益的一部分。

（4）海外文化利益。海外利益并不只有实体的利益，也会有国际舆论、文化、价值观等一些隐性的利益，这些统称为海外文化利益。海外文化利益主要体现在国家自身国际形象的塑造与国际舆论的导向上。一个国家的发展需要稳定的外部环境，但是这种稳定的外部环境并不只是政治、经济、安全，还包括稳定、有利的文化环境。如果国际舆论的导向对该国不利，该国国家形象、口碑极差，海外文化利益遭到破坏，是不可能稳定发展的。海外文化利益与海外政治、经济利益有着明显的不同，但又与它们息息相关。正如我们不能割裂政治、经济空谈文化一样，我们也无法割裂海外政治、经济利益空谈海外文化利益。一国的国家自身国际形象的塑造本质上还是一国的综合国力的体现，但是仅有国家综合国力作为基础是不够的，并不是综合国力强国家形象就一定积极正面。这主要看一国是否秉持着正确的"义利观"。只有坚持正确义利观，才能把工作做好、做到人的心里去。政治上要秉持公道正义，坚持平等相待，遵守国际关系基本原则，反对霸权主义和强权政治，反对为一己之私损害他人利益、破坏地区和平稳定。经济上要坚持互利共赢、共同发展。② 坚持了正确的义利观，再配合自身较为强大的综合国力，其自身的国际形象一定积极正面，国际舆论必然有利于自身的发展，海外文化利益必定丰厚。

（5）综合性海外利益。国家层面上的海外利益除了有政治、经济、安全、文化方面的海外利益之外，还存在综合了以上某几种内容的海外利益，它可能既包

---

① 《中国两维和人员牺牲》，凤凰网，2016年7月12日。
② 王毅：《坚持正确义利观积极发挥负责任大国作用——深刻领会习近平同志关于外交工作的重要讲话精神》，载于《人民日报》2013年9月10日，第7版。

含政治利益也有经济利益的层面,我们很难用一种海外利益将其划分。例如,政府发展援助(Official Development Assistance,ODA)就是典型的综合了很多种海外利益的一类综合性海外利益。一般意义上 ODA 主要是指发达国家对发展中国家提供的援助形式,根据经济合作与发展组织(OECD)的定义,对于发展中国家的 ODA 应当满足下述三个条件:第一,由出资国官方政府机构提供;第二,其主要目的是促进经济发展和增进人类福祉;第三,贷款的赠与成分必须占发展援助总额的 25% 以上。[①] 随着一些发展中国家逐渐发展强大,有实力的发展中国家积极承担国际义务,也逐渐开始加大本国 ODA 的力度。ODA 首先是一个海外经济利益,一国对另一国提供的援助最基础与基本的是经济层面的援助,涉及经济援助就会存在一定的经济利益。这种经济利益未必一定是从中得到好处的利益,对外援助的物资是否运输完整,有无受损,都应当是经济利益的一部分。ODA 还是一种海外文化利益,一国对另一国提供的援助,必然有利于该国提升自己在国际社会中的形象与地位,能够得到国际社会的好评,也是海外文化利益的一部分。ODA 也是一种海外政治利益,海外政治利益包括国家在国际组织和东道国合法行使外交权利,而 ODA 恰恰也是一国对另一国或在国际组织中行使外交权利的体现。因此,结合了多种内容的海外利益的综合性海外利益是客观存在的,它与海外政治、经济、安全、文化利益一道共同构成了国家海外利益,成为国家层面海外利益重要的一部分。

还有一部分内容是否将其列入海外利益有一定争议,例如,中日领土争端问题。钓鱼岛是属于我国神圣不可侵犯的领土,它属于我国的主权问题,如果从这个角度来说,钓鱼岛问题当然不属于海外利益的范畴,我们所指的海外利益的海外是指主权范围以外的领域。然而钓鱼岛的实际控制权并不被我国所有,使得这一问题变得复杂多变,同时钓鱼岛背后还有一系列问题很难将其明确是否属于海外利益的范围。我国与日本之间除了有钓鱼岛主权归属的争议以外,还有东海海域划分争议的问题,关于东海海域的划分,我国的主张是按照大陆架的自然延伸原则,而日方则主张海域中间线,此类问题笔者认为应当是属于海外利益的范畴。此外,钓鱼岛问题涉及域外国家的插手与干涉,2020 年 11 月 12 日,在美国大选中确定获胜的前副总统拜登 12 日在与日本首相菅义伟的电话会谈中明确表示,钓鱼岛是《美日安保条约》第五条的适用对象。[②] 有域外国家的插手与干涉使得我国主权问题掺杂了海外的因素,从而使得这类问题的划分存在争议。不能将其单纯地从海外利益问题中拿出来,也无法只将其认定为海外利益的问题。对

---

① 冯剑:《国际比较框架中的日本 ODA 全球战略分析》,载于《世界经济与政治》2008 年第 6 期,第 50 页。

② 《拜登称钓鱼岛为〈美日安保条约〉第五条适用对象》,参考消息网,2020 年 11 月 12 日。

于此类有争议问题的划分,笔者并没有想到一个更好的思路,唯一可以确定的是这些有争议的问题都存在海外利益的成分。因此,有争议的海外利益也应当是国家层面海外利益的一部分,研究海外利益不能忽视它的存在,值得学界的重视。

其次,非国家层面的海外利益。

除了国家层面直接产生的海外利益,在民间非国家层面的海外利益也是国家海外利益的重要组成部分。从整体来看,非国家层面的海外利益主要是由法人的海外利益与公民海外利益两部分组成。随着交通工具的进步,互联网的作用日益强大,跨国公司的发展,各国之间的交流与沟通更加便利与高效,国际社会的联系日益密切。伴随着我国对外开放的步伐逐渐加快,我国更多的企业与公民开始走出国门与海外各国打交道,活跃在海外的经济、政治、文化层面的组织与岗位上。目前,已有138个国家、31个国际组织与中国达成了共建"一带一路"共识,签署的双边与多边合作文件高达202份。① 中国与世界主要海洋国家合作也进一步深化,共签订23份政府间海洋合作文件,建立了8个海内外合作平台,承建了13个国际组织在华中心。② 在此背景下,法人与公民方面的海外利益逐渐在我国海外利益中占据重要比重,成为海外利益维护的重要方面。这要求我们需要对该层面的海外利益进行深入研究。事实上,无论是法人还是公民层面的海外利益,也都可以类比国家层面的海外利益进行具体的经济、文化、安全等内容划分。

(1) 法人方面的海外利益。法人方面的海外利益主要是指本国企业、事业团体、社会组织等机构参与国际交往而产生的跨越主权界限的境外合理合法利益。③ 由于参与国际交往的法人主要是本国的跨国企业,因此,法人海外利益的重点是企业的海外利益。企业的海外利益主要包括企业的海外资产保护、企业的海外市场扩展、企业的国民待遇、跨国并购以及直接的对外投资等内容。据联合国《世界投资报告》显示,2016年全年中国对外投资飙升至44%,达到1 830亿美元,首次成为全球第二大对外投资国;吸引外资方面,2016年中国全球外国直接投资(FDI)流入量达1 340亿美元,是全球第三大外资流入国。④ 2019年1~6月,我国境内投资者共对全球151个国家和地区的3 582家境外企业进行了非金融类直接投资,累计实现投资3 468亿元人民币,同比增长0.1%。⑤ 随着"走出去"战略不断深化实施,我国企业不断进行海外投资及跨国并购重组,我国企业

---

① 《中国政府与非洲联盟签署共建"一带一路"合作规划》,新华社,2020年12月16日。
② 朱璇、贾宇:《全球海洋治理背景下对蓝色伙伴关系的思考》,载于《太平洋学报》2019年第1期,第57页。
③ 李志永:《"走出去"与中国海外利益保护机制研究》,世界知识出版社2015年版,第12页。
④ 联合国发布《2017年世界投资报告:中国成为全球第二大投资国》,人民网,2017年6月8日。
⑤ 《商务部:上半年我国对外投资合作保持平稳健康发展累计实现投资3 468亿元》,中国经济网,2019年7月17日。

的跨国并购交易额也迅猛增长。据普华永道①发布的 2016 年中国企业并购市场回顾报告显示，2016 年，中国大陆企业海外并购额达 2 210 亿美元，同比增加 246%，超过前四年（2012～2015 年）中国企业海外并购交易金额的总和。② 在未来，随着"一带一路"建设的深入和企业对外投资程度的不断加深，我们可以预计这些数据将必然会迅猛增加。此外，海外资产的保护也是企业海外利益的重要体现。我国企业在中东、非洲、拉美等动乱不堪、战争频发地区均有资产投入，这些国家的政局动荡和局部战争都严重损害了我国企业的海外利益。如持续发生的利比亚战争、叙利亚战争等使我国企业资产遭受威胁和破坏。早在 2011 年 3 月的利比亚动乱中，中铁、中建、中石油等 13 家公司就有多个项目停工，合同金额损失高达 188 亿美元左右。③ 除此以外，我国企业是否在其他国家享有国民待遇也是企业海外利益的重要组成部分。近年来，随着国际大宗商品价格低迷，全球经济危机的阴影尚未消散，全球贸易投资保护主义开始抬头。这使得中国的主要贸易伙伴，如美国、欧洲等国家频繁以反倾销、气候变化、知识产权保护、国家安全审查等借口，对我国设置各种准入壁垒，或是不断提起反倾销调查。同时，在非洲、中东、拉丁美洲等地区，大多数国家仍处于"工业化中期阶段"，企业以生产工业制成品和原料加工品为主，此时，当地投资建厂的中国企业所生产的产品由于物美价廉便更具竞争性，使得这些国家也逐渐出现贸易保护倾向，对我国企业提起反倾销调查、征收反倾销税，甚至要求赔偿巨额罚款，这严重损害了我国企业的合法利益。2018 年以来，中国面临的贸易摩擦形势复杂严峻。2018 年 1～11 月，中国产品共遭遇来自 28 个国家和地区发起的 101 起贸易救济调查。其中反倾销 57 起，反补贴 29 起，涉案金额总计 324 亿元。与上年同期相比，案件的数量和金额分别增长了 38% 和 108%。2018 年美国、印度、加拿大、澳大利亚等国家是对中国产品发起贸易救济调查数量较多的国家。④ 重视企业的海外利益刻不容缓。

（2）公民方面的海外利益。21 世纪以来，随着经济全球化的不断深入，国际社会之间的联系日益密切，越来越多的公民选择出境到海外从事经济、政治、文化、教育等各种活动，参与国际事务和国际活动的公民数量也在迅速增长。由此，这些出国的海外公民的人身安全、财产利益及各种合法合理的权益便构成了公民的海外利益，不仅对于公民自身具有重要意义，也是国家海外利益的重要组

---

① 普华永道（Price Waterhouse Coopers）是四大国际会计师事务所之一，致力于提供切合各行业所需要的审计、税务及咨询服务，基于专业研究基础上，分享其思维成果，行业经验和解决方案。
② 《普华永道：2016 年中资海外并购总交易额猛增 246%》，21 世纪经济报道，2017 年 1 月 12 日。
③ 宋云霞、王全达：《军队维护国家海外利益法律保障研究》，海洋出版社 2014 年版，第 18 页。
④ 《商务部：这四国 2018 年对中国发起贸易救济调查最多》，环球网，2018 年 12 月 13 日。

成部分。按照类别区分，公民的海外利益主要包括政治利益、经济利益、文化利益等方面。具体来看，包括人身安全、生存自由、平等地位与合法权益的确认等政治权益；财产安全、经济资本、劳动权益等经济权益；形象声誉、社会尊重、自我实现、集体自尊等文化权益。① 近年来，随着我国公民出国人数的大幅上涨，海外公民遭受人身伤害、劳工权益受损、企业遭受不公待遇的事件的不断增长，使公民权益受到一定程度的损害。因此，公民的海外利益也是海外利益中重要的一环。

根据海外利益的重要性进行划分，国家作为海外利益的最重要的主体，国家层面的海外利益最为重要，首先是海外政治利益与海外安全利益是重中之重，因为这直接涉及国家的主权完整与国家发展需要的和平稳定的外部环境；其次是海外经济利益，有了稳定发展的基础，谋求经济利益的最大化则是国家发展目标；最后是海外文化利益。民间层面的海外利益没有轻重之分，只存在海外利益主体之间的差别。从社会的发展角度来看，法人与公民的主体身份和地位相比，有一定的天然优势，毕竟单个法人的规模和实力要远远高于个体公民，并且随着公民与海外发生联系变得更加紧密，国家与社会各界应当更加重视公民海外利益的保护。

（二）我国海外利益在不同领域的具体体现

海外利益依据其主体可以划分为国家层面与非国家层面的海外利益，这是海外利益的内容。而海外利益存在的客体则是海外利益的具体体现。海外利益主要存在于其他主权国家之中、公海与国际海洋通道及国际海底区域之中、国际组织与国际机制之中、国际舆论之中。我国海外利益主要表现在其他主权国家中的海外利益，在毗连区、专属经济区及沿海大陆架中的海外利益，在公海、国际海底区域及国际海洋通道中的海外利益等方面。

1. 在其他主权国家之中我国海外利益的具体体现

相比于其他海外利益存在的客体，在其他主权国家中存在的我国海外利益种类最多，体量最大，重要性也最高，几乎所有海外利益的种类在主权国家这一客体中都有存在。

（1）国家层面的海外利益。从国家层面海外利益的角度来看，我国与其他主权国家建立正式的外交关系，缔结条约等，都是我国海外政治利益的具体体现。据外交部网站的数据统计，截至 2019 年 9 月，与我国建立外交关系的国家数量

---

① 于军、程春华：《中国的海外利益》，人民出版社 2015 年版，第 76 页。

已达 180 个。① 与此同时，有些国家表面上支持一个中国原则，但暗中却支持"藏独"分子和新疆分裂势力，企图损害我国的主权利益。这些内容也都是我国海外政治利益在其他主权国家的体现。从海外经济利益的角度来看，我国的海外经济利益主要体现在与其他主权国家进行国际贸易，签署经济合作协议。对流窜到其他国家的贪腐资金进行追缴也是具体体现的一部分。而海外安全利益具体体现在我国在其他主权国家建立海外军事补给基地。2016 年 2 月 25 日，中国和吉布提经过友好协商，就中国在吉布提建设保障设施事达成一致。② 随着第一个海外军事补给基地的建立，我国为了自身的安全、战略利益也会依据实际情况逐渐增加海外军事补给基地的修建。除此以外，我国联合其他国家进行军事联合演练，共同打击跨国犯罪等这些行动也是我国海外安全利益的具体体现。从海外文化利益的角度来看，我国的海外文化利益主要体现在孔子学院在其他主权国家的开设与发展。

（2）非国家层面的海外利益。从非国家层面的海外利益的角度看，我国法人的海外利益主要体现在我国的跨国企业在其他主权国家的海外投资。商务部数据显示，2020 年 1～11 月，我国非金融类对外直接投资金额为 950.8 亿美元，涉及 169 个国家和地区的 6 212 个企业。③ 可见我国企业在其他主权国家存在的海外利益的体量还是比较巨大的。而我国公民的海外利益基本上只存在于其他主权国家之中，具体体现在我国公民走出国门参与国际事务，与国际社会产生关联，去其他国家旅游、探亲、留学、经商、执行公务等。我国海外公民分布日益多元化，但普遍活跃于周边国家与地区。④

2. 在毗连区、专属经济区及沿海大陆架等区域我国海外利益的具体体现

毗连区、专属经济区及沿海大陆架等区域不同于主权国家及其领海，这些地区国家不享有主权却拥有管辖权，以及对该区域相关资源的勘探和开采的权利。这些区域的相关利益正是属于上面提到的，除内海与领海范围之外的海洋利益。这既是我国的海洋权益的内容也是我国海外利益的内容。对于这部分的海外利益可分为两种：一种是我国的毗连区、专属经济区及沿海大陆架，由于这些海域不

---

① 《中华人民共和国与各国建立外交关系日期简表》，外交部网站，2019 年 9 月。
② 《吉布提：人民解放军首个海外基地》，华夏经纬网，2016 年 4 月 11 日。
③ 商务数据中心：非"金融类对外直接投资统计"表，http://data.mofcom.gov.cn/tzhz/fordirinvest.shtml。
④ 据中国旅游研究院发布的《中国出境旅游发展年度报告 2020》显示，2019 年，我国的出境旅游市场仍然保持了增长态势，规模达 1.55 亿人次，相比 2018 年同比增长了 3.3%。2019 年，中国内地游客出境旅游目的地前 15 位依次为中国澳门、中国香港、越南、泰国、日本、韩国、缅甸、美国、中国台湾、新加坡、马来西亚、俄罗斯、柬埔寨、菲律宾和澳大利亚。资料来源：《中国旅游研究院：2019 中国出境旅游发展年度报告》，互联网数据资讯网，2019 年 8 月 11 日。

属于国际海洋法规定的主权范围,但却是我国管辖的相关海域,所以是我国的海外利益;另一种是其他国家管辖的毗连区、专属经济区及沿海大陆架,这些海域虽属他国管辖,但根据海洋法的相关规定,我国也享有部分权利。

(1) 我国的毗连区、专属经济区及沿海大陆架等区域海外利益的具体体现。根据国际海洋法的有关规定,毗连区作为紧邻领海的海域,我国为了保障自身的国土安全、国家稳定,可以对毗连区海域船舶发出的无线电信号进行监测与监控;可以对毗连区海域的船只登船检查,预防非法移民或跨国犯罪等恶性事件的发生。对于专属经济区,《联合国海洋法公约》也做了明文规定。沿海国拥有勘探和开发专属经济区内生物资源的主权权利以及对其进行养护和管理的有关权利。沿海国还对这一区域的非生物资源拥有所有权,并可以利用这一海域的相关能源对该区域进行经济性的开发和勘探。在专属经济区内,沿海国对下列事项享有有限的管辖权,主要包括三个方面,即人工岛屿、海洋环境和海洋科学领域的相对管辖权。① 我国在本国的专属经济区内依法享有以上规定的权利。而沿海大陆架区域相关权利的规定,主要体现在沿海国对该区域的资源享有勘探与开采的权利,我国依法享有开发与开采我国沿海大陆架地区海域内的资源的权利。这一权利神圣不可侵犯。

(2) 他国毗连区、专属经济区及沿海大陆架等区域内我国海外利益的具体体现。他国的毗连区、专属经济区及沿海大陆架区域,不属于其他国家主权范围,因此在这些区域的海外利益,不属于我国在其他主权国家海外利益的具体体现。但根据海洋法的相关规定,我国在这些区域也享有相应的权益。例如,在他国毗连区,我国船舶或飞行器在得到沿海国许可的前提下,享有航行和飞行自由。同样在获得沿海国许可后,我国拥有在该海域铺设海底电缆和管道的自由权利。而专属经济区根据《联合国海洋法公约》第 58 条的规定,在专属经济区内,所有国家均享有航行自由,飞越自由和铺设海底电缆和管道的自由,以及与这些自由有关的海洋其他国际合法用途,诸如同船舶和飞机的操作及海底电缆和管道的使用有关的并符合其他规定的用途。其他国家在专属经济区还享有一些其他权利。按照《联合国海洋法公约》的规定,适用公海的一般规定以及其他国际法有关规则,只要与有关专属经济区的规定不相抵触均适用于专属经济区。经沿海国同意,其他国家也有在专属经济区内进行科学研究的权利。② 因此,我国在他国专属经济区依法享有以上权利。《联合国海洋法公约》第 79 条规定:"所有国家按照本条约的规定都有在大陆架上铺设海底电缆和管道的权利"。沿海国除为了勘

---

① 贺鉴:《理性维护我国海洋权益》,载于《求索》2015 年第 6 期,第 5 页。
② 全永波主编:《海洋法》,海洋出版社 2016 年版,第 71 页。

探大陆架、开发其自然资源及防止、减少和控制管道造成的污染有权采取合理措施外，对于铺设或维持这种海底电缆或管道其他国家不得加以阻碍。① 我国在他国沿海大陆架也依法享有以上权利。这些海洋法所规定的我国在他国毗连区、专属经济区及沿海大陆架上拥有的权利，共同构成了我国在他国所管辖的这些海域中的海外利益。

3. 在公海、国际海底区域及国际海洋通道之中我国海外利益的具体体现

除了在其他主权国家，公海、国际海洋通道及国际海底区域之中也有我国海外利益的分布，这些海外利益主要以国家层面的海外经济利益、安全利益和非国家层面法人的海外利益为主，而分布在这些区域之中的海外利益也属于我国海洋权益内容的一部分。根据《联合国海洋法公约》和其他有关国际法的规定，我国在公海、国际海底区域依法享有在这些海域通航、资源勘探、海洋研究、保障海上活动安全等权利和利益。② 我国可以在公海及国际海底区域进行资源勘探，对海洋地理环境进行研究分析，这属于我国的海外经济利益。我国可以在公海海域或国际海底区域铺设管道、电缆，可以修建相关人工岛屿，这既是我国的海外安全利益也是海外经济利益。我国有很多企业与其他国家企业合作进行远海能源的开发与开采，这属于我国法人的海外利益的一部分。

《联合国海洋法公约》第87条明确指出，各国在公海享有捕鱼的自由。公海自由的原则赋予公海渔业资源属于共同财产的性质，也保证了所有国家都可以在公海进行捕鱼的权利。随着北极冰川的融化，一些新的捕鱼区出现，在当前北极地区公海捕捞相关规章制度尚不明确的情况下，中国在北极的公海区域享有广泛的捕捞权。我国人口众多，对海产品存在着大量需求，因而我国享有的公海捕鱼自由权利更加成为我国海外利益的重要组成部分。以《中白令海峡鳕资源养护与管理公约》为例，中国积极与他国合作建立对公海渔业养护、管理和最优化利用资源的制度，明确了中国在北极海域的公海进行渔业捕捞与管理的权利。③ 我国在公海及极地海域的渔业捕捞权，也是我国海外利益的直接体现。

与此同时，国际海洋通道关系到我国切身的发展与稳定，保障国际海洋通道的畅通是我国海外安全利益的一部分。对于属于他国领海的管辖范围的国际海洋通道，根据国际海洋法的规定，我国的船只享有无害通过权。对于公海航道，我国也享有自由航行权。此处特别强调北极航道的重要性。北极航道对于我国的国际贸易有相当明显的价值。在北极区域的航行权问题上，北极航道开通将使我国

---

① 全永波主编：《海洋法》，海洋出版社2016年版，第90页。
② 贺鉴：《理性维护我国海洋权益》，载于《求索》2015年第6期，第5～6页。
③ 郭真、陈万平：《中国在北极的海洋权益及其维护——基于〈联合国海洋法公约〉的分析》，载于《军队政工理论研究》2014年第1期，第136～140页。

更为便捷地到达欧洲和北美洲,也会大大减少海上运输成本。① 因此,北极航道的安全也成为我国海外安全利益的一部分。当前,海洋通道安全不仅面临着各种潜在的传统安全(如美国谋求控制全球战略通道的军事部署),还面临着各种层出不穷的非传统安全(如马六甲海峡、索马里海域的海盗及海上恐怖活动)。② 这些问题都严重威胁着我国的海外利益,海外利益的不断扩展,亟须保障战略通道安全。③ 在公海、国际海底区域及国际海洋通道之中的我国海外利益与海洋强国建设息息相关。

三、海洋强国建设与海外利益的关系

(一) 海洋强国建设有利于海外利益的保护

海外利益的保护是海洋强国建设的重要内容,反过来,海洋强国建设必定有利于海外利益的保护。首先,从国家战略层面上,海洋强国建设表明了我国发展海洋事业的决心和魄力,也彰显了我国自身的实力和国力,向外界展示了我国对海洋领域的重视、对相关海外利益的重视。因此,随着海洋强国具体建设措施的逐渐落实,海外利益的保护也自然水到渠成。其次,从军事层面上,自党的十八大以来,国家加强了海军和海上力量建设,海军部队更为精良,海上装备、武器、作战工具等种类不断增多、性能更为优化、技术更为先进,这在安全层面保障了我国海外利益的实现。近年来,中国海军舰艇编队多次赴亚丁湾海域执行护航任务,不仅为新式舰艇远洋积累了丰富经验,也有力维护了我国国家、公民的海外利益。因此,可以预见,随着海洋强国建设的不断推进,我国的海上军事力量会进一步得到提高,维护海外利益的水平自然得到加强。最后,从经济层面来看,改革开放至今,我国海洋经济的年均增长速度达22%,远超过了同期国民经济的平均增长速度。④ 2019年我国海洋生产总值超过8.9万亿元,10年间翻了一番,海洋生产总值占GDP的比重近20年保持在9%左右。⑤ 而随着海洋强国建设的不断发展,我国海洋经济的比重也会越来越高,经济体量的增大在世界海洋

---

① 郭真、陈万平:《中国在北极的海洋权益及其维护——基于〈联合国海洋法公约〉的分析》,载于《军队政工理论研究》2014年第1期,第136~140页。
② 宋云霞、王全达:《军队维护国家海外利益法律保障研究》,海洋出版社2014年版,第107页。
③ 李忠杰、李兵:《抓紧制定中国在国际战略通道问题上的战略对策》,载于《当代世界与社会主义》2011年第5期,第109页。
④ 《2018年中国海洋生产总值8.3万亿占GDP比重为9.3%》,中国网,2019年4月11日。
⑤ 《我国海洋生产总值十年翻番》,中国政府网,2020年5月9日。

经济的贸易与市场开拓中会占有相应的绝对优势,有利于海外经济利益的保护。从法律法规的层面上,我国海洋强国建设一定会促进一些海洋领域相关的法律法规的出台,这直接使得以前没有法律明文规定的我国海外利益受损的案例有了法律的保障,从而有利于海外利益的保护。在"海洋强国建设战略"的框架下,以《中华人民共和国深海海底区域资源勘探开发法》《国家海洋事业发展规划纲要》《国家海洋事业发展"十二五"规划》和《全国海洋经济发展"十二五"规划》等为代表的法律法规推动了中国海洋权益维护的全面布局。同时,中国与周边主要国家的海洋话语互动有了新进展:2013 年中国与文莱签署《中华人民共和国和文莱达鲁萨兰国联合声明》;2015 年,中韩启动海域划界谈判;2018 年,中菲签署《关于油气开发合作的谅解备忘录》。

(二) 海外利益的保护也是海洋强国建设的重要内容

海外利益是国家海洋权益的重要组成部分,而维护海洋权益是海洋强国建设中重要的一个内容,因此保护国家的海外利益也是海洋强国建设中的重要方面。其中,保护涉海海外利益则是重中之重。一方面,21 世纪是海洋世纪,中国作为陆海兼备的发展中国家,生存发展都与海洋息息相关。现阶段,中国已经成为依赖海洋通道的外向型经济大国,无论从地理、政治、经济、文化还是空间层面,我国都拥有丰富的海外利益,关乎国家的综合国力、国际影响力、战略空间、对外开放程度与未来发展方向,需要得到有效维护。同时,海洋已成为全球各国争占的新焦点,主要海洋国家均加强了对海洋的控制和重视程度,如何在海洋领域占据制高点,如何在全球海洋空间中维护好战略利益,均极其重要。[①] 另一方面,纵观国际社会,具有世界影响力的大国无一例外均是海洋大国和海洋强国,而我国对外开放、"走出去"的主要国家大多为这些国家,这就使得我国与这些国家的联系必定会与海洋有关,因此涉海海外利益在海外利益中的比重将逐渐加大,保护涉海的海外利益已成为海洋强国建设极其重要的内容。第一,海外利益的维护与实现有利于海上军事力量的发展。实现海外安全利益,更好地保护我国已有的海外利益,都需要有强大的海上军事力量作为后盾和支撑。国家利益作为全体国民利益之最高表现,作为国家内部各种利益集团之共同利益,最为明确地回答了国家军事行为之目的。[②] 这意味着军队是国家为了维护国家利益而产生的。中国军队始终把维护国家海外利益作为军队建设发展的重要目标之一。其

[①] 张海文、王芳:《海洋强国战略是国家大战略的有机组成部分》,载于《国际安全研究》2013 年第 6 期,第 62 页。

[②] 军事科学院战略研究部:《战略学》,军事科学出版社 2001 年版,第 45 - 46 页。

中，海外利益的保护与实现是发展海上军事力量的主要目标之一。第二，海外利益的保护与实现有利于提高海洋资源开发能力。在我国的毗连区、专属经济区以及沿海大陆架，乃至公海与国际海底区域，都有着丰富的海洋资源，尽管这些区域有一部分不属于我国的主权范围之内，但都属于我国的海外利益的一部分。由于它们远离近海，因此对该区域勘探开发的难度很大，又由于我国自身远海开发资源的能力有限，导致我国在远海资源开发的进程中进展缓慢。而我国想要实现这些区域的海外利益并对其进行保护的前提条件就是拥有足够先进的海洋资源开发能力，这就需要我国不断推进海洋资源的开发技术，不断进行技术更新以此维护远洋资源的开发和利用。因此，海外利益的保护与实现必然有利于提高我国海洋资源的开发能力。《全球海洋科技创新指数报告（2020）》根据创新投入、创新产出、创新应用及创新环境4个指标对全球25个样本国家进行了综合评价排位，中国近5年来，排名由第10名升至第4名、位于亚洲国家之首，在创新产出和创新应用方面快速提升至第2位。[①] 与此同时，面对国际海底激烈的竞争局面，我国除在规章制定过程中广泛参与并发挥作用外，也在加紧研发深海采矿与海底光缆布建技术设备，储备相关技术，加快提升我国海洋资源的开发能力。第三，海外利益的保护与实现有利于我国海洋权益的维护。海外利益与海洋权益二者之间息息相关，紧密联系，尽管二者之间有很大一部分内容是完全重合的，但二者本质上就是一荣俱荣、一损俱损的关系。一个得到了保护另一个自然也会受到保护，所以维护与实现了我国的海外利益在一定程度上就维护了我国的海洋权益。因此，海外利益的保护与实现有利于我国海洋权益的维护。

（三）海外利益与海洋强国建设都具有向外的属性

毫无疑问，海外利益就是我国参与国际事务产生的跨越主权界限的利益，它必定是与外界接触才会出现的，具有向外的属性。而海洋强国建设在这个层面上也是一致的，也具有向外的属性。中国是传统的陆权国家，在中国古代就形成了以内陆为中心的集权国家。[②] 一个传统的陆权国家进行海洋强国建设，其方向必定是向外的。那么如何理解这个向外的属性？首先，海洋强国建设的向外与海外利益的向外都是要与海外接触，海外利益是与海外接触才产生的利益，海洋强国建设需要与海外接触才能博采众长，借鉴各国发展建设的经验。在百年大变局的语境中，中国将在涉海领域拥有更多合作伙伴和更深的合作关系。发展好海洋伙

---

① 《2020年中国那些最具影响力的海洋事件》，中国网，2021年1月22日。
② 孙晓光、张赫名：《海洋战略视域下的中国海外利益转型与维护——以"一带一路"建设为中心》，载于《学习与探索》2015年第10期，第53页。

伴关系既是"21世纪海上丝绸之路"建设的题中要义,更是实现其长远战略目标的"先手棋"和"突破口"。[①] 其次,海外利益与海洋强国建设的发展都需要向外拓展。海外利益的不断增长需要我国不断地与海外接触,参与更多的国际事务;而海洋强国建设的发展在保证自身已具备相应能力的前提下,也需要走出国门,无论是勘探、开采海外海域资源,还是军舰远赴远海护航,都是需要不断向外拓展。但是向外拓展与野蛮地向外扩张是截然不同的两个概念,很多别有用心的国家在国际社会中散布"中国威胁论",强调中国进行海洋强国建设是对周边国家乃至国际社会的重要威胁。事实上我国进行海洋强国建设是完全合情合理的,而在海洋强国建设过程中向外拓展自身的海外利益也是无可厚非的,这是符合我国国际地位、国情以及自身实力的客观存在。一个国家如果故步自封,闭关锁国,那将是毫无希望毫无发展机会,想要走上实现快速稳定的发展道路就必须不断向外接触,向外学习同时还能收获相应的外部利益。海外利益与海洋强国建设都具有向外的属性也是二者的重要关系之一。

第二节 我国海外利益的重要性及其特征

我国的海外利益在国家整体利益中具有十分重要的地位,对我国自身的发展与强大具有深远的影响。研究建设海洋强国维护海外利益,必须了解海外利益的重要性。只有正视我国海外利益的重要意义,才能明确维护海外利益需要保护的目标,才能为海外利益的保护提供正确的指导方向。

一、我国海外利益保护的重要性

(一)海外利益保护在国家层面具有重要意义

1. 海外利益保护关乎我国的国家利益的实现

对国家利益按照其重要程度进行划分可参考美国国家利益委员会发布的《美国国家利益报告》。美国国家利益委员会于 1996 年和 2000 年发布的两份《美国国家利益报告》是对国家利益层次划分的最典型代表和对美国国家利益

---

① 吴士存:《21世纪海上丝绸之路与中国—东盟合作》,南京大学出版社 2016 年版,第 143 页。

的权威界定，① 其中，将美国的国家利益分为了四大类。② 而我国在 2011 年由国务院新闻办公室发表的《中国的和平发展》白皮书中明确提到，"中国的核心利益包括：国家主权，国家安全，领土完整，国家统一，中国宪法确立的国家政治制度和社会大局稳定，经济社会可持续发展的基本保障。"③ 由此可见，我国的核心利益是我国国家利益中重中之重的一部分，可以说是我国"生死攸关的利益"。依据我国的核心利益审视我国的海外利益，不难发现很多内容是相同的。其中，海外政治利益与海外安全利益对应的正是"国家主权、国家安全、领土完整与国家统一以及社会大局稳定"。中国政府分别在 1951 年和 1955 年发表声明传达其关于南沙群岛主权的原则立场，并于 1958 年通过《中华人民共和国政府关于领海的声明》（以下简称"1958 年《领海声明》"）确定中国的领海制度。这些海洋法律制度建设体现了新中国向海图存，维护国家主权与海洋安全的诉求。目前，对我国国家主权、领土安全、国家统一形成巨大威胁的因素几乎全都来源于海外，这些因素是海洋政治利益和海外安全利益的重要因素，如若这些利益得到保障，则国家和社会大局便必然稳定。我国海外经济利益则对应的是"经济社会可持续发展的基本保障"，海外经济利益不断发展，必然也带动我国社会经济整体的可持续发展。由此可以认为，我国的海外利益的保护与实现是实现我国国家利益的重要方面。

2. 海外利益保护对实现中国梦有重要价值

习近平在党的十九大报告中指出，"实现中华民族伟大复兴是近代以来中华民族最伟大的梦想。""实现伟大梦想，必须进行伟大斗争。""实现伟大梦想，必须建设伟大工程。""实现伟大梦想，必须推进伟大事业。"④ 可见，中国梦已经成为当前我国全体人民的奋斗目标，激励着全国上下奋发前进。其中，海外利益的维护与实现便是实现海洋强国梦的重要环节之一。第一，海外利益的维护为中国梦提供良好的建设环境。我国的海外利益与我国的政治、安全、经济、文化等各方面的利益息息相关，其中很多内容还关系到我国的核心利益，任一方面遭到损害和威胁，国家和民族的复兴也就无从谈起。而海外利益得以维护和实现，我国的复兴之路就会在一个和平稳定的大环境中稳步前进，实现

---

① 李增刚：《国家海洋利益的层次性与中国海洋利益维护》，载于《学习与探索》2016 年第 11 期，第 113 页。
② "作为美国国家利益分析的集大成，该书将美国国家利益按重要性依次分为生死攸关的利益、极其重要的利益、重要利益和次要利益四大类。"参见刘雪山：《对美国国家利益的权威界定——对〈美国的国家利益〉介评》，载于《现代国际关系》2001 年第 9 期，第 62 页。
③ 《中国和平发展白皮书（全文）》（第四页），新华网，2011 年 9 月 6 日。
④ 《习近平：决胜全面建成小康社会夺取新时代中国特色社会主义伟大胜利——在中国共产党第十九次全国代表大会上的报告》，央广网，2017 年 10 月 18 日。

中华民族伟大复兴的中国梦就指日可待。第二，保护海外侨胞的利益也是实现中国梦的重要力量。当前，华人华侨遍布全球各个国家和地区，他们的海外利益是国家海外利益的重要部分，也是实现中国梦的重要力量。"广大海外侨胞有着赤忱的爱国情怀、雄厚的经济实力、丰富的智力资源、广泛的商业人脉，是实现中国梦的重要力量。"① 而发挥海外侨胞的重要作用的前提条件就是要保护与实现他们的海外利益。这就直接将实现中国梦与我国公民的海外利益相联系起来。第三，我国的海洋强国梦是中国梦的重要组成部分，成为世界海洋强国是实现中国梦的重要途径之一。我国的海外利益与我国的海洋权益紧密联系，维护和实现我国的海外利益与维护我国的海洋权益这两者是密不可分的，因此海外利益的维护与实现有利于海洋强国梦的实现。实现中国梦是一个任重道远的过程，保障与实现我国的海外利益是实现海洋强国梦过程中一个重要的环节，更是达成中国梦的重要基础。

3. 海外利益的维护与实现是国家稳定发展的前提条件

海外利益的维护能够为国家稳定发展提供良好的外部环境和国际舆论氛围。一方面，国家的稳定与发展首先需要一个和平、稳定、安全的外部环境，而维护和实现了我国的海外利益就可以为国家提供一个和平、稳定和安全的外部环境。享有绝对安全的海外环境，免于一切海外安全威胁，是海外安全利益的含义，也是其内在要求。当前我国所处的国际环境整体上趋于稳定，但局部战争不断，甚至我国周边地区也存在威胁我国安全利益的因素。此时，国家想要稳定与和平发展就需要规避这些不利因素。另一方面，国家的稳定发展还需要一个对本国有利的国际舆论环境，从而提升我国的国际形象，引导国际舆论的导向，而这正是我国海外文化利益的内涵与内在要求。在百年大变局的背景下，中国要走向远洋，拓展中国海洋发展空间，这将伴随着更大的舆论压力。当前中国与菲律宾围绕"南海仲裁案"的话语权博弈还在持续，并呈现发酵趋势。我国外交政策以正确的义利观作为指导，与邻为善，在国际社会中能够主持正义，又将博大精深的中华文化传播到世界各地，这一切都将有利于我国树立正面、积极的国家形象，消解海洋强国建设过程中的负面舆论。

因此，海外利益得到保护与实现就是我国国家发展与稳定的前提条件。为了更好地维护与实现我国的海外利益，营造一个有利的国际环境，一方面需要我们树立正面的国家形象，营造有利的国际氛围；另一方面我们也要不断打击危害我国海外利益的一切不利因素。

---

① 《实现中华民族伟大复兴是海内外中华儿女共同的梦》，中国共产党新闻网，2014年6月6日。

（二）海外利益的保护与实现有利于国际社会的和平与发展

我国的海外利益具有和平的属性，这是因为一方面我国海外利益是我国与外界交流、接触，自然而然的产物，而不是通过武力扩张，野蛮占有得来的；另一方面我国一直积极采用和平的方式推进海外利益的保护与实现。例如，我国海军多次赴亚丁湾执行护航任务。从 2008 年至今，我国海军舰艇编队已多次在亚丁湾海域对来往船只执行护航任务，多次成功保护我国船只免受索马里海盗的威胁。同时，我国海军编队也对来往于该海域的其他国家的船只进行了必要的保护与护航，极大地促进了该海域的和平与稳定。又如，我国积极参加联合国维和行动也极大地维护了我国的海外利益。作为联合国安理会的常任理事国，我国积极参加联合国维和行动，这同样是我国海外利益的重要组成部分。据统计，从 1990 年至今，中国军队已累计派出维和军事人员 3.5 万余人次，先后参加了 24 项联合国维和行动，是联合国安理会 5 个常任理事国中派遣维和军事人员最多的国家，[1] 被国际社会誉为"维和行动的关键因素和关键力量"[2]。无论是派遣军舰远洋护航，还是参加联合国的维和行动，我国在积极保护我国海外利益的同时也在积极地对国际社会的和平与稳定作出应有的贡献。我国海外利益的保护有利于国际社会的进步与发展。

我国海外利益的保护与实现并不仅仅有利于促进我国自身的发展，还能带动其他国家的进步和国际社会的发展。对外贸易是我国海外经济利益中最重要的一部分，我国对外贸易在过去十年得到了快速的增长，这不仅为我国创收提供了一个重要途径，也为其他国家经济发展提供了辐射带动作用。与此同时，我国积极为国际社会提供公共产品，"一带一路"倡议、建立亚投行，设立丝路基金等，都是我国积极提供国际公共产品、承担国际责任的体现。这些项目不仅提高了我国在国际社会中的地位与形象，增加了我国在地区和国际社会的话语权，还积极带动有关国家的经济发展，使得他们与我国共享福祉，最终共建人类命运共同体。除此以外，我国的各种对外援助项目也是我国海外利益的重要组成部分。2010～2012 年，中国对外援助金额为 893.4 亿元人民币，对外提供优惠贷款 497.6 亿元人民币，占对外援助总额的 55.7%。[3] 2018 年，中国宣布向非洲国家提供 600 亿美元的资金支持，并减免一部分债务。同时，中国积极落实在 2016～2018 年 3 年向柬埔寨提供 36 亿元人民币（约 6 亿美元）的无偿援助，其中包括

---

[1] 宋云霞、王全达：《军队维护国家海外利益法律保障研究》，海洋出版社 2014 年版，第 38～39 页。
[2] 《我们为和平而来！中国军队海外维和 27 载》，新华网，2017 年 7 月 6 日。
[3] 《中国的对外援助 (2014)》，中国政府网，2014 年 7 月 10 日。

援助 40 套流动诊所和 1 500 套沼气炉设备的"惠民工程"。① 对外援助方式主要包括援建成套项目、提供一般物资、开展技术合作和人力资源开发合作、派遣援外医疗队和志愿者、提供紧急人道主义援助以及减免受援国债务等,优惠贷款则主要用于帮助受援国建设有经济和社会效益的生产型项目、大中型基础设施项目,提供较大型成套设备、机电产品等。

从这些数据上看,我国的对外援助每年都在增长,表明我国对外援助的力度逐渐加大,对其他国家的帮助力度不断加大。这些举措对于增加中国在国际社会的影响力,加大中国在国际上的话语权具有重要意义,也有利于构建人类命运共同体。所以说,我国海外利益的保护与实现有利于世界各国的发展与进步。

二、我国海外利益的基本特征

进入 21 世纪以来,我国海外利益进入了全面、均衡、快速发展的历史新阶段,经济、政治、文化、安全等领域的海外利益在发展速度、地理分布、地位比重等方面均有了显著进步,已然成为支撑经济社会发展与综合国力提升的重要保障。②

(一)我国海外利益的覆盖范围广

我国是一个世界性的大国,虽然还是发展中国家,但经济总量早已跃居世界第二,综合国力进入世界前列,国际影响力与日俱增。改革开放 40 多年来,我国与外部世界的关系发生了史无前例的变化,我国政府、企业、民间组织和公民的国际活动空间得到前所未有的拓展,延伸到海外的我国国家利益急剧扩大。③ 随着改革开放的更加深入和"一带一路"建设的不断推进,我国政府、民间组织、企业与公民等纷纷走出国门,使得我国各个层面与海外的接触更加广泛,从而使得我国海外利益的覆盖范围也变得更加广泛。大到关乎国家主权与安全的海外政治、安全利益,小到公民出境旅游遭遇突发事故的人身、财产安全,都是我海外利益的覆盖范围。而海外利益的覆盖范围一定是与国家自身的体量、综合国力、经济实力、人口成正相关关系。随着我国综合国力的进一步发展,经济实力的进一步上升,我国海外利益的覆盖范围也一定会更加广泛。需要注意的是,

---

① 《中国无偿援助柬埔寨"惠民工程"》,中国新闻网,2018 年 9 月 13 日。
② 王发龙:《试析中国海外利益维护的战略框架构建》,载于《国际展望》2016 年第 6 期,第 38 页。
③ 苏长河:《论中国海外利益》,载于《世界经济与政治》2009 年第 8 期,第 13 页。

海洋强国建设的不断进行与深化，必然导致我国海外利益的范围更加广泛。从海洋资源的探测与开采，到海外相关军事基地的建设，都是我国海洋领域海外利益范围更加广泛的体现。

（二）我国海外利益增长迅速

在错综复杂的国际形势下，我国海外的经济利益、文化利益、政治利益、安全利益、公民利益等都得到了较快的增长，我国海外利益以前所未有的速度拓展，对中国海外利益的维护就成为当前我国海洋强国建设中面临的重要课题。

1. 我国海外经济利益的迅速增长

我国经济高速发展，综合国力迅速提升不仅使得我国海外利益的覆盖范围变得广泛，还同样带来了海外利益的高速增长。即便遭受新冠疫情重创，2020 年我国货物贸易进出口总额仍达 32.16 万亿元人民币①，全国实际使用外资 9999.8 亿元人民币②。能够拿下如此这样的成绩单，已经表现得非常优异。根据海关总署的数据，2020 年中国货物贸易进出口总额 32.16 万亿元人民币，比 2019 年增长 1.9%。③对外贸易额的高速增长就是海外经济利益的高速增长的最直接体现。

2. 我国海外文化利益的迅速增长

党的十六大以来，"走出去"战略的实施标志着我国对外开放进入了新阶段。在外向型经济不断发展的同时，我国的文化也在不断向海外扩展。孔子学院作为我国文化向海外传播的载体之一，也直接体现了我国海外文化利益的迅速增长。2004 年我国在韩国建立第一所孔子学院，④ 截至 2019 年 12 月，全球共有 162 个国家和地区建立了 550 所孔子学院和 1 172 个孔子课堂。⑤ 孔子学院在海外的迅速扩展，一方面为外国友人学习汉语、了解中国文化提供了便利；另一方面也是提升我国国家形象的一个很好平台与途径。随着我国对外开放的进一步深化，市场经济建设的进一步完善，在我国经济继续平稳较快发展的同时，我国的海外经济文化利益也会继续保持高速增长的预期。

3. 我国海外政治利益的迅速增长

近年来，我国海外政治利益也在不断提升，日益受到广泛的重视。主要表现在境外反腐、打击境外分裂势力、海外公民的政治利益等方面。第一，近年来随

---

①③ 《2020 年我国进出口总值 32.16 万亿元，同比增 1.9%》，中国政府网，2021 年 1 月 15 日。
② 《2020 年全国实际使用外资规模创历史新高》，中国政府网，2021 年 1 月 20 日。
④ 汪段泳、苏长河主编：《中国海外利益研究年度报告（2008 – 2009）》，上海人民出版社 2011 年版，第 256 页。
⑤ 《2019 年孔子学院最新数据》，国际中文教育人才网，2020 年 9 月 1 日。

着我国反腐败斗争的决心和力度不断加大，官员外逃、财产境外转移的现象层出不穷，严重损害了我国的国际声誉。为此，我国展开了声势浩大的国际追逃追赃工作，保护我国的海外政治利益。同时，为了减轻外逃腐败分子对我国海外政治利益造成的损害，我国先后与有关国家和政府达成了《联合国反腐败公约》《北京反腐败宣言》《二十国集团反腐败追逃追赃高级原则》等一系列国际公约和共识，并获得了广泛的国际认可和国际支持。2018 年，我国共从 110 多个国家和地区追回外逃人员 1 335 人，其中党员和国家工作人员 307 人，包括"百名红通人员"5 人，追回赃款 35.41 亿元人民币，追回外逃人员总数和追赃金额分别比 2017 年增长 3% 和 261%。[①] 事实上，国际追逃追赃也是对我国不断增长的海外政治利益的维护。第二，当前境外存在一部分分裂势力，对我国国家和民族统一造成了严重威胁，因此，此方面的海外政治利益也在迅速增长。如今全球经济复苏乏力，贸易保护主义抬头，民族主义势力暗波涌起，从而在一定程度上助长了分裂主义势力，部分国内分裂势力仍在海外猖獗，一些别有用心的大国插手干涉给我国的海外政治利益带来了更大挑战。当前中国正处于发展的战略机遇期，通过"一带一路"的建设，为世界开放型经济的增长作出更多的贡献，推动建立合作共赢的世界政治经济新秩序，对中国的海外政治利益的增长而言也具有重要意义。

4. 我国海外安全利益的迅速增长

21 世纪是海洋世纪，大国围绕资源的竞争和博弈也越来越多地转移到了海上。在海洋空间不断被拓展的过程中，对于经济发展对外依存度高、能源资源安全严重依赖海洋的中国来说，海外安全利益也就被赋予了更加重要的意义，同时也对我国海外安全利益的维护提出了更高的要求。一方面，当前海上非传统安全威胁日益增多，海盗势力、海外恐怖主义势力日益猖獗，这使得我国必须重视这些海外安全利益，为海外各方面的建设工作提供稳定的国际环境；另一方面，我国的海外军事基地从无到有的实质性转变，标志着我国海外安全利益的迅速增长。非洲国家吉布提将是中国即将拥有的第一个海外军事基地的所在国。该基地不仅能够实现我国海军和空军的全球快速部署，而且能够为远程战略运输提供重要的淡水、食品等后勤保障。[②] 从而为我国迅速增长的海外安全利益提供坚强的保障。

5. 我国海外公民利益的迅速增长

改革开放以来的 40 多年，我国国民走出国门的机会也迅速增多，华侨、海

---

① 《去年全国共追回外逃人员 1 335 人，追回赃款 35.41 亿》，中央纪委国家监委网站，2019 年 1 月 28 日。
② 《中国第一个海外军事基地现状如何　发展惊人如今可驻扎数千人》，搜狐网，2017 年 4 月 27 日。

外劳工、出境游客的数量激增。根据联合国全球移民数据报告，2019 年全球国际移民数量将从 2010 年的 5 100 万人增加到 2.72 亿人，在全球人口中所占的比重将从 2010 年的 2.8% 上升至 3.5%。中国移民输出为 1 100 万人，居世界第三。① 随着，中国海外公民的政治、安全和财产利益也不断增加，需要得到充分重视。其中，我国海外公民的安全利益受损状况最为严重，需引起特别重视。截至 2018 年 3 月，中国实施的海外撤离行动共计 34 次，年均 0.85 次，高于美国（平均每两年 1 次）。② 随着越来越多国民和企业走出国门，他们开始遭遇各类海外安全事故，大到恐怖袭击和被动卷入战区，小到绑架勒索与街头抢劫。中国公民海外安全风险形势严峻。在我国海外公民利益迅速增长的同时，也对我国海外公民安全利益的维护工作提出了更高的要求。

（三）公民海外利益的重要性逐渐提高

国家经济的发展，使得我国公民收入大幅度提高，公民的生活水平得到大幅度改善，我国公民出国旅游、工作、留学、探亲、经商、执行公务的人数也急速增长。我国国内居民出境人数在 2000 年突破 1 000 万人次，此后多数年份都维持着超过两位数的高增长率，基本上每 2～3 年居民出境人数即增加 1 000 万人次。③ 2019 年出入境人员达 6.7 亿人次④。上述数据说明我国出境的人数无论总量还是比例都大幅度提高。出境人数的高速增长，一方面使得我国公民不断走出国门，接触到了更宽广的世界，开阔了眼界；另一方面也使得我国公民在海外的安全问题凸显出来，带来了人身安全、财产安全等一系列问题，近年来这一问题增长同样迅速，对公民海外利益的重视刻不容缓。公民海外利益受损的风险主要有以下几个特点：（1）海外风险发生的可能性及烈度与当地的社会经济发展程度有显著的关系，即发达国家和地区发生公民海外风险的概率相对较小，落后贫穷国家和地区发生海外风险的概率较大。（2）由非传统安全引起的海外公民安全事件仍以个案化的、影响面有限的、低烈度的一般性案件和意外伤害为绝大多数。正是因为大多数事件都是低烈度的个案，影响力有限，使得国内对该事件的重视程度不足。（3）劳务纠纷和劳务诈骗在经济权益损害事件中占有较大比重。往往涉及劳务纠纷的外出务工人员都是相对较弱势群体，他们的权益在保障的过程中

---

① 《2019 年全球移民数据：中国移民人数跃升第 3 位》，搜狐网，2019 年 9 月 26 日。
② 项文惠：《中国的海外撤离行动——模式、机遇、挑战》，载于《国际展望》2019 年第 1 期，第 121 页。
③ 汪段泳、苏长河主编：《中国海外利益研究年度报告（2008 - 2009）》，上海人民出版社 2011 年版，第 85 页。
④ 《国家移民管理局：2019 年出入境人员达 6.7 亿人次》，中国政府网，2020 年 1 月 5 日。

难度很大。（4）我国公民自身的原因造成其海外利益受损也是较为普遍的现象。由于我国公民出国前没有充分了解目的地国家或地区的相关法律法规以及风俗习惯，造成了我国公民违反相关法规或与当地居民产生矛盾都是较为普遍的现象。公民海外风险迅速增长在某种程度上可以说是不可避免的，这既是出国人数增多所带来的必然后果，也是因为我国在世界经济、政治格局中所处位置和作用正在发生着深刻的变化。① 虽然海外利益的重要性仍以国家层面的海外利益最为重要，但是公民的海外利益是直接切实关系到自身安全与利益的。国家提倡"以人为本"的发展观，因此，公民海外利益的重要性愈发突出。

（四）我国的海外利益具有和平性的特征

当今世界的主题是和平与发展，在国际社会整体和平的大背景下，局部战争依然不断。在某种程度上，战争是一国获取或维护其海外利益的一种重要手段。一些霸权国家或地区，无论是夺取领土，获取直接的经济资源，还是高举民主价值观的旗帜颠覆政权，都采取了或大或小的战争或者军事行动。海湾战争、科索沃战争、伊拉克战争、利比亚战争等都是具有类似的目的。如果回顾更长远的历史，资本主义国家走向近代化的过程都采取了通过武力战争的手段获取资本的原始积累，掠夺殖民地，最后还发展成了世界大战。这些战争都是获取或维护海外利益的最直观体现。以战争的方式获取或维护海外利益最简单直接，收效也很显著，战胜直接拿下海外利益，战败丧失海外利益，但是无论战胜还是战败都会对交战双方国家和人民造成难以修复的创伤。

与其他霸权国家不同，中国海外利益的实现从来不以武力作为手段，历来主张维护世界和平，在和平中发展海外利益，以发展促进和平。② 中国人民的梦想同各国人民的梦想息息相通，实现中国梦离不开和平的国际环境和稳定的国际秩序。必须统筹国内国际两个大局，始终不渝走和平发展道路、奉行互利共赢的开放战略，坚持正确义利观，树立共同、综合、合作、可持续的新安全观。③

我国的海外利益是我国参与国际事务而自然产生的相关利益，维护海外利益的手段也主要以谈判、斡旋、领事保护等方式进行，即使有军队参与维护海外利益的行动也都是以和平的手段进行，主要是维和及护航。这与武力、战争的手段

---

① 汪段泳、苏长河主编：《中国海外利益研究年度报告（2008－2009）》，上海人民出版社 2011 年版，第 92 页。
② 孙晓光、张赫名：《海洋战略视域下的中国海外利益转型与维护——以"一带一路"建设为中心》，载于《学习与探索》2015 年第 10 期，第 52 页。
③ 《习近平在中国共产党第十九次全国代表大会上的报告》，人民网，2017 年 10 月 28 日。

有着根本的区别。因此，和平性的特征也是我国海外利益的重要特点。影响我国和平的海外利益属性的因素有很多，首先是我国的国家性质决定的，我国是社会主义国家，追求和平是社会主义的本质属性之一。其次，我国的外交政策是坚持走和平发展之路，奉行独立自主的和平外交政策，外交政策也是影响海外利益和平属性的重要因素。另外，我国的国民性也是重要的影响因素，中国人民自古以来就是爱好和平的，海外利益的和平属性与它也息息相关。值得注意的是，我国海外利益的和平属性并不是不需要军事力量，发展强大的军事力量是捍卫、保护我国海外利益的不可缺少的一部分，有了强大的军事力量才能够更好地维护和平。这与发动战争，以武力手段获取与维护其海外利益的霸权主义国家有着根本的区别。2008年，我国开始派遣军舰远赴印度洋地区进行护航，这正是我国和平使用军事力量，为国际社会的和平事业作出积极贡献的例子。值得期待的是，随着我国海洋强国建设的不断深化，我国在保护我国海外利益的同时也一定能够为国际社会的和平事业作出更多的贡献。

第三节 我国海外利益发展与保护的不利条件与机遇

海洋强国建设与海外利益二者关系密切。然而我国海外利益的发展和保护将会面临哪些问题；海洋强国建设对我国海外利益的保护有哪些启示；海外利益的保护如何搭上海洋强国的顺风车，等等，都需要深入讨论。

一、我国海外利益发展和保护的制约因素

我国海外利益面临的风险较多，其中一个重要原因就是我国对海外利益的保护做得还不够，而制约我国海外利益保护的因素主要可分为两大类，即国内因素和国外因素，其中内因是决定事务的主要因素，因此国内因素是我国海外利益保护的主要制约因素。

（一）国内因素

内实则外强，中国海外利益战略维护的制约首先来自我国内部。
1. 经济发展中的结构性弊端

改革开放以来，虽然在发展上我国取得了一系列举世瞩目的成就，但是经济仍然存在"结构性弱点"（structural weakness）。早在2006年发布的《中华人民

共和国国民经济和社会发展第十一个五年规划纲要》中，这些缺点就被明确指了出来，"经济结构不合理""科技自主创新能力不强""影响发展的体制机制障碍亟待解决"。后来，党的十九大报告中也指出要"坚持去产能、去库存、去杠杆、降成本、补短板，优化存量资源配置，扩大优质增量供给，实现供需动态平衡""深化科技体制改革，建立以企业为主体、市场为导向、产学研深度融合的技术创新体系，加强对中小企业创新的支持，促进科技成果转化"。这些都突出表现了中国经济的结构性病灶。

中国经济结构的问题困扰着海外利益的扩张和维护。产能过剩、库存过剩、过度杠杆化和高成本，这些本身就是产业发展和企业扩张的短板。例如，中国的钢铁工业、煤炭工业、造船工业、电力铝工业、平板玻璃工业都有类似的问题。不仅投资高、能耗高、污染高，而且竞争力低。有关企业在"走出去"之前先进行国内价格战，使国际市场"高投入"无法获得"高回报"。在国际需求疲软，内需饱和的情况下，扩大海外市场份额是非常困难的。此外，虽然我国整体创新能力不断提高，并已成为2016年全球前25强之一，但中国在"GDP/能源消耗"指标上却排名世界第30位。目前，很多中国企业缺乏海外生存能力和增值经验。面对新的环境、新的形势和新的挑战照抄照搬国内一套，它们的市场开拓成效有限，有的甚至一败涂地。而一个公司的战略眼光和选择能力与其利益的安全状态息息相关。这一切都表明，结构优化是最佳的优化。中国要想成为世界经济强国，还有很长的路要走。

2. 国家对海外利益的重视程度与海外利益的自身增长速度不相匹配

近年来，随着我国国家实力的迅速上升，海外利益的增长速度飞快。一些过去还未成为我国海外利益或者那些次要的海外利益，如今已经成为我国海外利益不可分割的一部分了。如从不重视北极到对北极资源和航道价值的高度认识与积极作为；从不重视海外海洋利益到积极探索海上战略空间，加强海外海洋利益维护；从过去对海外公民利益的重视程度相对滞后到越来越重视公民的海外利益。

3. 企业与公民自身对维护海外利益的意识较为淡薄

一方面我国对于海外利益的重视程度不够，另一方面企业与公民对于维护自身的海外利益的意识也较为淡薄，不仅对于维护海外利益的意识淡薄，有些海外利益损害都是自身原因造成的。以公民的海外利益为例，外交部领事司曾做过一个大致的统计：在所有的领事保护案件（一年约3万起）中约有一半是由于中方人员的不当行为而引起的。[①] 除此以外，我国企业与公民一旦发生海外利益受到

---

① 沈国放、魏苇等：《企业和个人，海外遇事怎么办》，载于《世界知识》2008年第17期，第21页。

侵害的事件以后不知道该用何种方式对自身海外利益进行维护，也不知该向哪些有关部门反映，甚至连外交部有关部门以及当地大使馆相关联系方式都无法获得。公民如此，我国很多的跨国企业在参与国际事务的过程中也依然如此。正是因为企业与公民自身对维护海外利益意识的淡薄造成了海外利益保护困难的局面。在对我国的反倾销案中，约有5%的案件无企业应诉，中国出口企业不积极应诉是国外对华反倾销成功的重要原因之一。中国企业不应诉就是主动放弃法律上对反倾销案件的知情权和申诉权，降低了起诉者的成本，对方即可采用"最佳可获得信息原则"，利用对其更有利的数据判定我国反倾销成立，迫使我国退出该市场，并诱使国际上的竞争对手对中国企业实施更多的反倾销起诉，形成连锁反应。而造成这一现象的原因是由于反倾销诉讼成本较高，有的企业难以独自承担高额诉讼费用。所以我国反倾销案8%以失败告终，这样的结果更使针对中国企业的反倾销指控有增无减。

4. 我国维护海外利益的硬件条件稍显不足

制约我国海外利益维护的一个重要因素就是硬件条件不足。首先，我国的海外军事行动能力尚显薄弱。在国家核心利益和海外利益的保护上，中国的军力运用存在着明显的力量性失衡。总体来看，中国缺乏海外军事投送能力。中国既缺乏投送所需的基本军力构成，包括海空军、情报能力、补给能力等；也缺乏投送的经验，包括处理突发事件的能力、海外作战能力等。其次，现有海外军事实力的运用本身强度较弱。不论是维和行动，还是海军护航，抑或是海洋搜救，我国派出的军队规模较小，而且持续能力有限。最后，中国海外军事力量缺乏完整性和系统性的运用。维和、护航、搜救都是区域性的，大多数是孤立的"点"，不能形成网络。虽然吉布提海军后勤供应基地的建设反映了中国对海外军事投送能力的战略思想，但仍处于起步阶段。与维护核心国家利益相比，我国还没有全面系统地考虑海外军力运用要达成的目标、要采用的手段以及要耗费的资源。另外，在海外军事维权的国内法律法规建设和国际法的熟悉利用程度上，我国与发达国家尚存在较大差距，需要弥补的短板还有很多。相较于美国、英国、日本、加拿大等国，中国对海洋法条款的解释和适用的能力尚有较大提升空间。在国际审判法院（ICJ）、国际海洋法法庭（ITLOS）和海牙常设仲裁法院（PCA）等机构处理的海洋争端和商业纠纷中，鲜有来自中国的代理律师和法律顾问团队。①在这种情况下，建立健全法律制度体系，使我国的海外军事力量有法可依、有章可循变得刻不容缓。

---

① 胡波：《中国海上兴起与国际海洋安全秩序——有限多极格局下的新型大国协调》，载于《世界经济与政治》2019年第11期，第20页。

（二）国外因素

1. 部分国家、地区的战乱和不稳定制约我国海外利益的保护

一国发生战乱其本质上属于一国内政事务，我国作为遵守国际道义的大国，不应当干涉别国内政。然而如果发生战乱和不稳定的国家有我国海外利益的存在，我国海外利益面临风险时就需要及时进行保护。当前的困难是，发生战乱时，我国相应的营救工作无法做到迅速及时，制约了我国海外利益的保护。近年来，我国在中亚、南亚、中东及非洲等地区的投资和劳务派遣人员不断增多，这些国家局势不稳、社会动荡，甚至发生流血冲突或内战，对我国在当地的人员和机构的安全造成全面威胁，导致我国政府被迫采取大规模撤侨行动。最典型的是2011年西亚、北非部分国家政局动荡不安，对我国在这些地区的投资合作项目构成严重威胁。其中，利比亚政权发生更迭，骚乱中几乎所有驻利中资合作项目和企业都遭到破坏和人员袭击，给我国在利企业和个人造成较大损失。另外，由于某些国家的战乱与不稳定，直接导致我国驻该国的维和部队遭受袭击，部分维和人员因此牺牲，这些也是制约我国海外利益保护的重要因素。除此以外，某些国家和地区发生战乱或不稳定的事件必然也影响到其周边地区，周边地区一旦有国际重要的航运通道或重要的交通枢纽，也必然影响这些交通要道和交通枢纽发挥作用，从而也制约了我国海外利益的保护。

2. 有关国家的不配合制约了我国海外利益的保护

一旦我国发生海外利益受损的事件，需要大规模地撤离当地华侨，仅靠我国一国力量肯定是有限的，还需要周边其他国家的配合。可能需要周边国家开放边境关口、提供相应的交通工具以及必要的人道主义救援物资。还需要开放港口和机场，以方便我国船只与飞机的停泊。甚至可能还需要周边有能力的国家提供救援队，对受害的我国公民提供救援服务等。总之，某些我国海外利益的受损，仅以我国自己很难对其进行保护。除此以外，我国的一些贪官、罪犯流亡国外，有关国家政府不配合我国政府执法，不予以引渡。另外，对于一些经济犯罪，资产所在国不情愿满足我国提出的追缴和返还请求。

3. 部分国家法律、政治制度的不健全制约了我国海外利益的保护

这一因素比较多地体现在跨国犯罪的案例中。跨国犯罪尤其是毒品的走私与贩卖，牵涉国家往往不止一个，其犯罪分子也并不一定是我国公民。我国执法机关完全依照国际法的有关原则对犯罪分子进行逮捕，而东道国可能存在法律、政治制度不健全，导致犯罪分子获得机密信息，从而逃避我国执法机关的追捕，最终制约了我国海外利益的保护。

二、我国海外利益发展和保护面临的风险

随着我国海外利益不断拓展，自然而然也会面临很多威胁，事实上海外利益始终存在着不同程度的风险。①

（一）国家层面海外利益面临的主要风险

1. 海外政治利益面临的风险

在当前国际形势不断变化的情况下，外部势力干预、海外分裂势力猖獗、国际体系和一些国家的政治风险，都给我国带来了严峻的海外政治利益风险。我国海外政治利益的威胁首先体现在一些国家不承认我国主权国家的地位。目前世界上仍然有少部分国家并未与我国建交，而是与我国台湾地区建立了所谓的"外交关系"，这极大地损害了我国的政治利益。其次体现在其他国家或境外利益集团对我国分裂势力的支持上。我国分裂势力的资金来源很多都是由其他主权国家或者是境外利益集团所赞助，这直接导致我国分裂势力还能够继续苟延残喘，严重阻碍了我国统一大业进程。一些反华势力借"台独""藏独"等所谓的"民主化议题"一直在给中国找麻烦，甚至直接干涉中国内政，在国际上丑化中国形象，并企图将反对中国政府的活动引向中国大陆，干扰中国经济发展和社会大局稳定。

2. 海外经济利益面临的风险

首先在对外贸易方面，经济危机造成全球经济的不景气，使得发达国家经济疲软，新兴经济体增长乏力，导致贸易保护主义抬头，贸易壁垒不断增加。作为对外贸易大国，我国已成为贸易保护主义的首要目标，与其他国家的贸易争端也日益频繁。近十年来，我国应对国外贸易救济措施案近千起，涉及金额达上千亿美元。美国、欧盟等发达国家和地区是我国经历过贸易摩擦最多的国家和地区。仅在2009年，美国就向中国发起了29起贸易调查，金额达76亿美元。2018年7月16日，美国将中国诉诸世贸组织争端解决机制，指称中国政府针对美钢铝232措施实施的应对措施不符合世贸组织的有关规则，拟对中国2 000亿美元进口商品加征关税，从而掀起了新一轮中美贸易摩擦。近年来，非洲、拉丁美洲等国家对我国企业展开的反倾销调查也逐渐增多。此外，受经济增长乏力的影响，我国的海外市场也遭受极大的削减，出口环境较为恶劣。西方大国的自贸区战略可能影响中国对外贸易份额。美国倡导TPP谈判之后，成员国迅速增加，其隐性的战

---

① 张曙光：《国家海外利益风险的外交管理》，载于《世界经济与政治》2009年第8期，第7页。

略意图则是凭借机制化霸权对中国采取战略围堵，阻挠东亚经济一体化。① 虽然特朗普政府有意退出 TPP 机制，但遏制中国的战略思想并未就此消失，威胁依旧存在。其次在金融领域，美元汇率的波动幅度越大对我国海外经济利益的威胁就越大。一旦美元大幅度贬值必然会造成我国所拥有的美国国债大幅度缩水，造成直接的经济损失，同时也非常不利于我国的出口贸易。海外经济利益的风险还体现在资源、能源的供应上。我国经济发展所需要的原料更多地依赖进口，而近 10 年来国际木材、铜、铁矿石等价格纷纷上涨，我国对此经常显得无能为力，只能被动地承受涨价所带来的损失。② 这些因素被认为是影响我国海外经济利益的短板。与此同时，由于一系列原因③导致的部分海外资源开采或运输不畅也使得我国海外经济利益面临风险。

3. 海外安全利益面临的风险

海外安全利益直接关系到国家生存与发展是否享有稳定、和平的外部环境，我国的海外安全利益面临着严峻的风险。一方面，从传统安全利益的角度来说。首先，我国周边国家和地区安全局势并不乐观，这直接使得我国的海外利益发展空间遭到压缩。亚太地区的朝鲜海峡是联系日本海与东海、黄海的唯一水道，半岛局势一旦出现紧急事态，朝鲜海峡通道安全也很难得到保证。一旦因地区局势不稳定而导致我国海上通道受阻，我国海外战略自然资源和市场资源的安全供给就会陷入停滞，将直接影响国计民生和可持续发展。其次，存在我国海外利益的东道国战乱不断也直接威胁我国海外安全利益。从我国海上战略通道沿线国家情况来看，我国重要海上能源要道霍尔木兹海峡因为沿线国家政局动荡，潜在的威胁与风险长期存在：西方因伊朗核问题对伊朗不断加大的制裁因素带来巨大的政治经济风险，伊朗甚至一度宣称要以武力封锁霍尔木兹海峡。此外，我国维和部队在其他国家和地区执行任务期间，遭受攻击，遭遇袭击，使得维和人员伤亡，也是我国海外安全利益面临的风险。另一方面，从非传统安全利益的角度来看。非传统安全造成的我国海外安全利益受损的局面也十分严峻。一是恐怖主义、海盗活动的不断，威胁我国海外安全利益。频繁的海盗活动对我国海上运输及渔业作业构成现实的威胁，严重危及我国过往船只和人员安全。二是环境问题对全球的影响也越来越大。2011 年日本大地震引起的福岛核电站辐射水泄漏事件，就严重影响了我国的环境安全，并对我国的海外利益造成损害。酸雨、沙漠化、大气污染、海洋污染、生物入侵等生态问题的破坏力越来越强，影响范围也越来越

---

① 于军、程春华：《中国的海外利益》，人民出版社 2015 年版，第 104~105 页。
② 唐昊：《关于中国海外利益保护的战略思考》，载于《现代国际关系》2011 年第 6 期，第 4~5 页。
③ 一系列原因包括我国自身科研能力、硬件条件不足；海外的相关项目无法中标；与其他国家合作出现问题；国际能源运输通道因故中断等。

广，威胁着我国的海外安全利益。气候变化问题与海洋治理议题密切相关，气候变化将对渔业产生不利影响，增加对洄游鱼类种群的竞争，从而加剧海洋争端升级。① 自1970年以来，海洋变暖的速度加快，海洋热浪的频率与强度不断增大。热带气旋带来的风和降雨有所增强，极端海浪爆发频率的增大，再加上海平面的上升，作为海上非传统安全重要组成的海洋灾害状况进一步恶化。② 此外，全球性的传染性疾病、跨国犯罪等也是影响我国海外安全利益的非传统安全因素。

4. 海外文化利益面临的风险

近年来，随着中国综合实力的提升，西方常在价值观念、政治制度、发展模式上损毁中国的国家形象和国际认同，影响了他国对中国的了解和认知，阻碍了中国海外利益的发展和维护。③ 正如前面所说，我国在海外文化利益中面临的主要风险就是"中国威胁论"。"中国威胁论"所描述的所谓的来自中国的"威胁"主要有四个方面：一是权力威胁；二是军事威胁；三是经济威胁；四是价值观威胁。④ 正是这样毫无根据的言论却有着较大的影响范围，较快的传播速度，对我国国际形象的塑造产生了恶劣的影响。同时，中国海外利益全球拓展的过程，也是中华文明和中国文化全球拓展的过程。中外文化之间的差异是明显而客观的。它们之间频繁的互动增加了彼此摩擦的可能性。其主要表现有三种：第一，种族歧视和海外排华情绪。在一些国家中，华人华侨受到不公平对待，难以获得当地人或其他国家人民所拥有的政治、经济、社会地位。另有一些国家的部分公民，认为华人华侨的发展损害了他们的利益，他们排斥甚至仇视中国人。第二，经营理念与企业文化的差异。中国企业"走出去"，在管理方式和营销观念上与东道国或其他跨国公司有很大差异，往往体现"中国特色"。在企业文化方面，中国企业也有自己的特点，具有强烈的东方传统。在某些情况下，不同文化很难相互接受，容易引发冲突。第三，宗教信仰和风俗习惯的差别。基督教、伊斯兰教和佛教是当今世界的三大宗教，它们有着复杂的分支和教派。中国企业、公民因不了解相关教派的信仰及它们之间的关系，容易与之产生摩擦。此外，当前中国的海洋强国建设已经到了需要更加认真思考和澄清自身国际海洋秩序主张的阶段。⑤

---

① Mitchell S M L. "Clashes at Sea: Explaining the Onset, Militarization, and Resolution of Diplomatic Maritime Claims", Security Studies, 2020（29）：637-670.
② IPCC. Download Report, https://www.ipcc.ch/srocc/download/.
③ 王发龙：《中国海外利益维护的现实困境与战略选择——基于分析折中主义的考察》，载于《国际论坛》2014年第6期，第33页。
④ 张云莲、李福建：《"中国威胁论"对中国国家形象的挑战》，载于《思想理论教育导刊》2016年第8期，第48页。
⑤ 胡波：《中国海上兴起与国际海洋安全秩序——有限多极格局下的新型大国协调》，载于《世界经济与政治》2019年第11期，第4页。

中国海洋强国建设过程中，直面中美或将升级的"安全困境"与因打破"东亚均势体系"导致的周边邻国挑战，中国需要对由此引发的主导性海洋强国的关注与区域局势复杂化有足够的心理、外交与话语上的准备。根植于陆海复合的客观自然地理条件，舆论层面的"中国威胁"应对将面临更加艰巨的任务。

(二) 非国家层面海外利益面临的主要风险

1. 法人的海外利益面临的风险

我国法人参与国际事务主要以企业为主，因此法人海外利益面临的风险也以企业为主。首先是直接经济损失。我国企业在战乱以及不稳定的国家和地区投资，这些地区因战乱直接导致我国企业经营受阻，企业也受炮火牵连，造成直接经济损失。利比亚冲突开始后，中国企业在利项目被迫停工。中国铁建在利比亚原有3个铁路工程总承包项目，合同总额为42.37亿美元，目前所有项目全部停工；中国建筑工程总公司在当地累计合同额约176亿元人民币，项目完成还未过半便被迫停工；而葛洲坝集团的项目为一个7 300套规模的房建工程，合同金额约55.4亿元，据悉，至该公司撤离前，仅完成了16.8%的工程量。① 其次是投资壁垒增多。受欧债危机影响，越来越多的我国企业将投资目光转向欧洲，但是对资金需求迫切的欧盟却有着复杂的政治障碍以及对中国投资的挑剔。资料显示，虽然中国海外并购交易数量与交易金额保持显著增长，但除早先中海油收购优尼科、中铝收购力拓失败等案例外，我国企业近年来对国外企业的收购有一半是以失败而告终的。② 此外，我国的企业多以国有企业为主，我国企业的资本也多以国有资本为主，这就造成了西方某些国家以此为借口，以不遵守市场经济原则等理由，对我国企业采取莫名其妙的限制与歧视性的政策。还有某些国家的审查机制过于严苛，使得我国企业进入该国非常困难，审批步骤过于烦琐，索要贿赂，这也是我国企业海外利益面临的风险。

2. 公民海外利益面临的风险

公民海外利益的重要性逐渐提高是我国海外利益的特点之一，而我国公民的海外利益面临的风险主要体现在我国公民在海外人身安全受到侵害。我国公民在海外受到人身侵害的事件的不同类型主要包括：有的是因为东道国爆发大规模的反华、排华事件；有的是因为在东道国遭遇犯罪分子袭击；有的是因为东道国爆

---

① 《利比亚战乱中国企业面临寒冬损失或200亿美元》，搜狐网，2012年3月18日。
② Zhang Jianhong, Haico Ebbers, "Why Half of China's Overseas Acquisitions Could Not Be Completed", Journal of Current Chinese Affairs, 2010, 39 (2): 101–131.

发战乱不幸遇害；还有的是因为遭受恐怖主义活动的绑架劫持。总体来说，每年都会有我国公民在海外人身安全受到侵害的事件发生。① 据公开媒体数据统计，全球被绑架的外籍人员国际排名，2013 年中国排名第八，到了 2014 年已上升至第三位，2015 年更升至第二位，说明我国海外公民面临的威胁不断加重。2017 年先后发生了美国伊利诺伊大学香槟分校的中国访问学者章莹颖以及一对留学日本的中国姐妹花惨遭杀害的残忍恶劣事件。这表明我国公民在海外遭受的风险并不仅存在于发展中国家和战乱地区，也同样发生在所谓民主健全的发达国家。2016 年 1 月 1 日至 2018 年 9 月 30 日中国公民海外安全事件共发生 386 起。中国公民海外安全事件呈现出频率总量增大、事件种类增多、地域特色明显的特点。②

任何利益的存在与发展均存在风险，国家利益与国家海外利益也不例外。③ 因此，我们不能因为我国海外利益面临较大的风险而心生畏惧，要合理地对风险进行分析，并提出相应的解决办法，使我国海外利益继续得以实现和拓展。

三、我国海外利益发展和保护存在的机遇

（一）国内海洋事业发展方面的机遇

1. 维护我国海外利益的综合国力支撑不断增强

相较于国内改革与发展，海外利益的维护需要更坚实的综合国力支撑，因为海外利益往往涉及更多远洋需求。改革开放 40 多年来，随着经济长期快速发展，我国综合国力不断提升，为维护我国海外利益提供了有力支撑。我国海洋经济已成为国民经济重要组成部分和新的增长点。海洋综合管控和海洋维权执法能力逐步提升，海洋科技创新能力明显增强，参与和处理国际海洋事务的能力不断提高，为维护我国海外利益奠定了坚实基础。2019 年，中国海洋经济发展指数为

---

① 如 1998 年，印度尼西亚发生排华事件；2001 年，阿根廷金融危机引发社会危机，一些地区的骚乱使华人人身和财产遭受损失；2002 年 6 月，中国驻吉尔吉斯斯坦和哈萨克斯坦外交官遇难；2002 年 7 月，发生在以色列特拉维夫的自杀性炸弹袭击，造成 6 名中国人死伤；2004 年 5 月在巴基斯坦瓜达尔港、6 月在阿富汗、10 月在巴基斯坦西北边疆，分别发生了以中国人为目标的恐怖袭击事件；2007 年、2008 年以来，除发生西班牙、意大利中国商人店铺被当地人纵火焚烧案件以外，在南太平洋岛国，中国商人店铺被洗劫的事情也屡有发生；2011 年利比亚战争，中国不得不紧急撤侨 3 万余人；2012 年初，我境外施工人员在非洲各国接连发生遭劫持和绑架事件。参见宋云霞、王全达：《军队维护国家海外利益法律保障研究》，海洋出版社 2014 年版，第 17～18 页。此外，2016 年接连发生的我国留学生在澳大利亚和德国被害的事件影响也较大。

② 中金鹰和平发展基金会：《魏冉：中国公民的海外安全现状与发展趋势》，搜狐网，2019 年 5 月 10 日。

③ 张曙光：《国家海外利益风险的外交管理》，载于《世界经济与政治》2009 年第 8 期，第 8 页。

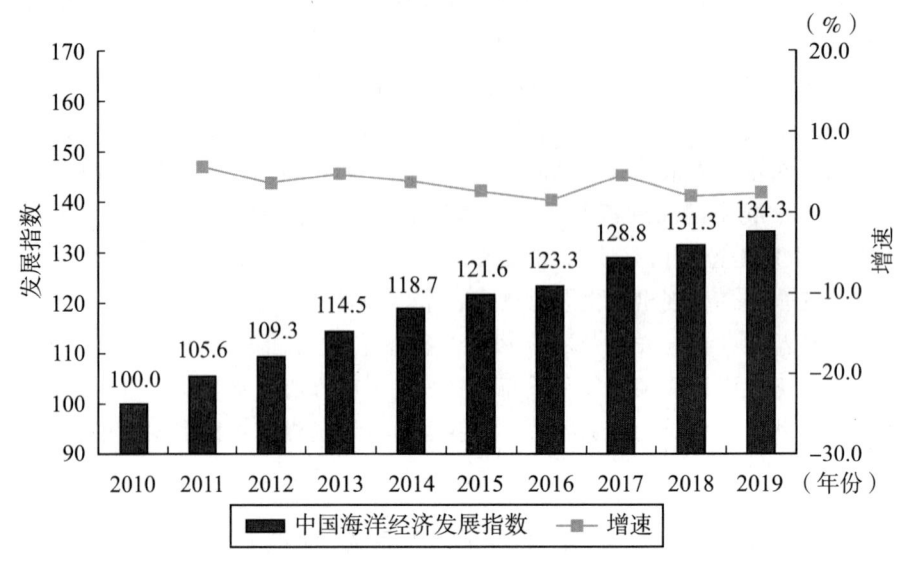

134.3，比 2018 年增长 2.3%，如图 6-2 所示。

图 6-2 中国海洋经济发展指数及增速

资料来源：国家海洋信息中心：《2020 中国海洋经济发展指数》，http://www.gov.cn/xinwen/2020-10/18/5552186/files/e26109f1549b40d1993afec4d74040bd.pdf，2020 年 10 月。

2. 维护我国海外利益的科学技术支撑日渐完备

随着中国在深海、极地海洋利益需求的增加，需要具备更先进的设备用于这些艰苦环境中的作业，未来我国海外利益的维护对科学技术支撑提出了更高要求。中国是濒临西太平洋的沿海大国，大陆海岸线漫长，主张管辖海域广阔，海洋资源丰富。中国在国际海底区域已获得五块具有专属勘探和优先开发权的矿区。① 我国是目前在国际海底区域拥有最多具有资源专属勘探权和优先采矿权的国家。中国船舶制造业政策的支持和劳动力优势明显，具有较强的成本承受能力。目前中国的船舶制造业已具备三大主流船型的自主研发能力，在自升式钻井平台领域位居世界前列。随着我国海洋科学技术日新月异的发展，维护我国海外利益的科学技术支撑日渐完备。

3. 良好的政策环境为维护我国海外利益提供了前提和政策保障

20 世纪 90 年代以来，我国接连出台一系列海洋发展的政策和法规。其中，党的十八大提出了建设海洋强国的战略目标，党的十九大提出进一步加快建设海洋强国的战略部署。在《中共中央关于制定国民经济和社会发展第十三个五年规划的建议》中明确提道："坚持陆海统筹，壮大海洋经济，科学开发海洋资源，

---

① 《我国在国际海底区域再获专属勘探区》，中国政府网，2019 年 7 月 16 日。

保护海洋生态环境，维护我国海洋权益，建设海洋强国。"① 2017 年，中国正式提出"开放包容、具体务实、互利共赢的蓝色伙伴关系"倡议，通过与葡萄牙、欧盟与塞舌尔等国家和地区间协议的签署，并与相关小岛屿国家就建立蓝色伙伴关系达成共识。这些都为我国海洋利益的维护创造了良好的政策环境，提供了有力的政策保障。

（二）国家间关系方面的机遇

1. 新时代我国与他国（地区）的海洋领土与权益争端有所缓和

近年来，我国与他国（地区）的海洋领土与权益争端总体上有所缓和，为我国海外利益的维护提供了良好机遇。在中国和东盟国家的共同努力下，南海形势趋稳向好，中国和东盟国家全面有效落实《南海各方行为宣言》，积极推进海上务实合作，"南海行为准则"磋商取得重要共识和进展。就东海划界和钓鱼岛争议而言，虽然问题仍未彻底解决，但一度呈现降温趋势。在中国积极的外交磋商和谈判作用下，我国与他国（地区）的海洋领土与海洋权益争端有所缓和，我国与相关国家在海洋领域的竞争性和敏感度有所降低，增大了双方合作开发海洋资源和维护海外利益的可能性，从而为我国海外利益的维护提供了有利条件。

2. 我国海洋外交成果丰硕

随着中国参与全球海洋事务意愿和能力的快速提升，中国在海洋外交方面也取得了较为丰硕的成果。第一，中国与包括东盟、东北亚等在内的国际组织或国家建立了较为成熟的海洋外交平台，进行了丰富的海洋外交实践。第二，在"人类命运共同体"理念的指导下，以"21 世纪海上丝绸之路"为抓手，中国与共建国家进行了积极的海洋外交。第三，中国在 2017 年 6 月联合国首届"海洋可持续发展会议"上正式提出"蓝色伙伴关系"倡议，并通过与葡萄牙和欧盟建立"蓝色伙伴关系"推动该倡议落地。此外，中俄就共建"冰上丝绸之路"达成了共识，将中俄新时代全面战略协作伙伴关系拓展到极地海洋。这些海洋外交成果的取得使中国与相关国家建立了良好的海洋外交关系，也为中国海外利益的维护营造了良好氛围。2019 年 4 月 23 日，习近平在集体会见应邀出席中国人民解放军海军成立 70 周年多国海军活动的外方代表团团长时正式提出"海洋命运共同体"倡议。② 可以预见，未来中国将在海洋外交方面有着更为美好的前景，也将为中国海外利益的维护带来更多有利条件。

---

① 《授权发布：中共中央关于制定国民经济和社会发展第十三个五年规划的建议》，新华网，2015 年 11 月 3 日。
② 《新华社评论员：共同构建海洋命运共同体》，人民网，2019 年 4 月 24 日。

3. 我国参与了诸多国家间海洋交流沟通平台与机制

近些年来，我国与相关国家建立了诸多国家间海洋交流沟通平台与机制，为我国深入参与多边海洋事务和进行海外利益维护带来了机遇。2013年，李克强在第16次东盟与中日韩（10+3）领导人会议上提出了建立"东亚海洋合作平台"的倡议。此后，东亚海洋合作平台逐渐成为东亚合作的主渠道，并在加强东盟和中日韩东亚国家之间的海洋科技、海洋产业、海洋环保、防灾减灾、海洋人文等方面的交流发挥了重要作用。中日之间举行了十轮海洋事务磋商会议，涉及海洋经济、东海问题、海洋安全、极地问题等诸多海洋议题，有效促进了中日双方相关海洋问题和海外利益维护的沟通与协调。此外，中国还与吉布提达成长期交流协议，吉布提已成为我国首个海外军事保障基地所在国，这将为我国海外安全利益提供保障。

（三）国际海洋环境方面的机遇

1. 国际海洋秩序的公平化和合理化

我国海外利益的维护也面临着一定国际环境的影响，良好的国际海洋秩序可为我国海外利益的维护带来外部层面的机遇。长期以来，国际海洋秩序受西方传统大国控制和主导，不断挤压发展中国家在国际海洋议题的发言权。近年来，随着中国、印度等新兴大国综合实力的崛起和对全球海洋治理的深入参与，其在全球海洋治理领域的话语权和影响力不断提升，同时也成为重塑当今海洋政治新秩序的重要力量。相较于以往主要依靠国家行为主体进行全球海洋治理，当前政府间国际组织、非政府组织（NGO）、企业、个人等组成了更广泛的全球海洋治理网络，日益成为国际海洋政治秩序的重要力量。百年大变局背景下国际海洋政治结构的力量主体也呈现出了多元化的特点，推动更具包容性的国际海洋秩序的创建。海洋政治秩序的合理化和公平化为广大发展中国家带来了更多的发声空间，也为中国海外利益维护提供了更好的国际环境。

2. 联合国框架下的全球海洋治理日益深化

全球海洋治理的具体内容涉及海洋政治、海洋经济、海洋安全、海洋生态等方方面面，联合国关注的海洋治理议题主要包括：海洋与气候变化、海洋环境污染、海盗问题及海洋和沿海地区生物多样性等。联合国建立了一系列涉海机构，制定了诸多相关公约条约和规制，建构与传播了相关倡议和观念，推动形成了海洋保护综合性合作机制，为全球海洋治理作出了巨大贡献。联合国框架下的这些海洋治理议题与包括中国在内的各国海外利益的维护有着密切的联系，也为世界各国进行海外利益维护提供了来自国际社会层面的有利条件。随着联合国框架下全球海洋治理的深化，各国在海洋与气候变化问题、海洋生态环境、海上恐怖主义和海盗问题等方面达成了更多共识，开展了更多合作。因而，联合国框架下的全球海洋治理日益深化也从国际社会层面为中国海外利益的维护带来了机遇。

第四节 海洋强国建设视角下我国海外利益保护的战略举措与未来走势

一、我国海外利益保护的战略举措

（一）加强海上军事力量在海外利益保护中的作用

通过上面的一些事例我们可以了解到，军事力量在保护海外利益的过程中发挥的作用是最直接也是最有效的，尤其是海上军事力量，依靠海军特有的属性发挥的作用最大。约翰·米尔斯海默（John J. Mearsheimer）认为："在国际政治中，一国的有效权力是指它的军事力量所能发挥的最大作用。"[①]

冷战后，恐怖主义、极端主义和海盗等势力成为海外利益发展的重要威胁。近年来，中国海外公民、商船和能源运输线时常遭到海盗的侵袭。2008 年 1～11 月，中国航经亚丁湾的 1 265 艘船舶就有 83 艘被海盗侵袭。2013 年发布的《中国武装力量的多样化运用》白皮书指出："海外利益已经成为中国国家利益的重要组成部分……开展海上护航、撤离海外公民、应急救援等海外行动，成为人民解放军维护国家利益和履行国际义务的重要方式。"[②] 因此，强化中国的军事力量建设，加强海外军事力量的运用，是保障我国海外利益的现实需求。需要强调的是，我国海外利益具有和平属性。

1. 进一步提升海军装备实力

如果说加强海上军事实力在保护海外利益过程中起到的作用最有效和最直接，那么提升海军装备实力则是加强海上军事实力过程中最有效和最直接的第一步。大部分的保护海外利益的任务都需要海军去完成，而我国目前远洋执行任务

---

① ［美］约翰·米尔斯海默著，王义桅、唐小松译：《大国政治的悲剧》，上海人民出版社 2003 年版，第 79 页。
② 《〈中国武装力量的多样化运用〉白皮书（全文）》，中央人民政府网，2013 年 4 月 16 日。

的能力还稍有欠缺。一般执行大规模撤侨行动需要大型远洋军舰参与，而我国大型远洋军舰的装备数量非常有限，最典型的例子是缺少航空母舰（以下简称"航母"）。目前我国正在服役的航母仅有两艘，很多综合国力不如我国的国家都已经装备了一艘以上数量的航母。同时我国海军在装备科技含量上也亟须提高。仍以航母为例。目前无论是我国已经服役的辽宁舰还是正在建造的航母，其动力都是常规动力，还没有装备核动力，已经远远落后于世界顶尖水平。这些需要我国不断加大科研等相关方面的投入。

2. 适当增加海外军事基地的建设

一旦我国在某些地区发生了海外利益受损的情况，我国目前能做的暂时只有从我国本土派遣船只或飞机等交通工具运输人员和物资，或者租用当地及周边国家相关的交通设施。这样的方法一方面"远水救不了近火"；另一方面从当地或周边国家租用，其可靠性将会大打折扣。如果在事发地周围建有海外军事基地，直接从这些军事基地中派遣船只或飞机等运输工具，效率将会提高很多。目前我国在非洲已经开始修建军事基地。应创造条件适当增加海外军事基地。

3. 加强与其他国家的军事合作

从上面法国、印度以及美国的事例中我们可以看到，通过加强与其他国家的军事合作，进行联合军演，不仅有利于本国军事实力的展现，而且有利于本国在某些地区彰显军事存在，从而有利于国家形象的塑造。2017 年 2 月 13 ~ 14 日，由中国海军第二十四批护航编队指挥员柏耀平、政委周平飞率领的哈尔滨舰、邯郸舰和东平湖舰，参加了巴基斯坦倡导组织的"和平 - 17"多国海上联合演习。① 我国军舰远赴印度洋海域参加联合军演，对于我国和东道国来说都是有利的，更是增进了我国与东道国之间的传统友谊，增强了两国间关系。此外，除了联合军演，与其他国家签署相关的军事合作协议也是很好的方案。通过军事合作协议，我国军事力量可以在有关区域执行更多的任务，发挥更大的作用。

4. 积极参加联合国等国际组织授权的军事行动

我国是联合国安理会的五个常任理事国之一，积极参加联合国授权的维和军事行动既是我国的权利也是我国的义务，参加联合国等国际组织的军事行动，是符合国际法的。我国应把履行国际义务与维护本国海外利益两个方面有机结合起来，做统筹安排。

（二）积极参与或构建全球性与地区性国家间合作机制

首先，从国际层面来看，中国亟须提升在一系列重要国际组织中的发言权和

---

① 《中国海军护航编队完成"和平17"多国海上联合演习》，凤凰网，2017 年 2 月 15 日。

话语权，增加在新的国际规则和国际机制创设中的参与度与影响力。追本溯源，中国海外利益是我国在参与国际事务、开展对外交流的过程中产生的，它具有典型的契约特性，受到国际法和国际规制的承认和保护。某种程度上，国际机制是中国海外利益实现和拓展的有效工具，中国受益于现行的国际制度。有鉴于此，中国需要不断完善自身参与国际制度建设的能力，维系国际体系的活力和动力。①良好的平台组织能力，是对大国国际话语权权力份额和权力运用的最好检验。②基于中国自身海洋能力的限度及其与联合国海洋合作的良好基础，中国可通过与联合国的协商沟通推动海洋合作"新平台"建设，如世界海洋组织、"一带一路"海上合作组织等。

其次，再从地区层面来看，中国需强化自身在利益相关地区的政策力度，为稳定地区秩序、维护地区和平贡献自己的力量，承担与自身实力相适应的地区责任。中国海外利益远在本国国境之外，处于他国的主权管辖范围之内，相关国家和地区是其物质载体，对象国和地区的政治稳定是实现和拓展海外利益的重要前提。这就意味着，在相关国家和地区事务上，中国一方面要坚持我们一贯倡导的"不干涉内政"原则，坚持平等互利。在谋求自身利益时，兼顾对象国和地区的利益，努力打造利益共同体、命运共同体；另一方面，中国在寻求本国利益的同时不要排斥对象国和地区的利益，支持区域内外的国家开展安全对话与合作，甚或可以为其合作对话等相关活动搭建平台，共同维护地区安全，一起为地区发展出谋划策。另外，在条件允许的情况下，在国际法和国际机制框架下，在与其他大国的合作下，中国可以适时地推行"创造性的介入"政策，参与危机地区事务的解决，履行自身劝和促谈、维和维稳的国际义务，承担中国的大国责任。③

想要更好地对海外利益进行保护，仅靠我国自身的力量是很难做到的，还需要国际社会中的其他国家通力合作。因此，积极参加地区性与全球性的国家间合作机制是很好的方式。尤其是区域性的国家间合作机制，由于参与国家数量不多，且同属相近地区，面临风险也较为相似，提供帮助也较为方便。借鉴印度倡议的环印度洋地区合作联盟机制的建立，我国依据实际情况也可以联合东亚国家或环太平洋国家建立类似的合作机制。东亚国家与我国在历史文化上也多有交集，尽管我国与部分国家在南中国海区域存在领土与主权争议，加之域外势力的恶意操控，一度影响了我国与部分国家正常的外交关系，但这并不妨碍国家之间建立合作机制，反而合作机制的建立会有利于国家间问题的处理。无论是东北亚

---

① 郎帅、杨立志：《海外利益维护：新现实与新常态》，载于《理论月刊》2016 年第 11 期，第 121 页。
② 吴贤军：《中国国际话语权构建：理论、现状和路径》，复旦大学出版社 2017 年版，第 251 页。
③ 王逸舟：《创造性介入—中国外交新取向》，北京大学出版社 2011 年版，第 9~10 页。

国家还是东南亚国家，在地区利益和国家利益的维护上都与中国有着相似的愿景，我国应当积极地谋求与这些国家进行合作。

（三）发挥"一带一路"倡议在保护海外利益中的作用

首先，习近平总书记提出的"一带一路"倡议，是我国在新时期为国际社会作出的积极贡献，通过"一带一路"倡议的具体实施，丝路基金与亚投行的先后设立，众多国家纷纷加入"一带一路"倡议的合作中，搭乘中国经济快速发展的"顺风车"。伴随着"一带一路"建设的稳步发展，加入其中的共建国家获得了巨大的经济利益和安全利益。截至 2019 年 3 月底，中国政府已与 125 个国家和 29 个国际组织签署 173 份合作文件。共建"一带一路"国家已由亚欧延伸至非洲、拉美、南太等区域。[①]"一带一路"的建设有利于深化中国同共建国家的经贸合作，推动中国对外贸易的平稳健康发展，促进地区对外贸易的稳定增长和转型升级。

其次，"一带一路"是中国政治外交的重要载体。"一带一路"倡议虽然以经济合作为先导，但是它的创立是以联合发展、共同富裕和能源安全为主要目的，必将外溢为中国政治和安全战略的有机组成部分。中国的综合国力处于上升时期，世界多国对中国的和平崛起持怀疑态度，以致中国外交实际上处于"政冷经热"的局面。特别是周边国家对中国始终保持着警惕，海洋争端的复杂化也造成了中国周边外交的困境。"一带一路"建立了全面的政府间交流机制，扩大了共建国家的利益共同点，增加了政治上的互信，转移了海洋领土主权的矛盾。同发达国家重新建立政治及安全上的信任，通过对第三世界国家提供支持和援助，取得第三世界国家对中国国际作用的肯定，使周边国家明确中国走和平崛起道路的决心。[②]

而"一带一路"倡议也为我国进一步拓展了自身的海外利益。"21 世纪海上丝绸之路"与海洋强国建设的相关内容不谋而合，建设"21 世纪海上丝绸之路"的倡议有利于我国的海洋强国建设，海洋强国建设也有利于"21 世纪海上丝绸之路"发挥更大、更深远的作用，二者同样紧密联系、不可分割。

第一，"一带一路"倡议的实施为我国海洋强国战略提供了坚实的物质基础。"一带一路"建设以经济合作为先导，以孟中印缅经济走廊为试点，同时致力于打造上海合作组织的升级版，为中国同共建国家的经济合作寻找到了新的发展方

---

① 推进"一带一路"建设工作领导小组办公室：《共建"一带一路"倡议：进展、贡献与展望》，中国政府网，2019 年 4 月 22 日。
② 曹文振、胡阳：《"一带一路"战略助推中国海洋强国建设》，载于《理论界》2016 年第 2 期，第 53 页。

向,不仅为中国经济的发展提供了新的机遇,也强化了中国与共建国家间的经贸关系。

第二,"一带一路"倡议提供了海洋安全合作的平台。"一带一路"通过经济合作,上升拓展至政治和安全合作领域,为构建世界海洋新秩序带来了希望。① 中国的崛起不同于以往海洋霸权国家的崛起方式。"一带一路"倡议虽然并未过多强调安全合作,但是随着经济合作的不断上升,海洋安全合作必然会有所收获,这为我国海洋强国建设提供了良好的发展环境,也有利于我国海外利益的维护。

第三,"一带一路"倡议有力推动了陆海统筹。中国陆海复合的地理性质,决定了中国需要在外向型海洋事业发展过程中追求和实现陆地与海洋的平衡。"一带一路"建设过程伴随着中国内部海洋强国建设与海外利益的拓展,体现了中国和平发展过程中陆与海的双重面向,也是中国陆海统筹的重要实践。

第四,"一带一路"倡议进一步拓展了我国海洋强国战略的适用空间。"一带一路"倡议横跨欧亚大陆,海洋覆盖区域包括南海、孟加拉湾、印度洋、红海、地中海、南太平洋以及许多重要海上港口及咽喉要道,中国建设海洋强国不能只把眼光局限于我们周边的东海和南海,而应积极参与远海地区的国际事务,拓展中国海洋发展的空间。②

(四) 将民间力量发展为海外利益维护的辅助力量

维护海外利益的主体并不仅限于国家,企业与公民也应当加强自身的海外利益保护意识,积极为国家海外利益的维护贡献自己的力量。以美国为例,美国形成了以政府为主导、以非政府力量为补充的海外利益维护体系。一方面,美国政府主导美国海外利益维护;另一方面,非政府力量成为美国海外利益维护的重要主体。弗兰克·奇鲁夫(Frank J. Cilluffo)表示,为防止和减少威胁以维护国家利益,政府机构必须与企业开展密切合作来打击来自国外的威胁。③ 其中,美国跨国公司成为保障对外贸易和海外投资安全的骨干力量,其收入占美国海外经济收益的重要部分。

近年来,中国公民、企业、非政府组织等民间力量的跨国流动迅速增加,不

---

① 曹文振、胡阳:《"一带一路"战略助推中国海洋强国建设》,载于《理论界》2016 年第 2 期,第 54 页。
② 曹文振、胡阳:《"一带一路"战略助推中国海洋强国建设》,载于《理论界》2016 年第 2 期,第 53 页。
③ Committee on Homeland and Security House of Representatives. Cyber Threats from China, Russia, and Iran: Protecting American Critical Infrastructure, Washington, March, 2013: 20.

但成为促进海外利益发展的重要主体,还是易于遭受恐怖袭击、暴力犯罪、自然灾害等各种威胁的客体。《中国出境旅游发展年度报告:2020》显示,2019年,我国的出境旅游市场规模增长至1.55亿人次,相比2018年同比增长了3.3%。我国出境游客境外消费超过1 338亿美元,增速超过2%。① 在海外利益维护上,民间力量在很大程度上依赖于政府力量,缺乏必要的自我维护意识和能力。在这种形势下,政府要加大海外利益维护的教育投入与引导。同时,政府需要构建一套以政府为主导,以民间力量为辅助的海外利益维护机制,在风险预警、危机管理、安全保障方面为民间力量提供管理和服务,增强"以民促官、官民结合"的海外利益维护合力。②

随着我国"走出去"的不断深化,对于协调处理自身利益与所处国利益的矛盾关系的要求就更加紧迫,在维护自身利益发展的同时也要造福当地利益,这两者之间的发展并不矛盾。造福当地与我国海洋强国建设在某种程度上也能充分结合。例如,国际贸易的运输大多需要海运,考虑到一些沿海国的相关基础设施建设相对落后,我国企业与公民为了更好地开展与当地的贸易交流,完全可以得到当地政府的许可后,出资帮助完善相关基础设施建设。一方面使我国自身的贸易更加通畅;另一方面也使当地人民改变对我国的看法,树立我国企业与公民的良好国际形象。除此以外,我国企业与公民面临海外利益严重受损的情况下,需要进行救援与撤离,海上运输与救援扮演着非常重要的角色。建设相关基础设施,也有利于我国开展相关工作,方便救援与撤离,从而保护我国相关的海外利益。

"一带一路"倡议的出台,为我国企业与公民"走出去"提供了一个更加宽广的平台,但同时对于我国公民的素质形象等也提出了更高的要求,这既是机遇也是挑战。"一带一路"倡议是我国在自身发展取得巨大进展的同时提供给世界、造福国际社会的公共产品。"一带一路"倡议有利于共建国家发展经济、改善民生,更有利于我国提升国际形象,增强我国在国际社会的话语权,从而有利于我国海外利益的保护。

二、我国海外利益保护的未来走势

海洋强国建设目的是将我国从一个实力较弱的"海洋大国"转变成"海洋强国"。为了实现这个目标,可以从加大海军实力建设的投入、提高海洋资源开

---

① 中国旅游研究院:《中国出境旅游发展年度报告:2020》,旅游教育出版社2021年版。
② 王发龙:《美国海外利益维护机制及其对中国的启示》,载于《理论月刊》2015年第3期,第183页。

发能力、发展海洋经济等几个方面入手。海洋强国建设是保护海外利益的重要基础与手段。海外利益的保护离不开强大的海洋实力。我国未来海外利益保护的方向应该就是通过海洋强国建设实现对我国海外利益的保护。

（一）国外海洋利益保护经验的借鉴意义进一步凸显

在中国自身海外利益维护的经验尚不充分的情况下，国外相关国家较为成熟的海洋利益保护经验的借鉴意义进一步凸显。

1. 法国海上力量在海外利益保护中的经验

第二次世界大战后，法国海军实力随着国家经济发展稳步提升，始终致力于重振法兰西辉煌、维护和塑造法国的国际地位和形象。法国明确规定海军为国家政治、经济和外交利益服务的战略内容，凸显了维护海外利益中海军力量政治运用的独特地位和重要作用。主要有四个方面：致力于提升法国的国际地位；强固法国地缘政治布局；彰显法国海外利益合法性；着重维护法国核心利益。[①] 其中通过建设海军来提升国家的国际地位是很好的一个方案。

首先，法国依靠其较为强大的海军实力不仅能够向国际社会彰显其国家的综合国力，使法国的军事实力和科技水平得到国际社会的认可，而且还有利于树立本国良好的国际形象。法国还通过使用先进的海军军事力量执行了一系列作战任务，为北约赢得了某些战斗的胜利，使得法国在北约组织中的地位得到了极大提升，从而有助于其国家形象的塑造。其次，法国通过在海外修建军事基地，逐渐强固本国的地缘政治格局。非洲很多国家曾经是法国的殖民地，在地理位置上离法国本土也比较近，一些国家和地区还是重要的战略通道。法国依靠在海外修建军事基地将重要的地区划入自身的势力范围，巩固本国的地缘政治布局。此外，联合国安理会先后通过了第 1816、1838、1846 和 1851 号决议，呼吁和授权世界各国到亚丁湾海域打击海盗，并授权各国经索马里政府同意后可以进入索马里领海。[②] 法国本就是联合国安理会常任理事国之一，其地理位置距离索马里海域也并不远，更具有强大的军事实力来执行作战任务。法国以此为契机，不仅向世界彰显了强大的海军力量，而且也向世界显示了其维护海外利益的能力与决心。最后，法国西面紧邻大西洋，南临地中海，这一洋一海之中蕴藏着法国巨大的海外利益，而法国在利益攸关的区域里彰显其强大的海军力量，必然有利于海外利益的维护。

[①] 闫巍：《法国海军力量在维护海外利益中的运用》，载于《军队政工理论研究》2015 年第 2 期，第 129~131 页。

[②] 《中国公布赴索马里护航舰构成南海舰队三舰出航》，搜狐新闻，2008 年 12 月 2 日。

2. 印度在海外利益拓展和维护中的举措

印度是南亚地区仅次于中国的发展中国家，同时也是中国的邻国，印度对于海外利益的拓展和维护的举措，对我国同样具有很好的借鉴意义。印度对海外利益拓展和维护的举措主要有：利用地区和全球性合作机制拓展海外利益；保障海外能源安全与海外经济利益；积极维护海外印度人的利益；积极开展海军外交，拓展海外利益；塑造大国形象，维护印度海外利益。①

印度在维护海外利益时所采取的举措与法国相类似，通过积极建设海军力量对其海外利益进行维护。印度具有得天独厚的地缘战略位置，西临印度洋，东侧濒临马六甲海峡，无论是印度洋上的航运通道还是通往太平洋中的航运通道都与印度紧密相关。在西印度洋地区，印度海军积极与其他国家进行合作。塞舌尔于2003年与印度签署协议，允许印度在塞舌尔领水区域开展巡逻等相关海上活动；2003年、2005年，毛里求斯与印度两次签署协议，允许印度监控其专属经济区水域；2006年，印度和莫桑比克签署协议，规定印方此后应在莫桑比克海峡定期巡逻。② 同样，印度也积极谋求与马六甲海峡邻近国家的合作，签署相关的条约协议，参与相关的联合行动，扩大印度在马六甲海域的影响力。印度积极作为，提出建立地区性合作机制，从而拓展与保护其海外利益。1997年，由印度、南非倡议的环印度洋地区合作联盟成立，旨在推动区域内贸易和投资自由化，促进地区经贸往来和科技交流，加强成员国在国际经济事务中的协调作用。③ 百年大变局背景下传统地缘政治竞争转向印太地区，中国稳步推进"一带一路"建设，美国提出"自由开放的印太战略"，印度面临着深刻变化的外部环境。④ 从而，印度进行了一系列地缘战略布局，如经营"邻国第一"睦邻政策，密切同东南亚国家关系的"东进战略"，以及打造联通非洲的"亚非增长走廊"，经略印度洋的"季风计划"、"海洋花环计划"、"蓝色经济计划"、"萨加尔"倡议（Security and Growth for All in the Region，SAGAR）等。⑤ 与此同时，印度加强在南海的介入，中印海上竞争的空间扩大化，双方海上的博弈呈现出向南太平洋与北极延伸的态势。事实上，印度加强与环印度洋地区的国家间合作是非常正确的选择，从实际情况来看，环印度洋地区基本上没有特别具有国际影响力的大国，而

---

① 于军：《印度海外利益的拓展与维护及其对中国的启示》，载于《探索》2015年第2期，第53~57页。
② 曾祥御、朱宇凡：《印度海军外交：战略、影响与启示》，载于《南亚研究季刊》2015年第1期，第12页。
③ 于军：《印度海外利益的拓展与维护及其对中国的启示》，载于《探索》2015年第2期，第54页。
④ 楼春豪：《莫迪第二任期的外交政策转向及前景》，载于《现代国际关系》2019年第7期，第21页。
⑤ 梁甲瑞：《印度海上战略通道的新动向、动因及影响》，载于《世界地理研究》2020年第1期，第29页。

印度在该地区无论是其综合国力还是国际影响力都名列前茅。印度在该地区具有举足轻重的国际话语权，自然而然能够发挥主导性，从而既拓展了海外利益，又能对其海外利益进行有效的维护。

3. 美国海外利益维护的主要方式

从某种角度来说，美国应当是国际政治中海外利益体量最大的国家。美国维护海外利益的方式主要包括：通过建立和稳固军事结盟体系维护海外利益，通过经济体系实现海外利益，通过价值观、文化输出拓展海外利益。[①] 第一，美国与很多国家签署军事同盟条约，如美日、美韩、美菲等同盟协定。美国发起成立的同盟体系往往能够承担自身海外利益维护的大量工作。所以，美国不断强化原有的同盟体系，以期更好地维护海外利益。第二，在国际社会中，美国主导并建立了众多的经济合作机制，如国际货币基金组织（International Monetary Fund，IMF）、世界银行（World Bank，WB）。在全球自由贸易的前提和背景下，美国依赖自身经济实力的强大，对于国际经济规则制定具有相当大的影响力。在双边国际机制方面，美国与利益相关国在投资保护、自由贸易、军事合作等方面签订了大量双边协定。其中，为促进在发展中国家的投资，美国首创了双边投资保护协定。目前，美国已与 100 多个国家签订了该种协定，通过化解征收补偿、争端解决、外资准入等问题保障海外投资的安全。在多边国际机制方面，美国通过构建国际组织、国际制度等机制维护海外利益。第三，美国通过向其他国家输出本国的价值观，提升自己的国际形象，也将所谓"民主""自由"的价值理念带向国际社会，从而不断拓展本国的海外利益。此外，美国还积极参与联合国等国际组织授权的海外军事行动，借此类行动维护其海外利益。事实证明这样的举措有助于增强其海外军事行动的合法性，例如海湾战争，就是联合国授权的多边维护部队的共同行动。第四，借助于外交。在中东地区，为保障在民主化改造、打击恐怖主义等方面的战略利益，小布什政府推行价值观外交，在宣称把"民主、发展、自由市场和自由贸易的希望带到世界的每一个角落"的同时，发动了阿富汗战争和伊拉克战争。[②]

结合法国、印度、美国对海外利益维护的举措来看，这三个国家的一个共同之处就是积极发挥海上军事力量维护自身的海外利益。这对我国海外利益的维护具有重要的借鉴意义。法国依靠其海军执行了重要的作战任务，从而树立了有作为、负责任的国家形象；依据联合国的授权行动，彰显其海外利益的合法性；依据地缘格局，修建海外军事基地，拓展与维护了自身的海外利益。印度因其所处

---

① 于军、程春华：《中国的海外利益》，人民出版社 2015 年版，第 123~129 页。
② The White House, "The National Security Strategy of the United States of America", Washington, September, 2002.

的独特地理位置,积极牵头倡议建立国家间合作组织以维护自身海外利益,并与有关国家签署相关合作协议,进行联合军事演习,积极开展海上巡逻任务,彰显其军事存在。而美国依靠强大的军事力量与国家实力,通过建立和稳固结盟体系从而维护本国海外利益;通过建立海外军事基地,从而控制重要航运通道以及战略区域;通过积极开展军事行动,彰显本国军事存在以及影响力;通过参与联合国等国际组织授权的任务与行动维护海外利益。这些都给我国的海外利益保护提供了丰富的经验。虽然不同国家有不同的国情,但在维护本国海外利益的举措中,这些国家无一例外地都重视其海军军事力量的建设。这一点为我国的海外利益保护提供了学习的方向。

(二) 海外利益的空间进一步拓展

随着我国综合实力的加强,我国与周边国家的合作更加深入。我国将不断拓展海外利益的空间,如加紧在公海、南北极、国际海底区域的海外利益的探索。一方面,随着我国海底钻井技术、深潜技术等海洋科学技术的发展,我国在海底可燃冰、油气开发等方面拥有了更多的核心技术。2017年5月18日,中国首次海域天然气水合物试采宣告成功。自此,中国成为全球领先掌握海底天然气水合物(也叫可燃冰)试采技术的国家。① 中国第35次南极考察、第10次北极科学考察、深海地质第8航次及中国大洋第55航次科考圆满完成,浙江LHD潮流能工程连续运行时间保持全球第一。② "蛟龙"号的下水、"蓝鲸1号"③ 的使用等均表明我国将在海底资源利用方面掌握更多主动权,这也将使得我国的海外利益不断得到拓展。另一方面,我国在南极、北极油气资源开发、航道通行等方面具有合法权益。随着我国破冰船技术和科考能力的大幅提升,我国雪龙号极地考察船技术更为娴熟,我国将不断拓展在南北极的利益空间。同时,随着北极冰雪的不断融化,北极航道通航能力的逐渐提升,我国作为北极地区的重要利益相关国,应充分利用与俄罗斯共建"冰上丝绸之路"的战略契机,在开发利用北极航道方面发挥积极作用,从而不断开辟新的海上通道,拓宽我国的海外利益空间。

(三) 公民层面海外利益保护的重要性进一步彰显

近年来,随着我国实力的不断增强,我国政府对于公民的海外利益维护的意

---

① 《中国首次试采海底可燃冰成功:开启中国地质调查第二个百年!》,中国经济网,2017年5月18日。
② 《〈中国海洋经济发展报告2020〉:2019年我国海洋经济各项工作不断取得突破》,央视网,2020年12月11日。
③ "蓝鲸1号"是我国首次试采海底可燃冰成功所使用的试验船。

识和能力也随之有所提升。温家宝在《政府工作报告》中就曾经谈到了"维护中国公民在海外的生命安全和合法权益"这项工作。外交部前部长李肇星也在两会的记者会上指出，为人民服务是中国外交的宗旨，其内涵之一就是为维护中国在海外同胞和法人的合法权益，提供以人为本的领事服务。以 2011 年 2 月的利比亚撤侨行动为例，中国政府通过海、陆、空三种方式从利比亚撤离我国驻利比亚人员，"徐州"号护卫舰赴利比亚执行保护任务，中国首次动用军事力量撤侨。空军派出 4 架伊尔-76 飞机，于 2 月 28 日飞赴利比亚执行接运中国在利比亚人员的任务，这是我国空军首次海外撤侨。政府的积极作为，向世界展示了中国政府对于中国公民海外利益维护的强烈的决心和能力。

保护海外利益任重而道远，未来还有非常多的挑战，但是，只有坚持海洋强国建设的方向，积极保护海外利益，才能最终实现海外利益免受侵害与威胁，才能真正让我国的海外利益发挥更大的作用，为我国早日实现中华民族伟大复兴的中国梦保驾护航。

第七章

中国海洋战略中的海洋文化战略

战略制定是在既定条件下对未来一个时期所做的谋划。生活话语中的"天时、地利、人和"也可用来表达战略制定的既定条件,当然是十分良好的既定条件。既定条件对战略制定的突出影响集中在两个方面:一方面,对进取与退守的取舍,即影响战略制定者在进取和退守两个类型的战略规划之间的取舍。在既定条件有利或有利于实现某种战略目标时,战略制定者会选择进取型战略设计,制定进取型战略规划;在既定条件不利或不利于实现某种战略目标,且这种不利一时不会发生根本改变时,战略制定者会选择退守型战略设计,制定退守型战略规划。另一方面,对长远与眼下的取舍,即影响战略制定者在长远和短期两种战略之间的取舍。当既定条件比较从容时,战略制定者会选择"从长计议",为长远谋,制定可用于较长时期的战略规划;当既定条件比较窘迫时,战略制定者会选择"短期行为",找应急出路,制定应急性的部署。当然,既定条件的有利和不利也有整体有利、不利和局部有利、不利的不同。本书认为,我国的国家战略应当大张旗鼓地"向海洋进军",因为作为战略制定之"既定条件"的我国海洋文化为我国走向海洋奠定了良好的文化基础,作为中华民族进取包容文化之组成部分的我国海洋文化为我国充分利用海洋服务中华民族伟大复兴伟业的实现准备了积极的条件。

第一节 海洋文化的自卑与自信

我国学界对中国海洋文化的讨论,尤其是对中国海洋文化史的讨论,常常把人引入一种浓重的文化自卑的氛围中，诸如"重农抑商""重陆轻海""黄土文明"等说法连篇累牍。议者更常拿明清海禁为说辞，极言明清两朝文化封闭，闭关锁国。按照一些学者的说法，中国古代，尤其是明清两朝留下来的都是"背"海文化。按照这种自卑的海洋文化历史观，今天的中国要走向海洋一定是困难重重。我国要么接受文化"背"海的事业，在陆上谋求发展；要么做克服文化障碍的努力，寻求来自海洋的只具有补充意义的收获。

中国的海洋文化史留给今人的难道真的都是负担，都是需要清除的累赘吗？不是，显然不是！让我们先把关注的目光主要投向被认为实行闭关锁国政策的明清两朝。

一、"明清文化封闭说"质疑

一些研究者对明清两朝所做的文化上的判断是"缺乏海洋意识"[①]。在形成这样一个基础性判断之后，明清两朝的基本政策、海洋政策就自然被涂抹上封闭、黄土文明等色彩。有学者把明清两朝实行的海禁说成是"对沿海人民基本生活方式的否定"，并把实行海禁时期描述成"内陆文化和海洋文化""冲突""摩擦"的时代，说那时的"海洋文化"只能在内陆文化的重压下"顽强地生长"[②]。有的学者把闭关政策看作是明王朝贯彻始终的国策，认定"明太祖统一中国后，便确立闭关锁国思想"，不仅三番五次颁布海禁法令，而且"至死都在坚持海禁"，"作为一条不变的国策，让子孙都要遵守执行"，认定"终明一代""闭关锁国""始终不变"[③]。一些学者还给明清的所谓闭关政策找到了经济根源、社会根源——"以自给自足的小农家庭为单元的农业社会"是"静态社会"，而禁海是这种"静态社会模式的产品"[④]。具体到清政府为什么实行"闭关政策"，学者们给出的答案是"中国封建的自然经济结构，不需要外来商品可以自给自足"[⑤]。按照这些学者的说法，"重农抑商政策"是"在国内实行"的政策，而"海禁政策"则是"重农抑商政策在对外贸易中的实施"[⑥]。还有学者为明清的海禁找到

---

① 胡铁球：《明清海外贸易中的"歇家牙行"与海禁政策的调整》，载于《浙江学刊》2013 年第 6 期，第 27~35 页。
② 徐晓望：《论中国历史上内陆文化和海洋文化的交征》，载于《东南文化》1988 年第 Z1 期，第 1~6，12 页。
③ 邓端本：《论明代的市舶管理》，载于《海交史研究》1988 年第 1 期，第 57~68 页。
④ 孙竞昊：《明地方与国家视域中的"海洋"》，载于《求是学刊》2014 年第 1 期，第 141~150 页。
⑤ 戴逸主编：《简明清史》第二册，人民出版社 1984 年版，第 515 页。
⑥ 刘成：《论明代的海禁政策》，载于《海交史研究》1987 年第 2 期，第 41~47 页。

了历史源头，认为"重农抑商"是历代统治者普遍"用法律强制推行"的"政策"。"到了明清时期，这一政策又发展为在对外贸易上实行闭关锁国的海禁"。① 在明朝和清朝之间，实行海禁的始作俑者是明朝。明朝是怎样把明清王朝引入闭关锁国歧途的呢？有学者给出了答案——朱元璋的出身。"朱元璋出身于农民，根深蒂固的小农经济思想，遮住了他的视线。"在"顽固的小农经济思想支配下，害怕商品经济的发展对封建肌体的侵蚀，也极怕海外贸易造成'海疆不靖'，影响到他的政权的巩固"②，于是才对内重农抑商，对外闭关锁国。

明清两朝真的像这些学者（以下称其为"明清文化封闭论者"，称其观点为"明清文化封闭论"）说的那样奉行了闭关锁国的国策吗？恐怕不是这样的。有学者就曾指出所谓"闭关锁国"说的来历。清朝闭关锁国的说法于20世纪50年代纳入，当时中国的主流意识形态，并被"学者"们推至明代，写入了教科书。于是，在大多数中国人头脑中形成了一个"常识"：明清时代"闭关锁国"，"闭关锁国"是造成中国历史上由先进转为落后，以至近代长期挨打的重要原因。③ 这一历史回溯不足以说明"明清文化封闭论"是否符合历史事实，但却足以说明：所谓明清闭关锁国的说法不管是在学界还是在一般公众中，都有广泛的影响。

由此看来，明清闭关锁国说由来已久，"明清文化封闭论"影响深远。我国要想大踏步地向海洋进发，大规模地发展海洋事业，包括树立民族文化的自信，必须在澄清明清海洋政策和海洋文化的历史上做艰苦的工作。

二、明代实施"海禁诏令"与文化上的开放或封闭

"明清文化封闭论者"指责明王朝禁海，批评明王朝封闭，他们为自己的观点找来了依据。他们使用的重要依据之一就是，明朝立国之初到明王朝灭亡，始终在推行海禁。④ "明清文化封闭论者"似乎可以找到一些证据，例如，明开国之初就有禁海的举动。洪武三年（公元1370年）有"罢太仓黄渡市舶司"的诏

---

① 怀效锋：《嘉靖年间的海禁》，载于《史学月刊》1987年第6期，第30~34页。
② 朱有铭：《试论明代的对外开放》，载于《学术论坛》1989年第4期，第85~89页。
③ 刘军：《明清时期"闭关锁国"问题赘述》，载于《财经问题研究》2012年第11期，第21~30页。
④ 薛国中先生就认为："有明一代，从开国皇帝朱元璋，到末代君主朱由检，海禁之令始终没有废除，只是在执行中有严宽之别。"（参见薛国中：《论明王朝海禁之害》，载于《武汉大学学报》2005年第2期，第161~170页）

令。再如，到崇祯十二年（公元 1639 年）给事中傅元初上疏请开海禁，说明那时在执行禁海法令（以下统称为"海禁诏令"）。这样说来，1370～1639 年，明朝实行海禁的时间跨度为 269 年。这几乎与明王朝存续的时间一样长。[①] 自元至正二十八年（公元 1368 年）朱元璋称帝，到崇祯十七年（公元 1644 年）明朝皇帝自缢煤山，大明王朝享国 276 年。在明王朝 276 年的历史中，只有 7 年（明初立国的最初 2 年和明朝灭亡前的 5 年）没有实行海禁。这样的一代王朝，说它封闭、说它闭关锁国还会有问题吗？

"明清文化封闭论者"讨伐明王朝的禁海罪行都不会忘记另一重要证据——《大明律》有海禁正条。《大明律·私出外境及违禁下海》条（以下简称"海禁条"）规定："凡将马牛、军需铁货、铜钱、段匹、绸绢、丝绵私出外境货卖及下海者，杖一百。"毋庸置疑，明王朝不仅对"私出外境货卖及下海"设了"禁"，而且还对违禁的行为规定了苛重的刑罚。极刑"绞""斩"都用上了。"海禁条"第二款规定："将人口、军器出境及下海者，绞；因而走泄事情者，斩。"《大明律》是朱元璋为大明王朝编制的不许子孙更改的圣制，事实上朱元璋的后辈子孙也没有人对《大明律》实施过修订。如果在吴元年律令[②]中就已经存在"海禁条"，那么，朱明王朝正律中的海禁实施了 276 年，整整一个明王朝。

《大明律》"海禁条"施行 276 年，大明王朝实施"海禁诏令"的时间跨度达 269 年。有这么长的海禁历史，可以说明王朝封闭是证据确凿的。

除了用海禁法令实施时间久来说明明王朝封闭之外，议者还使用了另外一个根据——明朝既有"海禁诏令"，又有海禁之律。根据这个"事实"可以推断出以下结论：实施海禁非一时之举，而是始终如一的国家政策；非异常的举措，而是稳定常态的制度安排。如薛国中先生就给朱元璋最初下达的"海禁诏令"和《大明律》之间的关系说成是从特别法令到稳定立法。最初出现在"海禁诏令"中的那些规定"其后在《大明律》中列为条款，以法律形式定为明王朝的基本国策"[③]。这样一来，议者就有理由认定明朝的禁海是由律令一致的法律体系所推行的国策[④]（为论述方便，以下称这种观点为"律令一致法律体系说"）。议者

---

① 晁中辰认为，"海禁政策在明代整整延续了两个世纪，只是到隆庆时才发生了根本的改变。"（参见晁中辰：《海外政策对国内社会经济的影响——以明代为例》，载于《山东大学学报》（哲学社会科学版）1990 年第 4 期，第 69～71 页）

② 据柏桦先生等考查，《大明律》"前后颁行至少 5 次"（参见柏桦、卢红妍：《洪武年间〈大明律〉编纂与适用》，载于《现代法学》2012 年第 2 期，第 10～20 页）。

③ 薛国中：《论明王朝海禁之害》，载于《武汉大学学报》2005 年第 2 期，第 161～170 页。

④ 晁中辰先生曾把海禁诏令与《明律》相关条款之间的连接描述为"上下结合、内外结合的控制"（参见晁中辰：《论明代的海禁》，载于《山东大学学报》1987 年第 2 期）。

手握如此坚实的证据，似乎批评明王朝封闭是没有错的。

在"明清文化封闭论者"把律和令捆绑在一起做加强论证时，他们大概没有怀疑过明王朝的海禁史为什么会出现276年和269年两个不同的数字。既然崇祯十二年为明王朝推行"禁海诏令"的截止时间，《大明律》"海禁条"在崇祯十二年以后的实施与明代禁海政策之间的关系该如何解释呢？

对这两个疑问（实质上是一个问题）我们可以尝试从以下两个方向寻找答案。一个方向，崇祯十二年在接受傅元初的建议"开海禁"的同时，终止了《大明律》"海禁条"的效力。也就是说，明王朝在崇祯十二年将海禁律和海禁令同时废除。这个结论是不能成立的，第一，这个结论不符合"明清文化封闭论者"的看法。他们痛斥明王朝封闭的基本依据之一是终明一朝，《大明律》"海禁条"一直有效。第二，不管是像《明史》这样的专门记录明代历史的典籍，还是清代以来研究者的研究结论，都不能给崇祯十二年废除《大明律》或终止《大明律》个别条款提供支持。事实上，《大明律》不仅在明朝灭亡前的所有年份里始终有效，而且明朝灭亡之后的政权也曾承认它的效力。① 另一个方向，崇祯皇帝"开海禁"与《大明律》"海禁条"是否继续实施无关。崇祯帝开海禁，将此前施行的"海禁诏令"废除与《大明律》的存废、《大明律》效力增减无涉。这个答案是可以成立的。不过，接受这个结论就意味着对"律令一致法律体系说"的否定。

"明清文化封闭论者"难以接受这个答案，但这个答案却符合历史的真实。"开海禁"之所以能够无伤包含"海禁条"的《大明律》，是因为被崇祯皇帝解除的"海禁诏令"与《大明律》"海禁条"不是同一种法。"海禁条"是关津管理法律制度，而包括被崇祯皇帝解除的"海禁诏令"在内的一些"禁海诏令"属于战时军事管理法，在当代各国的法律体系中属于紧急状态法。古代国家虽然管理水平远不及现代国家，但关津管理法律制度已有久远的历史。从保存完好的《唐律》可知，唐代已经建立了较为完善的关津管理法律制度。《唐律》十二篇之一是《卫禁律》，共十五条，即自第七十六条至第九十条。其中前六条（第七十六条至第八十一条）属于"卫律"，后九条属于"禁律"。"禁律"之"禁"所涉事务都是关、津管理。② 例如，《唐律》第八十二条规定："诸私度关者，徒

---

① 有学者甚至认为，由于"清代"给《大明律》一种"大体延续"的地位，《大明律》成了施行于明清两朝，生效时间达"500多年"的"法"（参见柏华、卢红妍：《洪武年间〈大明律〉编纂与适用》，载于《现代法学》2012年第2期，第10～20页）。

② 《唐律疏议》卷七《卫禁》："卫禁律者，秦汉及魏未有此篇。晋太宰贾充等，酌汉魏之律，随事增损，创制此篇，名为卫宫律。自宋泊于后周，此名并无所改。至于北齐，将关禁附之，更名禁卫律。隋开皇改为卫禁律。卫者，言警卫之法；禁者，以关禁为名。但敬上防非，于事尤重，故次名例之下，居诸篇之首。"

一年。越度者，加一等；不由门为越。"《疏议》曰："水陆等关，两处各有门禁，行人来往皆有公文，谓驿使验符券，传送据递牒，军防、丁夫有总历，自余各请过所而度。若无公文，私从关门过，合徒一年。越度者，谓关不由门，津不由济而度者，徒一年半。"对照《唐律》可以判定，《大明律》的"海禁条"是古代关津管理法律制度不断发展完善的一项成果。"海禁条"在《大明律》的《关津》律中，与《关津》的系属关系就已经说明，它是国家常态的或用于和平管理的关津管理法律制度。与"海禁条"并列的有"私越冒渡关津""关津留难"等条，它们都是显而易见的关津管理法。"禁海诏令"不属于这种法律，至少其中的一部分不属于这种法律。它们是战时军事管理法。例如，洪武十四年十月之所以"禁濒海民私通海外诸国"，是因为"倭寇仍不稍敛足迹"。[①] 沿海有倭寇袭扰，为打击或防范倭寇，朝廷不得已下令禁止滨海百姓与"海外""私通"。再如，嘉靖三十一年行海禁。为什么呢？有记载云：海寇商人王直等勾引倭寇，大举入侵我国东南沿海一带，"连舰数百，蔽海而至，浙东西，江南北，滨海数千里，同时告警"[②]。对付如此严峻的形势，对用海、出海活动做某些限制或实施一定范围的禁止都是正常的，是具有重要军事意义的决策，是现代民主国家也无法拒绝的用以应对紧急状态的举措。又如，天启二年，明朝廷"复行海禁"。这次"行海禁"的背景是荷兰人侵占澎湖列岛，拦截商船，杀人越货。这一"禁令"也是对具有战争特点的紧急状态而做的应对安排。上述这些"海禁诏令"和这里没有提到的一些"海禁诏令"是应对紧急状态的战时军事管理法。这种法令可以随时颁布，可以根据需要随时废除。这就是崇祯皇帝"开海禁"而《大明律》"海禁条"可以继续施行，"开海"与"海禁"可以并行不悖的原因。

说到这里，所谓"律令一致的法律体系"就被肢解了——"海禁诏令"不是"海禁条"的执行法；"海禁条"不是颁布"海禁诏令"的"立法根据"。

打破"律令一致法律体系说"之后，所谓海禁法乃封闭文化的说法也就失去了落脚之地。

（一）关津管理——常规管理，与封闭文化无关

如前所述，"海禁条"属于普通的用于和平管理的关津管理法。关津管理是古代中国，最晚从唐代起，极为正常的国家管理制度，从而，关津管理法也是极为普通的国家管理法。把"海禁条"与《唐律》中的同类规定做对比，我们可

---

① 《明太祖实录》卷七十。
② 《明史·外国传·日本》。

以轻易地得出这样的结论。

"明律海禁条"全文为："凡将马牛、军需铁货、铜钱、缎匹、绸绢、丝绵私出外境货卖及下海者，杖一百。挑担驼载之人，减一等。物货船只并入官。于内十分为率，三分付告人充赏。若将人口、军器出境及下海者，绞。因而走泄事情者，斩。其拘该官司及守把之人，通同夹带，或知而故纵者，与犯人同罪。失觉察者，减三等。罪止杖一百。军兵又减一等。"这一条大致包含两类罪名：一类是普通人将规定物品、人口"私出外境货卖及下海"或"出境""下海"。这类罪的前提是国家禁止将规定物品、人口"私出外境货卖及下海"或"出境""下海"（简称"出境之禁"）。"将马牛、军需铁货、铜钱、缎匹、绸绢、丝绵私出外境货卖及下海"和"将人口、军器出境及下海"是国家禁止的行为。违反国家的"出境之禁"是《大明律》打击的犯罪，依该律应受"杖一百"的刑罚。该条规定的"走泄事情"是违犯"出境之禁"罪的一个加重情节，因而应当受到更严重（"绞"刑）的处罚。"海禁条"对违反"出境之禁"的规定可以简化为：违犯"出境之禁"当受刑罚。另一类是关津管理人员执行"出境之禁"谋私或失职罪。很明显，第二类犯罪是为实施"出境之禁"而设置的一项职务犯罪，是为了有效实施"出境之禁"而做的保障性安排。执法者谋私或失职等执法缺陷，会造成"出境之禁"无法有效实施。为预防出现执法缺陷，"海禁条"把执法者的谋私或失职罪分成三种情况。第一种，执法者与普通行为人"通同"；第二种，执法者"知而故纵"；第三种，执法者"失觉察"。不管这些规定多么精细，多么考究，它们都是为执行"出境之禁"而做的安排，都是辅助性的立法安排。这些安排的存在并没有改变"海禁条"的核心内容：违犯"出境之禁"当受刑罚。

那么，这"出境之禁"有什么不同寻常吗？里面包含"封闭"等文化因素吗？让我们把它与《唐律》的相关规定做个对比吧。《唐律》第八十七条规定："诸赍禁物私度关者，坐赃论。赃轻者，从私造、私有法。"该条也包含一个禁止，即禁止将"禁物"带出关。简称"出关之禁"。如果忽略关于对"赃轻者"如何处罚的规定，该条可以简化为：违犯"出关之禁"当受刑罚。《明律》有"违犯'出境之禁'当受刑罚"之条，《唐律》有"违犯'出关之禁'当受刑罚"的规定。从形式上看，两者并无不同。没有人因为《唐律》有"违犯'出关之禁'当受刑罚"之法而批评唐朝封闭，没有以此为据判定《唐律》贯彻了封闭的立国思想。把《明律》中的"违犯'出境之禁'当受刑罚"之条看作是明王朝奉行闭关锁国的国家政策的根据十分值得怀疑。

可以进一步设想，是不是"违犯'出关之禁'当受刑罚"条和"违犯'出境之禁'当受刑罚"条只是形式相同，它们的实际内容足以支持"明清文化封闭论者"对两者做不同的解释呢？

首先，《唐律》的"出关之禁"和《明律》的"出境之禁"都包含对携带物品"出"的禁止，而两者所"禁"之"物"的立法设定与国家管理上是否奉行封闭政策无关。《唐律》中的应"禁"之"物"称"禁物"。《疏议》曰："禁物者，谓禁兵器及诸禁物，并私家不应有者"。按照这一解释，《唐律》禁止出关的"禁物"包括三类，即"兵器"、一般"禁物"和"'私家不应有'之物"。《关市令》规定："锦、绫、罗、縠、䌷、绵、绢、丝、布、牦牛尾、真珠、金、银、铁，并不得度西边、北边诸关及至缘边诸州兴易。"《唐律》第八十七条《疏议》云："从锦、绫以下，并是私家应有。若将度西边、北边诸关，计赃减坐赃罪三等。其私家不应有，虽未度关，亦没官。私家应有之物，禁约不合度关，已下过所，关司捉获者，其物没官；若已度关及越度被人纠获，三分其物，二分赏捉人，一分入官。"从这一解释中可以找到"'私家不应有'之物"两种，即"锦、绫"。其他"禁物"为"私家"可以"有"但不可以"赍""出关"的物，包括"罗、縠、䌷、绵、绢、丝、布、牦牛尾、真珠、金、银、铁"。这样我们就厘清了《唐律》第八十七条中的三类"禁物"。第一类，"兵器"；第二类，一般"禁物"，包括12种，即"罗、縠、䌷、绵、绢、丝、布、牦牛尾、真珠、金、银、铁"；第三类，"'私家不应有'之物"，包括两种，即"锦、绫"。《大明律》"出境之禁"所禁之物，按对《唐律》八十七条所禁之物的分类，包括"军器"和一般禁物两类。《大明律》对"禁物"采取了直接"列举"的方式加以规定。"出境之禁"规定的"禁物"共6种，即"马牛、军需铁货、铜钱、缎匹、绸绢、丝绵"。从表7-1可以看出，《大明律》的禁物种类远少于《唐律》。《大明律》6种，《唐律》14种，后者是前者的两倍还要多。在这个对比数字面前，我们没有理由把明朝理解为比唐朝更封闭的朝代，至少我们没有理由把《大明律》"海禁条"当作说明大明王朝封闭的证据来使用。

从表7-1中我们注意到，《大明律》的列举比较概括，如"马牛"，即作为耕作和运载之畜力的动物被规定为一种物；而唐《关市令》赋予《唐律》的"禁物"种类比较具体。如"罗、縠、䌷、绵、绢、丝"都分别列为一种，而不是用"丝织品""棉织品"等加以概括。为了实现对《唐律》和《大明律》评价上的标准划一，我们尝试对《大明律》中的禁物做细目划分。在把"丝绵"分为"丝"和"绵"，把"绸绢"分成"绸"和"绢"，把"马牛"分为"马"和"牛"之后，《大明律》中的禁物种类上升到了9种，如表7-2所示。

表7-1　　　　　《唐律》《大明律》出关"禁物"对照

《唐律》			《大明律》		
种序号	类名	种名	种序号	类名	种名
	兵器			军器	
1	一般"禁物"	罗	1	一般"禁物"	缎匹
2		縠	2		绸绢
3		䌷	3		丝棉
4		绵	4		铜钱
5		绢	5		军需铁货
6		丝	6		马牛
7		布			
8		牦牛尾			
9		真珠			
10		金			
11		银			
12		铁			
13	"'私家不应有'之物"	锦			
14		绫			

表7-2　　　　《唐律》《大明律》出关一般"禁物"细目对照

《唐律》		《大明律》	
序号	种名	序号	种名
1	罗	1	缎匹
2	縠	2	绸
3	䌷	3	绵
4	绵	4	绢
5	绢	5	丝
6	丝	6	铜钱
7	布	7	军需铁货
8	牦牛尾	8	马
9	真珠	9	牛
10	金		

续表

《唐律》		《大明律》	
序号	种名	序号	种名
11	银		
12	铁		
13	锦		
14	绫		

注：含"私家不应有"之物。为行文简便而略。

在做了这样的细分处理之后，《唐律》和《大明律》"禁物"种类对比变成了14∶9，前者是后者的1.56倍。这个数字显然没有对明朝封闭说提供支持。

《唐律》"出关之禁"和《大明律》"出境之禁"中的"禁物"都是根据国家和平管理的一般需要而设定的。从两朝相关规定的对比来看，似乎明朝的管理比唐朝更宽松一些。这一对比显然不能用来支持以《大明律》"海禁条"为证据的"明清文化封闭论"。

《唐律》的"出关之禁"和《大明律》的"出境之禁"都包含对携带物品"出"的禁止。除此之外，《大明律》"海禁条"还禁止"将人口""出境及下海"。该条的死刑就是为"将人口""出境及下海"和"将""军器""出境及下海"两种行为设定的。如果我们把两部"律"对携带物品"出"的禁止称为"对物之禁"，那么，"海禁条"对"将人口""出境及下海"的"禁"就是"对人之禁"。"海禁条"中的"对人之禁"是否能用来说明明朝文化比唐代更封闭呢？

根据《唐律疏议》的解释，《卫禁律》中的《卫律》创于晋。《晋律》有《卫宫律》。《北齐律》将"关禁"附于"卫宫"之后，更名为"禁卫律"。《开皇律》将"禁卫"改为"卫禁"。《唐律疏议》曾对《卫禁律》的重要地位做了说明——"卫者，言警卫之事；禁者，以关禁为名。但敬上防非，于事尤重，故次《名例》之下，居诸篇之首。"① 笼统说来，"卫""禁"都是国家大事，《卫禁律》维护的都是国家重大利益。如果说，"警卫之事"主要是对皇帝、皇帝之家（包括皇帝宗庙、皇家陵园等）等的保护，那么，"禁"则是对国家的"警卫"。在对"警卫"国家的事务上设置若干禁止，无疑是正常的法律安排。至于禁止"将人口""出境及下海"，就更是"警卫"国家所必须。"海禁条"在处罚上所做的加重情节设置——"因而走泄事情"——就更清楚地说明了这一禁止

---

① 《唐律疏议》卷七。上文"关、津管理"都是为陆上之"关""津"之"渡"设置的"禁"。

对于"警卫"国家的必要性。"海禁条"中的"对人之禁"能说明大明王朝文化封闭吗？

从《唐律》与《大明律》的对比上来看，我们更可以相信，"对人之禁"与"对物之禁"一样是正常的国家管理。虽然在《唐律》中与《大明律》"海禁条"整体对应程度最高的第八十七条中只设了"对物之禁"，没有规定"对人之禁"，但在《唐律·禁律》的其他条款中，多处设"人禁"。如第八十二条，上文已述及，"私度关者，徒一年。越度者，加一等"。第八十三条顺承八十二条规定："诸不应度关而给过所，取而度者，亦同。"再如，第八十五条规定："诸私度有他罪重者，主司知情，以重者论；不知情，依常律。"又如，第八十六条规定："诸领人兵度关，而他人妄随度者，将领诸司以官司论。"还如，第八十八条规定："诸越度缘边关塞者，徒二年。"此外，第八十九条还规定，对"内奸外出"，"候望者"如果"不觉"，当受"徒一年半"的惩罚。该规定也包含一个"对人之禁"。如此说来，《唐律》中的"人禁"一点不比《大明律》中的"对人之禁"宽疏。与上所述同理，没有人因为《唐律》"人禁"严密而骂其封闭。今天，我们也没有理由因《大明律》设了"人禁"就说该王朝如何不开放。

（二）明王朝没有实施二百余年的海禁法

《大明律》终明一朝未曾改变的事实不能支持终明一朝始终实行"海禁"政策的判断，那么，由皇帝反复发布的"禁海诏令"能否支持明王朝在二百余年历史上始终实行"海禁"的说法呢？

前面曾述及，自洪武三年发布"罢太仓黄渡市舶司"诏令到崇祯十二年大臣请开海禁，"时间跨度为269年"。把这两个事件发生的时间点连起来，其中的时间跨度为269年。在这个时间跨度内，洪武三年发布过"海禁诏令"，在洪武三年"海禁诏令"之外又发布过多道"海禁诏令"，但并非自洪武三年起一直在推行"海禁诏令"。明太祖发布"海禁诏令"和明思宗解除禁令两个年份之间跨越269年，与在这269年中始终推行"海禁诏令"，两者有质的区别。大明王朝既没有在269年中始终有效的一道或几道"海禁诏令"，也没有在269年中始终不间断地推行"海禁诏令"。

首先，在明朝近三百年的历史上，并非任何时期都在施行"海禁诏令"。明代皇帝共有16位，只有太祖朱元璋（洪武）、成祖朱棣（永乐）、宣宗朱瞻基（宣德）、世宗朱厚熜（嘉靖）、神宗朱翊钧（万历）、熹宗朱由校（天启）和思宗（毅宗）朱由检（崇祯）7位皇帝发布过"海禁诏令"。其他皇帝如代宗朱祁钰（年号景泰，在位1450~1457年）、宪宗朱见深（年号成化，在位1465~1487年）、孝宗朱祐樘（年号弘治，1488~1505年）、武宗朱厚照（年号正德，

1506~1521年)等,都没有推行"海禁"。① 更不用说穆宗朱载垕(年号隆庆,在位1567~1572年)了。承嘉靖长期厉行海禁之后,他决定部分开放海禁,即历史上所说的"隆庆开放"②。这个情况足以说明,明朝并无关于实施海禁的"祖制",实施海禁也不是文化因素所致。

其次,并非每一道"海禁诏令"都长期实施。在"海禁诏令"中可以发现"遂严海禁"③"三月甲子,禁漳、泉人贩海"④之类的表达。这说明,并非所有已下达的"海禁诏令"都变成了长期实施的稳定的法律。事实上,崇祯元年的"海禁诏令"实施了三年之后,崇祯四年便不再执行。⑤ 嘉靖年间实施海禁,而接下来的隆庆皇帝接受福建巡抚涂泽民的建议,"准贩东西两洋"⑥。据此,我们可以对"海禁诏令"的地位作出如下判断:"海禁诏令"是可立可废、可行可止甚至可有可无的一类法令。一位皇帝当朝是否施行"海禁诏令"决定于是否存在施行这种诏令的需要。如果需要,便颁布或执行"海禁诏令",这是"可有";如果不需要,便不颁布、不执行"海禁诏令",这是"可无"。这种法令显然与一代王朝所信奉的或所遵行的文化无关。把明王朝长期(大跨度的时间范围)使用"海禁诏令"作为说明这代王朝文化上封闭、重农抑商的依据,显然不能成立。

(三) 实行战时军事管理与文化上是否封闭无关

如前所述,"海禁诏令"在明代是可立可废、可行可止、可有可无的一类法令,而非文化上必不可少的法律制度。那么,它作为历史上实有的制度,是在什么样的"可有"的条件下出现并持续存在的呢?以往研究者早已给出答案:第一,反明势力对明政权形成威胁;第二,倭寇袭扰对明社会稳定造成破坏。晁中辰(1987)早就指出:"明王朝实行海禁……是因为'海疆不靖',即来自张士诚、方国珍的海上残余势力的威胁。"⑦ 除了由"张士诚、方国珍的海上残余势力"造成的"海疆不靖"之外,持续时间更久更不易平息的是由倭寇袭扰造成

---

① 有学者曾指出:"如果以'不禁止即为开放'的标准看,又似乎只有洪武、永乐和嘉靖年间等个别时期有不断重申的海禁令"(参见刘军:《明清时期"闭关锁国"问题赘述》,载于《财经问题研究》2012年第11期,第11~21页)。
② 晁中辰:《明代隆庆开放应为中国近代史的开端——兼与许苏民先生商榷》,载于《河北学刊》2010年第6期,第53~58页。
③ 《海澄县志·税饷考》:"署五年饷。先是四年,以有事红夷,遂严海禁。"
④ 《明思宗实录》卷一。
⑤ 《海澄县志·秩官·范志琦传》:"崇祯四年,始更洋贩。"
⑥ 张燮:《东西洋考》卷七,中华书局2000年版。
⑦ 晁中辰:《论明代的海禁》,载于《山东大学学报》1987年第2期。

的"海疆不靖"。① 《明史》的一段记载足以反映倭寇袭扰对中国东部尤其是东南沿海地区的危害之大。嘉靖年间的一次倭寇袭扰"突犯会稽县,流劫杭州,突徽州歙县,至绩溪、旌德,屠掠过泾县,趋南陵,至芜湖。烧南岸,趋太平府,犯江宁镇,直趋南京。"② 据马驰骋先生所言,"嘉靖倭乱"时期,有"数十万"倭寇大军"以沿海岛屿为基地",频繁"向繁荣的江南和附近沿海城镇发动""攻击"③。明王朝采取的应对来自海上的军事进攻和武装剽掠的措施主要是出兵剿杀、沿海设防。④ 实施"海禁"也是应对倭寇袭扰的一种办法。从具体的"海禁诏令"的发布情况就可以看出,明代的许多"海禁诏令"都是为抗倭而发布。例如,洪武十四年十月,明太祖"以倭寇仍不稍敛足迹,禁濒海民私通海外诸国"⑤。再如,万历四十年,兵部建议"不许私出大洋,兴贩通倭,致启衅端"。明神宗"从其议"⑥。又如,崇祯元年,"因海寇猖獗,再次禁洋出海"⑦。实施"海禁"对于抗倭的主要意义在于隔断"寇"与被袭扰之"主人"的联系,一来使"寇"难以从"主人"家里获得其所需要的物质财富,这样可以使"寇"陷入经济困乏;二来使来犯之寇不易得手,难以对"主人"造成严重创伤;三来将"寇"和"主人"划分开来,使政府易于识别"寇",进而易于将"寇"歼灭。不管是"禁濒海民不得私出海"⑧"禁濒海民私通海外诸国"⑨,还是"不许军民人等私通外境,私自下海贩鬻香货"⑩,抑或是"禁民间海船,原有海船者悉改为平头船"⑪,"查海船但双桅者即捕之"⑫,只要有利于实现抗倭的目的,就都是必要的战时军事管理措施。即使这些做法会对"滨海民""军民人""海船"拥

---

① 天启四年的海禁诏令是为了应对荷兰人进犯,非为打击反明势力和抗倭。此事不影响颁"海禁诏令"出于军事原因的判断。学者对此有明确判断:"天启四年的禁洋一年,完全是出乎军事设防的考虑"(参见刘璐璐:《晚明东南海洋政策频繁变更与海域秩序》,载于《厦门大学学报》2018年第4期,第105~115页)故从学界一般结论,不增列新项。
② 《明史·日本传》。
③ 马驰骋:《明清时期的海商、海禁与海盗》,载于《经济资料译丛》2013年第2期,第53~56页。
④ 陈学文先生的作品提到的抗倭故事是明政权在抗倭上的军事处置的一个缩影。"洪武年间,大将汤和致仕凤阳,朱元璋特地请他出来巡视海防。在汤和的指挥下,从山东莱州至浙江筑了五十九个城池,征戍兵58 700名守卫海防。洪武二十年置浙东、西防倭卫所,倭寇的抢掠无法得逞。"(参见陈学文:《论嘉靖时的倭寇问题》,载于《文史哲》1983年第5期,第78~83页。)
⑤ 《明太祖实录》卷一百三十九。
⑥ 《明神宗实录》卷五百三十。
⑦ 刘璐璐:《晚明东南海洋政策频繁变更与海域秩序》,载于《厦门大学学报》2018年第4期,第105~115页。
⑧ 《明太祖实录》卷七十。
⑨ 《明太祖实录》卷一百三十九。
⑩ 《明太宗实录》卷六十八。
⑪ 《明太宗实录》卷二十七。
⑫ 《明世宗实录》卷五十四。

有者等的利益造成某些损失，也都是不得不付出的抗倭代价。在这些"海禁诏令"中读不出文化封闭、小农经济意识等文化信息。这些诏令不能说明明王朝比汉唐更开放还是更封闭，对这些诏令给民间贸易等带来某些消极影响所做的刻画甚至夸大，可以使人们对战争的危害有更深的认识，对"海禁"措施带来的消极影响有全面的了解，但不能用来说明明王朝是不是开放的王朝、对已经发生的资本主义萌芽的态度是呵护还是摧残。

通过对明代276年历史的简单回顾，我们会发现，实施"海禁诏令"的时间，其实主要出现在两个时段，一个时段是洪武、建文、永乐三朝，共计约57年。另一个时段是嘉靖朝的大约20年。之所以是这样的，重要原因是，倭寇之患主要发生在这两个时段。朱明王朝立国之后，朱元璋曾就与日本改善关系作出过努力。求和不成，才有了这前一个时段的与武装抗倭同步的"海禁诏令"的实施。第二个时段也就是大倭乱爆发的时期。因为有大倭乱，所以才有明代中期大约20年的"海禁诏令"实施期。当战争威胁消除，倭乱结束之后，"海禁诏令"也就完成了使命，它的合理或不合理也就随之成为过去。面对战争时的处置措施的"封闭"是结果，不是朝廷如何行动的文化原因。我们不能用一个王朝用于战争时期的法令的某些缺点来说明一代王朝用于和平时期的法令也一定不合理。

（四）关、海管理制度的某些不足是制度建设水平问题，与文化封闭无关

"明清文化封闭论者"最有力的说辞是"海禁诏令"严重损害了民间的海上贸易和海外贸易（以下简称"海洋贸易"）。如前所述，在战争状态下，这种损害是实现国家军事利益或政治利益而付出的代价。即便按一些批评者的说法，为了对付一个"日本"而采用断绝与所有外国和地区的贸易的办法不够恰当，"明清文化封闭论者"依然没有理由把实施"海禁诏令"当成证明大明王朝政治上、文化上封闭的依据。一方面，对明王朝来说，如何管理迅速增长的海洋贸易，尤其是本国人对海外的贸易，是一件没有太多可借鉴的经验的新鲜事，做好这件事需要一个摸索过程；另一方面，曾经实施了"海禁诏令"的明朝廷对"海洋贸易"给予了高度的重视，包括在法律制度、行政建制等方面都作出了符合"海洋贸易"需要的安排。这主要表现在以下几个方面。

1. 主动创设海关

许多研究者都注意到了一个事实，即明代的"海洋贸易"已经十分发达。前人留下的"私相商贩""自来不绝""豪门巨室，间有乘巨舰，贸易海外者""豪民私造巨舶，扬帆他国"等就是对当时繁荣的"海洋贸易"的反映。明朝廷不仅注意到这一点，接受这个事实，而且顺应"海洋贸易"的需要，主动采取制度

建设措施。明太祖朱元璋在洪武元年就下令建立"两浙市舶提举司",赋予其"管理包括杭州在内的两浙港口的海上贸易活动"的职权。① 这显然是比"罢太仓黄渡市舶司"② 更早的制度建设举措。

2. 改《唐律》的关"禁"为关"禁"和海"禁"

实现从关津管理到关、海管理的跨越。上文曾对《大明律》"海禁条"和《唐律》第八十八条做过对比,并讨论了它们之间一致的地方,但没有讨论二者不同的地方。两者最大的不同在于,《唐律》只管理陆上的关、津,而《大明律》不仅管理陆上关、津,而且也管理海上之关。《唐律》相关条款都是只言"关"不及海,如"诸私度关者,徒一年"(八十二条)、"诸赍禁物私度关者,坐赃论"(八十七条),而《大明律》"禁""物"或"人"出入的关口都是两类,即陆上国"境"和国家外围的"海",如"私出外境货卖及下海""将人口、军器出境及下海"。这是明王朝对"海洋贸易"活动增加的经济社会发展状况的主动适应。如果说《大明律》是刑事法律,那么,将关、海管理纳入刑事法律是国家重视关、海管理的体现。而这一刑事法律调整与上述设市舶司的制度建设举措是相辅相成的。《大明律》"海禁条"不是明朝封闭、"缺乏海洋意识"的证据,恰恰相反,是明王朝主动适应海洋贸易发展大趋势的例证。

3. 许与"弗朗机""互市"

明王朝施行了"海禁诏令",但并不是在任何时间、任何地点、对任何人都施行"海禁诏令"。如嘉靖八年,接受广东巡抚林富的上书,许"弗朗机得入香山澳为市"③。虽然这是只对葡萄牙人和中国人开放的市场,但也是明政权积极建设对外贸易市场的举措。

4. "号票文引""部票"等制度建设为国家迎接更广泛的和更大规模的"海洋贸易"奠定了基础

不少研究者都注意到了,或由官府创设或由民间发明而官府采纳的"号票文引""部票"(入港许可证)、不同于"抽分"的"征税"④ 等已出现在明政权的"海洋贸易"管理实践中。不管它们是出于有意的创设,还是海洋管理、贸易管理实践推动形成的结果,都是国家管理"海洋贸易"的有益尝试。如果不是有意苛责古人,我们应该为明王朝开展的此类建设唱赞歌,而不是指责它们为"小农"。如果说"实行开放政策是古代中国对外政策的主流",由于"长期"坚持

---

① 吴振华:《杭州市舶司研究》,载于《海交史研究》1988 年第 1 期,第 69~76 页。
② 《国朝典汇》卷四十。
③ 《明史·弗朗机传》。
④ 有研究者指出,在宣德年间,明朝"官方"已"开始征税","海上贸易""已合法化"(参见刘军:《明清时期"闭关锁国"问题赘述》,载于《财经问题研究》2012 年第 11 期,第 21~30 页)。

"开放政策"已经"形成传统"①,那么,大明王朝对这个"传统"的"形成"贡献了自己的力量。

三、"清初海禁法令"图"灭贼"不谋"闭锁"

在19世纪欧洲人眼里,大清王朝是"封闭"的和"排外"的,这个王朝对外实行"闭关自守"或"闭关锁国"政策。② 这种观点深深地影响了我国。在一定程度上"明清文化封闭论"就是在这种观点的影响下形成的。③ "明清文化封闭论者"拿来论证清朝闭关锁国的重要证据是禁海、迁海法令。有学者明确把"长时间的'禁海'"和"限制""制造海船"等法令当成清王朝实施"闭关政策"的依据。④

对此,笔者已在所著文章中予以详细梳理与批驳⑤,并将结论总结如下:

清朝初年共颁布了不少于13件的"海禁法令"。这所有"海禁法令"都至迟于康熙二十三年废止,其总的生效时间约为30年。清政权颁布"海禁法令"的直接目的是"断绝",即"断绝"对反清武装物资接济、"断绝"反清武装的信息源、"断绝"清政权控制区内存在的或潜在的反清力量与反清武装控制区内的反清力量之间的联合或相互支援。以"断绝"为直接立法目的的"海禁法令"是清王朝为应对反清武装对其政权的严重威胁而采取的非常措施,属于紧急状态法。在必要时实施紧急状态法,这是近代、现代国家普遍接受的做法。现代法治文明最发达的英国、法国、美国等国家都颁布了甚至颁布过多部紧急状态法。没有人因为这些国家颁布过这种法律就批评这些国家闭关锁国、文化封闭。"闭关锁国论者"以颁布过被我们称为"海禁法令"的紧急状态法为依据批评清朝闭关锁国,理由显然不充分。近现代国家颁布实施紧急状态法为的是应对紧急状态,而非用这类法律建立国家的一种平时秩序。只有结束紧急状态,才能建立或恢复平时秩序。颁布实施过紧急状态法的近现代国家没有赋予紧急状态法创建平

---

① 丁明国:《对古代中国实行开放政策与海禁、"闭关"政策的综合思考》,载于《中南民族学院学报》1989年第5期,第100~107页。
② 陈尚胜:《论清朝前期国际贸易政策中内外商待遇的不公平问题——对清朝对外政策具有排外性观点的质疑》,载于《文史哲》2009年第2期,第101~111页。
③ 据研究,"认为清朝前期的海外贸易政策是闭关政策的观点在学术界处于主流地位"(参见陈尚胜:《"闭关"或"开放"类型分析的局限性——近20年清朝前期海外贸易政策研究述评》,载于《文史哲》2002年第6期,第159~166页)。
④ 胡思庸:《清朝的闭关政策和蒙昧主义》,载于《吉林师大学报》1979年第2期。
⑤ 徐祥民:《"海禁法令"的立法目的——兼驳清朝文化封闭观点》,载于《法学》2020年第1期,第168~182页。

时秩序的使命,闭关锁国论关于"海禁法令"与闭关锁国政策之间关系的观点其实是论者硬加给"海禁法令"的,而非这些法令实际承担的平时秩序建造任务。"海禁法令"打击"违反非常秩序罪"是为了建立用以实现"断绝"这一直接立法目的的非常秩序,打击"赍盗罪"是为了阻止向反清势力提供帮助的或在客观上使反清势力获得帮助的行为。反清武装对清政权的威胁和对大清天下的不时打击是清政权实施海禁的原因。颁布"海禁法令"同对反清武装的军事围剿一样只是为了消灭反清武装。这些法令的根本立法目的是消灭以郑成功为代表的反清武装。反清武装投降,则清剿反清武装的军事行动便自然停止,从而清剿大军便完成使命,反清武装被消灭也就消灭了"海禁法令"存在的必要性。"海禁法令"为消灭反清武装而来,随反清武装被消灭而走。

仅仅实施了30年的"海禁法令"无法支持一个有约300年历史的王朝贯彻闭关锁国国策;为应对紧急状态颁布法令同文化上封闭与开放没有直接关系。在"海禁法令"实施期间,清王朝许可在澳门的葡萄牙人与内地商人贸易,说明那时实施海禁不以"排外"为目的。清王朝在解除"海禁法令"后立即开海设立海关的建设活动便清楚地表明,开海贸易是政策常态,实施海禁是非常举措。清王朝在其入关后的最初30年实施"海禁法令"既不以闭关锁国为追求,也不是封闭文化造成的政治恶果。我们既不能以清初颁布的"海禁法令"为根据说清王朝曾奉行闭关锁国政策,也没有理由因清王朝曾经颁布"海禁法令"就硬加给中华民族一段文化封闭的历史。

四、文化自信与海洋文化自信

马汉在创立他的海权论时曾深入讨论过地理条件对国家制定发展战略的影响。在他看来,英国的地理决定了它"既用不着被迫在陆地奋起自卫,也不会被引诱通过陆地进行领土扩张",这个国家谋求发展只有"面向大海的目的单一性",而这正是英国对于法国、荷兰等国家的"巨大优势"[①]。马汉做这一分析意在说明哪一种地理环境的国家更有条件建立海洋霸权,进而告诉美国的决策者美国应当怎样做才能取得海洋霸权。他的这些论述也反映了这样一条道理,即国家的战略制定需要考虑国家的地理环境这个"既定条件",甚至不得不屈从于自身的地理环境这一"既定条件"。马汉海权论的证成过程反映了这一道理,而这一道理普遍适用于古今的国家战略制定。

---

① [美]阿尔弗雷德·塞耶·马汉著,安常荣、成忠勤译:《海权对历史的影响》,中国人民解放军出版社2006年版。

古代中国，在出现了对外交往的国家事务的时候，在出现了在本国实现的和通过对外交往才能实现的利益的时候，也存在类似战略制定这样的战略选择。中国不仅有辽阔的陆地，也有漫长的海岸线，既是陆地国家，又是沿海国家。学者们将这种地理条件概括为"陆海兼备"。按马汉的说法，古代中国无疑有"被迫在陆地奋起自卫"的需要，万里长城就是这种需要的真实写照；即使不接受"通过陆地进行领土扩张"的诱惑，但通过陆地与他国交流以获益的诱惑是强烈的，丝绸之路的开通就反映了这种需求。当古代中国的皇帝们遇到从海上来的并以海洋为依托（便于通行、便于逃窜）的倭寇的袭扰时，在遭遇反政府武装占据海岛、依托海洋对抗朝廷时，究竟是选择派遣大军入海清剿，还是在沿岸筑堡垒防范来袭，抑或采取其他更积极或更保守的对策，这其实就是一个政治上、军事上的战略选择问题。这种选择的基本依据是对敌我双方的估计，所谓知己知彼，是对胜负的军事上、政治上、财政能力上以及其他条件上的分析。明王朝选择禁海、沿岸普遍建立以抗倭为基本功能的卫所，大清王朝选择禁海、迁海，以"断绝"反清武装获得物资、人员、信息等的来源，不管这种选择正确还是错误、可行还是不可行，都与文化无关。不管是明王朝还是清王朝，都不是传统驱使它们禁海，而是摆在王朝面前的严峻的政治、军事形势要求它们做出那样的战略选择。明清两朝实施禁海既不是所谓封闭文化使然，明清两朝实施禁海也不是进取包容的中华民族文化的终结，在两王朝实施禁海这样的破敌或防卫措施的同时，我国文化的进取、包容，包括拥抱海洋、利用海洋的广泛联通而向外部世界的开放政策，在继续延伸、强化；中华民族进取、包容的文化，中华民族拥抱海洋、对外开放的文化，在继续做功并取得了空前的成功。

刘迎胜（1992）在考察了从欧洲到西亚、南亚再到中国的海洋文化遗迹，与沿途的和路线之外国家的海洋文化专家开展了深入的学术交流之后发出了这样的充满自豪感的感叹："中国的确是一个有着光荣历史和灿烂文化的了不起的文明古国，是世界上的一个文化大国。""世界上没有任何一个国家有我国这么多有关古代海外国家的记载。这是当今其他国家所无法企及的。"[①] 作者笔下的这些业绩才是中国文化的真实，才是中国海洋文化的结晶。这些真实的成果，这些结晶不是一时的战胜或败北，而是文化的浸润，文化的累积，是文化长期做功的"无感"的成就。以下三点或许可以呈现我国光辉灿烂的以进取包容为特质的海洋文化的某些侧面。

---

① 刘迎胜：《威尼斯—广州"海上丝绸之路"考察简记》，载于《中国边疆史地研究》1992年第1期，第102~113页。

(一) 最绵长的海洋文化历史

中国海洋文化的历史与中国文化的历史一样久长。河姆渡遗址出土有鳖鱼、鲸鱼及鳍鱼等海洋鱼类和生物的遗骨。新石器时代,古越人就在大洋岛屿留下足迹。进入文字记载的历史时期,中华民族的海洋活动一直走在世界前列。国人常常自豪地说中华民族有五千年的文明史,在海洋文化上,我们同样可以自豪地说:中华民族有五千年的海洋文化历史。

1. 东夷、百越时代的海洋文化

在世界历史上,所有的沿海民族都有其海洋文化。在古代历史上曾经占重要地位的五大文化系统中,中国海洋文化是这文化系统中的一个。由夏、苗、夷、越形成的华夏族共同体内,夷越二族在海洋文明的创造中地位显著。在夷、越二族中,越人处于非常有利于航海的南方,他们的航海术对中国人的影响更大。越地纳入汉政权后,有一支越人就从长江口越海航行至山东半岛,在琅琊一带建立与中原诸国交往的据点。自周代起,我国已有关于越海航行的系统记录。春秋时期,越王勾践首次大海战发生于公元前485年。这一年,吴国派徐承率舟师自海上攻齐。这次跨海作战比公元前480年地中海地区波斯与希腊间的萨拉米海战还早5年。

东夷、百越时代,以齐、越为代表的海洋社会力量,曾经西进北上,与中原各国陆地社会力量激烈竞逐和争霸。善于经商的东夷与百越族群驾船航海,将中国所需的海洋产品运到中原;而移入海岸区域的汉人在与沿海土著族群的冲突与融合过程中,一部分人继续从事农耕,另一部分人则走向海洋,并逐渐形成新的社会群体(包括汉化越人和越化汉人),从而大大加强了营海族群的力量。东夷、百越还不断向海岛迁徙,将文明扩散到朝鲜半岛、日本、东南亚与南太平洋岛屿,奠定了"亚洲地中海"文化圈和"南岛语族"文化圈的初期格局。[①] 东夷、百越时代历经先秦、秦、汉数百年,留下了丰富的海洋文化遗产。

2. 盛世中华的海洋文化

当古罗马的军队不断扩大疆域、将地中海变成帝国的"内湖"时,中国的海洋文化随着汉王朝实力的增强也不断掀起浪花。西汉时期,汉使远航至印度黄支(今印度南部地区)等地。公元166年,罗马帝国遣使经印度、斯里兰卡来华,当时世界上的两大帝国——东方的汉朝和西方的罗马帝国进行了直接的贸易和文明对话。

西罗马帝国灭亡后,欧洲进入中世纪,长达千年的时期,中华文明昂首领先

---

① 杨国桢:《中华海洋文明的时代划分》,载于《海洋史研究》2013年第1期,第3~13页。

于世界。其时，中国人在海上活动的能力和影响力傲然于世。自唐、宋、元迄至明中叶的七八百年间，中国的造船业与航海技术都远超同时代的欧洲人与印度人，中国的海洋文化为盛世中华谱写了壮美的蓝色华章。

汉武盛世，刘彻这位西汉王朝的第七位皇帝曾派遣使节乘船从徐闻、合浦、日南（今越南中圻）经南海、东印度洋到达印度半岛南部和斯里兰卡，随行有译长，通晓当地语言，掌握南中国海至东印度洋海上航路的情况和交往规则。汉朝使节走的是原南越国与南海诸蕃国及印度商人共同开发使用的贸易航线，随行"应募者俱入海市明珠、璧琉璃、奇石异物，赍黄金、杂缯而往"；徐闻开港，当地商民"积货物于此，备其所求，与交易有利。"① 沿海民众追求海利的商业意识可见一斑。印度半岛南部、斯里兰卡是东西方贸易的中心之一。汉朝的海商多到此与外国商人交易，许多中国商品经此地转运到波斯湾、红海。

唐代之所以被称为盛世，不仅因王朝的文治武功为后世传颂，也因海上力量雄起，海上航线拓展，海商贸易、海外交流互动生生不息，如潮涌起。史载，唐初征朝鲜半岛，唐高宗龙朔三年（公元663年）平百济，同年八月于白江口海战，唐朝水军充分发挥自身优势，将兵力、船舰皆数倍于己的日本水军打得大败。这场堪称以少胜多的经典海战，是中日两国作为国家实体进行的第一次交战，也是东北亚地区已知较早的一次具有国际性的战役，其以唐朝、新罗联军胜利的最终结果奠定了此后一千余年间东北亚地区的政治、经济与文化格局。②

自唐初开辟"广州通海夷道"，远洋航线延伸至波斯湾及非洲东海岸。唐代著名的地理学家贾耽（730~805年）记载了这条从广州通往阿拉伯地区的海上通道，其从广州港出发，经今越南、马来半岛、苏门答腊至印度、锡兰，直到波斯湾沿岸各国的航线及沿途地区的方位、名称、岛礁、山川、民风等。唐代，我国的商船已活跃于太平洋和印度洋上，与东北亚、东南亚、南亚、西南亚以至非洲东海岸的众多国家有着频繁的海上交通关系。

唐代中期之后，由于怛罗斯战役的失利（唐玄宗天宝十年，公元751年）与四年之后爆发的安史之乱（唐玄宗天宝十四年至代宗宝应二年，公元755年12月16日至763年2月17日），陆上丝绸之路难以为继，中国的经济重心和文化重心向东南沿海转移，海上丝绸之路开始成为沟通中西方的主要通道。此时，沿海上丝绸之路入华贸易的印度洋诸地商人众多，汉籍亦多记载波斯、大

---

① 《汉书·地理志》。
② 韦晶：《二十世纪二三十年代日本和土耳其关系研究》，陕西师范大学硕士学位论文，2017年。

食、昆仑、印度等地商人在安南、广州、泉州、扬州等地贸易。如《旧唐书·玄宗纪》记载："开元二年（714年），右威卫中郎将周庆立为安南市舶使，与波斯僧广造奇巧，将以进内。"《旧唐书·胡证传》载："广州有海舶之利，货贝狎至。"为了管理来华贸易的番商，唐朝政府在广州设置市舶使、押藩舶使。这是意义重大的历史事件。由此可见以广州为中心的海外交易的重要性远超前朝。唐朝中叶，泉州作为对外贸易港口迅速崛起。曾有一首诗这样形容泉州的繁盛景象："傍海皆荒服，分符重汉臣。云山百越路，市井十洲人。执玉来朝远，还珠入贡频。"① 那时候南海诸国的使臣从泉州上岸朝贡唐廷是非常频繁的，因此唐政府在泉州设立了"参军事四人掌出使导赞"，专门负责接待外国使臣等事务。

海上丝绸之路的重要性在唐代中期之后日益显现，历经五代十国之演进，至宋元时期，中国海外贸易已改变昔日唐代"外商来贩"的格局。大量中国海舶深入印度洋各地，远航至波斯湾等地贸易，并因其良好的安全性能，一度成为各地商人首选搭载的航行工具。例如，10世纪初，马苏第《黄金草原》中提及中国船只直航至阿曼、西拉夫、巴士拉等地。大量中国商人放洋域外、竞逐财富，海上丝绸之路与中国的海外贸易亦盛极一时。②

唐末或宋初，中国人发明了人工磁化方法，制造出指南针（当时使用的是"水罗盘"）。中国是世界上最早将指南针用于航海事业的国家。指南针为航海者提供可靠的全天候导航手段，引起航海技术的重大变革，开创了人类航海的新纪元。著名的科技史专家李约瑟博士评价，这是"航海技术方面的巨大改革"，它把"原始的航海时代推至终点"，"预示计量航海时代的来临"。③ 我国宋元时期航海事业的高度发达，明初的郑和下西洋，以及欧洲人大航海时代的到来，都与指南针的发明和应用密切相关。15世纪末到16世纪初，欧洲各国航海家纷纷将指南针用于航海，他们不断探险，开辟新航路，发现了美洲，完成了环绕地球的航行。对于"环绕非洲的航行"，法国启蒙时期思想家、百科全书式的学者孟德斯鸠在其著作《论法的精神》中有具体、生动的记述："我们发现，在发明罗盘之前，人们曾四度尝试环绕非洲航行……从红海前往好望角的沿海航线，比从好望角北上直布罗陀海峡的航线安全。只是在发明了罗盘以后，从直布罗陀海峡前往好望角的航行才有了可能；因为，有了罗盘就不必紧贴非洲海岸航行，而可以航行在广阔的大洋上，前往圣赫勒拿岛或径直驶往巴西。"④

---

① ［唐］包何：《送李使君赴泉州》。
② 李大伟：《唐代海上丝绸之路》，载于《学习时报》2017年12月8日，第A3版。
③ 金秋鹏：《中国古代科技史话》，商务印书馆2000年版。
④ ［法］孟德斯鸠著，许明龙译：《论法的精神》（上卷），商务印书馆2016年版。

宋代以后，中国经济重心南移东倾，东南沿海地区经济起飞，商品经济活跃，并向海洋发展。宋室南移临安（今杭州市）后，宋代统治者认识到"市舶之利最厚"，认同海洋贸易和商业经济的重要性，在中国历史上第一次提出"开洋裕国"的国策，采取开放海洋的措施，招徕蕃商（主要是阿拉伯商人）来华贸易，并鼓励中国海商出海贸易。宋代海上贸易的空前繁荣开启了航海活动和海洋知识积累的新时代。宋人通过海商群体、航海使节和僧侣、历代典籍等途径获得海洋知识，其中海商群体是海洋知识的主要来源。海洋知识通过口耳相传、航海使节和僧侣、礼宾机构及沿边官员的记录等方式传播，使宋人构建出动态、险恶、奇异而充满财富和商机的海洋意象。① 宋人对东海和南海地区诸国地理方位已有基本准确的认识，对印度洋及其以西也有大致清晰的了解。② 成书于宋理宗宝庆元年（公元1225年）的《诸蕃志》中，宋人赵汝适采辑，上卷"志国"记述了东自日本、西至东非索马里、北非摩洛哥及地中海东岸共58个海边、海岛国家的风土民情，及自中国沿海至海外各国的航线里程及所达航期；③ 下卷"志物"记载了54种海上往来的珍贵进口货物。这本反映海洋文化的著作在19世纪末受到西方学者的关注，20世纪初即被译成外文。

人们常把元朝与草原大漠、弯弓大雕等联系在一起。其实，元朝时期鼓励通商的开放政策，便利、安全的驿站交通，拉近了欧亚之间的距离，使各种文化之间的直接对话成为现实，缩短了欧亚大陆区域之间因发展不平衡以及由于地理空间和人为封闭造成的文明进程的差距，开创了中国封建时期中西文化交流最繁荣的时代。元代的泉州港与埃及的亚历山大港并称为世界上最大的贸易港。意大利旅行家马可·波罗在他的游记中写道："在当时来往于波斯湾、中国海之间的船只，多是广州和泉州等地制造的。"旅行家、商人、传教士、政府使节和工匠，由陆路、海路来到中国，他们当中的部分人长期旅居中国，归国后有人记录了他们在中国的见闻。正是这些游记，使西方人第一次较全面地了解了中国和以中国为代表的东方的信息，互通的信息改变了欧洲人对世界的理解和认识。学术界普遍认为，马可波罗等人的著作对大航海时代的到来产生了至关重要的影响。在大量阿拉伯人、欧洲人涌向东方的同时，中国人的视野也更加开阔，对周边国家、中亚、南亚和印度洋地区的了解更加清晰，甚至扩

---

① 娄贵品：《"多维视野下的中国边疆与族群"学术研讨会综述》，载于《学术月刊》2015年第10期，第168~174页。

② 黄纯艳：《宋代海洋知识的传播与海洋意象的构建》，载于《学术月刊》2015年第11期，第157~167页。

③ 李双幼：《海上丝绸之路历史记忆的个案考察》，载于《青海民族大学学报》2016年第2期，第100~105页。

展到西亚和西欧。① 人们对外部世界的了解和介绍，不再局限于道听途说，而是亲身经历。如元代的航海家汪大渊著《岛夷志略》，所记印度洋沿岸和南海各国史实"皆身所游览，耳目所亲见，传说之事，则不载焉"。元代通过海上"丝绸之路"进行经贸往来的国家和地区由宋代的50多个增加至140多个。海路到达非洲海岸，陆路往来直抵西欧，统一的环境为国际和地区间的交往创造了前所未有的便利条件，中西方文明成就第一次出现了全方位共享的局面，东西方之间的神秘面纱被揭开，世界文明史由此进入了新的时代。②

3. 开启大航海时代

15世纪，远洋航行探险取得重大突破，由此开启世界历史上的大航海时代。"新航路的发现""新大陆的发现"和麦哲伦船队"第一次环球航行"，是欧洲人"地理大发现"蜚声于世的三件大事。而在这之前，15世纪最初的30余年里，首先是由中国的伟大航海家郑和七次下西洋，以雄壮的音符，奏响了海洋世纪的序曲，③ 开启了人类历史上的大航海时代。郑和的船队到过爪哇、苏门答腊、苏禄、彭亨、真腊、古里、暹罗等30多个国家或地区，最后到达西亚和非洲东岸，突破了东亚和西亚东非之间的重洋阻隔，开辟了贯通太平洋西部与印度洋等大洋的航线。这一系列航行比哥伦布发现美洲大陆早87年，比达·伽马早92年，比麦哲伦早114年。郑和率领的明朝海军在舰队规模、航海技术、航程距离和组织协调水平诸方面都是当时的最高水平，这是史学界公认的事实。④ 当时中国造船业的发达、罗盘的使用、航海经验的积累、大批航海水手的养成、航海知识的增加，为郑和下西洋提供了必要条件。李约瑟对15世纪初中国航海事业的评价是："在它的黄金时代，约西元1420年，明代的水师在历史上可能比任何其他亚洲国家的任何时代都出色，甚至较同时代的任何欧洲国家，乃至于所有欧洲国家联合起来，都可以说不是他的对手。"⑤（关于郑和下西洋在我国海洋文化史上的地位等，详见下文）

在人类大航海时代到来之后，在工业革命用商业文明逐步把世界串联成一个大市场之后，中国，作为历史悠久、人口众多、版图辽阔、陆海兼备的大国，不管是因受西方列强瓜分掠夺而奋起抵抗，还是因认识到落后于时代而急起直追，都一直在守卫自己的海疆，经营自己的海洋家园。

---

① 顾与非：《宜古宜今总相宜——浅论青花瓷器对当代女装设计的启示》，上海戏剧学院硕士学位论文，2012年。
② 乌恩：《元朝在中国文化史上的地位和影响》，载于《光明日报》2006年9月4日，第11版。
③ 万明：《中国融入世界的步履：明与清前期海外政策比较研究》，故宫出版社2014年版。
④ 张剑荆：《明帝国何以错失海洋时代》，载于《科学大观园》2009年第15期，第68~69页。
⑤ ［英］李约瑟：《中国科学技术史》（英文版）第4卷第3分册（参见陈立夫主译，杜维运、陈维纶译：《中国之科学与文明》第11册，台湾商务印书馆1980年版）。

(二) 最伟大的航海业绩

郑和七下西洋，是中国人民广为传颂的经典史实，也是为世界所公认的中国古代史上，乃至世界古代史上最伟大的航海业绩。《剑桥中国明代史》中作了这样的评价："郑和下西洋是中国古代规模最大、船只和海员最多、时间最久的海上航行，也是15世纪末欧洲的地理大发现的航行以前世界历史上规模最大的一系列海上探险。"郑和七次远洋航行（见表7-3），开辟了二十一条远洋航线，总航程约七万海里以上，可绕地球三圈有余。从其航海事业完成之日起，对他功业的赞美就不绝于中外史书。明人顾起元在其所著《客座赘语》[①]中这样赞道："按此一役，视汉之张骞、常惠等凿空西域，尤为险远。后此员外陈诚出使西域，亦足以方驾博望，然未有如和等之泛沧溟数万里，而遍历二十余国者也。"对郑和海上远航业绩的评价不仅高于千年前陆上开拓丝绸之路的张骞，而且也高于中国同时代其他诸如陈诚出使西域等陆上外交壮举[②]。斯塔夫里阿诺斯在其经典全球史著作《全球通史》[③]中也这样盛赞道："这七次远洋航行规模盛大，功绩卓著，是史无前例的。""这些航海范围惊人，显示了确实证明中国在世界航海业中居领先地位的技术优势。"仅从笼统的赞美和歌颂不足以说明其伟大，但学界对郑和下西洋的研究成果已颇为丰富，通过翔实的数据资料梳理和统计更能够真切地看清郑和七下西洋航海事业的"最伟大"之处。

表7-3　　　　　　　　　郑和历次下西洋情况

次数	起止时间	历时	船队规模	主要事迹
第一次	永乐三年（公元1405年）六月~永乐五年（公元1407年）九月	约27个月	27 800余人；宝船62艘。	（1）"一擒番王"：歼灭海盗陈祖义，生俘至南京； （2）带回所经诸国遣使若干； （3）途经麻喏八歇国时，该国东西二王交战，西王误杀郑和船队登岸人员。事件发生后，西王派使者谢罪。郑和鉴于西王请罪受罚，对该事件予以克制

---

① （明）顾起元：《客座赘语》卷一之《宝船厂》。
② 陈诚（公元1365年~1457年），字子鲁，号竹山，元至正二十五年（公元1365年）生，江西吉水人，明洪武至永乐年间，曾出使安南，五次出使西域帖木儿帝国、鞑靼，与航海家郑和齐名。
③ ［美］斯塔夫里阿诺斯：《全球通史：从史前史到二十一世纪（第7版修订版）》（下册），北京大学出版社2006年版。

续表

	起止时间	历时	船队规模	主要事迹
第二次*	永乐五年（公元1407年）十月~永乐七年（公元1409年）秋	约24个月	不详	（1）正式册封古里王，并在古里刻石立碑以纪念这一盛事； （2）到锡兰时，郑和船队向有关佛寺布施了金、银、丝绢、香油等，立《布施锡兰山佛寺碑》，记述了所施之物。此碑现存科伦坡博物馆； （3）带回所经诸国进贡珍宝、珍禽、异兽若干
第三次	永乐七年（公元1408年）九月**~永乐九年（公元1411年）六月	约21个月	27 000余人；宝船48艘	（1）招敕满剌加，赐给当地酋长双台银印，冠带袍服，树碑并建立满剌加国，暹罗自此不敢侵扰满剌加； （2）"二擒番王"：锡兰山国王亚烈苦奈儿"负固不恭，谋害舟师"，回程途中被郑和将2 000余人生擒回国。四夷震服
第四次	永乐十年（公元1412年）十一月~永乐十三年（公元1415年）七月初八	约32个月	27 000余人；宝船40艘	"三擒番王"：于苏门答剌率明军以及当地部队奋战"伪王"苏干剌并获胜，追击到喃渤利国，生擒了苏干剌
第五次	永乐十四年（公元1416年）十二月十日~永乐十七年（公元1419年）七月	约31个月	不详	（1）奉命在柯枝诏赐国王印诰，封国中大山为镇国山，并立碑铭文； （2）忽鲁谟斯进贡狮子、金钱豹、西马；阿丹国进贡"麒麟"；祖法尔进贡长角马；木骨都束进贡花福鹿、狮子；卜剌哇进贡千里骆驼、鸵鸡；爪哇、古里进贡麋里羔兽
第六次	永乐十九年（公元1421年）正月三十日~永乐二十年（公元1422年）八月十八日	约18个月	不详	暹罗、苏门答剌和阿丹等国使节随船来访

续表

	起止时间	历时	船队规模	主要事迹
第七次	宣德五年（公元1430年）六月九日～宣德八年（公元1433年）七月六日	约37个月	27 550余人；宝船61艘。	（1）修建长乐天妃宫（宣德六年十一月建成），树立《天妃神灵应之记》碑； （2）郑和船队从竹步西行，最远到达非洲南端，接近莫桑比克海峡

注：*由于《明史》与《天妃之神灵应记》碑对于"七次"的记载存在冲突，《明史》对永乐五年次航海行程并未记录，而将永乐二十二年遣郑和前往旧港为酋长施济孙请求继承宣慰使的官职颁发文书和官印算作了一次出航。遵循考古资料优先权的原则，本表以《天妃之神灵应记》碑记载为准，不将永乐二十二年出航计入"七次"之中，将永乐五年航海行程认定为第二次下西洋。但学界对此尚存争议。

**此次航行，《明史》及《明实录》均作永乐六年（1408年）九月成祖派遣郑和等出发，与《天妃之神灵应记》碑的记载亦有冲突。《天妃之神灵应记》碑中记载第二次远航返回时间已到永乐七年。故而结合其他相关资料记载，将第三次远航起始时间定为永乐七年九月出发。但学界对此尚存争议。

资料来源：《天妃之神灵应记》碑、《明史》、《明实录》、《郑和航海图》、《瀛涯胜览》、《星槎胜览》等相关考古资料及史料记载；《明太宗实录》卷四十三、卷六十七、卷七十一、卷八十三、卷一百六、卷一百三十四、卷一百六十六、卷一百六十八、卷一百八十三、卷二百十四、卷二百三十三、卷二百五十。

通过梳理不难看出，郑和七下西洋的航海工程，绝不仅仅是七次"耀扬国威"的航海探索组成的简单集合，而是数十年间稳定的、持续的、有明确战略方针的针对东南亚至东非广阔海疆整体经略，覆盖了政治、经济、文化等多个层次。

首先，从时间上，除最后一次远航由于皇位更迭的"不可抗力"[①]，与前次航海间隔时间达8年之久，前六次远航间隔时间从未超过18个月，甚至前三次远航都是在返程当年便开启下一次航行，考虑到船队必要的修整、补给时间，以及远航过程中带回及各国主动遣派的使节于中国朝贡交流的必要时间（第五次、第六次远航主要任务是护送诸国使节回国），可以得出这样一个结论——公元1405～1422年间的六次下西洋，是17年从未间断过的连续性航海工程。

---

① 郑和船队第六次与第七次远航期间，经历了明成祖朱棣、明仁宗朱高炽、明宣宗朱瞻基三位君主更替。

其次，郑和船队规模长期稳定在 27 000 人左右，且据相关史料记载①，船队人员组织严密齐全，官校、旗军、火长、舵工、班碇手、通事、办事、书弄手、医士、铁锚搭材等匠、水手、民梢等，并且能够在远航中完成"三擒番王"的战斗表现，说明这是一支成建制、有战力的"皇家海军"。

最后，从所访问的国家和地区来看，郑和船队到达并访问了今亚洲越南（占城、宾宾童龙）、泰国（暹罗、交阑山）、柬埔寨（真腊）、印度尼西亚（爪哇、旧港、苏门答剌、满剌加、重迦罗、吉里闷地、淡洋、花面、龙涎屿、阿鲁、孙剌、南巫里、南渤里等）、马来西亚（彭亨、东西竺、吉兰丹）、菲律宾（苏禄）、马尔代夫（溜山）、斯里兰卡（锡兰）、印度（古里、加异勒、柯枝、甘巴里、翠兰屿、小葛兰、阿拨巴丹、沙里湾泥等）、孟加拉国（榜葛剌）、也门（剌撒、阿丹）、伊朗（忽鲁谟斯）、沙特阿拉伯②、阿曼（祖法儿）；非洲索马里（卜剌哇、竹步、木骨都束）、肯尼亚（麻林、幔八萨）、坦桑尼亚、莫桑比克③等国家和地区。几乎涵盖了中国南海至非洲东海岸广袤海疆全部沿岸区域。

一支具有强悍战斗力的庞大"皇家海军"④，17 年不间断地游弋于东南亚至东非的广阔海疆之上，持续不断地对沿岸诸国施加大明王朝的影响力，主导建立了以"朝贡"为形式载体的贸易交流体系，足以说明郑和下西洋不仅仅是几次远洋探险和国家外交，而是大明王朝对这片广阔海疆及其沿岸三十余国长时间的整体经略治理。时间的累积效应为东南亚地区长久地打上了中华文明的烙印，其绵延的影响力直至 21 世纪的今天。时至今日东南亚地区的人口组成中还有相当比例的华人，吕思勉（2015）在其所著《中国通史》中言道："自郑和下西洋之后，中国对于南方的航行，更为熟悉，华人移殖海外的渐多，近代的南洋，华人成为其地的主要民族，其发端实在此时。然此亦是社会自然的发展，得政治的助力很小。"⑤ 这种规模的海洋治理在 15 世纪初的世界中是绝无仅有的，"海上马车夫"荷兰的海上霸权确立于 200 年后的 17 世纪，"日不落帝国"英国的海上霸权还要再延后到 100 多年后的 18 世纪中叶。

如果采用 1500 年为世界近代史开端的时间点，那么我们将郑和航行与其他全球古代史上的伟大航行做一个对比梳理，就能够更为清晰地看到郑和下西洋的航海业绩在全球史上的伟大地位，如表 7-4 所示。

---

① （明）祝允明：《前闻记·下西洋》。
② 今伊斯兰教圣城麦加，位于沙特阿拉伯境内。
③ 据考证，应为古索发拉国，今坦桑尼亚及莫桑比克全境。
④ 李约瑟在《科学与中国对世界的影响》一文中也曾说过："中国的海军在 1100～1450 年之间无疑是世界上最强大的。"（参见潘吉星主编：《李约瑟文集》，辽宁科学技术出版社 1986 年版）
⑤ 吕思勉：《中国通史》，新星出版社 2015 年版。

表 7-4　　　　　　　郑和下西洋与西欧主要航海事迹对比

事迹	首航时间	次数	历时	船只数目	船只吨位及船队人数	打通海上交通里程数估计
郑和航行	公元1405年	7	28年	约260艘*；各类宝船60余只上下	宝船估计为1 500吨级**；约27 000人（第1、第3、第4、第7次）	打通中国至东非海岸长程的海上交通，约1 300海里
哥伦布航行	公元1492年	4	13年	最少3只，最多17只	100~200吨***；最少约90人最多约1 200~1 500人	打通欧洲与加勒比海岸海上交通，约4 500海里
达·伽马航行	公元1497年	3	6年	4只（第1次），20只（第2次）	50~120吨；第一次约150人；第二次约1 600人****	打通绕航非洲至印度的海上交通，约1 300海里

注：＊除去《明史》《明实录》等史料中有明确数目记载的"宝船"外，据《三宝太监西洋记通俗演义》中所载，郑和船队还应有配套的战船、粮船、马船等多种用途的船只，是一支种类齐全的"特混舰队"。

＊＊关于郑和宝船的吨位，学界一直存有争议。《西洋番国志》等均概言其巨大，但缺少具体尺寸。不过，《皇明纪略》《客座赘语》等也有零星记录。其中，马欢所撰《瀛涯胜览》一书，部分版本的卷首记载称："宝船六十三号，大者长四十四丈四尺、阔一十八丈；中者长三十七丈，阔一十五丈。"这段记载提供了宝船具体的尺寸，《明史·郑和传》的说法与此相同。在明代南京龙江船厂遗址上，两次出土了全长超过11米的巨型舵杆，似可与之相符。根据1985年集美航专、大连海运学院、武汉水运工程学院合作，按照造船原理和中国式木帆船营造法式将宝船复原后，核算最大号宝船满载排水量约22 848吨，取之方形系数0.43，可载重9 824吨（参见彭德清主编：《中国航海史》，人民交通出版社1989年版）。2010年，南京发现明朝太监洪保墓，政府对洪保墓进行了抢救性发掘，墓中的墓志铭有一句话："授内承运库副使，蒙赐前名。充副使，统领军士，乘大福等号五千料巨舶。"洪保曾是郑和船队的副使，他的墓志铭有很强的说服力，"五千料"折合成现代计量单位大概是排水量2 500吨。毫无疑问，史料中郑和宝船的尺寸是真实的，郑和宝船是当时世界上最大的木质帆船。原海军装备技术部部长、中国郑和下西洋研究会副理事长郑明少将认为，实际伴随郑和七次下西洋的主要船型是"长61.2米，宽13.8米，排水量1 000余吨"的"二千料宝船"。综合各项资料，郑和船队平均排水量可大致估计为1 500吨上下。

＊＊＊"圣玛利亚"号是公元1492~1493年，哥伦布首航美洲舰队三艘船（"圣玛利亚"号、"平塔"号、"尼尼亚"号）中的旗舰。重130吨，长约23.66米，船宽7.84米，吃水1.98米，浪排水量120吨甲板长18米，有三根桅杆，都备有角帆。"平塔"号排水量约90吨，"尼尼亚"号排水量约60吨。

＊＊＊＊此数据参考前引罗荣渠先生著作，根据舰只数目、舰只吨位等数据估算得出。

资料来源：罗荣渠：《15世纪中西航海发展取向的对比与思索》，载于《历史研究》1992年第1期，第3~19页。

从时间上看，郑和下西洋早于哥伦布远航87年，早于达·伽马远航92年。郑和下西洋的远洋航海工程领先西方远洋探险近一个世纪。

从船队规模上看，郑和船队总吨位大致稳定在 60 000 吨上下，而哥伦布船队总吨位最大值仅能达到约 3 000 吨，达·伽马船队总吨位最大值仅能达到约 2 000 吨，都只相当于郑和船队的 1/30～1/20；哥伦布和达·伽马船队人员数量最多时只大致相当于郑和船队的 1/30，人数少时不及郑和船队 1/100。

从造船工艺上看，郑和船队最大的宝船排水量能够达到 20 000 吨级，甲板面积相当于近半艘"辽宁号"航空母舰，这不仅远远领先于同时期的西方国家，甚至直到今天以现代工艺也无法完全复原。

从航海技术上看，郑和使用的是一种叫作"过洋牵星术"① 的先进航海测向定位技术，其原理与近现代航海中所使用的六分仪测向定位技术大致相同，并留下了《郑和航海图》② 这样完善宝贵的航海资料。而西方直到 300 年后的 18 世纪③，才掌握了类似的测向定位技术。根据罗荣渠先生的研究，中国在造船和航海技术的许多方面都远远领先于欧洲，其中有关船推进的各种工艺应用，领先于欧洲 1 000 多年。④

同时相比于西方以血腥殖民扩张为目的远洋探险，郑和下西洋的航海工程则代表了以和平、共享、有序为核心理念的中华海洋文明观的对外输出，体现在史书上主要是"不征"的和平交流态度和"怀柔远夷"的中华治理理念。明太祖积极、主动发展与藩国的邦交关系，对周边国家采取"不侵占"的态度，并在《皇明祖训》中开列了十五个"不征之国"，试图构建一个以中国为主导，有等级秩序的、和谐的理想世界秩序，这种治理理念为明成祖所承继，郑和对万里西洋海疆的经略就是对这种治理理念的实践。故而，郑和下西洋可以看作是中华民族在世界海洋治理层面作出的具有自身文明特色的伟大尝试，是中华文明包容、进取的海洋文化对外的传导和输出。

通过以上的梳理，我们可以自信地作出一个这样的结论，"大小凡三十余国，涉沧溟十万余里"的郑和下西洋是世界古代史中持续时间最长、规模最大、技术最先进、最具战略意识的航海工程。将其定义为世界古代史上"最伟大的航海业绩"，应当是名副其实。

(三) 最持久的跨海开发经营建设工程

中国和东南亚的友好往来可以追溯到久远的古代。早在秦汉时期中国先民

---

① "过洋牵星术"是中国古代航海所用的天文观察导航技术，是指用牵星板测量所在地的星辰高度，然后计算出该处的地理纬度，以此测定船只的具体航向。《郑和航海图》中有四幅过洋牵星图。

② 英国李约瑟在《中国科技史》一书中指出：关于中国航海图的精确性问题，米尔斯和布莱格登做了仔细的研究，他们二人都很熟悉整个马来半岛的海岸线，而他们对中国航海图的精确性作出了很高的评价。

③ 六分仪的原理由伊萨克·牛顿提出。1732 年，英国海军开始将原始仪器安装在船艇上。

④ 罗荣渠：《15 世纪中西航海发展取向的对比与思索》，载于《历史研究》1992 年第 1 期，第 3～19 页。

便与东南亚地区土著民发生过交往互动。① 中国人对东南亚的持久的开发、经营、建设在隋唐时期便有记录。如唐代黄巢起义后大批华人移居东南亚；② 宋朝经济中心南移之后有部分中国商人在东南亚"住冬"或"住蕃"③。自唐宋始，华人在东南亚开始由暂住逐渐发展为久居。这极大地推动了中国与东南亚两地的交往。徐松石先生从考证南洋民族的血统的角度出发，指出约在公元前300～公元前200年（中国秦汉时期）有一部分百越人从我国的东南沿海出发，到达南洋与波利尼西亚人通婚而形成棕色人种。④ 他的研究可以说在某种程度上厘清了中国与东南亚的交往谱系的源头。罗伯特·希尔和索尔海姆（R. D. Hill and Solheim）则进一步指出，南迁的中国人将水稻及其栽培技术带去了东南亚，促进了当地农业的发展。⑤ 而中国的制陶技术、石雕等工艺等，也都陆续传播到东南亚。

　　谢贵安曾专门比对过明清实录中对"东南亚"这一区域的称谓，指出明朝更倾向于将其称之为"南海"，而"南洋"一词实则是在清朝时被大量使用的，⑥ 这从侧面说明了明清两朝对东南亚的属性有了全然不同的认知。中国学界将东南亚华侨移民史概括为四个阶段，⑦ 并总结出经济、社会和政治原因是推动移民的主要诱因。⑧ 概而言之，中国人跨海经营东南亚的工程（可称之为"跨海开发经营建设东南亚工程"）是随着"海上丝绸之路"开通陆续展开的，而欧洲人掀起的全球工业化浪潮为这一工程提供了强大助力。郑和下西洋开启了东南沿海居民规模化移居东南亚的浪潮；⑨ 欧洲的地理大发现加大了东南亚的殖民统治对华人

---

① 《汉书·地理志》中就记载了中国海商前往东南亚，中国的铁器、农耕和水利技术两汉时期传到越南，使越南的社会经济生活有了显著提高。
② 巫乐华：《南洋华侨史话》，商务印书馆1997年版。
③ 宋代朱彧在公元1119年成书的《萍洲可谈》卷二中记载道："北人过海外，是岁不还者"，谓之"住蕃"，有的商人甚至"住蕃"达"十年不归"。而南宋赵汝适在《诸蕃志》"南疁国"中也谈道："泉舶四十余日到兰里住冬，至次年再发，一月始达。"（参见福建省地方志编纂委员会编：《福建省志·华侨志》，福建人民出版社1992年版）
④ 徐松石：《南洋民族的鸟田血统》，载于《杭州国际百越文化学术讨论会论文》，1990年8月。转引自游修龄、曾雄生：《中国稻作文化史》，上海人民出版社2010年版。
⑤ 游修龄、曾雄生：《中国稻作文化史》，上海人民出版社2010年版。
⑥ 谢贵安：《明清实录对"南海"与"南洋"的记载与认知》，载于《南都学坛》2018年第6期，第18～26页。
⑦ 庄国土：《论中国人移民东南亚的四次大潮》，载于《南洋问题研究》2008年第1期，第69～81页。
⑧ 庄国土：《海外贸易和南洋开发与闽南华侨出国的关系——兼论华侨出国的原因》，载于《华人华侨历史研究》1994年第2期，第54～59页。
⑨ 究其原因主要在于郑和下西洋"完全打开了通往东南亚各地的海上交通，树立起中国在海外的威望，为华侨开发东南亚创造了有利条件，吸引了大批华侨移居到东南亚各地。"（参见李金民：《郑和下西洋与中国东南亚的海上贸易》，载于《南洋问题研究》1997年第2期）

劳动力的需求；明清易代的政治危机又迫使一部分人逃往南洋；① 鸦片战争又使两地的联系变得更为紧密。

中国人"跨海开发经营建设东南亚工程"大致包含以下三个方面：

第一，跨海开发工程。跨海开发工程是指移居东南亚的中国人对当地土地的开发。《南洋华侨史话》是一部系统叙述华侨在东南亚创立的业绩和经历的书籍。该书记载，华侨在元明时期已经广泛分布在南洋各地，开发并创立"新村"②。如爪哇中部的三宝垄最早就是由中国人开发的，并发展成为一座专门纪念郑和的城市。加里曼丹岛的开发也得益于华人。"大唐总长"罗芳伯③和"新福州港主"黄乃裳④是开发加里曼丹岛锡矿资源的主要华人领袖；杨彦迪和陈上川则率众南移，对开发和建设越南湄公河三角洲一带南圻厥功至伟；⑤新加坡也在华侨进入后完成了从荒岛到新兴城市的蜕变；华侨还开垦过菲律宾的部分荒野，使得昔日蓬蒿之地成为种植农作物的沃野。凡此种种，不胜枚举，勤劳勇敢的中国人在东南亚地区的开发史上留下了浓墨重彩的一笔。

第二，跨海经营工程。跨海经营工程不仅包括跨海经商，还包括华侨在东南亚营建的商贸管理、开矿冶炼等系统工程。李金明先生关于古代中国与东南亚贸易往来的研究成果是具体而微的。⑥ 根据李先生的研究，中国与东南亚两地的贸易往来从古到今未曾断绝。18世纪中国人甚至专门在东南亚从事造船活动以满足商渔船只的增长需求，⑦ 而东南亚大型商会的设立更是保护华人、促进两地商贸的有效机构。⑧ 更为著名的是明清之际的郑氏海商集团设置了专门的对外贸易

---

① 越南官书《大南实录》记载："己未三十一年（1678）春正月，原明将龙门总兵杨彦迪，副将黄进、高、雷、廉总兵陈上川，副将陈安平率兵三千及战船五百余艘，来投思容，沱囊海口，自陈为明之遗臣，义不仕清。"转引自福建华侨历史学会编：《华侨问题论丛》第1辑，福建华侨历史学会1984年版。

②⑤ 巫乐华：《南洋华侨史话》，商务印书馆1997年版。

③ 谢贞盘的《西婆罗洲大唐总长罗公芳伯纪念碑记》载："（罗芳伯）与众集议，因建国，任大总制，建元兰芳。对吾国人自署大唐总长，对土属始称王，时乾隆四十二年也。"（参见周云水等：《客家学研究丛书》第3辑，《西婆罗洲华人公司史料辑录》，暨南大学出版社2018年版）

④ 1900年，福建闽清人黄乃裳"为桑梓穷极无赖之同胞谋一生活途径"，决定开发诗巫。经华人介绍以及担保，他与沙捞越二世拉查尔斯·布鲁克签订了移民垦殖合约，并把诗巫命名为"新福州"。垦约共十七条，其中之一便是"新福州港主（也称包工人）招致男妇农民一千名……"。（参见福建省华侨历史学会筹备组编：《福建华侨史话》，福建省华侨历史学会1983年版）他的称号当由此来。

⑥ 李金明专门撰写过《明初中国与东南亚的海上贸易》(《南洋问题研究》1991年第2期)、《清代前期中国与东南亚的大米贸易》(《南洋问题研究》1990年第4期)、《清康熙时期中国与东南亚的海上贸易》(《南洋问题研究》1990年第2期)等文章以及《明代海外贸易史》（中国社会科学出版社1990年版）等著作。

⑦ 陈希育：《十八世纪中国人在东南亚的造船活动》，载于《南洋问题研究》1989年第3期，第102~111页。

⑧ 庄国土：《论清末海外中华总商会的设立——晚清华侨政策研究之五》，载于《南洋问题研究》1989年第3期。

管理组织和制度,为郑氏抗清事业提供了有力的经济支撑。① 康熙二十三年海上贸易盛况空前。有记载称:"商船交于四省,遍于占城、暹罗、真腊、满剌加、渤泥、荷兰、吕宋、日本、苏禄、琉球诸国"。②

跨海经营工程以采矿和冶金最为显著。东南亚蕴含丰富的金、银、铜、锡、铅、锌等矿产资源,古代中国纯熟的采矿和冶炼技术在东南亚大显身手。③ 例如,公元18世纪上半叶,安南"各镇金银铜锡诸矿,多募清人采","自场厂盛开,监当官多集清人采之,于是一场拥夫至以万计,矿丁曹夫,集聚成群,其中多潮州,韶关人"。④ 据越南史料记载:"丙子,嘉隆十五年[清嘉庆二十一年(1816年)]三月,开兴化呈烂铜矿。呈烂地产红铜,有清人乞开矿纳税。北城臣为之奏,许之"。⑤ 这便是华人在越南开采铜矿的记载。而越南的送星银厂则是华人聚集的规模最大的银厂,有许多世居的华人。有史料记载:"自有厂以来,前明至今,多内地遣置未回之人,落籍世居,子孙繁息","厂之人籍,隶广西、江西、湖南、福建各省,而粤东嘉应、惠州及广肇南韶之人,十居其九"。⑥ 印度尼西亚的西加里曼丹的金矿、满剌加的锡矿、马来西亚金矿和锡矿,乃至缅甸的玉石和银矿,都依赖华工帮助开采。华人曾专门组织"公司"以推动西加里曼丹岛的采矿事业的繁荣。在19世纪二三十年代,该地华侨超过了12万人,其中近一半都是矿工。《清史稿》的《缅甸传》记载:"又有波龙者,产银。江、湖广及云南大理、永昌人出边商贩者甚众,且屯聚波龙以开银为生,常不下数万人。"⑦ 欧洲殖民者侵入东南亚之后,也招募华工助其采矿。另外值得一提的是,原产于巴西亚马孙河流域的橡胶,1877年引种到马来西亚,经华侨林文庆、陈齐贤和陈嘉庚等人前仆后继地经营,建立了后来十分繁荣的马来西亚橡胶业。

第三,跨海城市建设社会建设工程。中国人在不断移居南洋的过程中逐渐形成了带有中国南方特色的华侨社会,不仅开启了具有中国文化特色的社会建设,而且借助于有组织的社会推动了东南亚的城乡建设、经济和社会发展。如采矿业的发展在吸收华人劳动力的同时也使得华人聚集之处的服务业发达起来,"厂内随聚成市,饭店酒楼,茶坊药铺,极为繁凑,亦是内地客人,于力作之处,自相

---

① 刘强:《海商帝国:郑氏集团的官商关系及其起源,1625-1683》,南开大学博士学位论文,2012年。
② 姜辰英:《海防篇》,引自《中外地舆图说集成》卷九十八,上海顺成书局石印本1894年版。
③ 沈健:《历史上的大移民下南洋》,北京工业大学出版社2013年版。
④ [越南]潘清简:《越史通鉴纲目》卷四十三。
⑤ 《大南实录》正编卷五十二。
⑥ 《军机录副奏折》,转引自萧德浩、黄铮主编:《中越边界历史资料选编》,社会科学出版社1993年版。
⑦ 《清史稿》卷五百二十八《缅甸传》。

返易"①。"到鸦片战争前夕,南洋华侨人数已接近100万,分布更为广泛,出现了更多的华侨聚居区。"②当时的华人和华侨聚居的代表性地域有巴达维亚、新加坡、马尼拉与槟榔屿等地区。荷兰的包乐史与我国吴凤斌所著的《吧城公馆档案研究:18世纪末吧达维亚唐人社会》就是根据吧城公馆遗留的1772~1978年的华人和华侨档案为依据而探究华人群体在东南亚生活史实的作品。③华侨在东南亚建设中成就最突出的是叶亚来(公元1837~1885年)对吉隆坡的建设。据说叶亚来一生奋斗不息。1873~1880年,叶亚来任吉隆坡的行政官,专门负责吉隆坡的重建工作。他带领人马建设城市,包括疏浚河道、架设桥梁、修建公路和大量的砖瓦房、将土路改为碎石路。他还致力于发展教育事业。他领导的建设所取得的成就奠定了吉隆坡现代化的基础。④细数新加坡历史上的华人"先贤",则有陈笃生和陈金钟父子致力于慈善事业,救死扶伤;胡亚基修建南生花园对公众开放;陈金声解决城市的自来水供应等,都是跨海建设事业的典型。⑤

从百越人的南迁,到唐宋时东南沿海一带居民到南洋诸岛谋生,再到明清成批移民的出现,华侨将中国先进的生产技术和工具带到南洋开发荒地和矿山,将中国的城市建设、商贸管理等的经验用于东南亚的经济建设和社会建设,对东南亚的发展和进步作出了突出贡献。中国与东南亚的跨海开发经营建设工程与两地交往史一样悠久而绵长,也存在规模宏大、合作力度深入的特点。海商和华侨是"跨海开发经营建设东南亚工程"的主体,但其背后却依托于两地经久的商贸往来,尤其是郑和下西洋贯通航线使得明清时期的"跨海开发经营建设东南亚工程"取得突飞猛进的发展。这个时期不仅涌现了无数优秀的建设东南亚的华侨,而与之相配套的则是中国的港口建设以及行商制度的保障。无论是官方商贸促进的跨海合作抑或私人进行的经济开发工程,都表现了中国人对东南亚地区和平、共赢、长远的相处愿景,而这些美好的初衷已然成为我们熟知的历史。

第二节　建设海洋文化强国

关于"和平、发展"或"和平、发展、合作"是时代主题⑥的判断,关于我

---

① 《军机处录副奏折》,转引自萧德浩、黄铮主编:《中越边界历史资料选编》,社会科学出版社1993年版。
②④⑤ 巫乐华:《南洋华侨史话》,商务印书馆1997年版。
③ [荷]包乐史、吴凤斌:《吧城公馆档案研究:18世纪末吧达维亚唐人社会》,厦门大学出版社2002年版。
⑥ 习近平:《构建中巴命运共同体,开辟合作共赢新征程》,载于《人民日报》2015年4月22日,第2版。

国进入新时代的判断①,向我们展示了战略制定非常乐于看到的图景——宽松从容。我国拥有一个实现自身发展的战略机遇期②,我国已经为实现更高质量的发展奠定了良好的基础,因而我国可以从容地制定自己的海洋战略,可以按照既定的战略规划有条不紊地实施自己的海洋战略。从容制定的国家战略一定包含文化战略,有条不紊地实施的海洋战略一定是包含海洋文化建设的战略。"养兵千日用兵一时"说的是兵用于急,一时之急;润物细无声反映文化的潜移默化。从容制定的国家战略显然不应忽略那"无声"地做功的文化战略。

习近平在省部级主要领导干部学习贯彻党的十八届三中全会精神全面深化改革专题研讨班开班式上的讲话中指出,"中华民族是一个兼容并蓄、海纳百川的民族,在漫长历史进程中,不断学习他人的好东西,把他人的好东西化成我们自己的东西,这才形成我们的民族特色。"习近平所说的"民族特色"也表现在海洋文化上。他号召全党全国"加强对中华优秀传统文化的挖掘和阐发,努力实现中华传统美德的创造性转化、创新性发展,把跨越时空、超越国度、富有永恒魅力、具有当代价值的文化精神弘扬起来,把继承优秀传统文化又弘扬时代精神、立足本国又面向世界的当代中国文化创新成果传播出去"。③ 在海洋战略的制定中,我们应当既"继承优秀传统文化"又"弘扬时代精神",做出"弘扬"民族"文化精神","传播""中国文化创新成果"的战略安排。

考虑到我国既有海洋文化的"既定条件",我国的海洋战略可以做建设海洋文化强国的战略安排。本书所说的海洋文化强国建设战略包含以下三个骨干工程。

一、海上文化线路遗产保护工程

海上文化线路,就是人类从事航海活动而形成的路线,而海上文化线路遗产,则是"人类跨越海洋实现文化传播、交流和融汇的历史形成的线性文化遗产。海上文化线路遗产的历史内涵广泛而丰富,远远超越人们所熟悉的海上丝绸

---

① 本书根据以习近平同志为核心的党中央对新时代的论述,为给新时期中国海洋战略的制定摸准"既定条件",对我国发展的新时代做了系统全面的总结。参见第一章第二节。

② 关于战略机遇期稍纵即逝的判断向人们传递的是紧张信息,这个信息提醒我们要牢牢把握时机不放松,抓紧时间实现战略目标。习近平也曾指出"机者如神,难遇易失"(参见《习近平谈"一带一路"》,中央文献出版社2018年版)。然而,这种紧张与大兵压境的紧张不是一回事。前者,可以从容地(紧张有序地)利用战略机遇期;后者,只能手忙脚乱地应对,难以避免地会出现顾此失彼的应对。

③ 《习近平在省部级主要领导干部学习贯彻十八届三中全会精神全面深化改革专题研讨班开班式上发表重要讲话强调:完善和发展中国特色社会主义制度,推进国家治理体系和治理能力现代化》,载于《人民日报》2014年2月18日,第1版。

之路以海上贸易为中心视域的历史遗产内涵"①。人类在从事海洋活动的过程中兴渔盐之利，修舟楫之便，在这个过程中，人们在航海途中经过或停留的海港、所使用的船舶、船舶上所载的货物以及人们在航海过程中在民俗、语言、风土人情等方面的见闻或者活动都是海上文化线路遗产，其中既有海洋物质文化遗产，又有海洋非物质文化遗产，同样还包括海洋自然景观遗产。

中国是世界上海洋文化历史积淀非常深厚的国家，自先秦开始，中国就逐渐形成了与世界各地的跨越海洋的文化交流，其中包括与琉球群岛、日本列岛、印度洋沿岸、朝鲜半岛、东南亚甚至欧洲、美洲、非洲的一些国家。中国与外国进行文化交流的历史，就是中国与那些国家以海洋为媒介进行跨海文化交流、互动的历史，中国与海外其他国家进行航海往来的空间结构，实际上就是由中国与世界其他国家在航海过程中形成的一条条海上文化线路连接而成的。

（一）保护海上文化线路遗产的重要性

保护海上文化线路遗产有利于国家海洋权益维护。海上文化线路遗产是中国维护国家主权和领土完整、保障国家海洋权益的重要事实依据之一。受冷战遗留的历史问题与冷战后现实冲突的影响，东亚地区国家矛盾交错，利益交织，尤其是西太平洋地区海洋地缘状况拥挤不堪，自2010年美国实施重返亚太战略以来，我国周边安全形势日趋严峻。尤其是自《联合国海洋法公约》生效以来，无论是在东中国海还是南中国海的不少岛屿与海域，都存在着外围国家与我国的海洋主权和相关权益的争议，而作为环中国海海洋文化遗产的中心和主体的中国海上文化线路遗产，在这些争议岛屿与海域都有广泛、大量的分布。充分认识和重视海上文化线路遗产在这些岛屿和海域中的历史"先占性"和长期拥有性，对于维护我国国家主权和领土完整、保障国家海洋权益具有不可替代的价值和意义。

保护海上文化线路遗产有利于增加国家海洋文化底蕴，提升海洋文化自信。长期以来，国人对中国的海洋文明历史重视不够，认为西方文化是海洋文化而中国文化是农耕文化，海洋文化开放、开拓、开明、先进，而农耕文化保守、封闭、愚昧、落后。但实际上，中华民族在与海外民族之间的政治互动、经济互连、文化互通时，都是通过历史上一直梯航不断的海上往来实现的，而且这种长期的中外交往，从质（内涵性质）上来看都是以中国大陆历代王朝为主导，按照中国大陆历代王朝的对外经略政策和中外宗藩体制及其朝贡制度而施行的；从量（无论是历时的还是共时的）上而言，由于"环中国海"的中外航海长期以来一直以中国为"轴心"，所以中外航海文化的主体就是中国航海文化，由此形成的

---

① 曲金良：《关于中国海洋文化遗产的几个问题》，载于《东方论坛》2012年第1期，第15~19页。

海上文化线路遗产，主体上也是中国的。也就是说，中国不但是世界上历史最为悠久的内陆大国，同时也是世界上历史最为悠久的海洋大国，对海上文化线路遗产进行保护，有利于揭示长期以来被遮蔽、被误读、被扭曲的中国海洋文明史，重塑国人的海洋历史观。保护中国的海上文化线路遗产，可以增强国民对自己国家、民族文化整体的自豪感和自信心，弘扬独树一帜的中华海洋文化。

保护海上文化线路遗产有利于海洋强国建设。以中国海洋文化遗产为中心和主体的环中国海海上文化线路遗产，不仅分布在环中国海"内侧"的中国沿海、岛屿和水下，而且广泛、大量分布在环中国海"外侧"，亦即"外围"的东北亚与东南亚国家和地区。这些具有中国文化属性的海上文化线路遗产，总体上彰显的是中国文化作为和谐、和平、与邻为伴、与邻为善的礼仪之邦文化的基本内涵，见证着这些国家和地区的人民与中国人民长期进行政治、经济、文化友好互动，构建和维护东亚和平秩序的悠久历史。历史不应被忘记，历史会昭示后人。对海上文化线路遗产的保护与利用，对于国家对外构建东亚乃至整个世界的海洋和平秩序具有重要的战略价值，这些遗产是最具基础性、真实性因而是最具说服力和感召力的资源。全面、整体地保护海上文化线路遗产，可以揭示和彰显中国作为世界上历史最为悠久的海洋大国的丰厚海洋文化积淀，提升国民的海洋文化主体意识，重塑国人的海洋史观和海洋文化观，为促进中国文化包括海洋文化全面发展繁荣提供历史的和文化的认同基础，从而服务于建设海洋强国的战略部署。

保护海上文化线路遗产有利于促进史学和考古学研究。海上文化线路遗产所具有的考古价值和历史价值是显而易见的。对考古学家和历史学家而言，海上文化线路遗产是重要的非文献性证据，见证了人类海洋社会的发展和进步。由于所处环境特殊，外来的干预很少，这些沉船、遗址保存相对完好，一来可以验证从陆上的遗址遗迹中获取的信息；二来更重要的是，有些很难从陆上的遗址遗迹中获取的信息却可以在海上文化线路遗产中获得。如在山东附近海域发现的元朝战船，对于研究古代战船的形态与结构提供了翔实的资料。战舰上发现的物品，包括铁剑、铁炮、铁铳、铁炮弹、灰弹瓶等武器和龙泉青瓷碗、高足杯、草席、滑轮等器具和用具等，成为复原和研究中国古代海军兵器组成与舰上生活的重要资料。所以，保护海上文化线路遗产，可以为考古学家和史学家提供更多完整可靠的了解历史的依据和信息，可以由此推断出当时社会的商业和贸易往来路线和状况，船舶的建造技术以及人们的生活方式，等等。

（二）保护海上文化线路遗产的原则

海洋孕育了人类文明，中国几千年传承下来的数量可观的海上文化线路遗产是中国悠久海洋文明发展的历史见证，是中国海洋文化史最直观、最具说服力的现实存在，保护海上文化线路遗产就是保护海洋文化史，重视对海上文化线路遗产的保护，就是重视海洋文化的建设。

与陆上文化遗产不同，海上文化线路遗产具有流动性、跨国别性、整体性等特点，尤其是沉落在海底的文化遗产已经和周围的海洋环境融为一体，保护这些文化遗产，也要同时保护其周围的海洋环境。所以，海上文化线路遗产的保护是一项难度巨大、需要跨国协作的系统工程，在保护过程中，需要遵循以下几个原则。

1. 就地保护原则

无论陆地遗产，还是水下文化遗产，对其进行有效保护，学者和专家们的共识即"就地保护"。这已经成为各类文化遗产保护最重要的手段和遵循的主要原则之一。

深不可测的海洋"虽然给水下考古工作带来很大的不便，但使水下文物特别是有机物得到了很好的保护。水下的泥沙无疑可以发挥遗迹、遗物的保护膜或防腐剂的作用，往往可以比地下文物保存得更好"[①]。在飞行器或者航船坠入大海的最初阶段，由于海底环境与飞行器或船舶原来的空间环境的巨大差异，飞行器、沉船及其承载物会很快被海水腐蚀。但随着飞行器、船舶及其承载物在海水的浸泡下逐渐适应海底环境，这种腐蚀会减慢下来甚至停止。从此飞行器、沉船及其承载物便在相对平衡的环境下以原貌的形式存留数百年甚至数千年。

在水下存留下来的物品由于长期被海水浸泡和腐蚀，已经变得十分脆弱。这些物品一旦打捞出水，稍有不慎就会被破坏甚至化为乌有。因此，在技术不成熟、无完好保存把握的情况下，把遗产盲目打捞出水是一种非常不明智的做法。既耗费人力物力财力，又可能造成对这些沉物留给人们的文化价值和历史价值的毁灭。而对这些水下文化遗产实行"就地保护"，维持这些遗产与原来的海洋环境的平衡，就可以避免这类事情的发生。除这些遗产已经遭受外界人为的或自然界的破坏已经无法就地保护的情况外，"就地保护"是此类遗产进行保护的最有效的办法。

2. 真实性原则

真实性，即本真性、原真性。真实性原则要求在文化遗产的认定、记录、保存、修缮、传承等各个环节，完整准确地保护文化遗产本身的历史信息和文化价值的真实性，不改动、破坏其历史信息。

不改变原状是真实性原则的基础，只有不改变文物原状，才能最大限度地保

[①] ［日］小江庆雄著，王军译：《水下考古学入门》，文物出版社1996年版。

存文物的历史信息和文化价值。不过，实行真实性原则并不等于简单地维持原状。真实性原则还要求将文物的历史变迁信息完整地保存和展示出来，流传下去。经过几百年甚至上千年的海洋侵蚀，海上文化线路遗产仍完整保持其诞生时的原貌是不可能的，很多遗产由于其材质、结构的特殊性以及海洋侵蚀等原因，常常已经有较大损坏，甚至濒临毁灭，需要修复或加固，才能留住或恢复其本来面貌，阻止其进一步损毁。真实性原则要求任何修复或加固都必须尽可能保持其原有的信息。如果实施了多次修复或加固，应将每次修复或加固信息完整真实地保存并留给后人。坚持真实性原则还有助于抵制"假古董""伪民俗"，防止海上文化线路遗产保护的庸俗化、功利化倾向。

3. 整体性原则

《实施〈保护世界文化与自然遗产公约〉的操作指南》要求各国申报的遗产必须具有整体性的特点。① 这是用来鉴别一种自然遗产或文化遗产是否有价值的重要标准。整体性原则首先要求对文化遗产本身的各个组成部分完整地加以保护。因为线路或遗产遗迹并不是以个体的形式存在的，只有一条完整的线路或者一组完整的遗产遗迹群才能构成其完整的历史、文化信息，缺少哪一部分，都不能使这类遗产完全起到历史见证的作用。

整体性原则还要求海上文化线路遗产与周围的自然和人文环境保持完整性。海上文化线路遗产的形成过程与周围的海洋、海岛以及海底的环境是密不可分的。要想获得遗产所蕴含的全部历史内涵等信息，必须把遗产放在其所在的特定环境中才能获得。因此，《威尼斯宪章》指出，对古迹的保护必须包括对其周围环境的保护，除非必须要把该文物迁移出去，否则对此文物的保护必须同时保护与其不可分割的周围的环境。②《中华人民共和国文物保护法》的规定也体现了整体保护的理念。该法特别强调了对不可移动文物的保护不仅要保护其本身，更要保护围绕此文物的周围环境。③《中国文物古迹保护准则》也要求在保护文物古迹的同时要保护其周围的自然环境和人文景观。④

---

① 《实施〈保护世界文化与自然遗产公约〉的操作指南》第八十七条："所有申报《世界遗产名录》的遗产必须具有完整性。"

② 《威尼斯宪章·原则和目标》第四条："与历史性城市及地区的历史真实性有关的价值和一切决定它的面貌的物质因素都应该保存，尤其是：历史性土地划分和交通的图式；建筑物的外部和内部特点，尺度、大小、结构、材料和色彩，以及建筑物之间的空隙；建筑物与空隙的关系；历史性城市或区域与自然景观及人文风光的关系。对这些价值的任何损害都会使真实性受到破坏。"

③ 《中华人民共和国文物保护法》第二章第十九条："在文物保护单位的保护范围和建设控制地带内，不得建设污染文物保护单位及其环境的设施，不得进行可能影响文物保护单位安全及其环境的活动。对已有的污染文物保护单位及其环境的设施，应当限期治理。"

④ 《中国文物古迹保护准则》第二十四条："与文物古迹价值关联的自然和人文景观构成文物古迹的环境，应当与文物古迹统一进行保护。"

(三) 完善海上文化线路遗产保护法

为保护海上文化线路遗产，我国应修改完善文化遗产保护法。我国现阶段的文化遗产保护法包括国家和地方立法两个方面。《中华人民共和国文物保护法》和《中华人民共和国非物质文化遗产法》是国家层面最主要的关于文化遗产保护的专门法律。一些地方，如泉州、北海等地，也已经开始把对海上文化线路的保护纳入本地区文化遗产保护法规的保护范围。不过，总体而言，不管是中央立法机关的立法，还是地方立法机关的立法，都很少涉及线性文化遗产保护问题。

这种情况应尽快改变。海上文化线路遗产是新型线性文化遗产的重要组成部分，体现着中国悠久的海洋发展历史。我国应考虑制定海上文化线路遗产保护的专门立法。通过制定专门立法，可以建立专门用于保护海上文化线路遗产的制度。例如，可以建立商业性开发限制制度。任何单位和个人，未经国家文物保护主管部门的批准，不得勘探、发掘、打捞海上文化线路遗产。

为保护海上文化线路遗产我国应加入《水下文化遗产保护公约》（以下简称《公约》）。《公约》遵循水下文化遗产保护的国际合作原则。加入《公约》，有利于我国在资金、人员和技术等方面与相关国家和国际组织开展国际合作。按照《公约》的规定，对于正处在紧急危险状态的起源于中国的水下文化遗产，不论此遗产处于哪国海域，中国都有权利去制止破坏行为和保护这些遗产。① 依据这一机制，即使是在大陆架或专属经济区内，发现抢劫、走私、打捞我国水下文物的情况，我国都可采取一切可行措施防止这些情况产生，也可请求其他缔约国给予帮助。②

二、海洋文化多样性保护工程

中国作为一个海洋大国，从来没有忽视过海洋对人类的作用和影响，"古代就有'环九州为四海''物产富饶为陆海'的记载，海洋构成了中华民族的半壁疆域"③。依海而居的中华先民得"鱼盐之利"，享"舟楫之便"，在认识海洋、

---

① 《水下文化遗产保护公约》第十九条第一款："缔约国应依据本公约在水下文化遗产的保护和管理方面相互合作，互相帮助，有可能的话，也应在对这种遗产的调查、挖掘、记录、保存、研究和展出等方面开展协作。"

② 《水下文化遗产保护公约》第十条第四款："以防止水下文化遗产受到包括抢劫在内的紧急危险的情况下，如有必要，协调国可在协商之前遵照本《公约》采取一切可行的措施，和/或授权采取这些措施，以防止人类活动或包括抢劫在内的其他原因对水下文化遗产构成的紧急危险。"

③ 曲金良：《和平海洋：中国海洋文化发展的历史特性与道路抉择》（中国海洋文化论文选编），海洋出版社 2008 年版。

利用海洋的历史沿革中创造了丰富多彩、辐射八方并传承至今的海洋文化。

（一）我国拥有丰富的海洋文化

任何文化的产生都与其所在地域直接相关，海洋文化也不例外，地缘因素是海洋文化产生的主要原因，地域性是海洋文化的主要特性。中国沿海地区是海洋文化的孕育与发源地，史前、上古时代，居住在东、南沿海地区的东夷、百越民族"是中华海洋文化的创造者"，[①] 他们创造的文化中蕴含了各具地域特色的海洋性特征。

东夷文化又被称为海岱文化，发端于山东半岛。史书所载东夷的范围"北起幽燕、南至淮水、东抵黄渤（海）、西止豫东、豫东南的广阔地区"[②]，而辽东半岛海洋文化中发现的山东大汶口文化的彩陶也表明自史前时代起，辽东海洋文化实际上也是东夷文化扩张的产物。东夷族群面海而生，锲而不舍地对海洋进行探索和开发利用。生活方式上，在黄海、渤海沿岸发现了大量的包含贝壳、鱼骨等海洋生物遗存和链、镖、网坠等渔猎工具的贝丘聚落遗址表明，海洋渔猎是东夷人最主要的采食经济活动；而盔形器的发现也表明海洋煮盐业已经成为东夷人的主要活动之一了。他们出海渔猎、"煮海为盐"，海洋早已渗透进东夷人生活的方方面面。在跨海航行方面，东夷人业已开始利用舟楫之便，跨越渤海与辽东半岛、朝鲜半岛及日本等地进行海上交流。东夷人跨海航行的有力证据就是在辽东半岛黄海沿岸发掘出的新石器时代陶舟模型，以及在山东省荣成市、庙岛群岛大黑山岛发现的早期木质舟船的遗存。

百越文化，泛指中国东南沿海及岭南各越系先民创造的文化，它贯穿先秦汉数千年，涵盖我国南方大部分地区，主要分布在今江苏、上海、浙江、安徽、湖北、湖南、江西、福建、台湾、广东、广西等省份，现代的泉州海洋文化、潮汕海洋文化、闽粤海洋文化等都是百越文化的代表。百越文化中有许多文化要素都浸润着浓烈的海洋文化特性，如在河姆渡遗址中发现的大量鱼骨，说明这里的原始居民以捕捞为业；高脚、底层透空不居人的干栏式建筑使房子在多雨常涝的南方沿海地区可以达到有效防潮的目的；再如白水郎，"这是对中国东南沿海闽粤一带生活在船上的水上居民的特有称呼，也表明了百越族与海洋的密切关系"[③]。生活在海边的百越民族，自古便"以舟为车，以楫为马"，河姆渡遗址发现的八

[①] 吴春明、佟珊：《环中国海海洋族群的历史发展》，载于《云南师范大学学报》2011 年第 3 期，第 9～17 页。

[②] 张开城：《海洋文化与中华文明》，载于《广东海洋大学学报》2012 年第 5 期，第 13～19 页。

[③] 刘桂春、韩增林：《我国海洋文化的地理特征及其意义探讨》，载于《海洋开发与管理》2005 年第 3 期，第 9～13 页。

支木桨和两件舟形陶器说明当时的先民已经掌握了航海技术,不仅扩展了他们的社会活动与发展空间,而且为更大范围的文化交流提供了可能,东南亚、南太平洋诸岛上的许多民族,都与古越人的后裔有一定的血缘关系。

经过数千年在广大地域上的创造发展,我国积累了十分丰富的海洋文化,成为世界上海洋文化多样性程度最高的国家之一。我国的海洋文化主要有以下种类。

1. 海洋自然景观

我国拥有 18 000 千米的海岸线,从北到南依次跨越渤海、黄海、东海和南海,由于穿越不同的气候带,处于不同气候带的海域就形成了不同的沉积物和地域形态,各海域也就随之形成了各种不同的自然景观。例如,2005 年 10 月 23 日,中国最美的地方排行榜发布了中国八大最美海岸,分别是亚龙湾(海南省三亚市)、野柳(台湾省新北市)、成山头(山东省荣成市)、东寨港红树林(海南省海口市)、昌黎黄金海岸(河北省秦皇岛市)、维多利亚海湾(香港特别行政区)、崇武海岸(福建省泉州市)和大鹏半岛海滩(广东省深圳市),山依水而活,天得水而秀,水域风光动中有静、静中有动,海洋自然景观之美可以想见。

2. 海洋军事文化

人们为了巩固海防,常常在沿海一带建军港,修炮台,由此形成了海洋军事文化。如中国山东省烟台市蓬莱区的古登州港,是中国现存最完整的古代水军基地。始建于清光绪十七年的厦门胡里山炮台,建筑风格融合了欧洲和我国明清时期的建筑特色,三面环海,地理位置优越,历史上被称为"八闽门户、天南锁钥"。上海是中国的战略要地,东晋时期,这里曾修沪渎垒用以防御;明嘉靖年间,为防倭寇入侵,城堡、烽火墩等军事设施纷纷建成;清顺治年间,又在黄浦江与长江交汇处建了吴淞炮台等军事设施用于抵抗外敌。此外,天津的大沽口炮台、虎门炮台、大连的旅顺港等也都是我国突出的海洋军事文化的体现。

3. 海洋港口文化

中国沿海各地的港口,是我国古代海洋商贸交流繁荣的见证。自汉代开辟了海上丝绸之路以来,中国与东南亚、印度半岛、阿拉伯半岛乃至东非的商贸往来逐渐兴盛,沿海地区很多城市也因港口而繁荣起来,形成了独特的港口城市和港口文化。从 3 世纪 30 年代起,广州就成为海上丝绸之路的主要港口。唐宋时期,广州已经发展成为中国第一大港,是世界著名的东方港市。宋末至元代时,福建的泉州超越广州,与埃及的亚历山大港并称为"世界第一大港",联合国教科文组织所承认的海上丝绸之路的起点便在这里。此外还有福州、宁波、古登州港、古黄埔港等港口和港口遗址。

4. 海神庙宇

由于受到海洋风暴的危害,沿海各地纷纷建起海神庙宇,供奉神灵,祭拜海神,祈求江海潮汐平和,人民免受水害之灾。海神庙宇在沿海各地不胜枚举,仅舟山群岛上供奉妈祖的天后宫就有约 20 所,海龙王宫约 30 所;594 年,隋文帝下诏立祠祭祀四海,在广州外港黄木湾建立了直到目前仍然是中国最大的南海神庙;始建于北宋天禧元年的福建昭灵庙,历史悠久,文化底蕴深厚,既是一座海神庙宇,也是各国海洋商贸航线的途中停泊点;浙江海宁盐官的海神庙,巍然屹立于钱塘江畔,距今已有 200 多年历史,是一座专门祭祀"浙海之神"的宫殿式建筑,当地人把"浙海之神"与清朝雍正皇帝联系起来,演绎了不少皇家和海宁陈阁老家族的传奇故事。

5. 海洋工艺

爱美之心人皆有之,生活在古代的人们自然也不例外。在距今 18000 年前山顶洞人的遗址中已发现不少海蚶壳,其中有些贝壳上钻有小孔,用来穿成串打扮自己;4000 多年前东夷民族独创的黑陶是中国先民原始礼仪的载体和精致的艺术品,是中国龙山文化的典型代表;南海珊瑚在西汉已作为贡品,珍珠在《禹贡》中已列为贡品,汉朝合浦珠已大量开采,清代已有东珠不如西珠,西珠不如南珠(合浦珠)的说法。沿海人民用自己的智慧和技术,装点着自己美好的生活。

6. 海洋制度

坐拥山海鱼盐之利的齐国,借助其天然有利的地理优势发展工商业,一直是春秋舞台上最有实力的国家之一,而齐国管仲设盐官、实行"官山海"制度也成为齐国迅速崛起的重要原因;汉代海税、盐铁税的收取意味着海洋渔盐业已经相当发达,甚至繁荣到要像土地一样收取租税的程度;在唐朝管理港口贸易的市舶使基础上发展而来的港口市舶司管理制度,成为历代政府沿袭的一项传统制度文化。元代的漕运制度不仅稳定了元朝初期的政治经济大局,而且促进了元代造船技术的提高,拉动了当时"长三角"地区的发展,打通了世界海洋贸易的"丝绸之路",为中国海洋文化发展史写下了辉煌的篇章。

7. 海上线路

中华民族开辟的海上"丝绸之路"影响深远。徐福东渡日本"不仅开中朝、中日几千年友好关系史端绪,而且开辟了'海上丝绸之路'的东方航线,开拓了东亚海洋文化的历史新局面"[①];"汉代开辟的海外交通与东西方海上丝绸之路,已经沟通了中国与非洲、欧洲的联系"[②],成就了世界性的海洋贸易网络,其中一条至印度洋的远洋航线成为当时世界上最长的远洋航线之一;三国时,"孙权

---

① 姜秀敏:《软实力提升视角下我国海洋文化建设问题解析》,载于《济南大学学报》2011 年第 6 期,第 14~17 页。
② 曲金良:《八千年海洋的述说》,载于《中国报道》2010 年第 10 期,第 38~41 页。

组织多次远航,往北到达辽东半岛,往南到达台湾、海南岛和东南亚各国,被历史学家称为'大规模航海倡导者'";① 南朝时,"中日之间北路南线航路得以开辟,中国远洋海船越过印度半岛,并抵达波斯湾";② 唐代开辟的一条从广州出发到波斯湾和欧洲以及东非的全程长达 14 000 千米的海上航线,一直到 16 世纪之前,都保持着世界最长远洋航线的纪录;明代郑和七下西洋,经过南海、横越印度洋,访问亚非几十个国家,最远到达东非索马里和肯尼亚一带,是中华民族留下的著名航海壮举。

8. 海神信仰

海神是海洋文化的重要宗教人物符号。在科技不发达的古代,面对海上变幻莫测的气候,人们往往希望通过对海神的祭拜来保佑平安,从而形成了具有海洋特色的宗教文化。

妈祖是东南沿海,包括东亚等地区最受欢迎的海洋神灵之一,从宋代到清代共被朝廷褒封过 36 次之多,妈祖信仰从产生至今,历经千年仍经久不衰;龙王作为司雨的神是人们祈求风调雨顺而祭拜的对象;东汉明帝永平十年(67 年),观音作为我国历史上第一尊女性海上保护神随佛教传入中国。观音具有"大慈与一切众生乐,大悲与一切众生苦"的德能,中国信仰南海观音的人群在沿海地带非常普及。除此之外,中国还有诸多的海神,如精卫、陈文龙等,这些神明共同构成了中国海神的谱系,为充满凶险和挑战的涉海生活提供着精神护佑。

9. 海洋方言

语言是文化的重要载体,沿海居民由于生活和生产的需要,借助舟楫逐渐往有淡水且具备人居条件的沿海和海岛迁徙,海洋方言由此形成。

中国海洋方言的核心地带依次分布于东北、华北、华东和华南的沿海地区,这些地方流行北方官话方言、吴方言、闽方言、粤方言和客家方言。北从鸭绿江口起,南到北仑河口止,中国沿海分布着大量的海岛,在有人居住的海岛上,"居民使用的汉语方言包括北方官话方言、吴方言、闽方言、粤方言和客家方言,以吴、闽、粤、客方言为主"。③ 此外,闽方言、粤方言、客家方言、吴方言、官话方言,以及各种方言文化也随着早期的中国移民进入世界不同的国家。在深受中华海洋文化影响的东南亚地区,各种领域都有中国南方沿海方言的借音。所以,由此也可以看出,我国的海洋方言不仅在国内经久不衰,而且对国际社会也有一定的影响力。

---

① 宋正海:《中国传统海洋文化》,载于《自然杂志》2005 年第 2 期,第 99~102 页。
② 张帆:《中国古代海洋文明与海洋战略概述》,载于《珠江论丛》2017 年第 2 期,第 3~45 页。
③ 陈晓锦、黄高飞:《海洋与汉语方言》,载于《学术研究》2016 年第 1 期,第 156~161 页。

10. 海洋人物

每个民族的英雄都是该民族文化精神的代表者，中国的海洋英雄是多元、共享、开放、拼搏的海洋精神的凝聚者。有明以来，日本倭寇不断对中国沿海一带进行侵扰，从而涌现出了戚继光、俞大猷、胡宗宪和唐顺之等著名的抗倭名将；1633 年，郑芝龙领导的厦门料罗湾海战，首开东方国家在海战中击败西方殖民国家之先例，代表了历代中国海商对海权的不懈抗争；郑成功收复台湾、邓子龙率领的露梁海战、戚继光率领的抗倭战斗都是我国重要的海洋英雄人物的事迹。

11. 海洋医药

在海洋生物的药用价值认识方面，中国也是超前的，距今已有两千多年的历史。我国的第一本医书——西汉的《黄帝内经》就有以乌贼骨作丸，饮以鲍鱼汁治疗血枯的记载；成书于汉代的《神农本草经》已提到用乌贼、牡蛎和海藻做药；而李时珍的《本草纲目》把海洋生物做药扩大到 10 余种（有海狗、袱帽等）；"宋代《本草衍义》记有腽肭脐、海蛤、玳瑁、牡蛎、乌贼等十几种海洋生物"。①

12. 海洋地名

地名是一种社会现象，其形成与其所处环境、历史阶段和地域文化有着深厚的联系。例如，东海、南海、西海（青海湖）名字的由来就是由古人根据海域的方位来命名的；南海古时候也叫"珊瑚洲"，这是因为南海出产珊瑚，古人就根据南海的外部特征来为其命名。同时，"地名也是社会发展的一面镜子，记录着人们的思想愿望和心理意识等文化内涵"。② 例如，沿海一些地方人民为了祈祷人海和谐相处，起了很多象征海安洪宁的名称，如海宁、海昌、宁波、海安、镇海等。同时，地名的出现往往也与当地发生的一些历史事件相关，如天津名字的由来，就是在明建文年间，镇守北京的燕王朱棣，为了与其侄子建文帝朱允炆争夺皇位，从海津渡过大运河南下，朱棣登上皇位后，为纪念由此起兵"入靖内难"，遂把海津改为天津，即"天子之渡津"之意。③

13. 海洋饮食

人类食海而渔历史悠久，自旧石器时代以来，沿海各地发现了大量的贝丘遗址、龟鱼类的骨骼和不计其数的渔猎工具，这表明当时沿海渔业已经十分发达。古代的海产养殖业也十分壮观，从秦汉时期的牡蛎养殖到宋代的珍珠贝、江珧的养殖，再到明清的海洋软体动物养殖，"蚝田""蚶田""蛏田"等一应俱全，沿海人民的餐桌上从来不少海产品的身影。鱼类的养殖虽较晚，但明代已有鲻鱼养

---

① 宋正海：《中国传统海洋文化》，载于《自然杂志》2005 年第 2 期，第 99～102 页。
② 王东茜：《汉语地名的文化特征》，华中师范大学硕士学位论文，2006 年。
③ 牛汝辰：《中国地名掌故词典》，中国社会出版社 2016 年版。

殖。在中国八大菜系中，鲁菜系的胶东菜、粤菜系的广州菜和潮汕菜、闽菜系的福州菜和莆仙菜、浙江菜系的宁波菜和温州菜都具有浓厚的"海味"。靠海吃海也包括海盐，海盐生产源远流长，盐田广布海岸带，主要的盐场有盐城北海村唐宋盐场遗址、寿光双王城水库古盐场、洞头岛海边的九亩丘盐场遗址等。

14. 海洋民俗

沿海居民基于对海洋的认识，为表达对海洋的某种期待或祝愿逐渐形成了形式多样、内容丰富的海洋民俗文化，例如，兴起于唐代的祈风活动到了宋代极为盛行，尤其是在泉州港，这一活动成为市舶司接送外商的一种惯例，直到今天，泉州市九日山仍然留存着大量南宋祈风石刻；北宋时期在广东沿海出现的波罗诞庙会，蕴含了广州最有代表性的传统海洋民俗文化元素，是现今全国唯一对海神进行祭祀的活动；作为我国唯一的海洋民族的京族，其传统文化尤具海洋特色，如唱哈、潮剧、独弦琴、砧板晷、鲶汁等；舟山的"走十桥"和"烧十庙（赶八寺）"历史悠久，"如果从明代解除海禁展复舟山之后算起，至少也有五百来年的历史了"[1]，现在，"走桥""走庙"活动已经成了舟山最普遍性的信仰民俗活动之一。此外，每年农历二月初二是我国传统的"春龙节"；而放海灯、妈祖出巡、船舞、吃普度等海洋民俗活动，也体现了劳动人民吃苦耐劳、拼搏向上的精神。

15. 海洋科技

航海技术是海洋活动基本的保障，独木舟和桨的发现表明古代中国在旧石器时代就已经迈出了征服海洋的第一步。1975 年在江苏省武进县出土的秦汉木船全船用三段木料组成，两舷都是整根圆木，木料之间用木榫卯合。这种船表明中国木匠工艺技术已经极为高超。大约在公元元年中国船舶已使用风帆航行于大海之上。至唐代时，中国已建造多帆海船，并掌握了利用亚洲东南海洋信风规律航行的技术。宋代在航海技术方面有划时代的创新，发明的水密分舱法极大地提高了船舶的安全性，指南针在船上的应用，也是航海技术上的重大突破。"中国的舵、中华帆与指南针、过洋牵星术等航海技术共同支持了古代海上丝绸之路的持久不衰"[2]。明朝初期，中国的造船工厂无论从数量上还是从规模和配套上，在历史上都是空前的，造船技术也遥遥领先于世界其他国家，而这些正是郑和可以实现七次下西洋航海壮举的重要条件。

在海洋水文气象方面，元朝朱恩本的《广舆图》和 14 世纪中叶的《海道

---

[1] 汤力维、倪浓水：《海洋信仰与民俗的高度融合——以舟山"烧十庙·走十桥"习俗为例》，载于《浙江海洋学院学报》2012 年第 3 期，第 14~18 页。

[2] 苏文菁：《建设中国海洋文化基因库，复兴中国传统海洋文化》，载于《中国海洋报》2017 年 6 月 21 日，第 2 版。

经》"均把海洋气象经验谚语化并作详细分类,可称为'气象大全汇编'"。① 宋代海洋占候已经独立,且水平已较高,"舟师观海洋中日出日入,则知阴阳;验云气则知风色顺逆,毫发无差。远见浪花,则知风自彼来;见巨涛拍岸,则知次日当起南风。见电光,则云夏风对闪,如此之类,略无少差"(《梦粱录》卷十二)。明代风暴预报已有专门方法:《顺风相送》有"逐月恶风法",《东西洋考》有"逐月定日恶风"法;清代确定一年风期,称"咫日"或"暴日",还可以通过综合考察生物习性、风、云气等因素有效地预报台风。

在海洋潮汐方面,东汉王充的《论衡》把潮汐涨落同月亮盈亏联系起来,科学再一次战胜了有神论;西晋葛洪则用浑天论来解释潮汐成因,建立起天地结构论潮论;窦叔蒙是中国最早全面系统地研究海洋潮汐的人,他认为昼夜交替和潮汐涨落是有因果关系的;宋代余靖和沈括提出了应根据高潮间隙来修改地区性潮汐表,从而在理论上促进了明清实测潮汐表的崛起;宋代发明了莲子比重计,用于海盐生产中测量卤水的浓度;北宋吕昌明编辑了《浙江四时潮候图》,比欧洲《伦敦桥潮时间表》早两个多世纪;到了明朝,实测潮汐表在各海区充分发展,形式多样。

16. 海洋文学

《山海经》是中国先秦重要古籍,也是一部富于神话传说的最古老的奇书。其内容主要是民间传说中的地理知识,也保存了包括夸父逐日、精卫填海、大禹治水等不少脍炙人口的远古神话和寓言故事。作为中华文学两大源头的《诗经》和《楚辞》中"于疆于理,至于南海","蹑飞杭兮越海,从安期兮蓬莱"等内容也表明,这一时期人们早已有了对海洋的关注和描写。对于表达赞美海洋的文学作品,当推三国时期曹操作的《沧海赋》,此外还有晋代木华的《海赋》、孙绰的《望海赋》等。壮观的暴涨潮一直是中国古代海洋文学艺术中重要的主题之一。汉代大赋的前驱枚乘的《七发》,细腻生动地描绘了长江广陵涛的全过程,文学地位很高。东晋顾恺之的《观涛赋》是最早描写钱塘江暴涨潮的文学作品,随后又有白居易、罗隐、范仲淹等大诗人为钱塘江作诗,如《钱塘江春行》《钱塘江潮》《和运使舍人观潮》等。在一众观潮画中,唐代李琼的海涛画是目前所知我国最早的观潮画,此外还有宋代赵千里的《夜潮图》、李嵩的《钱塘观潮图》等。赞美海洋生物资源的文学作品众多,如明朝扬慎《异鱼图赞》和胡世安《异鱼图赞补》记述海洋生物达230多种;有关诗词也不少,如唐代顾况《海鸥咏》,宋代苏轼《丁公默送蝤蛑诗》《鳆鱼行》等②。

---

① 张开城:《海洋文化与中华文明》,载于《广东海洋大学学报》2012年第5期,第13~19页。
② 宋正海:《中国传统海洋文化》,载于《自然杂志》2005年第2期,第99~102页。

17. 海洋志略

在记录海洋地名方面，宋朝《诸蕃志》、清代《更路簿》《海国见闻录》都有南海诸岛名称和分布的内容，这是中国人明清以来开发南海诸岛的又一有力证明。元代民间航海家汪大渊曾于公元14世纪两次从泉州出发，航海远游，沿途经过南海、印度洋，远达阿拉伯半岛及东非沿海地区，在此基础上他完成的《岛夷志略》一书，记述国名、地名达96处之多，这表明了元朝在利用海洋、探索海洋、发展海外贸易等方面的成熟度已极为可观。

在对海洋地貌认识方面，东汉杨孚的《异物志》、三国时期万震的《南州异物志》和康泰的《扶南传》对南海诸岛的地貌作了描述；成书于16世纪的《两种海道针经》全面介绍航海的气象水文、航行操作、国内外航线，并有国外地貌74处介绍；明代海图保留至今很多，最著名的则是《郑和航海图》，里面记载了11种海洋地貌类型和846个中外岛屿，它作为一部专为指导航海用的地图，是我国地图史学上的一大创作；清朝时期出现的专门叙述中国海岸地理的专著有《敕修两浙海塘通志》和《海塘录》。

对海洋生物的记载多见于《临海水土异物志》《魏武四时食制》《博物志》《南越志》等书，这些书不仅记载了许多海洋生物，而且逐步形成了在每一种类下，分别记述名称、形态、习性、用途及地理分布的传统海洋生物学体例。此外，中国对自然灾害记载的代表作有明清时期总结历代潮论的《海潮辑说》等。

（二）我国海洋文化多样性的保护现状

近年来我国海洋文化多样性保护事业取得了长足的进步。据不完全统计，截至2015年底，我国现有海洋博物馆68个，其中沿海地区51个、内陆地区17个；各类连续举办3年以上的海洋文化节庆活动52个；各类连续举办3届以上的品牌海洋文化论坛38个；完全以海洋文化命名并开展实体研究的海洋文化研究机构34个；各类各级海洋文化研究会26个；全国海洋意识教育基地28个；投入使用的各类区域性海洋文化教材36部。① 总的来说，中国海洋文化的保护和利用正不断加强，中国海洋文化基础设施建设得到完善和提升，海洋文化研究工作在现有的社会实践和理论研究基础上取得不少成绩，海洋文化市场也在逐步形成。但是，在肯定海洋文化多样性的保护和利用开发取得的成绩的同时，我们同样不能忽视存在的诸多问题。

1. 海洋文化资源开发保护意识薄弱

有专家注意到，进入21世纪以来，"各海洋国家围绕海洋科技、经济、资源

---

① 于凤、王颖：《我国海洋文化事业发展现状和建设研究》，载于《海洋开发与管理》2017年第8期，第116~119页。

和岛屿主权之间的竞争"越来越激烈,而这场竞争的实质是"软实力的竞争",而所谓软实力的核心是"海洋文化"。[1] 海洋文化作为一种意识形态和价值观越来越成为一个国家在世界海洋文化竞争乃至世界综合国力竞争中的一个重要因素。就目前的情况来看,虽然我国依靠着横跨数千年的海洋文明史,积淀了丰富璀璨的海洋文化资源,但并没有把这些珍贵的海洋文化资源转化为强大的海洋文化软实力。一方面,在民间,由于认识的局限,许多沿海居民对于身边存在的海洋文化资源视而不见或者漠不关心。不知道或者无视这些海洋文化资源的重要价值,也就不会将其当作资源来开发。另一方面,在政府方面,政府组织的海洋文化资源的开发利用形式单一,大多局限于建设博物馆、修建旅游景点、组织传统节庆文化等。此类建设受众范围小,宣传效果不佳。不管是经济效益还是海洋文化普及度都达不到国家或地方政府的预期。在教育领域,一些课本添加了海洋相关知识,或加大了海洋相关知识的比重,但此类教材一般都缺少反映产生于人海互动过程中的历史、文化等精神文明成果的内容。这些问题的存在,既不利于海洋文化多样性的保护,也不利于中国海洋强国梦的实现。

2. 西方海洋话语体系制约中国海洋文化的传播

在历史上,中国曾经一度是海洋文明大国,"在文化上形成了'环中国海'以中国文化为中心的庞大的'中国文化圈'"[2],中国海洋文化的价值理念在东亚、东南亚等地区广泛传播。然而,近代以来,西方海洋文化所包含的思维方式、海洋价值观、伦理观念以及民族精神在全球范围内广泛传播,在全球确立了强势的海洋话语。尤其是在中国对外开放以来,西方的文化和价值观进入我国社会,反映西方海洋大国历史观念的海洋文学影视作品,以《海权论》等为代表的海洋政治、海洋法律和海洋历史等领域的学术经典共同冲击着中国人的心灵。相比之下,中国自身的海洋文化体系正在被冲击、撕裂。加之中国海洋文化理论和海洋文化产品本就供给不足,西方国家构筑起强势的西方海洋话语环境,造成我国海洋文化发展受制于西方海洋话语体系的状况,使中国海洋文化在向外传播的过程中,面临着巨大的文化信息"流进流出的'逆差'"[3]。正如有专家所言,"相对西方,无论哪一个文化体系的传统精粹之处"都"在不断流失","通俗文化挟现代大众传播的利器,正在排挤一切精致文化",使之"不再能在芸芸百姓之中发挥启迪灵性、提升情趣的作用了"。[4]

3. 海洋文化资源的品牌度和产业化程度不高

一方面,目前我国海洋文化资源的开发利用主要集中在海洋工艺品加工、近

---

[1] 敖攀琴:《如何提升海洋文化软实力》,载于《人民论坛》2017年第13期,第238~239页。
[2] 曲金良:《关于中国海洋文化遗产的几个问题》,载于《东方论坛》2012年第1期,第15~19页。
[3] 雷晓艳:《向世界讲好中国故事》,载于《中国社会科学报》2018年9月18日,第1539期。
[4] 许倬云:《历史大脉络》,广西师范大学出版社2016年版。

海的海洋度假旅游和水上探险、海洋博物馆建设等方面。不同地方的海洋文化产品的相似度过高，不能形成体现某一具体沿海城市或地区的海洋文化特色，更没有产生海洋文化产品的著名品牌；海洋产品的辨识度不高，不能在消费群体中形成强烈的品牌意识和消费意愿，阻碍了海洋文化资源转化为现实生产力的程度。另一方面，近年来，虽然各沿海地区海洋文化产业的市场化程度不断提高，但相比其他产业而言差距仍然较大。不同的海洋文化产业都各自独立，没有形成有规模的海洋文化产业链。很多海洋文化产业因为资金不足、规模小、管理经验不到位等问题，海洋文化产品的研发只能停留在初级加工状态，科技含量低，文化底蕴匮乏。此外，海洋文化产业政策方面也存在不足。有学者指出："海洋文化产业作为具有典型海洋特征的特色文化产业，尚未被纳入中央财政特色文化产业专项资金的扶持范围"[①]。这是需要解决的一个政策问题。

（三）保护海洋文化多样性的措施

大国真正的强大在于文化的力量，在于文化的吸引力和影响力以及文化攫取人心的力量。中国的海洋和平发展和中华民族伟大复兴的中国梦的实现离不开海洋文化的发展和繁荣。就目前中国海洋事业而言，海洋文化的发展尚有广大空间，在当下中国，为了保护和利用海洋文化的多样性，为了协调人海和谐发展，保证海洋文化资源得到高效开发与利用，推动中国海洋文化走向世界，促进我国实现海洋强国的宏伟目标，要做到以下几点。

1. 摸清我国海洋文化多样性家底

根据我国海洋文化多样性保护的现状，当务之急是做好对现有海洋文化资源信息的全面普查收集和数据统计，对于一些散落于民间的未知的海洋文化进行挖掘整理。对多样性海洋文化进行整理和分类，可以根据海洋遗址、其他海洋遗迹、海洋族群、海洋产品、海洋工艺、海神谱系、海洋人物、海洋制度、海洋文学、海洋典籍等分门别类，编制完整的多样性海洋文化名录。

2. 发展海洋文化产业，保护海洋文化资源

对海洋文化多样性的保护可以通过海洋文化产业化的形式实现，因为一旦这种产业产生了极为可观的经济效益和社会影响力，海洋文化就能得到社会各界更多的关注，不仅可以推动各沿海地区大力着手对海洋文化资源的开发，提高我国海洋文化资源的利用效率，实现海洋文化资源的现代化和市场化，推动海洋文化建设与海洋经济发展相互协调，更可以为加大对我国多样性的海洋文化资源的保护和宣传力度提供必需的物质条件和保障。

---

① 刘家沂：《发展海洋文化产业的战略意义及对策》，载于《中国海洋报》2017年7月26日，第2版。

要继续发挥海洋旅游产业、海洋科普产业、海洋信息产业、海洋艺术表演产业以及海洋新闻出版产业等传统海洋文化产业的主力军作用,并以海洋创意产业、海洋教育产业和海洋数字产业作为协同,提高优秀海洋文化资源开发和管理的专业化、市场化、数字化和网络化,打造具有当地特色的海洋文化品牌,生产出独具特色的优秀海洋文化产品,并通过向商业文化产品的转化,培育自己的海洋文化产权,为海洋文化创意产业发展提供新的增长点。还可以打造海洋文化产业链,形成海洋文化产业集群,增强品牌影响力。

3. 加强海洋人文科学研究和人才培养

世界上的海洋强国,大多有完善的海洋人文学科、众多的海洋研究机构和实力雄厚的海洋人才队伍。在我国,加大培养海洋人才的力度、建立实力强劲的科研机构和海洋人文学科,也为保护海洋文化多样性,提高海洋文化竞争力所必需。

我们应在有条件的高校,尤其是海洋高校,加紧建设海洋人文学科,形成海洋文化教育体系,以加快海洋文化研究、教育、产业人才培养。在沿海各大城市,我们应建立海洋文化研究基地,用现代化的手段和具有专业知识储备的人才开展对海洋文化资源的挖掘和保护。我们还应加大对海洋文化研究的深度和广度,不仅要研究历史上的海洋文化,还要研究当代的海洋文化;不仅要研究中国的海洋文化,还要研究国外的海洋文化。

4. 提高国民保护海洋文化多样性的自觉性

海洋文化多样性的保护是一件关系全民族、全社会的大事,需要全体民众的积极参与和配合。一个海洋民族,国家及其人民海洋意识的强弱,直接影响到这个国家海洋文化的保护和传承,进而影响到这个国家海洋事业的发展,甚至影响到这个国家和民族的前途和命运。因此,保护海洋文化资源,必须不断提高国民的海洋文化保护意识,形成人人关注海洋文化、保护和传承海洋文化的新局面。

国家应加强海洋基础知识教育。应将"蓝色国土"写进小学教科书,有计划地在小学组织海洋参观等活动,以强化学生的海洋意识。国家还应通过各种形式做好海洋文化知识的普及宣传和教育工作。例如,可以在社区定期举行一些海洋文化知识讲座和有奖知识竞答等活动;再如,将海洋文化融入主题公园、滨海长廊、游乐园、海滨浴场等大众公共场所,增强在居民中普及海洋文化知识的有效性。

5. 加强海洋文化多样性保护制度建设

在已有立法、制度的基础上,国家应就特色海洋文化保护制定专门的保护传承规划,确保保护和传承工作有组织、有计划地推进。国家应把海洋文化保护和开发利用经费纳入财政预算，保障重点海洋文化保护开发经费的投入。国家还应制定鼓励和支持海洋文化发展传承的优惠政策，对开发海洋文化资源作出贡献的团体和个人设置奖项，以提高社会力量参与海洋文化保护开发的积极性。

此外，还应加强海洋文化多样性保护机构、队伍建设。因为有由上而下的机构和专门的队伍，才便于开展用以实现海洋文化多样性保护的过程管理、监督检查，才能真正提高海洋文化多样性保护的实效性。

三、现代"海上丝路"文化建设工程

我国国家战略中的海上丝绸之路建设战略起始于 2013 年。2013 年 10 月 3 日，习近平在印度尼西亚国会的演讲首次提出中国与东盟国家"共同建设 21 世纪'海上丝绸之路'"①的倡议。同年 11 月 12 日，中国共产党第十八届中央委员会第三次全体会议（以下简称"党的十八届三中全会"）把"21 世纪海上丝绸之路"称为"海上丝绸之路"，将其与先于"建设'21 世纪海上丝绸之路'"倡议提出的"丝绸之路经济带"②并列，写入《中共中央关于全面深化改革若干重大问题的决定》（以下简称《全面深化改革决定》），作出"建立开发性金融机构，加快同周边国家和区域基础设施互联互通建设，推进丝绸之路经济带、海上丝绸之路建设，形成全方位开放新格局"③的决定。这一"决定"确立了后来被称为"一带一路"的两个建设工程在国家战略中的地位。也就是说，从这次会议起，建设"21 世纪海上丝绸之路"（以下简称现代"海上丝路"）上升为国家战略。2014 年 5 月 21 日，习近平在亚洲相互协作与信任措施会议第四次峰会上的讲话，提出"中国将同各国一道，加快推进丝绸之路经济带和 21 世纪海上丝绸之路建设"④。2014 年 6 月 5 日，习近平在北京举行的中阿合作论坛第六届部长级会议开幕式上的讲话，首次使用"一带一路"概念。指出"'一带一路'是互利共赢之路"，"中国同阿拉伯国家因为丝绸之路相知相交，我们是共建'一带一路'的天然合作伙伴"，并就中阿共建"一带一路"提出三点建议（或三项原则），即第一，"坚持共商、共建、共享原则"；第二，"既要登高望远，也要脚

---

① 习近平：《携手建设中国—东盟命运共同体——在印度尼西亚国会的演讲》，载于《光明日报》2013 年 10 月 4 日，第 2 版。

② 2013 年 9 月 7 日习近平在哈萨克斯坦纳扎尔巴耶夫大学的演讲首次提出与欧亚各国"共同建设'丝绸之路经济带'"的倡议（参见习近平：《弘扬人民友谊，共创美好未来——在纳扎尔巴耶夫大学的演讲》，载于《人民日报》2013 年 9 月 8 日，第 3 版）。

③ 《中共中央关于全面深化改革若干重大问题的决定》，人民出版社 2014 年版。

④ 习近平：《共建丝绸之路经济带——习近平在纳扎尔巴耶夫大学演讲》，载于《人民日报》2013 年 9 月 8 日，第 3 版。

踏实地";第三,"依托并增进中阿传统友谊"。① 同年 11 月 4 日,习近平在中央财经领导小组第八次会议上的讲话中强调"丝绸之路经济带和 21 世纪海上丝绸之路倡议顺应了时代要求和各国加快发展的愿望,提供了一个包容性巨大的发展平台","能够把快速发展的中国经济同沿线国家的利益结合起来。要集中力量办好这件大事,秉持亲、诚、惠、容的周边外交理念,近睦远交,使沿线国家对我们更认同、更亲近、更支持。"② 此后,2015 年 10 月 29 日,中国共产党第十八届中央委员会第五次全体会议(以下简称"党的十八届五中全会")在《中共中央关于制定国民经济和社会发展第十三个五年规划的建议》(以下简称《"十三五"规划建议》)中提出"推进'一带一路'建设"③;2016 年 3 月 16 日,第十二届全国人大四次会议通过的《中华人民共和国国民经济和社会发展第十三个五年规划纲要》(以下简称《"十三五"规划》)设专门一章(第五十一章)规定"推进'一带一路'建设"④。至此,"一带一路"建设,以及作为"一带一路"建设之组成部分的"海上丝绸之路"建设,成为正式实施的国家战略工程。

现代"海上丝路"建设工程,以"丝绸"为符号,或者说用以丝绸为代表的商品贸易为符号,无疑是一个商贸建设工程。它首先表现为"路"。这正如习近平所说,"丝绸之路首先得要有路,有路才能人畅其行、物畅其流。"⑤ 其次表现为商品沿路双向流动。"丝绸之路经济带"建设中的一些建设工程表现为"运输走廊",如"从波罗的海到太平洋、从中亚到印度洋和波斯湾的交通运输走廊"⑥,初始建设阶段的现代"海上丝路"被称为"海上经济合作走廊"⑦,都反映了"一带一路"建设工程的经济属性,反映了海上丝绸之路的商贸功能。但是,我们不能只看重现代"海上丝路"的经济属性和商贸功能,不能把现代"海上丝路"建设工程仅仅当作一个商贸建设工程。不管是历史上的海上丝绸之路,还是党中央设计的现代"海上丝路",都不是单一的商贸之路,不只担当货物流通的任务。历史上,陆上丝绸之路和海上丝绸之路就是我国同中亚、东南亚、南亚、西亚、东非、欧洲经贸和文化交流的大通道⑧,而非仅仅支持"经贸"的通道。在中央财经领导小组第八次会议上,习近平指出"推进'一带一路'建设""要坚持经济合作和人文交流共同推进,促进我国同沿线国家教

---

① 习近平:《"一带一路"是互利共赢之路》,载于《人民日报》(海外版)2014 年 6 月 6 日,第 1 版。
②⑧ 习近平:《加快推进丝绸之路经济带和二十一世纪海上丝绸之路建设》,载于《人民日报》2014 年 11 月 7 日,第 1 版。
③ 《中共中央关于制定国民经济和社会发展第十三个五年规划的建议》,引自《十八大以来重要文献选编》(中),中央文献出版社 2018 年版。
④ 《中华人民共和国国民经济和社会发展第十三个五年规划纲要》,人民出版社 2016 年版。
⑤⑦ 习近平:《联通引领发展,伙伴聚焦合作》,载于《人民日报》2014 年 11 月 9 日,第 2 版。
⑥ 习近平:《弘扬"上海精神",促进共同发展》,载于《人民日报》2013 年 9 月 14 日,第 2 版。

育、旅游、学术、艺术等人文交流,使之提高到一个新的水平"。① 在《"十三五"规划建议》中描述的"一带一路"建设覆盖"教育、科技、文化、旅游、卫生、环保等领域",给这项建设规定了"教育、科技、文化、旅游"② 等内容。《"十三五"规划》给"一带一路"倡议规划"参与沿线重要港口建设与经营,推动共建临港产业集聚区,畅通海上贸易通道"③ 等建设任务的同时,也给这一倡议提出了与共建国家"共创开放包容的人文交流新局面"的要求,规定了"构建官民并举、多方参与的人文交流机制,互办文化年、艺术节、电影节、博览会等活动,鼓励丰富多样的民间文化交流,发挥妈祖文化等民间文化的积极作用"④ 等文化建设任务。总之,作为"一带一路"建设之组成部分的现代"海上丝路"建设工程负有文化建设使命,我们应当给这项建设工程添加更多海洋文化建设任务,提出更多海洋文化建设指标。我们应当把现代"海上丝路"建设工程中的文化建设明确宣布为现代"海上丝路"海洋文化建设工程。

习近平指出,"'一带一路'和互联互通是相融相近、相辅相成的。如果将'一带一路'比喻为亚洲腾飞的两只翅膀,那么互联互通就是两只翅膀的血脉经络。"⑤ 我们认为,现代"海上丝路"海洋文化建设工程、"一带一路"倡议中商贸建设之外的文化建设工程具有另外的功能。这另外的功能就是给"一带一路"这两只翅膀披戴羽毛。"一带一路"倡议作为推动亚洲腾飞的双翼既需要畅通"血脉经络",也需要披戴五彩缤纷的羽毛。既有"互联互通"为之疏通"血脉经络",又有文化建设为之披戴"羽毛"的"一带一路"双翼才能让亚洲腾飞起来,让中国腾飞起来,亚洲的腾飞、中国的腾飞才能够"行稳致远"。

(一) 现代"海上丝路"海洋文化建设是服务于"通""民心"的工程

针对共同建设"丝绸之路经济带",习近平提出可以从五个方面先做起来,即"加强政策沟通""加强道路联通""加强贸易畅通""加强货币流通""加强民心相通"。对民心相通,习近平指出:"国之交在于民相亲。"要想搞好中国与欧亚各国的合作,"必须得到各国人民支持,必须加强人民友好往来,增进相互

---

① 习近平:《加快推进丝绸之路经济带和二十一世纪海上丝绸之路建设》,载于《人民日报》2014年11月7日,第1版。
② 《中共中央关于制定国民经济和社会发展第十三个五年规划的建议》,引自《十八大以来重要文献选编》(中),中央文献出版社2018年版。
③④ 《中华人民共和国国民经济和社会发展第十三个五年规划纲要》,人民出版社2016年版。
⑤ 习近平:《联通引领发展,伙伴聚焦合作》,载于《人民日报》2014年11月9日,第2版。

了解和传统友谊，为开展区域合作奠定坚实民意基础和社会基础"。① 毫无疑问，不同国家间长久的合作、健康的交流以不同国家人民之间的认同、友谊为基础。两个交往深厚的国家一定是"民相亲"的国家。军事、政治上的相互支持可以增进不同国家人民之间的友谊；经济、科学技术上的相互支持和帮助可以加深不同国家人民之间的友谊。更加深厚的基础是社会基础、文化基础。在中阿合作论坛第六届部长级会议上，习近平指出："民心相通是'一带一路'建设的重要内容，也是关键基础。"② 这里所说的"关键基础"就是社会基础、文化基础。在中央财经领导小组第八次会议上，习近平指出实施"一带一路"倡议"具有深厚历史渊源和人文基础"③。正是基于"一带一路"建设以"民心相通"为"关键基础"这一判断，"中阿双方"在 2014 年作出开展文化交流合作的"决定"。习近平宣布，"中阿双方决定把 2014 年和 2015 年定为中阿友好年，并在这一框架内举办一系列友好交流活动。"习近平还表示，中国"愿意同阿方扩大互办艺术节等文化交流活动规模，鼓励更多青年学生赴对方国家留学或交流，加强旅游、航空、新闻出版等领域合作"。④

同样也是基于"一带一路"建设以"民心相通"为"关键基础"这一判断，我们认为，"一带一路"建设应当以文化建设为重要内容，现代"海上丝路"建设应当是一项海洋文化建设工程，应当是谋求强化"文化纽带"的建设工程。习近平在"加强互联互通伙伴关系"东道主伙伴对话会上的讲话中指出，要"以人文交流为纽带，夯实亚洲互联互通的社会根基"⑤。如果说道路、桥梁、专列等是国际交往的物质基础，海关、边境口岸"单一窗口"、监管互认、执法互助等是国际交往的制度条件，那么，"民心相通"才是对不同国家间友好交往具有决定性影响的和更加深厚牢固的社会基础。

（二）现代"海上丝路"海洋文化建设工程重在由民间用产品或者服务传播中国文化

"一带一路"建设是我国的国家级顶层合作倡议，我国就实施"一带一路"倡议开展与共建国家的合作或谋求与之合作，那是我国的"官方行为"。建设中国—东盟命运共同体是"官方行为"，建立中国—海湾阿拉伯国家合作委员会自

---

① 习近平：《共建丝绸之路经济带——习近平在纳扎尔巴耶夫大学演讲》，载于《人民日报》2013年9月8日，第3版。
②④ 习近平：《弘扬丝路精神，深化中阿合作》，载于《人民日报》2014年6月6日，第2版。
③ 习近平：《加快推进丝绸之路经济带和二十一世纪海上丝绸之路建设》，载于《人民日报》2014年11月7日，第1版。
⑤ 习近平：《联通引领发展，伙伴聚焦合作》，载于《人民日报》2014年11月9日，第2版。

由贸易区是官方行为。现代"海上丝路"海洋文化建设不能没有此类"官方行为"的支持,应当充分利用此类"官方行为"给予的支持,但不能过分依赖"官方行为",更不能搞成政府的独角戏。在中央财经领导小组第八次会议上习近平强调,"'一带一路'建设是一项长期工程,要做好统筹协调工作,正确处理政府和市场的关系,发挥市场机制作用,鼓励国有企业、民营企业等各类企业参与,同时发挥好政府作用。"① 如果说在"一带一路"建设的经贸方面需要"国有企业、民营企业等各类企业"唱主角,那么,在现代"海上丝路"海洋文化建设上,则需要更多地发挥大学、学术团体、科研单位、相关企业等的作用。

作为"民心相通"工程的海洋文化建设,其重要方面是文化载体——人民或相关国家的国民之间的交流。这种交流成果的最高表现形式是使更多的人了解交往对方的文化、亲近交往对方的文化。以取得这样的交流成果为目标,现代"海上丝路"海洋文化建设工程可以依赖的最佳实施者是大学。为了更有效地开展现代"海上丝路"海洋文化建设,要让更多的大学参与到建设中来,让更多的大学担任建设的主角。

文化,包括文化的精神内涵,可以物化为建筑、人物图像、器具及器具等物品上的符号,等等。一幅妈祖像可以传递"立德、行善、大爱"的中国精神,可以引发中国、东南亚各国以及美洲、大洋洲、非洲一些国家的无数信众和其他人的共同话语。一片镌刻在码头、海员宾馆等建筑物上的龙凤图形,可以向无数的人,今人和后人传递中国信息。它的存在就是对中国文化能量的释放。此类的文化建设任务应当由文化团体、企业来承担。我们应当向在现代"海丝"沿线开展旅游、教育、宗教等活动的企业事业单位,向在沿线开展基础设施建设、开展经贸科技等活动的企业等发出更明显的中国符号、更多的中国元素的呼吁。习近平指出,政党和政治家应主动引导、协调和组织政治力量、智库媒体、工商企业、民间组织等参与"一带一路"建设框架内各领域交流合作,营造良好的政治、舆论、商业、民意氛围。② 同样,也应当更加主动地寻求中国哲学、中国历史、中国民俗等方面的,总之精通海洋文化的专家、学者和教育、研究单位的支持,将自己的生产建设经营活动置于海洋文化专家学者和教育、研究单位的指导之下。

(三) 现代"海上丝路"海洋文化建设工程是大时空项目

在将"一带一路"建设确定为国家级顶层倡议的时候,习近平同志曾给这项

---

① 习近平:《加快推进丝绸之路经济带和二十一世纪海上丝绸之路建设》,载于《人民日报》2014年11月7日,第1版。
② 《习近平会见出席亚洲政党丝绸之路专题会议的外方主要代表》,载于《经济日报》2015年10月16日,第1版。

建设如下定位——"'一带一路'建设是一项长期工程"①。习近平强调,"一带一路"是开放的,是穿越非洲、环连亚欧的广阔"朋友圈",所有感兴趣的国家都可以添加进入"朋友圈"。② 这是一项既跨越亚洲大陆,又跨越印度洋、太平洋的工程,连接亚洲与欧洲、亚洲与非洲、亚洲与美洲,连接亚太经济圈和欧洲经济圈的工程,既要打通"陆上经济合作走廊"又要构建"海上经济合作走廊"的战略工程。习近平指出,我们要建设的互联互通,不仅是修路架桥,不光是平面化和单线条的联通,而更应该是基础设施、制度规章、人员交流三位一体。③ 建设这样的伟大工程,不能不是一项"长期工程"。在最初设计时就确定了包括"民心相通"在内的"五通"要求的"一带一路"倡议,不能不是一项"长期工程"。2016年4月29日,习近平在主持中共十八届中央政治局第三十一次集体学习时对建设"一带一路"提出的"不急功近利,不搞短期行为"④ 的要求,是对"一带一路"之为"长期工程"的极有说服力的诠释。

作为"一项长期工程"的组成部分的海洋文化建设,也包括比海洋文化建设范围更宽广的文化建设,也一定是长期工程。因为是"长期工程",所以海洋文化建设或者文化建设不是要给不同语言的人们提供翻译;不是要给不同信仰的人解释信仰差异以避免发生误会;不是要给不同国家的政府代表介绍外交礼节以便使外交活动开展得更加顺畅,而是要为不断延长的"海丝"的共建国家,广泛深入的交流合作夯筑文化基础、社会基础。为了在共建国家间建设支持"一带一路""长期工程"的文化基础、社会基础,应当向现代"海上丝路"海洋文化建设提出以下几项建设标准。

1. 普遍

普遍,即公民普遍了解交往对方国家的文化。不是只有少数专家学者、外交官等了解交往对方国家的文化,而是交往双方或多方的国家的普通人也了解交往对方或各方的文化。"普遍"程度高低是现代"海上丝路"海洋文化建设成功与否的指标。

2. 全面

全面,即全面了解交往对方国家的文化。而是一个国家、一个民族或一个语系、一个宗教所在区域的文化的各个方面。对相关国家、民族、上述区域的文化了解的"全面"程度应当列为现代"海上丝路"海洋文化建设成功与否

---

① 习近平:《加快推进丝绸之路经济带和二十一世纪海上丝绸之路建设》,载于《人民日报》2014年11月7日,第1版。
② 习近平出席中英工商峰会并致辞》,载于《光明日报》2015年10月22日,第1版。
③ 习近平:《联通引领发展,伙伴聚焦合作》,载于《人民日报》2014年11月9日,第2版。
④ 习近平:《借鉴历史经验,创新合作理念,让"一带一路"建设推动各国共同发展》,载于《人民日报》2016年5月1日,第1版。

的指标。

3. 深刻

深刻，即深刻认识交往对方国家、民族的文化。不是只了解迎来送往等礼节性的文化、由宫殿庙宇等物体呈现的文化。如果把这些称为文化的浅表，现代"海上丝路"海洋文化建设应当向文化深层方向努力，应当努力实现交往双方或多方间文化深层的相识相知。了解相关国家或民族、区域文化的"深刻"程度也应当纳入评价现代"海上丝路"海洋文化建设成功与否的指标体系之中。

4. 明确

明确，即明确知晓交往对方国家、民族或区域文化中与我国文化的明显差异，包括信仰的冲突、文化误解、对方文化中与我国文化或我国区域文化不同的禁忌等。有对文化差异的明确认知，可以在交往交流中主动规避差异、避免冲突。对交往双方或多方间文化差异认知的"明确"程度也是评价现代"海上丝路"海洋文化建设成功与否的不可缺少的指标。

以"普遍""全面""深刻""明确"为评价标准的文化建设显然不是一个一蹴而就的小项目，它一定是在大时空中展开的建设工程。作为"一带一路"建设的发起国，对推动现代"海上丝路"海洋文化建设应当有大作为。对这个大作为，我们可以提出广泛存在、持续发声、深入研究三项要求。

"广泛存在"是指我国的文化建设活动"广泛存在"于现代"海上丝路"沿线，包括随着建设的推进其长度会向前延展的沿线各国，"广泛存在"于教育、文化、社会、艺术、体育等活动之中。

"持续发声"是指我国的文化建设在共建各国各种交流交往活动中"持续发声"。

"深入研究"是指对共建国家、民族、区域的文化的研究不断"深入"。

（四）现代"海上丝路"海洋文化建设应当充分利用现有人文交流机制，及时创造文化交流合作新机制

在我国与现代"海上丝路"共建国家和地区悠久的文化交流合作历史上，在"一带一路"倡议提出之后，尤其是"一带一路"被确定为我国的国家级合作倡议之后，早已形成或已经形成人文交流合作的各种机制、做法等，现代"海上丝路"海洋文化建设应当充分利用这些机制、做法。在吉尔吉斯斯坦比什凯克举行的上海合作组织成员国元首理事会第十三次会议上，习近平宣布："中方将在上海政法学院设立'中国－上海合作组织国际司法交流合作

培训基地'"①。中国政府为加强与东盟国家间的"海上合作"曾与东盟国家构建"海洋合作伙伴关系",并设立"中国—东盟海上合作基金"。这些培训基地、伙伴关系、合作基金等都是现代"海上丝路"海洋文化建设可以利用的机制。东盟国家建立的"东盟共同体"、东亚国家建立的"东亚共同体"、中国和东盟建立的"中国—东盟命运共同体"、中国和欧洲国家间建立的《中欧合作2020战略规划》等,都或多或少包含人文交流或文化合作的内容,现代"海上丝路"海洋文化建设也应充分发挥这些规划、共同体建设行动的作用。我国与东盟国家、阿拉伯联盟国家等之间已经成功举办了"中国—东盟文化交流年""中阿文化交流年"等活动。现代"海上丝路"海洋文化建设也可以利用这类形式,或开展类似的活动。

文化建设需要慢功夫。按照上述"广泛存在""持续发声"的建议,现代"海上丝路"海洋文化建设既要充分利用现有的国际交流平台、体制、规划、活动等,还要根据需要和条件开展机制创新、文化交流活动形式创新等。例如,可以考虑在古代海上丝绸之路沿线国家之间建立双边或多边"古海上丝路"文化保护协议,可以与相关国家建立海洋文化线路遗产保护协议,可以为寻访"古海上丝路"、中国海洋文化线路遗产组织人文考察与旅游、涉海竞技等相结合的跨国活动。再如,可以按照现代"海上丝路"沿线国家经贸线路的延展设立与之相匹配的海洋文化建设项目,当然也可以按照现代"海上丝路"经贸建设的需要设立"打前站"的海洋文化建设项目。

(五)现代"海上丝路"海洋文化建设工程可以与古代海上丝绸之路寻访、中国海洋文化线路遗产保护三条线拧成一股绳

习近平指出"一带一路"倡议"具有深厚历史渊源和人文基础"。现代"海上丝路"建设的深厚"人文基础"集中表现在两个方面:一方面,历史上的海上丝绸之路为现代"海上丝路"建设奠定了深厚的"人文基础";另一方面,在源远流长的中外海上交流、跨海交流的历史上,留下了绵长丰富的海洋文化线路遗产。这份遗产也是现代"海上丝路"建设不可多得的"人文基础"。现代"海上丝路"海洋文化建设应当与寻访历史上的海上丝绸之路、保护我国海洋文化线路遗产的工作紧密结合起来。如果说历史上的海上丝绸之路是前人的足迹、航迹留下的一条线,我国海洋文化线路遗产是由前人海上交流铺就的今人将其复原或试图复原的文化之线,那么,现代"海上丝路"海洋文化建设则是今人建设或尝试建设的有生机的在外部形式上具有线状分布特征的文化。这三条线可以拧成一

---

① 习近平:《弘扬"上海精神",促进共同发展》,载于《人民日报》2013年9月14日,第2版。

股绳。把这三条线拧成一股绳会对现代"海上丝路"海洋文化建设提供巨大的助力。按照习近平的讲话,"'一带一路'倡议是对古丝绸之路的传承和提升",现代"海上丝路"海洋文化建设是对历史上的海上丝绸之路的"传承"。作为对历史的"传承"、对前人业绩之"传承"的海洋文化建设显然比从零开始的建设更容易取得成功。

按照把三条线拧成一股绳的建设思路,现代"海上丝路"海洋文化建设应当努力追寻古代海上丝绸之路,再现这条线路上的景象和由这条线路连接着的那些辉煌的业绩,让这条"古道"散发新时代的光芒。按照把三条线拧成一股绳的建设思路,现代"海上丝路"海洋文化建设应当积极推动中国海洋文化线路遗产保护,使这条线路或这张线路之网清晰再现,让祖先创造的这条线路或线路之网的海洋文化遗产及祖先留下的文化线路遗产唤醒今人对历史的记忆。按照把三条线拧成一股绳的建设思路,不管是探寻古代海上丝绸之路的工程,还是保护海洋文化线路遗产的建设,都应努力为现代"海上丝路"海洋文化建设提供帮助,为现代"海上丝路"海洋文化建设做实实在在的工作。

(六) 梯次推进是现代"海上丝路"海洋文化建设的最佳方案

我国古代在经济、政治、文化等方面取得的巨大成就对周边国家,通过陆上丝绸之路、海上丝绸之路等对远离我国的国家和地区产生了程度不同的影响,第二次世界大战以来的民族独立解放运动、联合国等国际组织的成立与运作大大促进了不同国家、民族等之间的文化交流与合作,由此形成了我国文化对外影响的文化圈层。大致说来,中国本土是中国文化的圆心。与中国大陆相连东北亚国家朝鲜和韩国、东南亚国家越南、老挝、缅甸,其他东南亚国家新加坡、马来西亚、印度尼西亚等为中国文化对外传播的第一个圈层;东亚国家蒙古国、日本、文莱,东南亚与我国大陆不接壤的泰国、孟加拉国、菲律宾等国,印度洋国家斯里兰卡、马尔代夫等国,是第二圈层。中亚国家哈萨克斯坦、吉尔吉斯斯坦、塔吉克斯坦等,南亚国家尼泊尔、不丹、巴基斯坦、印度等,西亚国家阿富汗、土耳其、伊朗、伊拉克、沙特阿拉伯、也门、阿曼等国,非洲东部国家埃及、苏丹、埃塞俄比亚、索马里、肯尼亚、坦桑尼亚等,非洲南部国家南非、博茨瓦纳等,大洋洲国家新西兰、澳大利亚、巴布亚新几内亚等,东欧国家俄罗斯、乌克兰等,中欧国家匈牙利、捷克、斯洛伐克等,为第三圈层。地中海周边国家,如意大利、希腊、法国、西班牙、斯洛文尼亚、克罗地亚、阿尔巴尼亚、阿尔及利亚等,北美洲国家美国、加拿大,中美洲国家如巴拿马等,西欧国家如英国、葡萄牙、比利时等,为第四圈层。其他国家,如西非国家、南美洲国家等,为第五圈层。大致说来,越是内圈层国家，其与我国文化上的相互了解越深刻全面，人民之间的文化亲近感越强。中国文化圈层是客观存在的，或者说是客观存在的文化现象。而这种文化现象是国家间、民族间交往产生的结果。

中国文化圈层是客观存在的文化现象，也是现代"海上丝路"海洋文化建设的基础和"既定条件"。这是我国与现代"海上丝路"沿线国家开展海洋文化建设的良好基础。如前所述，作为前人业绩之"传承"的海洋文化建设显然比从零开始的建设更容易取得成功。不过，这一良好基础，即"既定条件"，其良好程度并非均质的，而是依圈层与中国文化"圆心"的距离的近远而下降。越靠近中国文化"圆心"的圈层，其良好程度越高。反之，越远离中国文化"圆心"，则其良好程度越低。在这样的"既定条件"下，最佳的文化建设方案是"梯次推进"，即从中国文化"圆心"与第一圈层的文化交流合作做起，依次向第二圈层、第三圈层等扩展。

习近平在巴基斯坦议会发表题为"构建中巴命运共同体 开辟合作共赢新征程"的演讲中说过如下这句话："中国愿同南亚国家加强文明对话，共同传播东方智慧，弘扬亚洲价值"[①]。这句话反映了这样一个事实，即存在不同于西方智慧的"东方智慧"、区别于其他价值的"亚洲价值"。这句话中的"传播""弘扬"实际上就是对"东方智慧""亚洲价值"这种文化能量的释放。在中央财经领导小组第八次会议上，习近平强调，秉持亲、诚、惠、容的周边外交理念、近睦远交，使沿线国家对我们更认同、更亲近、更支持。[②] 这里的"睦"和"交"更清楚地表达了文化、情感等对外释放的含义。站在我国立场看，现代"海上丝路"海洋文化建设是中国文化的释放，而梯次推进就是"圆心"文化向第一圈层释放、第一圈层向第二圈层释放，第二圈层等再向更远圈层释放。放在我国文化对外影响的圈层体系中，"传播""弘扬"，大致相当于第三圈层向第四圈层和更远圈层的文化能量释放。

"梯次推进"的建设方案要求把现代"海上丝路"海洋文化建设的力量首先用在第一圈层，而不是平均分配给"海上丝路"沿线所有国家。"梯次推进"的建设方案要求我们花气力把现代"海上丝路"海洋文化建设第一圈层基础打牢，"注重在人文领域精耕细作"[③]，以便从第一圈层向第二圈层扩展用力。在现代"海上丝路"沿线，既有文化相同相近的国家，也有文化不甚相同的国家。

---

① 习近平：《构建中巴命运共同体，开辟合作共赢新征程》，载于《人民日报》2015年4月22日，第2版。

② 习近平《加快推进丝绸之路经济带和二十一世纪海上丝绸之路建设》，载于《人民日报》2014年11月7日，第1版。

③ 习近平：《借鉴历史经验，创新合作理念，让"一带一路"建设推动各国共同发展》，载于《人民日报》2016年5月1日，第1版。

习近平指出，人文交流合作也是"一带一路"建设的重要内容。真正要建成"一带一路"，必须在沿线国家民众中形成一个相互欣赏、相互理解、相互尊重的人文格局。[①] 按照"梯次推进"的建设方案，现代"海上丝路"海洋文化建设应当努力实现与我国文化圆心较近圈层的人民之间达到习近平同志所要求的格局。借用经济共同体、命运共同体的概念，应当努力把较近圈层国家建成以中国文化为基本内核或重要内容的文化共同体。

[①] 习近平：《借鉴历史经验，创新合作理念，让"一带一路"建设推动各国共同发展》，载于《人民日报》2016年5月1日，第1版。

第八章

新时期中国海洋战略总布局

我国社会的主要矛盾已经由"人民日益增长的物质文化需要同落后的社会生产之间的矛盾"转化为"人民日益增长的美好生活需要和不平衡不充分的发展之间的矛盾",中国特色社会主义已经进入新时代。(见本书第一章)这是制定或调整新时期中国海洋战略的基本国情。新时代中国的经济社会发展和生态文明建设不得不走向海洋,首先就是走向作为太平洋西岸边缘海的渤海、黄海、东中国海、南中国海,走向与我国领海相连的太平洋,而我国这一"行走"的最大逆向"行走"是美国实施"亚太再平衡"战略。这意味着世界上两个最具影响力的大国将在太平洋上演"合唱"或"双人舞"。(见本书第二章)这是制定或调整新时期中国海洋战略必须面对的具有决定性影响的国际关系格局。进入新时代的中国作为世界最大发展中国家的国际地位没有变,"我国仍处于并将长期处于社会主义初级阶段的基本国情没有变,"因而"以经济建设为中心"[①]的基本战略方针不会变,而中国与邻国经贸关系,包括中国与东盟国家的经贸关系、中国与东亚国家的经贸关系、中国与南亚国家的经贸关系、中国与阿盟国家的经贸关系等,对这个基本战略方针的贯彻具有十分重大的意义。(见本书第三章)按照"远亲不如近邻"这个说法,制定或调整新时期中国海洋战略不能不把"中国与邻国经贸关系"作为十分重要的考量因素来对待。我国的亚洲邻国(地区)中有9个与我国存在海岸相邻或相向关系,分布在黄海、东中国海、南中国海周

---

① 习近平:《决胜全面建成小康社会 夺取新时代中国特色社会主义伟大胜利——在中国共产党第十九次全国代表大会上的报告》,人民出版社2017年版,第12页。

边。而这9个与我国海岸相邻或相向的邻国中,多数与我国的海洋划界未完成,有的与我国存在岛屿或海域主权或管辖权等争议。这类矛盾在我国与南中国海周边邻国间表现得尤为突出。南中国海是连接太平洋与印度洋海域重要的甚至是不可替代的通道,其通道价值以及与此密切相关的军事、经济等价值,既为域内国家普遍关注,也为域外国家尤其是美国高度重视。南中国海海域还与我国实现祖国统一的民族大业存在地理上的关联。这些情形决定了南中国海是我国海洋事业中矛盾最集中的一片海域。(见本书第四章)新时期的中国海洋战略的制定或调整不能不在处理与这片海域相关的矛盾上充分调动智慧。南中国海是重要国际海上通道,中国作为海陆兼备的国家,其经济社会发展和生态文明建设离不开对包括南中国海航行通道在内的海洋通道的开发利用。中国可利用的海洋通道既有传统的像"南中国海—马六甲海峡—印度洋"那样的通道,也有正在建设开通的北极通道。这些通道既需要科学技术、建设资金、维护管理等投入去开辟、建设、维护,又有管理者、利用者等复杂的关系需要处理。(见本书第五章)"全方位对外开放是发展的必然要求"[①]。这是对中国国家战略的重要安排。实施这一战略安排需要线路更长、更畅通的海洋通道。新时期中国海洋战略的制定或调整不能不将海洋通道放在整个战略布局的重要地位,尽管这种布局可以同陆上通道、空中通道一起做统筹安排。新时代的中国,一个经济总量稳居全球第二位的大国,其利益形态和利益分布早已不是实行近海防御便可得以维护的状态。海外利益,包括中华人民共和国存在于海外或在海外实现的利益、我国公民企业等存在于海外或在海外实现的利益,已经成为中国国家利益和我国公民企业等单位利益的重要组成部分,且其种类、数量正在迅速增加、扩大。(见本书第六章)尽管维护海外利益有多种途径,如司法、外交等,但是,一方面,当海外利益已经成为种类、数量巨大的利益时就不能单独依赖司法、外交等个案解决的保护形式;另一方面,不管是司法、外交等个案解决的保护形式,还是其他保护形式,如护航、必要时的撤侨等,都需要置于一个统一的保护体系之中。海洋战略作为国家战略的重要组成部分,作为与国家的海外利益关涉度最高的国家战略组成部分,应当对海外利益维护作出恰如其分的安排。新时期中国海洋战略的制定或调整一定以海外利益维护为重要内容。新时代的中国早已告别四面被围、八方告急的被动挨打[②]年代,可以从容地安排今天的事务、明天的建设、将来的发展,可以把

---

① 《中共中央关于制定国民经济和社会发展第十三个五年规划的建议》,人民出版社2015年版,第6页。

② 习近平指出,中华人民共和国的成立"彻底改变了近代以后100多年中国积贫积弱、受人欺凌的悲惨命运"。引自习近平:《在庆祝中华人民共和国成立70周年大会上的讲话》,人民出版社2019年版,第2页。

建设的注意力更多地投向文化、教育、体育、卫生等社会生活以及人们的精神生活领域，有条件也有必要在文化领域和文化层面与邻国和世界各国对话、交流、合作。中国是负责任的世界大国，也是在文化上具有国际影响力的大国。中国在带给邻国、世界各国经济发展机会的同时，也应当向世界传递文化正能量。作为四大文明古国中仅存的一个，作为丝绸之路的开创国和东方起点，作为创造了古代航海伟业、开拓了海上丝绸之路的伟大国家，作为在儒家道家佛教文化创造和传播等领域对世界作出巨大贡献的国家，中国应当巩固自己的文化大国地位，应当通过建设海洋文化强国对亚洲及世界做出更大贡献。（见本书第七章）新时期的中国海洋战略的制定或调整，应当对这个在以往战略制定中被关注程度不高的领域给予重视，作出明确的且可以长久实施的战略安排。

基于以上几点考虑，依据以上各章的论证，我们认为新时期中国海洋战略应当从以下几个方面总体布局。

第一节 和谐海洋建设

在以往的研究中，我们对我国的海洋政治战略设计的"首要战略步骤"是"建设和谐海洋"①。在我国进入"中国特色社会主义新时代"之后，中国海洋战略仍然应当把和谐海洋建设作为重要战略布局来安排。这样的安排既符合中国一贯的和平外交政策，也是实现中华民族伟大复兴的中国梦的需要。

一、和平是中国和世界的共同需要

建设"和谐海洋"是胡锦涛于 2009 年 4 月 23 日在中国人民解放军海军成立 60 周年纪念会上的讲话中首次提出的。"和谐海洋"中的"和谐"指的是相关国家（地区）间或各国间彼此呼应、相互配合的协调关系。不同国家的海军之间的交流、不同国家开展国际海上安全合作等都与"和谐"的指向一致，因而对建设和谐海洋具有重要意义。胡锦涛所说的"和谐海洋"是"和谐世界"的组成部分。在海洋事务的处理上，各国间关系是和谐的，这是"和谐海洋"的内涵。在各项国际事务的处理上，各国间关系都是和谐的，这是"和谐世界"的状态。从"和谐海洋"与"和谐世界"之间的部分与整体的关系上看，"推动建设和谐海

---

① 徐祥民：《中国海洋发展战略研究》，经济科学出版社 2015 年版，第 339~347 页。

洋"也是建设和谐世界的重要组成部分。不管是"和谐海洋",还是"和谐世界"都以和平为前提,都是和平条件下的国际关系状态。胡锦涛讲话中的"和谐世界"是"持久和平、共同繁荣的和谐世界"①。在这个意义上,建设和谐海洋表达了对和平的追求,是立足和平的海洋战略规划。② 在"和谐海洋"与"和谐世界"之间部分与整体关系的意义上,"建设和谐海洋"是服务于实现世界"和平"、建设"和谐世界"目标③的战略安排。

(一) 实施和谐海洋建设:中国的发展需要

自 1978 年 12 月 18 日开启的改革开放新征程给我国带来了伟大成就,带来了中华民族伟大复兴的中国梦梦圆的希望。改革开放 40 多年来,我国在思想路线、政治发展道路、执政党建设、文化建设、生态文明建设、军队建设、祖国统一等方面都取得了举世瞩目的伟大成就。最容易用数字表达的是经济建设和社会保障方面。在经济建设方面,"我国国内生产总值由 3 679 亿元增长到 2017 年的 82.7 万亿元,年均实际增长 9.5%,远高于同期世界经济 2.9% 左右的年均增速。我国国内生产总值占世界生产总值的比重由改革开放之初的 1.8% 上升到 15.2%,多年来对世界经济增长贡献率超过 30%。我国货物进出口总额从 206 亿美元增长到超过 4 万亿美元,累计使用外商直接投资超过 2 万亿美元,对外投资总额达到 1.9 万亿美元。我国主要农产品产量跃居世界前列,建立了全世界最完整的现代工业体系,科技创新和重大工程捷报频传。我国基础设施建设成就显著,信息畅通、公路成网、铁路密布、高坝矗立、西气东输、南水北调、高铁飞驰、巨轮远航、飞机翱翔、天堑变通途。现在,我国是世界第二大经济体、制造业第一大国、货物贸易第一大国、商品消费第二大国、外资流入第二大国,我国外汇储备连续多年位居世界第一"。在社会保障和改善民生方面,"全国居民人均可支配收入由 171 元增加到 2.6 万元,中等收入群体持续扩大。我国贫困人口累计减少 7.4 亿人,贫困发生率下降 94.4 个百分点,谱写了人类反贫困史上的辉煌篇章。教育事业全面发展,九年义务教育巩固率达 93.8%。我国建成了包括养老、医疗、低保、住房在内的世界最大的社会保障体系,基本养老保险覆盖超过

---

① 胡锦涛:《胡锦涛会见参加中国海军成立 60 周年庆典活动的 29 国海军代表团团长时的讲话》,载于《人民日报》2009 年 4 月 24 日。
② 也有研究者把"和谐海洋"解释为国内建设中的"和谐社会"等。参见徐祥民:《中国海洋发展战略研究》,经济科学出版社 2015 年版,第 339~342 页。
③ 习近平同志也将和平的国际关系下的世界称为"和谐世界"。2014 年 11 月 17 日,他在澳大利亚联邦议会发表的演讲中就谈道:"中国人民坚持走和平发展道路,也真诚希望世界各国都走和平发展这条道路……携手建设持久和平、共同繁荣的和谐世界"。引自习近平:《论坚持推动构建人类命运共同体》,中央文献出版社 2018 年版,第 191~192 页。

9亿人，医疗保险覆盖超过13亿人。常住人口城镇化率达到58.52%，上升40.6个百分点。居民预期寿命由1981年的67.8岁提高到2017年的76.7岁。我国社会大局保持长期稳定，成为世界上最有安全感的国家之一。"① 如此巨大的成就是怎样取得的，从中我们得到的基本经验是什么？习近平告诉我们："40年的实践充分证明，改革开放是党和人民大踏步赶上时代的重要法宝，是坚持和发展中国特色社会主义的必由之路，是决定当代中国命运的关键一招，也是决定实现'两个一百年'奋斗目标、实现中华民族伟大复兴的关键一招。"② 是改革开放带给我们胜利成果，是改革开放为未来更大的胜利提供保障。习近平所说的"关键一招"有两个基本动作：一个是改革，另一个是开放。正因为改革开放这"关键一招"是有如此神功的"法宝"，所以，今天，面向未来，我国应当用好这件"法宝"。除了继续高举改革的旗帜之外，还要"坚持扩大开放""推动共建人类命运共同体"。习近平指出，"改革开放40年的实践启示我们：开放带来进步，封闭必然落后。"应当"坚持对外开放的基本国策，实行积极主动的开放政策，形成全方位、多层次、宽领域的全面开放新格局"。③

开放给中国带来胜利，开放决定中国能否迎来更伟大的胜利，而开放以国际和平为必要条件。在战乱不宁的年代，任何一个国家都不可能从容地实行开放政策。在国家利益、民族利益面临战争威胁的条件下，实行开放无疑是自寻死路。正是依据对国际和平与我国走开放之路而致富强之间关系的这一判断，习近平认定"中国需要和平""中国最需要和谐稳定的国内环境与和平安宁的国际环境，任何动荡和战争都不符合中国人民根本利益"。④ 正是依据对国际和平与我国自身发展的现实需要之间关系的上述判断——"实现中国梦离不开和平的国际环境和稳定的国际秩序"——党的十九大把"坚持推动构建人类命运共同体"确定为十四条"基本方略"之一，宣布"始终不渝走和平发展道路、奉行互利共赢的开放战略""始终做世界和平的建设者"。⑤

（二）实施和谐海洋建设：中国爱好和平的文化传统

实施和谐海洋建设，是因为中华民族爱好和平。

"中国需要和平"，中国坚持走和平发展的道路，不只是因为需要发展，还因为中国人民历来爱好和平，选择的是和平发展道路。中国人民为了实现和平发

---

①②③ 习近平：《在庆祝改革开放40周年大会上的讲话》，载于《人民日报》2018年12月19日，第2版。

④ 习近平：《论坚持推动构建人类命运共同体》，中央文献出版社2018年版，第191页。

⑤ 习近平：《决胜全面建成小康社会 夺取新时代中国特色社会主义伟大胜利——在中国共产党第十九次全国代表大会上的报告》，人民出版社2017年版，第25~26页。

展，需要和平的国际环境。

习近平在澳大利亚联邦议会发表的演讲指出："中国人民珍惜和平，中华民族历来是爱好和平的民族。中国人自古崇尚'以和为贵''己所不欲，勿施于人'等思想。"① 中华民族爱好和平。这不是政治宣言或外交辞令。中华民族数千年的发展历史就是这样写的。毫无疑问，"古代中国曾经是世界强国"。但是，中国这个世界强国"对外传播的是和平理念，输出的是丝绸、茶叶、瓷器等丰富物产"②"没有留下殖民和侵略他国的记录"③。

作为世界强国的中国之所以只作为先进文化和"丰富物产"的输出国，而不走武装夺取、军事占领的道路，是因为"和平、和睦、和谐的追求深深植根于中华民族的精神世界之中""中国自古就倡导'强不执弱，富不侮贫'，深知'国虽大，好战必亡'的道理"④。2014年3月28日，习近平在德国科尔伯基金会的演讲中谈道："一个民族最深沉的精神追求，一定要在其薪火相传的民族精神中来进行基因测序。有着5 000多年历史的中华文明，始终崇尚和平，和平、和睦、和谐的追求深深植根于中华民族的精神世界之中，深深融化在中国人民的血脉之中。"⑤ 爱好和平是中华民族的民族精神，走和平发展之路是中华民族爱好和平的民族精神的自然外化。

中华民族爱好和平的传统、追求和平的理念既来自对好战亡国教训的借鉴⑥，也来自对自身遭遇的深刻体验。"中国近代以后遭遇了一百多年的动荡和战火，国家发展、人民幸福根本无从谈起，中国人民绝不会将自己曾经遭受过的悲惨经历强加给其他国家和民族。"⑦"中国人民对战争和动荡带来的苦难有着刻骨铭心的记忆，对和平有着孜孜不倦的追求。"⑧ 按照中国先贤贡献给后人、贡献给世界的"己所不欲，勿施于人"的思想，"中国人民绝不会将自己曾经遭受过的悲惨经历强加给其他国家和民族"⑨。

（三）实施和谐海洋建设：世界和平的需要

中国需要和平，走和平发展道路的中国为了实现发展需要一个和平的世界。

---

①⑦ 习近平：《论坚持推动构建人类命运共同体》，中央文献出版社2018年版，第191页。
②④ 习近平：《论坚持推动构建人类命运共同体》，中央文献出版社2018年版，第156页。
③⑤ 习近平：《在德国科尔伯基金会的演讲》，载于《人民日报》2014年3月30日。
⑥ 习近平还曾把好战必亡上升为历史规律。2013年1月28日，在十八届中共中央政治局第三次集体学习时他就指出："世界潮流，浩浩荡荡，顺之者昌，逆之者亡。纵观世界历史，依靠武力对外侵略扩张最终都是要失败的。这是历史规律。"参见习近平：《更好统筹国内国际两个大局，夯实走和平发展道路的基础》，引自习近平：《论坚持推动构建人类命运共同体》，中央文献出版社2018年版，第2页。
⑧ 习近平：《共同创造亚洲和世界的美好未来》，人民出版社2013年版，第8页。
⑨ 习近平：《迈向命运共同体，开创亚洲新未来》，引自习近平：《论坚持推动构建人类命运共同体》，中央文献出版社2018年版，第211页。

今天的中国要实施和谐海洋建设，是因为走和平发展道路的中国需要和平，是因为当今的世界也需要和平。

一方面，世界上许多民族都是爱好和平的，在其文化中也潜藏着和平的文化基因。这是世界和平发展的文化推动力。习近平在印度世界事务委员会发表的题为《携手追寻民族复兴之梦》的演讲指出："中华民族主张的'天下大同'和印度人民追求的'世界一家'、中华民族推崇的'兼爱'和印度人民倡导的'不害'是相通的，我们都把'和'视为天下之大道，希望万国安宁、和谐共处。"①习近平在布鲁日欧洲学院的演讲中谈道："中国主张'和而不同'，而欧盟强调'多元一体'。"②两者都支持有差异但又有共同点的文明之花"竞相开放"。不管是中国文化和印度文化中共同的"和谐相处"，还是中国和欧盟支持有差异的文明之花"竞相开放"，都是促使世界各国走和平发展道路的文化基因。

另一方面，充分考虑经济、政治、军事、宗教、社会等影响国际关系发展的因素，我们仍然可以对近期的国际局势做符合我国发展需要的乐观估计。党的十九大报告的估计："世界正处于大发展大变革大调整时期，和平与发展仍然是时代主题。世界多极化、经济全球化、社会信息化、文化多样化深入发展，全球治理体系和国际秩序变革加速推进，各国相互联系和依存日益加深，国际力量对比更趋平衡，和平发展大势不可逆转。"③

说当今的世界需要和平，重要依据之一是世界各国已经不由自主地走进一个"命运共同体"。2014 年 3 月 27 日，习近平在联合国教科文组织总部的演讲中指出："当今世界，人类生活在不同文化、种族、肤色、宗教和不同社会制度所组成的世界里，各国人民形成了你中有我、我中有你的命运共同体。"④ 2013 年 3 月 23 日，习近平在俄罗斯莫斯科国际关系学院的演讲中，指出："这个世界，各国相互联系、相互依存的程度空前加深，人类生活在一个地球村里，生活在历史和现实交汇的同一个时空里，越来越成为你中有我、我中有你的命运共同体。"⑤作为共同体中的成员，为了维护自己的利益必须维护共同体的整体利益。作为共同体的成员，其发展需要和平的环境；为了给自己赢得和平的发展环境，必须努

---

① 习近平：《论坚持推动构建人类命运共同体》，中央文献出版社 2018 年版，第 156 页。

② 习近平：《在布鲁日欧洲学院的演讲》，引自习近平：《论坚持推动构建人类命运共同体》，中央文献出版社 2018 年版，第 103 页。

③ 习近平：《决胜全面建成小康社会，夺取新时代中国特色社会主义伟大胜利——在中国共产党第十九次全国代表大会上的报告》，人民出版社 2017 年版，第 58 页。

④ 习近平：《在联合国教科文组织总部的演讲》，引自习近平：《论坚持推动构建人类命运共同体》，中央文献出版社 2018 年版，第 80 页。

⑤ 习近平：《顺应时代前进潮流，促进世界和平发展》，引自习近平：《论坚持推动构建人类命运共同体》，中央文献出版社 2018 年版，第 5 页。

力维护共同体的和平。

（四）实施和谐海洋建设：实现和平目标的可行方案

我国要实施和谐海洋建设，是因为中国需要和平。当今的世界需要和平，且和平的国际关系状态是可以争取到的。

早在实行改革开放政策的初年，我们党就明确作出"和平与发展"是"世界两大主题"的判断。① 几十年过去了，我们对世界主题依然持这样的看法。或者说当今世界的主题依然是"和平与发展"。党的十八大报告在《继续促进人类和平与发展的崇高事业》一章中指出：虽然"当今世界正在发生深刻复杂变化"，但"和平与发展仍然是时代主题"。② 党的十九大报告也认为，"世界正处于大发展大变革大调整时期，和平与发展仍然是时代主题。"③ 在这样的时代主题之下，按照党的十八大的认识，"国际力量对比朝着有利于维护世界和平方向发展，保持国际形势总体稳定具有更多有利条件。"④ 按照党的十九大的理解，世界发展变革调整的总趋势是"各国相互联系和依存日益加深，国际力量对比更趋平衡，和平发展大势不可逆转"⑤。

"和平与发展"的世界主题不会改变，和平发展的大势不可逆转，作出如此推断的重要依据是，维护世界和平的力量、拥抱和平与发展世界主题的力量在增强。两次党的全国代表大会所说的"国际力量对比"中的一种力量就是维护世界和平的力量，拥抱和平与发展主题的力量。

按照上述对命运共同体的分析，因为世界各国都在一个共同体中，世界各国或大多数国家都会"同舟共济""各国人民应该一起来维护世界和平、促进共同发展"⑥。我国，作为发展中大国，作为负责任大国，不管是为了自身的发展，为自身争取和平的环境，还是履行大国责任，做国际和平的坚定维护者，都会积极维护世界和平。⑦ 正如习近平所说，"当今世界的潮流只有一个，那就是和平、

---

① 参见徐祥民：《中国海洋发展战略研究》，经济科学出版社 2015 年版，第 120~123 页。
② 胡锦涛：《坚定不移沿着中国特色社会主义道路前进，为全面建成小康社会而奋斗》，引自胡锦涛：《胡锦涛文选》第三卷，人民出版社 2016 年版，第 650 页。
③⑤ 习近平：《决胜全面建成小康社会，夺取新时代中国特色社会主义伟大胜利——在中国共产党第十九次全国代表大会上的报告》，人民出版社 2017 年版，第 58 页。
④ 胡锦涛：《坚定不移沿着中国特色社会主义道路前进，为全面建成小康社会而奋斗》，引自胡锦涛：《胡锦涛文选》第三卷，人民出版社 2016 年版，第 650~651 页。
⑥ 习近平：《顺应时代前进潮流，促进世界和平发展》，引自习近平：《论坚持推动构建人类命运共同体》，中央文献出版社 2018 年版，第 6 页。
⑦ 2014 年 11 月 28 日，习近平在中央外事工作会议上的讲话充分表达了中国的"发展利益"与和平的国际环境之间的关系。他指出："为和平发展营造更加有利的国际环境，维护和延长我国发展的重要战略机遇期。"参见习近平：《中国必须有自己特色的大国外交》，引自习近平：《论坚持推动构建人类命运共同体》，中央文献出版社 2018 年版，第 198 页。

发展、合作、共赢。历史和现实都证明，顺潮流者昌，逆潮流者亡。和平是宝贵的，和平也是需要维护的，破坏和平的因素始终值得人们警惕。大家都只想享受和平，不愿意维护和平，那和平就将不复存在。"① 党和国家领导人无数次地表达过维护世界和平的态度和决心。2013 年 3 月 21 日，在同联合国秘书长潘基文通电话时习近平指出，中国将"坚定不移促进世界和平与发展"，将"深化同联合国的合作……努力为人类和平与发展事业作出更大贡献"。② 2013 年 4 月 7 日，在博鳌亚洲论坛 2013 年年会上，习近平发表主旨演讲。演讲指出，中国"将坚定维护亚洲和世界和平稳定"。一方面，"努力维护同周边国家关系和地区和平稳定大局"；另一方面，"在国际和地区热点问题上继续发挥建设性作用，坚持劝和促谈，为通过对话谈判妥善处理有关问题作出不懈努力"。③ 党的十九大报告更是明确宣布："中国将高举和平、发展、合作、共赢的旗帜，恪守维护世界和平、促进共同发展的外交政策宗旨"，并将"维护世界和平与促进共同发展"列为全党的"三大历史任务"之一。④

中国不仅自己做世界和平的积极维护者，而且希望并动员世界各国也都做和平的维护者、建设者。2014 年 3 月 27 日，习近平在中法建交五十周年纪念大会上的讲话强调："中国人民珍惜和平，希望同世界各国一道共谋和平、共护和平、共享和平。"⑤ 2014 年 11 月 17 日，习近平在澳大利亚联邦议会的演讲中指出："中国人民坚持走和平发展道路，也真诚希望世界各国都走和平发展这条道路，共同应对威胁和破坏和平的各种因素，携手建设持久和平、共同繁荣的和谐世界。"⑥ 2016 年 6 月 25 日，习近平在《中俄睦邻友好合作条约》签署十五周年纪念大会上的讲话指出：中俄"要坚持维护联合国宪章宗旨和原则及国际关系基本准则……共同推动热点问题政治解决进程，维护好世界和平、安全、稳定"。⑦

---

① 习近平：《中国如何发展？中国发展起来了将是一个什么样的国家？》，引自习近平：《论坚持推动构建人类命运共同体》，中央文献出版社 2018 年版，第 191 页。
② 习近平：《在同联合国秘书长潘基文通电话时的谈话》，引自中共中央党史和文献研究院编：《习近平关于总体国家安全观论述摘编》，中央文献出版社 2018 年版，第 260 页。
③ 习近平：《共同创造亚洲和世界的美好未来》，引自习近平：《论坚持推动构建人类命运共同体》，中央文献出版社 2018 年版，第 33 页。
④ 习近平：《决胜全面建成小康社会，夺取新时代中国特色社会主义伟大胜利——在中国共产党第十九次全国代表大会上的报告》，人民出版社 2017 年版，第 71 页。
⑤ 习近平：《在中法建交五十周年纪念大会上的讲话》，载于《人民日报》2014 年 3 月 29 日，第 2 版。
⑥ 习近平：《中国如何发展？中国发展起来了将是一个什么样的国家？》，引自习近平：《论坚持推动构建人类命运共同体》，中央文献出版社 2018 年版，第 191~192 页。
⑦ 习近平：《共创中俄关系更加美好的明天》，引自习近平：《论坚持推动构建人类命运共同体》，中央文献出版社 2018 年版，第 355 页。

按照命运共同体成员利益与共同体利益密切相连的逻辑，按照维护和平的力量在不断壮大的判断，有中国积极维护世界和平，有俄罗斯、法国、澳大利亚等许多国家与中国一道维护世界和平，和平的前景是可以实现的。

二、坚持"中国特色大国外交""构建新型国际关系"

苏联解体，世界现代史上的冷战时期结束之后，发生世界大战的可能性大大降低，发生大规模的海上战争或武装争夺海域、海洋通道控制权的全球性战争或多国参与的区域性战争的概率大大降低。这是我国作出"和谐海洋建设"战略安排的"既定条件"。但是，这绝不等于和谐海洋已经是水到渠成。一方面，正如党的十九大报告分析的那样，世界面临的不稳定性不确定性突出，世界经济增长动能不足，贫富分化日益严重，地区热点问题此起彼伏，恐怖主义、网络安全、重大传染性疾病、气候变化等非传统安全威胁持续蔓延，人类面临许多共同的"挑战"，[①] 也是世界和平与和谐海洋建设面临的"挑战"。另一方面，强大的中国与世界或世界相关国家的关系对"和谐海洋"建设的影响。这里既包含世界对正迅速强大起来的中国的猜疑，也包含当今世界格局中强大的国家或者霸权国家对一个正在走向强大的发展中国家的态度问题。

这两个方面可能的或潜藏的窒碍不影响我国做建设"和谐海洋"的战略安排。

（一）中国永远不称霸

我国一直奉行和平外交政策，走和平发展道路。但是，我国的和平之路却常常受到一些学者、政客推断出来的怀疑。他们的怀疑的逻辑大致是：贫穷的从而在军事上自卫不暇的中国，行动上是和平的，这时的中国是行动上的和平中国；中国正在变得富有，从而在军事上也逐渐变得强大起来，一个强大的中国能不能继续做和平国家就靠不住了。按照一些学者编造的"国强必霸"的逻辑，[②] 按照一些居心不良的研究者从野史歪经中找到的所谓中国对外扩张的只言片语，强大起来的中国就不是"靠得住"的和平国家，而是铁定的霸权国家，甚至对外扩张的国家了。这是由推断或揣测提出的和平中国怀疑论。更有甚者，"中国威胁论"

[①] 习近平：《决胜全面建成小康社会，夺取新时代中国特色社会主义伟大胜利——在中国共产党第十九次全国代表大会上的报告》，人民出版社2017年版，第58页。

[②] 我国学者善意地勾画的五十年变成亚洲强国之类海洋强国战略（参见徐祥民：《中国海洋发展战略研究》，经济科学出版社2015年版，第183～185页），也给"和平中国怀疑者"提供了口实。

成为一些研究者、政客大肆炒作的话题。对此类怀疑,党和国家领导人、我国政府已经做了理直气壮的破解疑惑和批驳谬说的工作。① 此类怀疑不足以阻碍我国实施和谐海洋建设战略。

一则,中国必强。改革开放初年,我国的发展目标是笼统地实现"四个现代化"。虽然那时的"四化"标准不高,但其走向是由弱变强。经过40多年的建设,中国已经沿着"由弱变强"的方向取得了举世瞩目的进步。不管是"制造业第一大国、货物贸易第一大国""外汇储备连续多年位居世界第一",还是"世界第二大经济体""商品消费第二大国、外资流入第二大国",② 都说明中国已经是一个强国。按照党的十九大的部署,"从二〇二〇年到二〇三五年,在全面建成小康社会的基础上,再奋斗十五年,基本实现社会主义现代化","从二〇三五年到本世纪中叶,在基本实现现代化的基础上,再奋斗十五年,把我国建成富强民主文明和谐美丽的社会主义现代化强国"。③ 到那时,不管是2035年,还是本世纪中叶,中国一定是世界强国。

我国党和国家领导人、我国政府从来不回避对这一前景的憧憬。习近平就曾指出:"中国繁荣昌盛是趋势所在"④。我国党和国家领导人在许多国际场合都向世界宣传我们的"中国梦",我们的富强梦、复兴梦,并且希望把"中国梦"融入亚洲乃至世界共同繁荣的梦想之中。

二则,中国永远不称霸。习近平曾多次强调,"中华民族的血液中没有侵略他人、称霸世界的基因"⑤。毛泽东同志在世时早就向世界表达了中国"不称霸"的庄严选择。"深挖洞、广积粮、不称霸"在我国是妇孺皆知的方针。随着近年来中国渐渐富强起来,为了排除一些人的疑虑,我国党和国家领导人反复表达了不谋求霸权、不做霸权国家的态度。2013年9月7日,在首次提出建设"丝绸之路经济带"的讲话中,习近平宣布:"中国不谋求地区事务主导权,不经营势力范围"⑥。2015年4月21日,习近平在巴基斯坦议会的演讲中表示,"中国坚持不干涉别国内政原则,不会把自己的意志强加于人,即使再强大也永

---

① 对此类怀疑,习近平给予如下评价:"大多数人是由于认知上的误读","少数人是出于一种根深蒂固的偏见"。习近平:《论坚持推动构建人类命运共同体》,中央文献出版社2018年版,第106页。
② 习近平:《在庆祝改革开放40周年大会上的讲话》,载于《人民日报》2018年12月19日,第2版。
③ 习近平:《决胜全面建成小康社会,夺取新时代中国特色社会主义伟大胜利——在中国共产党第十九次全国代表大会上的报告》,人民出版社2017年版,第28~29页。
④ 习近平:《中国始终将周边置于外交全局的首要位置》,引自习近平:《论坚持推动构建人类命运共同体》,中央文献出版社2018年版,第277页。
⑤ 习近平:《中国人民不接受"国强必霸"的逻辑》,引自习近平:《论坚持推动构建人类命运共同体》,中央文献出版社2018年版,第107页。
⑥ 习近平:《共同建设"丝绸之路经济带"》,引自习近平:《论坚持推动构建人类命运共同体》,中央文献出版社2018年版,第43~44页。

远不称霸。"① 2017 年 1 月 18 日，习近平在联合国日内瓦总部的演讲中强调："中国将始终不渝走和平发展道路。无论中国发展到哪一步，中国永远不称霸、永不扩张、永不谋求势力范围。"② 党的十九大报告更是以党的全国代表大会的名义宣布"中国无论发展到什么程度，永远不称霸，永远不搞扩张。"③

不称霸是中国政府的承诺，也是中国政府的实际作为。习近平在联合国日内瓦总部的演讲中指出，"中国从一个积贫积弱的国家发展成为世界第二大经济体，靠的不是对外军事扩张和殖民掠夺，而是人民勤劳、维护和平。"④ 中国是大国，但中国不仰仗自己的地广人众去欺负周边国家，运用霸主的势力和地位掠夺或强占财富。

不称霸是中国政府的承诺，也是我国经济社会发展生态文明建设等脚踏实地的规划和实施规划的步调一致的行动。仅就眼下正在实施的国民经济和社会发展第十三个五年规划来说，不管是"全面建成小康社会"，还是"基本实现现代化"，抑或是"建成富强民主文明和谐美丽的社会主义现代化强国"，都是靠建立在和平的国际环境之下的战略安排，都要靠贯彻包括"创新发展""绿色发展"等理念来实现，都要靠全党全国脚踏实地的建设来完成。

三则，"国强必霸不是历史定律"，"称霸必败"是历史教训。"和平中国怀疑论""中国威胁论"得以传扬的重要支持力量来自所谓"国强必霸"的逻辑。因为历史上曾经有通过建立强大军队、利用强大军队谋求霸权地位进而谋求贸易垄断或贸易和资源垄断的事例，所以，便把历史上曾经出现过的恶例看作是国际关系的常规。这就是"国家必霸"的逻辑，一个既无事实根据，也缺少必备的逻辑要素的逻辑。根据这个所谓逻辑，因为今天的中国一直谋求强大，事实上是一直毫不避讳地宣传并实际地开展"社会主义现代化强国"建设，所以，中国就成为所谓的值得警惕的、可恶的世界之霸或地区之霸。

许多研究者、政客，当然也包括一些别有用心的政客，喜欢运用实际上并不成立的"国强必霸"的逻辑，而我国绝对不会走向这个逻辑的终点——霸。这是因为，中国文化包含对这条路的抵触。这是因为，中国领导人对在当今世界环境中实现自身发展，在发展道路上早已作出了明智的选择。

---

① 习近平：《做大共同利益蛋糕，走向共同繁荣》，引自习近平：《论坚持推动构建人类命运共同体》，中央文献出版社 2018 年版，第 214 页。

②④ 习近平：《共同构建人类命运共同体——在联合国日内瓦总部的演讲》，载于《人民日报》2017 年 1 月 20 日，第 2 版。

③ 习近平：《决胜全面建成小康社会，夺取新时代中国特色社会主义伟大胜利——在中国共产党第十九次全国代表大会上的报告》，人民出版社 2017 年版，第 59 页。

首先,"国强必霸不是历史定律"①。因为不存在这样的历史定律,所以,中国领导人不必然选择谋霸。

其次,如果说历史上曾有过靠扩张、掠夺而发迹的国家,曾有过在不同民族、国家间关系的处理上奉行丛林法则的时代,曾出现过按马汉海权论的逻辑靠控制海洋通道来控制世界贸易、控制世界富源的成功的霸权国家,那么,那样的时代已经过去,那样的法则早已被文明世界的良法美俗所取代,那些所谓成功的先例早已失去范例的价值。② 在当今时代,中国不会犯像"守株待兔"那样愚蠢的错误。

最后,世界上不仅不存在"国强必霸"的定律,相反,世界上存在扩张者必败的规律。2013年1月28日,习近平在中共中央政治局第三次集体学习时指出,"世界潮流,浩浩荡荡,顺之者昌,逆之者亡。纵观世界历史,依靠武力对外侵略扩张最终都是要失败的。这是历史规律。"③ 习近平曾引用过的哈萨克斯坦谚语或许能揭示这条规律的内在力量:"吹灭别人的灯,会烧掉自己的胡子。"④ 有这样清晰的历史规律,中国肯定不会重蹈覆辙。按习近平的说法,"中国不认同'国强必霸'的陈旧逻辑。当今世界,殖民主义、霸权主义的老路还能走通吗?答案是否定的。不仅走不通,而且一定会碰得头破血流。"⑤ 这是历史规律,是我国党和国家领导人接受的规律,是中国乐于遵循的规律。

中国不会走"必败"之路。中国选择的道路是必胜之路,这条路就是和平发展、合作共赢。选择这条道路的基本出发点,国家不分大小,地位一律平等。民族、宗教等无尊卑贵贱之分。从这里出发,任何一个国家在寻求自身的发展的时候一定承认其他国家、民族发展的正当性。接受其他国家、民族发展的正当性,我国对自身的发展应取的态度是,"把中国发展与世界发展联系起来,把中国人民利益同各国人民共同利益结合起来"⑥,而不是孤立开来。接受其他国家、民族发展的正当性,把我国自身的发展置于世界的发展之中,在本国利益和他国利益的关系上,我们能够做出的选择,在消极层面,绝不"损人利己"。这就是习近平同志强调的,"中国发展绝不以牺牲别国利益为代价,我们绝不做损人利

---

① 习近平:《中国始终将周边置于外交全局的首要位置》,引自习近平:《论坚持推动构建人类命运共同体》,中央文献出版社2018年版,第277页。
② 徐祥民:《中国海洋发展战略研究》,经济科学出版社2015年版,第119~125页。
③ 习近平:《更好统筹国内国际两个大局,夯实走和平发展道路的基础》,引自习近平:《论坚持推动构建人类命运共同体》,中央文献出版社2018年版,第2页。
④ 习近平:《积极树立亚洲安全观,共创安全合作新局面》,引自习近平:《论坚持推动构建人类命运共同体》,中央文献出版社2018年版,第112页。
⑤ 习近平:《在德国科尔伯基金会的演讲》,载于《人民日报》2014年3月30日。
⑥ 习近平:《更好统筹国内国际两个大局,夯实走和平发展道路的基础》,引自习近平:《论坚持推动构建人类命运共同体》,中央文献出版社2018年版,第3页。

己、以邻为壑的事情"①。在积极层面，努力寻求双赢、多赢。2015年10月，习近平指出："中国将与各国一道，逢山开路、遇河架桥。"为什么要一起做这样的付出呢？习近平的答案是："世界上的路，只有走的人多了，才会越来越宽广。"②道理在于：一起"开路""架桥"，可以共同获益，可以获得单打独斗不可能得到的"益"。习近平在印度世界事务委员会的演讲，指出，"希望以'一带一路'为双翼，同南亚国家一道实现腾飞。"③习近平在亚太经合组织第二十二次领导人非正式会议开幕词中指出，"引领世界经济的雁阵，飞向更加蔚蓝而辽阔的天空"④。在博鳌亚洲论坛2015年年会开幕式上的主旨演讲中，习近平把"一带一路"建设解释为"沿线国家的合唱"，而非"中国一家的独奏"。⑤这些说的都是双方、多方共赢。

中国已经选择了且正健步走在和平发展、合作共赢的大道上，因强而谋霸最后归于失败的悲剧不会在当代中国重演。

（二）推动构建新型国际关系

第二次世界大战结束后不久，在苏美和以苏美为代表的两大阵营之间的较量及由此引发的旷日持久的冷战，是现代世界两大强国之间竞争的典型事例，是大国关系研究的难得案例，也是解释大国关系无法绕过的难题。在国际关系已经出现明显的多极化趋势的时候，人们无法阻断对美国的新对手何时产生、它会是谁的探查。在我国刚刚走出经济低谷，在国际经济舞台上初露锋芒的时候，便有双重的怀疑投向中国这个"大块头"⑥：一重怀疑，美国新的竞争对手？另一重怀疑，美国权威的挑战者？所谓"中美之间必有一战"，所谓"修昔底德陷阱"就是对这双重怀疑的典型表达。（参见本书第二章）在中国成为全球第二大经济体之后，怀疑者自然而然地把中国这个"第二大经济体"看作是美国世界第一地位的威胁者。怀疑者们站在美国立场上，不愿意中国成为第二个苏联，不愿意出现看到与美国分庭抗礼的国家，更不愿意中国取代美国成为这个星球上

---

① 习近平：《更好统筹国内国际两个大局，夯实走和平发展道路的基础》，引自习近平：《论坚持推动构建人类命运共同体》，中央文献出版社2018年版，第3页。
② 习近平：《论坚持推动构建人类命运共同体》，中央文献出版社2018年版，第275页。
③ 习近平：《以"一带一路"为双翼，同南亚国家一道实现腾飞》，引自习近平：《论坚持推动构建人类命运共同体》，中央文献出版社2018年版，第158页。
④ 习近平：《共建面向未来的亚太伙伴关系》，引自习近平：《论坚持推动构建人类命运共同体》，中央文献出版社2018年版，第185页。
⑤ 习近平：《迈向命运共同体，开创亚洲新未来》，引自习近平：《论坚持推动构建人类命运共同体》，中央文献出版社2018年版，第212页。
⑥ 习近平在澳大利亚联邦议会的演讲就用这个词表达一些人或"国际社会"眼里的中国。参见习近平：《论坚持推动构建人类命运共同体》，中央文献出版社2018年版，第191页。

新的"老大"。

这些怀疑，这些看法，大抵都源自"冷战思维"，是身处当下的人们运用"冷战"时代的头脑推测出来的紧张态势。就像中国不接受"国强必霸"逻辑一样，今天的中国也不接受"修昔底德陷阱"，或确信"修昔底德陷阱"可以避开。

2017年11月9日，习近平在北京同美国总统特朗普共同会见记者时说过这样一句话："中美都是亚太地区具有重要影响的国家。太平洋足够大，容得下中美两国。"① 这句话不只是表达了一个大国领袖的大度，而是道出了中美两大国的和平关系方案。虽然中国和美国都是大国，都是"亚太地区具有重要影响的国家"，但"太平洋足够大，容得下中美两国"；虽然中国和美国都是大国，都是在世界上具有重要影响的国家，但我们这个世界"足够大"，"容得下中美两国"。所谓"容得下"，在发展的语境下，就是可以并行不悖，各自发展。美国保持其繁荣，中国圆其复兴梦。这就是和平相处、各自发展的两大国关系。这里没有"修昔底德陷阱"，也不存在"中美之战"。

中国相信可以构建这样的中美两大国和平关系，确信经过我国的努力，在国际社会的支持下，可以建立这样的大国关系。这份确信绝非盲目自信。

人间正道是共赢。还是与特朗普共同会见记者那次，还是在中美关系这个在许多人看来十分棘手的问题上，习近平轻松地表达了能够让中国人民、让世界接受中美两大国和平关系方案的基本依据："对中美两国来说，合作是唯一正确选择，共赢才能通向更好的未来。"② 世界上有共赢的路，有多个大国共赢的路，有两大强国共赢的路。有这样的路就可以绕开"修昔底德陷阱"，有这样的路就存在避免"中美之战"的希望。习近平在庆祝改革开放40周年大会上的讲话中有这样一段："前进道路上，我们必须高举和平、发展、合作、共赢的旗帜，恪守维护世界和平、促进共同发展的外交政策宗旨，推动建设相互尊重、公平正义、合作共赢的新型国际关系……我们要支持开放、透明、包容、非歧视性的多边贸易体制，促进贸易投资自由化便利化，推动经济全球化朝着更加开放、包容、普惠、平衡、共赢的方向发展。"③ 不管是"和平、发展、合作、共赢的旗帜"，还是"相互尊重、公平正义、合作共赢的新型国际关系"，抑或是"更加开放、包容、普惠、平衡、共赢"的前进方向，共同的基础是世界上存在"共

---

① 习近平：《中美合作是唯一正确的选择。共赢才能通向更好的未来》，引自习近平：《论坚持推动构建人类命运共同体》，中央文献出版社2018年版，第495页。

② 习近平：《中美合作是唯一正确的选择。共赢才能通向更好的未来》，引自习近平：《论坚持推动构建人类命运共同体》，中央文献出版社2018年版，第494页。

③ 习近平：《在庆祝改革开放40周年大会上的讲话》，载于《人民日报》2018年12月19日，第2版。

赢"的道路。因为存在这样的道路，所以我们国家才把它当作"旗帜"，才主张建立那种类型的国际关系，才积极推动我们这个世界向那个方向发展。因为不同国家之间可以实现共赢，因为国际社会的若干大国、强国之间可以实现共赢，因为即使是世界上最强大的两个国家之间也可以实现共赢，所以，所谓中美之战并非不可避免的。在存在"共赢"道路的当今世界上，中美两国要想绕开所谓"修昔底德陷阱"，只需要"摒弃零和游戏、你输我赢的旧思维"，"树立双赢、共赢的新理念"，①沿着"共赢"的道路做实现自己利益的努力。如前所述，习近平多次提到，中国经济的繁荣、中国的发展不以牺牲别国利益为代价。同样的道理，美国要实现自己的进一步繁荣也不必一定以牺牲别国的利益为代价。一国的发展不以牺牲别国的利益为代价，一国的发展也就不必然以将另外的国家打败为条件，不必以与另外的强国争个高低为条件。具体到中美两国上来，中国的发展不必然以将美国打败为条件，美国的进一步繁荣不必然以阻止中国实现富强为条件。

中美之间不仅可以绕开"修昔底德陷阱"，而且中国找到了将避开陷阱的可能变成现实的办法。这个办法就是"构建新型国际关系"，包括构建"新型大国关系"。习近平新时代中国特色社会主义思想的重要内容之一是"明确中国特色大国外交要推动构建新型国际关系，推动构建人类命运共同体"②。"新型国际关系"的主要内容当然是"大国关系"。习近平在联合国日内瓦总部的演讲提到："中国将努力构建总体稳定、均衡发展的大国关系框架，积极同美国发展新型大国关系，同俄罗斯发展全面战略协作伙伴关系，同欧洲发展和平、增长、改革、文明伙伴关系，同金砖国家发展团结合作的伙伴关系。"③ 不管是中国同美国的关系、同俄罗斯的关系，还是中国同欧洲的关系、同金砖国家的关系，等等，其基本精神是"协调合作"，而实现"协调合作"的办法是寻找或扩大不同国家间的"利益交汇点"。在有了"利益交汇点"之后，各国就可以实现"共赢"，就可以实现国际关系的"总体稳定、均衡发展"。在"总体稳定、均衡发展的大国关系框架"④ 中，相关国家就可以相安无事地各自寻求自己的发展，中国和美国就可以和平地收获各自的发展利益。

---

① 习近平：《迈向命运共同体，开创亚洲新未来》，引自习近平：《论坚持推动构建人类命运共同体》，中央文献出版社 2018 年版，第 207 页。

② 习近平：《决胜全面建成小康社会，夺取新时代中国特色社会主义伟大胜利——在中国共产党第十九次全国代表大会上的报告》，人民出版社 2017 年版，第 71 页。

③ 习近平：《共同构建人类命运共同体——在联合国日内瓦总部的演讲》，载于《人民日报》2017 年 1 月 20 日，第 2 版。

④ 习近平：《决胜全面建成小康社会，夺取新时代中国特色社会主义伟大胜利——在中国共产党第十九次全国代表大会上的报告》，人民出版社 2017 年版，第 59~60 页。

三、"睦邻"战略的梯次推进策略

中国向着富强的发展招致当今霸权国家的疑虑,如何应对这种疑虑是实施建设和谐海洋战略安排必须回答的问题。中国与海洋邻国(包括存在海洋主权等权益争议的邻国和没有海洋权益争议的邻国)的关系也是实施和谐海洋建设战略安排不可回避的难题。这道难题包含两个部分:一是,我国与一些海洋邻国之间存在主权等海洋权益争议。争议的存在对建设和谐海洋是潜在的威胁;二是,我国与一些海洋邻国虽无主权等海洋权益争议,但与这些邻国也没有建立确保海洋开发利用保护等保持和谐的具有法律约束力的措施。没有具有法律约束力的措施,实现和谐的保障就不够有力。

在以往对国家海洋战略所做的研究中,我们曾提出"睦邻、交远、抑霸"的"对外战略"。① 我们的"睦邻"战略主张与我国党和国家领导人的意见是一致的。2014 年 11 月 28 日,习近平在中央外事工作会议上的讲话指出,"要切实抓好周边外交工作,打造周边命运共同体,秉持亲诚惠容的周边外交理念,坚持与邻为善、以邻为伴,坚持睦邻、安邻、富邻,深化同周边国家的互利合作和互联互通。"② 2015 年 3 月 28 日,习近平在博鳌亚洲论坛 2015 年年会上的主旨演讲中也提道:"中国坚持与邻为善、以邻为伴,坚持睦邻、安邻、富邻,秉持亲诚惠容的理念,不断深化同周边国家的互利合作和互联互通,努力使自身发展更好,惠及周边国家。"③ 要实现"睦邻"的战略目标,必须解决上述难题。必须对如何处理与我国存在主权等海洋权益争议的国家之间的关系和与我国不存在主权等海洋权益争议的国家之间的关系作出可行的安排。

上述难题是可以解决的,上述难题中的两个部分都是可以解决的。从而,我国与周边邻国之间存在争议或影响关系稳固的那些情况,都不会构成实施和谐海洋建设战略不可克服的障碍。

(一) 对与我国不存在主权等海洋权益争议的国家之间关系的处理

为了排除实施和谐海洋建设的障碍,对与我国不存在主权等海洋权益争议的国家之间的关系的处理,可继续实施睦邻战略,只不过需要对睦邻战略的实施做

---

① 徐祥民:《中国海洋发展战略研究》,经济科学出版社 2015 年版,第 347~358 页。
② 习近平:《中国必须有自己特色的大国外交》,引自习近平:《论坚持推动构建人类命运共同体》,中央文献出版社 2018 年版,第 201 页。
③ 习近平:《迈向命运共同体,开创亚洲新未来》,引自习近平:《论坚持推动构建人类命运共同体》,中央文献出版社 2018 年版,第 212 页。

灵活的策略安排。这里所说的灵活的策略安排可以大致概括为"梯次推进"。

睦邻战略梯次推进策略的指导思想是按照难易程度逐步在我国与相关国家间建立具有法律约束力的和谐海洋建设措施。按照我们的看法,与相关国家建立和谐地开发利用保护海洋的、具有法律约束力的措施的难易程度,大致呈"北易南难"的分布。按照这一分布情况,我们的梯次推进策略也是从北向南展开,大致分以下四个梯次:

1. 实现黑龙江入洋通道通行正常化

依据《联合国海洋法公约》,我国拥有沿黑龙江在黑龙江入海口进入鞑靼海峡的入海通行权。新中国成立后,中国和苏联签订了以便利商船在黑龙江及相关河流、湖泊通行为宗旨的协定。[①] 20世纪90年代,我国开始实际行使在黑龙江及相关河流、湖泊上的入海通行权。

中国在黑龙江及相关河流、湖泊上的入海通行权关系到我国的一条重要的入洋通道。这条通道从黑龙江入海口入鞑靼海峡,可由该海峡进入鄂霍次克海,再经千岛群岛诸海峡进入太平洋,也可由鞑靼海峡南下日本海,经朝鲜海峡入黄海。这是我国可利用的最高纬度的入洋通道,也是中国北方进入我国内地最深的水上交通线。考虑到北极航道开通且通航距离、时段正在延长的情况,黑龙江入洋通道是我国最便利与北极航线对接的入洋通道和内河航线。总之,黑龙江入洋通道对我国的战略价值巨大。

由于我国与苏联曾就我国沿黑龙江及相关河流、湖泊入海通行事签署过协定等法律文件,我国要继续在黑龙江及相关河流、湖泊上行使入海通行权,不会出现严重障碍。[②] 也就是说,从我国对海洋的开发利用和保护的需要来看,我国"睦邻"战略的实施在与俄罗斯关系的处理上,在黑龙江入海通行权问题的解决上,难度最小。对我国和谐海洋建设的"睦邻"战略实施难度最小的这项事务,我们主张采取以下两项策略:

第一,保持黑龙江入洋通道正常通行,包括"宣示存在"意义上的通行,使我国与苏联签订的《中华人民共和国政府和苏维埃社会主义共和国联盟政府关于境内和相通河流和湖泊的商船通航协定》等法律文件保持正常实施状态。

这条通道或许也是有旅游观光价值的线路。

第二,完善确保我国船只沿黑龙江及相关河流、湖泊入洋和进入内地港口的对中俄双方都具有法律约束力的制度、措施。通过入洋和进入内地的航行活动及时发现并设法填补现有中俄之间签署的法律文件中的不足,随时补充为顺利通航所需

---

① 徐祥民:《中国海洋发展战略研究》,经济科学出版社2015年版,第33~35页。
② 事实上我国已于20世纪90年代正式使用了该通道。参见徐祥民:《中国海洋发展战略研究》,经济科学出版社2015年版,第34~35页。

的规范或签署便于顺利通航的新的法律文件。总之，要通过实际行使入海通行权、实际利用黑龙江入海通道，解决需要解决的各种法律问题，消除影响这条入海通道使用的所有人为障碍，提供顺畅利用这条通道所需的各种便利或制度措施。

2. 使图们江出口海具备大型船舶通海能力并尽快实现通行正常化

同样是以《联合国海洋法公约》为依据，我国拥有沿图们江入海通行的权利。我国的图们江入海通道具有重要的战略地位。它是我国在朝鲜半岛以北仅有的两条入海通道中的一条。这条通道的两侧，一侧为俄罗斯，另一侧为朝鲜。由图们江入海可以直接进入日本海，经日本海北上可以穿过鞑靼海峡入鄂霍次克海；南下可经朝鲜海峡入黄海；东进可以穿越津轻海峡、宗谷海峡入太平洋。这条通道既可以连接我国东北地区与华东、华南沿海，可以连接我国与东亚国家以及韩国、日本等，也可以连接我国与北美洲的美国、加拿大，还可以与北极航线对接。历史上曾经存在过"珲春至日本奈良的海上航路"、第二次世界大战时期日本因惧怕俄罗斯军队沿图们江进入日本海而封闭图们江入海口等情况，在一定程度上反映了这条通道的价值。

我国享有沿图们江入海通行的权利这个问题在法律上已经解决①，然而，实现沿图们江入海通行的愿景迟迟不能变成现实。虽然中央人民政府和吉林省有关部门付出了许多努力，但我国东北地区进入日本海的办法是"开边通海"，即通过陆路进入租用的朝鲜或俄罗斯的港口，经由租用来的港口进入日本海。②

由于我国主张在图们江上的入海通行权不存在法律上的障碍，所以，实施和谐海洋建设战略，解决与图们江入海通道利用相关的国际关系问题比较容易。为了解决图们江入海通道这个在法理上并不困难的问题，我们需要采取措施解决面临的实际问题。

第一，签订中俄朝三方协议。虽然我国与俄罗斯在历史上签订过《中俄珲春东界约》等文件，20 世纪 90 年代还签订过《中苏东段边界协定》等文件，这些文件都明确解决了我国沿图们江入海通行的问题，虽然朝鲜方面也不反对我国在图们江上行使入海通行权，但是，我国在图们江上的入海通行权一直缺乏三方法律文件的明确确认。我国主张入海通行权的图们江河段（约 15 千米）是俄罗斯和朝鲜的界河。我国要经过的河段一面是俄罗斯国土，另一面归朝鲜管辖，因而，只有俄朝双方同时表示同意，我国在图们江上的入海通行权才能得到相关国家的充分保障。我国要使在图们江上的入海通行权上获得相关国家的充分保障，必须让俄朝两国同时确认我国的这项权利，而实现这种充分保障的办法就是由中

---

① 徐祥民：《中国海洋发展战略研究》，经济科学出版社 2015 年版，第 35~37 页。
② 梁振民、陈才：《吉林省"开边通海战略"实现路径研究》，载于《经济纵横》2013 年第 12 期。

俄朝三方签订确认或维护我方通行权的法律文件。

第二，要求或支持俄朝两国改造或重修图们江铁路桥。该桥桥梁净空过低，仅能容300吨以下的船舶通行。这个局面如不改变，我国在图们江上的入海通行权就是一句空话。我国应通过谈判，要求俄罗斯或俄罗斯与朝鲜按照我国入海通行的实际需要改建此桥。必要时，我方可以对该桥的改造或重建提供支持。

第三，要求俄朝清除河道中的障碍物或许可我方修整河道。在俄朝图们江铁路桥上游1千米前后，江中残存有多个桥墩。这些桥墩不仅直接降低河道的通航价值，而且还影响河水正常流淌造成旋涡和河道泥沙淤积。为了确保航行顺畅，必须清除这些由战争遗留下来的障碍，对河道做适于通航的整治。我国应向俄朝两国提出清除障碍、修整河道的要求，或要求俄朝许可我国清除障碍，按照通航需要修整河道。

对图们江入海通道，一般认为通航价值不大。估计俄朝两国也会做如此估计。对我国来说，这个通航价值不大的入海通道却意义重大。这里所说的"重大"主要体现在增加可选择的范围。这条通道可以给我国提供别的国家或许不太在意的一个选择。

因为俄朝不认为这条通道有多么大的通航价值，所以，只要我国认真与它们交涉，使图们江出口海具备大型船舶通海能力并尽快实现通行正常化的目标是有望实现的。

3. 完成与朝鲜、韩国海洋划界

和谐海洋一定是开发利用保护海洋的相关国家（地区）间无纷争的状态，和谐海洋建设应当最大限度地消除相关国家间产生纷争的因素。《联合国海洋法公约》生效以来，划分管辖海域界限（通称"海域划界"）是海岸相向相邻国家间普遍面临的重大海洋事务。在国际海洋法宣布各沿海国都可以享受领海、专属经济区、大陆架等权益，而海岸相邻相向国家之间，尤其是共同面对海域的宽度容不下相邻相向国家充分占有专属经济区，甚至容不下相向相邻国家充分占有领海时，这些国家之间就存在潜在的冲突。当相向或相邻国家及其人民开发利用保护海洋的活动发生在归属不明确的海域时，这些国家间潜在的冲突就会变成现实的冲突。建设和谐海洋应当消除这种潜在冲突，防止此类潜在冲突变成现实冲突。

我国在黄海、东中国海、南中国海海域都有海岸相向或相邻的国家，而与黄海、东中国海的海岸相向的国家之间，存在海域空间不能满足相关方充分占有专属经济区和大陆架的问题。① 也就是说，如果相关方依照《联合国海洋法公约》

---

① 在南中国海某些局部地区也存在这种情况，如在菲律宾与我国台湾地区之间。为论述方便，这里暂不提及。

主张专属经济区，就会发生双方或多方主张形成重叠区的情况。这个重叠区就是矛盾易发区。实施和谐海洋建设应当及早消除这种矛盾易发区，而消除的办法是依照国际海洋法与相关邻国实施海域划界。

我国海岸相邻相向国家较多，其中的一些与我国还存在岛屿或海域主权或管辖权争议，如日本、越南等国。相比较而言，在全部海岸相邻相向国家中，我国与朝鲜、韩国之间在海洋空间划分上的关系最为简单。中朝之间、中韩之间不存在主权争议。实施和谐海洋建设，消除矛盾易发区，应当率先从中朝之间、中韩之间实施海域划界开始。

习近平在澳大利亚联邦议会的演讲中指出，"中国已经通过友好协商同14个邻国中的12个国家彻底解决了陆地边界问题，这一做法会坚持下去。"① 这既是一个说明中国主张"以和平方式"解决争议的数据，也是一个可以用来说明国家间关系稳定和平的数据。中国已经与12个陆上邻国划定了陆地边界，意味着中国与12个陆上邻国不会出现由于边界未划定而引起的边界纠纷。这是和平的陆上邻国间关系。今天，和谐海洋建设战略要求我们尽可能地建立和平的海上邻国间关系。和平的海上邻国间关系的建立应当从中朝、中韩开始。

（二）与南中国海周边争议国家实施部分区段海域划界

由于日本占领我国的钓鱼岛，在我国海岸的对面还存在主权未定的琉球群岛，考虑到日本不会轻易放弃对钓鱼岛的占领，以武装夺取的方式对钓鱼岛实施收复又不符合和谐海洋建设的要求，所以，在涉海国际关系处理上，我国很难与日本建立起和平的海上邻国间关系。

在南中国海周边，越南侵占我国岛礁达29个，想在短期内与之建立海上好邻居关系，是肯定做不到的。菲律宾占领我国岛礁达8个之多（见表4-2），是我国主权争议的主要对手之一。再加上菲律宾紧邻我国台湾地区，在面临统一祖国历史任务的今天，我国不便与菲律宾讨论海洋疆域划分等问题。和谐海洋建设的梯次推进的第四步应当是与印度尼西亚、马来西亚、文莱寻求建立和平的海上邻国关系。

印度尼西亚、马来西亚、文莱三国，与我国都存在海洋争端。但是，我国与这三国海洋争端所争的内容却有所不同。大致说来，"中马""中文"海洋争端所争内容包括海岛和海域。马来西亚、文莱都占领或实际控制着我国南海岛礁，或将我岛礁划入其版图。马来西亚占领3个岛礁、文莱控制1个。这是这两国与

---

① 习近平：《中国如何发展？中国发展起来了将是一个什么样的国家？》，引自习近平：《论坚持推动构建人类命运共同体》，中央文献出版社2018年版，第193页。

我国之间争议的第一项内容。这两个国家所主张的管辖海域与我国传统海疆线以内海域出现重叠。这是争议的第二项内容。换言之，我国与马来西亚和文莱之间既存在岛礁主权争议，又存在管辖海域争议。我国与印度尼西亚之间只有管辖海域争议，无主权争议。与存在两类争议的国家化解争议显然不如与只存在两种争议中的一种的国家化解争议容易。和谐海洋建设的梯次推进的第四步应当从印度尼西亚入手。

印度尼西亚是东南亚地区的大国，因其领土中的纳土纳群岛贴近我南海九段线，故也是我国的海上邻国。该国与我国的海洋争议来自其所主张的专属经济区与我国传统疆界线以内海域存在部分重合。双方的争议就是对重叠区的管辖权归属的争议。考虑到争议区内既无我国岛礁，也没有对方占领而存在主权争议的岛屿或岛礁，我国可以按照我方对"九段线"地位的一贯主张，与对方寻求双方都可以接受的分界线，包括重叠区中间线。

从中印尼关系入手解决南中国海管辖海域划界问题具有极其重要的意义。第一，先解决中印尼划界，或先解决我国与另外一个邻国的划界，会造成与我国相关的海洋划界问题的质变——由所有的划界问题完全未解决到部分完成划界。虽然我国面临大量的海洋划界问题，虽然可能经过努力我国短期内也只能解决中印尼划界问题，但是，只要完成与印尼的划界，我们就可以说我国已部分完成了海洋划界，而不是所有的划界问题一概没有解决。这对我国的国家形象具有不小的影响。第二，完成中印尼划界，或完成与其他邻国的划界，对解决我国与南中国海海域相关国家间的划界问题是一个很好的示范。那时，我国在南中国海海域的邻国就无法再组织所有邻国对付中国的一致行动。相反，中国可以对其他邻国使用各个击破的战术分别解决划界问题。第三，如果能够实现中印尼海洋划界，也可能创造对我国解决管辖海域划界有利的先例，如关于"九段线"在海域划界中的应用的先例，等等。

在南中国海海域，除与印度尼西亚的管辖海域划界的实施难度较小外，与文莱实施划界的难度应该也不大。虽然文莱属于与我国既存在管辖海域争议又存在主权争议的国家，但解决与文莱的争议比解决与越南等国的争议的难度要小得多。一方面，文莱占领的我国岛礁只有1个。数量小，解决起来显然会容易；另一方面，文莱对其声称享有的南通礁既没有实际派部队或其他人员登礁占领，也没有在这块岛礁上设置主权标志碑或其他宣示主权的器物。客观上，该岛礁露出水面的面积太小，不管是文莱还是先前曾声称对该岛礁享有主权的马来西亚，都无法对该岛礁实施实际控制。总之，南通礁作为低潮时局部露出水面的岛礁，其作为海中陆地的价值不大。这一情况告诉我们，南通礁不会成为中国和文莱两国开展划界谈话不可逾越的障碍。如果处理得当、措施有力，完成中国—文莱管辖海域划界也是可能的。当然，如果能够完成中国—文莱海域划界，中国在南中国海海域划界问题上经常面对的所有邻国一致对付中国的被动地位就会发生重大改变。到那时，我国更可以集中力量与马来西亚、菲律宾和越南单独开展谈判，一些原来难以解决的问题可能就容易解决了。

2014年5月15日，习近平在中国国际友好大会暨中国人民对外友好协会成立六十周年纪念活动上的讲话提出，"中国将通过平等协商处理矛盾和分歧，以最大诚意和耐心，坚持对话解决分歧。"① 在南中国海管辖海域划界问题上，我们就应当投入"最大诚意和耐心"，积极开展对话。经过不懈努力，管辖海域划界问题就会慢慢解决，从而为和谐海洋建设的南中国海建设工程奠定良好基础。

四、全面实施"共同开发十二字政策"

与我国既存在主权争议又存在管辖海域争议的国家之间关系的处理。

1978年10月25日，以国务院副总理身份访问日本的邓小平同志，在同时任日本首相福田赳夫就实现中日邦交正常化会谈时，对处理日本占领我国钓鱼岛等主权争议问题与发展经济贸易教育文化等领域的交流合作这对关系，提出了"搁置争议"的策略。在这之后，邓小平在同日本、菲律宾等与我国存在岛屿主权争议的国家的领导人或外交官员以及其他人员多次表达过为了不因岛屿主权争议而影响中国与相关国家总体的外交关系，可以先把主权争议搁置一下。② 虽然主权争议是大问题，但如果将其与我国同相关邻国的全面外交关系放在一起，它却是经济、政治、军事、教育、科技、文化、环保等关系领域中的一个领域（我们可以称之为"主权领域"）。与全面外交关系相比较，属于主权领域的岛屿主权争议是局部，全面外交关系为全局。所谓"搁置争议"是我国开放战略总体设计中不因局部影响对外开放、与外国交流合作这个全局的策略安排。

把开放战略中的"搁置争议"策略用在争议海域（包括存在主权争议的岛屿周围海域、管辖海域划界争议海域等）的开发利用保护上，也就是用在对开发利用保护相关海域中的中外关系处理上，邓小平提出的，也是我国政府及其外交部门一直奉行的原则是"共同开发"，即先忽略海域的主权归属、海域中争议岛屿的主权归属，中外两国或多国"共同开发"海域内的资源，如钓鱼岛周围海域的海底油气资源。邓小平也把"共同开发"完整地概括为"搁置争议，

---

① 习近平：《中国人民不接受"国强必霸"的逻辑》，引自习近平：《论坚持推动构建人类命运共同体》，中央文献出版社2018年版，第108页。

② 参见本文第五章。

共同开发"。

"搁置争议"的背景是存在主权争议，而从我国作为争议一方的角度看，是存在他方侵犯我国主权。对争议对象，我国享有主权。因为我国享有主权，所以我国才有资格与争议对方说暂时"搁置争议"。因为争议对方知道我国对争议对象享有主权，至少承认我国对争议对象有提出主权要求的理由，才会同意接受我国提出的"搁置争议"的主张。"搁置争议"，作为不妨碍我国与相关国家的"全面外交关系"或减少对我国与相关国家"全面外交关系"的不利影响的策略安排，绝不意味着放弃争议，更不是对争议对象的主权的放弃。充分考虑这一点，不管是学界还是我国政府，对"搁置争议，共同开发"原则的完整解释都是"主权在我，搁置争议，共同开发"（可以称之为"十二字原则"）。

从1978年到今天，我国运用"主权在我，搁置争议，共同开发"即"十二字原则"处理与周边海洋邻国之间关系已经有40多年的实践。在这40多年中，一方面，"十二字原则"对稳定我国与周边海洋邻国间关系发挥了积极作用，甚至已经被周边国家接受为处理我国与相关邻国、我国与东盟之间关系的政策框架。《南海各方行为宣言》第五条所说的"不采取使争议复杂化、扩大化"的"行动"就体现了"搁置争议"的要求。另一方面，我国实际上丧失了许多利益。主要是争议海域的资源利益。

把"十二字原则"与40多年我国与周边邻国在海洋开发利用保护中实际发生的关系相对照，不难发现以下三个现象：第一，"搁置争议"总体上实现了。除菲律宾仲裁案之外，不管是我国还是相关邻国，都实施了对争议的"搁置"或接受了"搁置争议"的建议。第二，"共同开发"实际上没有实行。除我国主动向日本发出共同开发钓鱼岛周边资源的要约等个别事例外，很少有哪个国家向我国提出共同开发的动议。虽然相关国家不否定"共同开发"的号召，但它们实际选择的是单独开发。越南、菲律宾、马来西亚、文莱等国都不同程度地实施了单独开发。第三，"主权在我"成了被忽略的前提。不仅相关邻国没有谁接受"主权在华"的判断，而且，我国有关部门的"主权在我"意识也在实行"搁置争议"的努力中被大大淡化。如果我们给实践中的"搁置争议"赋正值，那么，给"主权在我"和"共同开发"只能赋负值。也就是说，我们在实行"搁置争议"获得"稳定我国与周边关系"这一收益的同时，却损失了资源开发的利益和主权利益（主权意识被淡化等也是主权利益损失）。或者说，我们赢得了对"我国与周边关系"的"稳定"，却付出了丧失资源利益减损主权利益的代价。

对"十二字原则"的上述实施效果，我们既应根据服务大局的要求给予积极评价，也应按照维护民族利益、国家利益的要求对其做无妨大局的调整。我们的调整方案是：将"主权在我，搁置争议，共同开发"这一处理同周边海洋邻国外交关系"十二字原则"改为处理争议海域事务的"十二字政策"。这"十二字政策"既是外交政策,外交部门应当在处理与周边海洋邻国关系时加以实施;也是内政政策,民政、交通、环保等部门应当将实施"十二字政策"放在本部门的日常事务之中。这"十二字政策"是政策,所以,相关部门应承担可评估的甚至可计量的责任,例如,为确保"主权在我"取得了怎样的成果,"共同开发"所获几何,等等。

我们应当放弃"十二字原则",实施"主权在我,搁置争议,共同开发"的"十二字政策"(以下简称"共同开发十二字政策")。我们可以把"共同开发十二字政策"具体化为以下要求或措施:

(一)逐步全面行使管辖权、管理权

所谓全面行使管辖权、管理权,是指在我国主张管辖权的全部海域行使主权国家有权行使的各种管辖权、管理权。这里所说"逐步"是指管理领域扩展、管理队伍配备、管理技术设备配置等陆续到位和出于规避国际争议焦点、妥善处理双边或多边关系等需要的变通执行。在这里,"全面"表达的是原则性,"逐步"表达的是灵活性。"全面"是目标,在达到目标之前,或为了稳妥地达到目标可以做"逐步"行使管理权这种灵活安排。

在"九段线"内海域,不触及争议海岛、岛礁,我国有许多方面的管理工作需要做。最常见的包括渔业资源管理、(无争议)海岛或岛礁等空间资源管理、环境管理、交通管理,包括航行安全在内的安全管理,等等。我们建议陆续展开以下工作并使之制度化或逐步形成制度:

(1)海岛、岛礁等空间资源调查。可以建立周期性调查制度,也可以根据岛礁的自然或人为变动实施专门调查。

(2)海岛、岛礁、滩、沙、海湾地名管理。可以在充分尊重历史的原则下,根据海岛地名管理、陆上地名管理的经验,加强海岛、岛礁、滩、沙、海湾等地名管理。

(3)渔业资源调查、养护与管理。可以建立周期性调查制度,也可以根据渔业资源状况开展专项调查。可以根据需要实施渔业资源养护。可以根据渔业资源开发利用状况、渔业资源可再生能力变化等,采取管理措施。

可以与相关邻国、国际组织联合或共同开展渔业资源养护与管理。

(4)生物多样性保护。可以开展定期的或专项的生物多样性调查,可以根据生物分布、生物多样性变化状况等采取保护措施。

可以与相关邻国、国际组织联合或共同开展生物多样性保护工作。

(5)环境监测和污染防治。可以开展包括生物多样性变化、海洋溢油等在内

的环境监测，提供环境信息服务，对已经发生的海洋污染采取治理措施或组织治理。

环境监测包括对共同开发或单方开发海底矿产资源等活动的环境影响的监测，污染防治也包括对共同开发或单方开发矿产资源等活动引起的污染的防治。

可以与相关邻国、国际组织共同开展环境监测和污染防治，并可以建立相关协作机制。

《南海各方行为宣言》第六条规定的"可探讨或开展合作"的领域之一为"海洋环保"（第一项）。

（6）交通设施建设与交通管理。南中国海是重要海洋航行通道，该航道的使用和南中国海海域中其他生产生活中的船舶往来，都存在对诸如航标等交通设施的需要，也都存在交通安全问题，难以避免出现诸如船舶碰撞等的事故，这些都需要有组织地建设和管理。我国交通管理部门应当主动提供交通服务，包括安全服务、加强交通管理。

《南海各方行为宣言》第六条规定的"可探讨或开展合作"的领域之一为"海上航行和交通安全"（第三项）。

（7）气象观测与气象服务。南中国海海域辽阔，便于开展气象观测，国家气象管理部门应当利用好这个条件。同时，在辽阔的南中国海海域内开展的渔业、运输、旅游、环保等活动也需要得到精确的气象信息。国家和地方的气象部门应当加强对南中国海海域气象状况和变化趋势等的研究，为在南中国海作业的单位和个人或途经南中国海的单位和个人提供良好的气象服务。

（8）鼓励海洋旅游，管理海洋旅游观光活动。南中国海是全世界生物多样性最丰富的海域之一，南中国海存在许多特殊的海洋地质现象，海底沉船等也给这片海域增加了神秘感，诸如此类的情况给南中国海造就了丰富的旅游资源。我国旅游管理部门和相关企业应当积极组织南中国海旅游观光项目，对旅游观光活动提供服务、加强管理。

当然，南中国海旅游观光活动还可以与海洋教育、爱国主义教育、海洋文化研究等结合起来。此类活动可以产生一举多得的效果。

（9）开展科学研究，实施科研管理。辽阔的南中国海既是一个特定的科学研究对象或对象区域，同时也是可以从中发现一般海洋科学问题或更具一般性的科学难题之答案的解剖对象。我国科研管理部门、海洋管理部门应当组织力量对南中国海进行更加系统全面深入地研究。此外，我国有关部门也应当对进入南中国海开展研究的外国研究机构或个人，按照国际惯例实施必要的管理。

《南海各方行为宣言》第六条规定的"可探讨或开展合作"的领域之一为"海洋科学研究"（第二项）。

（10）开展水下文物保护和相关历史研究，管理海洋考古。在以往的水下文物保护和海洋考古实践中，人们已经注意到，南中国海海域有许多水下文物埋藏，给海洋考古工作者储备了许多待考的项目。我国文物管理部门应当对水下文物埋藏实施有效的保护，精心组织和严密管理考古发掘工作。

（11）提供海洋安全服务，实施海洋安全管理。南中国海海域也面临多种非传统安全威胁。我国海洋管理部门等应为本国渔业船舶、科考船舶、海上作业平台、运输船舶等提供安全保障，为外国过往船舶等提供安全服务。习近平在澳大利亚联邦议会的演讲中指出，中国将同各国一道"共同维护海上航行自由和通道安全，构建和平安宁、合作共赢的海洋秩序"。[①] 习近平提到的"通道"应当也包括南中国海通道或以南中国海为组成部分的通道。

为了确保南中国海海域的安全，国家有关部门应当加强对南中国海海域的安全管理。

《南海各方行为宣言》第六条规定的"可探讨或开展合作"的领域之一为"打击跨国犯罪，包括但不限于打击毒品走私、海盗和海上武装抢劫以及军火走私"（第五项）。

（12）实施海域管理，管理用海活动。南中国海海域辽阔，应当成为我国海域管理的重要海域。我国有关部门应当按照《中华人民共和国海域使用管理法》等法律法规的规定，对南中国海实行海域管理。

（13）我国法律规定的其他海洋管理。除《中华人民共和国海域使用管理法》之外，我国《中华人民共和国海洋环境保护法》《中华人民共和国海岛保护法》《中华人民共和国渔业法》等法律法规还规定了其他海洋管理事务或领域，我国有关部门应当按照职责分工开展相关管理。

（二）有效实施双边或多边"共同开发"

随着我国海洋资源开发科学技术水平的提高和支持资源开发的财政能力的增强，我们应主动实施"共同开发十二字政策"中的"共同开发"，而不是像以往那样被动地看相关国家既成事实的单方开发。对"共同开发十二字政策"中的"共同开发"政策的主动实施包括两个方面：

一方面，在资源种类品类藏量等信息清楚的情况下，主动向与资源埋藏地区邻近的国家提出共同开发的建议，主动制订或与之一起制订开发方案，主动与之共同实施资源开发分享开发所得利益。

[①] 习近平：《中国如何发展？中国发展起来了将是一个什么样的国家？》，引自习近平：《论坚持推动构建人类命运共同体》，中央文献出版社2018年版，第193页。

另一方面，对不掌握准确资源信息的区块，主动与相关国家提出共同勘探的建议，主动制定或主动与之共同制订勘探方案，主动与之实施共同勘探。在根据勘探所得信息判定资源开发前景乐观的情况下，则主动寻求与相关国家共同开发勘探查明资源。

主动实施"共同开发"需要在财政、资源开发技术设备人员等方面提前作出规划。

国家有关部门应当将为实施"共同开发十二字政策"而为的"共同开发"列入国家资源开发规划。

第二节　现代"海上丝路"建设

在2016年8月17日举行的推进"一带一路"建设工作座谈会上，习近平宣布了"一带一路"建设的"定位"，即"我国扩大对外开放的重大战略举措和经济外交的顶层设计""我国今后相当长时期对外开放和对外合作的管总规划""我国推动全球治理体系变革的主动作为"。① 中国要开放，可各种形式的保护主义却有越来越猖獗之势。我们不能再满足于建立在他国接受基础上的"被动的"开放。我们需要在开放的道路上"主动作为"，由以往的他国接受我国这个"玩伴"，转变为率领他国一起"玩"，做与各国一起"玩"的导演。要做"导演"便需要选好一个舞台。党中央选中的就是"一带一路"这个大舞台。这个大舞台也叫"欧亚大舞台"，或"欧亚非大舞台"。② 这个大舞台是"世界大棋局"中最广大的舞台。它"贯穿欧亚大陆，东边连接亚太经济圈，西边进入欧洲经济圈"，"涉及六十五个国家，总人口四十四亿"，"生产总值二十三万亿美元，分别占全球的百分之六十二点五、百分之二十八点六"。③ 由于是"主动作为"，由于选定了如此广大的舞台，所以，这项建设不能不是一个"管总规划"，不能不是一项伟大的国家倡议，一项需要"集中力量办好"的"大事"④。

我国应当"集中力量"办好这件"大事"，我国的海洋战略应当对做好"这

---

①③　中央文献研究室编：《习近平关于社会主义经济建设论述摘编》，中央文献出版社2017年版，第276页。

②　实践中的"一带一路"实际上覆盖亚、欧、非。习近平在英国伦敦金融城举行的中英工商峰会上的致辞把"一带一路"解释为"穿越非洲、环连亚欧的广阔'朋友圈'"。习近平：《"一带一路"是大家携手前进的阳光大道》，引自习近平：《习近平谈"一带一路"》，中央文献出版社2018年版，第80页。

④　习近平：《在中央财经领导小组第八次会议上的讲话》，引自中央文献研究室编：《习近平关于社会主义经济建设论述摘编》，中央文献出版社2017年版，第255页。

件大事",对建设与"丝绸之路经济带"相协调配合的现代"海上丝路"作出充分的安排。

一、海—陆—空—网多维互联互通之路

现代"海上丝路"首先是路,是把在空间上有距离的两地或多地连接起来。不管是在唐代以前开通的从广州到巴士拉的南海—波斯湾航线,① 还是16世纪晚期开通的从我国漳州泉州等地启航经马尼拉到新西班牙(今墨西哥)阿卡普尔科的太平洋航线,② 都首先是可以使货物、人员从一地移动到另一地的海上通路。习近平最早提出"一带一路"建设构想时提到的"道路联通"③ 也是注意到了路的联通价值。现代"海上丝路"建设无疑要把航路联通放在首位。但是,我国倡议、共建国家共同建设的现代"海上丝路",一方面不应只是在地球的某个角落偶然出现的几条线段,它应当是多张大小不等的交通网;另一方面,它应当是与陆、空互联互通的、有通信网络与之紧密伴随的多维网络。

(一) 多张海上交通网

历史上的现代"海上丝路"大致都是线段结构的,如上述"广州—巴士拉"线、"漳州(泉州等)—马尼拉—阿卡普尔科"线。古代"海上丝路"的主要线段分布在上起朝鲜海峡下迄阿拉伯海的上弦月线路上。我们也称其为"海上丝绸之路月牙"④(以下简称"月牙海丝",即"月牙形海丝")。现代"海上丝路"建设应努力把线段变成"闭环",把"线"变成"网",而且应当根据需要建立多张交通网。

1. 现代"海上丝路"亚欧大陆闭环

习近平在向东盟国家发出共建现代"海上丝路"倡议时,讨论的中心是以"东南亚地区"为"重要枢纽"的"海上丝绸之路"⑤,也就是"月牙海丝"。这样的现代"海上丝路"以及陆上"丝绸之路"还只是"我国同中亚、东南亚、南亚、西亚、东非、欧洲经贸和文化交流的大通道"⑥。在正式展开包括

---

① 张难生、叶显恩:《海上丝绸之路与广州》,载于《中国社会科学》1992年第1期。
② 参见陈炎:《略论海上"丝绸之路"》,载于《历史研究》1982年第3期。
③ 习近平:《弘扬人民友谊,共创美好未来——在纳扎尔巴耶夫大学的演讲》,载于《人民日报》2013年9月8日,第3版。
④ 于铭、徐祥民:《海上丝绸之路的布局与结构》,载于《湘潭大学学报》2015年第5期。
⑤ 习近平:《携手建设中国—东盟命运共同体——在印度尼西亚国会的演讲》,引自习近平:《论坚持推动构建人类命运共同体》,中央文献出版社2018年版,第52页。
⑥ 《习近平主持召开中央财经领导小组第八次会议强调,加快推进丝绸之路经济带和21世纪海上丝绸之路建设》,载于《光明日报》2014年11月7日,第1版。

现代"海上丝路"建设在内的"一带一路"建设之后,在建设"一带一路"倡议得到全世界的普遍赞同和广泛支持之后,现代"海上丝路"就明显不限于历史上的"海上丝绸之路"了。国家发展改革委、外交部、商务部编制的《推动共建丝绸之路经济带和21世纪海上丝绸之路的愿景与行动》(以下简称《"一带一路"愿景与行动》)为"一带一路"建设设计的"框架思路"是"贯穿亚欧非大陆",提出的要求之一是"致力于亚欧非大陆及附近海洋的互联互通"。①

按照"贯穿"亚欧大陆这个提法,现代"海上丝路"建设应当构建环绕亚欧大陆的海路闭环。

"月牙海丝"从中国东部、东南沿海出发,到阿拉伯海地区结束。苏伊士运河的开凿,使"月牙海丝"得以沿红海过苏伊士运河到地中海,再由地中海出直布罗陀海峡入大西洋。到这里,现代"海上丝路"就已经是跨越三大洋——太平洋、印度洋、大西洋的漫长海洋航线了。进入大西洋的现代"海上丝路"可以沿欧洲大陆外缘北上进入北冰洋。随着北极航线的逐步开通,已经进入北冰洋的现代"海上丝路"可以经北极航线,穿越白令海峡入太平洋边缘海鄂霍次克海,再经鄂霍次克海、日本海过朝鲜海峡,进入黄海,到达我国大陆。这样,从中国东部沿海、东南沿海出发的现代"海上丝路"就构成了一个环绕亚欧大陆的海路闭环。按照把古代丝绸之路比作"月牙海丝"的做法,环绕亚欧大陆的海路闭环则是"海上丝绸之路满月",即"满月形海上丝路"(以下简称"满月海丝")。

从近几年"一带一路"建设的成就来看,建设"满月海丝"不仅是可行的,而且也是必要的。从2013年提出"一带一路"倡议起,"一带一路"沿线许多国家陆续与我国达成共建协议或其他形式的共识,参加共建活动。到2017年5月中旬召开"'一带一路'国际合作高峰论坛"时,蒙古国、巴基斯坦、尼泊尔、克罗地亚、黑山、波黑、阿尔巴尼亚、东帝汶、新加坡、缅甸、马来西亚11个国家与我国签署"政府间'一带一路'合作谅解备忘录",联合国开发计划署、联合国工业发展组织、联合国人类住区规划署、联合国儿童基金会、联合国人口基金、联合国贸易与发展会议、世界卫生组织、世界知识产权组织、国际刑警组织9个国际组织与我国政府签署"'一带一路'合作文件",联合国欧洲经济委员会、世界经济论坛、国际道路运输联盟、国际贸易中心、国际电信联盟、国际民航组织、联合国文明联盟、国际发展法律组织、世界气象组织、国际海事组织10个国际组织与我国政府有关部门签署"'一带一路'合作文件"。此外,中国政府

---

① 国家发展改革委、外交部、商务部:《推动共建丝绸之路经济带和21世纪海上丝绸之路的愿景与行动》,引自《十八大以来重要文献选编(中)》,中央文献出版社2018年版,第443~445页。

与匈牙利政府签署关于共同编制中匈合作规划纲要的谅解备忘录,中国政府与老挝政府、柬埔寨政府签署共建"一带一路"合作文件,中国国家发展和改革委员会与希腊经济发展部签署《中希重点领域2017~2019年合作计划》,中国国家发展和改革委员会与捷克工业和贸易部签署"关于共同协调推进'一带一路'倡议框架下合作规划及项目实施的谅解备忘录"。[①] 在这期间,中国与俄罗斯联邦发表《关于丝绸之路经济带建设和欧亚经济联盟建设对接合作的联合声明》(2015年5月9日)[②],中国政府与哈萨克斯坦共和国政府制定《关于"丝绸之路经济带"建设与"光明之路"新经济政策对接合作规划》(2017年2月16日)[③],中国和东盟国家领导人发表《第19次中国—东盟领导人会议暨中国—东盟建立对话关系25周年纪念峰会联合声明》(2016年9月7日)[④]。虽然参与"一带一路"建设的国家以亚洲国家居多,如蒙古国、巴基斯坦、尼泊尔、新加坡、缅甸、马来西亚、东帝汶、老挝、柬埔寨等,但欧洲国家也已达到相当大的数量,其中包括:俄罗斯、克罗地亚、黑山、波黑、阿尔巴尼亚、希腊、匈牙利、捷克等。到2019年4月召开第二届"一带一路"国际合作高峰论坛时,情况出现了更加明显的改善。参与"一带一路"建设的欧洲国家已经达到40多个。其中包括俄罗斯、克罗地亚、黑山、波黑、阿尔巴尼亚、希腊、匈牙利、捷克[⑤]、卢森堡、意大利、塞浦路斯[⑥]、塞尔维亚[⑦]、瑞典[⑧]、格鲁吉亚、白俄罗斯、亚美尼亚[⑨]、保加利亚、拉

[①] 《"一带一路"国际合作高峰论坛成果清单》,载于《人民日报》2017年5月16日,第5版。

[②] 《关于丝绸之路经济带建设和欧亚经济联盟建设对接合作的联合声明》,载于《人民日报》2015年5月9日,第2版。

[③] 《关于"丝绸之路经济带"建设与"光明之路"新经济政策对接合作规划》,"中国一带一路"网,https://www.yidaiyilu.gov.cn/yw/qwfb/2163.htm,2020年2月。

[④] 《第19次中国—东盟领导人会议暨中国—东盟建立对话关系25周年纪念峰会联合声明》,中央人民政府网,http://www.gov.cn/xinwen/2016-09/08/content_5106302.htm,2020年2月。

[⑤] 以上国家在第一届"'一带一路'国际合作高峰论坛"时已经参加"一带一路"建设。

[⑥] 我国政府与上述国家政府签署"共建'一带一路'谅解备忘录",参见《第二届"一带一路"国际合作高峰论坛成果清单》第二类"在高峰论坛期间或前夕签署的多双边合作文件",载于《人民日报》2019年4月28日,第5版。

[⑦] 塞尔维亚政府与我国政府签署"共建'一带一路'合作规划或行动计划",参见《第二届"一带一路"国际合作高峰论坛成果清单》第二类"在高峰论坛期间或前夕签署的多双边合作文件",载于《人民日报》2019年4月28日,第5版。

[⑧] 瑞典政府与我国政府签订"税收协定和议定书",参见《第二届"一带一路"国际合作高峰论坛成果清单》第二类"在高峰论坛期间或前夕签署的多双边合作文件",载于《人民日报》2019年4月28日,第5版。

[⑨] 以上国家政府与我国政府签署"交通运输领域合作文件",参见《第二届"一带一路"国际合作高峰论坛成果清单》第二类"在高峰论坛期间或前夕签署的多双边合作文件",载于《人民日报》2019年4月28日,第5版,我国与白俄罗斯等7国签署《中欧班列运输联合工作组议事规则》。

脱维亚、萨尔瓦多、①奥地利、瑞士②、希腊③、德国④、马耳他⑤、芬兰⑥、斯洛文尼亚、比利时、西班牙、荷兰、丹麦、罗马尼亚、⑦英国、法国、⑧爱沙尼亚、斯洛伐克、⑨波兰⑩、乌克兰、立陶宛、摩尔多瓦、⑪葡萄牙⑫等。这40多个欧洲国家都成了"一带一路"的建设者。更为重要的是,在这40多个欧洲国家中,

---

① 以上国家政府与我国政府签署"科学、技术和创新领域的合作协定",参见《第二届"一带一路"国际合作高峰论坛成果清单》第二类"在高峰论坛期间或前夕签署的多双边合作文件",载于《人民日报》2019年4月28日,第5版。

② 瑞士相关部门与我国国家发展改革委签署"关于开展第三方市场合作的谅解备忘录",参见《第二届"一带一路"国际合作高峰论坛成果清单》第二类"在高峰论坛期间或前夕签署的多双边合作文件",载于《人民日报》2019年4月28日,第5版。

③ 我国国家发展改革委与希腊经济发展部签署"中国—希腊重要领域三年合作计划(2020年—2022年)",参见《第二届"一带一路"国际合作高峰论坛成果清单》第二类"在高峰论坛期间或前夕签署的多双边合作文件",载于《人民日报》2019年4月28日,第5版。

④ 我国与德国等7国签署《中欧班列运输联合工作组议事规则》,我国国家发展改革委("一带一路"建设促进中心)与德国西门子股份公司签署"围绕共建'一带一路'加强合作的谅解备忘录",参见《第二届"一带一路"国际合作高峰论坛成果清单》第二类"在高峰论坛期间或前夕签署的多双边合作文件",载于《人民日报》2019年4月28日,第5版。

⑤ 我国科技部与马耳他科学技术理事会签署"成立联合研究中心、联合实验室的合作文件",参见《第二届"一带一路"国际合作高峰论坛成果清单》第二类"在高峰论坛期间或前夕签署的多双边合作文件",载于《人民日报》2019年4月28日,第5版。

⑥ 我国国家能源局与芬兰经济事务和就业部等签署"能源领域合作文件",参见《第二届"一带一路"国际合作高峰论坛成果清单》第二类"在高峰论坛期间或前夕签署的多双边合作文件",载于《人民日报》2019年4月28日,第5版。

⑦ 我国与上述等国家的33个来自政府交通和海关等机构、重要港口企业、港务管理局和码头运营商的代表共同成立"海上丝绸之路"港口合作机制并发布《海丝港口合作宁波倡议》。参见《第二届"一带一路"国际合作高峰论坛成果清单》第三类"在高峰论坛框架下建立的多边合作平台",载于《人民日报》2019年4月28日,第5版。

⑧ 我国与英、法等国的主要金融机构共同签署《"一带一路"绿色投资原则》,参见《第二届"一带一路"国际合作高峰论坛成果清单》第三类"在高峰论坛框架下建立的多边合作平台",载于《人民日报》2019年4月28日,第5版。

⑨ 我国生态环境部与爱沙尼亚、斯洛伐克等25个国家环境部门及国际组织共同启动"'一带一路'绿色发展国际联盟"(《第二届"一带一路"国际合作高峰论坛成果清单》第三类"在高峰论坛框架下建立的多边合作平台",载于《人民日报》2019年4月28日,第5版)。

⑩ 我国国家知识产权局与波兰专利局等49个共建"一带一路"国家的知识产权机构共同发布《关于进一步推进"一带一路"国家知识产权务实合作的联合声明》。参见《第二届"一带一路"国际合作高峰论坛成果清单》第三类"在高峰论坛框架下建立的多边合作平台",载于《人民日报》2019年4月28日,第5版。

⑪ 中国美术馆与上述等18个国家的21家美术馆和重点美术机构共同成立丝绸之路国际美术馆联盟(《第二届"一带一路"国际合作高峰论坛成果清单》第三类"在高峰论坛框架下建立的多边合作平台",载于《人民日报》2019年4月28日,第5版)。

⑫ 中国再保险集团与葡萄牙忠诚保险集团签署服务"一带一路"建设商业合作谅解备忘录,参见《第二届"一带一路"国际合作高峰论坛成果清单》第四类"投资类项目及项目清单",载于《人民日报》2019年4月28日,第5版。

有处于大西洋边缘和沿岸的英国、葡萄牙、西班牙、法国、比利时、荷兰、德国、丹麦8个国家；有处于北冰洋边缘海波罗的海沿岸的瑞典、波兰、芬兰、爱沙尼亚、俄罗斯、德国（也是北海沿岸国）6国；有属于8个环北极国家的俄罗斯、丹麦、芬兰、瑞典4国。这么多大西洋沿岸国家、北冰洋沿岸国家参加"一带一路"建设，这么多大西洋沿岸国家、北冰洋沿岸国家与中国、东亚国家、东南亚国家、南亚国家、西亚国家、地中海沿岸国家一起参加"一带一路"建设，显示了对"满月海丝"的需求。国家发展和改革委员会、国家海洋局提出的"积极推动共建经北冰洋连接欧洲的蓝色经济通道"的"设想"①就反映了这种需求。按照这种需求，现代"海上丝路"建设应当在巩固"月牙海丝"的基础上，加强"海上丝绸之路"向地中海、大西洋西岸的延展，努力实现由大西洋西岸北上和由白令海峡北上的航线之间的对接，早日建成"满月海丝"。

从建设"满月海丝"的需要来看，我国应当高度关注并积极参与北极航线建设。② 国家发展和改革委员会、国家海洋局提出的"积极推动共建经北冰洋连接欧洲的蓝色经济通道"，既表达了对北极航道通航的期待，也体现了北极航道对我国经济和社会发展的价值。

2. 现代"海上丝路"亚欧非大陆闭环

围绕亚欧大陆的"满月海丝"是第一个"海上丝绸之路"闭环——现代"海上丝路"亚欧大陆闭环。如果这个"海上丝绸之路"能够建成，那么，我们便有条件考虑再建设第二个现代"海上丝路"闭环——环绕亚欧非三大洲的海上航路闭环。

古代的"月牙海丝"在印度洋上出现了向西向南的转向，即以非洲东岸地区为丝路的终点，郑和船队就曾数次到达那里。③ 我们可以把以非洲东岸为终点的海上航线称为"月牙海丝"的东非支线。新中国成立以来与非洲国家的友好往来，中非之间共建"一带一路"的实践都说明，现代"海上丝路"应当沿"月牙海丝"东非支线向南延伸，跨过非洲南端再沿非洲东岸北上。

2015年12月25日，由中非合作论坛约翰内斯堡峰会暨第六届部长级会议制定的《中非合作论坛—约翰内斯堡行动计划》（2016—2018）宣布："非方欢迎中方推进'21世纪海上丝绸之路'，并将非洲大陆包含在内。双方将推进蓝色经济互利合作。"（参见该计划第3章"经济合作"第5节"海洋经济"）这标志着

---

① 国家发展和改革委员会、国家海洋局：《"一带一路"建设海上合作设想》第三章《合作思路》，载于《中国海洋报》2017年6月21日，第3版。
② 关于北极航线现状与未来走势，可参阅本书第五章。
③ 关于郑和下西洋的业绩及其在中国海洋文化史上的地位等，可参见本书第七章。

中非之间在"一带一路"框架内正式开展海洋经济合作。中非之间在"一带一路"框架内开展海洋经济合作只是中非共建"一带一路"的一个良好开端。到2018年9月，就已经看到由这个良好开端引出的十分丰富的合作成果。2018年9月3日至4日在北京举行的2018年中非合作论坛北京峰会，宣布对"一带一路"倡议所遵循的"共商共建共享原则，遵循市场规律和国际通行规则"，对"一带一路"倡议"坚持公开透明，谋求互利共赢，打造包容可及、价格合理、广泛受益、符合国情和当地法律法规的基础设施，致力于实现高质量、可持续的共同发展"等做法，表示"赞赏"；认为"'一带一路'建设顺应时代潮流，造福各国人民"（第四条第一项）；认定"非洲是'一带一路'历史和自然延伸，是重要参与方""中非共建'一带一路'将为非洲发展提供更多资源和手段，拓展更广阔的市场和空间，提供更多元化的发展前景"。双方还一致同意"将'一带一路'同联合国2030年可持续发展议程、非盟《2063年议程》和非洲各国发展战略紧密对接""加强政策沟通、设施联通、贸易畅通、资金融通、民心相通，促进双方'一带一路'产能合作，加强双方在非洲基础设施和工业化发展领域的规划合作，为中非合作共赢、共同发展注入新动力"。（参见第四条第二项）双方还商定，把已经举办了18届的"中非合作论坛"当作"中非共建'一带一路'的主要平台"。（第五条第二项）通过这次论坛，中非共建"一带一路"已经不是非洲某个国家或某几个国家与我国合作，而是"中非合作论坛"53个国家一起与我国开展合作；已经不是在某个领域的合作，而是全方位合作。用《中非合作论坛—北京行动计划（2019－2021年）》的话说就是"全方位、宽领域、深层次合作"（《序言》第4条）。按《中非合作论坛—北京行动计划（2019－2021年）》的规定，中非合作设6个合作领域1个"中非合作论坛"机制。6个合作领域是：（1）"政治合作"；（2）"经济合作"；（3）"社会发展合作"；（4）"人文合作"；（5）"和平安全合作"；（6）"国际合作"。[①] 这样广阔的合作领域、非洲国家普遍参与的合作规模，需要建设更宽敞的路、更便利的路。

在从古代"月牙海丝"东非支线南下绕过非洲大陆南端，再沿非洲西岸北上到达非洲大陆北端之后，现代"海上丝路"就形成了沿非洲大陆展开的"U"形段，或非洲"U"形段。现代"海上丝路"非洲"U"形段从非洲北端继续北上，就与"满月海丝"发生重合。在"满月海丝"全线通航的情况下，现代"海上丝路"就形成了以非洲"U"形段为组成部分的环绕亚欧非三大洲的又一

[①] 《中非合作论坛—北京行动计划（2019－2021年）》，商务部网站，2020年2月5日。

个航路闭环——现代"海上丝路"亚欧非大陆闭环。

现代"海上丝路"亚欧非大陆闭环是将现代"海上丝路"亚欧闭环嵌于其中的更大的海上航路闭环。两个航路闭环是两个同心圆。它们都以中国大陆为圆心。两个航路闭环是构成局部重合的内环和外环。如图 8-1 所示。

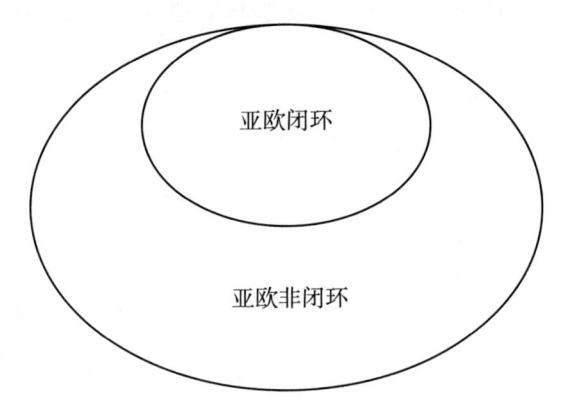

图 8-1 现代"海上丝路"亚欧大陆闭环与现代
"海上丝路"亚欧非大陆闭环关系

对我国以往的海洋活动历史来说，建设现代"海上丝路"亚欧非大陆闭环是富有挑战性的。而对于全面实现我国的国家战略的需要来看，我国需要认真参与建设和经营现代"海上丝路"亚欧非大陆闭环，尤其是这个闭环中离中国大陆最远的一段——非洲大陆西岸段。

3. 现代"海上丝路"太平洋闭环

在我们用"月牙海丝"指代古代"海上丝绸之路"的时候，显然是把大致呈东北—西南走向的"月牙海丝"之外，沿月牙辐射方向展开的，如向中南美洲方向延展的航路置于可忽略的地位了。事实上，把古代"海上丝绸之路"开通的全部历史看作一个整体，在这个整体中，所谓"太平洋航线"是微不足道的细枝末节。今天的世界，是一个"'压缩'了的世界"，一个"距离变短、海洋变窄"的世界。在今天的世界里，"社会利用"意义上的海洋已经突破了"距离和交通工具的限制"，越来越表现为"同一个海洋世界"。[①] 在今天这个世界上，太平洋的广阔无垠、太平洋里的风云变幻，等等，都不再是对设计航路有决定性否定力的因素。或许，在古代历史上只在短时段和小规模上开通的横跨太平洋的航路还有更大的潜力等待开发。

尽管最初提出建设现代"海上丝路"时想得更多的是"月牙海丝"，尽管开

---

① 徐祥民：《中国海洋发展战略研究》，经济科学出版社 2015 年版，第 115~119 页。

展现代"海上丝路"共建时我们公开地使用了跨越亚欧大陆或亚欧非等说法,而这两个措辞中既不包含大洋洲国家,也不包含美洲国家。但是,随着"共建"向更深更广发展,有越来越多的大洋洲国家、加勒比海地区和拉丁美洲国家参加到"一带一路"建设中来。从《第二届"一带一路"国际合作高峰论坛成果清单》可以看到,中国与大洋洲国家、中国与加勒比海地区和南美洲国家的合作成果十分丰硕。

首先,看与中美洲国家合作的情况。(1)巴巴多斯政府与我国政府签署了"共建'一带一路'谅解备忘录"(参见第二类《在高峰论坛期间或前夕签署的多双边合作文件》第一项)。(2)萨尔瓦多政府、巴拿马政府等与我国政府签署"科学、技术和创新领域的合作协定"(参见第二类《在高峰论坛期间或前夕签署的多双边合作文件》第六项)。(3)墨西哥的能源部与我国科技部签署"科技创新领域的合作文件"(参见第二类《在高峰论坛期间或前夕签署的多双边合作文件》第二十六项)。(4)危地马拉等25国国家环境部门与我国生态环境部、相关国际组织等"共同启动'一带一路'绿色发展国际联盟"(参见第三类《在高峰论坛框架下建立的多边合作平台件》第七项)。

其次,看我国与大洋洲国家合作的情况。(1)巴布亚新几内亚政府与我国政府签署了"共建'一带一路'合作规划或行动计划"(参见第二类《在高峰论坛期间或前夕签署的多双边合作文件》第二项)。(2)新西兰商业、创新与就业部与我国科技部签署"科技创新领域的合作文件"。新西兰等多国会计准则制定机构与我国"共同建立'一带一路'会计准则合作机制",并发起《"一带一路"国家关于加强会计准则合作的倡议》(第三类《在高峰论坛框架下建立的多边合作平台件》第五项)。(3)斐济等13国33个政府交通和海关等机构,重要港口企业、港务管理局和码头运营商的代表"共同成立'海上丝绸之路'港口合作机制",并发布《海丝港口合作宁波倡议》(参见第三类《在高峰论坛框架下建立的多边合作平台件》第一项)。(4)汤加等28个国家与我国建立"'一带一路'能源合作伙伴关系"(参见第三类《在高峰论坛框架下建立的多边合作平台件》第九项)。

最后,看我国与南美洲国家合作的情况。(1)智利政府与我国政府签署"税收协定和议定书"(参见第二类《在高峰论坛期间或前夕签署的多双边合作文件》第四项),其外交部与我国商务部签署"关于建立贸易救济合作机制的谅解备忘录"(参见第二类《在高峰论坛期间或前夕签署的多双边合作文件》第二十二项)。(2)巴西科技、创新和通信部与我国工业和信息化部签署"工业和信息通信领域的合作文件"(参见第二类《在高峰论坛期间或前夕签署的多双边合作文件》第二十七项)。(3)乌拉圭教育文化部与我国科技部签署"成立联合研究中心、联合实验室的合作文件"(参见第二类《在高峰论坛期间或前夕签署的多双边合作文件》第二十六项)。(4)玻利维亚、苏里南等 28 个国家与我国建立"'一带一路'能源合作伙伴关系"(参见第三类《在高峰论坛框架下建立的多边合作平台件》第九项)。(5)阿根廷财政部与我国进出口银行签署"电力项目贷款协议"(参见第五类《融资类项目》第三项)等。①

我们还注意到,2017 年 9 月 21 日召开的"中国—小岛屿国家海洋部长圆桌会议"发表的《平潭宣言》,明确宣布"鼓励各方积极推进海上互联互通、促进海洋产业有效对接、构建蓝色经济合作示范区。支持中国海上丝绸之路核心区福建等地方政府与岛屿国家加强务实合作,推动建立姊妹关系,共享蓝色经济发展成果"(第二条),②而出席会议的国家,也就是一起发表《平潭宣言》的国家,包括斐济、瓦努阿图、巴布亚新几内亚等大洋洲国家。

对我国与大洋洲、加勒比海地区和拉丁美洲开展"一带一路"合作的情况,可以用以下数据说明:截至 2019 年 3 月至 4 月,我国已经与新西兰、巴布亚新几内亚、密克罗尼西亚联邦、库克群岛、汤加、萨摩亚、斐济、瓦努阿图等大洋洲国家签署了多份共建"一带一路"合作协议,与 19 个加勒比海地区和南美洲国家签署"'一带一路'合作谅解备忘录"或其他相关文件。非常明显,"一带一路"建设的快速发展已经大大超出了最初提出"一带一路"建设方案和制定《"一带一路"愿景和行动》时的预期,超出传统概念给"海上丝绸之路"框定的范围。

根据"一带一路"建设实践已经开辟出的广阔天地,现代"海上丝路"还需要建立第三个航路闭环。如上文所述,历史上已有从中国到中美洲的太平洋航线。今天,可以继续走东向航线。(以下简称"中国东向航线")从中国东部沿海或东南沿海出发,走中国—加勒比航线,到达加勒比海地区,或走中国—南美西海岸航线,中间经过琉球群岛、夏威夷群岛,穿越赤道入南太平洋,到达南美洲西海岸港口。"中国东向航线"可以通过从巴拿马科隆或瓦尔帕莱索、布宜诺斯艾利斯到惠灵顿、悉尼的航线(以下简称"南美洲—大洋洲航线"),与从我国出发的南向航线对接。南向航线主要指中国—澳大利亚、新西兰航线(以下简称"中国南向航线"),如中国经琉球群岛、加罗林群岛、所罗门海、珊瑚湖,或经过南海、苏拉威西海、班达海、阿拉弗拉海、托雷斯海峡、珊瑚海,到澳大利亚东海岸和新西兰。由"中国东向航线""中国南向航线""南美洲—大洋洲

---

① 以上信息出自《第二届"一带一路"国际合作高峰论坛成果清单》,载于《人民日报》2019 年 4 月 28 日,第 5 版。
② 《平潭宣言》,中国日报中文网,2020 年 2 月 5 日访问。

航线"共同构成太平洋航路闭环。① 我们可以称之为现代"海上丝路"太平洋航路闭环。

现代"海上丝路"太平洋航路闭环与现代"海上丝路"亚欧非大陆闭环、现代"海上丝路"亚欧大陆闭环三者存在局部交叉,即发生在南中国海及周边海域的部分重合。如图8-2所示。

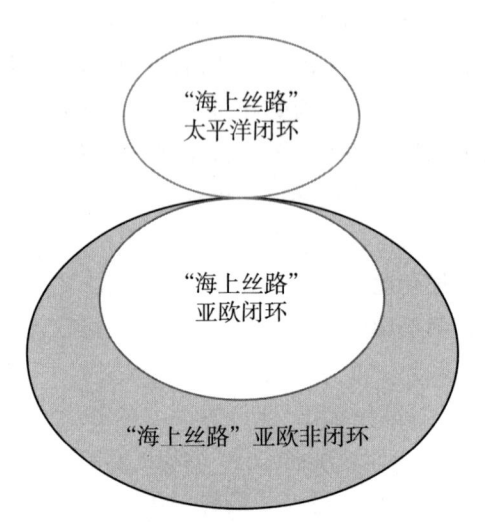

图8-2 现代"海上丝路"三大航路闭环局部重合

注:海上丝路亚欧非闭环在海上丝路亚欧闭环的基础上增加了沿非洲大陆展开的"U"形段,海上丝路太平洋闭环与海上丝路亚欧闭环、海上丝路亚欧非闭环重合的部分是南中国海及周边海域。

(二)海—陆—空—网多维互联互通之路

按照交通线的概念,现代"海上丝路"就是上述三个圆环。这是按古代"丝绸之路"的样态描述的现代"海上丝路"。这里所说的古代"丝绸之路"的样态就是艰难打通、艰苦维持的交通线。② 古代历史上的"陆上丝绸之路"和"海上丝绸之路"都是交通线。现代"海上丝路"不是或不应是"线状"结构的,而应当是网状结构的。这里所说的网状结构是包含三种网络状态的结构。第一种网络结构:平面的网状结构。它表现为多走向交通线连接而成的纵横交错状

---

① 这个航路闭环与"经南海向南进入太平洋"的"中国—大洋洲—南太平洋蓝色经济通道"部分重合,参见国家发展和改革委员会、国家海洋局:《"一带一路"建设海上合作设想》第三章《合作思路》,载于《人民日报》2015年3月29日,第4版。

② 习近平把张骞通西域称为"凿空之旅"(参见习近平:《携手推进"一带一路"建设——在"一带一路"国际合作高峰论坛开幕式上的演讲》,人民出版社2017年版,第2页),由此反映了那个年代连通之不易。

态。第二种网络结构：立体的网状结构，即存在于三维空间的多走向、不同高层的交通线连接而成的上下纵横交错状态。第三种网络结构：多维的网状结构，即在三维空间网络之外还要添加其他"维度"，且多维之间相互联通的状态。

1. 现代"海上丝路"平面交通网

现代"海上丝路"平面交通网包含两层含义。一层含义：由现代"海上丝路"联结的两地、三地或多地，那些"地"都是一个网络，而不是一个点，不管是作为一个港口的点，还是作为一个城市的点。由农业部等四部委联合发布的《共同推进"一带一路"建设农业合作的愿景与行动》（以下简称《"一带一路"农业合作愿景与行动》）对"一带一路"两端"一头是活跃的东亚经济圈，另一头是发达的欧洲经济圈"① 的判断说明现代"海上丝路"连接的不是两个点，而是两个可以称为"经济圈"的区域。这些"经济圈"都是一个"网"，而且是经济活动、社会活动十分活跃的"网"。另一层含义，由现代"海上丝路"联结而成的网络。建设现代"海上丝路"不是学习古人使有距离且不便走通的两个或多个点实现连通，而是沿"丝绸之路"建成宽阔的网络。习近平在"'加强互联互通伙伴关系'东道主伙伴对话会"上的讲话指出，建设"丝绸之路首先得要有路，有路才能人畅其行、物畅其流。"他这里所说的"路"实际上是"路网"。他还指出，"中方高度重视联通中国和巴基斯坦、孟加拉国、缅甸、老挝、柬埔寨、蒙古国、塔吉克斯坦等邻国的铁路、公路项目，将在推进'一带一路'建设中优先部署。"② 按这番打算建成的"铁路、公路"，构成的是交通网络，而不是简单的两点或多点之间的连通。在 2015 年亚太经合组织工商领导人峰会的演讲中，习近平指出，"通过'一带一路'建设，我们将开展更大范围、更高水平、更深层次的区域合作"。③ 这里所说的"区域合作"以"一带一路"提供的连接网络为平台。我国政府在对"一带一路"建设的安排上"以交通基础设施为突破"，并把"实现亚洲互联互通"看作是"一带一路"建设的"早期收获"，④ 也是把建立交通网络视为实现经济社会文化全面发展的基础。

说到道路交通网，人们都不陌生，而对海上的交通网，尤其是海上交通网建设，理解起来就有点困难。这是因为，在我们的常识中，海上航路是被大自然规定好的，且常常都是非人力所能改变的。其实，大自然规定的海上航路也可以构成网络。我国与朝鲜、韩国、日本、琉球群岛等东亚国家和地区间的海洋交流航

---

① 农业部、国家发展改革委、商务部、外交部：《共同推进"一带一路"建设农业合作的愿景与行动》第三章《框架思路》，载于《农民日报》2017 年 5 月 12 日，第 1 版。

②④ 习近平：《联通引领发展，伙伴聚焦合作》，载于《十八大以来重要文献选编（中）》，中央文献出版社 2018 年版，第 212 页。

③ 习近平：《发挥亚太引领作用，应对世界经济挑战》，载于《人民日报》2015 年 11 月 19 日，第 1 版。

线就构成一个网络。南中国海周边的菲律宾、文莱、马来西亚、印度尼西亚、越南等国家相互间的海上航线也构成海洋航线网络,而东亚地区、东南亚地区的国家间海上航线则构成更加复杂的航线网络。另外,现代"海上丝路"首先是路,其首要功能也是连通,而不是一定保持"海"的纯洁的海路。我们所说的现代"海上丝路"平面交通网,完全可以是由海上航线和陆上交通线构成的交通网络。2013 年李克强在参观 2013 年中国—东盟博览会展馆时强调,"铺就面向东盟的海上丝绸之路,打造带动腹地发展的战略支点。"① 这个以"海上丝绸之路""带动腹地发展"的设想就以海路和陆路的连通为必要条件。习近平形象地指出,"这'一带一路'就是要再为我们这只大鹏插上两只翅膀,建设好了,大鹏就可以飞得更高更远。"② 非常明显,陆上丝绸之路的"路"在陆上,而海上丝绸之路的"路"在海上。这两只"翅膀"高度协调的基本条件是二者连通。2016 年 8 月 17 日,在推进"一带一路"建设工作座谈会上,习近平不仅再次使用大鹏两翅的比喻,而且明确提出要把"一带一路"当成"一个整体","坚持陆海统筹",陆上丝路与海上丝路"齐头并进","两只翅膀都要硬起来"。③ 运用习近平使用的"陆海统筹"这一提法,现代"海上丝路"平面交通网就应当是陆海连通的现代交通网。

按"陆海统筹"的提法,现代"海上丝路"平面交通网的建设有两点是需要做战略性安排的。

第一点,作为多航线始发港、中继港、目的港的重点港口与陆上铁路、公路的连接。作为多航线始发港、中继港、目的港的港口本身牵引的是一张海上交通网。这样的港口,比如广州港,与陆上铁路、公路实现便利连接之后,就又成了连接陆上不同城市、地区的交通网的中心。这样的大港才是现代"海上丝路"平面交通网的真正标志。在这个意义上,现代"海上丝路"就是以既是陆上交通网的中心或重要支点,又是海上交通网的中心或重要支点的重点港口连接形成的海陆交通网。中国的天津港、青岛港、连云港、上海港、广州港等,欧洲的阿姆斯特丹港、汉堡港、安特卫普港等,应当成为现代"海上丝路"平面交通网建设高度关注的港口。

第二点,以与海上航线对接为陆上交通线选线、建设的重要考量因素。如果说以往的铁路、公路的设计主要考虑把不同城镇、地区连接起来,那么,按现代

---

① 国家发展改革委、外交部、商务部:《推动共建丝绸之路经济带和 21 世纪海上丝绸之路的愿景与行动·前言》,载于《人民日报》2015 年 3 月 29 日,第 4 版。
② 中央文献研究室编:《习近平关于全面深化改革论述摘编》,中央文献出版社 2014 年版,第 134~135 页。
③ 中央文献研究室编:《习近平关于社会主义经济建设论述摘编》,中央文献出版社 2017 年版,第 279 页。

"海上丝路"平面交通网建设的需要，在铁路、公路等陆上交通线的建设上，应当优先考虑能够与现代"海上丝路"相连接的建设项目；在铁路、公路等陆上交通线有多个选线方案时，应当优先考虑更便于与现代"海上丝路"相连接的方案。从中国大连、天津等港口与西伯利亚大陆桥连接进入欧洲，直到大西洋沿岸港口鹿特丹等港口的亚欧大通道，从连云港可以直通英吉利海峡港口的第二亚欧大陆桥等，都是与海上航线对接的最好样板。中国在与希腊"落实两国政府间共建'一带一路'合作谅解备忘录"规定的措施之一是实施"比雷埃夫斯港口""合作项目"，① 也反映了重要港口在现代"海上丝路"平面交通网中的重要性。

2. 现代"海上丝路"立体交通网

现代"海上丝路"建设既要考虑与陆路的连通，又要考虑与空中航路的连接，也就是要用立体交通的眼光对待交通建设。在这个意义上，现代"海上丝路"建设，就是以上述三大航路闭环为骨架的三维交通网络，以海上交通为基点的现代交通网络建设。如果说海上交通线的突出特点是其货物运量大运输成本低，陆路交通线的突出特点是可通过火车、汽车等的转换而使交通网络十分细密，那么，空中交通的突出特点则是迅捷。这三种交通方式各有特点。它们的特点反映了它们之间的互补性。不管是在出现政治动荡需要紧急撤侨时，还是救险、抗疫等方面，都能充分显现空中交通的优势。

现代"海上丝路"立体交通网空中交通环节建设，一方面是提高我国对外空中运输能力，包括开辟更多航线，增加运输能力；另一方面则是加强与相邻或相关国家和地区的合作。《中国—东盟航空运输协定》及其议定书为加强中国和东盟国家之间的空中交通提供了法律框架。中国与哈萨克斯坦双方"加强机场基础设施建设和空管合作"，"推动建立健全两国航空主管部门的沟通机制，加快航权谈判，加密国际航线航班，优化完善航线网络，提高航空通达水平"，② 则是在空中交通建设上更加具体的合作。2015年中非合作论坛制订的"在航空市场准入方面相互支持"，"鼓励和支持双方空运、海运企业建立更多连接中国与非洲的航线"，"鼓励和支持有实力的中国企业投资非洲港口、机场和航空公司"③ 等"行动计划"，非常符合现代"海上丝路"立体交通网建设的需要。

---

① 《中华人民共和国和希腊共和国关于加强全面战略伙伴关系的联合声明》第九条，中国政府网，2020年2月5日访问。

② 《中华人民共和国政府和哈萨克斯坦共和国政府关于"丝绸之路经济带"建设与"光明之路"新经济政策对接合作规划》，中国一带一路网，2020年2月5日访问。

③ 《中非合作论坛—约翰内斯堡行动计划》第三章第三节第六条，中非合作论坛网，2020年2月5日访问。

与重要海港对于海上交通网络和现代"海上丝路"平面交通网络具有重要价值相类似,联系多航线的大型国际空港也是现代"海上丝路"立体交通网建设必须关注的重点。我国和俄罗斯、蒙古国商讨"依托蒙古国乌兰巴托'赫希格特'国际机场建设区域航空枢纽"① 就是选准了一个值得关注的"重点"。

3. 现代"海上丝路"多维互联互通网络

作为以海上交通为基点的现代交通网络的现代"海上丝路",它的建设还不只是有形的三维交通网络建设,它还应当包含通信和比通信更宽广的信息传输网络建设。《"一带一路"愿景与行动》规划的合作重点之一就属于信息传输网络建设。《"一带一路"愿景与行动》规定:"共同推进跨境光缆等通信干线网络建设,提高国际通信互联互通水平,畅通信息丝绸之路。加快推进双边跨境光缆等建设,规划建设洲际海底光缆项目,完善空中(卫星)信息通道,扩大信息交流与合作。"② 这里所说的"信息丝绸之路"就是丝绸之路建设框架内的"信息"之路。而在现代"海上丝路"建设目标下,我们要做的就是建设"信息""海上丝绸之路",就是现代"海上丝路"中的信息工程。

在近几年取得的"一带一路"建设成就中,一项不容忽视的成就就是"信息丝路"或"数字丝路"建设。2019年10月13日我国和尼泊尔发表的联合声明宣称:"双方积极评价中尼跨境光缆的开通,愿在此基础上进一步加强信息通信领域互利合作。"③ 2019年4月,在第二届"一带一路"国际合作高峰论坛期间,我国和匈牙利达成的双边合作项目是关于"数字丝绸之路"的"双边行动计划"。④ 在这方面,中国和东盟的合作成就更加突出。《中国—东盟信息通信技术合作的谅解备忘录》《落实〈中国—东盟建立面向共同发展的信息通信领域伙伴关系北京宣言〉的行动计划》等都是中国和东盟双方加强信息传输网络建设的重要举措。⑤

我国在信息技术、通信技术,尤其是卫星通信领域有明显优势,在现代"海上丝路"多维互联互通网络建设中应当充分发挥我国优势。

---

① 《中华人民共和国、俄罗斯联邦、蒙古国发展三方合作中期路线图》,载于《人民日报》2015年7月10日,第3版。

② 国家发展改革委、外交部、商务部:《推动共建丝绸之路经济带和21世纪海上丝绸之路的愿景与行动》,载于《人民日报》2015年3月29日,第4版。

③ 《中华人民共和国和尼泊尔联合声明》第五条,载于《人民日报》2019年10月14日,第2版。

④ 《第二届"一带一路"国际合作高峰论坛成果清单》第二类《在高峰论坛期间或前夕签署的多双边合作文件》,载于《人民日报》2019年4月28日,第5版。

⑤ 《中国—东盟战略伙伴关系2030年愿景》提出的"提升数字互联互通"(第二十二条)是对此前达成的相关协议的进一步加强。参见《中国—东盟战略伙伴关系2030年愿景》,载于《人民日报》2018年11月16日,第6版。

二、海上经济之路

现代"海上丝路"首先是路。不管是历史上的"海上丝绸之路",还是今天的"海上丝绸之路",抑或是"一带一路"建设中的"路",其最直观的功能上的表现就是实现货物、人员的位移。赋予或承认现代"海上丝路"实现货物、人员位移的功能并不错。但是,如果认为现代"海上丝路"仅仅具有这样一种功能,那就不合适了。

我国和哈萨克斯坦共建"一带一路"合作计划有以下内容:"双方愿促进机电成套设备、电子信息、太阳能光伏、两自一高产品、有色金属、石油、天然气、石油产品、石化产品、化学产品、农产品等产品贸易"①。与希腊的合作计划有以下内容:"推进农产品和食品贸易便利化,促进希腊符合中方要求的优质农产品对华出口。"② 这些合作计划,都意味着有大批货物需要从一国运送到另一国。例如,大批"农产品"从希腊运往中国,大批石油、天然气等从哈萨克斯坦运往中国,大批机电成套设备、电子信息、太阳能光伏等货品从中国运往哈萨克斯坦。把这些货物的交换纳入"一带一路"共建计划无疑是在利用"路"来实现货物、人员位移上的功能。但是,"一带一路"建设却不只是为了利用"路"的这种功能。中国希腊合作计划有如下表述:"促进希腊符合中方要求的优质农产品对华出口"。在合作文件文本上出现的是"农产品",但实际合作内容,尤其是对希腊来说,是农业生产,即支持希腊开展能够提供"符合中方要求的优质农产品"的农业生产。中国和哈萨克斯坦的合作也是这样。例如,双方促进"两自一高产品"的贸易,实际上就是鼓励双方的企业开展"两自一高产品"的生产。在这个意义上,现代"海上丝路"连通的不只是不同地域间的货物交换,而是不同国家的生产活动,连接的是不同国家间的经济生活。正是在这个意义上,我们称现代"海上丝路"是经济之路。作为"一带一路"的倡议国和主要建设国,我们应努力把现代"海上丝路"建成经济之路,而不是仅仅把对方的土特产品运回本国的单纯货物运输之路。

《"一带一路"愿景与行动》规划的也是经济之路,而非简单的运输之路。以下"愿景"就可以说明这一点。《"一带一路"愿景与行动》规定:"拓展相互

---

① 《中华人民共和国政府和哈萨克斯坦共和国政府关于"丝绸之路经济带"建设与"光明之路"新经济政策对接合作规划》,中国一带一路网,2020年2月7日访问。
② 《中华人民共和国和希腊共和国关于加强全面战略伙伴关系的联合声明》第十二条,中国政府网,2020年2月7日访问。

投资领域，开展农林牧渔业、农机及农产品生产加工等领域深度合作，积极推进海水养殖、远洋渔业、水产品加工、海水淡化、海洋生物制药、海洋工程技术、环保产业和海上旅游等领域合作。加大煤炭、油气、金属矿产等传统能源资源勘探开发合作，积极推动水电、核电、风电、太阳能等清洁、可再生能源合作，推进能源资源就地就近加工转化合作，形成能源资源合作上下游一体化产业链。加强能源资源深加工技术、装备与工程服务合作。"① 在这个规划中，产品或待运货品的特征就不是十分突出，它向我们展示的是"相互投资"，意味着可以从事各种生产或建造。"农林牧渔业、农机及农产品生产加工等领域深度合作"，虽然出现了"产品"，但说的是产品的"生产加工领域"，而且还是"生产加工领域"的"深度合作"。按这个表述，运输都是可以忽略的合作环节，甚至根本就不是合作的一个环节。至于"能源资源就地就近加工转化"就更与远洋运输无关了。以下规划也出自这份《"一带一路"愿景与行动》："优化产业链分工布局，推动上下游产业链和关联产业协同发展，鼓励建立研发、生产和营销体系，提升区域产业配套能力和综合竞争力。扩大服务业相互开放，推动区域服务业加快发展。探索投资合作新模式，鼓励合作建设境外经贸合作区、跨境经济合作区等各类产业园区，促进产业集群发展。"② 这与在一国之内制订的经济发展规划几乎没有什么不同。这些事例都说明，我们已经开始建设，正在等待我们加强建设的现代"海上丝路"和包括现代"海上丝路"在内的"一带一路"是经济之路。在中央财经领导小组第八次会议上，习近平指出"市场、资源能源、投资'三头'对外深度融合"③。我们的"市场"在外、"资源能源"在外、"投资"也在外。这样的"经济"显然不需要也不应该简单地拉进拉出——把在"外"的"资源能源"拉回来，再把造出来的产品拉到在"外"的"市场"，或者把"在外"的投资仅仅局限于可以把产品拉回来的产业，再用拉回来的产品制造成可以拉到在"外"的"市场"上去的产品。因为不可以这样，所以，出路是"对外深度融合"，深度融入世界经济。我们要建设的现代"海上丝路"和"一带一路"就是要发展"对外深度融合"的经济。

做好作为经济之路的现代"海上丝路"建设这篇文章，我们认为需要在以下几个方面做好战略安排：

---

①② 国家发展改革委、外交部、商务部：《推动共建丝绸之路经济带和21世纪海上丝绸之路的愿景与行动》第四章《合作重点》，载于《人民日报》2015年3月29日，第4版。
③ 习近平：《在中央财经领导小组第八次会议上的讲话》，引自中央文献研究室编：《习近平关于社会主义经济建设论述摘编》，中央文献出版社2017年版，第290页。

（一）"大棋局"中的海陆互补

改革开放初年，在世界经济的总体中，我国经济是微不足道的。今天，我国经济不仅已经成长为世界经济总体中的重要力量，而且是使疲软的世界经济复苏的具有决定性影响力的经济引擎。中国经济在世界经济总体中的角色变了，中国经济自身发展的方略也必须变。习近平指出，"一带一路"建设是我们着眼欧亚大舞台、世界大棋局的重大谋篇布局。① 反过来，这个安排也是影响世界"大棋局"的重要安排。作为在世界"大棋局"中作出的战略安排，"一带一路"建设，从而包括现代"海上丝路"建设，既要考虑对世界经济形势持续好转发挥积极作用，又要考虑顺应经济规律、符合我国经济发展需要。其中重要的战略性思考是：通过"一带一路"建设实现我国经济发展和我国参与世界经济的"海陆互补"。

在三大现代"海上丝路"闭环中，亚欧大陆闭环围绕的亚欧大陆是世界上最广大的大陆。亚欧大陆闭环的良好运行可以给我国经济或为我国参与世界经济提供明显的陆上优势。而现代"海上丝路"太平洋闭环则具有明显的海洋优势。在考虑了三大海上航路闭环各自的优劣之后，我们可以更清楚地看到三大闭环齐头并进的好处。只要三路并进，我们就能取得海陆互补这一战略性胜利。现代"海上丝路"亚欧非大陆闭环因将亚欧大陆闭环镶嵌于内，既可以发挥来自亚欧大陆的陆上优势，又有通过开发非洲大陆及周围海域收获海洋资源等的海洋优势。从对实现海陆互补的价值看，对这一航路闭环需要做较大的投入。

国家发展改革委和国家海洋局制定的《"一带一路"建设海上合作设想》做了建设"中国—印度洋—非洲—地中海蓝色经济通道"② 的规划。《全国海洋经济发展"十三五"规划》就促进国际海洋产业与我国的"对接"做了规定，其中包括"加快推进海水养殖、海水淡化与综合利用、海洋能开发利用等产业的产能合作和技术输出，支持渔业企业在海外建立远洋渔业和水产品加工物流基地"③ 等。这些设想、规划都符合通过"一带一路"建设实现陆海互补的战略要求。不过，总的说来，要实现海陆互补，更需要"补"的是"海"。

（二）经济走廊

在 21 世纪海上丝绸之路建设上，我国已经形成了比较好的规划，取得了丰

---

① 中共中央文献研究室编：《习近平关于社会主义经济建设论述摘编》，中央文献出版社 2017 年版，第 276 页。

② 国家发展改革委、国家海洋局：《"一带一路"建设海上合作设想》第三章《合作思路》，载于《人民日报》2015 年 3 月 29 日，第 4 版。

③ 国家发展改革委、国家海洋局：《全国海洋经济发展"十三五"规划》，商务部网站，2020 年 2 月 7 日访问。

硕的建设成果。其中成功的做法之一就是相关国家合作建设经济走廊。比如中—蒙—俄经济走廊、新亚欧大陆桥经济走廊、中国—中亚—西亚经济走廊，中国—巴基斯坦经济走廊，孟—中—印—缅经济走廊，中国—中南半岛经济走廊等。建设现代"海上丝路"经济之路，可以吸收这一成功做法。

第一，可以把现代"海上丝路"建设尽可能地与陆上的或沿海的经济走廊联结，或者以现代"海上丝路"上的重要港口为依托建设新的经济走廊。

第二，"经济走廊"往往由工业园区（或产业园区）、贸易区等串联而成，而在现代"海上丝路"建设上，可以考虑平行布局工业园区、贸易区等。

（三）远处着眼与近处着手相结合，四面开花与梯次推进相结合

"一带一路"是近几年由小做到大的一个战略项目。这个项目走向成功的过程是由近及远，由小到大。习近平曾说过的"从……几个方面先做起来，以点带面，从线到片，逐步形成区域大合作"[①]，"推进'一带一路'建设"要"由易到难、由近及远，以点带线、由线到面"，"脚踏实地、一步一步干起来"[②]。

现在，"一带一路"已经获得全世界的普遍好评，已经是一项正在向世界释放能量的伟大工程。尽管如此，"一带一路"还是处在成长过程之中的一个国际建设工程。对这个已经产生了广泛影响的国际工程，我们的建设安排应当兼顾以下两个重大考量因素：第一个因素，中国正在走向世界舞台的中央，中国应当争取早日走到世界舞台的中央；第二个因素，越是重大的工程越需要分步实施陆续展开。在充分考量这两个因素的基础上，我们认为，作为经济之路的现代"海上丝路"建设应做到：远处着眼与近处着手相结合，四面开花与梯次推进相结合。

我们提出的三大航路闭环属于"远处着眼"，我们在现代"海上丝路"亚欧大陆闭环之外提出构建三大航路闭环属于"四面开花"。中国要引领世界，要走向世界舞台的中央，需要有大作为，需要建立大舞台。三个相互交叉的覆盖亚欧非三大陆、串联大洋洲、连通南美西海岸和加勒比海地区的现代"海上丝路"航路闭环，除把整个世界当成一个整体之外，构成世界上最宽广的单一舞台。这是一篇大文章，一篇其章节已经具备的大文章。在形成了这样的布局之后，我们需要做的，需要确定为实施规范的，是"近处着手"，是

---

① 习近平：《弘扬人民友谊，共创美好未来》，引自中央文献研究室编：《习近平关于社会主义经济建设论述摘编》，中央文献出版社2017年版，第245页。

② 习近平：《在中央财经领导小组第八次会议上的讲话》，引自中央文献研究室编：《习近平关于社会主义经济建设论述摘编》，中央文献出版社2017年版，第256页。

"梯次推进"。

"近处着手",按古代陆上丝绸之路铺展的情况看,功夫应当下在亚洲,虽然亚洲大陆桥、新亚欧大陆架可以架到大西洋边上;按"月牙海丝"留下的痕迹,经营的重点应当是南中国海到印度洋。习近平指出:"以亚洲国家为重点方向,率先实现亚洲互联互通。'一带一路'源于亚洲、依托亚洲、造福亚洲,关注亚洲国家互联互通,努力扩大亚洲国家共同利益。'一带一路'是中国和亚洲邻国的共同事业,中国将周边国家作为外交政策的优先方向,践行亲、诚、惠、容的理念,愿意通过互联互通为亚洲邻国提供更多公共产品,欢迎大家搭乘中国发展的列车。"①

"梯次推进"是关于条件和可能的双重思考。所谓条件,是指历史自然积累起来的条件是否允许做快速的和大规模的开放或者合作。当两地人民都确信双方的友谊长远且深厚时,当然就具备立即开放和扩大合作的条件。所谓可能,是指"丝路"连接的两地或多地都能接受从而联通进而能够产生与"一带一路"设计思想相一致的成果的可能性。② 在两地或多地人民都热切期盼且科学分析甚至估算出的都是让建设者喜悦的结果时,迅速建立联结并开展合作就是可能的。

三大航路闭环覆盖、串联、联通的众多国家和区域,不管以"条件"为尺度,还是用"可能"做标准,情况都是有所不同的。在讨论我国海洋文化建设时我们提出按"文化圈层"考虑文化建设的思路(见本书第七章)。现代"海上丝路"建设中的经济之路建设显然不能简单套用更多地考虑文化积累的海洋文化建设安排,但可以运用"圈层"的概念做轻重缓急的安排。

需要说明,"条件"与"可能"这两个考量因素既不同于"投入产出比"指标,也不同于本国"需求强烈程度"指标。不管是"投入产出比"指标还是"需求强烈程度"指标,都适合说明合作一方的意愿,而"条件"与"可能"是兼顾合作双方或多方的指标。我们主张更多地运用兼顾合作双方或多方的"条件"与"可能"指标,而不是可以归结为一厢情愿或者一方谈判底牌的"投入产出比"指标、"需求强烈程度"指标。

(四) 绿色发展

人类经济发展刚刚产生两大经验或教训,一条是不再走"先污染后治理"老

---

① 习近平:《联通引领发展,伙伴聚焦合作》,引自《十八大以来重要文献选编(中)》,中央文献出版社 2016 年版,第 212 页。
② 我们考虑的主要是可能性,而不是按"投入—产出"逻辑考量的最优或次优方案。

路；另一条是反对转嫁环境危机。这是两条带有规律性的发现。对后一条发现的更通俗的表达是反对"污染转移"。绿色发展①理念的提出与这两条发现有密切联系。我国在本国经济活动的安排和布局中已经贯彻绿色发展理念。作为负责任大国，作为正努力走向世界经济舞台中央的大国，在现代"海上丝路"建设上也应当采用这两条发现。不仅不向合作方"转移"污染，而且要向合作方传授不走"先污染后治理"老路的经验。习近平在发表的题为《携手共创丝绸之路新辉煌》的演讲时表示，"要着力深化环保合作，践行绿色发展理念，加大生态环境保护力度，携手打造'绿色丝绸之路'"②。《"一带一路"愿景与行动》提出："在投资贸易中突出生态文明理念，加强生态环境、生物多样性和应对气候变化合作，共建绿色丝绸之路。"③ 推进"一带一路"建设工作领导小组办公室发布的《标准联通共建"一带一路"行动计划（2018－2020年）》不仅确立"加强海洋领域标准化合作，助力畅通21世纪海上丝绸之路"的原则，而且作出"开展海洋生态环境保护、海洋观测预报和防灾减灾等海洋国家标准外文版翻译，推动国家间海洋标准互认，提升沿线各国海洋标准体系兼容性"④ 等规定。这些规定也反映了绿色发展理念的要求。

  我国与相关国家为共建"一带一路"确定了诸如"市场运作"、企业行为等原则或要求。确定类似的原则或提出类似的要求符合市场规律，有利于提高"一带一路"建设的"经济效益"，却未必符合我们所提倡的绿色发展的要求。显然，企业主要关心的是产值利润，是更巧妙地运用"负外部性"，而国家是经济、环保两种责任汇聚一身的主体。这是企业与国家的明显不同之处。一般企业是这样，我国的企业也不例外。因为来自"负责任大国"的企业，绝不等于"负责任大国"。考虑到这一点，为了把现代"海上丝路"这条经济之路建设成绿色发展之路，必须更多地发挥参与共建的各国政府的作用。其中包括由共建方制定关于防治污染损害、资源损害⑤和其他环境损害的协议、条约等形式的法律文件。

---

  ① 对绿色发展的特殊含义，可参阅徐祥民、姜渊：《绿色发展理念下的绿色发展法》，载于《法学》2017年第6期。
  ② 习近平：《共同推进中国—中亚—西亚经济走廊建设》，引自习近平：《论坚持推动构建人类命运共同体》，中央文献出版社2018年版，第350页。
  ③ 国家发展改革委、外交部、商务部：《推动共建丝绸之路经济带和21世纪海上丝绸之路的愿景与行动》第四章《合作重点》，载于《人民日报》2015年3月29日，第4版。
  ④ 推进"一带一路"建设工作领导小组办公室：《标准联通共建"一带一路"行动计划（2018～2020年）》第三章《重点任务》，载"中国一带一路网"：https：//www.yidaiyilu.gov.cn/zchj/qwfb/43480.htm，2020年2月7日访问。
  ⑤ 资源损害是环境损害的一种。详见徐祥民：《环境保护法部门中的资源损害防治法》，载于《河南财经政法大学学报》2018年第6期。

（五）互利共赢

和平、发展、合作是当今世界的"主题"①，"一带一路"是和平、发展、合作主题下的区域合作项目。按照项目与时代主题的关系，我们对现代"海上丝路"建设提出和平之路、友谊之路、友好之路等的设计要求都是可以的，对"海上丝绸之路"沿线的海洋提出"和平、友好、合作之海"②的要求也是恰当的。但是，在"和平、发展、合作"的世界主题下发生的不一定都是友好合作。在国际经济常规条件下，互利共赢是友好合作的前提。也就是说，要想与他国共同建设友好、合作的现代"海上丝路"，必须先确立互利共赢的合作原则，按照互利共赢的原则设计、实施合作方案。习近平为"古代丝绸之路"提炼出来的"丝路精神"的重要内容是"互利共赢"③。他给"一带一路"建设确立的原则之一是"共享"④。这"共享"原则与"互利共赢"的精神无疑是一致的。国家发展改革委等部委发布的《"一带一路"愿景与行动》不仅明确提出"坚持互利共赢"的原则，而且具体规定：要"兼顾各方利益和关切，寻求利益契合点和合作最大公约数"⑤。《"一带一路"愿景与行动》对"投资贸易合作"还提出"激发释放合作潜力，做大做好合作'蛋糕'"⑥的要求。为什么要把"蛋糕"做大？道理很简单，只有把"蛋糕"做大了，才能保证合作双方或多方都能分享到"利"和"赢"的收获。

在推进"一带一路"建设的进程中，习近平多次强调要"树立正确的义利观"⑦。这一要求中包含我国得"利"与我国为"义"之间的关系。在这对关系中，我们应取的态度是：我国既应当得"利"，也应当为"义"。而具体到为

---

① 关于当今世界的"主题"，可参阅徐祥民：《中国海洋发展战略研究》，经济科学出版社 2015 年版，第 120～125 页。

② 习近平：《迈向命运共同体，开创亚洲新未来》，引自习近平：《论坚持推动构建人类命运共同体》，中央文献出版社 2018 年版，第 208 页。

③ 中央文献研究室编：《习近平关于社会主义经济建设论述摘编》，中央文献出版社 2017 年版，第 269 页。

④ 习近平：《共同推进中国—中亚—西亚经济走廊建设》，引自习近平：《论坚持推动构建人类命运共同体》，中央文献出版社 2018 年版，第 347 页。

⑤ 国家发展改革委、外交部、商务部：《推动共建丝绸之路经济带和 21 世纪海上丝绸之路的愿景与行动》第二章《共建原则》，载于《人民日报》2015 年 3 月 29 日，第 4 版。

⑥ 国家发展改革委、外交部、商务部：《推动共建丝绸之路经济带和 21 世纪海上丝绸之路的愿景与行动》第四章《合作重点》，载于《人民日报》2015 年 3 月 29 日，第 4 版。

⑦ 2016 年 4 月 29 日，在中共中央政治局集体学习时，习近平强调："'一带一路'建设要坚持正确义利观，以义为先、义利并举，不急功近利，不搞短期行为。"参见习近平：《推进"一带一路"建设，努力拓张改革发展新空间》，引自习近平：《论坚持推动构建人类命运共同体》，中央文献出版社 2018 年版，第 339 页。

"义"的方式，既可以是扶危济困，解囊相助，也可以是为贫弱的合作方谋利，与合作方分利。①

绿色发展要求政府发挥作用，为了实现"互利共赢"也需要政府有所作为。

三、海上规则之路

习近平曾指出，"互联互通是一条规则之路，多一些协调合作，少一些规则障碍，我们的物流就会更畅通、交往就会更便捷。"② 按这个提法，现代"海上丝路"应该是一条联动和协调沿线国家政策、制度、规章的规则之路。推进"一带一路"建设工作领导小组办公室发布的《共建"一带一路"倡议：进展、贡献与展望》中也有过以下表述，"政策沟通是共建'一带一路'的重要保障，是形成携手共建行动的重要先导。"③ 换句话来说，现代"海上丝路"规则的建立和完善是现代"海上丝路"建设的重头戏。我国作为"一带一路"建设的总导演，应该带动他国把这出戏演得精彩。"浓缩的世界需要精细的生活安排。"④ 世界需要并呼唤规则，现代"海上丝路"建设也应当加强规则和制度建设。

（一）"规则之路"建设成就

回望自2013年习近平提出"一带一路"的合作倡议至今，"一带一路"建设有序推进，现代"海上丝路"的规则建设已取得丰富的成果，为携手各国增进互联互通、打造命运共同体作出了重要贡献。主要表现在以下几个方面。

1. 在促进设施联通方面的建设成就

通过加强规则建设，对设施联通发挥了促进作用。主要表现在：

（1）国际经济合作走廊规则建设进展显著。我国和中东欧国家共同发布了《中国—中东欧国家合作中期规划》《中国—中东欧国家合作布达佩斯纲要》《中国—中东欧国家合作索菲亚纲要》等合作文件，为建设新亚欧大陆桥经济走廊作

---

① 习近平在第十八届中共中央政治局第三十一次集体学习时就指出，"一带一路"建设"不应仅仅着眼于我国自身发展，而是要以我国发展为契机，让更多国家搭上我国发展快车，帮助他们实现发展目标。我们要在发展自身利益的同时，更多考虑和照顾其他国家利益。"参见习近平：《推进"一带一路"建设，努力拓展改革发展新空间》，引自习近平：《论坚持推动构建人类命运共同体》，中央文献出版社2018年版，第339页。

② 习近平：《共建面向未来的亚太伙伴关系》，引自《十八大以来重要文献选编》（中），中央文献出版社2016年版，第215页。

③ 推进"一带一路"建设工作领导小组办公室：《共建"一带一路"倡议：进展、贡献与展望》第一章《进展》，新华网，2020年2月7日访问。

④ 徐祥民：《中国海洋发展战略研究》，经济科学出版社2015年版，第119页。

出纲领性指引。我国和俄罗斯、蒙古国发布了双边或多边合作文件《中华人民共和国和俄罗斯联邦关于深化全面战略协作伙伴关系、倡导合作共赢的联合声明》《中华人民共和国与俄罗斯联邦关于丝绸之路经济带建设和欧亚经济联盟建设对接合作的联合声明》《中华人民共和国、俄罗斯联邦、蒙古国发展三方合作中期路线图》《关于建立中蒙俄经济走廊联合推进机制的谅解备忘录》《关于沿亚洲公路网国际道路运输政府间协定》等，不断完善三方合作工作机制，为推动三国形成以铁路、公路和边境口岸为主体的中蒙俄经济走廊夯实基础。我国和哈萨克斯坦、乌兹别克斯坦、土耳其等国相继签署双边国际道路运输协定，为深化中国—中亚—西亚走廊的对接合作保驾护航。我国与东盟建立了澜湄合作机制，加快了中国—东盟"10＋1"机制与现代"海上丝路"大战略的对接，增进了中国—中南半岛经济走廊的完善。我国与孟中缅印四方在联合工作组框架下共同推进走廊建设，并与缅甸共同成立了中缅经济走廊联合委员会，签署了《共建中缅经济走廊的谅解备忘录》和皎漂经济特区深水港项目建设框架协议，为推进孟中印缅经济走廊构建了现实可能。①

（2）基础设施互联互通配套规则得到落实。在标准联通方面，我国先后发布了《标准联通"一带一路"行动计划（2015－2017年）》《共同推动认证认可服务"一带一路"建设的愿景与行动》《"一带一路"计量合作愿景和行动》《标准联通共建"一带一路"行动计划（2018－2020年）》，推进认证认可和标准体系对接，共同制定国际标准和认证认可规则，衔接现有规则和政策，提升标准体系兼容性，推动中国标准与沿线重点国家标准体系对接。在港口和航运合作方面，我国与47个国家签署了38个双边和区域海运协定，我国与126个国家和地区签署了双边政府间航空运输协定。在通信设施建设方面，我国与国际电信联盟签署《关于加强"一带一路"框架下电信和信息网络领域合作的意向书》，与吉尔吉斯斯坦、塔吉克斯坦、阿富汗签署丝路光缆合作协议，实质性启动了丝路光缆项目。②

2. 在提升经贸合作水平方面的建设成就

自我国商务部发布《推进"一带一路"贸易畅通合作倡议》以来，我国已经与相关国家签署100多项合作文件，发布了《第一届"一带一路"检验检疫高层合作重庆联合声明》《"一带一路"食品安全合作联合声明》《第五届中国—东盟质检部长会议联合声明》等文件，实现了50多种农产品食品检疫准入。我国与东盟、新加坡、巴基斯坦、格鲁吉亚等多个国家和地区签署或升级了自由贸

---

①② 推进"一带一路"建设工作领导小组办公室：《共建"一带一路"倡议：进展、贡献与展望》第一章《进展》，新华网，2020年2月7日访问。

易协定,与欧亚经济联盟签署经贸合作协定,与共建国家的自由贸易区网络体系逐步形成。① 其中,在 2019 年 8 月 20 日生效的《中华人民共和国与东南亚国家联盟关于修订〈中国—东盟全面经济合作框架协议〉及项下部分协议的议定书》(以下简称《议定书》)标志着现有的中国—东盟自贸区正式升级。《议定书》对原产地规则、海关程序、服务贸易协定、投资协议以及相关合作条款都有所优化。

3. 在扩大产能与投资合作和金融合作空间方面的建设成就

我国不断加速资金融通,我国财政部与阿根廷、俄罗斯、印度尼西亚、英国、新加坡等 27 国财政部核准了《"一带一路"融资指导原则》,并在该原则的指导下对互联互通领域内提供金融资源服务;我国如中国银行、中国工商银行等中资银行与共建国家建立了广泛的代理行关系。②

4. 在加强生态环保合作方面的建设成就

我国为推动绿色发展于 2017 年 5 月由环境保护部、外交部、国家发展改革委、商务部联合发布了《关于推进绿色"一带一路"建设的指导意见》,并由环境保护部在同月发布的《"一带一路"生态环境保护合作规划》对生态环保合作作出了细化规定指引;我国与联合国环境规划署签署了《关于建设绿色"一带一路"的谅解备忘录》,与 30 多个国家签署了生态环境保护的合作协议。③

(二)"规则之路"建设再加强

当前,"海上规则之路"在实践中的建设成果斐然,但是,有关"海上丝绸之路"倡议的国际法治合作在发展过程中仍然面临一些突出问题,如单边活动不适应合作发展的时代潮流,已有的平台不能及时适应变化的国际合作模式等。④随着"一带一路"建设的不断推进,各国之间的关系在"共商、共建、共享"的全球治理观的影响下已经由各自为战的"独角戏"转变为在追求本国利益时兼顾他国合理诉求的"大合唱"。目前,现代"海上丝路"共建国家虽然与中国形成了数量繁多的合作备忘录或是指导性、计划性的协议文件,但是在实践中的约束力不强,往往因无法追究违约后的不利后果而欠缺执行力。因此,各国仍应通过平等协商、完善相应制度来推动共同发展。同时,由于各国家、地区在政治、经济、文化上的差异,我国在前期和不同国家和地区签署的文件以双边协议形式的存在较为普遍,由此产生了可操作性不强等问题。因此,在我国和共建国家、

---

①②③ 推进"一带一路"建设工作领导小组办公室:《共建"一带一路"倡议:进展、贡献与展望》第一章《进展》,新华网,2020 年 2 月 7 日访问。

④ 白佳玉、张传龙:《"海上丝绸之路"法治合作及其对共建"冰上丝绸之路"的启示》,载于《武汉科技大学学报》2020 年第 1 期。

地区不断深化多边合作的当下，我们应该在现有的"规则之路"建设成就的基础上，于化繁为简中继续促进多边交流合作。

需要注意的是，我们说的规则建设不是"另起炉灶"，也不是为了针对谁，而是为了谋求共同发展、合作共赢而对现有的国际合作机制的有益补充和完善。①因此，我国和共建国家应该继续探索现代"海上丝路"的规则优化，从笔墨淋漓的"大写意"调转到精雕细琢的"工笔画"。参照国家发展改革委和国家海洋局共同发布的《"一带一路"建设海上合作设想》中提到要"围绕构建互利共赢的蓝色伙伴关系，创新合作模式，搭建合作平台，共同制定若干行动计划，实施一批具有示范性、带动性的合作项目"的设想，现代"海上丝路"规则、制度建设应从以下方面展开：

1. 推动互联互通、建立经济保障的规则和制度建设

在提升经贸合作水平方面，通过国家层面签署协定落实境外合作区的法律效力，通过对国内国际税收监管制度、资金管理制度的完善保证贸易资金安全和对原有贸易投资协定的调整升级来降低贸易壁垒并增进投资自由化；在推进海运便利化水平方面，通过推动国家标准联通建设和现代"海上丝路"建设的战略对接，深化基础设施标准化合作，加强海洋领域标准化合作；② 在推动信息基础设施联通建设方面，通过共建现代"海上丝路"的信息传输、处理、管理、应用体系并完善信息标准规范体系和信息安全保障体系，为实现信息资源共享提供平台。

2. 促进绿色发展、打造生态保障方面的规则和制度建设

在《中非合作论坛—北京行动计划（2019－2021年）》的指引下以及落实《中国—东盟环境保护战略（2016－2020）》的要求下会同沿线国家加强在海洋生态保护与修复、海洋濒危物种保护等领域建立和健全长效合作机制，落实海洋生态系统监视监测、健康评价与保护修复工程制度；推动区域海洋保护，加强在海洋环境污染、海洋垃圾、海洋酸化、赤潮监测、污染应急等领域合作，推动建立海洋污染防治和应急协作机制，联合开展海洋环境评价，联合发布海洋环境状况报告。继续推动绿色使者计划的实施，提高沿线各国海洋环境污染防治能力；③

---

① 习近平同志于2016年9月3日在二十国集团工商峰会开幕式上做的题为《中国发展新起点　全球增长新蓝图》主旨演讲曾有过相似表述。参见习近平：《中国发展新起点全球增长新蓝图》，载于《人民日报》2016年9月3日，第3版。

② 推进"一带一路"建设工作领导小组办公室：《标准联通"一带一路"行动计划（2018~2020年）》第三章《重点任务》，中国一带一路网，https://www.yidaiyilu.gov.cn/zchj/qwfb/43480.htm，2020年2月7日。

③ 国家发展和改革委员会、国家海洋局：《"一带一路"建设海上合作设想》第四章《合作重点》，载于《人民日报》2015年3月29日，第4版。

推进《平潭宣言》的落地,加强沿线国家应对气候变化宽领域、多层次的合作,致力于提升合作水平,推动地区蓝色经济发展合作机制的建立,继续制订行动计划、实施海上合作项目,共享蓝色经济发展成果。①

3. 增进安全合作,提供安全保障方面的规则和制度建设

在加强海洋公共服务方面,我国应继续推动"海上丝绸之路"海洋公共服务共建共享计划之倡议的落实,和沿线国家研究出台相关政策、配套措施,建立海信息共享及管理机制,从而提升沿线国家共享共建海洋观测以及海洋综合调查测量成果的能力;在海上航行安全合作方面,我国应与沿线国家建立海上航行安全与危机管控机制,维护海上航行安全。在海上联合搜救方面,我国应加强与沿线国家信息交流和联合搜救的国际义务,建立海上搜救力量互访、搜救信息共享、搜救人员交流培训与联合演练的常态化机制和海上突发事件的合作应对机制以提升灾难处置、旅游安全等协同应急能力;在海洋防灾减灾方面,我国应深化和沿线国家海洋防灾减灾合作机制,发布开展海洋灾害风险防范、巨灾应对合作应用的示范案例,为沿线国家提供技术援助;在推动海上执法合作方面,我国和沿线国家应在现有国际法及双多边条约的框架下,完善海上联合执法、渔业执法、海上防恐防暴等合作机制,继续推动海上执法合作制度的展开并建立和健全我国与沿线国家执法部门的交流合作机制以及海上执法培训机制,构筑海上执法联络网。

四、海上心灵之路

前面在讨论经济之路建设的"梯次推进"时谈到"条件"和"可能"。"条件"和"可能"对于"梯次推进"来说是基础,也是前提。不过,"条件"和"可能"又是可变的。也就是说,作为"梯次推进"之基础的"条件"等也可以随国家的经营而改善。一方面,我国与哈萨克斯坦等亚洲国家谈合作底气十足,因为我国与相关国家世代友好,在长期的交往中已经为各方面合作的向前"推进"准备好了"条件";另一方面,把"民心相通"列为"五通"之一,把"一带一路"当作"心灵之路"② 来建设。

要把现代"海上丝路"建设成友谊之路、合作之路,要让包括现代"海上丝路"在内的"一带一路"这一"顶层设计"更充分地发挥作用,我们必须努

---

① 《平潭宣言》,中国日报中文网,2020年2月7日访问。
② 习近平:《共建面向未来的亚太伙伴关系》,引自《十八大以来重要文献选编》(中),中央文献出版社2016年版,第215页。

力把现代"海上丝路",把"一带一路"建成"心灵之路",在这条路的文化建设上舍得投入。

第三节 海洋文化软实力建设

"软实力"之所以成为热词显然与美国学者约瑟夫·奈对国家综合国力的仔细剖分有直接关系。① 经济力量、军事力量等可以称为"硬实力"的国家力量并不是一国综合国力的全部,在综合国力中一定包含"硬实力"之外的力量。这种力量,与"硬实力"对称,就是"软实力"。与"硬实力"主要表现为经济力量、军事力量等有形的或具有物质强制力②特点的力量形成鲜明对照,"软实力"具有文化特性。③ 这样,"软实力"也就获得了"文化软实力"的名讳。④ 党的十七大使用了"文化软实力"概念,发出了"提高我国文化软实力"⑤ 的号召。海洋文化是我国文化的重要组成部分,是中华民族文化在海洋事务领域里的展现,是呈现在海洋事务领域里的中华文化。新时代的中国需要也应该"建设社会主义文化强国"⑥。将这一国家战略,将包括文化建设战略在内的国家战略分解到海洋事务领域,这一战略任务就是建设海洋文化强国,提升海洋文化软实力。海洋文化软实力建设战略是我国国家战略的组成部分,是作为我国国家战略之组成部分的文化强国建设战略的组成部分。

确立海洋文化软实力建设战略对新时代的中国具有双重意义。一方面,实施

---

① 软实力的存在与软实力概念的提出是两回事。正如周兰珍等所言:"文化软实力的事实从文明诞生起就存在"。但把"诸如意识形态和政治价值观的吸引力、文化的感染力、外交政策的影响力等"予以"关注和研究""从来没有像现在这么热闹过"(参见周兰珍、侯新兵:《"文化软实力"话语理解及其特性解读》,载于《南京政治学院学报》2013 年第 6 期)。美国学者约瑟夫·奈的贡献在于发现了软实力的事实并给反映这一事实的概念选择了一个比较容易理解的词语——"soft power",中文翻译为软权力、软力量等。

② 约瑟夫·奈也称之为"命令性、支配性力量"(参见[美]约瑟夫·奈著,郑志国等译:《美国霸权的困惑》,世界知识出版社 2002 年版,第 36 页)。

③ 约瑟夫·奈所说的是"国家的文化、政治观念和政策的吸引力"都可以说具有文化特性。参见[美]约瑟夫·奈著,吴晓辉、钱程译:《软力量:世界政坛成功之道》,东方出版社 2005 年版。

④ 参见周兰珍、侯新兵:《"文化软实力"话语理解及其特性解读》,载于《南京政治学院学报》2013 年第 6 期。

⑤ 胡锦涛:《高举中国特色社会主义伟大旗帜,为夺取全面建设小康社会新胜利而奋斗》,引自《胡锦涛文选》第二卷,人民出版社 2016 年版,第 639 页。

⑥ 习近平:《决胜全面建成小康社会夺取新时代中国特色社会主义伟大胜利——在中国共产党第十九次全国代表大会上的报告》,人民出版社 2017 年版,第 41 页。

海洋文化软实力建设，是实现"中华民族伟大复兴中国梦"的需要。习近平多次指出，"一个民族的复兴需要强大的物质力量，也需要强大的精神力量。"① 这一精神力量主要就是文化力量。正是因为民族复兴需要"强大的精神力量"，需要强大的文化力量，所以，"没有中华文化繁荣兴盛，就没有中华民族伟大复兴。一个民族的复兴需要强大的物质力量，也需要强大的精神力量。没有先进文化的积极引领，没有人民精神世界的极大丰富，没有民族精神力量的不断增强，一个国家、一个民族不可能屹立于世界民族之林。"② 2013 年 12 月 30 日，习近平在十八届中央政治局第十二次集体学习时的讲话，更是直截了当地说出了提升文化软实力对于实现中华民族伟大复兴的意义。他指出："提高国家文化软实力，不仅关系我国在世界文化格局中的定位，而且关系我国国家地位和国际影响力，关系'两个一百年'奋斗目标和中华民族伟大复兴中国梦的实现。"③ 在实现文化软实力建设和中国梦二者的关系上，提升文化软实力的意义就是"为实现中国梦营造良好环境"④。另一方面，实现了伟大复兴的中华民族需要提升文化软实力、巩固文化软实力，就像盛世中华拥有强大的文化软实力、长期保有文化软实力那样。在这两个方面中，后一个方面似乎更应予以重视。因为复兴后的中国，实现了中华民族百年复兴梦的中国，不能不是文化软实力强大的国家，复兴后的中国不能不把长期保有强大的文化软实力放在战略高度来对待。考虑到提升文化软实力对实现中华民族伟大复兴的意义和对复兴后中国的意义，对我国的海洋文化软实力建设战略，一定程度上就是文化软实力建设战略，可以大致做以下安排。

一、复兴中华文化战略

2017 年 11 月 7 日发表的《人民日报》评论员的文章说："中华民族伟大复兴是'已经看得见桅杆尖头了'的航船，是'已见光芒四射喷薄欲出'的朝日。我们比历史上任何时期都更接近、更有信心和能力实现中华民族伟大复兴的目标。"⑤ 文章对"中华民族伟大复兴"胜利在望场景的描述形象生动，催人奋进，尽管"中华民族伟大复兴"的最后实现，按照习近平的估计，还需要"付出更

---

①② 习近平：《在文艺工作座谈会上的讲话》（2014 年 10 月 15 日），引自《十八大以来重要文献选编》（中），中央文献出版社 2016 年版，第 121 页。

③ 习近平：《在十八届中央政治局第十二次集体学习时的讲话》，引自中共中央文献研究室编：《习近平关于社会主义文化建设论述摘编》，中央文献出版社 2017 年版，第 198 页。

④ 习近平：《在会见第七届世界华侨华人社团联谊大会代表时的讲话》，引自中共中央文献研究室编：《习近平关于社会主义文化建设论述摘编》，中央文献出版社 2017 年版，第 206 页。

⑤ 本报评论员：《共创中华民族伟大复兴的美好未来》，载于《人民日报》2017 年 11 月 7 日，第 1 版。

为艰巨、更为艰苦的努力"①，所有的中华儿女都愿意为了梦想成真而迎接"艰巨"、承受"艰苦"。不过，不管是在对梦圆的期盼中，还是在为圆梦而表达的决心中，中国梦都不是太饱满，都微微地欠缺了一个要素——文化复兴。2016年8月17日，习近平在推进"一带一路"建设工作座谈会上的讲话指出了在"一带一路"建设上存在的一个问题——"在经济合作上用力多，文化这条腿总体上还不够有力"②。这个问题普遍存在于中华民族伟大复兴的中国梦的筑梦工程之中。不管是在认识上，还是在行动上，我们都没有将文化复兴放置在合适的或应有的地位上。

今天，在对国家海洋战略的谋划中，在对国家海洋战略中的文化软实力建设工程的设计中，我们必须鲜明地打出复兴中华文化的旗帜，响亮地喊出复兴中华文化的口号，明确地作出复兴中华文化的战略安排。

中国是世界上最伟大的国家之一，中华民族是世界上最伟大的民族之一。在古代历史上，尤其是唐宋时期，中华民族创造了人类文明史上最伟大的业绩、最辉煌的文化。鸦片战争以来，中国历史进入黑暗的百年，中华民族坠入耻辱的百年。一个沉入自身发展谷底的民族，一个饱受列强压迫的民族，在数千年积淀的"荣耀"的支撑下，在祖先流传下来的"光辉"的激励下，一直在做着寻求民族复兴的前赴后继的努力。表现在中国共产党人身上，就是以"实现中华民族伟大复兴"为自己的"使命"，"无论是弱小还是强大，无论是顺境还是逆境"，在90余年中，始终"初心不改、矢志不渝"。③ 我们民族辉煌历史上的重要篇幅写的是文化，是诗词歌赋、舞蹈戏剧、绘画雕刻，是经史图籍、典章制度，是经国序民、安迩抚远的礼法，是仁人爱物的品德、天下一家的胸怀。中华民族伟大复兴的重要方面是文化复兴。中华民族伟大复兴的重要表现应当是制度先进、政策科学、政治稳定、法治完备、社会和谐、文化繁荣。在新时代，伟大的中华民族应当把复兴中华文化列入重要议事日程。

（一）实现中华民族文化复兴应当成为我国文化建设的重要建设任务

我国已经形成文化建设与经济建设、政治建设、社会建设、生态文明建设

---

① 习近平：《决胜全面建成小康社会夺取新时代中国特色社会主义伟大胜利——在中国共产党第十九次全国代表大会上的报告》，人民出版社2017年版，第15页。
② 中共中央文献研究室编：《习近平关于社会主义文化建设论述摘编》，中央文献出版社2017年版，第215页。
③ 习近平：《决胜全面建成小康社会 夺取新时代中国特色社会主义伟大胜利——在中国共产党第十九次全国代表大会上的报告》，人民出版社2017年版，第14~15页。

"五位一体"的总体布局。在这个"五位一体"总体布局中的重要一"位"是文化建设。在以往的文化建设规划中,虽然有涉及古代文化的安排,却没有复兴中华民族文化,或复兴中华民族优秀文化的安排。例如,《中华人民共和国国民经济和社会发展第十三个五年规划纲要》(以下简称《"十三五"规划纲要》)在文化建设方面设《提升国民文明素质》《丰富文化产品和服务》《提高文化开放水平》三章(从第六十七到六十九章),在《提升国民文明素质》这一章设一节(第六十七章第三节)专门就"传承发展优秀传统文化"做了规定,但该节中关于古代文化的全部内容只有两句话,即第一句:"构建中华传统文化传承体系,实现传统文化创造性转化和创新性发展。"第二句:"广泛开展优秀传统文化普及活动并纳入国民教育……"[①]

为了实现中华文化复兴,为了中华民族伟大复兴中国梦早日得圆,我们应当把实现中华民族文化复兴纳入国民经济和社会发展规划,应当将实现中华民族文化复兴列为国家文化建设的重要内容。

(二)中华民族文化复兴的表现

让国人为之自豪的中华文化、让无数外国人赞叹的中华民族文化,主要是古代文化,是在遭受百年屈辱之前的祖先们创造的文化。这些文化,像习近平曾指出的那样,可能被"收藏在禁宫里""陈列在广阔大地上""书写在古籍里"。[②]文化或文化遗产如果只是在这种状态下保存,那么,它们不管多么完好、数量多么巨大、种类多么繁多,都很难与今天所讨论的"软实力"联系在一起。"软实力"是力,是一事物影响其他事物的能量。文化复兴也必须使文化有力,不管是复活其原有活力,还是培育出生长力。有力才算复兴。我们为中华古代优秀文化复兴找到的表现形式是两个"力"。我们说的这两个"力"是指,第一,活力,是说作为形成于古代的文化成果在今天的生活中焕发活力;第二,生长力,是说作为从古代一直存活到今天的民族文化,在今天热火朝天的生活的滋养下,产生出生长力。

1. 古代文化在当下的活力

优秀古代文化的活力,就是形成于古代的文化成果在今人的生活中所具有的能量,表现为说服力、影响力、推动力,等等。在没有经济力量、军事力量、政治力量等最终可以归结为物质力量的这类因素影响的条件下,古代文化以其哲理、伦理、事理,以及情感、审美、价值、信仰等引导或驱使今人为或不为一定

[①]《中华人民共和国国民经济和社会发展第十三个五年规划纲要》,人民出版社2016年版,第167页。
[②] 中共中央文献研究室编:《习近平关于社会主义文化建设论述摘编》,中央文献出版社2017年版,第201页。

行为，这样或那样处理事情，等等。这时，我们说那些对今人产生了引导或驱使作用的文化是有活力的，因而我们也可以把这些文化称作活文化。相反，如果被认为是古代文化的事物不能对今人产生这样的影响力，或只有借助于具有物质力量特征的经济、政治等的力量，才会对今人产生影响，那么，我们便可以说那种文化事物不具有活力。相应地，我们也可以称那些文化事物为死文化。还是以习近平的讲话为例："让收藏在禁宫里的文物、陈列在广阔大地上的遗产、书写在古籍里的文字都活起来"①，就是激活文化事物的生命力。2014年5月4日，习近平在北京大学师生座谈会上的讲话指出，"中华文化强调'民惟邦本''天人合一''和而不同'，强调'天行健，君子以自强不息''大道之行也，天下为公'；强调'天下兴亡，匹夫有责'，主张以德治国、以文化人；强调'君子喻于义''君子坦荡荡''君子义以为质'；强调'言必行，行必果''人而无信，不知其可也'；强调'德不孤，必有邻''仁者爱人''与人为善''己所不欲，勿施于人''出入相友，守望相助''老吾老以及人之老，幼吾幼以及人之幼''扶危济困''不患寡而患不均'，等等"，② 在今天都是有活力的，都是活文化。

2. 古代文化与时俱进的生长力

优秀古代文化的生长力实质就是文化事物与时俱进，根据时代的需要调整自身，与时代的需要相吻合，甚至指引时代前进的方向。例如，古代中国被称为礼仪之邦。礼仪是中国古代文化的重要内容。正如习近平指出的那样，"礼仪是宣示价值观、教化人民的有效方式"。③ 把古代的礼仪文化转化为升国旗仪式，以及"成人仪式、入党入团入队仪式等"，利用这些仪式，用习近平的话来说，可以"增强人们的认同感和归属感"，"传播主流价值"。④ 这与时代同步前进的礼仪文化就是具有生长力的文化。习近平还指出，"使中华民族最基本的文化基因与当代文化相适应、与现代社会相协调""推动中华文明创造性转化、创新性发展"，说的就是给中华文化灌注生长力，就是希望通过"阐发"使中华文化具备这种生长力。⑤

（三）中华民族文化复兴的基本标准

中华民族伟大复兴是民族的梦想，中华民族文化复兴也是民族的梦想。怎样

---

① 中共中央文献研究室编：《习近平关于社会主义文化建设论述摘编》，中央文献出版社2017年版，第201页。

② 习近平：《青年要自觉践行社会主义核心价值观——在北京大学师生座谈会上的讲话》（2014年5月4日），引自《十八大以来重要文献选编》（中），中央文献出版社2016年版，第7页。

③④ 习近平：《在十八届中央政治局第十三次集体学习时的讲话》，引自《习近平关于社会主义文化建设论述摘编》，中央文献出版社2017年版，第110页。

⑤ 习近平：《在哲学社会科学工作座谈会上的讲话》，人民出版社2016年版，第17页。

才能算美梦成真了呢？我们认为，以下三个方面是起码应当达到的标准。

1. 中华文化使中华民族的"精神独立性"更加突出，成为聚集全民族力量的更加牢固的文化基础

一个民族的文化不难给这个民族留下难以消除的文化基因，在这个意义上，文化的"遗传"功能是强大的。但是，文化基因却不能决定一个民族或国家在特定时期的主流文化是什么、一定民族的文化特质是什么。文化基因也不能保证其所属的文化体系能够产生决定一个民族或国家主流文化、民族文化特质的作用。所谓文化复兴，在很大程度上就是让文化基因及其所属文化体系活起来，充分做功。一方面，在与异文化的相遇中或者战胜之，或者将其吸收融化；另一方面，塑造甚至规定民族或国家的社会生活、政治生活等，而这种塑造或规定及于社会生活、政治生活等的形式方面和内容方面。

唐宋盛世的中国文化，从与其他民族文化相遇的角度看，在充分估量从域外引入的佛教文化等在中华文化整体中的地位的情况下，其主流是儒家文化，其文化特质可以概括为：以儒家文化为本体的包容的和进取的文化。人类社会早已告别中国人创造优秀古代文化的时代，百年前中国遭遇的失败归根结底是在人类文明大踏步向前跨越的进程中掉队。① 今天，已经看得见中华民族伟大复兴之晨曦的中国，走的是中国特色社会主义道路，创造的是社会主义文化，一种其先进性远在击碎清王朝的资本主义文化之上的文化。在今天复兴中华的事业中，中华民族文化的复兴不是把古代文化或古代文化中的儒家文化变成今天生活中的主流文化。中华民族文化复兴可以达到的标准可以是：中国古代优秀文化成为中华民族当下的文化特质。反过来说，今天的中华民族把以儒家文化优秀成分为本体的包容、进取文化筛选为文化特质。

习近平在省部级主要领导干部学习贯彻十八届三中全会精神全面深化改革专题研讨班上的讲话中使用了"精神独立性"概念。他指出："如果我们的人民不能坚持在我国大地上形成和发展起来的道德价值，而不加区分、盲目地成为西方道德价值的应声虫，那就真正要提出我们的国家和民族会不会失去自己的精神独立性的问题了。"② 在习近平看来，"精神独立性"的决定因素是"道德价值"③。本书所说的文化特质包含"道德价值"，或者说以"道德价值"为核心。文化特质可以赋予"精神独立性"更多内涵。在这一意义上，中华民族文化复兴，就是用中华优秀文化型塑中华民族的文化特质。中华民族保持这种特质也就保持了中华民族的"精神独立性"。

---

① 一些学者反复纠缠的"闭关锁国""黄土文化"等，都是表，不是本。
②③ 中共中央文献研究室编：《习近平关于社会主义文化建设论述摘编》，中央文献出版社2017年版，第139页。

2. 中国实现从负责任大国到文化引领国的转变

复兴不是复旧。如果说使中华优秀文化成为中华民族文化特质是对中国古代优秀文化特质的保留或传承，那么，文化复兴的成功也可以表现为文化影响力的恢复甚至产生更大规模、更加深厚的影响力。中国古代文化，尤其是唐王朝时期，对域外是有广泛影响的。所谓八面来朝在很大程度上是中国文化为中华民族赢得的荣耀。今天，我们要复兴中华文化，也应当对复兴提出类似抚临八方的要求。

2013年12月30日，习近平在十八届中央政治局第十二次集体学习时的讲话，指出："一时之强弱在力，千古之胜负在理。"① 这话既说明了文化影响力的长久，也隐含了对我国未来发展目标的展望。在以鸦片战争为起点的百年历史上，在列强的联合进攻、轮番进攻下，中国先是在军事上，后来在经济上、政治上，输给了西方。但是，中华民族没有丢掉自己的文化，没有丢掉祖先给予的荣耀和倔强。当今时代，美国是世界霸主。到处指手画脚，干涉别国内政，甚至颠覆他国政权。这是暂时的"力"之胜。我国没有必要与之争气力之输赢，但却要坚守自己的能决"千古之胜负"的"理"，却要磨砺本民族对"千古之胜负"有决定性影响的中国文化。中华民族文化的复兴就是使中华文化重获强大的域外影响力。

在近几十年的国际舞台上，中国树立了"负责任大国"的国家形象。② 这是与中华文化特质相一致的国家形象。虽然在相当长的一个时期内我国军事、经济等方面的国力都明显不足，但我国政府还是坚持了与中国文化精神相一致的外交政策，对许多国际事务担当起大国的责任。我们认可这样的国家形象，但我们不能满足于这样的国家形象。中华民族文化复兴应当改变我国的国家形象，或者说提升我国的国家形象。而这提升的高度就是：成为文化引领国。习近平给我们做的形象设计之一是"文明大国形象"，即"中国历史底蕴深厚、各民族多元一体、文化多样和谐的文明大国形象"。③ 这符合中国的实际，也是我国的国家形象塑造不可忽略的一个方面。

在国际社会成为文化引领国并不是用古代文化引领世界，就像唐王朝用古代文化引领亚洲那样，而是用复兴后的中华文化引领世界。中华文化复兴，使中国古代优秀文化成为中华民族当下的文化特质，这意味着一个以中国古代优秀文化

---

① 中共中央文献研究室编：《习近平关于社会主义文化建设论述摘编》，中央文献出版社2017年版，第105页。

② 习近平为我国描绘的国家形象之一是"坚持和平发展、促进共同发展、维护国际公平正义、为人类作出贡献的负责任大国形象"，参见中共中央文献研究室编：《习近平关于社会主义文化建设论述摘编》，中央文献出版社2017年版，第202页。

③ 中共中央文献研究室编：《习近平关于社会主义文化建设论述摘编》，中央文献出版社2017年版，第202页。

为文化特质的中国文化体系的形成，意味着古代优秀文化获得生长力并与当代生活相容相生，意味着具有中国古代优秀文化规定特质的当代中国文化的发达。中国再度享受文化引领国的荣耀，靠的是具有中国古代优秀文化规定特质的当代中国文化，中国成为文化引领国运用的是具有中国古代优秀文化规定特质的当代中国文化。

中国要用具有中国古代优秀文化规定特质的当代中国文化引领世界，而具有中国古代优秀文化规定特质的当代中国文化具备引领世界的"天赋"——中国古代优秀文化的基因和由这种基因规定的文化特点。

也许我们可以把大唐王朝时代中国的繁荣解释为世界民族之林中的"一览众山小"，因为事实上在数百年的国际交往中中华文化一直都是"众星捧月"文化景观中的"月"。当今的世界是文化多元的世界，是文化多元化不断被巩固的时代。这个时代既不接受文化上的一家独大，也不容忍文化霸主。文化多元时代需要文化"领头雁"。中国文化，此指中华文化复兴后的中国文化，恰好具备文化"领头雁"的气质。上文说具有中国古代优秀文化规定特质的当代中国文化具备引领世界的"天赋"，这种"天赋"就是文化"领头雁"气质。

中国文化的突出特质是"包容"。习近平对我国文化的这一特质有透彻的认识。例如，他指出，"中华文明是在中国大地上产生的文明，也是同其他文明不断交流互鉴而形成的文明。"① "交流互鉴"以对他种文化的"包容"为条件。习近平用"海纳百川，有容乃大"阐释中国文化的"包容"性。他指出，"每一种文明都是独特的。""一切文明成果都值得尊重，一切文明成果都要珍惜。"② 同时，"交流互鉴"也是文化发展的动力。习近平指出，"历史告诉我们，只有交流互鉴，一种文明才能充满生命力。"③

具有"包容"特质的中国文化不难与其他文明相处，并进而成为多种文化之中的引领者。2014年3月28日，习近平在德国科尔伯基金会的演讲引述《老子》的话，"大邦者下流"。他解释道："大国要像居于江河下游那样，拥有容纳天下百川的胸怀。"④ 中国文化，一种甘居"下流"的文化，一种信奉"海纳百川，有容乃大"哲理的文化，有条件成为文化的引领者。

在文化的包容性上，中国文化拥有胜过以美国为代表的西方文化的优长。因为中国文化具有"包容"特质，在这种文化指导下的中国很容易"以开放包容心态加强同外界对话和沟通，虚心倾听世界的声音"⑤。这样一种甘居"下流"

---

①②③ 习近平：《在联合国教科文组织总部的演讲》，引自习近平：《论坚持推动构建人类命运共同体》，中央文献出版社2018年版，第78页。
④⑤ 中共中央文献研究室编：《习近平关于社会主义文化建设论述摘编》，中央文献出版社2017年版，第204页。

的态度可以使中国文化与不同国家文化,与秉持不同文化的国家和平相处。以美国为代表的西方国家排斥其他文明,实行文化霸权主义,是十分不得人心的。正如习近平所指出的那样,"在文明问题上,生搬硬套、削足适履不仅是不可能的,而且是十分有害的。"① 不管是对其他民族强制推行一种文化,还是一个民族生硬地引入一种文化,其结果都是有害的。

3. 以优秀古代文化为本底的文化建设与人民日益增长的美好生活需要相适应

文化不只具有"维系民族精神",规定民族文化特质等作用,文化也是"精神食粮"②,是社会大众"精神文化生活"的需要。中华文化复兴要达到的标准之一应当体现在文化成果满足人类精神生活需要上。

2014年10月15日,习近平在文艺工作座谈会上发表的讲话指出:"人民的需求是多方面的。满足人民日益增长的物质需求,必须抓好经济社会建设,增加社会的物质财富。满足人民日益增长的精神文化需求,必须抓好文化建设,增加社会的精神文化财富。"③ 人们既有物质生活的需要,也有精神文化生活的需要,而且这种需求"时时刻刻都存在"④。文化建设的任务之一就是创造更多的文化产品以满足人民的精神文化需求。

新时代我国社会的主要矛盾是"人民日益增长的美好生活需要和不平衡不充分的发展之间的矛盾"⑤。这一矛盾的需求方面是"人民日益增长的美好生活需要"。新时代中国的各项建设事业都应当为满足"人民日益增长的美好生活需要"服务。解决这一矛盾的任务在文化建设上的落实就是:加强文化建设以满足"人民日益增长的美好生活需要"中的文化需要。中华文化复兴应当成为新时代中国文化建设的一个方面,应当融入新时代的中国文化建设,对满足作为人民日益增长的美好生活需要的文化需要发挥不可替代的作用。

二、中华文化固本战略

2013年12月30日,习近平在十八届中央政治局第十二次集体学习时的讲话

---

① 习近平:《文明因交流而多彩,文明因互鉴而丰富》,引自习近平:《习近平谈"一带一路"》,中央文献出版社2018年版,第15~16页。

② 中共中央文献研究室编:《习近平关于社会主义文化建设论述摘编》,中央文献出版社2017年版,第193页。

③④ 中共中央文献研究室编:《习近平关于社会主义文化建设论述摘编》,中央文献出版社2017年版,第7~8页。

⑤ 习近平:《决胜全面建成小康社会夺取新时代中国特色社会主义伟大胜利——在中国共产党第十九次全国代表大会上的报告》,人民出版社2017年版,第11页。

谈了这样一条道理,即"提高国家文化软实力要'形于中'而'发于外'"①。这说的是文化建设与文化传播之间的关系,更准确些说,是文化自身的影响力和实现其影响力这两者之间的关系。一种文化要想在国际社会产生强大的影响力,必须自身先具备影响世界的力量。如果文化本身不具有影响世界的力量或影响世界的力量很小,再好的传播手段也无法使其真正产生巨大的影响力。中国古代文化对世界产生了巨大的影响力,那是因为中国古代文化具有影响周围世界的极大能量,其对世界所产生的巨大影响是其巨大能量的自然释放。如果把中国古代文化对域外产生的影响力看作是参天大树的"枝叶",那么,中国古代文化则是参天大树的树干、根本。我国"文化软实力"建设战略的重要建设措施应当是加固中华文化之根本。我们可以把这一战略及其实施称为文化固本。

帮助我国提升文化软实力的文化根本是什么,怎样的文化建设才能为我国开掘出提升文化软实力的旺盛源泉呢?或者说中国文化的固本措施应当指向谁呢?习近平在2016年8月17日举行的"推进'一带一路'建设工作座谈会"上发表讲话,就加强对外文化交流合作提出以下要求:"既要展现中华民族五千多年的悠久文明,又要传播当代中国蓬勃发展的多彩文化"②。在这一要求中,"中华民族五千多年的悠久文明"和"当代中国蓬勃发展的多彩文化"都是"展现"或"传播"的对象。习近平之所以要求"展现"或"传播"这两类对象,是因为这两类对象是最具文化影响力的中国文化精华。在习近平的讲话中,对中国文化的这两个精华部分的"展现"或"传播",又是习近平要求"加强战略谋划"的对象。我们认为,这两个部分应当成为中国文化固本战略需要强固的"根本"。2016年11月30日,习近平在中国文联十大、中国作协九大开幕式上的讲话中,向我们展示了这个"根本"。他说:"在5000多年文明发展中孕育的中华优秀传统文化,在党和人民伟大斗争中孕育的革命文化和社会主义先进文化,积淀着中华民族最深沉的精神追求,代表着中华民族独特的精神标识。"③

(一)"中华民族五千多年的悠久文明"④

在国际舞台上,我们对自己悠久的文明史和灿烂的古代文化总是津津乐道。的确,我们有这份资本。习近平曾十分自信地说:"中华文化是我们提高国家文

---

① 中共中央文献研究室编:《习近平关于社会主义文化建设论述摘编》,中央文献出版社2017年版,第199页。

② 中共中央文献研究室编:《习近平关于社会主义文化建设论述摘编》,中央文献出版社2017年版,第214页。

③ 习近平:《在中国文联十大、中国作协九大开幕式上的讲话》,人民出版社2016年版,第4~5页。

④ 中共中央文献研究室编:《习近平关于社会主义文化建设论述摘编》,中央文献出版社2017年版,第215页。

化软实力最深厚的源泉",也是"我们提高国家文化软实力的重要途径"。[①] 习近平还曾指出:"古往今来,中华民族之所以在世界上有地位、有影响,不是靠穷兵黩武,不是靠对外扩张,而是靠中华文化的强大感召力和吸引力。"[②] 我们有这份资本,祖先给我们留下了这份弥足珍贵的遗产。今天,我们应当用好这件宝贝。不过,这件宝贝也需要爱护、需要打磨。中国文化固本战略的重要任务之一就是爱护好这件宝贝、进一步打磨这件宝贝。

《"十三五"规划纲要》开列的"文化重大工程"专栏中有一项工程——中华典籍整理。[③] 这就是中华文化固本战略应当实施的建设工程。

习近平在十八届中央政治局第十二次集体学习时的讲话中提出,"要系统梳理传统文化资源,让收藏在禁宫里的文物、陈列在广阔大地上的遗产、书写在古籍里的文字都活起来。"[④] 习近平总书记提出的是关于如何打磨中华文化瑰宝的任务。中华文化固本战略应当完成这个方面的任务。2014年9月24日,在纪念孔子诞辰2565周年国际学术研讨会暨国际儒学联合会第五届会员大会开幕式上的讲话中,习近平提出,"对传统文化中适合于调理社会关系和鼓励人们向上向善的内容,我们要结合时代条件加以继承和发扬,赋予其新的涵义。"[⑤] 不管是"继承和发扬",还是"赋予其新的涵义",都不是简单拿来,简单接受,而是要对传统文化做适合今天需要的建设。中华文化固本战略就是实施这种建设的战略。

还是在纪念孔子诞辰2565周年国际学术研讨会上,对传统文化,习近平指出,"传统文化在其形成和发展过程中,不可避免会受到当时人们的认识水平、时代条件、社会制度的局限性的制约和影响,因而也不可避免会存在陈旧过时或已成为糟粕性的东西。"[⑥] 这是作为遗产的古代文化自身的客观情况。这一情况要求遗产的继承人,要求所有珍视这份遗产的人们对遗产做"鉴别"和"取舍"。毛泽东同志也把这个过程概括为吸收精华,剔除糟粕。[⑦] 中华文化固本战

[①④] 中共中央文献研究室编:《习近平关于社会主义文化建设论述摘编》,中央文献出版社2017年版,第201页。

[②] 习近平:《在文艺工作座谈会上的讲话》(2014年10月15日),引自《十八大以来重要文献选编》(中),中央文献出版社2016年版,第119~120页。

[③] 《中华人民共和国国民经济和社会发展第十三个五年规划纲要》,人民出版社2016年版,第172~173页。

[⑤] 习近平:《在纪念孔子诞辰2565周年国际学术研讨会暨国际儒学联合会第五届会员大会开幕会上的讲话》,载于《人民日报》2014年9月25日,第2版。

[⑥] 习近平:《习近平谈治国理政》第二卷,人民出版社2017年版,第313页。

[⑦] 毛泽东在《新民主主义论》中指出:"中国的长期封建社会中,创造了灿烂的古代文化。清理古代文化的发展过程,剔除其封建性的糟粕,吸收其民主性的精华,是发展民族新文化提高民族自信心的必要条件;但是决不能无批判地兼收并蓄。"引自《毛泽东选集》第二卷,人民出版社1991年版,第707~708页。

略应当把对前人创造的文化成果的鉴别和取舍规定为长期任务。

从典籍化程度上来看,中国古代文化有多种不同情况。一般来说《论语》《孟子》等"十三经"之类的古代文献,人们的熟知程度很高。而另外许多的中国古代文化成果,典籍化程度没有"十三经"那样高,有些甚至没有成为典籍。例如,反映郑和下西洋业绩的著作就不多,即使有也没有进入经史子集等典籍序列,或者虽然被搜罗在典籍中但被置于续编等不那么重要的卷册中。再如,华人经营南洋立下汗马功劳,取得了丰功伟绩,(本书第七章有所述及,可参阅)但没有相应的典籍反映这些业绩,许多了不起的建设功勋没有得到完整记载,甚至根本不见于文献。挖掘此类的文化成果,也是中华文化固本战略的重要战略任务。

(二)"当代中国蓬勃发展的多彩文化"

文化是生活的经验或经验的典型化,是被社会接受或秉持的哲理、价值、世界观,是文化群体共享的智慧、艺术、情感,等等。中华民族不仅从祖先那里继承了各种制度、生活模式,深刻的哲理、稳定的价值、牢固的世界观,而且像珍爱民族遗产那样热爱创造,不断为自己的文化群体添加新的智慧、经验、艺术、制度等。在寻求中华民族伟大复兴的近百年中,中华民族的仁人志士也在不断贡献新智慧、提出新主张、创立新学说、开创新业绩、建立新制度,等等。这些新的创造是中华文化的新的源泉,这些新的创造正源源不断地汇聚成"当代中国蓬勃发展的多彩文化",给中华文化宝库输送新藏品。

按形成的历史条件及文化内容的性质,"当代中国蓬勃发展的多彩文化"大致可以分为两个类型,即革命文化、社会主义先进文化。这个分类出于对中国共产党95年奋斗史的总结。在庆祝中国共产党成立95周年大会上,习近平对集中体现"中华民族最深沉的精神追求""中华民族独特的精神标识"的中华文化做了高度概括。按照他的概括,那成为"中华民族最深沉的精神追求"和"中华民族独特的精神标识"的文化,除了"在5000多年文明发展中孕育的中华优秀传统文化"之外,就是革命文化和社会主义先进文化,亦即"在党和人民伟大斗争中孕育的革命文化和社会主义先进文化"。[①] 这之后,在多次重要报告、讲话中,习近平都使用了革命文化和社会主义先进文化这一划分。党的十九大报告称之为"党领导人民在革命、建设、改革中创造的革命文化和社会主义先进文化"[②]。

[①] 习近平:《在庆祝中国共产党成立95周年大会上讲话》,人民出版社2016年版,第13页。

[②] 习近平:《决胜全面建成小康社会夺取新时代中国特色社会主义伟大胜利——在中国共产党第十九次全国代表大会上的报告》,人民出版社2017年版,第41页。

革命文化和社会主义先进文化已经成为当今中国文化的组成部分，且已成为中华民族"精神追求"和"精神标识"中的重要元素。习近平也曾多次如数家珍似的提到这种文化中的一些佳品，如 2016 年 2 月 19 日在党的新闻舆论工作座谈会上他就谈道"'五位一体'总体布局""'四个全面'战略布局""五大发展理念""命运共同体""新型大国关系""一带一路"等。① 但是，"在党和人民伟大斗争中孕育的革命文化和社会主义先进文化"，许多还都是中华文化进一步发展繁荣的文化资源。它们要真正进入中华文化体系中去，要在世人面前产生中国古代优秀文化所具有的影响力、感召力，甚至诱惑力等，还需要经过一个"典型化""被社会接受或秉持"的过程，它们要成为"文化群体共享"的"智慧、经验"或"艺术、制度"等，还需要催化。中华文化固本战略就是要在这个过程中开展工作，就是要尽可能地缩短这个过程，至少是缩短这个过程所需耗费的时间，尽快完成这样的催化。

对"当代中国蓬勃发展的多彩文化"的催化任务十分繁重，因为跌宕起伏的革命、建设、改革的许多文化创造已经进入"典型化""被社会接受或秉持"的过程，因为近百年的革命、建设、改革创造了太多的可为"文化群体共享"的"智慧、经验、艺术、制度"等等，而它们都在等待接受"催化"。

在"五位一体"总体布局中，处于不同"位"的各项建设都留下了大量的文化建设任务，都需要我们做文化固本工作。以下举例说明存在于五大建设领域的可纳入中华文化固本战略的具体建设任务：

1. 经济建设

社会主义市场经济体制。这是改革开放年代我们党在经济建设方面作出的最突出的体制创设贡献，也是采取的最卓有成效的建设措施。中共十六届三中全会通过的《中共中央关于完善社会主义市场经济体制若干问题的决定》集中展现了这一建设的成果。

2. 政治建设

中国特色社会主义法治体系。中共十八届四中全会提出的全面推进依法治国总目标的核心建设任务就是"建设中国特色社会法治体系"②。

3. 文化建设

社会主义核心价值观。2013 年 12 月 23 日，中共中央办公厅印发的《关于培育和践行社会主义核心价值观的意见》，对社会主义核心价值观的内容做了系统的阐述。

---

① 中共中央文献研究室编：《习近平关于社会主义文化建设论述摘编》，中央文献出版社 2017 年版，第 213～214 页。
② 《中共中央关于全面推进依法治国若干重大问题的决定》，人民出版社 2014 年版，第 4 页。

4. 社会建设

社会主义和谐社会。这是中共十六届六中全会提出的社会建设方案。①

5. 生态文明建设

2015年5月25日，中共中央、国务院发布《关于加快推进生态文明建设的意见》，② 系统阐述了生态文明的内涵，对推进生态文明建设做了部署。

三、中华文化健体战略

谈文化软实力，中国人永远都不会退缩，因为我们确信祖宗留下来的家底十分厚实。这种自信是有后盾的。但是，有这种自信与老祖宗留下来的家底真的变成文化软实力是两回事。在古代文化与国家文化软实力追求之间，存在文化遗产与文化之间的关系。如上所述，在文化遗产的活力没有复苏，没有成为"活文化"之前，它或它们是无力的，是无法对国家提供软实力的。怎样才能让文化遗产复活呢？或者怎样把文化遗产"激活"呢？上面讨论了中华文化的固本战略，提到了对文化遗产的整理、挖掘等。固本战略是必要的，对文化遗产的整理、挖掘在今天也已经是时不我待的紧急任务。但从文化遗产到文化，更为关键却常常被忽略的是，文化主体。所谓文化遗产复活，所谓"激活"文化遗产，不管"激"这一外力来自何方，都只能发生在文化主体身上。一定文化主体对"收藏在禁宫里的文物""陈列在广阔大地上的遗产""书写在古籍里的文字"以及负载在它们身上的价值、观念、情感等的接纳、理解、认同、信奉等，或者被这些遗产及其文化负载启发、震撼、陶冶等，文化遗产才成为文化，成为"活文化"。没有文化主体的所谓"激活"活动只能产生空谷回声，无法使文化复活，无法为国家增加文化软实力。

在关于文化软实力与古代文化关系的讨论中，我们不应忽略这样一个事实，即在我们民族遭受屈辱的百年当中，我们民族的文化软实力也大受减损。这里所说的减损主要是文化主体退化。过去是读书人因读过"半部《论语》"故可以"治天下"，现在是许多读书人不知《论语》可以治天下，甚至不知《论语》为何物。这就是中国文化主体退化的写照。我国要提升文化软实力，必须下大力气

---

① 2006年10月11日中国共产党第十六届中央委员会第六次全体会议通过《中共中央关于构建社会主义和谐社会若干重大问题的决定》。

② 习近平多次提出，"围绕我国和世界发展面临的重大问题""着力提出能够体现中国立场、中国智慧、中国价值的理念、主张、方案"。（参见中共中央文献研究室编：《习近平关于社会主义文化建设论述摘编》，中央文献出版社2017年版，第214页）的要求。实施此类具有"智库"特点的项目，也具有文化建设上的"固本"功能。限于篇幅，本书不多加讨论。

做文化主体建设工作，必须努力使文化主体强健起来。建设强健的文化主体，即"文化健体"。

习近平同志在文艺工作座谈会上的讲话谈到一个在他看来"比较突出"的"问题"——"一些人价值观念缺失，观念没有善恶，行为没有底线，什么违反党纪国法的事情都敢干，什么缺德的勾当都敢做，没有国家观念、集体观念、家庭观念，不讲对错，不问是非，不知道美丑，不辨香臭，浑浑噩噩，穷奢极欲"。①（我们就把这种现象叫作"价值观念缺失"吧）在习近平这段话里，"价值观念缺失"者是"一些人"。习近平对这种现象的消极影响的评价是："现在社会上出现的种种问题病根都在这里。"② 这样的影响显然比"一些人"或个别人犯了什么错误甚至罪行要严重，因为这样巨大的影响只能归结为文化性的缺失。也就是说，表现在"一些人"身上的"价值观念缺失"其实是一种文化缺失。

所谓"价值观念缺失"显然不是指一个社会缺少或没有建立某种积极的价值观念，也不是指一个社会的主流文化中的价值观有问题，而是说积极的价值观或主流价值观没有进入某些人的头脑。说到底，是"一些人"头脑中缺少积极价值观，社会的主流价值观没有走进这"一些人"的头脑。由此可见，所谓"价值观缺失"是文化主体出了问题——那些生活于一定文化环境中的人，被认为是一定文化养育起来的人，没有接受本应接受的文化。放在习近平那段讲话所谈的情况里，就是这"一些人"没有接受本应接受的积极文化中的价值观。中国文化健体战略的任务之一就是把生活在中国文化环境中，接受中国教育，被认为应当接受中国文化而事实上"价值观缺失"的"一些人"，变成实际接受了中国文化从而按中国文化的要求行事的中国文化主体，变成用中国文化影响他人的中国文化主体。

习近平还指出，要通过"加强全社会的思想道德建设""激发人们形成善良的道德意愿、道德情感""形成向上的力量、向善的力量"。③ 如果把这"力量"向主体还原，所谓"向上的""向善的""力量"就是"人们"这种力量、道德主体这种力量。这种"力量"因道德主体群体大、"意愿"坚定而大，因道德群体小、"情感"不强烈而小。这里的力量"大""小"实际上就是文化主体的强和弱。习近平又指出：要"让十三亿人的每一分子都成为传播中华美德、中华文化的主体"④。这"十三亿人的每一分子"不就是中国文化的文化主体或文化主

---

①② 习近平：《在文艺工作座谈会上的讲话》（2014 年 10 月 15 日），引自《十八大以来重要文献选编》（中），中央文献出版社 2016 年版，第 133~134 页。

③④ 中共中央文献研究室编：《习近平关于社会主义文化建设论述摘编》，中央文献出版社 2017 年版，第 138 页。

体的成员吗？

中国文化健体战略的最重大的任务是对青少年实行文化教育，把他们变成中国文化主体的成员。习近平多次强调，要帮青少年扣好人生"第一粒扣子"①。他所说的"帮助"在文化建设上的意义在于，造就文化继承者，培育秉持中国文化的"下一代"②。

中国文化健体战略的重大建设任务是大众文化教育。习近平曾引用了梁启超先生的一段话。指出，"梁启超说：'国之见重于人也，亦不视其国土之大小，人口之众寡，而视其国民之品格。'如果我们国内违背社会公德的事情比比皆是，触及道德底线的事情不断发生，一些人到了国外不遵守公共秩序，给人留下不好的印象，还怎么提高国家文化软实力啊？"③ 梁启超先生所说的"国民品格"可以运用科学的社会调查来评判，也可以通过对个案的观察来获取。前者是科学结论，后者是直观印象。在国际交往中，起作用的往往是后者。这里所说国际交往主要是指不同国家的人之间的交往，其实质是人际交往。虽然是人际交往，因为交往者来自不同国家，他们的交往便具有了国际交往的意义。在这种具有国际交往影响力的人际交往中，我国国民的文化品位、道德修养代表我国的文化形象。要改善我国的文化形象，提高我国的文化软实力，必须在国民身上开展文化健体工作。我国倡导的"海上丝绸之路"正从我国内陆和沿海向太平洋、印度洋、大西洋、北冰洋向深远处延伸，我国大量的工作人员、外交人员、安保人员、游学人员、观光客等正源源不断沿着"海上丝绸之路"走向世界各地。这些人员、观光客等都是中华文化主体的成员，都是中华文化的代表。我国的海洋文化软实力建设就应当把对国民的文化教育当成一项重要任务。

中国文化健体战略不只是家庭教育范畴中的教育下一代。文化具有跨域特点。一种文化，对于文化生长国来说，其主体的成员不限于本国人。文化的主体可以跨域。中国古代文化之所以具有在地域空间上的广泛影响力，那是因为，在中国本土之外，存在数量可观的接受中国文化或受中国文化熏陶的人，尽管这些人对中国文化的接受程度有深浅之不同。中国文化健体战略的一项建设任务，或者说我们应当为中国文化健体战略规定一项建设任务——培养域外的中国文化主体成员。近年来我国政府向中亚、西亚、南亚、非洲等的一些国家提供来华留学资助。这一工程具有文化建设"健体"功能。

---

① 习近平：《青年要自觉践行社会主义核心价值观》，引自习近平：《习近平谈治国理政》，外文出版社 2014 年版，第 172 页。

② 习近平：《在会见第一届全国文明家庭代表时的讲话》，引自中共中央文献研究室编：《习近平关于社会主义文化建设论述摘编》，中央文献出版社 2017 年版，第 148 页。

③ 中共中央文献研究室编：《习近平关于社会主义文化建设论述摘编》，中央文献出版社 2017 年版，第 137 页。

在讨论现代"海上丝路"的文化建设时，我们提出按"文化圈层""梯次推进"海洋文化建设的构思。（见本书第七章）"文化圈层"概念反映的是作为伦理、思想、价值观、家庭制度等的文化由文化中心向外传播的地域范围，是观念、制度等形态的东西由中心向四周的流动。在该概念中，观念、制度等形态的文化的由近及远地流动，常常都伴随着文化主体的散布。在越是靠近文化"圆心"的圈层，接受一定文化的主体分布便越多。相反，在远离文化"圆心"的圈层，接受一定文化的人的分布便越少。如果说"文化圈层"概念是对既存文化现象的反映，而文化主体随圈层由近及远而由密到疏的分布状态，是分析文化圈层所得的逻辑结论，那么，实施中华文化健体战略可以做两种选择：一种选择，顺应既存的文化圈层，集中在近文化"圆心"圈层开展文化健体建设。这样可以使文化健体工作更有针对性，更容易产生建设成绩。采用这一选择，文化健体战略可以按先内圈层后外圈层的顺序开展文化主体建设；另一种选择，根据需要开展分圈层的文化健体建设，借以把特定区域的人们或某些特定人群吸纳进一个与文化"圆心"更接近的文化圈层。采用这一选择，可以通过积极的文化建设改变文化圈层。

四、中华文化"洁面"战略

文化软实力既是对内的聚合力，也是对外的影响力。对越来越走向世界舞台中央的中国[①]来说，文化对外影响力的提升是当务之急。所谓提升文化软实力，应当把提升的努力投向提升中华文化的对外影响力。

文化的影响力是"软"的，但文化产生影响力的环境有时却是"硬"的。因为中华文化有益于社会、有益于世界，历史上产生了强大的影响力，现代社会也容易被外国社会接受，于是就有那样的国家千方百计阻止中华文化向外释放影响力。因为中国需要通过提升文化软实力扩大自己的综合国力，于是就有那样的一些国家像在国际政治、经济关系上打压中国那样丑化中华文化。总之，在国际上有那么一股势力在"妖魔化、污名化中国和中国人民"[②]，或者"'唱衰'中国"[③]。中国百年屈辱的近代史导致在今天的国际社会，中华文化难以正常地向世界释放其影响力。冷静地观察，我们会注意到，"国际舆论格局是西强我弱，

[①] 金灿荣：《中国正在走近世界舞台中央》，载于《人民日报》2017年1月3日，第7版。
[②] 中共中央文献研究室编：《习近平关于社会主义文化建设论述摘编》，中央文献出版社2017年版，第202页。
[③] 中共中央文献研究室编：《习近平关于社会主义文化建设论述摘编》，中央文献出版社2017年版，第197页。

西方主要媒体左右着世界舆论"①。政治外交等方面是这样，文化交流也是这样。而从根源上看，那就是"敌对势力"把中国设为打击目标，不仅在政治上压制中国，在军事上围堵中国，而且在文化上也不遗余力地运用其"文化霸权"贬低中国。其中包括对"当代中国价值观念"做"扭曲的解释"，或者"屏蔽"反映中国价值观念的"真相"，"颠倒"正确反映中国价值观的"事实"。②"西方敌对势力一直把我国发展壮大视为对西方价值观和制度模式的威胁"③，于是想尽各种招数"诱使"中国人和其他走社会主义道路的人民"跟着他们的魔笛起舞"④。

摆脱这种不利局面，抵制某些西方国家的"文化霸权"，洗刷敌对势力对中华文化的污损，给中华文化"洁面"，既是我国宣传部门、外交部门的任务，也是我国文化建设的重要任务。

中华文化"洁面"战略可以按以下要求排兵布阵：

（一）发声

远的不说，仅就从新中国成立以来的几十年来看，由于长期受西方国家军事上、政治上、经济上，甚至科学上、教育上的包围、封锁，新中国在国际舞台上长期处于"失语"状态。我国实行改革开放政策后，虽然经济、政治、教育、卫生等方面的对外交往取得了很大成就，但在政治主张、价值观念等深层文化方面，我们还是处于"有理说不出"，"说了传不开"⑤的状态。由于我们自己长期"失语"，所以，我国在国际社会的国家形象、文化形象长期都是"他塑"⑥的结果。所谓"他塑"也就是被污损。习近平也称之为"挨骂"。他曾痛心地说："落后就要挨打，贫穷就要挨饿，失语就要挨骂。"⑦

---

① 中共中央文献研究室编：《习近平关于社会主义文化建设论述摘编》，中央文献出版社2017年版，第197页。

② 中共中央文献研究室编：《习近平关于社会主义文化建设论述摘编》，中央文献出版社2017年版，第199~200页。

③ 中共中央文献研究室编：《习近平关于社会主义文化建设论述摘编》，中央文献出版社2017年版，第53页。

④ 习近平：《当前工作中需要注意的几个问题》，引自中共中央文献研究室编：《习近平关于社会主义文化建设论述摘编》，中央文献出版社2017年版，第208页。

⑤ 习近平：《在全国宣传思想工作会议上的讲话》，引自中共中央文献研究室编：《习近平关于社会主义文化建设论述摘编》，中央文献出版社2017年版，第197页。

⑥ 中共中央文献研究室编：《习近平关于社会主义文化建设论述摘编》，中央文献出版社2017年版，第212页。

⑦ 习近平：《在全国党校工作会议上的讲话》，引自中共中央文献研究室编：《习近平关于社会主义文化建设论述摘编》，中央文献出版社2017年版，第211页。

要将国家形象、文化形象的"他塑"改为"自塑",要走出"挨骂"的落后状态,必须发声,必须尽快结束"失语"状态。

当然,也应注意到,中华文化或中国在一些外国人的眼里声誉不佳,不全是他国故意污损造成的结果,我们自己的国家和文化不为人知是造成这种情况的不可忽视的原因之一。正如习近平指出的那样,"一些人对中国有偏见,主要是源于陌生、隔阂和不了解。"[①] 要改变中国、中华文化在这些外国人心目中的形象,只需要做一件事,即与之"相知"。孔子曾言曰:"不患人之不己知,患不知人也。"[②] 我们先做好"知人"的工作,人家也就会慢慢知道我们。那时,中国、中华文化在这些人心目中的形象自然就会改变。

如果说在以往相当长的时期内,我国是没有"发声"的舞台,没有"发声"的机会,"发声"找不到听众,那么,今天,这种状况已经明显改变了。我们已经有"发声"的舞台和"发声"的机会,虽然舞台可能还不是很广阔、机会可能还不是很有价值。现在要做的是建立发声的制度、增强发声的主动性、提高发声的效果。例如,在一些外交场合,我们向世界贡献了智慧,向有关国家提供了帮助,与此类成功的外交活动相伴随的应当是文化诠释、文化宣传。再例如,在内政、外交等方面我们采用了一些成功的做法,在处理内政、外交等事务时我们提出了一些富有时代气息的观念,一些富有中国特色、中国风格的主张。在这种情况下,我们应当及时"发声",而不是像习近平同志批评的那样"长在深山无人知"[③]。

我们不仅要为中华文化"发声",而且还要以更具影响力的方式"发声"。习近平曾指出,要"讲好中国故事,不仅中央的同志要讲,而且各级领导干部都要讲;不仅宣传部门要讲、媒体要讲,而且实际工作部门都要讲、各条战线都要讲。……要动员各方面一起做思想舆论工作,加强统筹协调,整合各类资源,推动内宣外宣一体发展,奏响交响乐、大合唱,把中国故事讲得愈来愈精彩,让中国声音愈来愈洪亮。"[④] 中华文化"洁面"战略就是要用"交响乐""大合唱"等方式为中华文化"发声"。

(二) 先声

如果说"发声"是国际社会成员在国际社会的正常表达,那么,为了更有效

---

① 习近平:《在同德国汉学家、孔子学院教师代表和学习汉语的学生代表座谈时的讲话》,载于《人民日报》2014 年 3 月 30 日,第 1 版。

② 《论语·学而》。

③ 中共中央文献研究室编:《习近平关于社会主义文化建设论述摘编》,中央文献出版社 2017 年版,第 210 页。

④ 中共中央文献研究室编:《习近平关于社会主义文化建设论述摘编》,中央文献出版社 2017 年版,第 211 页。

地冲刷"文化霸权"国家泼在中华文化身上的"脏水",我国还应当采取更加积极的发声方式——先声。所谓"先声"就是根据国际社会的文化需要,包括根据国际社会对发展中的中国的探问,"主动发声",先行或抢先发出中国声音,争取在国际舞台上产生"先入为主"的效果。例如,在我国向相关沿线国和其他国家发出建设"丝绸之路经济带"和"21世纪海上丝绸之路"的建议之后,我们应当主动提供文化解释。例如,告诉世界我们倡议的"丝绸之路"是一条"和平之路"。建设"一带一路"本来就是中国古人创造和平商路智慧的当代应用。①再如,大规模的国际交往不能不遇到宗教信仰等文化矛盾问题。中国推动与邻国合作,对解决这一问题必须有自己的办法或态度。我国可以告诉世界,实际上也早已郑重地告诉世界:中国文化以"包容"为典型特质,提倡"和而不同""交流互鉴"。

习近平在哲学社会科学工作座谈会上的讲话指出,"不仅要让世界知道'舌尖上的中国',还要让世界知道'学术中的中国''理论中的中国''哲学社会科学中的中国',让世界知道'发展中的中国''开放中的中国''为人类作贡献的中国'"。②主动地向世界展示"学术中的中国""理论中的中国""哲学社会科学中的中国""发展中的中国""开放中的中国""为人类作贡献的中国"等等,当然也是"先声"作为。

2016年11月30日习近平在中国文联十大、中国作协九大开幕式上向会员们发出号召,要求他们"创造出丰富多样的中国故事、中国形象、中国旋律,为世界贡献特殊的声响和色彩、展现特殊的诗情和意境"③。把更多的"丰富多样的中国故事、中国形象、中国旋律","特殊的声响和色彩",特殊的"诗情和意境"贡献给世界,那将是中华文化发出的更加强劲有力的"先声"。

(三) 除浊扬清

在国际社会"发声"、先行发声("先声")是对中华文化的正面表达,是本体文化的客观展现。这种展现无疑有助于让世界了解真实的中华文化,但它无法有效清除西方"文化霸权"国家对中华文化的玷污。在中华文化已经有"发声"舞台和"发声"机会的今天,我们不仅要正常地表达自己,而且要有针对性地除

---

① 习近平同志在中央财经领导小组第八次会议上的讲话就把"'一带一路'倡议"解释为"对古丝绸之路的传承和提升",参见《加快推进丝绸之路经济带和二十一世纪海上丝绸之路建设》,载于《人民日报》2014年11月7日,第1版。

② 中共中央文献研究室编:《习近平关于社会主义文化建设论述摘编》,中央文献出版社2017年版,第214页。

③ 中共中央文献研究室编:《习近平关于社会主义文化建设论述摘编》,中央文献出版社2017年版,第181页。

浊扬清，反驳丑化中华文化的言论，抵制歪曲中华文化形象的行为。

习近平曾指出，"对别有用心的人"散布的"奇谈怪论"，"要及时反驳，让正确声音盖过它们"①。在十八届中共中央政治局第十二次集体学习时，习近平指出："国内国外、网上网下都有一些言论，贬低中华文化，否定中华民族的历史贡献，否定近代以来中国人民的奋斗史，歪曲中国共产党的历史、中华人民共和国的历史，歪曲改革开放的历史。"习近平把这些言论称为"负能量"，并提出"增加正能量"的要求。而他所说的"增加正能量"就是"对着负能量去有的放矢，正面交锋"。② 中华文化"洁面"战略不能缺少这种与敌对势力"正面交锋"的准备，不能没有与敌对势力展开针锋相对斗争的安排。

（四）大音希声

一些西方国家妖魔化中国是广为人知的事实。但这个事实似乎并非只发生在过去，而是也发生在现在，似乎还会发生在将来。一些国家容不得中国崛起，甚至容不下中国在世界上的大国地位。因此，为中华文化"洁面"将是一项长期工程。对这项长期工程，我们除了保持正常"发声"、积极创造"先声"、针锋相对地开展"除浊扬清"工作之外，似乎还应当运用中华文化的"生存耐性"，以默化对魔化，即用文化的潜移默化应对西方国家对中华文化的魔化。

中华文化影响社会、影响世界的过程是"以理服人，以文服人、以德服人"，这个过程比以武力"服人"显然要漫长。然而，中华文化的"生命禀赋和生存耐性"③ 就是不厌倦这样的漫长。"大音希声，大象无形。"中华文化有这份自知，有这份自信。中华文化"洁面"工程与中华文化应对必然面对的文化竞争的策略一样，用自身的"自信、耐力、定力"④ 验证自己的生命力，留给世界水到渠成的结论。

五、中华文化济世战略

有5000年历史的中华文化支撑中华儿女走出西方国家的打压围堵，克服道

---

① 中共中央文献研究室编：《习近平关于社会主义文化建设论述摘编》，中央文献出版社2017年版，第209页。

② 中共中央文献研究室编：《习近平关于社会主义文化建设论述摘编》，中央文献出版社2017年版，第34页。

③ 中共中央文献研究室编：《习近平关于社会主义文化建设论述摘编》，中央文献出版社2017年版，第201页。

④ 习近平：《在同德国汉学家、孔子学院教师代表和学习汉语的学生代表座谈时的讲话》，引自中共中央文献研究室编：《习近平关于社会主义文化建设论述摘编》，中央文献出版社2017年版，第205页。

路探索中的艰难险阻,在 21 世纪初迎来中华民族伟大复兴的曙光。中国是中国人民的中国。实现中华民族伟大复兴后的中国是世界的中国,因为她将与世界同凉热,共兴衰。中华民族伟大复兴也是中华文化的复兴。实现中华民族伟大复兴后的中华文化也是世界的文化,因为她将与各国文化同节拍,共韵律。如上所述,那时,中国将给世界带来中华文化的阳光。

(一) 用"天下"文化与"全球化时代"唱和

在商品、服务、资金、技术、信息、人员等生产要素冲破国界的限制,按照习惯的或约定的方式自由流动之后,经济全球化把世界,把不同的国家和地区连接成一个越来越紧密的整体。中国的和平崛起赶上了这个好时代。因为世界已经进入了这个时代,所以西方国家对中国的围堵才难以让围堵者如愿。经济全球化对国界之于经济生活的意义的削弱造成的另外一个结果,形象地说来,就是使世界变小。习近平的一段话比较形象地表达了世界的这个变化——"这个世界,各国相互联系、相互依存的程度空前加深,人类生活在同一个地球村里"。①

经济全球化促进了商品、服务、资金、技术、信息、人员等在不同国家之间的流动,从而使各国之间的联系变得更加频繁,使各国的经济生活、社会生活等变得更加相互依赖,而这些变化和由经济全球化带来的国家间关系的其他变化,给国际社会染上了"村"的色彩。这是巨大的变化,也是深刻的变化。这些变化对国际经济发展产生了巨大推动作用,给中国的发展带来了前所未有的机会。经济全球化对于国际经济发展的巨大合理性也使之成为不可逆转的时代潮流。

世界已经进入经济全球化时代,不同国家的人们在经济生活上,在商品、服务、资金、技术、信息、人员等生产要素的交流上已经过上了"地球村"的生活,但是,世界并没有为过"地球村"生活做好文化准备。在 2013 年的博鳌亚洲论坛上,习近平对国际形势做了如下评估:"天下仍很不太平,发展问题依然突出,世界经济进入深度调整期,整体复苏艰难曲折,国际金融领域仍然存在较多风险,各种形式的保护主义上升,各国调整经济结构面临不少困难"。② 2014 年,在联合国教科文组织总部发表的演讲中,习近平指出,人类一直"梦想着持久和平,但战争始终像幽灵一样伴随着人类发展历程"。"此时此刻,世界上很多

---

① 习近平:《顺应时代前进潮流,促进世界和平发展》,引自习近平:《论坚持推动构建人类命运共同体》,中央文献出版社 2018 年版,第 5 页。
② 习近平:《共同创造亚洲和世界的美好未来》,引自习近平:《论坚持推动构建人类命运共同体》,中央文献出版社 2018 年版,第 28 页。

孩子正生活在战乱的惊恐之中"。① 这些讲话提到的那些人们不愿意看到的情形告诉我们,世界远远没有建立起洒满和平阳光的"地球村"。

国际贸易创造了主要表现在经济生活上的"地球村",但国际贸易无法为人类创造文化上的"地球村";人类需要顺应经济全球化的趋势创造"地球村"文化。没有"地球村"文化滋养的世界只能是残缺的"地球村"。怎样才能让在经济生活上已经走进"地球村"的世界在文化上也享受"地球村"的温暖和宁静呢?中华文化具有"济世"功能,可以引导世界走进文化上的"地球村",从而使人类享受文化与经济协调的"地球村"生活。

中华文化孕育的场域是恢宏广大的"天下";其创臻辟莽时既培育出了仁民爱物的基因,形成了"天下"一家的政治胸怀,树立了兼利天下的政治目标,创造了处理天下关系的政治智慧;其与伟大的中华民族一起向更广大的世界展示自己时,以"六合之内"为高歌劲舞的舞台,以"天下大同"为群拥高举的旗帜。中华文化塑造的中华民族就是从"仁民爱物"的圆心向四面八方释放爱的力量,或以由甸服到荒服的服制,②或以州郡与王国并行的体制,或以宗藩体制、封贡体制,构建了并一再重建了和谐的天下。郑和下西洋,在当时交通条件下,实现了中华文化向"天下"的最大限度地辐射,建立了中华民族的最广阔的"天下"。

在突破了郑和时代器物限制的今天,中华文化有条件周济或补益以地球在星际关系中的最大边界为限的"天下"。

(二) 用绝无仅有的成就托起新时代的话语权

世界形成"地球村"是力——经济全球化之力——的聚合,这个"地球村"的精神凝聚,亦即形成满足"村"生活需要的文化,也需要力的推动。经济全球化内藏之力推动以经济生活淡化国界为典型特征的"地球村"的形成,文化层面的"地球村"的形成,"地球村"的"村"文化的形成,也需要某种强大的文化力。中华文化拥有强大的文化力,中华文化已经随着经济全球化进程的加快和中国在经济、政治等方面走向发达掌握了建设文化"地球村"的话语权。

1. 中华文化历史悠久

古往今来,世界上出现过无数种文化。有的存在时间较长,有的存在时间较

---

① 习近平:《在联合国教科文组织总部的演讲》,引自习近平:《论坚持推动构建人类命运共同体》,中央文献出版社 2018 年版,第 75 页。

② 《国语·周语》。

短；有的形成后长久保持旺盛的生命力，甚至至今仍在释放影响力，有的经过一个时期便退出历史舞台。中华文化是人类文化园林中的一株，只是这一株经历风霜雪雨的时间比较久——5000多年始终枝繁叶茂。习近平在比利时布鲁日欧洲学院发表演讲时指出，"在世界几大古代文明中，中华文明是没有中断、延续发展至今的文明，已经有5000多年历史了。"① 习近平的这段话里有两点是十分重要的。一点是5000多年。另一点是"没有中断、延续发展至今"。把这两点合在一起就是：中华文明是5000多年从形成一直延续发展至今没有发生过中断的文明。这样的文明在全世界是独一无二的。

延续就是生命力。人类历史是进化史，也是大浪淘沙的选优史。一些文明消亡了，成了只能在博物馆、文物保护地才能看到的陈迹。那是因为它们经受不住大浪淘沙的冲击，那是因为它们没有足以抵挡淘沙巨浪的力量。经受历史的风雨，依然生机盎然，这是生命力的展现。走过5000多年历史的中华文化是人类文化园林中生命力最持久的文化。

繁荣就是号召力。中华文化经历过5000多年历史的沧桑，如今依然繁荣。这株文化参天大树上的枝枝叶叶一如既往地向社会提供庇护，吸引更多的人投身它的浓荫之下。这座宏伟的文化穹庐至今依然是中华民族文化自信的基本倚靠。因为它具有"跨越时空、超越国度、富有永恒魅力、具有当代价值的文化精神"，因为它的"最基本的文化基因"可以"与当代文化相适应"，可以"与现代社会相协调"。②

2. 中国版图广阔

文化以人或人的集团为主体，以一定的价值观、伦理观、世界观、生活模式、组织结构等为内容，以文化主体培育、体认、实践文化内容的地理空间、社会组织结构为生长空间。中华文化以历史上的"中国"和时下的中国为基本生长空间、做功空间。中国拥有960万平方千米的陆地国土和300万平方千米的可主张管辖海域。这是一个十分广阔的文化生长空间。仅就陆地面积而言，中国国土面积居全世界第三位。只有俄罗斯、加拿大两个近北极国家的陆地国土面积超过中国。这是培育具有全球性影响力的文化不可替代的沃土。这片沃土造就了中华文化，中华文化滋润了这片沃土。

在5000多年发展历史上，中华文化的影响力在逐步扩展。其中包括从文化培育区向文化扩散区的扩展，从近文化"圆心"圈层向远圈层的扩展（参

---

① 习近平：《在布鲁日欧洲学院的演讲》，引自习近平：《论坚持推动构建人类命运共同体》，中央文献出版社2018年版，第98页。

② 习近平：《提高国家文化软实力》，引自习近平：《习近平谈治国理政》，外文出版社2014年版，第161页。

见本书第七章)。这种扩展，在古代历史上，以郑和下西洋时代为典型。不管是 960 万平方千米的中国陆地空间，还是超出中国本土的文化圈层空间，影响空间的延展都是文化生命力的体现。回望历史，则可以将其看作是文化生命力的结晶。

3. 华人数量巨大

中华文化是中华民族的文化，这个文化的主体是中华民族。每个民族都有自己的文化，不同民族的文化之间都是平等的。与其他文化不同的是，中华文化主体的成员数量极为巨大。根据 2010 年实施的第六次全国人口普查获得的数据，中国人口总数为 13.7 亿人，为世界各国人口总数之最。这个数字比印度 2011 年公布的人口总数多 1.6 亿人。这就是中华文化的主体。在各民族的文化竞争中，这是一支不可战胜的力量。

当然，13.7 亿还不是中华文化主体的全部成员。考虑到上述"文化圈层"，考虑到入籍外国的华人、旅居外国的华侨，中华文化主体的成员将远远超出第六次人口普查的数字。

4. 文化内容深厚宽广

每个民族的文化都有其文化精品或反映其文化特质的观念、信条、仪式、制度，等等。中华文化无疑也有其丰富的内容。不过，对中华文化的内容或可用深厚宽广来形容。如果论学说，可以用百家争鸣来表达其丰富；如果讨论文化的形式，百花齐放应当是比较恰当的描述；如果罗列文化元素的种类，丰富多彩是最现成的形容词；如果讲著名的文化人物，我们只能说那是灿若星辰；如果谈论典籍，只好借古人的话：汗牛充栋；如果评价文化对生活的满足程度，结论是应有尽有；如果鉴别制度文化的成熟程度，那只好说：炉火纯青；而在与其他文化之间关系的相处上，中华文化早已形成和而不同、交流互鉴的相处之道。习近平的一段话从一个历史瞬间精当地总结了中国文化的深厚宽广——"2000 多年前，中国就出现了诸子百家的盛况，老子、孔子、墨子等思想家上究天文、下穷地理，广泛探讨人与人、人与社会、人与自然关系的真谛，提出了博大精深的思想体系。"[①] 这就是富有的中华文化。就是因为如此富有，它才成为 960 万平方千米土地的精神，才被一个有 14 亿多人口的民族举为旗帜。

习近平曾用下面这一段话向外国朋友介绍中国的"悠久文明"："中国人看待世界、看待社会、看待人生，有自己独特的价值体系。中国人独特而悠久

---

① 习近平：《在布鲁日欧洲学院的演讲》，引自习近平：《论坚持推动构建人类命运共同体》，中央文献出版社 2018 年版，第 98 页。

的精神世界,让中国人具有很强的民族自尊心,也培育了以爱国主义为核心的民族精神。"① 这段话里的"独特的价值体系""民族自尊心""以爱国主义为核心的民族精神"等只能在对中华文化的深厚宽广有所了解之后才能真切地理解,因为只有这样的深厚宽广才能让中国人享有那样"独特而悠久的精神世界"。

5. 文化、主体、场域整体性强固

在纪念毛泽东同志诞辰一百二十周年座谈会上,习近平同志发表的讲话有这样一段:"站立在九百六十万平方公里的广袤土地上,吸吮着中华民族漫长奋斗积累的文化养分,拥有十三亿中国人民聚合的磅礴之力,我们走自己的路,具有无比广阔的舞台,具有无比深厚的历史底蕴,具有无比强大的前进定力。"② 听了这段话,所有中华儿女都会对"走自己的路"充满信心。而这段话除了重复了广大中华儿女都熟知的关于国土、人口和文化的三个信息之外,更重要的是展示了这三个信息之间的联系——是"十三亿中国人民""站立在"这片"广袤土地"上、"吸吮"中华民族的"文化养分";是"九百六十万平方公里的广袤土地"承载的"中华民族""积累"起丰富的"文化养分",滋养着数量如此巨大的"中国人民";是"中华民族漫长奋斗积累的文化养分"给"广袤土地"添彩、给"中国人民"送来"磅礴力量"。在这里,文化、文化主体、文化形成和做功的场域是一个整体,在这个整体里,文化、文化主体、文化形成和做功的场域之间是高度统一的。这个高度统一的整体就是一个完整的文化磁场。

一定的地域可以因文化主体的迁出而丧失特定文化。在这种情况下,特定地域不再承载特定文化。一定的文化主体可以因改变信仰等原因放弃由其培育、被其秉持、受其塑造的文化。在这种情况下,特定文化失去原有的文化主体。一定文化可能因其主体消亡或承载它的地域被异种文化侵入等原因而消亡。在这种情况下,特定文化退出历史舞台。这三种情况,都不利于文化的生长壮大。世界上先后出现的一些文化都经历过这三种情况中的一种或多种,以至于羸弱不振或已被历史所淹没。中华文化独占"天时""地利""人和"三大先机,是各民族文化中十分少见的强大的文化磁场。

6. 当代成就"绝无仅有"

在人类发展的历史上,中国经历过落伍的一个时期,在这个时期遭受了长达百年的屈辱。不过,新中国成立以来,尤其是中国实行改革开放政策以来,中国

---

① 习近平:《在布鲁日欧洲学院的演讲》,引自习近平:《论坚持推动构建人类命运共同体》,中央文献出版社2018年版,第98页。

② 习近平:《在纪念毛泽东同志诞辰一百二十周年座谈会上的讲话》,引自《十八大以来重要文献选编》(上),中央文献出版社2014年版,第699页。

逐渐走出发展的低谷，洗刷掉长期受侵略压迫的屈辱，实现了经济上的崛起，并取得其他许多举世瞩目的成就。中国成为世界第二大经济体是对中国经济发展成就的最好说明。在其他方面，如在国际政治舞台上的地位、在全球或地区事务中的作用、解决本国贫困人口脱贫问题上取得的进步，等等，也都取得了十分了不起的成就。在新中国成立65周年的时候，中国共产党人已经可以自豪地说：中国"创造了一个个举世瞩目的中国奇迹"①。到总结改革开放40周年的成就时，中国人民向世界宣布的是"中华民族迎来了从站起来、富起来到强起来的伟大飞跃！中国特色社会主义迎来了从创立、发展到完善的伟大飞跃！中国人民迎来了从温饱不足到小康富裕的伟大飞跃！"② 这是"史诗般的变化"，"人类发展史上是绝无仅有的"③ 的奇迹。

这样的"中国奇迹"，如此"伟大"的"飞跃"，这样"史诗般的变化"，都是对中华文化在当代社会的生命力、生长力的最好展示。有了这些，中国人在世界上"讲中国故事"，有"底气"；④ 有了这些，中华文化周济世界，有"话语权"。

（三）用包容、进取的中华文化营造和谐繁荣的新世界

今天的中国留给世界的突出印象是负责任大国。负责任，对国际社会负责任，对周围国家负责任，可以从中华文化那里找到源源不断的文化供给。"天下文化"就是负责任文化。前已述及，从中华文化复兴的自身要求看，中国应当从今天国际社会认可的负责任大国提升为"文化引领国"。负责任的文化、取得了史无前例的伟大成就的文化，遭逢"地球村"文化乏供的经济全球化时代，承当"济世"⑤ 使命责无旁贷。也就是说，中华文化引领世界既是中华文化复兴自身的需要，也是经济全球化时代世界向中华文化发出的呼吁。

中华文化如何济世？

---

① 这是习近平于2014年10月23日发表的《当前工作中需要注意的几个问题》中对我国建设和成就的表述。参见中共中央文献研究室编：《习近平关于社会主义文化建设论述摘编》，中央文献出版社2017年版，第207页。

② 习近平：《在庆祝改革开放40周年大会上的讲话》，载于《人民日报》2018年12月19日，第2版。

③ 中共中央文献研究室编：《习近平关于社会主义文化建设论述摘编》，中央文献出版社2017年版，第178页。

④ 中共中央文献研究室编：《习近平关于社会主义文化建设论述摘编》，中央文献出版社2017年版，第207~208页。

⑤ 向文化乏供时代的国际社会提供文化"周济"可以说是满足时代需要。在这个意义上，中国文化对"地球村"提供的文化"周济"也可以说成是"济世"。

1. "讲好中国故事"

文化的生长力不是概念、判断等所具有的和可以由以展开的逻辑的力量,而是文化主体对文化的自信。习近平曾说过:"文化自信,是更基础、更广泛、更深厚的自信,是更基本、更深沉、更持久的力量。"[①] 文化自信所具有的力量来自文化主体对其所秉持文化的合理性的充分认可。这种认可是文化主体信奉自己的文化的力量源泉。而文化主体对其文化的信奉可以调动起主体的文化创造力——践行文化、传播文化,甚至推动文化与时俱进。传播文化是文化自信的自然表达。中华民族有充分的文化自信,中华文化的秉持者对自己的文化充满信心,中国这个中华民族的政治化身应当大力传播中华文化。

按习近平的理解,讲故事是向国际社会传播文化的"最佳方式",理由是:"讲故事就是讲事实、讲形象、讲情感、讲道理",而讲事实能够"说服人",讲形象能够"打动人",讲情感能够"感染人",讲道理能够"影响人"。[②] 按照这一理解,传播中华文化应当着力"讲好中国故事"[③]。

"讲好中国故事",要全面传播中华文化,防止偏颇。习近平同志曾指出,要"向世界展现""真实的中国、立体的中国、全面的中国"。[④] 讲好中国故事需要创作优秀作品。对新作品的创作及其传播,习近平提出"既要顶天立地,也要铺天盖地"[⑤] 的要求。为了更加有效地向世界讲中国故事,传播中华文化,还需要"实施国际传播能力建设工程"[⑥] 等。

在我国国内的文化建设和舆论宣传中,我国建立了"公共文化服务体系"。党中央对这个体系提出"覆盖城乡"的要求[⑦]。对这个体系的建设,习近平还做过十分具体的部署。例如,要"让村村、乡乡、县县都可以广泛开展文化体育活动""要把农村小喇叭、小广播建起来",要"推进广播电视村村通、农家书屋、乡镇综合文化站等重点文化惠民工程,加快图书馆、文化馆、体育馆、少年文化

[①] 习近平:《在中国文联十大、中国作协九大开幕式上的讲话》,载于《人民日报》2016 年 12 月 1 日,第 2 版。

[②] 习近平:《在党的新闻舆论工作座谈会上的讲话》,引自中共中央文献研究室编:《习近平关于社会主义文化建设论述摘编》,中央文献出版社 2017 年版,第 212 页。

[③] 中共中央文献研究室编:《习近平关于社会主义文化建设论述摘编》,中央文献出版社 2017 年版,第 212 页。

[④] 习近平:《在中国国际友好大会暨中国人民对外友好协会成立六十周年纪念活动上的讲话》,引自中共中央文献研究室编:《习近平关于社会主义文化建设论述摘编》,中央文献出版社 2017 年版,第 205 页。

[⑤] 习近平:《在文艺工作座谈会上的讲话》(2014 年 10 月 15 日),引自《十八大以来重要文献选编》(中),中央文献出版社 2016 年版,第 123 页。

[⑥] 中共中央文献研究室编:《习近平关于社会主义文化建设论述摘编》,中央文献出版社 2017 年版,第 192 页。

[⑦] 中共中央文献研究室编:《习近平关于社会主义文化建设论述摘编》,中央文献出版社 2017 年版,第 185 页。

宫等建设"，以便"使各族群众在业余时间有个好的去处，使未成年人能够就近经常参加文化体育活动"。① 我们认为，在中华文化的对外传播上，也可以采取与此相类似的办法或运用这些做法中的工作原理。

2. 包容互鉴，和而不同

世界没有为"地球村"生活做好文化准备，但世界上不管是哪个国家、哪个民族聚居区，或者哪个更加偏僻的角落，都不是文化真空地带。不仅如此，每一种文化，在经受了经济全球化浪潮的冲击依然存活的文化，都有文化自卫的强烈本能。在经济生活意义上的"地球村"已经形成的今天，之所以不能同步地形成文化的"地球村"，在很大程度上是由于不同文化的自卫造成了异质文化融通上的阻塞。中华文化，一种成长于"天下"环境中的文化，早已为打开由文化自卫形成的文化屏蔽准备好了钥匙——包容互鉴，和而不同。

习近平非常精通这把钥匙的工作原理并反复试验过它的功能。他用这把钥匙打通了"丝绸之路经济带"上的文化屏蔽。他以"千百年来""各国人民"在"古老的丝绸之路"上"共同谱写"的"友好篇章"为例，阐明"只要坚持团结互信、平等互利、包容互鉴、合作共赢，不同种族、不同信仰、不同文化背景的国家完全可以共享和平，共同发展"。② 他用这把钥匙让"海上丝绸之路"沿线国家消除了影响交流合作的文化差异障碍。在"坚持开放包容"的原则下，他为中国和东盟国家对接而成的这个"充满多样性的区域"，找到了建设"中国—东盟命运共同体"的，以"相互学习、相互借鉴、相互促进"为特色的"文化基础"。③ 他用这把钥匙解开了由"文明冲突"论制造的摆在世界各国面前的难题。因为中华文化本来就承认"萝卜青菜，各有所爱"，因为"在中国大地上产生"的中华文明本来就是"同其他文明不断交流互鉴而形成的文明"。④

2014年3月27日，习近平在联合国教科文组织总部发表了演讲。他在演讲中赋予"多彩的"文明中的各种文明"平等"的地位，肯定各种文明都有"独到之处"，主张不同文明间用"包容"的态度相对待。他说："对待不同文明，我们需要比天空更宽阔的胸怀。"⑤ 这是中华文化的胸怀，这是建设文化的"地

---

① 中共中央文献研究室编：《习近平关于社会主义文化建设论述摘编》，中央文献出版社2017年版，第187页。

② 习近平：《共同建设"丝绸之路经济带"》，引自习近平：《习近平谈"一带一路"》，中央文献出版社2018年版，第2页。

③ 习近平：《共同建设二十一世纪"海上丝绸之路"》，引自习近平：《习近平谈"一带一路"》，中央文献出版社2018年版，第13页。

④ 习近平：《文明因交流而多彩，文明因互鉴而丰富》，引自习近平：《习近平谈"一带一路"》，中央文献出版社2018年版，第16页。

⑤ 习近平：《在联合国教科文组织总部的演讲》，引自习近平：《论坚持推动构建人类命运共同体》，中央文献出版社2018年版，第81页。

球村"需要具备的胸怀。

3. 润物无声,化育有时

文化的影响力是巨大的,但文化影响力的形成需要漫长的过程,因为文化对人的作用往往需要经过缓慢的过程才能发生。中国古代文化成长壮大的过程伴随着文"化人"的过程,即更多的人、更多的族群被"文"所"化"。孔子说过的"郁郁乎文哉,吾从周"① 就反映了"文化""化"人的道理。开展文化建设,用中华文化周济世界,也必须遵循文化力运行的规律,耐心地"以文化人,以文育人"②。

2014 年 3 月 29 日,习近平在同德国汉学家、孔子学院教师代表和学习汉语的学生代表座谈时的讲话引用了见于《史记》的一句老话:"桃李不言,下自成蹊。"要消除一些人对中华文化的"偏见和误解",需要"持之以恒"地向他们做文化宣传。坚信"潜移默化,滴水穿石",③ 中华文化将无声地浸润"地球村"。

第四节 海洋科学技术强国建设

当前,全球新一轮科技革命正在深刻影响世界发展格局,深刻改变人类生产生活方式。加强科技产业界和社会各界的协同创新,促进各国开放合作,是让科技发展为社会进步发挥更大作用的重要途径。在制定或调整海洋战略时,我们必须将海洋科学技术能力建设放在至关重要的位置。在改革开放已经走过 40 余年,我国已经开始为实现中华民族伟大复兴实施总决战的今天,应当高度重视海洋科学技术能力建设。2018 年 6 月 12 日,习近平在青岛海洋科学与技术试点国家实验室考察时强调:"海洋经济发展前途无量。建设海洋强国,必须进一步关心海洋、认识海洋、经略海洋,加快海洋科技创新步伐。""海洋经济、海洋科技将来是一个重要主攻方向,从陆域到海域都有我们未知的领域,有很大的潜力。"④ 鉴于我国的现况和当下的国际形势,我们应当树立建设海洋科技强国的目标。为建设海洋科技强国,我国应努力推进自主创新,培养科技人

---

① 《论语·八佾》。
② 中共中央文献研究室编:《习近平关于社会主义文化建设论述摘编》,中央文献出版社 2017 年版,第 140 页。
③ 中共中央文献研究室编:《习近平关于社会主义文化建设论述摘编》,中央文献出版社 2017 年版,第 205 页。
④ 《习近平:建设海洋强国,我一直有这样一个信念》,中国政府网,2020 年 3 月 27 日访问。

才，展开国际合作，同时注重发展海洋资源开发技术、海军装备技术、海洋环境监测技术等一系列海洋科技，全面提升我国海洋科技的综合实力。

一、提高海洋环境修复技术水平

开展海洋生态环境修复工作，首先要掌握治理污染的技术手段，恢复和维护海洋生态的技术手段。

（一）发展海洋环境监测技术

门捷列夫曾经说过：科学是从测量开始的。近年来，海洋逐渐受到我国重视，而准确、及时、大量的信息是决策的基础。对于解决各项海洋问题、监控海洋污染状况来说，海洋环境监测技术是基础性工作。对于当前时间点的海洋工作，无论是探测丰富的未开发的资源，还是监测因不当开发和排放导致的海洋污染，对于海洋环境监测技术的需求都越来越大。我国的海洋环境监测技术自20世纪80年代开始初步建设以来，已经取得不小的成就，为我国海洋环境监测的进步和发展作出了一定的贡献。

结合当今世界海洋重要性日益提高以及技术发展日新月异等现实因素，我国海洋监测技术的发展要注意以下几个方面。

1. 着力发展海洋环境监测技术核心科技

传感器技术、平台载体与综合监测技术在海洋环境监测领域居于核心和关键地位。[①] 因此，必须抓住发展中的主要矛盾，努力追赶国际先进水平，更好地服务我国发展建设。

2. 建设基于北斗卫星导航系统的海洋环境监测体系

北斗卫星是我国自主研发的卫星导航系统，其不仅性能优越，且保密性强，可以使我国摆脱对外国卫星技术的依赖，拓宽我国信息传输的专属渠道，是我国自主创新政策的一大胜利果实。以北斗卫星导航系统为依托设计海洋环境监测系统，可以很好地满足我国生产生活需要，维护我国的海洋安全，建设海陆空一体的完善的海洋监测系统。已有研究人员在青岛市近海海域实地部署基于北斗卫星导航系统的海洋环境监测系统，并严格按照规范对海洋环境监测终端和海洋信息综合服务平台进行多次联调测试。测试结果表明系统运行良好，实现对海洋环境数据的采集、传输、分析、存储、管理、查询和显示等，功能和性能均达到设计

---

① 张云海：《海洋环境监测装备技术发展综述》，载于《数字海洋与水下攻防》2018年第1期。

要求。①

3. 融合新兴技术，向网络化、智能化发展

海洋信息关乎人们的生产活动，在新时代海洋环境监测技术的发展中，应大力推广新能源、新技术、新材料、新原理的发展和应用，以互联网为依托建设信息网络，推进获得信息平民化、便捷化，让广大生产者和海洋工作者可以方便地获得当前海洋环境状况，并以此为依据对生产以及科研等活动进行安排决策，更好地发挥海洋环境监测的基础作用。

（二）发展植物修复技术

在修复手段上，宜采用植物修复的方法。植物修复是指在污染区及其周边通过栽培特定的植物来达到吸收、降解污染物，并逐步恢复污染区生态系统健康完整的方法。而目前我国已经探明数种藻类和灌木对海洋中的重金属和富余营养有较好的吸收作用，如大型海藻类可以有效吸收固定水中的营养物质和重金属，红树植物也可以在近海地区建立截污带来维护海洋环境。在我国海洋生态环境修复的工作中，已经出现了较为成熟的修复技术，但在监测和执行方面还存在一些问题。我国应一方面通过发展海洋监测技术来为海洋生态环境修复工作提供重要的决策信息；另一方面也应努力解决实践中出现的技术问题，例如，如何因地制宜将海洋生态修复和当地生态环境有机统一，有无可能发掘生态林的观赏等经济价值等，如何从生态退化的根本原因着手净化海域环境等。另外，结合海洋生态环境修复不直观，投入大、周期长、恢复慢的特点，需早日制定标准的、实际的生态修复评价标准，以鼓励政府进行投入，而评价标准也不宜全国一刀切，应结合当地污染状况、年污染量、经济实力、海岸地形等具体因素，制定可行的、有效的、切实的考核标准，推进我国海洋污染治理工作开展。

（三）多层次多角度进行海洋环境综合修复

海洋由于其体量庞大、海水流动性强等要素，构成了一个内部有机联系循环的独特整体。人类活动对于海洋环境的影响和破坏往往会引发连锁效应，牵一发而动全身，导致一片海洋区域内的生态环境整体退化。面对海洋污染的治理，必须抛弃传统的"头痛医头脚痛医脚"的错误思维方式，而应综合绿色资源开发技术、微生物修复技术、植物生态修复技术等，着眼于污染区域整体生态质量提升，结合全球变暖、气候异常的大背景进行研究，以更加全面有效的方式弥补人

---

① 杨军平等：《基于北斗卫星导航系统的海洋环境监测系统》，载于《海洋开发与管理》2019年第8期。

类对海洋环境的污染破坏。此外，在对海洋生态机理的科学认识的基础上，完善海洋环境影响评价机制，通过制度建设来保障海洋生态环境得到有效修复，海洋开发得以绿色可持续发展。

（四）提升应对气候变化和海洋灾害能力

我国是世界上遭受海洋灾害影响最严重的国家之一，随着海洋经济的快速发展，沿海地区海洋灾害风险日益突出，海洋防灾减灾形势十分严峻。[①] 当前，影响我国沿海社会经济最严重的海洋致灾事件当属热带风暴或台风、风暴潮等极端事件，而赤潮或绿潮则是对海洋生物生态影响最严重的生态灾害。数据显示，上述主要致灾事件发生频次呈上升趋势，特别是 2000 年以来，超强台风（风速达到或大于 51.0m/s）、风暴潮和赤潮 3 种致灾事件的发生频次显著增加。[②] 我国沿海地区面积约占全国国土总面积的 13.6%，但聚集了全国 70% 以上的大城市和一半以上的人口，在我国经济社会发展中起着不可忽视的主导作用。沿海地区的富饶同时也吸引着大量的资金和人口向其流动，这无形中增加了自然灾害对于沿海地区的潜在破坏性。在全球变暖、气候异常的大背景下，我国必须加强对于海洋自然灾害的重视以保护我国的经济命脉和人民群众的生命财产安全。对于气候变化所引发的海洋灾害，我国需要推进海洋灾害成灾机理研究，解析灾害发生条件与前兆，建设完善海洋灾害预测机制，提高风险评估分析能力，以提高对于海洋灾害的预防和灾后恢复能力。沿海城市应持续给予防灾减灾工作高度重视，完善应急管理和恢复重建等体系建设为防灾减灾提供制度保障，通过防灾教育宣传等手段提升全社会防范海洋灾害的风险意识，[③] 在灾害来临时将经济和人民损失降到最低。

二、推进海洋信息化建设

在资源逐渐匮乏的今天，日渐严苛的环境条件要求我们必须仔细规划好自己迈出的每一步，才能做到人与自然和谐共处。而科学决策的前提是掌握准确、详细的信息。海洋拥有庞大的资源潜力，但因其自然条件，人类无法直接探知，这为我们获得海洋信息提供了一定的困难，也意味着对海洋信息的获取需要跨越一

---

① 《2019 年中国海洋灾害公报》中华人民共和国自然资源部网站，2020 年 4 月 30 日。
② 齐庆华、蔡榕硕：《21 世纪海上丝绸之路海洋环境的气候变化与风暴灾害风险探析》，载于《海洋开发与管理》2017 年第 5 期。
③ 齐庆华、蔡榕硕、颜秀花：《气候变化与我国海洋灾害风险治理探讨》，载于《海洋通报》2019 年第 4 期。

道不低的技术门槛。在获取海洋环境信息之后,也需要通过完善的信息渠道来进行信息传递和共享。在信息技术飞速发展的今天,我国应在海洋信息的获取和交流上赶上时代潮流,将更加先进的信息技术投入我国海洋信息化的建设,为日后的正确决策提供坚实可靠的信息基础。

(一) 建设新时代的信息交流系统

信息是一切决策的基础,在现代社会中的重要性与日俱增。海洋信息系统的建设可以有效加快海洋渔业、矿业、生物医药业、电力业、海水利用业、船舶工业、交通运输业、旅游业等海洋产业的建设和发展,是重要的行业基础。西方各传统海洋强国很早就开始建设并已经拥有了比较完善的海洋信息体系。我国在"十三五"规划的总体指示下开始全面开展海洋信息化建设,已经初步建立了涵盖岸基、离岸、大洋和极地海洋观测系统的基本框架,初步建成业务化运行的海洋站(点)网,海啸预警观测系统,雷达、浮标、志愿船观测系统,海平面观测系统,海洋断面调查和应急机动观测系统,建设了海域、海岛、海洋灾害和海洋生态环境等监控系统。① 总体来看,我国的海洋信息体系还处在初步阶段,与发达国家的监测系统存在一定差距,且存在诸多问题,这些问题导致一定的资源浪费和管理空白,阻碍了海洋信息转化为生产力的进程。以现有海洋业务专网为例,虽然我国已经建设了四套海洋业务专网,却依然存在覆盖范围不足、覆盖面积重叠、各自不互通等问题,难以更好满足生产生活的使用需求。② 现今我国仍需解决一系列问题:海洋信息共享不足,"数据孤岛"普遍存在;海洋核心技术设备与发达国家差距较大;海洋信息应用的种类匮乏、规模偏小、水平偏低,海洋信息对海洋经济开发、安全管控、权益维护、生态保护等活动的决策支持作用未能充分体现等。③

当前,我国为建设整体化、智能化的信息平台,应当从以下方面入手:

第一,从高处着眼,规划海陆空一体的信息大布局。统合卫星、海洋探测器、雷达等侦测手段全面推动海洋信息体系建设,提升我国海洋信息收集能力,使信息收集更加即时、高效、准确,以整体的眼光认识海洋,利用海洋。

第二,在统一的信息体系和架构之下提升海洋信息应用服务能力,建设完备的而且亲民的信息联络渠道,提升信息服务能力,简化信息获得渠道和手续,方

---

① 姜晓轶、符昱、康林冲、王漪:《海洋物联网技术现状与展望》,载于《海洋信息》2019年第3期。
② 周雪、郭艺峰、韩泽欣、李丹、华彦宁:《国家海洋信息通信网建设与规划研究》,载于《科技导报》2018年第14期。
③ 李晋、蒋冰、姜晓轶、刘玉新、华彦宁:《海洋信息化规划研究》,载于《科技导报》2018年第14期。

便政府更好利用信息进行决策，民间更好利用信息进行生产。

第三，提高自主创新水平，减少对于外国模式和设备的依赖，建设出一套中国制造、中国创新，中国需要的服务中国、建设中国的海洋信息系统。

在我国经济发展逐步进入新时代的历史关口，应当对已知的问题进行修正和弥补，同时继续坚持攻关高新信息技术，将新兴技术如大数据、云计算等早日纳入我国海洋信息体系，建设陆海空一体的完善信息体系，为海洋产业更好更快发展提供强有力的技术支持。

（二）持续推进海底光缆建设工作

海底通信光缆是铺设在海底并用绝缘材料包裹的，采用了光纤技术的导线，用来实现国家之间的电信传输。海底光缆面世后，便因其传输容量大、传输损耗低、传输成本低、传输保密性高等优势强势取代了海底电缆的位置，在军事和民用通信方面发挥着不可替代的重要作用，也迅速取代卫星通信成为洲际通信的最主要手段，目前，海底光缆通信业务量约占国际通信业务量的90%。[①] 1988年，时任国务院总理李鹏提出"大力推广光纤通信在我国的应用"的方针，我国开始推进海底光缆技术的研发与应用，与国际上海底光缆研究的热潮基本保持同步。在数字化进程不断推进、信息时代飞速发展的今天，海底光缆的重要性逐日提升。我国是一个海洋大国，拥有约18 000千米的大陆岸线，大小岛屿6 000余个，国防上需要海底光缆来联通大陆与岛屿进行及时的信息交流和互动，经济上沿海城市是我国重要的经济活跃地区，渴求更高速及时大量的通信手段；在全球化程度进一步加深，各大洲之间信息交换流动需求有增无减的大背景下，作为通信基础设施的海底光缆承担了比以往更重大的历史使命。但我国的海底光缆技术仍旧与发达国家具有一定的差距，主要表现为缺少高端产品生产能力，核心技术依赖国外，原材料与生产设备依赖进口等。当前信息社会对海底光缆的新要求主要体现在更高容量、更高带宽、更长寿命、更低成本、更易维修等方面。面对信息时代的挑战，我国不仅要在战略角度上给予海底光缆技术高度的重视和扶持，还要精准施策，一方面加快提升自身技术实力，摆脱对国外核心技术的依赖，提升我国光缆产品质量，与国际标准接轨，最终提高我国海底光缆产业整体能力，缩小与世界先进技术水平之间的差距；另一方面要建设完善的海底光缆信息系统，布设广泛连接国内各地、各岛屿与世界各地的海底光缆通信网，回应我国军事及民用领域的重大需求，推进国防现代化与地区信息化。此外，还要进一步提升海底光缆的安全性与保密性，通过改进抗张强度、耐腐蚀性、抗氢保护等机能

---

① 叶银灿：《海底光缆工程发展20年》，载于《海洋学研究》2006年第3期。

保护海底光缆受海底极端环境的损耗，延长光缆寿命，并着重发展海底光缆检测技术，通过声呐、水下机器人、无人艇等手段及时检测发现海底光缆断点从而进行及时修复，挽救经济损失。① 同时针对近年来出现的光缆窃听技术开发出可以及时反侦察的防窃听技术和防止海底光缆遭到探测的新型光缆，进一步保障我国信息安全，提升国防工作整体度。

（三）提升我国海洋设施智能化水平

一般而言，智能化是指人所创造的工具可以能动地满足人类的需要。近年来，由于互联网技术的飞速发展、物联网的大规模建设、大数据技术的广泛应用以及人工智能技术的不断突破，使得人们平日里依赖的生产工具不再仅是被动地执行人们的指令，而可以通过控制系统对外界条件的学习和计算，调整自己的部分功能，从而自主完成人类的指令，如自动驾驶汽车、智能化办公家具等。智能技术的进步实质是工具的进步，作为第四次工业革命的一大成果，其出现和发展必将深刻地影响人类的生产方式，使得人类的生产系统完成一次进化：将人类从繁重低级重复的作业中解救出来，以便集中精力在更高级、更技术性的作业当中。我国产业现正身处在转型升级的时间点，必须坚定不移地迈进智能化的大门，对现有的海洋设施进行升级改造，同时迅速将智能化思维融入我国未来的海洋战略中，以更先进、更智能的姿态向中国梦的伟大目标继续迈进。

1. 推进我国现有设施对接互联网工作的进程

互联网技术是智能化的基础，互联网可以大大缩减信息的传递时间，同时可以储存大量的信息，提升系统运算处理能力，令决策更加有效、及时。因此应以北斗卫星系统为依托，在完善的信息系统的基础上普及信息化和智能化，建设"数字海洋"，为更好地开发海洋资源、维护海洋环境打下基础。

2. 加强各学科之间的交流协作，促进智能化技术的实际应用

将智能技术运用到具体的生产实践中是一项大工程，其需要各行各业之间的有机协作、互帮互助，而非一两个学科部门可以闭门造车而完成智能化。必须与计算机、机械制造等部门紧密合作、共克难关，提升我国海洋设施整体的智能化水平。

3. 加快我国海洋产业转型升级

作为我国海洋产业的一大主体，企业和市场应当紧跟世界潮流，转变自己的生产方式，以应对新时代的挑战。在捕捞、加工、资源开发、工业生产等产业提升自己的信息化和智能化水平，综合提升我国海洋产业生产效率和海洋利用水平。

---

① 汤钟、邵浩、张斌：《海底光缆检测技术综述》，载于《数字海洋与水下攻防》2020年第6期。

三、发展海洋资源开发技术

我国海域辽阔，海岸线长，可开发利用的海洋资源极为丰富，但在几十年的开发利用中，我国主要存在以下两方面问题：一方面，由于近海的渔业捕捞技术和矿产开发技术较为原始，污染和破坏现象严重，部分近海海域出现"无鱼可捕"的现象，实施禁渔制度也不能有效治理；另一方面，远海的生物和矿业资源因为关键技术的缺失，我国难以大规模开发利用，而未开发的远海资源遭到沿海邻国的掠夺。在海洋逐渐承载了国家的未来的今天，我国急需对现有的海洋资源开发技术进行升级换代。在近海，应当改变传统的资源开发技术，加快绿色转型、加速环境治理，早日从传统的发展模式过渡到新时代的可持续发展模式；在远海，我国应当在战略上高度重视，集中力量攻破阻碍在前的关键技术壁垒，逐步提升远海生物和矿产资源的利用率，同时避免重蹈覆辙，应在已经对远海生态系统有充分认识的基础上进行环境友好型的资源开发。

（一）发展远洋捕捞技术

2018 年 3 月 8 日，习近平总书记在参加十三届全国人大一次会议山东代表团审议时强调："海洋是高质量发展战略要地。要加快建设世界一流的海洋港口、完善的现代海洋产业体系、绿色可持续的海洋生态环境，为海洋强国建设作出贡献。"[1] 要达成这一战略目标，建设完善的现代海洋渔业体系，除了要实行正确的政策引导之外，还必须解决挡在面前的技术壁垒。我国的远洋捕捞主要存在远洋捕捞船装备落后，科技研究和成果应用落后等问题。就目前我国远洋捕捞的远洋大型拖网渔船装备来看，在我国现有的 1 500 艘远洋捕捞渔船中，绝大部分渔船是通过对传统渔船改造升级而来的，还有一部分是从其他国家买来的二手渔船，整体渔船的船龄较大，渔船性能较差。在远洋捕捞中，我国因为渔船和技术限制，甚至连部分东南亚国家都比不上。[2] 而我国的新建远洋渔业渔船，机械化程度低，劳动强度大，渔获物保鲜能力差，与境外同行相比，渔获率低，缺乏竞争优势。[3]

发展远洋捕捞技术的核心是要拥有一流的远洋捕捞设备，当务之急是对我国

---

[1] 《向海图强，山东巨轮劈波斩浪正远航》，大众网，2019 年 3 月 3 日。

[2] 王久良、刁立新、李明：《我国远洋渔船主要轮机装备和发展分析》，载于《内燃机与配件》2019 年第 7 期。

[3] 陈晔、戴昊悦：《中国远洋渔业发展历程及其特征》，载于《海洋开发与管理》2019 年第 3 期。

现有远洋捕捞渔船进行升级换代。应注重核心技术的研发进步，如渔情预报技术和渔业材料制造技术，提升渔船船身强度和捕鱼设备耐久度，针对远洋捕捞的作业特点，发展冷藏技术、海上加工补给运输等技术，减少运输过程中的损耗，提升长时间捕捞作业的能力。

提升远洋渔情探测和预报技术，同时摒弃传统的捕捞观念，杜绝竞争性捕捞，应当通过对海洋生态系统的整体评价和观测，制订可持续的捕捞计划。

针对我国远洋渔业技术的不足之处进行重点研究和突破，同时加快科研成果运用到生产捕捞的进程，调整我国工厂的生产方向和投资者的投资方向，引导船舶工厂和捕捞业更多重视远海捕捞，鼓励企业进行自主技术创新，以市场为引导刺激企业根据当地情况和生产现况进行符合实际的技术改进和创新，缓解近海渔业捕捞压力，注重绿色捕捞、可持续捕捞，形成健康完善绿色的海洋生产体系。

（二）重视提高海洋采矿技术

我国拥有非常丰富的海洋矿产资源，如海底热液硫化物、锰结核、富钴结壳、滨海砂矿等，可以极大地满足我国的生产建设需要。但是总体来看，我国对于海洋矿产的开发和利用还有很大的提升空间。除了技术落后、经验不足等因素，重视程度不够是一大主因。

2013 年 7 月 30 日，中共中央政治局就建设海洋强国研究进行第八次集体学习。习近平总书记在主持学习时强调，要进一步关心海洋、认识海洋、经略海洋，推动我国海洋强国建设不断取得新成就。"建设海洋强国是中国特色社会主义事业的重要组成部分。党的十八大作出了建设海洋强国的重大部署。实施这一重大部署，对推动经济持续健康发展，对维护国家主权、安全、发展利益，对实现全面建成小康社会目标、进而实现中华民族伟大复兴都具有重大而深远的意义。"① 新时期的发展由新时代的科技引领，在海洋资源日益重要的今天，我国必须重视提高海洋矿产技术，才能做好准备迎接新时期的挑战。

当前，我国的海底矿产资源勘探工艺落后，设备不发达，离发达国家有很大的差距。而资源勘探方面，我国一直因为探明的油气资源集中在渤海等地区，在海底石油开采方面存在"重北轻南"的局势。而同时南海沿岸国家却在我国海域大量开采石油，这也是需要注意的问题。至于开采方面也存在技术不足、缺乏可持续发展观念等问题。我国应当将足够的资源投入海洋矿产开发之上，确保我国

---

① 《习近平：进一步关心海洋认识海洋经略海洋　推动海洋强国建设不断取得新成就》，人民网，2013 年 7 月 23 日。

资源安全的同时助力我国经济转型发展。① 为此,应当重视以下工作。

第一,在科研方面加大投入力度。以政策进行引导奖励,对相关研究进行资金扶持,做到科技先行、科技引领生产,为日后我国海洋战略的大规模实施和国际上的技术竞争做好技术准备,为海洋矿业的发展提供动力不竭的"引擎"。

第二,着重发展我国的海底资源勘探技术。尽快完善我国海洋矿业资源的布局图,探明我国各海域的各项资源储藏地点、深度等,平衡我国南北海底资源开发情况,为进一步决策打好基础。

第三,开采海底矿产时需要综合考虑经济效益和生态平衡。在确定油井位置时,应同时对油井周边环境生态进行评估,结合当地环境寻求绿色的、破坏小的开采方法,尽可能减少开采时造成的污染和破坏,并对开采后的海底矿井进行生态修复,同时提高我国海洋开采的矿产回收率,做到高效、环保、节能的开采利用,对我国现有海洋矿业进行绿色升级。开采完毕后,投入资金和技术对生态破坏较为严重的区域进行生态恢复。

第四,发展远海开采技术,保障我国南海资源权益。着重开发深海浮式生产装置技术、深海油气田的水下生产系统技术等。针对南海频发的台风、风暴潮等自然灾害,应改良材料和设计,提升我国矿产开发设备的抵御自然灾害能力。

(三) 推进国际海底资源开发与合作

海洋蕴藏着相当丰富的能源、生物和矿产资源,蕴藏在各国所有大陆架之外的、潜藏于深海海底的资源则又在海洋资源中占据相当大的比重。国际海底资源是指分布在国家管辖范围以外海床和洋底及其底土上的、可以被人类利用的物质、能量和空间,主要出产富含铜、镍、钴、锰等金属的多金属结核,富钴结壳,热液多金属硫化物,天然气水合物等非生物资源和其他生物资源等。② 根据相关学者对现代工业依赖度最高的铜、镍、钴、锰四种金属的供需形势分析,计算出陆地储量的可供年限大约只有 30 ~ 40 年。根据梅洛和梅纳德的计算,就太平洋海域来说,各种矿产资源的蕴藏量达 16 000 多亿吨,其中锰 2 000 多亿吨,

---

① 2020 年 3 月 26 日,在水深 1 225 米的南海神狐海域,我国海域天然气水合物第二轮试采创造了产气总量86.14 万立方米、日均产气量2.87 万立方米这两项新世界纪录。这一成功,实现了我国从探索性试采向试验性试采的重大跨越,产业化进程取得重大标志性成果。参见《我国海域可燃冰第二次试采成功》,人民网,2020 年 3 月 27 日。

② 任秋娟、马凤成:《国际海底区域矿产开发的生物多样性补偿路径分析》,载于《太平洋学报》2016 年第 24 期。

镍 90 多亿吨，铜 50 多亿吨，钴 30 多亿吨。整个世界洋底的矿产资源总储量在 3 万多亿吨，按现在世界年消耗量计算，这些矿产够人类消费数千甚至数万年。①近年来，由于陆地资源的逐渐枯竭与世界范围内矿产需求的不断增长，海洋资源逐渐受到人类重视，其中难以为人类所触及，又不属于任何一方的国际海底资源开始进入各国视野。为保证发展中国家对国际海底资源的权益不被发达国家挤压，以及在尽量不损害海底生态环境的情况下开发这些丰富的资源，1982 年《联合国海洋法公约》确立了"人类共同继承财产"这一基本原则以及平行开发制度，确保国际海底资源不被任何人、任何集体、任何国家所独自占有，且国际海底资源的开发权利收归国际海底管理局进行统一管理。在解决我国能源问题、确保我国能源安全、对抗世界霸权主义等重要问题上，推进国际海底资源的开发与合作都是绕不开的话题。除要积极与他国进行对话协商、促进合作共赢，消解冲突对抗外，我国还应顺应潮流，推进海底矿产资源开发技术不断进步，针对海底矿产资源开发中最主要的探测、采掘、输送、储运和加工几个环节，以及技术门槛和需求最高的探测技术、深潜技术、开采技术和加工提炼技术进行重点突破，建设完善机械化、高效率、低污染的深海资源开采系统，为我国实现海洋战略目标，"走向深蓝"和为人类探索海洋奥秘作出贡献。

四、提高海洋科技自主创新能力

自主创新能力关乎一个国家的命脉。在我国历史中，劳动人民基于其朴素生产方式的需要，曾经创造过灿烂的科技成果，却因封建经济思维的桎梏，古代中国始终未将科技进步作为社会治理的重要方面来发展，并最终将我国拖入了近代的一段黑暗时期。新时期以来，党中央高度重视我国的自主创新能力，因为它不仅关乎我国的发展质量、综合国力，也影响着我国的科技安全。习近平在党的十九大报告中提出："创新是引领发展的第一动力，是建设现代化经济体系的战略支撑。要瞄准世界科技前沿，强化基础研究，实现前瞻性基础研究、引领性原创成果重大突破。加强应用基础研究，拓展实施国家重大科技项目，突出关键共性技术、前沿引领技术、现代工程技术、颠覆性技术创新，为建设科技强国、质量强国、航天强国、网络强国、交通强国、数字中国、智慧社会提供有力支撑。加强国家创新体系建设，强化战略科技力量。深化科技体制改革，建立以企业为主体、市场为导向、产学研深度融合的技术创新体系，加强对中小企业创新的支持，促进科技成果转化。"自党的十八大以来，海洋科技蓬勃发展，"蛟龙号"

---

① 黄裕安：《浅论国际海底矿产资源之开发制度》，载于《法制与社会》2014 年第 10 期。

加深了我国对海洋的理解，"辽宁号"圆了我国的航母梦，高难技术被逐一攻关，取得累累硕果。我国的海洋科技较其他国家虽然起步晚，但是发展快、质量高，正在逐渐赶上国际先进水平，甚至在某些方面领跑国际，这不能不归结于党和政府对自主创新的高度重视。目前，我国正处在产业转型升级的历史关口，许多落后的生产技术亟待更新换代，为新时期新的发展模式服务。在科技方面我国为加强科技发展总体建设，应特别注重我国海洋科研自主创新能力的提高。

要提高海洋科技自主创新能力，必须在全社会形成鼓励创新的氛围。在科学的领域中，少数不绝对代表错误。要想在科研领域激发中华民族的创新精神，就必须克服传统观念中的一些不良因素，如过度保守、故步自封、迷信权威等，同时也要增强自信，不盲从、不跟风，敢于在自己的研究领域中钻研、对比、得出结论，不断精进自己的研究工作。面对真理时，敢于承认自己工作的失误，也敢于突破传统的错误观念，才是真正的创新精神。

科研的具体方向，应以实际的生产生活需要为引导。科研的一切方向，一切成果，都必须而且必将服务于劳动人民的生产建设，这是历史的规律，也应当是新时期海洋科研人员的担当，更是我国践行马克思主义和为人民服务精神的具体体现。海洋科研工作应注重生产生活中紧要的技术问题，并对其进行研究和攻关，使得海洋科研工作学有所用、研有所得，真正处在人民生活的第一线，以先进的科学技术扫除我国海洋事业发展前路的障碍。

提高海洋科技自主创新能力，需要灵活运用市场手段激发创新活力。"大学—产业—政府"的三螺旋创新合作机制中，产业不同于大学和政府，拥有极强的逐利性。在可以投入市场化和大规模生产、经济利益巨大的科研课题上，产业的创新能力要远超于其他二者。对于企业，应给予其足够的活动空间，让其可以放开手脚按自己的利益，通过科技创新来提升自己的市场竞争力，进而提高我国总体科技水平。对于高校和科研部门，则需通过金融资本进入科研、科研成果进入市场来提供创新动力，一方面让科研成果可以更好地进入生产流程发挥作用；另一方面可以通过利润的形式对科研工作者进行嘉奖，提升其创新积极性。以市场化作为拉动我国自主创新和科研水平前进的一大核心动力。

提高海洋科技自主创新能力，还需建立完善的人才培养体系。人才是科研工作中的中坚力量，是创新的灵魂，科研体系的骨干和核心。人才的培养直接影响到我国在未来几十年内的国际竞争力和发展速度。发展完善的人才培养体系不仅要完善我国高等教育体系，提升培养人才的能力和质量，也要有效引导人才服务于科技建设，即给予愿意投身科研的人才足够优渥的生活条件和社会尊重，让我国能培养、能留住、能用好科研人才，推动我国科技的发展。

五、船舶修造技术

自 20 世纪以来,我国一直高度重视船舶制造业的发展,从最初的船舶制造数量少、规模小、质量不高到如今的数量和质量均达到一定水平,且更加注重新技术的应用和新装备的革新。我国已实现了壳舾涂一体化,船体装配采用了流水线生产方式,焊接操作已经朝着自动化、绿色化以及高效化和数字化方向发展。[①]总的来说,我国的船舶制造业发展十分迅速,船舶制造业发展水平已经得到很大程度的提高,但当前我国在船舶制造行业方面仍然存在着诸多不足:一是缺少专门的技术人才。缺少专业人才的储备会使得船舶制造创新不足,员工难以克服制造困难,严重限制了我国造船业的发展;二是我国的船舶制造工业方法仍然不够先进。我国大多数造船企业都采用散装造船法,这种船体组装方式较为落后,目前这种造船法已经不适合生产大型轮船,也不符合造船的建造规范和 CSQS 标准;[②] 三是在船舶机械加工以及焊接和装配环节中仍然存在着无效劳动问题,造成这种情况的主要原因是船舶建造过程中没有全面统计以及精准计算各种出现的数值,而且在焊接热变形中控制精准性不到位,因此导致焊接时出现了无效焊接问题。[③]

针对以上不足,新时期我国的船舶制造工艺要得到快速发展,应当采取有效的改进措施。首先,应当加强船舶制造工艺的人才建设,培养高精尖人才。其次,我国应该引进先进的船舶建造工艺和设备,适应大型船舶制造的需要。最后,要加强技术创新,不断推出新的船舶建造工艺,在设计和建造船舶时要预测未来发展趋势,利用专业团队不断推动技术革新,还要增强本企业的品牌意识和专利意识,不断提高船舶制造企业的企业竞争力。同时应当注重船舶建造绿色化,在船舶建造材料上应当选用更为环保的建材,在整个建造过程中注意减少能耗,减少污染物的排放。[④]我国更要强调推动船舶制造智能化,在船舶行业中引入更多的智能技术手段,发展智能船舶,有效地促进我国工业产业结构的调整,提高我国船舶行业在国际上的竞争力。鉴于数字化造船技术能够大幅度提升船舶行业的技术水平和国际竞争力,故应不断实现船舶建造技术数字化,包括船舶设计数字化、船舶建造数字化、经营决策与管理控制数字化、系统集成数字化和支撑环境数字化五个部分相互衔接,联系紧密,共同构建数字化造船的整

---

① 丁家兴:《船舶建造工艺的发展现状及改进方案》,载于《科技创新与生产力》2013 年第 11 期。
②④ 谭勇:《船舶建造工艺发展现状及改进方案》,载于《化工管理》2016 年第 6 期。
③ 冯朝阳、武君秀:《船舶建造工艺的发展现状及改进方案》,载于《山东工业技术》2018 年第 4 期。

体框架。① 此外，还要努力实现船舶制造精益化②和船舶建造工艺总装化③。

新时期我国将不断推进高技术船舶的发展，这是建设海洋强国的必由之路，也是建设世界海洋强国的必然要求。④ 推进高技术船舶的发展需要突破豪华邮轮、远洋渔船的设计建造技术，⑤ 全面提升高技术船舶的国际竞争力，掌握重点配套设备集成化、智能化、模块化设计建造技术。在动力系统上主要重点推进船用低中速柴油机自主研制和船用双燃料/纯气体发动机研制；⑥ 在机电设备控制上，以智能化、模块化和系统集成为重点突破方向，提高甲板机械、舱室设备、通导设备等配套设备的标准化和通用性，实现设备的智能化控制和维护、自动化操作。⑦

具体而言，新时期我国船舶制造发展要重点考虑以下几个方面。

（一）突破豪华邮轮的设计建造技术

目前豪华游轮建造技术已经被意大利、德国、法国和芬兰4个国家所垄断，整个亚洲的豪华游轮建造技术都存在着很大的空白。豪华邮轮体积大，结构复杂，主要针对不同客户的娱乐享受需求，因此在整体上更追求享受的舒适度和装饰的美感度，对游轮的功能要求更多，而我国对于豪华游轮的内饰设计和功能设计上皆存在着不足。⑧ 另外我国的船舶制造工业方法仍然不够先进，我国大多数造船企业都采用散装造船法，这种船体组装方式目前已经不适合应用于豪华邮轮建造。当前我国首艘国产豪华邮轮已落户外高桥建造，计划于2017年启动建造工作，2022年前建成交付。⑨ 突破豪华游轮建造技术，意味着我国将在船舶制造技术上跨出巨大的一步，同时也为亚洲豪华游轮建造技术的突破和全球邮轮建造技术的发展贡献中国力量。

---

① 刘子豪、赵川、王晶：《数字化造船技术的最新发展》，载于《中国船检》2018年第10期。

② 船舶制造精益化，即消除生产中的所有浪费和一切非增值环节。在船舶制造业中的精益化是指船舶制造的过程当中，通过各种措施激励，使生产员工减少材料浪费，不断改进造船的技术，从而降低造船的成本，减少造船的生产时间。参见谭勇：《船舶建造工艺发展现状及改进方案》，载于《化工管理》2016年第6期。

③ 船舶建造工艺的总装化，是指要充分发挥造船厂的核心技术资源，尽可能将船舶的中间部件生产从造船作业的主流程中分离出去，这样可以使得造船企业专门从事总装生产任务，从而可以提高总装造船的生产规模和专业化水平。参见周菲娜：《船舶建造工艺改进探析》，载于《装备制造》2014年第2期。

④ 陈超、刘李明、徐江敏：《金属增材制造技术在船舶与海工领域中的应用分析》，载于《中国造船》2016年第3期。

⑤⑥⑦ 《〈中国制造2025〉解读之推动海洋工程装备及高技术船舶发展》，中央政府网，2016年5月12日。

⑧ 崔燕：《豪华游轮建造水有多深》，载于《中国船检》2014年第7期。

⑨ 《我国首艘豪华邮轮将在沪建造》，载于《解放日报》2019年8月23日，第4版。

（二）加快远洋渔船的发展

我国目前的远洋渔船企业虽然数量较多，但普遍都是规模小、耗油多、技术不够先进，且缺乏自主设计的远洋渔船船型，严重影响了我国远洋捕捞业的发展，同时也制约了我国海洋经济的进一步发展。我国应当加大科研投入，加强技术的自主创新，提升远洋渔船及其配套辅助设备的质量，同时多加运用节能技术，使用更加清洁的能源，在保证远洋渔业资源得到开发的同时，兼顾节能减排。[①]

（三）快速提升液化天然气船、大型液化石油气船等产品的设计建造水平

液化天然气（LNG[②]）船和大型液化石油气（LPG[③]）船都具有高附加值，但由于 LNG 船运输的是液化天然气，LPG 船专门运输液化石油气，因此对于这两种船的安全性要求极高，技术难度也极大，我国国内对这两种船舶的研发起步较晚，目前已经加大技术研发，突破了国外对技术的垄断。西安交通大学热力发动机专业的宋炜带领团队克难奋进，成功研发出我国第一艘具有完全自主知识产权并出口海外的 17.2 万立方米 LNG 船、我国第一艘采用双燃料电力推进系统的 17.4 万立方米 LNG 船和我国第一艘 17.4 万立方米复合加热型 LNG – FSRU，在大型 LNG 船设计上实现诸多创新和突破，打破了国外垄断，创造了"大洋上的中国荣耀"。[④] 2019 年 1 月 13 日，中船广西船舶及海洋工程有限公司与海南招港海运有限公司签订了 1 艘 5 000 立方米 LPG 运输船建造合同，也是我国第一艘新规范要求设计建造的 LPG 运输船项目，并于 2020 年 1 月 13 日顺利下水。[⑤]

（四）积极开展北极新航道船舶的研制

北极新航道被称作"冰上丝绸之路"，是我国"一带一路"倡议的重要组成部分。2014 年时任交通运输部海事局副局长的翟久刚在交通运输部 2014 年 6 月

[①] 张铮铮、李胜忠：《我国远洋渔业装备发展战略与对策》，载于《船舶工程》2015 年第 6 期。

[②] LNG，是液化天然气的英文"Liquefied Natural Gas"简称。LNG 船是在零下 163℃低温下运输液化气的专用船舶。

[③] LPG，是大型液化石油气的英文"Liquefied Petroleum Gas"简称。LPG 船主要运输以丙烷和丁烷为主要成分的石油碳氢化合物或两者混合气，包括丙烯和乙烯。

[④] 《他参与研制出中国最大 LNG 船 建造难度堪比航母》，环球网，2018 年 11 月 20 日。

[⑤] 《厉害了！全国首艘新规范 LPG 船在钦开建！》，搜狐网；2019 年 3 月 4 日；《全国首艘！钦州基地建造的新规范 LPG 船顺利下水！》，搜狐网，2020 年 1 月 13 日。

19日召开的专题新闻发布会上表示：通过新航道抵达欧洲，有望比通过马六甲海峡、苏伊士运河缩短航程近 2 800 海里，节约 9 天航行时间。① 这条航道的开辟使亚洲到欧洲的航程大大缩短，对我国的对外贸易具有很大的促进意义。北极地区的公海区域作为人类共同的财产，且拥有着丰富的油气资源和极大的科考价值，每个国家都能够开发其资源并进行考察，我国应加大技术和资金投入，把握发展机会，以保障我国的可持续发展。

由于极地气候十分寒冷，极地船舶需要攻克设备结冰、破冰能力不强等一系列技术难关，目前在极地航行的船舶主要分为冰区加强船和专业破冰船。"雪龙2"号是我国首艘自主建造的极地科考船。中国船舶工业集团有限公司第七〇八研究所研究员、"雪龙2"号总设计师介绍："雪龙2"号采用全回转推进方式，双向破冰的指标被确定为：艏向在覆盖有 0.2 米厚积雪的 1.5 米厚冰层上以 2～3 节的速度连续破冰；艉向破冰则能在 20 米当年冰冰脊（含 4 米堆积层）中不被卡住。因此"雪龙2"号成为全球首艘具备双向破冰能力的极地科考船。通过掌握双向破冰船型设计、破冰船低温防寒设计等一系列关键技术，我国的新航道船舶建造技术发展获得了巨大飞跃。②

（五）加快新能源船舶的建造

中国高度重视海洋生态文明建设，持续加强海洋环境污染防治，保护海洋生物多样性，实现海洋资源有序开发利用，为子孙后代留下一片碧海蓝天③。新能源船舶的建造，可以减少海洋污染，实现海洋资源的可持续开发，有利于保护海洋生态环境。

新能源船舶主要表现在动力上使用新的绿色能源代替传统的化石燃料，减少污染物的排放，目前普遍采用的方式是"油改电"和"油改气"，但仍然存在着成本过高、电力功率与船舶吨位不匹配、充电设施不够完善等问题，因此我国应当加大资金投入，攻克相关技术难题，使我国船舶相关产业获得绿色发展。④

随着海洋强国战略的不断推进，我国船舶制造要顺应船舶技术高速发展的大趋势，积极参与世界船舶制造的竞争，不断加强技术创新，提高船舶制造工艺的

---

① 《〈北极（东北航道）航行指南〉7月发布》，中国政府网，2014 年 6 月 20 日。
② 《中船集团七〇八所"雪龙2"号总设计师吴刚：中外联合设计的"台前幕后"》，搜狐网，2018 年 9 月 13 日。
③ 《习近平集体会见应邀出席中国人民解放军海军成立 70 周年多国海军活动的外方代表团团长》，新华网，2019 年 4 月 23 日。
④ 杨喜顺：《新能源在船舶中的应用研究》，载于《工程应用》2019 年第 12 期。

水平，同时推动产业升级，推进船舶制造的数字化、智能化，从而不断提高我国船舶制造的国际竞争力，建设现代化的世界造船强国。

六、深潜技术及应用

海底蕴藏着非常丰富的资源，海洋资源的开发是全球所重点关注的问题，海洋资源的勘探必须使用深海载人潜水装备。2013年5月4日，习近平总书记在中国航天科技集团公司中国空间技术研究院参加共青团"实现中国梦，青春勇担当"主题团日活动时指出："上天入海，这就叫敢上九天揽月，敢下五洋捉鳖。"[1] 随着我国"蛟龙号"入海创下7 062米的下潜深度纪录，"深海勇士号"实现我国载人潜水器的核心技术自主化、关键设备国产化，我国把握了"中国深度"的创新自主权，[2] 大深度的载人潜水器总体技术指标已达到国际先进水平，真正实现了"可下五洋捉鳖"。

毋庸讳言，当前我国深海载人潜水器的发展仍存在许多的技术性难点需要攻克。由于海底环境十分复杂，在水下对目标信息的探测技术尚存在不足，无法获得清晰的水下目标信息，当前所用的激光TV受海水影响很大，不能识别较远距离的目标信息，[3] 而声呐作为声波学探测设备被广泛运用于水下，利用其在水中距离远且具有分辨率的特性对水下目标进行探测、分类和定位，这也是当前最普遍使用的水下目标探测传感器，但除去本身技术状况之外，声呐也受外界条件的干预，海洋的噪声、自噪声、辐射噪声强度等均会对声呐的工作性能造成影响，由此可见，未来深海载人潜水器中的水下感知传感器技术仍需要继续完善和发展。

当前深海潜水器路径规划与安全航行的研究成果上也存在不足。[4] 海洋深处的工作环境复杂，受海流影响极大，水下噪声的干扰也十分频繁，由于水下感知传感器尚存在不足，因此也会影响潜水器对障碍物的判断，海底的障碍物既有动态的也有静态的，如何顺利避开障碍物，仍然需要进行深入的研究。

提高深海潜水系统的稳定性和可靠性是深海载人潜水装备技术发展的重点和难点，在不断提升其硬件构造的同时，也要专注其故障诊断技术和容错控制技术，[5] 而目前学界对其相关的理论研究还比较少，因此未来这两项技术仍需要得到进一步关注和研究。

---

[1] 2013年5月4日，习近平总书记在中国航天科技集团公司中国空间技术研究院参加共青团"实现中国梦，青春勇担当"主题团日活动时的讲话，载于《中国教育报》2013年5月6日，第3版。
[2] 《深潜技术有望造就产业高峰》，载于《江苏经济报》2018年6月29日，第1版。
[3][4][5] 朱大奇、胡震：《深海潜水器研究现状与展望》，载于《安徽师范大学学报》2018年第3期。

新时期，我国发展深海载人潜水装备应重点考虑以下方向。

（一）继续挑战万米海斗深渊

海斗深渊是地球上最深的海洋区域，目前尚没有载人潜水器可以下至水深超过 1 万米的马里亚纳海沟。我国已于 2016 年自主研发出可以下潜超万米的水下机器人——"海斗号"，下潜的最大深度为 10 767 米，成为全球第三个拥有研制万米级无人潜水器能力的国家，打破了日本、美国的技术垄断。中科院深海科学与工程研究所航次领队刘心成说："除了创造最大下潜深度纪录，'海斗'号还为我国首次获取了万米以下深渊及全海深剖面的温盐深数据。"[1] 这些数据可以使人们对海斗深渊水团特性的空间变化规律和深渊底层洋流结构有更清晰的了解，同时也为我国万米载人潜水器的设计提供了非常珍贵的基础资料。[2]

目前我国已经开始了全海深载人潜水器的自主研发建造，挑战万米海斗深渊，并纳入了"十三五国家重点研发计划""深海关键技术与装备"专项的核心任务。2019 年 10 月 29 日全海深载人潜水器球壳已建造完毕并通过总体集成单位验收，待验收后，将进入全面总装阶段，将于 2020 年完成研制。[3] 全海深载人潜水器的建造将会揭开我国海洋探测和开发的新篇章，有利于我国海洋强国战略的实施，使我国的海洋研究进入一个新的"中国深度"，意义十分重大。

（二）加大新材料新装备的研发，带动相关产业发展

目前我国的深海载人潜水器设备已经广泛运用于科学考察之中。利用深海载人深潜技术，我国的水下考古工作者突破了我国水下考古以往大多集中于 40 米以内浅海域工作的局面，使我国的考古活动打开了深海的大门，是我国水下考古事业的一个新飞跃。[4] 除了深海科考和深海沉物打捞，深海载人潜水器还可以对海洋的生物、地质地貌等进行考察，同时对海底资源进行探测。从"蛟龙号"到"深海勇士号"，我国逐步实现了装备的自主制造，在提高我国深海载人潜水器建造技术的同时，也带动了一批相关产业的发展。

深海载人潜水装备带来许多产业前景，如海洋生物医药业，海洋油气开采工

---

[1] 《中国深海科考挺进万米时代》，人民网，2016 年 8 月 25 日。
[2] 《"海斗"突破万米深渊》，央视网，2016 年 9 月 4 日。
[3] 《我国研制出世界最大万米级载人舱可达海洋最深处》，环球网，2019 年 10 月 29 日。
[4] 《中国考古打开深海之门——写在我国首次深海考古调查结束之际》，新华社，2018 年 4 月 27 日。

业、深海采矿业等，但目前相关产业的发展还存在不足，一些产业的开发仅停留于基础阶段，前景光明却没有在后期进行有效的继续研发，而这种情形不仅对相关产业的发展造成了阻碍，同时也不利于用产业刺激我国深海载人潜水装备的研发。因此，我国应当加大新材料、新装备的研发，使深海载人潜水装备能够更有力地带动产业发展，同时加大后端产业的研发力度，进一步推动深海载人潜水器的发展。①

（三）为我国未来深海空间站的科学考察提供技术支持

一系列载人潜水器的研发和应用大大地推动了我国深海科学的发展和海洋技术的进步。我国已经建成被誉为"海洋里的天宫一号"的小型深海移动工作站，目前正在研究可以水下逗留 60 天的未来型深海空间站，深海空间站的建立可以更好地进行深海科学考察，对于发现海洋新物种、勘探深海资源、观察海底参数变化等具有非常重要的意义，深海载人潜水器作为未来深海空间站的重要辅助工具，可以更好地配合深海空间站完成科学考察任务，促进深海科学研究的发展。② 另外，在"蛟龙号"和"深海勇士号"等系列载人潜水器的基础之上，利用现有的先进技术，促进我国深海装备和深海工程作业的发展，使我国未来在海洋领域处于世界先进水平。

（四）加快构建我国载人、无人协同作业的潜水器共融体系

中国工程院院士、载人潜水器"蛟龙号"总设计师徐芑南说过："中国载人深潜发展应加速，向海洋最深处挺进，同时还需加快发展无人深潜技术，以新一代人工智能等先进技术为创新引领，加快构建载人、无人优势互补、协同作业的潜水器共融体系。"③ 因此构建一个有力的潜水器共融体系也是未来我国深海载人潜水器发展的一个主要趋势，我国的载人潜水器和无人潜水器皆发展迅速，处于世界先列，载人潜水器因为有人的参与，从而拥有更为精细的作业能力，而无人潜水器则在水下工作的时间更长，两种类型的潜水器各有作用，不能完全替代，因此要将我国的载人潜水器和无人潜水器优势结合。构建载人、无人优势互补、协同作业的潜水器共融体系可以进一步提高我国深海潜水器的技术优势，提高我国海洋探测和开发的国际竞争力。

---

① 刘松柏：《深潜技术如何照进产业现实》，载于《经济日报》2015 年 2 月 3 日，第 11 版。
② 《"龙宫"深海空间站——使人类活动拓至深海》，搜狐网，2017 年 6 月 23 日。
③ 2019 年 8 月 16 日徐芑南院士在庆祝中华人民共和国成立 70 周年系列论坛第一场论坛上讲话。参见《徐芑南：我国载人深潜领域的发展成就》，新华网，2017 年 8 月 19 日。

作为继陆地之后的人类发展的第二大空间，海洋既关系着我国经济的发展，同时又与我国国防建设息息相关，而对深海的探测离不开以载人潜水器为代表的深海运载装备的支撑，我国发展未来的深海载人潜水器应当掌握核心技术，攻克技术难点，发展更加智能、更加可靠稳定的深海载人潜水装备，未来向海的更深处进发。

主要参考文献

[1] 敖攀琴:《如何提升海洋文化软实力》,载于《人民论坛》2017年第13期。

[2] 柏华、卢红:《洪武年间〈大明律〉编纂与适用》,载于《现代法学》2012年第2期。

[3] 柏英:《全面解读中国海外利益,共同建设人类命运共同体》,载于《世界知识》2017年第14期。

[4] [美] 保罗·肯尼迪著,陈景彪等译:《大国的兴衰》,国际文化出版公司2006年版。

[5] 毕玉蓉:《中国海外利益的维护与实现》,载于《国防》2007年第3期。

[6] 蔡翠红:《中美关系中的"修昔底德陷阱"话语》,载于《国际问题研究》2016年第3期。

[7] 蔡俊煌、蔡加福:《国家经济安全视阈下印度洋与中国"海丝"倡议》,载于《福建行政学院学报》2016年第6期。

[8] 蔡鹏鸿:《中美海上冲突与互信机制建设》,载于《外交评论(外交学院学报)》2010年第2期。

[9] 蔡鹏鸿:《互联互通战略与中国国家安全——基于地缘政治视角的互联互通》,载于《人民论坛·学术前沿》2015年第7期。

[10] 蔡鹏鸿:《试析南海地区海上安全合作机制》,载于《现代国际关系》2006年第6期。

[11] 曹平:《对中国海路安全建设的思考》,载于《港口经济》2012年第3期。

[12] 曹文振、胡阳:《"一带一路"战略助推中国海洋强国建设》,载于《理论界》2016年第2期。

[13] 曹云华等:《论国家利益的国际拓展》,载于《广东对外贸易大学学报》2004年第2期。

[14] 晁中辰：《海外政策对国内社会经济的影响——以明代为例》，载于《山东大学学报》1990 年第 4 期。

[15] 晁中辰：《论明代的海禁》，载于《山东大学学报》1987 年第 2 期。

[16] 晁中辰：《明代隆庆开放应为中国近代史的开端——兼与许苏民先生商榷》，载于《河北学刊》2010 年第 6 期。

[17] 陈慈航：《美国在南海问题上的对华政策转向——基于强制外交与威慑理论的考察》，载于《当代亚太》2019 年第 3 期。

[18] 陈剑峰：《分而治之：南海问题管控路径研究》，载于《国际观察》2014 年第 1 期。

[19] 陈瑞欣：《从政府工作报告（1978 - 2015）看中国周边外交政策的发展变化》，载于《国际观察》2016 年第 1 期。

[20] 陈尚胜：《"闭关"或"开放"类型分析的局限性——近 20 年清朝前期海外贸易政策研究述评》，载于《文史哲》2002 年第 6 期。

[21] 陈尚胜：《论清朝前期国际贸易政策中内外商待遇的不公平问题——对清朝对外政策具有排外性观点的质疑》，载于《文史哲》2009 年第 2 期。

[22] 陈尚胜：《清初"海禁"（1646 - 1683）期间海外贸易政策考——兼与明初海外贸易政策比较》，载于《文史》2004 年第 3 辑。

[23] 陈伟恕：《中国海外利益研究的总体视野——一种以实践为主的研究纲要》，载于《国际观察》2009 年第 2 期。

[24] 陈希育：《十八世纪中国人在东南亚的造船活动》，载于《南洋问题研究》1989 年第 3 期。

[25] 陈相秒、马超：《论东盟对南海问题的利益要求和政策选择》，载于《国际观察》2016 年第 1 期。

[26] 陈晓锦、黄高飞：《海洋与汉语方言》，载于《学术研究》2016 年第 1 期。

[27] 陈学文：《论嘉靖时的倭寇问题》，载于《文史哲》1983 年第 5 期。

[28] 陈晔：《试析中国海外利益内涵及分布》，载于《新远见》2012 年第 7 期。

[29] 成志杰：《中国海洋战略的概念内涵与战略设计》，载于《亚太安全与海洋研究》2017 年第 6 期。

[30] ［澳］大卫·布鲁斯特：《印度的印度洋战略思维：致力于获取战略领导地位》，载于《印度洋经济体研究》2016 年第 1 期。

[31] 邓端本：《论明代的市舶管理》，载于《海交史研究》1988 年第 1 期。

[32] 丁明国：《对古代中国实行开放政策与海禁、"闭关"政策的综合思

考》，载于《中南民族学院学报》1989 年第 5 期。

［33］丁一平：《世界海军史》，海潮出版社 2000 年版。

［34］董锁成：《经济地域运动论》，科学出版社 1994 年版。

［35］杜兰、曹群：《关于南海合作机制化建设的探讨》，载于《国际问题研究》2018 年第 2 期。

［36］［美］菲利普·查德威克·福斯特·史密斯编著，《广州日报》国际新闻部、法律室译：《中国皇后号》，广州出版社 2007 年版。

［37］冯剑：《国际比较框架中的日本 ODA 全球战略分析》，载于《世界经济与政治》2008 年第 6 期。

［38］冯梁等：《中国的和平发展与海上安全环境》，世界知识出版社 2010 年版。

［39］冯梁主编：《亚太主要国家海洋安全战略研究》，世界知识出版社 2012 年版。

［40］傅崐成：《南海的主权与矿藏——历史与法律》，台北幼狮文化事业公司 1981 年版。

［41］傅崐成：《中国与南中国海问题》，问津堂书局 2007 年版。

［42］傅崐成：《中国周边大陆架的划界方法与问题》，载于《中国海洋大学学报》（哲学社会科学版）2004 年第 3 期。

［43］傅梦孜等：《中国的海外利益》，载于《时事报告》2004 年第 6 期。

［44］傅梦孜：《南海问题会否影响"21 世纪海上丝绸之路"建设?》，载于《太平洋学报》2016 年第 7 期。

［45］［美］富兰克林·罗斯福著，赵越、孔谧译：《炉边谈话》，中国人民大学出版社 2017 年版。

［46］高兰：《亚太地区海洋合作的博弈互动分析——兼论日美海权同盟及其对中国的影响》，载于《日本学刊》2013 年第 4 期。

［47］高圣惕：《论南海争端与其解决途径》，载于《比较法研究》2013 年第 6 期。

［48］葛东升：《国家安全战略论》，军事科学出版社 2006 年版。

［49］葛汉文：《美国特朗普政府的南海政策：路径、极限与对策思考》，载于《太平洋学报》2019 年第 5 期。

［50］葛红亮：《东盟与南海问题》，载于《国际研究参考》2013 年第 11 期。

［51］葛红亮：《南海"安全共同体"构建的理论探讨》，载于《国际安全研究》2017 年第 4 期。

［52］龚迎春：《马六甲海峡使用国合作义务问题的形成背景及现状分析》，载于《外交评论》2006 年第 1 期。

［53］顾诚：《清初的迁海》，载于《北京师范大学学报》1983 年第 3 期。

［54］郭培清、管清蕾：《北方海航道政治与法律问题探析》，载于《中国海洋大学学报》（社会科学版）2009 年第 4 期。

［55］郭渊：《地缘政治与南海争端》，中国社会科学出版社 2011 年版。

［56］郭真、陈万平：《中国在北极的海洋权益及其维护——基于〈联合国海洋法公约的分析〉》，载于《军队政工理论研究》2014 年第 1 期。

［57］韩振华：《南海诸岛史地论证》，香港大学亚洲研究中心 2003 年版。

［58］何亚非：《南海与中国的战略安全》，载于《亚太安全与海洋研究》2015 年第 3 期。

［59］贺鉴：《理性维护我国海洋权益》，载于《求索》2015 年第 6 期。

［60］贺鉴主编：《海洋发展：现实与构想》，人民出版社 2016 年版。

［61］胡鞍钢、张新、张巍：《开发"一带一路一道（北极航道）"建设的战略内涵与构想》，载于《清华大学学报》（哲学社会科学版）2017 年第 3 期。

［62］胡波：《中国海洋强国的三大权力目标》，载于《太平洋学报》2014 年第 3 期。

［63］胡波：《中美在西太平洋的军事竞争与战略平衡》，载于《世界经济与政治》2014 年第 5 期。

［64］胡德坤：《建设海洋强国是我国历史性的战略选择》，载于《武汉大学学报》2013 年第 3 期。

［65］胡思庸：《清朝的闭关政策和蒙昧主义》，载于《吉林师大学报》1979 年第 2 期。

［66］胡铁球：《明清海外贸易中的"歇家牙行"与海禁政策的调整》，载于《浙江学刊》2013 年第 6 期。

［67］怀效锋：《嘉靖年间的海禁》，载于《史学月刊》1987 年第 6 期。

［68］黄纯艳：《宋代海洋知识的传播与海洋意象的构建》，载于《学术月刊》2015 年第 11 期。

［69］黄凤志、罗肖：《关于中国引领南海战略态势的新思考》，载于《国际观察》2018 年第 2 期。

［70］黄国强：《试论明清闭关政策及其影响》，载于《华南师范大学学报》1988 年第 1 期。

［71］黄启臣：《清代前期海外贸易的发展》，载于《历史研究》1986 年第 4 期。

［72］黄瑶：《论人类命运共同体构建中的和平搁置争端》，载于《中国社会科学》2019 年第 2 期。

[73] [美] 吉原恒淑、[美] 詹姆斯·霍姆斯著,钟飞腾、李志菲、黄杨海译:《红星照耀太平洋:中国崛起与美国海上战略》,社会科学文献出版社 2014 年版。

[74] 计秋枫:《格劳秀斯〈海洋自由论〉与 17 世纪初关于海洋法律地位的争论》,载于《史学月刊》2013 年第 10 期。

[75] 姜秀敏:《软实力提升视角下我国海洋文化建设问题解析》,载于《济南大学学报》2011 年第 6 期。

[76] 蒋小翼、周小光:《气候变化背景下北极权益争端与我国海洋权益的国际法思考》,载于《理论月刊》2016 年第 2 期。

[77] 竭仁贵:《认知、预期、互动与南海争端的解决进程——基于中国自我克制视角下的分析》,载于《当代亚太》2014 年第 5 期。

[78] 金灿荣:《"南海仲裁案"后中国面临的压力与应对之道》,载于《太平洋学报》2016 年第 7 期。

[79] 金永明:《海上丝路与南海问题》,载于《南海学刊》2015 年第 4 期。

[80] 鞠海龙、曾芮:《中美海洋与岛屿战略:对撞抑或相容?》,载于《人民论坛·学术前沿》2014 年第 13 期。

[81] 军事科学院战略研究部:《战略学》,军事科学出版社 2001 年版。

[82] [美] 莱尔·J. 戈尔茨坦:《重构中美安全关系》,载于《当代世界与社会主义》2011 年第 5 期。

[83] 郎帅、马程:《中国海外利益研究述要》,载于《长春理工大学学报》(社会科学版) 2016 年第 3 期。

[84] 郎帅、杨立志:《海外利益维护:新现实与新常态》,载于《理论月刊》2016 年第 11 期。

[85] [印] 雷嘉·莫汉著,朱宪超、张玉梅译:《中印海洋大战略》,中国民主法制出版社 2014 年版。

[86] 李兵:《海上战略通道安全透视》,载于《人民论坛》2010 年第 1 期。

[87] 李兵:《建立维护海上战略通道安全的国际合作机制》,载于《当代世界》2010 年第 2 期。

[88] 李兵:《论海上战略通道的地位和作用》,载于《当代世界与社会主义》2010 年第 2 期。

[89] 李长久、施鲁佳主编:《中美关系二百年》,新华出版社 1984 年版。

[90] 李定一:《中美早期外交史》,北京大学出版社 1997 年版。

[91] 李金民:《郑和下西洋与中国东南亚的海上贸易》,载于《南洋问题研究》1997 年第 2 期。

［92］李金明：《明初中国与东南亚的海上贸易》，载于《南洋问题研究》1991年第2期。

［93］李金明：《明代海外贸易史》，中国社会科学出版社1990年版。

［94］李金明：《清代前期中国与东南亚的大米贸易》，载于《南洋问题研究》1990年第4期。

［95］李金明：《清康熙时期中国与东南亚的海上贸易》，载于《南洋问题研究》1990年第2期。

［96］李金明：《中国南海疆域研究》，黑龙江教育出版社2014年版。

［97］李靖宇、陈医、马平：《关于开创"两洋出海"格局保障国家利益拓展的战略推进构想》，载于《东南大学学报》（哲学社会科学版）2013年第6期。

［98］李双幼：《海上丝绸之路历史记忆的个案考察》，载于《青海民族大学学报》2016年第2期。

［99］李向阳：《论海上丝绸之路的多元化合作机制》，载于《世界经济与政治》2014年第11期。

［100］李小军：《论海权对中国石油安全的影响》，载于《国际论坛》2004年第4期。

［101］李岩：《中美关系中的"航行自由"问题》，载于《现代国际关系》2015年第11期。

［102］李义虎：《地缘政治学：二分论及其超越》，北京大学出版社2007年版。

［103］李增刚：《国家海洋利益的层次性与中国海洋利益维护》，载于《学习与探索》2016年第11期。

［104］李振福：《北极航线问题的国际协调机制研究》，清华大学出版社2015年版。

［105］李振福：《丝绸之路北极航线战略研究》，大连海事大学出版社2016年版。

［106］李振福：《中国面对开辟北极航线的机遇与挑战》，载于《港口经济》2009年第4期。

［107］李志永：《"走出去"与中国海外利益保护机制研究》，世界知识出版社2015年版。

［108］李忠杰、李兵：《抓紧制定中国在国际战略通道问题上的战略对策》，载于《当代世界与社会主义》2011年第5期。

［109］李忠林：《南海安全机制的有效性问题及其解决路径》，载于《东南亚研究》2017年第5期。

[110] 李忠林:《中国对南海战略态势的塑造及启示》,载于《现代国际关系》2017 年第 2 期。

[111] 梁芳:《海上战略通道论》,时事出版社 2011 年版。

[112] 梁亚滨:《中国建设海洋强国的动力与路径》,载于《太平洋学报》2015 年第 1 期。

[113] 凌胜利:《中美亚太海权竞争的战略分析》,载于《当代亚太》2015 年第 2 期。

[114] 刘阿明:《南海问题的实质演变及其未来发展》,载于《国际展望》2013 年第 5 期。

[115] 刘成:《论明代的海禁政策》,载于《海交史研究》1987 年第 2 期。

[116] 刘赐贵:《关于建设海洋强国的若干思考》,载于《海洋开发与管理》2012 年第 12 期。

[117] 刘桂春、韩增林:《我国海洋文化的地理特征及其意义探讨》,载于《海洋开发与管理》2005 年第 3 期。

[118] 刘建飞:《边海问题对中国崛起的挑战》,载于《现代国际关系》2012 年第 8 期。

[119] 刘建华:《美国学术界关于中国海权问题的研究》,载于《美国研究》2014 年第 2 期。

[120] 刘建华:《预防性介入:美国管控东亚领土争端的外交》,载于《美国问题研究》2015 年第 1 期。

[121] 刘军:《明清时期"闭关锁国"问题赘述》,载于《财经问题研究》2012 年第 11 期。

[122] 刘莲莲:《国家海外利益保护机制论析》,载于《世界经济与政治》2017 年第 10 期。

[123] 刘璐璐:《晚明东南海洋政策频繁变更与海域秩序》,载于《厦门大学学报》2018 年第 4 期。

[124] 刘明:《我国海洋经济形势及未来展望》,载于《中国海洋报》2018 年 2 月 8 日。

[125] 刘曙光:《国家海洋创新体系建设战略研究》,经济科学出版社 2017 年版。

[126] 刘新华:《中国发展海权战略研究》,人民出版社 2015 年版。

[127] 刘新华:《中国海洋战略的层次性探析》,载于《中国软科学》2017 年第 6 期。

[128] 刘雪山:《对美国国家利益的权威界定——对〈美国的国家利益〉介

评》，载于《现代国际关系》2001年第9期。

[129] 刘迎胜：《威尼斯－广州"海上丝绸之路"考察简记》，载于《中国边疆史地研究》1992年第1期。

[130] 刘永路、徐绿山：《从"零和对抗"到"合作共赢"——中国特色海洋安全观的历史演进》，载于《军事历史研究》2011年第4期。

[131] 刘中民：《世界海洋政治与中国海洋发展战略》，时事出版社2009年版。

[132] 刘中民、张德民：《海洋领域的非传统安全威胁及其对当代国际关系的影响》，载于《中国海洋大学学报》（社会科学版）2004年第4期。

[133] 娄贵品：《"多维视野下的中国边疆与族群"学术研讨会综述》，载于《学术月刊》2015年第10期。

[134] 楼春豪：《地区海洋秩序视角下的南海问题》，载于《太平洋学报》2017年第11期。

[135] 卢建一：《试论明清时期的海疆政策及其对闽台社会的负面影响》，载于《福建论坛》2002年第3期。

[136] [美] 陆伯彬：《中国海军的崛起：从区域性海军力量到全球性海军力量？》，载于《国际安全研究》2016年第1期。

[137] 路阳：《合作维护海上通道安全》，载于《人民日报》2015年1月28日第3版。

[138] 吕蕊：《中国联合国维和行动25年：历程、问题与前瞻》，载于《国际关系研究》2015年第3期。

[139] 吕一燃：《南海诸岛：地理、历史、主权》，黑龙江教育出版社2014年版。

[140] 罗国强：《中国在南海填海造地的合法性问题》，载于《南洋问题研究》2015年第3期。

[141] 罗荣渠：《15世纪中西航海发展取向的对比与思索》，载于《历史研究》1992年第1期。

[142] [英] 罗丝玛丽·福特：《中国与亚太的安全秩序："和谐社会"与"和谐世界"》，载于《浙江大学学报》（人文社会科学版）2008年第1期。

[143] 罗肖：《南海与中国的核心利益：争论、回归及超越》，载于《当代亚太》2018年第1期。

[144] 马驰骋：《明清时期的海商、海禁与海盗》，载于《经济资料译丛》2013年第2期。

[145] 马得懿：《海洋航行自由的体系化解析》，载于《世界经济与政治》

2015 年第 7 期。

[146] 马建英:《美国对中国"一带一路"倡议的认知与反应》,载于《世界经济与政治》2015 年第 10 期。

[147] 马建英:《美国全球公域战略评析》,载于《现代国际关系》2013 年第 2 期。

[148] 马建英:《美国与南海问题》,翰芦图书出版有限公司 2019 年版。

[149] 马建英、姜斌:《特朗普政府的南海政策:举措、动因与前景》,载于《南海学刊》2018 年第 2 期。

[150] 马忠法:《〈海洋自由论〉及其国际法思想》,载于《复旦学报》2003 年第 5 期。

[151] 马忠法:《〈海洋自由论〉与格老秀斯国际法思想的起源和发展》,载于《比较法研究》2006 年第 4 期。

[152] 门洪华、钟飞腾:《中国海外利益研究的两波潮流及其体系构建》,载于《中国战略报告》2017 年第 1 期。

[153] 倪建中、宋宜昌主编:《海洋中国——文明重心东移与国家利益空间》,中国国际广播出版社 1997 年版。

[154] 聂文娟:《东盟如何在南海问题上"反领导"了中国?——一种弱者的实践策略分析》,载于《当代亚太》2013 年第 4 期。

[155] 聂文娟:《中国的身份认同与南海国家利益的认知》,载于《当代亚太》2017 年第 1 期。

[156] 宁清同:《南海指导方针之反思与调整》,载于《海南大学学报》2016 年第 2 期。

[157] 潘义勇:《沿海经济学》,人民出版社 1993 年版。

[158] 彭振武、王云闯:《北极航道通航的重要意义及对我国的影响》,载于《水运工程》2014 年第 7 期。

[159] [日] 浦野起央著,杨翠柏译:《南海诸岛国际纷争史》,南京大学出版社 2017 年版。

[160] 祁昊天:《规则执行与冲突管控——美国航行自由行动解析》,载于《亚太安全与海洋研究》2016 年第 1 期。

[161] 祁怀高、石源华:《中国的周边安全挑战与大周边外交战略》,载于《世界经济与政治》2013 年第 6 期。

[162] 钱春泰:《中美海上军事安全磋商机制初析》,载于《现代国际关系》2002 年第 4 期。

[163] [德] 乔尔根·舒尔茨、[德] 维尔弗雷德·A. 赫尔曼、[德] 汉斯-

弗兰克著，鞠海龙、吴艳译：《亚洲海洋战略》，人民出版社 2014 年版。

[164] 曲金良：《八千年海洋的述说》，载于《中国报道》2010 年第 10 期。

[165] 曲金良：《关于中国海洋文化遗产的几个问题》，载于《东方论坛》2012 年第 1 期。

[166] 曲升：《从海洋自由到海洋霸权：威尔逊海洋政策构想的转变》，载于《世界历史》2017 年第 3 期。

[167] 曲升：《美国"航行自由计划"初探》，载于《美国研究》2013 年第 1 期。

[168] 全永波主编：《海洋法》，海洋出版社 2016 年版。

[169] 沈固朝：《南海经纬》，南京大学出版社 2016 年版。

[170] 沈国放、魏苇等：《企业和个人，海外遇事怎么办》，载于《世界知识》2008 年第 17 期。

[171] 沈健：《历史上的大移民下南洋》，北京工业大学出版社 2013 年版。

[172] 沈雅梅：《当代海洋外交论析》，载于《太平洋学报》2013 年第 4 期。

[173] 史春林：《美国对中国太平洋航线安全的影响及中国的应对策略》，载于《中国海事》2011 年第 2 期。

[174] 史春林、史凯册：《国际海上通道安全保障特点与中国战略对策》，载于《中国水运》2014 年第 4 期。

[175] 史春林：《中国远洋航线安全保障问题研究》，大连海事大学出版社 2012 年版。

[176] 宋全城：《2006 年中国对外贸易形势展望》，载于《国际贸易论坛》2006 年第 1 期。

[177] 宋德星、白俊：《论印度的海洋战略传统与现代海洋安全思想》，载于《世界经济与政治论坛》2013 年第 1 期。

[178] 宋燕辉：《美国与南海争端》，元照出版公司 2016 年版。

[179] 宋云霞、王全达：《军队维护国家海外利益法律保障研究》，海洋出版社 2014 年版。

[180] 宋正海：《中国传统海洋文化》，载于《自然杂志》2005 年第 2 期。

[181] 苏长和：《论中国海外利益》，载于《世界经济与政治》2009 年第 8 期。

[182] 随广军主编：《中国周边外交发展报告（2015）》，社会科学文献出版社 2016 年版。

[183] 孙德刚：《论新时期中国在中东的柔性军事存在》，载于《世界经济与政治》2014 年第 8 期。

[184] 孙竞昊：《明清地方与国家视域中的"海洋"》，载于《求是学刊》2014年第1期。

[185] 孙凯、刘腾：《北极航运治理与中国的参与路径研究》，载于《中国海洋大学报》（社会科学版）2015年第1期。

[186] 孙凯：《中国北极外交：实践、理念与进路》，载于《太平洋学报》2015年第5期。

[187] 孙璐：《中国海权内涵探讨》，载于《太平洋学报》2005年第10期。

[188] 孙晓光、张赫名：《海洋战略视域下的中国海外利益转型与维护——以"一带一路"建设为中心》，载于《学习与探索》2015年第10期。

[189] 汤力维、倪浓水：《海洋信仰与民俗的高度融合——以舟山"烧十庙·走十桥"习俗为例》，载于《浙江海洋学院学报》2012年第3期。

[190] 唐昊：《关于中国海外利益保护的战略思考》，载于《现代国际关系》2011年第6期。

[191] 唐尧、夏立平：《中国参与北极航运治理的国际法依据研究》，载于《太平洋学报》2017年第8期。

[192] 童伟华：《我国使用的国际战略海峡航行利益维护对策》，载于《河南财经政法大学学报》2015年第3期。

[193] 汪段泳：《海外利益实现与保护的国家差异——一项文献综述》，载于《国际观察》2009年第2期。

[194] 汪段泳、苏长河：《中国海外利益研究年度报告（2008-2009）》，上海人民出版社2011年版。

[195] 汪敬虞：《论清代前期的禁海闭关》，载于《中国社会经济史研究》1983年第2期。

[196] 王传剑：《日本的南中国海政策：内涵和外延》，载于《外交评论》2011年第3期。

[197] 王传剑：《澳大利亚的南海政策：取向与限度》，载于《国际论坛》2017年第2期。

[198] 王传剑：《印度的南中国海政策：意图及影响》，载于《外交评论》2010年第3期。

[199] 王传剑：《美国的南中国海政策：历史与现实》，载于《外交评论》2009年第6期。

[200] 王传剑、孔凡伟：《东盟在南海问题上的作用及其限度——基于国际组织行为能力的分析》，载于《当代世界与社会主义》2018年第4期。

[201] 王传剑、孔凡伟：《欧盟的南中国海政策：解析与评估》，载于《东

南亚研究》2020 年第 2 期。

[202] 王传剑、李军：《中美南海航行自由争议的焦点法律问题及其应对》，载于《东南亚研究》2018 年第 5 期。

[203] 王传剑：《理性看待美国战略重心东移》，载于《外交评论》2012 年第 5 期。

[204] 王传剑：《南海问题与中美关系》，载于《当代亚太》2014 年第 2 期。

[205] 王传剑、石秋峰：《南海问题与两岸关系》，载于《东南亚研究》2017 年第 6 期。

[206] 王传剑、王新龙：《理性看待俄罗斯的南中国海政策》，载于《东南亚研究》2019 年第 2 期。

[207] 王存刚：《外部战略环境的新特点与中国海外国家利益的维护》，载于《国际观察》2015 年第 6 期。

[208] 王丹、李振福、张燕：《北极航道开通对我国航运业发展的影响》，载于《中国航海》2014 年第 1 期。

[209] 王发龙：《美国海外利益维护机制及其对中国的启示》，载于《理论月刊》2015 年第 3 期。

[210] 王发龙：《试析中国海外利益维护的战略框架构建》，载于《国际展望》2016 年第 6 期。

[211] 王发龙：《中国海外利益维护的现实困境与战略选择——基于分析折中主义的考察》，载于《国际论坛》2014 年第 6 期。

[212] 王浩：《特朗普政府对华"挂钩"政策探析》，载于《当代亚太》2017 年第 4 期。

[213] 王印红、王琪：《中国海洋软实力的提升途径研究》，载于《太平洋学报》2012 年第 4 期。

[214] 王会均：《南海诸岛史料综录》，文史哲出版社 2014 年版。

[215] 王缉思、仵胜奇：《中美对新型大国关系的认知差异及中国对美政策》，载于《当代世界》2014 年第 10 期。

[216] 王杰、李荣、张洪雨：《东亚视野下的我国海上搜救责任区问题研究》，载于《东北亚论坛》2014 年第 4 期。

[217] 王杰、吕靖、朱乐群：《应急状态下我国海上通道安全法律保障》，载于《中国航海》2014 年第 2 期。

[218] 王金强：《国际体系下的中国海外利益分析》，载于《当代世界》2010 年第 4 期。

[219] 王磊、郑先武：《大国协调与跨区域安全治理》，载于《国际安全研

究》2014 年第 1 期。

[220] 王历荣：《国际海盗问题与中国海上通道安全》，载于《当代亚太》2009 年第 6 期。

[221] 王历荣：《全球化背景下的海上通道与中国经济安全》，载于《广东海洋大学学报》2012 年第 5 期。

[222] 王校轩：《关于中国南海安全的几点思考》，载于《国际观察》2016 年第 4 期。

[223] 王薛平：《南海环境》，广西师范大学出版社 2011 年版。

[224] 王逸舟：《创造性介入——中国外交新取向》，北京大学出版社 2011 年版。

[225] 王逸舟：《磨合中的建构：中国与国际组织关系的多视角透视》，中国发展出版社 2003 年版。

[226] 王毅：《坚持正确义利观积极发挥负责任大国作用——深刻领会习近平同志关于外交工作的重要讲话精神》，载于《人民日报》2013 年第 7 版。

[227] 韦宗友：《美国在印太地区的战略调整及其地缘战略影响》，载于《世界经济与政治》2013 年第 10 期。

[228] 吴春明、佟珊：《环中国海海洋族群的历史发展》，载于《云南师范大学学报》2011 年第 3 期。

[229] 吴琳：《南海危机与地区视野下的预防性外交——兼论中国的战略选择》，载于《外交评论》2015 年第 4 期。

[230] 吴士存：《南海问题文献汇编》，海南出版社 2001 年版。

[231] 吴士存、朱华友：《聚焦南海：地缘政治、资源、航道》，中国经济出版社 2009 年版。

[232] 吴振华：《杭州市舶司研究》，载于《海交史研究》1988 年第 1 期。

[233] 吴志成、董柞壮：《"一带一路"战略实施中的中国海外利益维护》，载于《天津社会科学》2015 年第 4 期。

[234] 夏莉萍：《中国政府在保护海外公民安全方面的制度化变革及原因初探》，载于《国际论坛》2009 年第 1 期。

[235] 项文惠：《中国的海外撤离行动——模式、机遇、挑战》，载于《国际展望》2019 年第 1 期。

[236] 项文惠：《中国海外公民保护的理念、内涵与未来走势》，载于《国际展望》2016 年第 4 期。

[237] 肖琳：《全面实施海洋战略大力建设海洋强国》，载于《太平洋学报》2014 年第 3 期。

[238] 肖琳:《"中国海洋观"释义——学习李克强总理在中希海洋合作论坛上的讲话》,载于《太平洋学报》2014年第8期。

[239] 肖洋:《管理规制视角下中国参与北极航道安全合作实践研究》,清华大学出版社2017年版。

[240] 谢贵安:《明清实录对"南海"与"南洋"的记载与认知》,载于《南都学坛》2018年第6期。

[241] 徐庆超:《"学术外宣"与中国对外话语体系建设》,载于《中共中央党校学报》2015年第2期。

[242] 徐祥民:《渤海特别法的关键设置:渤海综合管理委员会》,载于《法学论坛》2011年第3期。

[243] 徐祥民等:《渤海管理法的体制问题研究》,人民出版社2011年版。

[244] 徐祥民等:《渤海管理法调整范围的立法方案选择》,人民出版社2012年版。

[245] 徐祥民:《关于渤海特别法的执行体制的思考》,载于《中国人口资源与环境》2014年第7期。

[246] 徐祥民:《关于尽快颁布我国海洋基本法必要性的探讨》,载于《烟台大学学报》2014年第6期。

[247] 徐祥民:《关于设立渤海综合管理委员会必要性的认识》,载于《中国人口资源与环境》2012年第12期。

[248] 徐祥民:《海洋环境保护和海洋利用应当贯彻的六项原则——人类环境利益的视角》,载于《中国地质大学学报》2012年第2期。

[249] 徐祥民:《区分对"海洋强国"的三种理解》,引自《中国海洋发展研究文集》,海洋出版社2013年版。

[250] 徐祥民:《区域海洋管理:美国海洋管理的新篇章》,载于《中州学刊》2009年第1期。

[251] 徐祥民:《全面推进海洋事业战略综述》,载于《中国海洋报》2013年1月28日,第3版。

[252] 徐祥民、宋福敏:《我国的海洋利益与海洋战略定位》,载于《中国海洋大学学报》(社会科学版)2013年第1期。

[253] 徐祥民:《为了更蓝的海洋——海洋环境保护和海洋利用应当贯彻的六项原则》,载于《中国海洋大学学报》2012年第4期。

[254] 徐祥民:《寻找海洋社会》,引自《海洋法律、社会与管理(2012卷)》,社会科学文献出版社2013年版。

[255] 徐祥民:《制定我国海洋战略的"陆情"分析》,社会科学文献出

社 2015 年版。

[256] 徐祥民:《中国海洋发展战略研究》,经济科学出版社 2015 年版。

[257] 徐祥民主编:《海洋权益与海洋发展战略》,海洋出版社 2008 年版。

[258] 徐祥民主编:《"蓝黄"经济区建设的法制保障研究》,人民出版社 2013 年版。

[259] 徐晓望:《论中国历史上内陆文化和海洋文化的交征》,载于《东南文化》1988 年第 z1 期。

[260] 许浩:《南海油气资源"共同开发"的现实困境与博弈破解》,载于《东南亚研究》2014 年第 4 期。

[261] 薛国中:《论明王朝海禁之害》,载于《武汉大学学报》2005 年第 2 期。

[262] 薛力:《韩国"新北方政策""新南方政策"与"一带一路"对接分析》,载于《东北亚论坛》2018 年第 5 期。

[263] 闫巍:《法国海军力量在维护海外利益中的运用》,载于《军队政工理论研究》2015 年第 2 期。

[264] 闫巍:《我国海外利益安全风险及成因思考》,载于《经济师》2015 年第 1 期。

[265] 杨显滨:《专属经济区航行自由论》,载于《法商研究》2017 年第 3 期。

[266] 杨泽伟:《联合国海洋法公约的主要缺陷及其完善》,载于《法学评论》2012 年第 5 期。

[267] 杨泽伟:《中国海上能源通道安全的法律保障》,武汉大学出版社 2011 年版。

[268] 杨震、周云亨、朱漪:《论后冷战时代中美海权矛盾中的南海问题》,载于《太平洋学报》2015 年第 4 期。

[269] 叶艳华:《东亚国家参与北极事务的路径与国际合作研究》,载于《东北亚论坛》2018 年第 6 期。

[270] 叶自成、慕新海:《对中国海权发展战略的几点思考》,载于《国际政治研究》2005 年第 3 期。

[271] 尹继武:《中国南海安全战略思维:内涵、演变与建构》,载于《国际安全研究》2017 年第 4 期。

[272] 于凤、王颖:《我国海洋文化事业发展现状和建设研究》,载于《海洋开发与管理》2017 年第 8 期。

[273] 于军、程春华:《中国的海外利益》,人民出版社 2015 年版。

[274] 于军:《印度海外利益的拓展与维护及其对中国的启示》,载于《探

索》2015 年第 2 期。

[275] 于军：《全面解析中国海外利益》，载于《中华读书报》2017 年 10 月 18 日，第 19 版。

[276] 袁发强：《航行自由制度与中国的政策选择》，载于《国际问题研究》2016 年第 2 期。

[277] [美] 约翰·米尔斯海默，王义桅、唐小松译：《大国政治的悲剧》，上海人民出版社 2003 年版。

[278] [美] 约瑟夫奈著，门洪华译：《硬权力与软权力》，北京大学出版社 2005 年版。

[279] [美] 约瑟夫奈著，吴晓辉、钱程译：《软力量——世界政坛成功之道》，东方出版社 2005 年版。

[280] [美] 约瑟夫奈著，郑志国等译：《美国霸权的困惑——为什么美国不能独断专行》，北京大学出版社 2002 年版。

[281] 曾祥御、朱宇凡：《印度海军外交：战略、影响与启示》，载于《南亚研究季刊》2015 年第 1 期。

[282] 曾勇：《国外有关南海问题解决方案述评》，载于《中国边疆史地研究》2014 年第 3 期。

[283] 翟石磊：《从全球民调看"中国崛起"与"美国衰落"的相对性》，载于《国际展望》2014 年第 1 期。

[284] 张帆：《中国古代海洋文明与海洋战略概述》，载于《珠江论丛》2017 年第 2 期。

[285] 张海文、王芳：《海洋强国战略是国家大战略的有机组成部分》，载于《国际安全研究》2013 年第 6 期。

[286] 张海柱：《政府工作报告中的海洋政策演变——对 1954 - 2015 年国务院政府工作报告的内容分析》，载于《上海行政学院学报》2016 年第 3 期。

[287] 张德华、冯梁、颜家坤：《中华民族海洋意识影响因素探析》，载于《世界经济与政治论坛》2009 年第 1 期。

[288] 张杰：《"一带一路"与私人安保对中国海外利益的保护——以中亚地区为视角》，载于《上海对外经贸大学学报》2017 年第 1 期。

[289] 张洁：《对南海断续线的认知与中国的战略选择》，载于《国际政治研究》2014 年第 2 期。

[290] 张开城：《海洋文化与中华文明》，载于《广东海洋大学学报》2012 年第 5 期。

[291] 张磊：《论国家主权对航行自由的合理限制——以"海洋自由论的历

史演进为视角"》，载于《法商研究》2015 年第 5 期。

[292] 张历历：《外交决策》，世界知识出版社 2007 年版。

[293] 张明亮：《超越航线：美国在南海的追求》，香港社会科学出版社有限公司 2011 年版。

[294] 张曙光：《国家海外利益风险的外交管理》，载于《世界经济与政治》2009 年第 8 期。

[295] 张炜、冯梁：《国家海上安全》，海潮出版社 2008 年版。

[296] 张文木：《论中国海权（第二版）》，海洋出版社 2010 年版。

[297] 张侠、屠景芳等：《北极航线的海运经济潜力评估及其对我国经济发展的战略意义》，载于《中国软科学》2009 年第 S2 期。

[298] 张侠、杨惠根、王洛：《我国北极航道开拓的战略选择初探》，载于《极地研究》2016 年第 2 期。

[299] 张湘兰、张芷凡：《现状与展望：全球治理维度下的海上能源通道安全合作机制》，载于《江西社会科学》2011 年第 9 期。

[300] 张小奕：《试论航行自由的历史演进》，载于《国际法研究》2014 年第 4 期。

[301] 张宇权：《干涉主义视角下的美国南海政策逻辑及中国的应对策略》，载于《国际安全研究》2014 年第 5 期。

[302] 张愿、胡德坤：《防止海上事件与中美海上军事互信机制建设》，载于《国际问题研究》2014 年第 2 期。

[303] 张云莲、李福建：《"中国威胁论"对中国国家形象的挑战》，载于《思想理论教育导刊》2016 年第 8 期。

[304] 张蕴岭：《中国在南海问题上的战略选择》，载于《当代世界》2016 年第 7 期。

[305] 张忠良：《从亚丁湾护航看中国海军建设发展》，载于《求知》2011 年第 8 期。

[306] 张祖兴：《规则、利益与南海地区秩序》，载于《东南亚研究》2018 年第 6 期。

[307] 章百家：《改变自己，影响世界——20 世纪中国外交基本线索刍议》，载于《中国社会科学》2002 年第 1 期。

[308] 赵从举：《南海资源》，广西师范大学出版社 2011 年版。

[309] 赵国军：《论南海问题"东盟化"的发展——东盟政策演变与中国应对》，载于《国际展望》2013 年第 2 期。

[310] 赵全胜：《中美关系和亚太地区的"双领导体制"》，载于《美国研

究》2012 年第 1 期。

[311] 郑先武：《大国协调与国际安全治理》，载于《世界经济与政治》2010 年第 5 期。

[312] 中国国际法学会：《南海仲裁案裁决之批判》，外文出版社 2018 年版。

[313] 中国现代国际关系研究院海上通道安全课题组：《海上通道安全与国际合作》，时事出版社 2005 年版。

[314] 中华人民共和国国务院新闻办公室：《中国坚持通过谈判解决中国与菲律宾在南海的有关争议》，人民出版社 2016 年版。

[315] 周方银：《美国的亚太同盟体系与中国的应对》，载于《世界经济与政治》2013 年第 11 期。

[316] 周桂银：《南海合作的共同体愿景》，载于《史学月刊》2016 年第 12 期。

[317] 周琪：《冷战后美国南海政策的演变及其根源》，载于《世界经济与政治》2014 年第 6 期。

[318] 周士新：《南海军事化问题论析》，载于《南洋问题研究》2019 年第 1 期。

[319] 周忠海：《海涓集》，中国政法大学出版社 2012 年版。

[320] 周忠海：《海外投资的外交保护》，载于《政法论坛》2007 年第 3 期。

[321] 朱锋：《岛礁建设会改变南海局势现状吗？》，载于《国际问题研究》2015 年第 3 期。

[322] 朱剑：《航行自由问题与中美南海矛盾——从海洋的自然属性出发》，载于《外交评论》2018 年第 4 期。

[323] 朱有铭：《试论明代的对外开放》，载于《学术论坛》1989 年第 4 期。

[324] 庄国土：《海外贸易和南洋开发与闽南华侨出国的关系——兼论华侨出国的原因》，载于《华人华侨历史研究》1994 年第 2 期。

[325] 庄国土：《论清末海外中华总商会的设立——晚清华侨政策研究之五》，载于《南洋问题研究》1989 年第 3 期。

[326] 庄国土：《论中国人移民东南亚的四次大潮》，载于《南洋问题研究》2008 年第 1 期。

[327] 邹立刚：《保障我国海上通道安全研究》，载于《法治研究》2012 年第 1 期。

[328] 左希迎：《美国战略收缩与亚太秩序的未来》，载于《当代亚太》2014 年第 4 期。

［329］Aaron L. Friedberg, A contest for supremacy: China, America, and the strugglefor mastery in Asia, W. W. Norton & Company, 2012.

［330］Abanti Bhattacharya, Chinese Nationalism and China's Assertive Foreign Policy, The Journal of East Asian Affairs, Vol. 21, No. 1, Spring/Summer, 2007.

［331］Alfred T. Mahan, The Influence of Sea Power upon History (1660 – 1783), Cambridge University Press, 2010.

［332］American Geophysical Union: Ice-free Arctic summers could happen on earlier side of predictions, https://phys.org/news/2019 – 02 – ice – free – arctic – summers – earlier – side. html.

［333］Andrew Erickson and Gabe Collins, China Carrier Demo Module Highlights urging Navy, The National Interest, 2013 – 08 – 06.

［334］Andrew Erickson et al., When Land Powers Look Seaward, Proceedings, April 2011.

［335］Andrew F. Krepinevich, Why Air Sea Battle?, Center for Strategic and Budgetary Assessments, 2010.

［336］Andrew Krepinevich, Barry Watts, Robert Work, Meeting the Anti – Access and Area – Denial Challenge, report of Center for Strategic and Budgetary Assessment, 2003.

［337］Andrew Scobell & Andrew J. Nathan, China's Overstretched Military, The Washington Quarterly, 2012, 35 (4).

［338］Andrew S. Erickson and Austin M. Strange, No Substitute for Experience: Chinese Antipiracy Operations in the Gulf of Aden, China Maritime Study, No. 10, November 2013.

［339］Andrew S. Erickson and Lyle J. Goldstein, Gunboats for China's New 'Grand Canals'? Probing the Intersection of Beijing's Naval and Energy Security Policies, Naval War College Review, 2009, 62 (2).

［340］Ankit Panda, US, Japan, India, and Australia Hold Working – Level Quadrilateral Meeting on Regional Cooperation, The Diplomat, 2017 – 11 – 13.

［341］Anthony H. Cordesman, Ashley Hess, and Nicholas S. Yarosh, Chinese Military Modernization and Force Development: A Western Perspective, report of CSIS, 2013 – 09 – 30.

［342］Arctic Climate Impact Assessment: Impacts of a Warming Arctic, Synthesis Report, Cambridge: Cambridge University Press, 2004.

［343］Armin Rappaport and William Earl Weeks, Freedom of the Seas, in Alexander Deconde, Richard Dean Burns, and Fredrik Logevall eds., Encyclopedia of American Foreign Policy, New York: Charles Scribner's Sons Gale Group, 2002, Second Edition.

[344] Ben Dolven, et al., Chinese Land Reclamation in the South China Sea: Implications and Policy Options, CRS Report, 2015-06-18.

[345] Bitzinger R. A. and Raska M, The Air-Sea Battle Debate and the Future of Conflict in East Asia, Singapore: RSIS Policy Brief, 2013.

[346] Bonnie S. Glaser, "Beijing as an Emerging Power in the South China Sea", CSIS statement, 2012-09-12.

[347] Brad Glosserman, Asia's Rise, Western Anxiety, Leadership in a Tripolar World, PacNet, 2011-02-18.

[348] Captain Raul Pedrozo, Close Encounters at Sea: The USNS Impeccable Incident, Naval War College Review, 2009, 62 (3).

[349] Center for Strategic and Budgetary Assessments: Air-Sea Battle: A Point-of-Departure Operational Concept, May 2010, http://www.csbaonline.org/4 Publications/PubLibrary/R. 20100518. Air_Sea_Battle A_/R. 20100518. Air_Sea_Battle A_. pdf.

[350] C. Fred Bergsten, A Partnership of Equals: How Washington Should Respond to China's Economic Challenge, Foreign Affairs, July/August, 2008.

[351] Charles Emmerson, Paul Stevens: Maritime Choke Points and the Global Energy System: Charting a Way Forward, Chatham House Briefing Paper, London, January 2012.

[352] Christopher Layne, China and America: Sleepwalking to War?, The National Interest, 2015-04-21.

[353] Condo Leezza Rice: Promoting the National Interest, Foreign Affairs, 2000, 79 (1).

[354] Congressional Research Service, Limits in the Seas: United States Responses to Excessive National Maritime Claims, 1992 (112).

[355] Cornelius van Bynkershoek, De Demino Maris Dissertation on the Sovereignty of the Sea, Translated by Ralph Van Deman Magoffin, Oxford University Press, 1923.

[356] Evan Braden Montgomery, Contested Primacy in the Western Pacific: China's Rise and the Future of U. S. Power Projection, International Security, 2014, 38 (4).

[357] Graham Allison, The Thucydides Trap: Are the U. S. and China Headed

[358] Hillary Clinton, American's Pacific Century, Foreign Policy, November 2011.

[359] Hugo Grotius, Freedom of the Seas or the Right Which Belongs to the Dutch to Take Part in the East Indian Trade, translated by Ralph Van Deman, New York: Oxford University Press, 1916.

[360] Hugo Grotius, The Rights of War and Peace, edited and with an Introduction by Richard Tuck, from the Edition by Jean Barbeyrac, Indianapolis, Liberty Fund, 2005, 3.

[361] IEA: key world energy statistics 2018, https://webstore.iea.org/download/direct/2291?fileName=Key_World_2018.pdf.

[362] James C. Hsiung, An Anatomy of Sino-Japanese Disputes and U.S. Involvement, New York: CN Times Books, 2015.

[363] James Kraska, Raul Pedrozo, The Free Sea: the American Fight for Dreedom of Navigation, Annapolis: Naval Institute Press, 2018.

[364] James R. Holmes and Toshi Yoshibara, China Naval Strategy in the 21st Century: the Turn to Mahan, London and New York: Routledge, 2008.

[365] Jan van Tol, Mark Gunzinger, Andrew F. Krepinevich, Jim Thomas: Air-Sea Battle: A Point-of-Departure Operational Concept, Center for Strategic and Budgetary Assessments, May 18, 2010, https://csbaonline.org/research/publications/airsea-battle-concept/.

[366] Jean-Marc F. Blanchard, The U.S. Role in the Sino-Japanese Dispute over the Diaoyu (Senkaku) Islands, 1945-1971, The China Quarterly, 2000, 161 (3).

[367] John Braddock: India reaches into the South Pacific to counter China, August 27, 2015, http://www.wsws.org/en/articles/2015/08/27/modi-a27.html.

[368] John J. Mearsheimer, "The Gathering Storm: China's Challenge to US Power in Asia", The Chinese Journal of International Politics, Vol. 3, 2010, pp. 389.

[369] John J. Mearsheimer, The Tragedy of Great Power Politics, New York: W. W. Norton, 2001.

[370] John Selden, Mare Clausum of the Dominion or Ownership of the Sea, Translated by Marchamont Nedham, New Jersey: The Lawbook Exchange, Ltd., 2004, Preface.

[371] John W. Swift, P. Hodgkinson, Samuel W. Woodhouse, The Voyage of

the Empress of China, The Pennsylvania Magazine of History and Biography, 1939, 63 (1).

[372] Joseph S. Nye Jr: The American National Interest and Global Public Goods, International Affairs (Royal Institute of International Affairs 1944 –), 2002, 78 (2): 233 – 244.

[373] Jutta Welders: Constructing National Interest, European Journal of International Relations, 1996, 2 (3): 275 – 318. https://csbaonline.org/uploads/documents/2010.02.19 – Why – AirSea – Battle.pdf.

[374] Karl Zemanek, Was Hugo Grotius Really in Favour of the Freedom of the Seas?, Journal of the History of International Law, 1999, 1: 48 – 60.

[375] Mark E. Manyin et al, Pivot to the Pacific? The Obama Administration's "Rebalancing" Toward Asia, Congressional Research Service, March 28, 2012.

[376] Michael A. Glosny and Phillip C. Saunders, Robert S. Ross, Debating China's Naval Nationalism, International Security, Fall 2010, 35 (2).

[377] Michael J. Green, Nicholas Szechenyi, Power and Order in Asia: A Survey of Regional Expectations, Report of CSIS, July 2014.

[378] Office of Naval Intelligence, The PLA Navy New Capabilities and Missions for the 21st Century, 2015.

[379] Office of the Secretary of Defense, Military and Security Developments Involving the People's Republic of China, 2019.

[380] Patrick M. Cronin ed., Cooperation from Strength: The United States, China and the South China Sea, Centre for a New American Security, January 2012.

[381] Patrick M. Hughes: Global Threats And Challenges To The United States And Its Interests Abroad, Statement For The Senate Select Committee On Intelligence, 5 February 1997.

[382] Pitman B. Potter, Freedom of the Seas in Ancient History, The Congressional Digest, January 1930.

[383] R. Edward Grumbine, China's Emergence and the Prospects for Global Sustainability, BioScience, 2007, 57 (3).

[384] Richard Armitage and Joseph S. Nye, The U.S. – Japan Alliance: Anchoring Stability in Asia, August 2012.

[385] Richard Fisher, Jr., PLA and U.S. Arms Racing in the Western Pacific, June 29th, 2011.

[386] Richard J. Grunawalt, United States policy on international straits, Ocean

Development & International Law, 1987, 18 (4).

[387] Robert D. Kaplan, "China's Two‐Ocean Strategy," in Abraham Denmark and Nirav Patel (ed.), China's Arrival: A Strategic Framework for a Global Relationship, Washington, DC: Center for New American Security, September 2009.

[388] Robert D. Kaplan, "The Geography of Chinese Power: How Far Can Beijing Reach on Land and at Sea?" Foreign Affairs, May/June 2010, 89 (3).

[389] Robert Jay Wilder, "Three‐Mile Territorial Sea: Its Origins and Implications for Contemporary Offshore Federalism", Virginia Journal of International Law, 1992, 32 (3).

[390] Robert S. Ross, "China's Naval Nationalism: Source, Prospects, and the U. S. Response," International Security, 2009, 34 (2).

[391] Robert S. Ross, "The Geography of the Peace: East Asia in the Twenty‐First Century", International Security, 1999, 23 (4).

[392] Ronald O'Rourke, China's Naval Modernization: Implications for U. S. Navy Capabilities——Background and Issues for Congress, Report for Congress, 2013‐09‐05.

[393] Sam Bateman and Ralf Emmers eds., Security and International Politics in the South China Sea: Towards a Cooperative Management Regime, Routledge, 2009.

[394] Sam J. Tangredi, ed., Globalization and Sea Power, Washington D. C.: National Defense University Press, 2002.

[395] Samuel P. Huntington: The Erosion of American National Interests, Foreign Affairs, Vol. 76, No. 5 (Sep.‐Oct., 1997), pp. 28‐49.

[396] Smith, Philip Chadwick Foster, The Empress of China, Philadelphia, Pa.: Philadelphia Maritime Museum, 1984.

[397] State of The Climate In 2015, Special Supplements to the Bulletin of the American Meteorological Society, Vol. 97, No. 8, August 2016, http://www.ametsoc.net/sotc/StateoftheClimate2015_lowres.pdf.

[398] Stephen M. Walt, The End of the American Era, The National Interest, November/December 2011.

[399] Strobe Talbot: Democracy and the National Interest, Foreign Affairs, 1996, 75 (6): 47‐63.

[400] Sukjoon Yoon, An Aircraft Carrier's Relevance to China's A2/AD Strategy, Pacific Forum CSIS, 2012‐11‐13.

[401] The Department of the Navy, A Cooperative Strategy for 21st Century Sea-

power, March 2015.

［402］The ICAS Team, Trump Administration's South China Sea Policy, Institute for China – America Studies, the US, 2017 – 06 – 3.

［403］The U. S. Department of Defense, Quadrennial Defense Review Report, March 2014.

［404］The White House, National Security Decision Directive 72, 1982 – 12 – 13.

［405］The White House, National Security Decision Directive 265, 1987 – 03 – 16.

［406］The White House, National Security Directive 49, 1990 – 10 – 12.

［407］The White House, National Security Strategy of the United States of America, December, 2017.

［408］The White House, NSPD – 66/HSPD – 25, 2009 – 01 – 9.

［409］Toshi Yoshihara and James R. Holmes, China's Energy – Driven 'Soft Power' Orbis, 2008.

［410］Uri Dadush and Bennett Stancil, The World in 2050, VA: Carnegie Endowment for International Peace, April 2010.

［411］U. S. Department of Defense, Annual Report to: Military and Security Dev Congress elopment Involving the People's Republic of China 2015, April 2015.

［412］U. S. Department of Defense, Freedom of Navigation Program: Fact sheet, March 2015.

［413］U. S. Department of Defense: Quadrennial Defense Review Report 2010, http: //www. defense. gov/qdr/QDR％20as％20of％2029JAN10％201600. pdf.

［414］U. S. Department of Defense, The Guidelines for U. S. – Japan Defense Cooperation, 2015 – 04 – 27.

［415］U. S. Department of the Navy: A Cooperative Strategy for 21st Century Sea-power: Forward Engage Ready, March 2015.

［416］W. l. Walker, Territorial Waters: the Cannon Shot Rule, The British Yearbook of International Law, 1945, 22.

后 记

本书是教育部人文社会科学研究重大课题攻关项目"新时期中国海洋战略研究"(项目批准号:13JZD041;项目合同号:13JZDH041)的结项成果。

在将研究成果呈现给亲爱的读者的时候,也想将反映成果生长过程的几个重要时刻做一次"回放"。

(1) 2013 年 4 月,徐祥民和中国海洋大学的几位同事金天宇、田其云、马建英等策划申报教育部重大课题攻关项目"新时期中国海洋战略研究",组成由徐祥民为首席专家,由王琪(中国海洋大学)、孙吉亭(山东省社会科学院)、曲金良(中国海洋大学)、田其云(中国海洋大学)、潘克厚(中国海洋大学)、马建英(中国海洋大学)等为成员的课题组。马建英(现为山东师范大学教授)为起草《投标评审书》付出极大的努力。2013 年 9 月 7 日,徐祥民代表课题组在北京向评审专家组作"2013 年度教育部哲学社会科学研究重大课题攻关项目招标课题"竞标报告。

(2) 2013 年 9 月 26 日,教育部社科司《关于批准下达 2013 年度教育部哲学社会科学重大课题攻关项目的通知》(教社科司函〔2013〕186 号)通知徐祥民为首席专家的"新时期中国海洋战略研究"正式批准立项。

(3) 2014 年正式展开项目研究之后,根据国家建设发展形势对课题要求的变化和课题实施方案的调整、根据研究队伍相关情况的变化、考虑到高质量完成项目研究任务的需要,经调整,到项目研究最后阶段,课题组子课题负责人依次为:子课题一"新时期中国海洋战略解读":孙明烈(中国海洋大学);子课题二"中美关系与我国的海洋战略":马建英(中国海洋大学,现为山东师范大学);子课题三"我国与亚洲邻国间的经贸关系与我国的海洋战略":刘曙光(中国海洋大学);子课题四"建设和平、健康、繁荣的南中国海":王传剑(山东建筑大学,现为天津师范大学);子课题五"中国海洋战略中的海洋通道战略":孙凯(中国海洋大学);子课题六"我国海外利益保护与海洋安全战略":贺鉴(中国海洋大学,现为云南大学);子课题七"中国海洋战略中的海洋文化战略":薛晓明(中国海洋大学);子课题八"新时期的中国海洋战略":梅宏(中国海洋大学);文稿整理、审校与修改:王栋(浙江工商大学)。

(4) 2020年4月,项目基本研究工作结束。参加项目研究、文稿撰写的人员(含首席专家、子课题负责人)有(依结项成果定稿章节先后为序):

第一章中国发展的新时代和新时期的中国海洋战略:孙明烈(中国海洋大学)、徐祥民(浙江工商大学)、张明君(中国海洋大学)、王国蕾(中国海洋大学)、朱昊(浙江工商大学)、吕楠(浙江工商大学)。

第二章中美关系与我国新时期的海洋战略:马建英(山东师范大学)。

第三章中国与邻国经贸关系及我国新时期的海洋战略:刘曙光(中国海洋大学)、王璐(中国海洋大学)、王嘉奕(中国海洋大学)、王国蕾(中国海洋大学)。

第四章建设和平、健康、繁荣的南中国海:王传剑(天津师范大学)、王冬梅(天津师范大学)、王新龙(天津师范大学)、石秋峰(天津师范大学)、周林志(天津师范大学)、孙巧囡(山东建筑大学)。

第五章我国的海洋战略通道与新时期的海洋战略:孙凯(中国海洋大学)、吴昊(山东大学)。

第六章建设海洋强国维护海外利益:贺鉴(云南大学)、刘磊(中国海洋大学)、张小虎(湘潭大学)、汪翱(武汉大学)、陈楷(中国海洋大学)、王璐(山东大学)、王雪(中国海洋大学)。

第七章中国海洋战略中的海洋文化战略:薛晓明(中国海洋大学)、徐祥民(浙江工商大学)、梅宏(中国海洋大学)、王栋(浙江工商大学)、陈丽(华中师范大学)、付彦彦(中国海洋大学)、杜雅馨(中国海洋大学)。

第八章新时期中国海洋战略总布局:梅宏(中国海洋大学)、徐祥民(浙江工商大学)、于铭(中国海洋大学)、王栋(浙江工商大学)、王斐(中国海洋大学)、王庆元(中国海洋大学)、李新宇(中国海洋大学)。

本书作者
2020年4月30日

教育部哲学社会科学研究重大课题攻关项目成果出版列表

序号	书　名	首席专家
1	《马克思主义基础理论若干重大问题研究》	陈先达
2	《马克思主义理论学科体系建构与建设研究》	张雷声
3	《马克思主义整体性研究》	逄锦聚
4	《改革开放以来马克思主义在中国的发展》	顾钰民
5	《新时期　新探索　新征程——当代资本主义国家共产党的理论与实践研究》	聂运麟
6	《坚持马克思主义在意识形态领域指导地位研究》	陈先达
7	《当代资本主义新变化的批判性解读》	唐正东
8	《当代中国人精神生活研究》	童世骏
9	《弘扬与培育民族精神研究》	杨叔子
10	《当代科学哲学的发展趋势》	郭贵春
11	《服务型政府建设规律研究》	朱光磊
12	《地方政府改革与深化行政管理体制改革研究》	沈荣华
13	《面向知识表示与推理的自然语言逻辑》	鞠实儿
14	《当代宗教冲突与对话研究》	张志刚
15	《马克思主义文艺理论中国化研究》	朱立元
16	《历史题材文学创作重大问题研究》	童庆炳
17	《现代中西高校公共艺术教育比较研究》	曾繁仁
18	《西方文论中国化与中国文论建设》	王一川
19	《中华民族音乐文化的国际传播与推广》	王耀华
20	《楚地出土戰國簡册［十四種］》	陈伟
21	《近代中国的知识与制度转型》	桑兵
22	《中国抗战在世界反法西斯战争中的历史地位》	胡德坤
23	《近代以来日本对华认识及其行动选择研究》	杨栋梁
24	《京津冀都市圈的崛起与中国经济发展》	周立群
25	《金融市场全球化下的中国监管体系研究》	曹凤岐
26	《中国市场经济发展研究》	刘伟
27	《全球经济调整中的中国经济增长与宏观调控体系研究》	黄达
28	《中国特大都市圈与世界制造业中心研究》	李廉水

序号	书　名	首席专家
29	《中国产业竞争力研究》	赵彦云
30	《东北老工业基地资源型城市发展可持续产业问题研究》	宋冬林
31	《转型时期消费需求升级与产业发展研究》	臧旭恒
32	《中国金融国际化中的风险防范与金融安全研究》	刘锡良
33	《全球新型金融危机与中国的外汇储备战略》	陈雨露
34	《全球金融危机与新常态下的中国产业发展》	段文斌
35	《中国民营经济制度创新与发展》	李维安
36	《中国现代服务经济理论与发展战略研究》	陈　宪
37	《中国转型期的社会风险及公共危机管理研究》	丁烈云
38	《人文社会科学研究成果评价体系研究》	刘大椿
39	《中国工业化、城镇化进程中的农村土地问题研究》	曲福田
40	《中国农村社区建设研究》	项继权
41	《东北老工业基地改造与振兴研究》	程　伟
42	《全面建设小康社会进程中的我国就业发展战略研究》	曾湘泉
43	《自主创新战略与国际竞争力研究》	吴贵生
44	《转轨经济中的反行政性垄断与促进竞争政策研究》	于良春
45	《面向公共服务的电子政务管理体系研究》	孙宝文
46	《产权理论比较与中国产权制度变革》	黄少安
47	《中国企业集团成长与重组研究》	蓝海林
48	《我国资源、环境、人口与经济承载能力研究》	邱　东
49	《"病有所医"——目标、路径与战略选择》	高建民
50	《税收对国民收入分配调控作用研究》	郭庆旺
51	《多党合作与中国共产党执政能力建设研究》	周淑真
52	《规范收入分配秩序研究》	杨灿明
53	《中国社会转型中的政府治理模式研究》	娄成武
54	《中国加入区域经济一体化研究》	黄卫平
55	《金融体制改革和货币问题研究》	王广谦
56	《人民币均衡汇率问题研究》	姜波克
57	《我国土地制度与社会经济协调发展研究》	黄祖辉
58	《南水北调工程与中部地区经济社会可持续发展研究》	杨云彦
59	《产业集聚与区域经济协调发展研究》	王　珺

序号	书名	首席专家
60	《我国货币政策体系与传导机制研究》	刘伟
61	《我国民法典体系问题研究》	王利明
62	《中国司法制度的基础理论问题研究》	陈光中
63	《多元化纠纷解决机制与和谐社会的构建》	范愉
64	《中国和平发展的重大前沿国际法律问题研究》	曾令良
65	《中国法制现代化的理论与实践》	徐显明
66	《农村土地问题立法研究》	陈小君
67	《知识产权制度变革与发展研究》	吴汉东
68	《中国能源安全若干法律与政策问题研究》	黄进
69	《城乡统筹视角下我国城乡双向商贸流通体系研究》	任保平
70	《产权强度、土地流转与农民权益保护》	罗必良
71	《我国建设用地总量控制与差别化管理政策研究》	欧名豪
72	《矿产资源有偿使用制度与生态补偿机制》	李国平
73	《巨灾风险管理制度创新研究》	卓志
74	《国有资产法律保护机制研究》	李曙光
75	《中国与全球油气资源重点区域合作研究》	王震
76	《可持续发展的中国新型农村社会养老保险制度研究》	邓大松
77	《农民工权益保护理论与实践研究》	刘林平
78	《大学生就业创业教育研究》	杨晓慧
79	《新能源与可再生能源法律与政策研究》	李艳芳
80	《中国海外投资的风险防范与管控体系研究》	陈菲琼
81	《生活质量的指标构建与现状评价》	周长城
82	《中国公民人文素质研究》	石亚军
83	《城市化进程中的重大社会问题及其对策研究》	李强
84	《中国农村与农民问题前沿研究》	徐勇
85	《西部开发中的人口流动与族际交往研究》	马戎
86	《现代农业发展战略研究》	周应恒
87	《综合交通运输体系研究——认知与建构》	荣朝和
88	《中国独生子女问题研究》	风笑天
89	《我国粮食安全保障体系研究》	胡小平
90	《我国食品安全风险防控研究》	王硕

序号	书名	首席专家
91	《城市新移民问题及其对策研究》	周大鸣
92	《新农村建设与城镇化推进中农村教育布局调整研究》	史宁中
93	《农村公共产品供给与农村和谐社会建设》	王国华
94	《中国大城市户籍制度改革研究》	彭希哲
95	《国家惠农政策的成效评价与完善研究》	邓大才
96	《以民主促进和谐——和谐社会构建中的基层民主政治建设研究》	徐 勇
97	《城市文化与国家治理——当代中国城市建设理论内涵与发展模式建构》	皇甫晓涛
98	《中国边疆治理研究》	周 平
99	《边疆多民族地区构建社会主义和谐社会研究》	张先亮
100	《新疆民族文化、民族心理与社会长治久安》	高静文
101	《中国大众媒介的传播效果与公信力研究》	喻国明
102	《媒介素养：理念、认知、参与》	陆 晔
103	《创新型国家的知识信息服务体系研究》	胡昌平
104	《数字信息资源规划、管理与利用研究》	马费成
105	《新闻传媒发展与建构和谐社会关系研究》	罗以澄
106	《数字传播技术与媒体产业发展研究》	黄升民
107	《互联网等新媒体对社会舆论影响与利用研究》	谢新洲
108	《网络舆论监测与安全研究》	黄永林
109	《中国文化产业发展战略论》	胡惠林
110	《20世纪中国古代文化经典在域外的传播与影响研究》	张西平
111	《国际传播的理论、现状和发展趋势研究》	吴 飞
112	《教育投入、资源配置与人力资本收益》	闵维方
113	《创新人才与教育创新研究》	林崇德
114	《中国农村教育发展指标体系研究》	袁桂林
115	《高校思想政治理论课程建设研究》	顾海良
116	《网络思想政治教育研究》	张再兴
117	《高校招生考试制度改革研究》	刘海峰
118	《基础教育改革与中国教育学理论重建研究》	叶 澜
119	《我国研究生教育结构调整问题研究》	袁本涛 王传毅
120	《公共财政框架下公共教育财政制度研究》	王善迈

序号	书名	首席专家
121	《农民工子女问题研究》	袁振国
122	《当代大学生诚信制度建设及加强大学生思想政治工作研究》	黄蓉生
123	《从失衡走向平衡：素质教育课程评价体系研究》	钟启泉 崔允漷
124	《构建城乡一体化的教育体制机制研究》	李　玲
125	《高校思想政治理论课教育教学质量监测体系研究》	张耀灿
126	《处境不利儿童的心理发展现状与教育对策研究》	申继亮
127	《学习过程与机制研究》	莫　雷
128	《青少年心理健康素质调查研究》	沈德立
129	《灾后中小学生心理疏导研究》	林崇德
130	《民族地区教育优先发展研究》	张诗亚
131	《WTO主要成员贸易政策体系与对策研究》	张汉林
132	《中国和平发展的国际环境分析》	叶自成
133	《冷战时期美国重大外交政策案例研究》	沈志华
134	《新时期中非合作关系研究》	刘鸿武
135	《我国的地缘政治及其战略研究》	倪世雄
136	《中国海洋发展战略研究》	徐祥民
137	《深化医药卫生体制改革研究》	孟庆跃
138	《华侨华人在中国软实力建设中的作用研究》	黄　平
139	《我国地方法制建设理论与实践研究》	葛洪义
140	《城市化理论重构与城市化战略研究》	张鸿雁
141	《境外宗教渗透论》	段德智
142	《中部崛起过程中的新型工业化研究》	陈晓红
143	《农村社会保障制度研究》	赵　曼
144	《中国艺术学学科体系建设研究》	黄会林
145	《人工耳蜗术后儿童康复教育的原理与方法》	黄昭鸣
146	《我国少数民族音乐资源的保护与开发研究》	樊祖荫
147	《中国道德文化的传统理念与现代践行研究》	李建华
148	《低碳经济转型下的中国碳排放权交易体系》	齐绍洲
149	《中国东北亚战略与政策研究》	刘清才
150	《促进经济发展方式转变的地方财税体制改革研究》	钟晓敏
151	《中国—东盟区域经济一体化》	范祚军

序号	书名	首席专家
152	《非传统安全合作与中俄关系》	冯绍雷
153	《外资并购与我国产业安全研究》	李善民
154	《近代汉字术语的生成演变与中西日文化互动研究》	冯天瑜
155	《新时期加强社会组织建设研究》	李友梅
156	《民办学校分类管理政策研究》	周海涛
157	《我国城市住房制度改革研究》	高波
158	《新媒体环境下的危机传播及舆论引导研究》	喻国明
159	《法治国家建设中的司法判例制度研究》	何家弘
160	《中国女性高层次人才发展规律及发展对策研究》	佟新
161	《国际金融中心法制环境研究》	周仲飞
162	《居民收入占国民收入比重统计指标体系研究》	刘扬
163	《中国历代边疆治理研究》	程妮娜
164	《性别视角下的中国文学与文化》	乔以钢
165	《我国公共财政风险评估及其防范对策研究》	吴俊培
166	《中国历代民歌史论》	陈书录
167	《大学生村官成长成才机制研究》	马抗美
168	《完善学校突发事件应急管理机制研究》	马怀德
169	《秦简牍整理与研究》	陈伟
170	《出土简帛与古史再建》	李学勤
171	《民间借贷与非法集资风险防范的法律机制研究》	岳彩申
172	《新时期社会治安防控体系建设研究》	宫志刚
173	《加快发展我国生产服务业研究》	李江帆
174	《基本公共服务均等化研究》	张贤明
175	《职业教育质量评价体系研究》	周志刚
176	《中国大学校长管理专业化研究》	宣勇
177	《"两型社会"建设标准及指标体系研究》	陈晓红
178	《中国与中亚地区国家关系研究》	潘志平
179	《保障我国海上通道安全研究》	吕靖
180	《世界主要国家安全体制机制研究》	刘胜湘
181	《中国流动人口的城市逐梦》	杨菊华
182	《建设人口均衡型社会研究》	刘渝琳
183	《农产品流通体系建设的机制创新与政策体系研究》	夏春玉

序号	书名	首席专家
184	《区域经济一体化中府际合作的法律问题研究》	石佑启
185	《城乡劳动力平等就业研究》	姚先国
186	《20世纪朱子学研究精华集成——从学术思想史的视角》	乐爱国
187	《拔尖创新人才成长规律与培养模式研究》	林崇德
188	《生态文明制度建设研究》	陈晓红
189	《我国城镇住房保障体系及运行机制研究》	虞晓芬
190	《中国战略性新兴产业国际化战略研究》	汪 涛
191	《证据科学论纲》	张保生
192	《要素成本上升背景下我国外贸中长期发展趋势研究》	黄建忠
193	《中国历代长城研究》	段清波
194	《当代技术哲学的发展趋势研究》	吴国林
195	《20世纪中国社会思潮研究》	高瑞泉
196	《中国社会保障制度整合与体系完善重大问题研究》	丁建定
197	《民族地区特殊类型贫困与反贫困研究》	李俊杰
198	《扩大消费需求的长效机制研究》	臧旭恒
199	《我国土地出让制度改革及收益共享机制研究》	石晓平
200	《高等学校分类体系及其设置标准研究》	史秋衡
201	《全面加强学校德育体系建设研究》	杜时忠
202	《生态环境公益诉讼机制研究》	颜运秋
203	《科学研究与高等教育深度融合的知识创新体系建设研究》	杜德斌
204	《女性高层次人才成长规律与发展对策研究》	罗瑾琏
205	《岳麓秦简与秦代法律制度研究》	陈松长
206	《民办教育分类管理政策实施跟踪与评估研究》	周海涛
207	《建立城乡统一的建设用地市场研究》	张安录
208	《迈向高质量发展的经济结构转变研究》	郭熙保
209	《中国社会福利理论与制度构建——以适度普惠社会福利制度为例》	彭华民
210	《提高教育系统廉政文化建设实效性和针对性研究》	罗国振
211	《毒品成瘾及其复吸行为——心理学的研究视角》	沈模卫
212	《英语世界的中国文学译介与研究》	曹顺庆
213	《建立公开规范的住房公积金制度研究》	王先柱

序号	书名	首席专家
214	《现代归纳逻辑理论及其应用研究》	何向东
215	《时代变迁、技术扩散与教育变革：信息化教育的理论与实践探索》	杨浩
216	《城镇化进程中新生代农民工职业教育与社会融合问题研究》	褚宏启 薛二勇
217	《我国先进制造业发展战略研究》	唐晓华
218	《融合与修正：跨文化交流的逻辑与认知研究》	鞠实儿
219	《中国新生代农民工收入状况与消费行为研究》	金晓彤
220	《高校少数民族应用型人才培养模式综合改革研究》	张学敏
221	《中国的立法体制研究》	陈俊
222	《教师社会经济地位问题：现实与选择》	劳凯声
223	《中国现代职业教育质量保障体系研究》	赵志群
224	《欧洲农村城镇化进程及其借鉴意义》	刘景华
225	《国际金融危机后全球需求结构变化及其对中国的影响》	陈万灵
226	《创新法治人才培养机制》	杜承铭
227	《法治中国建设背景下警察权研究》	余凌云
228	《高校财务管理创新与财务风险防范机制研究》	徐明稚
229	《义务教育学校布局问题研究》	雷万鹏
230	《高校党员领导干部清正、党政领导班子清廉的长效机制研究》	汪曦
231	《二十国集团与全球经济治理研究》	黄茂兴
232	《高校内部权力运行制约与监督体系研究》	张德祥
233	《职业教育办学模式改革研究》	石伟平
234	《职业教育现代学徒制理论研究与实践探索》	徐国庆
235	《全球化背景下国际秩序重构与中国国家安全战略研究》	张汉林
236	《进一步扩大服务业开放的模式和路径研究》	申明浩
237	《自然资源管理体制研究》	宋马林
238	《高考改革试点方案跟踪与评估研究》	钟秉林
239	《全面提高党的建设科学化水平》	齐卫平
240	《"绿色化"的重大意义及实现途径研究》	张俊飚
241	《利率市场化背景下的金融风险研究》	田利辉
242	《经济全球化背景下中国反垄断战略研究》	王先林

序号	书　名	首席专家
243	《中华文化的跨文化阐释与对外传播研究》	李庆本
244	《世界一流大学和一流学科评价体系与推进战略》	王战军
245	《新常态下中国经济运行机制的变革与中国宏观调控模式重构研究》	袁晓玲
246	《推进21世纪海上丝绸之路建设研究》	梁　颖
247	《现代大学治理结构中的纪律建设、德治礼序和权力配置协调机制研究》	周作宇
248	《渐进式延迟退休政策的社会经济效应研究》	席　恒
249	《经济发展新常态下我国货币政策体系建设研究》	潘　敏
250	《推动智库建设健康发展研究》	李　刚
251	《农业转移人口市民化转型：理论与中国经验》	潘泽泉
252	《电子商务发展趋势及对国内外贸易发展的影响机制研究》	孙宝文
253	《创新专业学位研究生培养模式研究》	贺克斌
254	《医患信任关系建设的社会心理机制研究》	汪新建
255	《司法管理体制改革基础理论研究》	徐汉明
256	《建构立体形式反腐败体系研究》	徐玉生
257	《重大突发事件社会舆情演化规律及应对策略研究》	傅昌波
258	《中国社会需求变化与学位授予体系发展前瞻研究》	姚　云
259	《非营利性民办学校办学模式创新研究》	周海涛
260	《基于"零废弃"的城市生活垃圾管理政策研究》	褚祝杰
261	《城镇化背景下我国义务教育改革和发展机制研究》	邬志辉
262	《中国满族语言文字保护抢救口述史》	刘厚生
263	《构建公平合理的国际气候治理体系研究》	薄　燕
264	《新时代治国理政方略研究》	刘焕明
265	《新时代高校党的领导体制机制研究》	黄建军
266	《东亚国家语言中汉字词汇使用现状研究》	施建军
267	《中国传统道德文化的现代阐释和实践路径研究》	吴根友
268	《创新社会治理体制与社会和谐稳定长效机制研究》	金太军
269	《文艺评论价值体系的理论建设与实践研究》	刘俐俐
270	《新形势下弘扬爱国主义重大理论和现实问题研究》	王泽应

序号	书 名	首席专家
271	《我国高校"双一流"建设推进机制与成效评估研究》	刘念才
272	《中国特色社会主义监督体系的理论与实践》	过 勇
273	《中国软实力建设与发展战略》	骆郁廷
274	《坚持和加强党的全面领导研究》	张世飞
275	《面向2035我国高校哲学社会科学整体发展战略研究》	任少波
276	《中国古代曲乐乐谱今译》	刘崇德
277	《民营企业参与"一带一路"国际产能合作战略研究》	陈衍泰
278	《网络空间全球治理体系的建构》	崔保国
279	《汉语国际教育视野下的中国文化教材与数据库建设研究》	于小植
280	《新型政商关系研究》	陈寿灿
281	《完善社会救助制度研究》	慈勤英
282	《太行山和吕梁山抗战文献整理与研究》	岳谦厚
283	《清代稀见科举文献研究》	陈维昭
284	《协同创新的理论、机制与政策研究》	朱桂龙
285	《数据驱动的公共安全风险治理》	沙勇忠
286	《黔西北濒危彝族钞本文献整理和研究》	张学立
287	《我国高素质幼儿园园长队伍建设研究》	缴润凯
288	《我国债券市场建立市场化法制化风险防范体系研究》	冯 果
289	《流动人口管理和服务对策研究》	关信平
290	《企业环境责任与政府环境责任协同机制研究》	胡宗义
291	《多重外部约束下我国融入国际价值链分工战略研究》	张为付
292	《政府债务预算管理与绩效评价》	金荣学
293	《推进以保障和改善民生为重点的社会体制改革研究》	范明林
294	《中国传统村落价值体系与异地扶贫搬迁中的传统村落保护研究》	郝 平
295	《大病保险创新发展的模式与路径》	田文华
296	《教育与经济发展：理论探索与实证分析》	杜育红
297	《宏观经济整体和微观产品服务质量"双提高"机制研究》	程 虹
298	《构建清洁低碳、安全高效的能源体系政策与机制研究》	牛东晓
299	《水生态补偿机制研究》	王清军
300	《系统观视阈的新时代中国式现代化》	汪青松
301	《资本市场的系统性风险测度与防范体系构建研究》	陈守东

序号	书　名	首席专家
302	《加快建立多主体供给、多渠道保障、租购并举的住房制度研究》	虞晓芬
303	《中国经济潜在增速的测算与展望研究》	卢盛荣
304	《决策咨询制度与中国特色新型智库建设研究》	郑永年
305	《中国特色人权观和人权理论研究》	刘志刚
306	《新时期中国海洋战略研究》	徐祥民
	……	